W0087517

GROSSER ATLAS DER STERNE

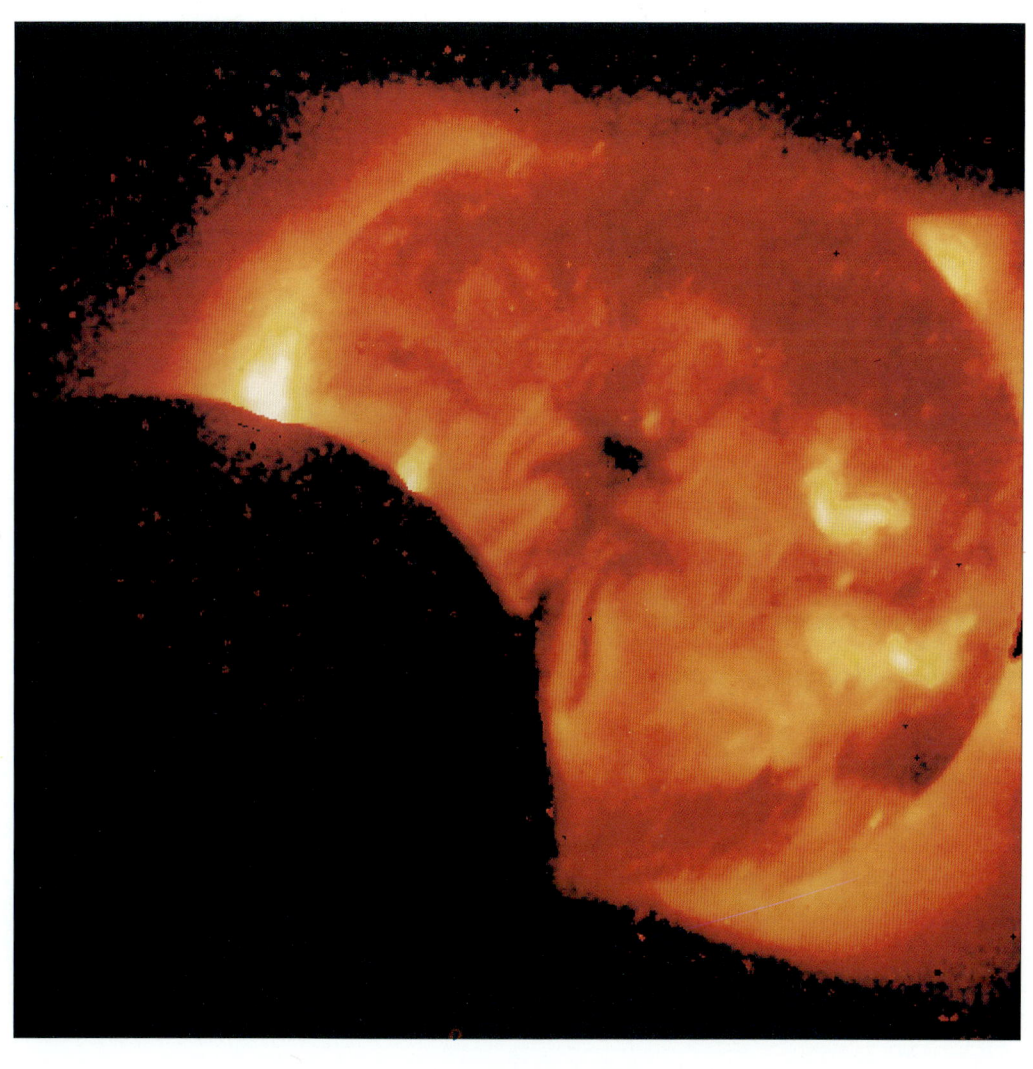

GROSSER ATLAS DER STERNE

Blick in die Unendlichkeit

Patrick Moore

NAUMANN & GÖBEL

INHALT

© Octopus Publishing Group Ltd 1994, 1997
2–4 Heron Quays, Docklands, London E14 1JP
Für die deutsche Ausgabe 2000:
© Naumann & Göbel Verlagsgesellschaft mbH
in der VEMAG Verlags- und Medien Aktiengesellschaft, Köln
Alle Rechte vorbehalten
Umschlagabbildungen: Bavaria Bildagentur
ISBN 3-625-10745-7

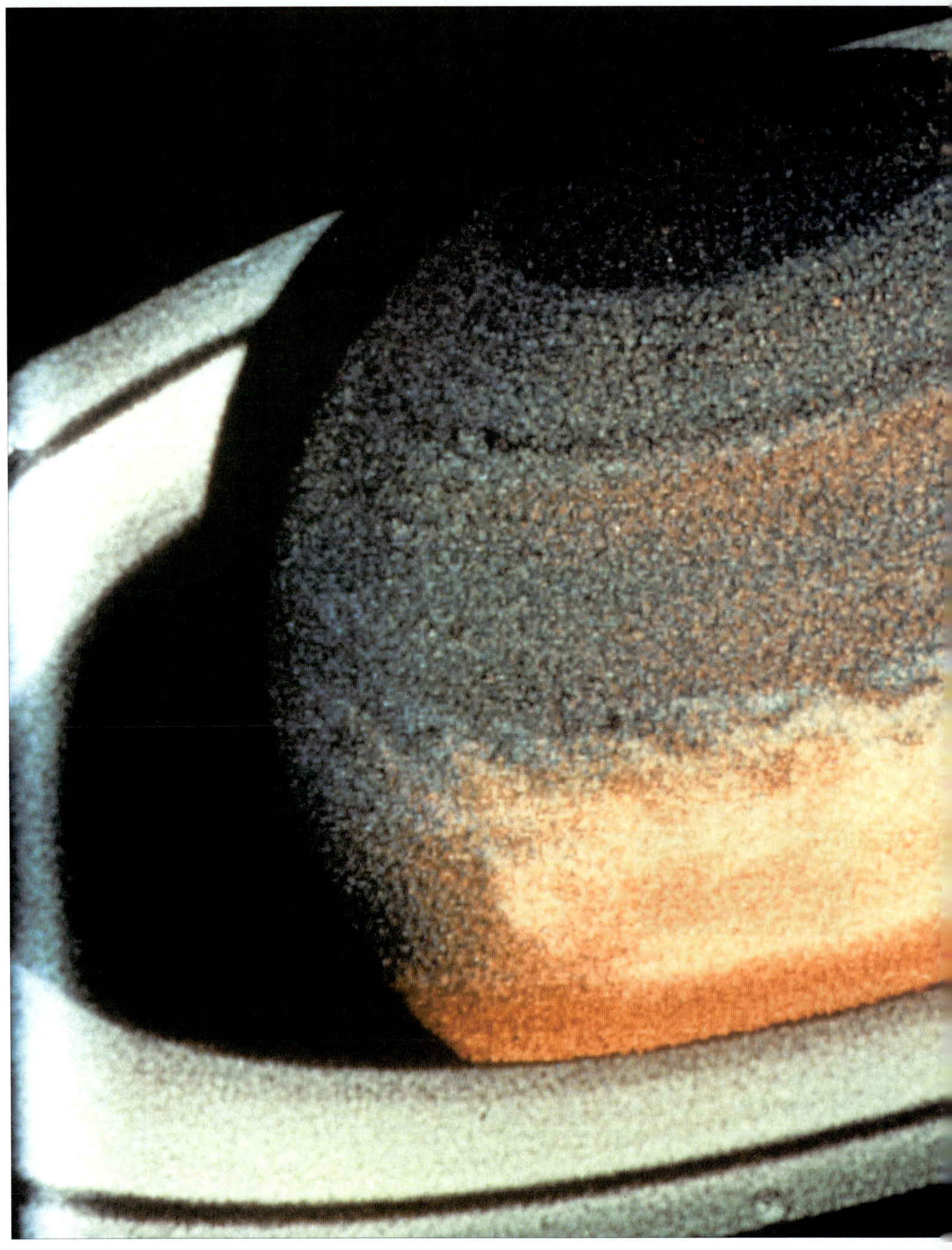

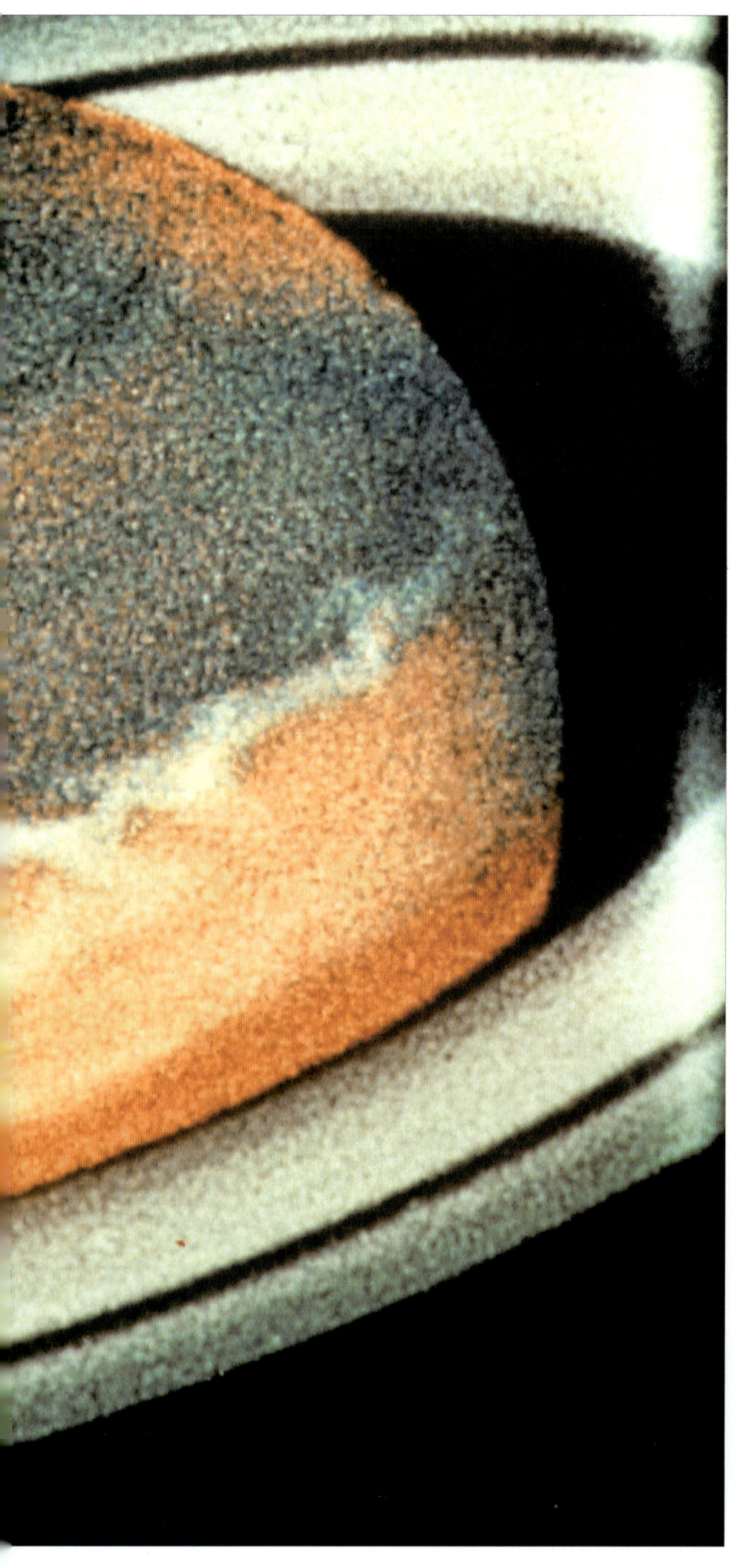

DAS SONNEN-
SYSTEM

◀ *Der weiße Fleck auf dem*
Saturn, aufgenommen mit
dem Hubble-Weltraumtele-
skop am 9. November 1990.
Der Fleck war im September
entdeckt worden und hatte
sich bis November zu einer
weißen Zone ausgeweitet.
Die Aufnahmen wurden in blau
und in Infrarot-Licht aufgenommen und für das dar-
gestellte Bild montiert:
Die untere Partie der Wolke
ist blau, höhere Wolken
sind rot.

Die Familie der Sonne

Das Sonnensystem ist der einzige Teil des Universums, den wir mit den heutigen Raumschiffen erforschen können. Es besteht aus einem Stern (der Sonne), neun Planeten (von denen die Erde der Entfernung nach an dritter Stelle liegt) und verschiedenen kleineren Himmelskörpern wie Satelliten, Asteroiden, Kometen und Meteoriten.

Die Sonne ist ein normaler Stern, dem Astronomen gar nur den Status eines Zwerges einräumen. Aber sie ist die größte Energiequelle im Sonnensystem: Alle anderen Himmelskörper leuchten im reflektierten Sonnenlicht. Es wird angenommen, daß die Planeten durch Verdichtung aus einer Materiewolke, die die junge Sonne umgab, entstanden. Die Erde existiert seit ungefähr 4,6 Milliarden Jahren; das Alter des gesamten Sonnensystems ist höher, da die Dauer des Kontraktionsvorganges der Materiewolke hinzugerechnet werden muß.

Es ist deutlich sichtbar, daß das Sonnensystem in zwei Teile geteilt ist. Zunächst sind dort vier kleine, feste Planeten: Merkur, Venus, Erde und Mars. Dahinter ist eine breite Lücke, in der sich Tausende von Miniaturwelten bewegen, unterschiedlich benannt als Asteroiden, Planetoiden oder Kleinplaneten. Jenseits davon kommen wir zu den vier Giganten Jupiter, Saturn, Uranus und Neptun; dann gibt es noch den Einzelgänger Pluto, der zu klein und zu leicht ist, um ohne weiteres als echter Planet eingestuft zu werden. Es scheint, als wenn die vier inneren Planeten ihre leichten Gase durch die Hitze der Sonne verloren hätten und so fest und felsig wurden. Die Giganten, die sich in einer kälteren Zone formierten, konnten ihre leichteren Gase halten.

Die Erde hat einen Satelliten: den uns so vertrauten Mond, welcher der uns am nächsten liegende, natürliche Himmelskörper ist. Von den anderen Planeten besitzt der Mars zwei Satelliten, Jupiter sechzehn, Saturn achtzehn, Uranus fünfzehn, Neptun acht und Pluto einen, obwohl nur vier von diesen (drei im System des Jupiters und einer in dem des Saturns) so groß wie unser Mond sind.

Kometen sind sicherlich spektakulär, aber mit Planeten verglichen besitzen sie eine sehr geringe Masse. Ihr einziger fester Bestandteil ist der Kern, der als „schmutziger Schneeball" beschrieben worden ist. Wenn sich der Komet der Sonne nähert, beginnt das Eis zu verdampfen und der Komet kann einen gasförmigen „Kopf" mit einem langen Schweif ausbilden. Helle Kometen haben sehr exzentrische Umlaufbahnen, so daß sie nur in Intervallen von mehreren Jahrhunderten in das Zentrum des Sonnensystems eintreten, ohne daß wir ihr Erscheinen voraussagen könnten.

In der Bewegung zieht ein Komet einen „Staubschweif" hinter sich her. Wenn die Erde durch einen dieser Schweife pflügt, nimmt sie Staubpartikel mit, die in höheren Luftschichten verbrennen und Lichtstreifen erzeugen, die wir Sternschnuppen nennen. Größere Objekte, die den Sturz auf die Erde überstehen, heißen Meteorite. Sie stammen aus dem Asteroidengürtel.

Darüberhinaus gibt es eine Menge fein verteilten „Staub", besonders in der Hauptebene des Sonnensystems. Kleine Partikel dieser Art reflektieren das Sonnenlicht und bewirken ein Leuchten, das Zodiakallicht und den sogenannten Gegenschein.

Wie weit reicht das Sonnensystem? Dies ist eine ziemlich schwierige Frage. Möglicherweise gibt es Planeten jenseits von Neptun und Pluto; außerdem nimmt man an, daß Kometen aus einer Eiswolke, die die Sonne in einer Bahn von etwa zwei Lichtjahren Entfernung umkreist, stammen. Sicher sind wir uns darüber aber nicht. Der nächste Stern jenseits der Sonne ist nur etwas über vier Lichtjahre entfernt, so daß wir die Grenze des Sonnensystems bei zwei Lichtjahren Entfernung ansiedeln können.

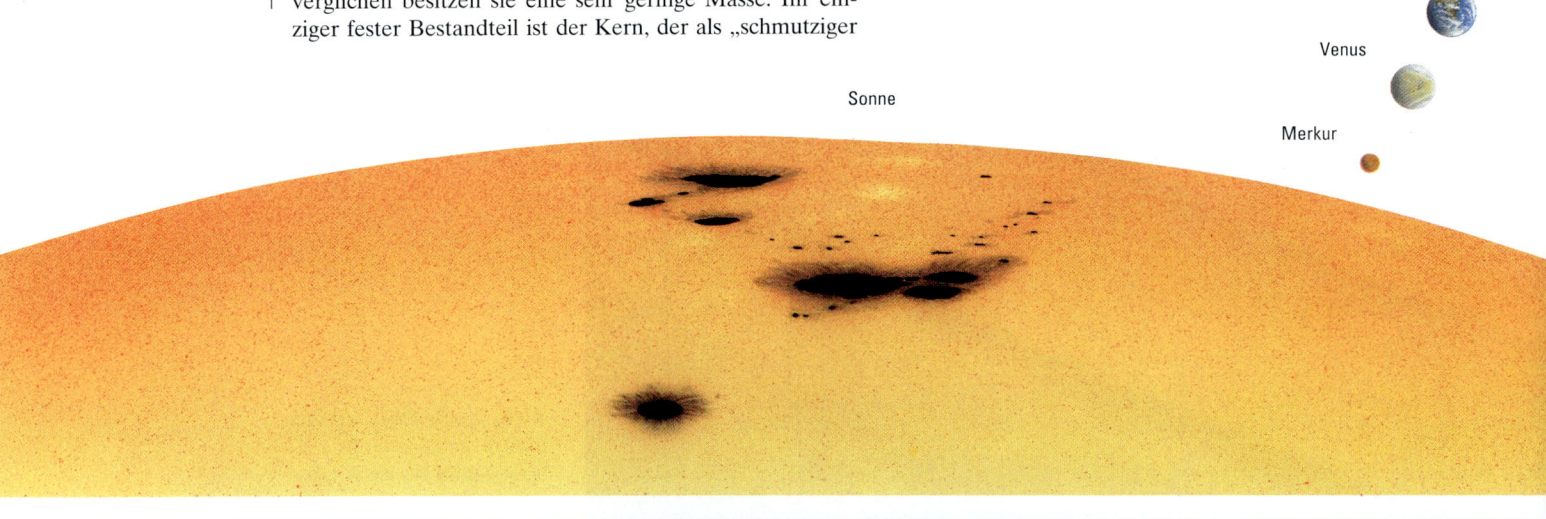

Asteroidengürtel

Mars

Erde

Venus

Sonne

Merkur

Merkur
45.9 bis 69.7 Millionen km

Venus
107.4 bis 109 Millionen km

Erde
147 bis 152 Millionen km

Mars
206.7 bis 249.1 Millionen km

Der Asteroidengürtel

Jupiter
740.9 bis 815.7 Millionen km

Saturn
1,347 bis 1,507 Milliarden km

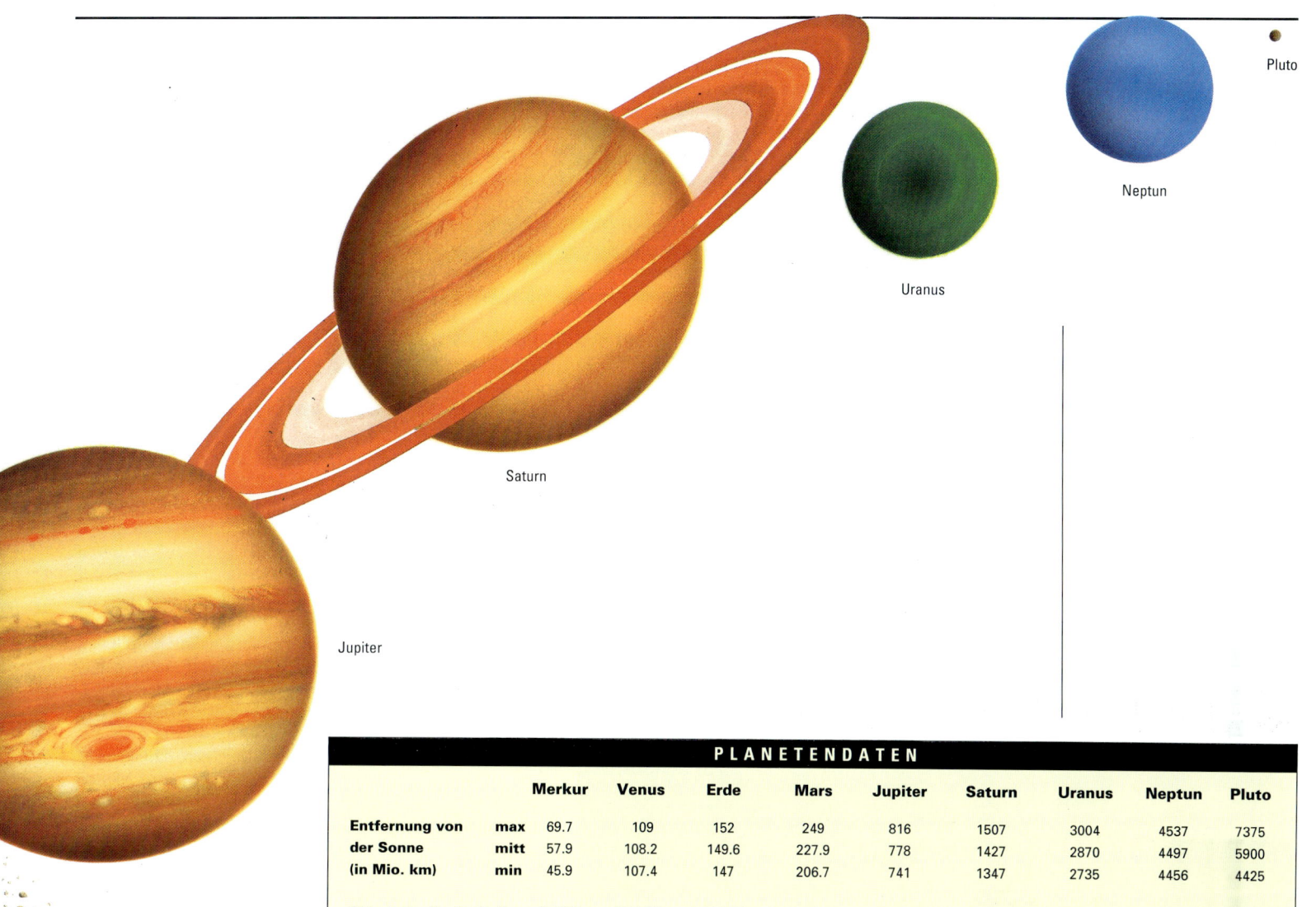

Pluto

Neptun

Uranus

Saturn

Jupiter

PLANETENDATEN										
		Merkur	Venus	Erde	Mars	Jupiter	Saturn	Uranus	Neptun	Pluto
Entfernung von	max	69.7	109	152	249	816	1507	3004	4537	7375
der Sonne	mitt	57.9	108.2	149.6	227.9	778	1427	2870	4497	5900
(in Mio. km)	min	45.9	107.4	147	206.7	741	1347	2735	4456	4425
Siderische Umlaufzeit		87.97T	224.7T	365.3T	687.0T	11.86 J	29.46 J	84.01 J	164.8 J	247.7 J
Synodische Umlaufzeit (Tage)		115.9	583.92	—	779.9	398.9	378.1	369.7	367.5	366.7
Rotationsdauer (äquatorial)		58.646T	243.16T	23h 56m 04s	24h 37m 23s	9h 55m 30s	10h 13m 59s	17h 14m	16h 7m	6T 9h 17s
Exzentrizität		0.206	0.007	0.017	0.093	0.048	0.056	0.047	0.009	0.248
Bahnneigung °		7.0	3.4	0	1.8	1.3	2.5	0.8	1.8	17.15
Axiale Neigung °		2	178	23.4	24.0	3.0	26.4	98	28.8	122.5
Fluchtgeschwindigkeit km/s		4.25	10.36	11.18	5.03	60.22	32.26	22.5	23.9	1.18
Masse, Erde = 1		0.055	0.815	1	0.11	317.9	95.2	14.6	17.2	0.002
Volumen, Erde = 1		0.056	0.86	1	0.15	1319	744	67	57	0.01
Dichte, Wasser = 1		5.44	5.25	5.52	3.94	1.33	0.71	1.27	1.77	2.02
Oberflächengravitation, Erde =1		0.38	0.90	1	0.38	2.64	1.16	1.17	1.2	0.06
Oberflächentemp. °C		+427	+480	+22	−23	−150	−180	−214	−220	−230
Albedo		0.06	0.76	0.36	0.16	0.43	0.61	0.35	0.35	0.4
Durchmesser km (äquatorial)		4878	12 104	12 756	6794	143 884	120 536	51 118	50 538	2324
Größte scheinbare Helligkeit		−1.9	−4.4	—	−2.8	−2.6	−0.3	+5.6	+7.7	+14

Uranus
2,735 bis 3,004 Milliarden km

Neptun
4,456 bis 4,537 Milliarden km

Pluto
4,425 bis 7,375 Milliarden km

Die Erde im Sonnensystem

▼ *Die Erde*, aufgenommen aus der Kommandokapsel von Apollo 10 im Mai 1969. Die Erde gelangt ins Blickfeld sowie sich das Raumschiff von der Rückseite des Mondes her nähert. Der Mondhorizont ist scharf, weil ihn keine Atmosphäre verwischt.

Warum leben wir auf der Erde? Die Antwort muß lauten: weil wir zu ihr passen. Leben, wie wir es von der Erde her kennen, könnte auf anderen Planeten unseres Sonnensystems nur unter künstlichen Bedingungen existieren. Unsere Welt besitzt die richtige Temperatur, die richtige Atmosphäre, einen großen Wasservorrat und ein Klima, das schon seit sehr langer Zeit stabil ist.

Der Weg der Erde um die Sonne weicht kaum von der Kreisform ab, und die Jahreszeiten sind bedingt durch die Neigung der Erdachse (23,5 Grad von der Senkrechten). Eigentlich sind wir im Dezember näher an der Sonne, wenn in der nördlichen Hemisphäre Winter ist, als im Juni. Der Entfernungsunterschied ist jedoch nicht wirklich bedeutend. Die größere Wassermenge südlich des Äquators stabilisiert die Temperatur.

Die axiale Neigung variiert etwas, weil die Erde keine vollständige Kugel ist: der äquatoriale Durchmesser beträgt 12 756 Kilometer, der polare Durchmesser nur 12 714 Kilometer. Der Äquator ist also leicht vorgewölbt. Sonne und Mond ziehen an diesem Wulst, wodurch die Achse mit einer Periode von 25 800 Jahren einen Kegelmantel mit einem Winkel von 23° 26' umläuft. Dieser Effekt – Präzession genannt – verursacht eine Veränderung der Lage der Himmelspole. Zu der Zeit, als die ägyptischen Pyramiden gebaut wurden, war der nördliche Polarstern Thuban im Sternbild des Draco, heute befindet sich Polaris in Ursa Minor und in 12 000 Jahren wird es die strahlende Wega im Bild der Lyra sein.

Einen großen Teil der Erdgeschichte haben wir erforscht. Die ursprüngliche Atmosphäre wurde abgestreift und ersetzt durch eine zweite Atmosphäre, die vom Inneren des Globus her entwich. Zuerst enthielt diese neue Atmosphäre viel mehr Kohlendioxid und viel weniger freien Sauerstoff, als das heute der Fall ist, so daß wir nicht in der Lage gewesen wären, richtig zu atmen. Das Leben begann im Meer; als die Pflanzen sich vor ungefähr 430 Millionen Jahren auf dem Land ausbreiteten, verwandelten sie einen Großteil des Kohlendioxids durch Photosynthese in Sauerstoff.

Leben entwickelte sich nur langsam, wie wir durch Untersuchungen von Fossilien wissen. Unsere mehr oder weniger lückenlosen geologischen Funde zeigen, daß es mehrere große „Auslöschungen" gegeben hat, bei denen zahlreiche Lebensformen ausstarben. Eine davon geschah vor etwa 65 Millionen Jahren, als die Dinosaurier ausstarben – aus Gründen, die bis heute nicht ganz klar sind, obgleich man annimmt, daß eine größere Klimaveränderung in Folge eines Asteroideneinschlags die Ursache war. Der Mensch ist in jedem Fall ein Neuling auf der Erde. Wenn wir uns das gesamte Alter der Erde in einem Modell als ein Jahr dauernd vorstellten, würde der Mensch nicht vor 23 Uhr am 31. Dezember auftauchen.

Die gesamte Erdgeschichte hindurch hat es verschiedene Kälteperioden oder Eiszeiten gegeben, die letzte endete erst vor 10 000 Jahren. Eigentlich war die letzte Eiszeit keine Periode ununterbrochener Vergletscherung. Es gab mehrere Kältephasen, unterbrochen von wärmeren Perioden oder „Interglazialen", und es ist überhaupt nicht sicher, daß wir uns im Moment nicht einfach nur mitten in einer solchen Zwischeneiszeit befinden. Die Ursachen für Eiszeiten sind nicht definitiv klar und möglicherweise sehr komplex, aber wir müssen bedenken, daß, obwohl die Sonne ein beständiger Stern ist, ihre Leistung nicht absolut konstant ist. In vergangenen Zeiten hat es deutliche Schwankungen gegeben, z.B. die sogenannte „kleine Eiszeit" zwischen 1645 und 1715, als zumindest Europa entschieden kälter als heute war.

Auch die Erde kann nicht ewig existieren. Schließlich wird sich die Sonne verändern; sie wird zu einem gigantischen Stern anschwellen und die Erde zerstören. Glücklicherweise gibt es keinen akuten Grund zur Sorge. Die Krise wird erst in einigen Milliarden Jahren über uns hereinbrechen und es ist vermutlich richtig, wenn wir davon ausgehen, daß die größte Gefahr für den Fortbestand des Lebens auf der Erde von uns selbst ausgeht.

Die Erdgeschichte wird unterteilt in „Erdzeitalter", die in „Perioden" unterteilt sind. Die jüngsten Perioden wiederum sind in „Epochen" unterteilt. Die wichtigsten Unterteilungen finden sich in der Tabelle gegenüber.

◀ *Die Große Cheops-Pyramide.* Obwohl vornehmlich eine Grabstätte, ist die Große Pyramide auf die Position des Nordpols zur Zeit der alten Ägypter ausgerichtet. Durch die Präzession ändert sich die Position der Pole und beschreibt in einer Periode von 25 800 Jahren einen Kreis.

▶ *Die Jahreszeiten* hängen nicht von der wechselnden Distanz der Erde zur Sonne ab, sondern von der Neigung der Rotationsachse von 23,5° von der Bahnebene der Erde bei ihrem Umlauf um die Sonne. Während des Sommers im Norden ist die Nordhälfte der Sonne zugewandt, während des Sommers im Süden die südliche Hemisphäre. Die Sonne überquert den Himmels- äquator um den 22. März (Frühlingsäquinoktium; Sonne bewegt sich von Süd nach Nord) und am 22. September (Herbstäquinoktium; Sonnenlauf von Nord nach Süd). Sonnenwenden sind die Zeiten, wenn die Sonne am weitesten vom Himmelsäquator entfernt ist. Die Daten der Äquinoktien (Tagundnachtgleichen) und Sonnenwenden sind nicht immer gleich.

PERIODEN DER ERDGESCHICHTE

	Anfang	Ende	
	\(in Mio. Jahren vor unserer Zeit\)		
PRÄKAMBRIUM			
Archaikum	3800	2500	Beginn von Leben
Algonkium	2500	590	Leben im Meer
PALÄOZOIKUM			
Kambrium	590	505	Meerestiere
Ordovizium	505	438	Erste Fische
Silur	438	408	Erste Landpflanzen
Devon	408	360	Amphibien
Karbon	360	286	Erste Reptilien
Perm	286	248	Ausbreitung der Reptilien
MESOZOIKUM			
Trias	248	213	Reptilien und erste Säugetiere
Jura	213	144	Zeitalter der Dinosaurier
Kreide	144	65	Dinosaurier, am Ende aussterbend
NEOZOIKUM			
Tertiär			
Paleozän	65	55	Große Säuger
Eozän	55	38	Erste Primaten
Oligozän	38	25	Entwicklung der Primaten
Miozän	25	5	Entwicklung heutiger Tiere
Pliozän	5	2	Affenmensch
Quartär			
Pleistozän	2	0.01	Eiszeiten, Mensch
Holozän	0.01	heute	Heutiger Mensch

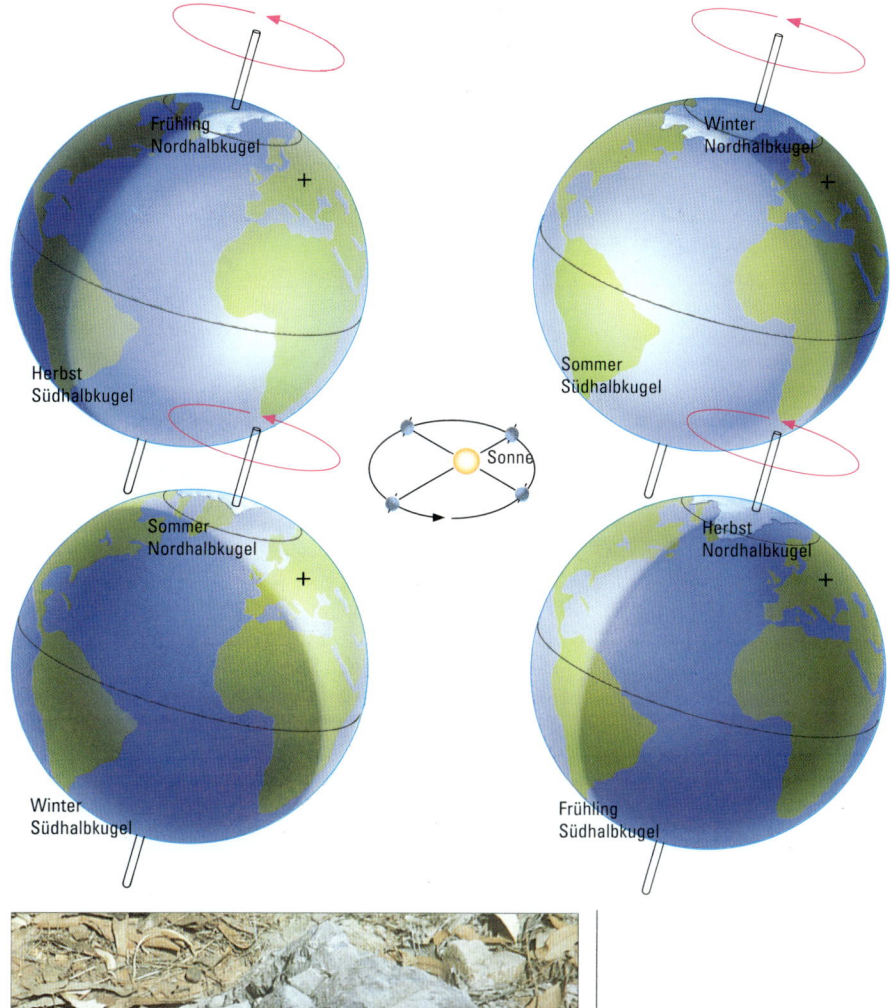

Frühling Nordhalbkugel

Herbst Südhalbkugel

Sonne

Winter Nordhalbkugel

Sommer Südhalbkugel

Sommer Nordhalbkugel

Winter Südhalbkugel

Herbst Nordhalbkugel

Frühling Südhalbkugel

◀ *Stromatolithen,* Australien, 1993. Sie bestehen aus Kalziumkarbonat, das von blaugrünen Algen ausgefällt und angesammelt worden ist. Sie sind wenigstens 3,5 Milliarden Jahre alt und zählen zu den ältesten Beispielen für lebende Organismen.

Die Erde als Planet

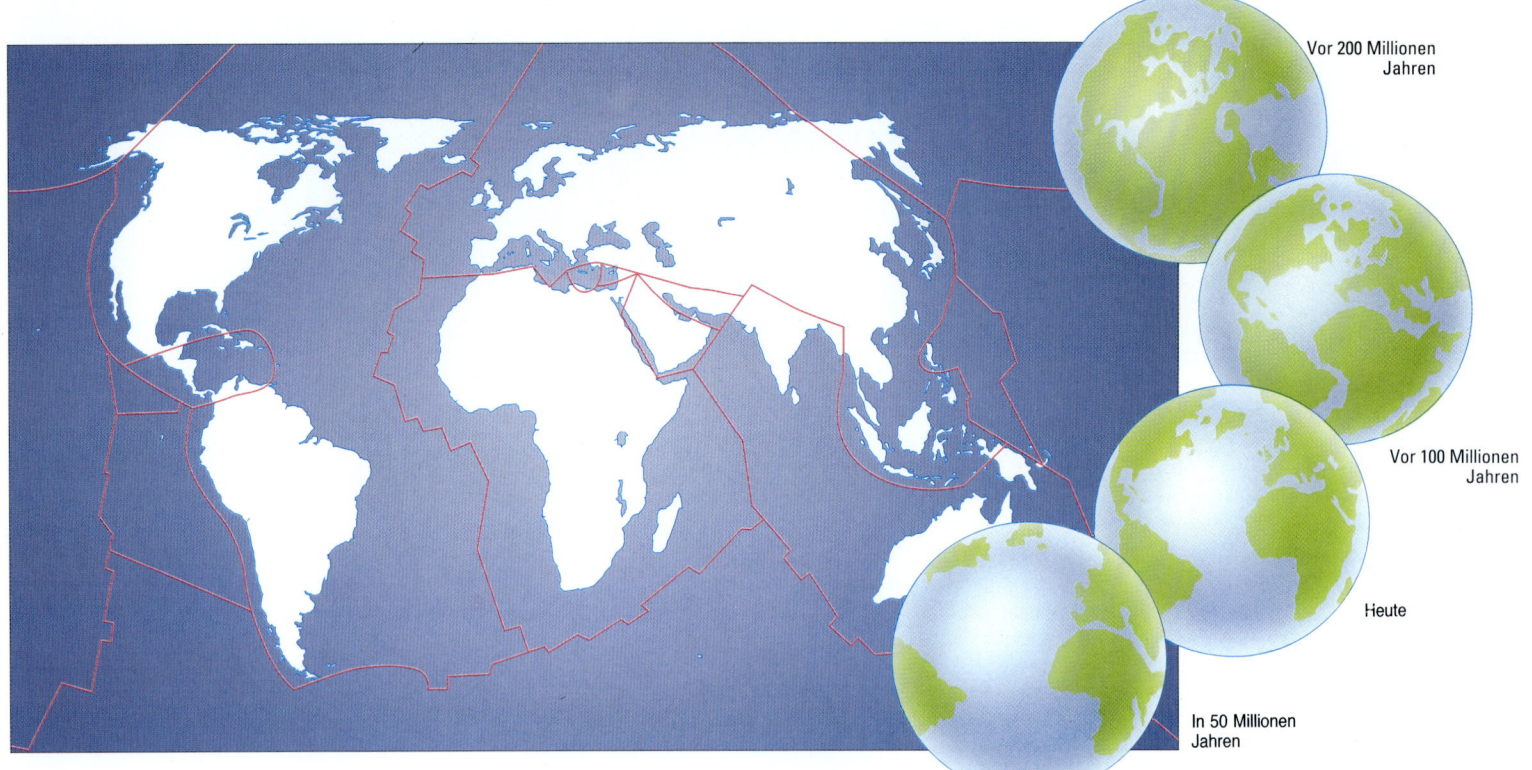

Vor 200 Millionen Jahren

Vor 100 Millionen Jahren

Heute

In 50 Millionen Jahren

▲ **Die Erdkruste** ist in sechs große tektonische Platten und eine Reihe kleinerer aufgeteilt. Mittelozeanische Schwellen, Tiefseegräben, aktive Bergketten und Verwerfungszonen trennen sie voneinander. Vulkanische Eruptionen und Erdbeben treten im wesentlichen dort auf, wo die Platten aufeinandertreffen. In der geologischen Geschichte der Erde haben sich diese Platten umherbewegt und so wieder und wieder neue Kontinente geschaffen.

Die Erdkruste, auf der wir leben, reicht nicht sehr tief – ungefähr 10 Kilometer unter den Ozeanen und 50 Kilometer unter den Kontinenten. Die Temperatur nimmt mit der Tiefe zu; auf dem Boden der tiefsten Minen in Südafrika erreicht sie 55 Grad Celsius. Unter der Kruste liegt der Mantel, dessen Fels hart und dennoch elastisch ist. Der Mantel reicht bis auf 2900 Kilometer hinab. Darunter befindet sich der stark eisenhaltige, flüssige Kern, in dem sich der feste Kern befindet. Er macht nur 1,7 Prozent der Erdmasse aus und „schwimmt" sozusagen in der Flüssigkeit. Man schätzt die Temperatur im Erdinneren auf 4000–5000 Grad Celsius.

Ein Blick auf die Weltkarte zeigt, daß die Kontinente, könnte man sie wie Puzzlespielteile ausschneiden, sauber ineinanderpassen würden. Die Auswölbung an der Ostküste Südamerikas zum Beispiel paßt in die Höhlung der Küste Westafrikas. Dies brachte den deutschen Wissenschaftler Alfred Wegener zu der Annahme, daß die Kontinente einst miteinander verbunden waren und jetzt auseinander gedriftet sind. Viele Jahre hat man sich über seine Ideen lustig gemacht, aber heute ist die Vorstellung von der „Kontinentalverschiebung" fest etabliert und hat die noch relativ junge Wissenschaft der Plattentektonik hervorgebracht.

Die Erdkruste und der obere Teil des Mantels, Lithosphäre genannt, sind in klar gezeichnete Platten unterteilt. Wenn sich Platten auseinanderbewegen, steigt heißes Mantelmaterial herauf und bildet eine neue ozeanische Kruste. Wenn Platten kollidieren, wird manchmal die eine unter die andere geschoben – ein Prozeß, der Subduktion genannt wird –, oder sie verbiegen und falten Gebirge auf. Regionen, in denen tektonische Platten aufeinandertreffen, sind Erdbeben und vulkanischer Aktivität unterworfen. Erdbebenwellen verdanken wir viel an Wissen über den inneren Aufbau der Erde.

Der Punkt auf der Erdoberfläche, der vertikal über dem „Herd" eines Erdbebens steht, heißt Epizentrum. Verschiedene Arten von Wellen bauen sich im Erdball auf. Da sind zunächst die P- oder Primärwellen, die Kompressions- bzw. Druckwellen sind; außerdem treten S- oder Sekundärwellen auf, sogenannte transversale Wellen.

Schließlich gibt es die L- oder Langwellen, die sich über die Erdoberfläche fortpflanzen und den größten Teil des Schadens verursachen. P-Wellen können sich durch Flüssigkeiten ausbreiten, wozu S-Wellen nicht in der Lage sind. Durch die Untersuchung der Ausbreitung von P-Wellen wurde es möglich, die Größe des Kerns zu messen.

Vulkane, die man auch „die Sicherheitsventile der Erde" nennt, können ebenso zerstörerisch wie Erdbeben sein. Der Mantel unter der Kruste enthält „Taschen" mit Magma (heißem, flüssigem Fels). Über einen schwachen Punkt in der Kruste kann sich das Magma den Weg nach oben bahnen und so einen Vulkan ausbilden. Wenn das Magma die Oberfläche erreicht, nennt man es Lava. Ausgetretene Lava kühlt ab und wird fest. Hawaii liefert vielleicht das beste Beispiel für lang andauernden Vulkanismus. Auf der Hauptinsel stehen zwei riesige Schildvulkane, Mauna Kea und Mauna Loa, die eigentlich höher als der Mount Everest sind, obwohl sie nicht so weit über die Oberfläche hinausragen. Sie haben ihre Wurzeln vielmehr tief im Meeresbett. Weil sich die Kruste über dem Mantel verschiebt, hat sich Mauna Kea vom „Hot spot" fortbewegt und ist erloschen – wenigstens hoffen wir das, weil eines der bedeutendsten Observatorien auf seinem Gipfel erbaut wurde. Mauna Loa dagegen steht über dem „Hot spot" und ist sehr aktiv, obwohl auch dieser Vulkan mit der Zeit fortgetragen und somit erlöschen wird.

Andere Vulkane, wie etwa der Vesuv, haben eine Kegelform. Das Magma bahnt sich den Weg durch einen Schlot; ist dieser Schlot blockiert, kann sich soviel Druck bilden, daß es zu einer gewaltigen Explosion kommt – so geschehen im Jahr 79 nach Christus, als die römischen Städte Pompeji und Herculaneum zerstört wurden. Es hat viele verheerende Vulkaneruptionen gegeben, eine der letzten war der Ausbruch des Mount Pinatubo auf den Philippinen, bei dem enorme Mengen Staub und Asche in die höheren Atmosphäreschichten geschleudert wurden.

Die Erde ist nicht die einzige vulkanische Welt unseres Sonnensystems. Auf Io, einem der Jupitersatelliten, gibt es ständige Eruptionen; auf der Venus gibt es wahrscheinlich aktive Vulkane und was den Mars angeht, können wir nicht sicher sein, daß alle seine Vulkane erloschen sind.

Vulkane

Vulkane bilden sich dort, wo tektonische Platten aufeinandertreffen. Magmaherde stoßen aus dem Mantel durch schwache Stellen in der Kruste empor. Das flüssige Magma blubbert im Krater oder produziert Asche- und Gaswolken.

Magma kann auch durch Seitenkanäle an die Oberfläche gelangen. Ein Vulkan kann lange Zeit inaktiv sein, und das Magma an der Oberfläche wird hart. Darunter kann sich hoher Druck bilden, oft mit verheerenden Folgen.

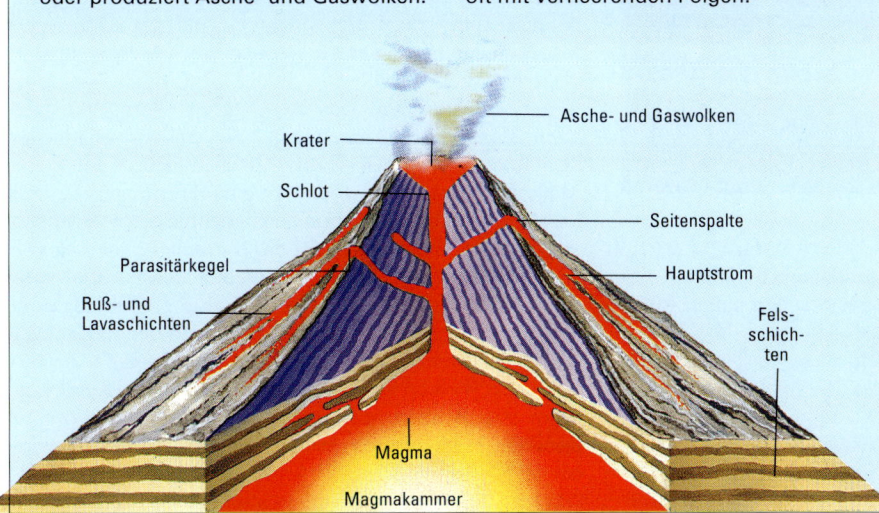

Krater

Schlot

Parasitärkegel

Ruß- und Lavaschichten

Asche- und Gaswolken

Seitenspalte

Hauptstrom

Felsschichten

Magma

Magmakammer

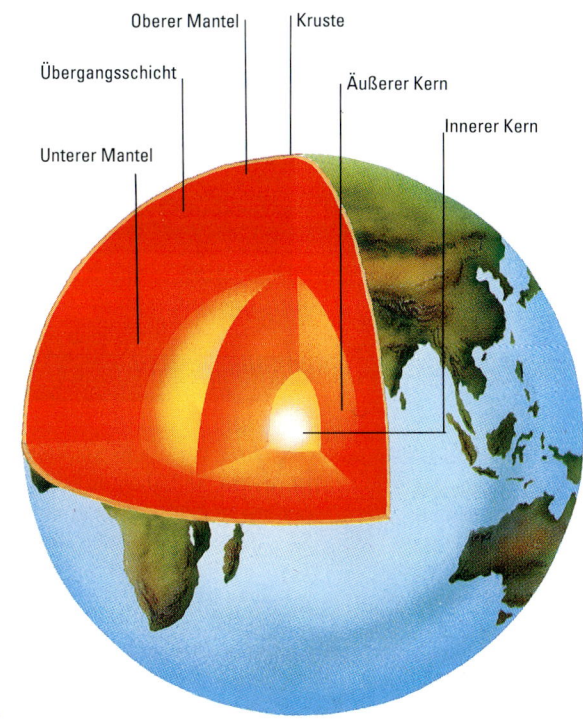

Oberer Mantel

Kruste

Übergangsschicht

Äußerer Kern

Unterer Mantel

Innerer Kern

▲ *Seismische Aktivitäten* haben es Wissenschaftlern ermöglicht, die innere Struktur der Erde zu erforschen. Die Kruste ist unter den Meeren nur 10 km dick, unter Land 50 km. Darunter ist der 2900 km dicke Mantel aus heißem, elastischem Fels. Darin liegt ein äußerer, flüssiger Kern, 2100 km dick, in dem sich der feste, innere Kern mit 2700 km Durchmesser befindet.

Primäre (P-)Wellen

Sekundäre (S-) Wellen

▲ *Ein Erdbeben* tritt entlang einer Verwerfungslinie auf, wenn sich die Kruste auf beiden Seiten in verschiedene Richtungen bewegt. Der Erdbebenherd, an dem die Spannung liegt, kann sich bis zu 700 km unter der Erdoberfläche befinden. Das Epizentrum ist der Punkt an der Oberfläche, der genau über dem Herd liegt; dort ist die Zerstörung normalerweise am größten.

▶ *Seismische Wellen.* P-Wellen sind Kompressionswellen, die durch feste Stoffe, wie auch durch Flüssigkeiten wandern. S-Wellen sind transversale Wellen und gehen nur durch feste Stoffe.

Die Atmosphäre und Magnetosphäre der Erde

▶ **Nordlicht:** 21. Oktober 1989, gesehen aus der Umgebung von Belfast in Nordirland (Foto: T.J.C.A. Moseley). Dieses weit ausgebreitete Polarlichtband konnte weit in den Süden bis nach Sussex gesehen werden. In den Jahren 1989–1991, als die Sonne nah an ihrem Aktivitätsmaximum war, gab es mehrere, besonders strahlende Polarlichter.

▼ **Die Magnetosphäre der Erde** ist der Bereich des Raumes, in dem das Magnetfeld der Erde vorherrscht. Auf der der Sonne zugewandten Seite der Erde drückt der Sonnenwind die Magnetosphäre auf 8–10 Erdradien (R_E) zusammen. Auf der gegenüberliegenden Seite zieht der Sonnenwind die Feldlinien zu einem Magnetschweif aus, der sich weit über die Mondbahn erstreckt. Die Magnetopause ist die Grenze der Magnetosphäre, durch die der Sonnenwind nur schwer dringen kann. Vor der Magnetopause entsteht im Sonnenwind eine Stoßfront, die ihr 3–4 Erdradien vorgelagert ist.

Vom Weltraum aus sieht die Erde wahrhaft großartig aus; so haben es uns die Astronauten berichtet – besonders jene, die sie vom Mond aus gesehen haben –, obwohl es völlig unmöglich ist, Details wie etwa die Chinesische Mauer zu erkennen, auch wenn das schon oft behauptet wurde. Die Umrisse der Meere und Kontinente sind klar zu erkennen, ebenso Wolken in der Atmosphäre, die zum Teil große Gebiete bedecken.

Die Meteorologie hat sehr stark von Methoden der Weltraumforschung profitiert, weil wir jetzt ganze Wettersysteme erforschen können, statt uns auf Berichte von verstreuten Stationen zu verlassen. Die Atmosphäre besteht im wesentlichen aus Stickstoff (78%) und Sauerstoff (21%), was kaum Raum für etwas anderes läßt; es gibt noch etwas Argon, ein wenig Kohlendioxid, Spuren von Gasen wie Krypton und Xenon zusammen mit veränderlichen Anteilen Wasserdampf.

Die Atmosphäre ist in Schichten unterteilt. Die unterste, die Troposphäre, reicht über den Polen bis etwa 8 Kilometern herauf, am Äquator bis zu 17 Kilometern. In ihr finden sich Wolken und Wetter. Die Temperatur fällt mit steigender Höhe; an der Schichtobergrenze ist sie auf –44°C abgesunken; die Dichte ist ebenso sehr gering.

Über der Troposphäre liegt die Stratosphäre, die bis auf 50 km heraufreicht. Überraschenderweise fällt die Temperatur nicht weiter, sondern steigt sogar bis auf +15°C an der Obergrenze der Schicht. Bedingt wird dies durch das Ozon, das aus drei, statt normalerweise zwei, Sauerstoffatomen besteht und durch kurzwellige Sonnenstrahlung erwärmt wird. Der Temperaturanstieg bedeutet jedoch nicht mehr Wärme. Wissenschaftlich ist Temperatur definiert durch die Geschwindigkeit, mit der Atome und Moleküle umherfliegen; je größer die Geschwindigkeit, desto höher die Temperatur. In der Stratosphäre gibt es so wenig Moleküle, daß man die „Wärme" vernachlässigen kann. Es ist die „Ozonschicht", die uns vor schädlicher Strahlung aus dem All schützt. Ob sie dabei ist, durch den Menschen zerstört zu werden, ist eine Streitfrage, aber mit Sicherheit muß die Situation genau beobachtet werden.

Über der Stratosphäre ist die Ionosphäre, die sich von 50 bis 600 km Höhe erstreckt. Von hier werden Radiowellen auf die Erde zurückgeworfen, was Kommunikation über große Entfernung hin ermöglicht. In der Ionosphäre finden wir die schönen, leuchtenden Nachtwolken, die von normalen Wolken vollkommen verschieden sind und vielleicht von Wassertröpfchen, die als Eis auf Meteoritenpartikeln kondensieren, herrühren. Die Ionosphäre wird oft in Mesosphäre (bis 80 km) und Thermosphäre (bis 200 km) unterteilt. Darüber ist die Exosphäre, die keine klare Grenze hat, sondern einfach immer dünner wird, bis sie nur noch die Dichte des interplanetarischen Mediums besitzt. Darüber liegt noch die „Geokorona", ein Halo aus Wasserstoff, der sich bis auf 95 000 km erstreckt.

Die Polarlichter – Aurora borealis in der nördlichen Hemisphäre, Aurora australis in der südlichen – sind ebenfalls in der Ionosphäre anzutreffen, normalerweise zwischen 100 bis 700 km Höhe. Polarlichter kann man in mannigfaltigen Formen sehen: als Glühen, Strahlen, Bänder, Draperien oder Vorhänge. Sie verändern sich rasch und können ziemlich hell sein. Sie entstehen durch elektrisch geladene Teilchen aus dem All – hauptsächlich aus der Sonne stammend –, die mit Atomen und Molekülen in

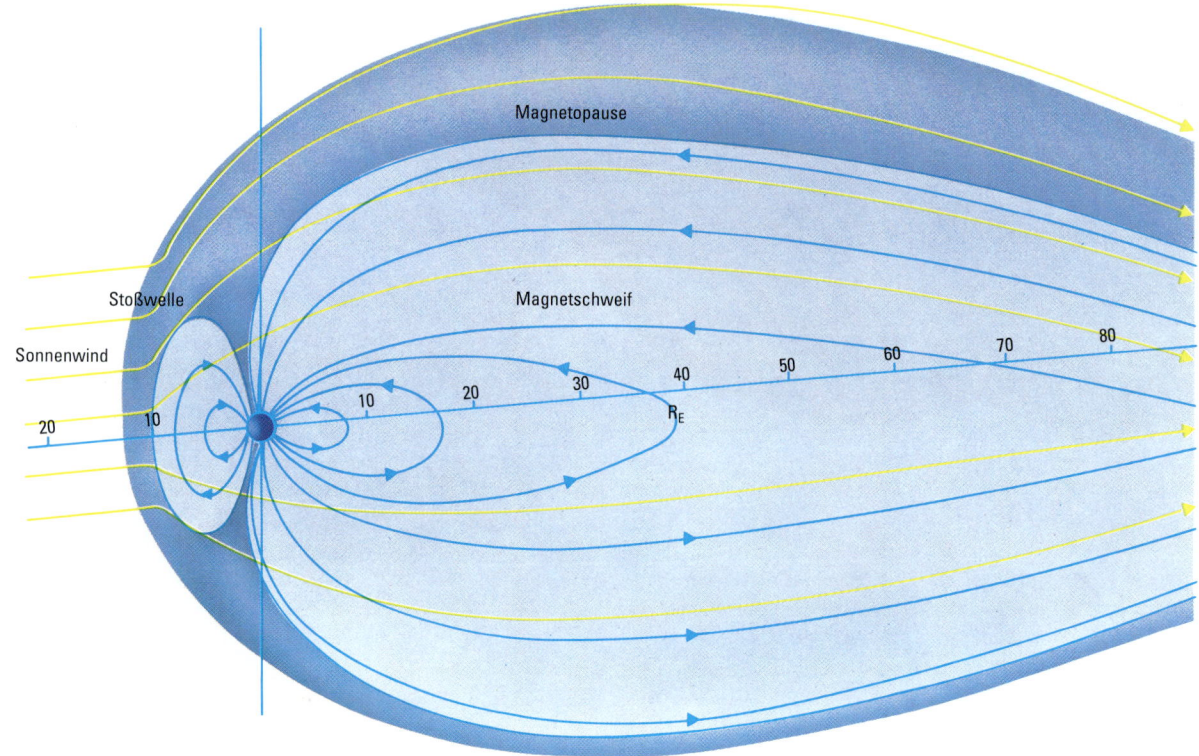

Magnetopause

Magnetschweif

Stoßwelle

Sonnenwind

R_E

▶ **Die Erdatmosphäre** besteht aus der Troposphäre, die sich vom Boden aus bis in 8 km Höhe an den Polen und bis in 17 km Höhe am Äquator erstreckt; die Stratosphäre erstreckt sich bis auf 50 km; die Mesosphäre zwischen 50 und ca. 80 km; die Thermosphäre von etwa 80 bis auf 200 km; jenseits davon liegt die Exosphäre.

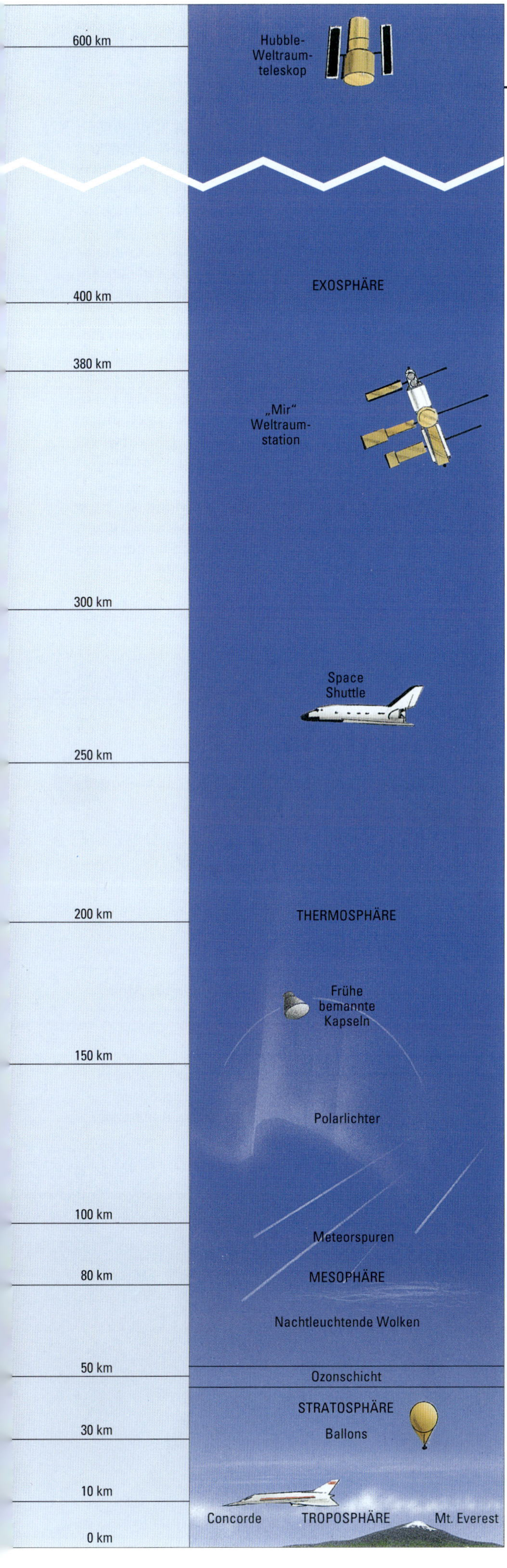

600 km — Hubble-Weltraumteleskop

EXOSPHÄRE

400 km

380 km — „Mir" Weltraumstation

300 km

Space Shuttle

250 km

200 km — THERMOSPHÄRE

Frühe bemannte Kapseln

150 km

Polarlichter

100 km

Meteorspuren

80 km — MESOPHÄRE

Nachtleuchtende Wolken

50 km — Ozonschicht

STRATOSPHÄRE

30 km — Ballons

10 km

Concorde — TROPOSPHÄRE — Mt. Everest

0 km

der oberen Atmosphäre zusammenstoßen und sie zum Leuchten bringen. Weil die Partikel elektrisch geladen sind, haben sie die Tendenz, in Richtung auf die magnetischen Pole herabzufliegen, so daß man die Polarlichter am besten von hohen Breitengraden aus sehen kann. Sie kommen häufig in Alaska, Nordnorwegen, im Norden Schottlands und der Antarktis vor: in niedrigeren Breiten, wie etwa Deutschland, sind sie wesentlich seltener, vom Äquator aus kann man sie fast nie sehen. Polarlichtaktivität tritt mehr oder weniger ständig um zwei Ovale auf, die asymmetrisch um die Magnetpole herum liegen. Während heftiger Sonnenaktivität vergrößern sich die Ovale und erzeugen auch weiter weg von den Hauptregionen Erscheinungen. Polarlichter sind schon seit vielen Jahrhunderten bekannt. Der römische Kaiser Tiberius, der von 14–37 nach Christus regierte, schickte einmal seine Feuerwehr in den Hafen von Ostia, weil ein strahlend rotes Polarlicht ihn glauben ließ, die ganze Stadt stünde in Flammen.

Die Erde besitzt ein starkes Magnetfeld. Die Region, in der das Magnetfeld wirkt, heißt Magnetosphäre. Ihre Form gleicht der eines Tropfen, wobei die Spitze von der Sonne weg zeigt. Auf der sonnwärtigen Seite der Erde erstreckt sie sich bis auf 65 000 km, auf der Nachtseite aber reicht sie noch wesentlich weiter.

In der Magnetosphäre gibt es zwei Zonen mit starker Strahlung, die zuerst 1958 durch Explorer 1, dem ersten erfolgreichen amerikanischen Satelliten, entdeckt wurden und Van-Allen-Gürtel heißen. Die eine der zwei Hauptzonen reicht bis knapp unter 8 000 km, die andere erstreckt sich bis auf 37 000 km. Der innere Gürtel, der hauptsächlich aus Protonen besteht, taucht über dem Südatlantik auf die Erdoberfläche, weil das Magnetfeld der Erde von der Rotationsachse versetzt ist; diese „Südatlantikanomalie" stellt eine Gefahr für empfindliche Meßgeräte in Satelliten dar. Die Nichtübereinstimmung von magnetischem und geographischem Nordpol führt zur Deklination (oder „Mißweisung") der Kompaßnadel. Diese Kompaßabweichung spielt z. B. bei der Benutzung von Karten beim Bergsteigen eine Rolle.

Wir können nicht behaupten, daß wir das Magnetfeld der Erde vollständig verstehen. Es gibt Beweise für periodische Umkehrungen und Schwankungen der Intensität des Feldes. Wenigstens ist sicher, daß Strömungen im eisenreichen, flüssigen Kern das Feld erzeugen. Nebenbei bemerkt, haben Mond und Venus keine meßbaren Felder, und falls der Mars ein Magnetfeld hat, muß es extrem schwach sein. Die Erde ist in dieser Hinsicht also einzigartig unter den inneren Planeten.

▼ **Leuchtende Nachtwolken.** *Diese seltsamen, schönen Wolken können oft sehr auffällig werden; ihr Ursprung ist unsicher, aber vielleicht entstehen sie durch die Kondensation von Wassertröpfchen auf Meteoritenpartikeln. Diese Aufnahme wurde im Januar 1993 in Alaska gemacht (A. Watson).*

Das Erde-Mond-System

Der Mond wird offiziell als der Satellit der Erde klassifiziert, aber es wäre in vielerlei Hinsicht besser, das Erde-Mond-System als Doppelplaneten zu betrachten. Das Massenverhältnis beträgt 81 zu 1, während etwa der Titan, der größte Satellit des Saturns, nur 1/4150 der Masse des Saturns besitzt.

Über den Ursprung des Mondes sind wir uns keineswegs im klaren. Die alte, aber attraktive Theorie, derzufolge er einfach aus der Erde herausbrach und eine Vertiefung hinterließ, die heute der Pazifische Ozean ausfüllt, ist schon lange überholt. Es ist möglich, daß Erde und Mond zusammen aus dem Sonnennebel entstanden, aber es gibt zusehends Unterstützung für die These, daß der Mond durch eine Kollision der Erde mit einem großen Himmelskörper entstand. Dabei verschmolzen ihre beiden Kerne, und Trümmer aus dem Erdmantel, durch die Kollision herausgeschleudert, bildeten vorübergehend einen Ring um die Erde, aus dem schließlich der Mond entstand. Der Erdmantel hat deutlich weniger Masse als der Kern; so würde sich erklären, warum der Mond eine geringere Dichte als die Erde hat; schließlich zeigen Analysen von Mondgestein, daß Erde und Mond etwa gleich alt sind.

Oft sagt man, daß „sich der Mond um die Erde dreht". Um ganz genau zu sein, bewegen sich die beiden Himmelskörper um ihr gemeinsames Schwerkraftzentrum, das „Baryzentrum"; da dieses Zentrum jedoch tief im Inneren der Erdkugel liegt, ist die einfache Aussage für die meisten Fälle ausreichend.

Die Umlaufzeit beträgt 27,3 Tage; jeder ist vertraut mit den Phasen, oder sichtbaren Veränderungen der Gestalt, von Neumond bis Vollmond. Wenn der Mond zunimmt, kann man häufiger sehen, daß die „dunkle" Seite schwach glänzt. Darin liegt kein Geheimnis verborgen, sondern dieser Effekt liegt an dem Licht, das von der Erde auf den Mond reflektiert wird und deshalb Erdschein heißt. Er kann sehr auffällig sein. Nebenbei bemerkt, beträgt die synodische Umlaufzeit, d.h. das Zeitintervall zwischen einem Neumond und dem nächsten, wegen der gemeinsamen Bewegung von Erde und Mond um die Sonne nicht 27,3 Tage, sondern 29,5 Tage.

Während seiner Urgeschichte war der Mond der Erde viel näher als heute, und die Erdrotationsperiode kürzer; sogar heute noch wird der „Tag" allmählich länger, während der Mond von der Erde fortgetrieben wird.

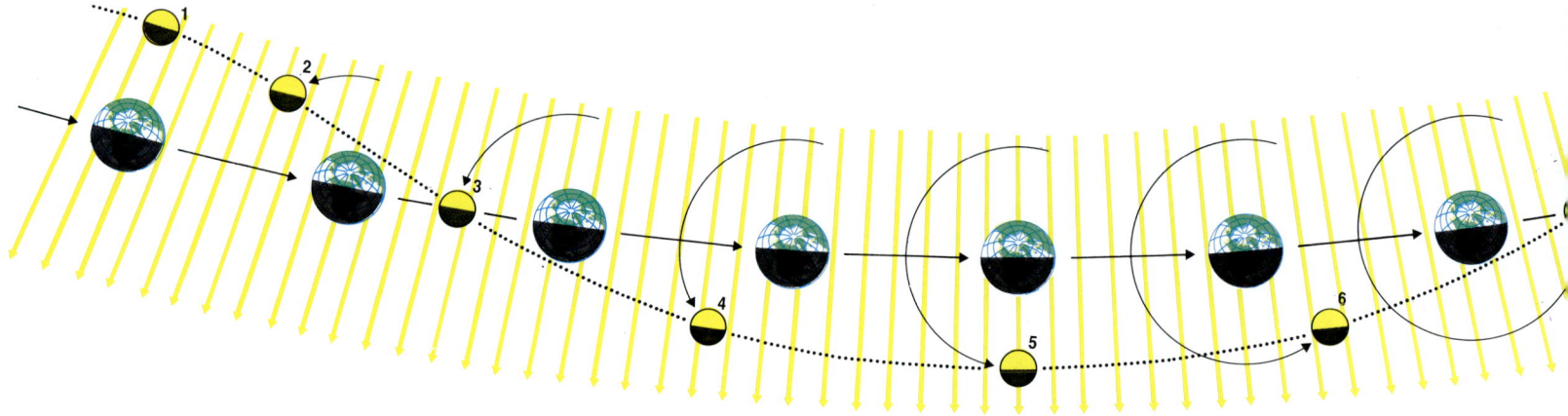

Der Neumond (1 und 9) erscheint, wenn der Mond der Sonne am nächsten ist. Bei zunehmendem Mond (2) sieht man deutlich das Mare Crisium zwischen Ostrand und Terminator. Häufig ist der Erdschein zu sehen.

Der zunehmende Halbmond (3) zeigt das Mare Serenitatis mit der großen Kraterkette in der Nähe des Zentralmeridians. Weil die Sonne noch tief über der sichtbaren Zone steht, zeichnen sich Einzelheiten klar ab.

Der weiter zunehmende Mond (4) zeigt die großen Krater Tycho und Kopernikus. Obwohl die Krater gut beleuchtet werden, sind ihre spektakulären Strahlen noch nicht so eindrucksvoll, wie sie es bald sein werden.

Vollmond (5). Es gibt keine Schatten, und die Strahlen von Tycho und Kopernikus stechen so sehr hervor, daß die Krater selbst kaum erkennbar sind. Die „Meere" des Mondes („Maria-Gebiete") zeichnen sich dunkel ab.

Der abnehmende Mond (6). Die dunklen Maria, die man einst für Meere hielt, sind jetzt gut beleuchtet. Tatsächlich handelt es sich um gigantische Ebenen aus vulkanischer Lava.

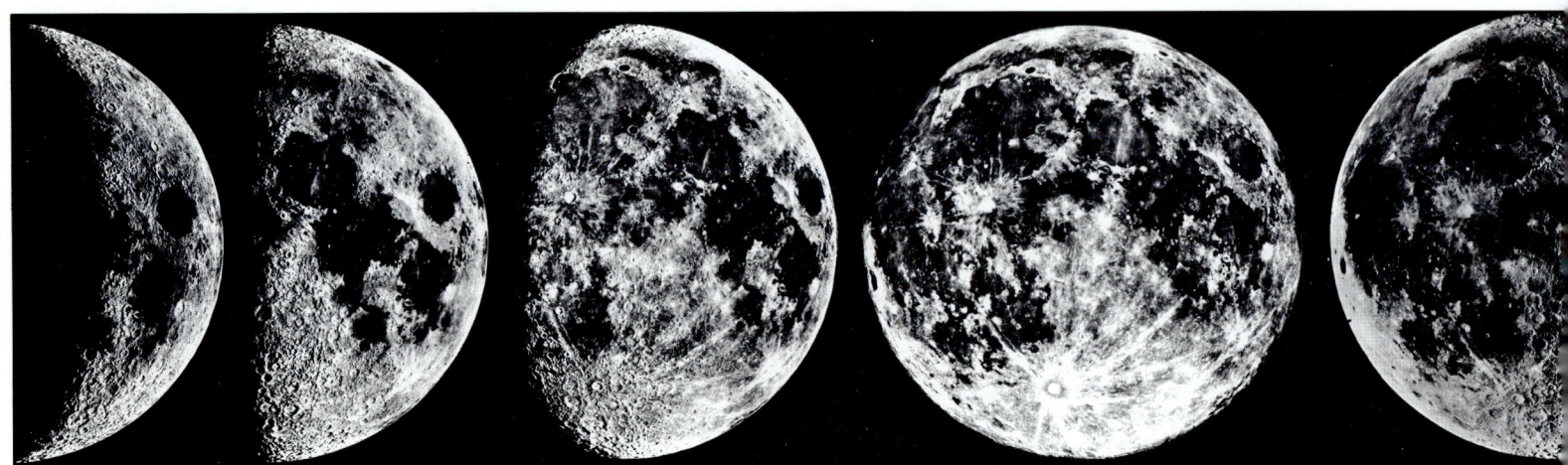

Diese Effekte sind jedoch sehr gering. Die Entfernung des Mondes nimmt mit einer Rate von weniger als 4 Zentimetern pro Jahr zu.

Die „gebundene" oder „synchrone" Rotation bedeutet, daß ein Teil des Mondes immer von uns abgewendet ist, so daß wir bis 1959, als die Russen mit der Sonde Lunik 3 eine „Rundfahrt" um den Mond machten, nichts Genaues über diesen Teil wußten. Tatsächlich hat sich dann herausgestellt, daß er im wesentlichen genauso aussieht wie der uns bekannte Teil, auch wenn einige Oberflächendetails etwas anders angeordnet sind.

Die geringe Fluchtgeschwindigkeit des Mondes bedeutet, daß er eine Atmosphäre, die er vielleicht einmal gehabt hat, nicht halten konnte. Wie die Erde besteht er aus Kruste, Mantel und einem Kern. Es gibt eine lose obere Schicht, die 1–20 Meter tief ist; darunter kommt eine etwa 1 Kilometer dicke Grundgesteinsschicht, darunter eine Schicht härteren Gesteins, die etwa 25 km tief reicht. Als nächstes kommt der Mantel und dann der metallreiche Kern mit einem Durchmesser von etwa 1000–1500 km. Der Kern ist heiß genug, um geschmolzen zu sein, wenngleich er weniger heiß als der Erdkern ist.

MONDDATEN	
Entfernung Erde–Mond, Zentrum zu Zentrum:	
max. (Apogäum)	406 697 km
mittlere	384 400 km
min. (Perigäum)	356 410 km
Siderische Umlaufzeit	27 T 7 h 43 m 11,6 s
Rotationsperiode	27 T 7 h 43 m 11,6 s
Synodische Umlaufzeit (Intervall zwischen zwei Neumonden)	29 T 12 h 44 m 3 s
Mittlere Bahngeschwindigkeit	3680 km/h
Exzentrizität	5°9'
Scheinbarer Durchmesser:	max. 33' 31"
	mitt. 31' 6"
	min. 29' 22"
Dichte, Wasser = 1	3.34
Masse, Erde = 1	0.012
Volumen, Erde = 1	0.020
Fluchtgeschwindigkeit	2.38 km/s
Oberflächengravitation, Erde = 1	0.165
Albedo	0.07
Mitt. scheinb. Helligkeit:	-12.7 mag
Durchmesser	3476.6 km

▼ *Die Gezeiten* werden zum großen Teil durch den Mond verursacht, die Sonne zeigt jedoch auch Wirkung. Wenn beide zusammen wirken (1), sind die Gezeiten stark (Springfluten). Stehen sie im rechten Winkel zueinander (2), sind die Gezeiten schwach (Nippfluten).

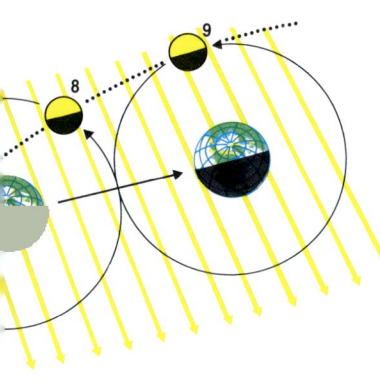

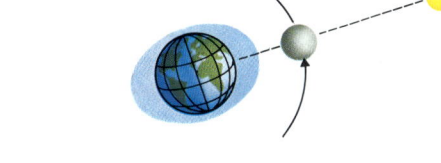

Der abnehmende Halbmond (7) (letztes Viertel des Mondlaufs). Die Strahlen sind weniger deutlich. Die Schatten in den Kratern nehmen zu. Die Mondsichel (8) ist kurz vor Neumond sichtbar.

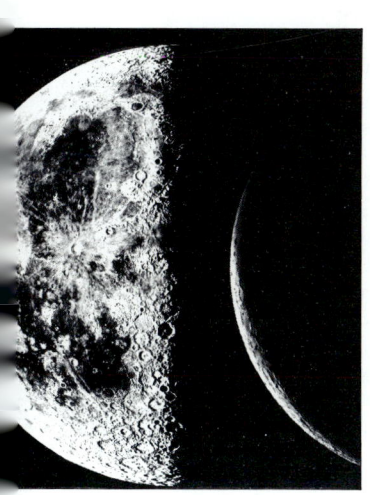

Mondfinsternis

Eine Mondfinsternis entsteht durch Eintritt des Mondes in den Kernschatten der Erde. Bei mittlerer Entfernung hat der Schatten einen Durchmesser von 9170 km. Eine totale Finsternis kann bis zu 104 Minuten dauern. Weil die Umlaufbahn 5° 09' geneigt ist, tritt nicht bei jedem Vollmond eine Finsternis auf; so bei A, nicht aber bei B.

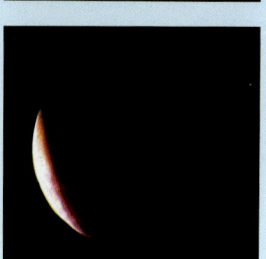

Der Mond verschwindet während einer Finsternis nicht vollständig, weil durch Brechung von Sonnenlicht in der Erdatmosphäre Licht auf den Mond fällt. Einige Finsternisse leuchten in schönen Farben, andere sind dunkel. Manchmal verschwindet der Mond vollständig, nicht selten als Folge von Vulkanasche in höheren Schichten der Erdatmosphäre. Bilder einer Finsternis am 24./25. Juni 1964.

Merkmale des Mondes

Der Mond ist für den Benutzer eines kleinen Teleskops das spektakulärste Himmelsobjekt. Man kann eine immense Menge Details erkennen, und darüberhinaus verändert sich mit dem Einfallswinkel des Sonnenlichts die Erscheinung des Mondes von Nacht zu Nacht dramatisch. Ein Krater kann in der Nähe des „Terminators", der Grenze zwischen Tages- und Nachthälfte, imposant erscheinen, oder aber fast nicht zu identifizieren sein, wenn es nahe Vollmond so gut wie keine Schatten mehr gibt.

Die auffälligsten Merkmale sind die großen, dunklen Ebenen, die man „Meere" oder „Maria" nennt. Schon seit Jahrhunderten ist bekannt, daß sich kein Wasser in ihnen befindet und auch nie befunden hat! Trotzdem behalten sie ihre romantischen Namen, wie etwa Mare Imbrium (Regenmeer), Sinus Iridium (Regenbogenbucht) oder Oceanus Procellarum (Ozean der Stürme). Sie stellen unterschiedliche Typen dar. Einige, wie etwa Mare Imbrium, sind im wesentlichen kreisrund und von Bergen begrenzt. Der Durchmesser von Mare Imbrium beträgt 1300 km. Andere Meere, wie der weite Oceanus Procellarum, sind unregelmäßig und gefleckt, als wenn sie übergeströmte Lava wären. Es gibt Buchten wie Sinus Iridum, die in das Mare Imbrium mündet und einen großartigen Anblick darstellt, wenn die Sonne über ihr auf- oder untergeht. Die Bergspitzen zeichnen sich ab, während der Grund noch im Dunkeln liegt; eine Erscheinung, die oft den Spitznamen „juwelenbesetzter Knauf" erhielt.

Die meisten größeren Meere sind miteinander verbunden. Es gibt jedoch eine Ausnahme: das isolierte, wohlgeformte Mare Crisium am Nordostrand des Mondes, das auch mit bloßem Auge leicht auszumachen ist. Durch die perspektivische Verzeichnung erscheint es in Nord-Süd-Richtung verlängert; der Nord-Süd-Durchmesser ist jedoch 460 km, während der Ost-West-Durchmesser 590 km beträgt. Meere, die noch näher am Rand liegen, sind so stark verzeichnet, daß sie nur unter günstigen Bedingungen ausgemacht werden können.

Die gesamte Mondoberfläche wird durch Krater dominiert, die in der Größe von 293 km Durchmesser, wie etwa Bailly, bis hinunter zu winzigen Vertiefungen reichen. Kein Teil des Mondes ist frei von ihnen. Im Hochland drängen sie sich dicht, sie sind aber auch auf dem Grund von Maria-Gebieten, wie auch an Bergflanken und -spitzen zu finden. Sie brechen ineinander und verzerren sich gegenseitig, manchmal so stark, daß ihre ursprüngliche Gestalt nur schwer nachzuzeichnen ist. Bei manchen sind die Wände durch Lavaströme so stark nivelliert, daß sie zu „Geisterkratern" geworden sind.

Der Jesuit und Astronom Riccioli, der 1651 eine Mondkarte zeichnete, benannte die Hauptkrater nach verschiedenen Persönlichkeiten, zumeist Wissenschaftlern. Sein System ist bis in die Gegenwart befolgt worden, wenn auch in modifizierter und erweiterter Form. Es finden sich darunter einige unerwartete Namen. Julius Caesar etwa hat seinen eigenen Krater erhalten, wenn dies auch für seine Verbindung mit der Kalenderreform und kaum für seine militärischen Fähigkeiten geschehen ist.

Zentralberge und Gruppen von Bergen finden sich häufig, und die Wände können wuchtig und stufenförmig sein. Im Profil sieht ein Krater nicht im geringsten wie ein steiler Bergwerksschacht aus. Die Wände erheben sich nur wenig über das Niveau der umliegenden Oberfläche, während der Kratergrund abgesunken ist. Die höchsten Berge reichen nicht auf die Höhe der äußeren Wälle, so daß man theoretisch einen Deckel auf den Krater legen könnte! Einige Formationen, wie etwa Plato in der Alpenregion und Grimaldi in der Nähe des Westrandes, haben einen so dunklen Grund, daß man sie bei jeder Beleuchtung des Mondes erkennen kann. Aristarchus im Oceanus Procellarum mißt nur 37 km im Durchmesser, aber hat Wälle und einen Zentralberg, die im Erdschein so strahlend leuchten, daß man ihn manchmal für einen ausbrechenden Vulkan gehalten hat.

Die beeindruckendsten Krater von allen sind Tycho im südlichen Hochland und Kopernikus im Mare Nubium. Im Auflicht kann man sie als Zentren heller Strahlen, die sich Hunderte von Kilometern ausbreiten, erkennen. Die Strahlen sind Oberflächencharakteristika und machen keine Schatten, so daß man sie nur gut sieht, wenn die Sonne relativ hoch über ihnen steht. Bei Vollmond sind sie so hervorstechend, daß sie fast jedes andere Detail überdecken. Interessanterweise kommen die Strahlen des Tycho nicht aus dem Kraterzentrum, sondern sind tangential zu den Kraterwänden. Es gibt viele kleinere Strahlenzentren, wie etwa Kepler im Oceanus Procellarum oder Anaxagoras in der Nordpolarregion.

Die Hauptgebirgsketten bilden die Ränder der gewöhnlichen Meere; so wird das Mare Imbrium von Alpen, Apenninen und Karpaten begrenzt. Es gibt zahllose einzelne Berge und Hügel, wie auch Kuppen, oft mit einem

▼ **Die Alpen** sind Teil des Mare Imbrium; die Krater im unteren Bildteil sind Archimedes (links), Aristillus und Autolycus. Die Formation mit den niedrigen Wänden und zwei kleinen Kratern im Inneren heißt Cassini. Man kann erkennen, wie das Alpental am oberen Bildrand durch die Alpenkette schneidet.

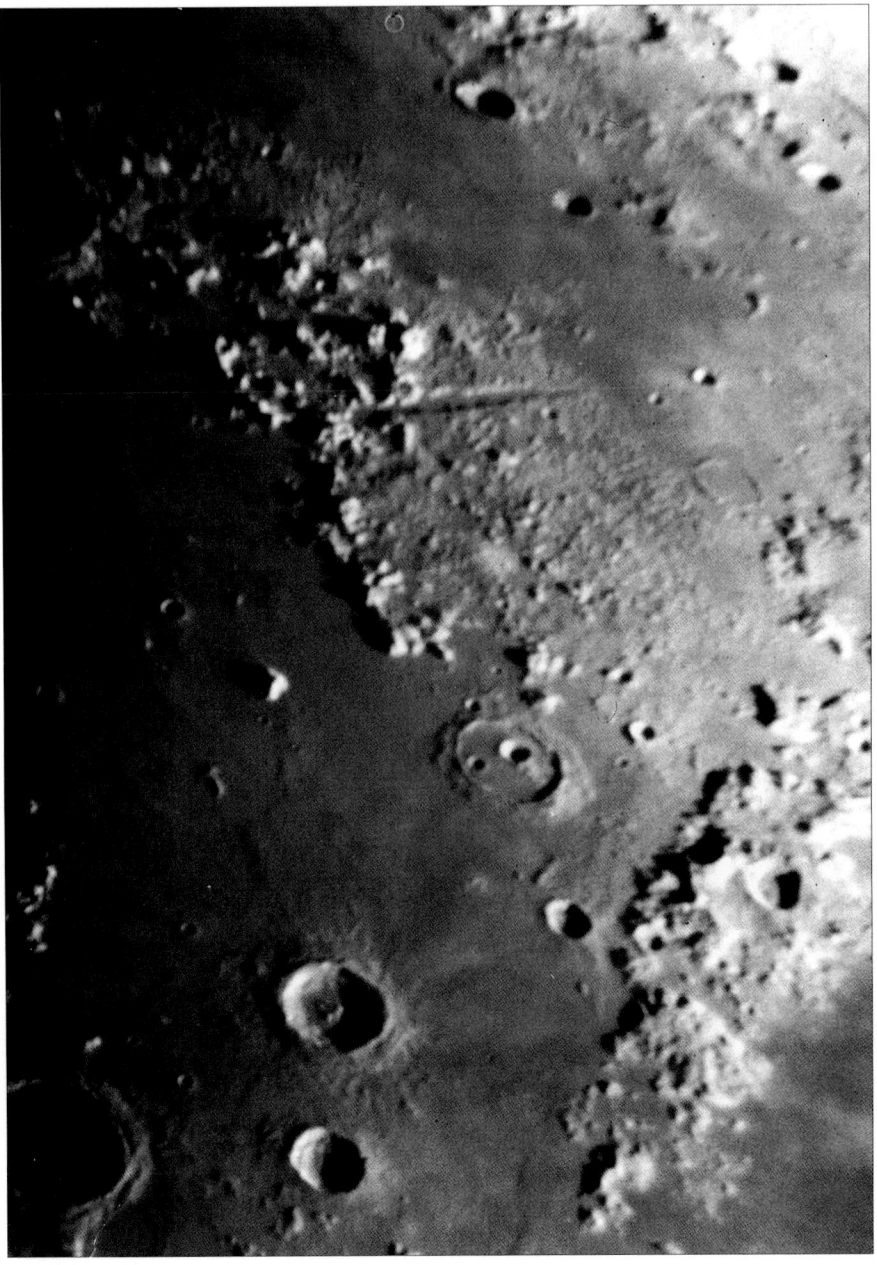

kleinen Krater auf der Kuppe. Ein Merkmal von besonderem Interesse ist die „Lange Wand" im Mare Nubium, die eigentlich keine Wand ist! Das Land fällt nach Westen etwa 300 m ab, so daß die „Wand" einfach eine Verwerfung in der Oberfläche ist. Vor Vollmond erscheint ihr Schatten als schwarze Linie, nach Vollmond als helle Linie, weil die Sonne auf die geneigte Seite scheint. Sie ist keineswegs glatt und ihr Gefälle scheint mehr als 40 Grad zu betragen. In der Zukunft wird sie ohne Zweifel eine Attraktion für Mondtouristen werden.

Hier und dort finden sich Täler. Das sogenannte „Rheita Tal" im südöstlichen Hochland ist in Wirklichkeit eine Verschmelzung mehrerer Krater. Kraterketten sind auf dem Mond sehr verbreitet; manchmal gleichen sie dabei Perlenschnüren. Darüberhinaus gibt es Rillen, auch Gräben genannt, die rißartige Einsturzmerkmale sind. Einige davon stellen sich auch ganz oder teilweise als Kraterketten heraus. Die bekanntesten Rillen sind Hyginus und Ariadaeus im Gebiet des Mare Vaporum. Auf dem Boden einiger großer Krater gibt es komplizierte Rillensysteme; so etwa im Gassendi-Krater an der Nordgrenze des Mare Humorum oder im Alphonsus, dem zentralen Glied einer Kette vom Wallebenen, deren größte Ptolemäus mit 148 km Durchmesser ist.

Viele Meere werden von Graten, also niedrigen Erhebungen durchzogen, die sich über eine beachtliche Länge schlängeln. Diese Grate sind oft Geisterkrater, die so sehr mit Lava zugeschüttet sind, daß sie kaum noch wiederzuerkennen sind.

Einer Theorie zufolge, die heute von den meisten Astronomen anerkannt wird, entstanden die Krater durch ein gewaltiges Meteoriten-Bombardement, das vor wenigstens 4,5 Milliarden Jahren begann und vor etwa 3,85 Milliarden Jahre zu Ende ging. Dem folgte ausgedehnter Vulkanismus; Magma trat aus und flutete die Becken. Die Lavafluten hörten dann vor etwa 3,2 Milliarden Jahren ziemlich plötzlich auf, und der Mond hatte seitdem sehr wenig Veränderung aufzuweisen, abgesehen von der Bildung vereinzelter Einsturzkrater. Es ist behauptet worden, daß die Strahlenkrater Tycho und Kopernikus möglicherweise nicht älter als 1 Milliarde Jahre alt sind, obwohl auch das, nach irdischen Maßstäben, alt ist. Noch gibt es ein paar Leute, die die Meteoritentheorie anzweifeln, zum größten Teil, weil die Krater nicht wahllos verteilt sind, wie sie es bei einem reinen Zufallsbombardement sein müßten. Ohne Zweifel haben sowohl Einsturz von Meteoriten wie vulkanische Prozesse eine Rolle bei der Formung der Mondoberfläche gespielt. Heute jedenfalls gibt es kaum Aktivität; vereinzelt treten lokale Leuchterscheinungen und Verschleierungen auf, sogenannte „kurzlebige Erscheinungen auf dem Mond" oder „Transient Lunar Phenomena (TLP)".

▲ *Kopernikus, Stadius und Eratosthenes.* Kopernikus ist der große Krater links unten; er ist eines der größten Strahlenzentren auf dem Mond. Der kleinere Eratosthenes oben rechts, liegt am Ende der Apenninenkette. Stadius, rechts von Kopernikus, ist ein "Geisterkrater", dessen Wände durch Lava so weit ausgeglichen wurden, daß sie jetzt kaum noch auffindbar sind.

◄ *Die Ptolemäus-Gruppe* ist eine große Kette von Wallebenen im Zentrum der Mondscheibe. Oben im Bild liegt Ptolemäus, darunter in der Mitte Alphonsus mit kleinem Zentralberg und dunklen Flecken auf dem Grund. Unter Alphonsus liegt Arzachel, wiederum kleiner, aber mit höheren Wänden und Zentralberg. Links von Ptolemäus liegt die Wallebene Albategnius.

Mondlandschaften

Photos vom Mond, selbst durch kleine Teleskope aufgenommen, zeigen eine überraschende Menge Details. Es gibt stets etwas Neues zu sehen. Es ist nicht schwer, sich seinen eigenen photographischen Mondatlas zu machen.

NAMEN DER MEERE (MARIA)

Sinus Aestrum	Hitzebucht
Mare Australe	Südliches Meer
Mare Crisium	Meer der Entscheidungen
Palus Epidemiarum	Sumpf der Krankheiten
Mare Foecunditatis	Meer der Fruchtbarkeit
Mare Frigoris	Meer der Kälte
Mare Humboldtianum	Humboldt-Meer
Mare Humorum	Meer der Feuchtigkeit
Mare Imbrium	Regenmeer
Sinus Iridum	Regenbogenbucht
Mare Marginis	Randmeer
Sinus Medii	Bucht der Mitte
Lacus Mortis	See des Todes
Palus Nebularum	Sumpf der Nebel
Mare Nectaris	Honigmeer
Mare Nubium	Wolkenmeer
Mare Orientale	Östliches Meer
Oceanus Procellarum	Ozean der Stürme
Palus Putredinis	Sumpf der Fäulnis
Sinus Roris	Taubucht
Mare Serenitatis	Meer der Heiterkeit
Mare Smythii	Smyth-Meer
Palus Somnii	Sumpf des Schlafes
Lacus Somniorum	See der Träume
Mare Spumans	Schäumendes Meer
Mare Tranquilliatis	Meer der Ruhe
Mare Undarum	Wellenmeer
Mare Vaporum	Meer der Dämpfe

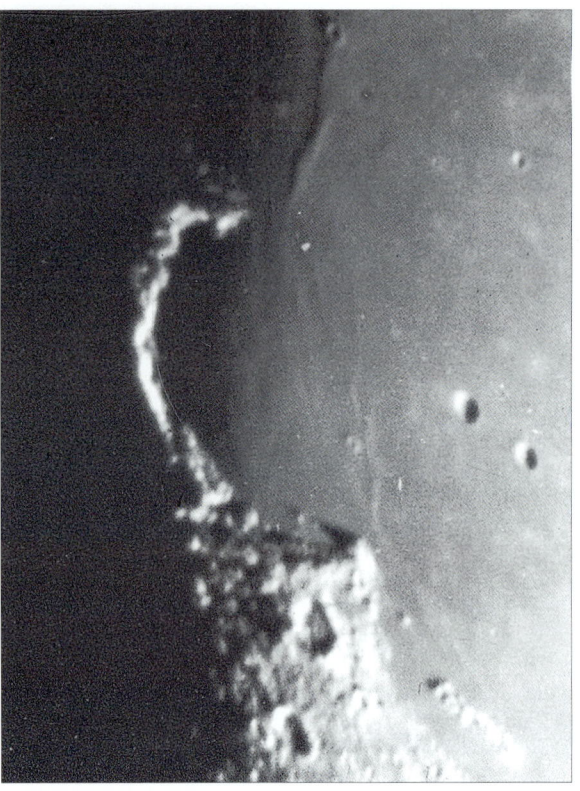

▲ **Sinus Iridum** - die Erscheinung des „juwelenbesetzten Knaufs". Die Sonne geht über der Bucht auf und ihre Strahlen erfassen die bergige Begrenzung, während sich der tiefer liegende Boden noch im Schatten befindet. Die beiden Kleinkrater rechts von der Bucht sind der Helicon und Le Verrier.

▶ **Die Posidonius-Region.** Diese Region ist die große Wallebene am unteren Rand des Bildes; ihr kleiner Begleiter ist Chacornac. Die beiden Krater oben heißen Atlas und Herkules; links von ihnen liegt Bürg, mit der dunklen Ebene des Lacus Mortis und ausgedehnten Rillensystemen.

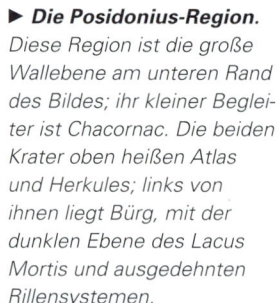

◀ **Mondrillen**. Hier sind zwei der bekanntesten Rillen zu sehen. Die Hyginus-Rille ist eigentlich eine Kraterkette. Das größte Detail, Hyginus, hat einen Durchmesser von 6 km. Die lange Ariadaeus-Rille rechts gleicht mehr einem Riß. Aridaeus selbst hat 15 km Durchmesser. Rechts sieht man mit dunklem Grund Boscovic und dazu Julius Caesar.

WICHTIGSTE BERGKETTEN

Alpen	N-Grenze von Imbrium.
Altai Scarp	SW von Nectaris, von Piccolomini.
Apenninen	Grenzt an Imbrium.
Karpaten	Südliche Begrenzung von Imbrium.
Kaukasus	Teilt Serenitatis und Nebularum.
Cordilleren	Randkette, nahe Grimaldi.
Haemus	S-Grenze von Serenitatis.
Harbinger	Gruppe von Gipfeln im Imbrium, nahe Aristarchus.
Jura	Grenzt an Iridum.
Percy	NW-Grenze von Humorum; keine bedeutende Kette.
Pyrenäen	Gruppe von Hügeln, begrenzt Nectaris im Osten.
Riphäen	Kurze Kette im Nubium.
Rook	Gliederkette, in Verbindung mit Orientale.
Spitzbergen	Bergkette im Iridum, nördlich des Archimedes.
Gerade Kette	Im Imbrium, nahe Plato; sehr regelmäßig.
Taurus	Bergkette im Osten von Serenitatis.
Teneriffa	Berggruppe im Imbrium, südlich von Plato.
Ural	Verlängerung der Riphäen.

◄ *Thebit und die Lange Wand.* Thebit, am Rand des Mare Nubium, hat 60 km Durchmesser. Er wird durch einen kleineren Krater, Thebit A, unterbrochen, der wiederum durch den kleineren Thebit F durchbrochen wird, was nur die übliche Anordnung von Mondkratern zeigt. Links von Thebit ist die Verwerfung mit dem irreführenden Namen „Lange Wand". Links der Wand sieht man den wohlgeformten, 18 km messenden Birt-Krater, der mit einer Rille verbunden ist, die in einen Kleinkrater ausläuft.

Die Rückseite des Mondes

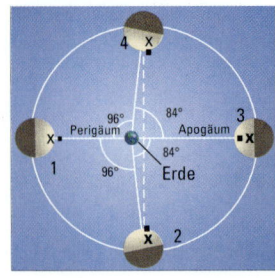

▲ Libration in Länge.
X ist das Zentrum der Mondscheibe, wie man sie von der Erde aus sieht. In Position 1 ist der Mond im Perigäum. Nach einem Viertel seines Umlaufs erreicht er Pos. 2. Da er sich auf seiner Reise vom Perigäum etwas schneller als mit seiner mittleren Geschwindigkeit bewegt, deckt er 96° statt 90° ab. Von der Erde aus liegt X etwas östlich vom scheinbaren Zentrum der Scheibe, und ein kleiner Teil der Rückseite kommt im Westen zum Vorschein. Nach einem weiteren Viertel erreicht der Mond in Pos. 3 das Apogäum, X liegt wieder in der Mitte. Weitere 84° werden zwischen den Positionen 3 und 4 abgedeckt, und X ist nach Westen verlagert, so daß ein Bereich hinter dem mittleren Ostrand sichtbar wird. Am Ende eines Umlaufs ist der Mond wieder bei 1.

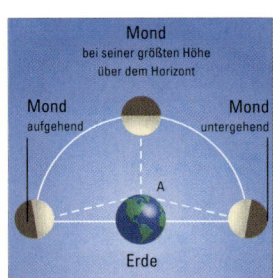

◄ Tägliche Libration. *Wir beobachten von der Erde von Punkt A aus und nicht von der Erdmitte. Daher können wir im Wechsel etwas hinter den Nord- bzw. den Südrand blicken.*

► Van de Graaff *ist eine große, aber ziemlich unregelmäßige Formation, bemerkenswert wegen des Grades an verbliebenem Magnetismus in und um den Krater. Der Boden ist mit mehreren kleineren Kratern bedeckt. Die Kraterwand ist (in der oberen rechten Ecke) von Birkeland durchbrochen, einem wohlgeformten Krater mit vorspringendem Zentralgipfel.*

Wenn Sie den Mond anschauen, sehen Sie – selbst mit bloßem Auge – die deutlichen Oberflächenmerkmale, wie etwa die Hauptmeere. Die Position dieser Merkmale auf der Mondscheibe bleibt wegen der gebundenen Rotation im wesentlichen ständig gleich. Bedingt durch die Effekte der Libration gibt es dennoch kleine Verschiebungen. Im Ganzen können wir 59% der Mondoberfläche sehen, und nur 41% sind permanent von der Erde abgewendet.

Die wichtigste Libration, die Libration in Länge, wird dadurch verursacht, daß der Weg des Mondes um die Erde eher elliptisch als kreisförmig ist und der Mond sich am schnellsten bewegt, wenn er uns am nächsten steht (Perigäum). Aber da sich die Rotationsgeschwindigkeit nicht ändert, kommen die Position in der Umlaufbahn und die Rotation periodisch „aus dem Tritt". So können wir ein wenig um West- und Ostrand „herum" sehen. Es gibt auch noch die Libration in Breite, bedingt durch die Neigung der Mondumlaufbahn um mehr als 5 Grad. Sie ermöglicht es, eine gewisse Entfernung über Nord- bzw. Südrand hinwegzusehen. Zum Schluß ist da noch die tägliche Libration, weil wir von der Oberfläche und nicht vom Zentrum des Erdballs aus beobachten.

All diese Librationseffekte bedeuten, daß die „Librationszonen" mal in Sicht und mal außer Sicht liegen. Sie sind perspektivisch verkürzt, so daß es oft schwierig ist, einen Krater von einem Grat zu unterscheiden; vor 1959 waren sie auf Karten deshalb mangelhaft verzeichnet. Über die dauernd verborgenen Regionen war nichts Eindeutiges bekannt. Es war vernünftig, anzunehmen, daß sie in etwa so aussehen würden wie die bekannten Regionen, obwohl immer wieder eigenartige Vorstellungen vorgebracht worden waren. Der dänische Astronom A. Hansen glaubte im letzten Jahrhundert, daß sich alle Luft und alles Wasser des Mondes auf seiner Rückseite befänden, wo es möglicherweise Leben gäbe! Die ersten Bilder von der Rückseite wurden im Oktober 1959 von der russischen Raumsonde Lunik (Luna) 3 aufgenommen, die ganz um den Mond flog und Aufnahmen von der Rückseite mittels Fernsehtechnik auf die Erde sandte. Die Bilder sind sehr verschwommen und detailarm, aber gut genug, um zu zeigen, daß die Rückseite, wie erwartet, ebenso karg und mit Kratern übersät ist wie die schon lange bekannten Bereiche.

Es gibt einen konkreten Unterschied zwischen der uns zugewandten Seite und der Rückseite, zweifellos weil die gebundene, d.h. synchrone, Rotation schon seit einem sehr frühen Entwicklungsstadium des Erde-Mond-Systems existiert: Die Kruste ist auf der Rückseite dicker. Eines der Hauptmeere, das Mare Orientale, liegt zum Großteil auf der abgewandten Seite. Aufnahmen von Raumsonden zeigen, daß es sich um eine weite, mit Ringen durchsetzte Struktur handelt. Außer diesem gibt es keine weiteren Meere auf der Mondrückseite, was der Hauptunterschied zur Vorderseite ist.

Ein sehr interessantes Objekt ist Ziolkowski mit einem Durchmesser von 240 km. Es hat einen dunklen Boden, der auf vielen Photos so aussieht, als ob er im Schatten läge, obwohl der wahre Grund einfach die Farbe des Bodens ist: Wir sehen einen See aus erstarrter Lava, aus dem ein Zentralgipfel ragt. In vieler Hinsicht scheint Ziolkowski eine Mischung zwischen einem Krater und einem Meer zu sein.

Viele der bekannten Oberflächenmerkmale finden sich auch auf der Mondrückseite; es gibt Berge, Gipfel und Strahlen. Die Verteilung der Krater ist hier ebenfalls nicht zufällig. Bricht eine Formation in eine andere hinein, ist immer der kleinere Krater der Eindringling. Obwohl der Mond kein geschlossenes Magnetfeld besitzt, gibt es hier und dort Regionen mit örtlich begrenztem Magnetismus. Eine dieser Zonen liegt auf der Rückseite nahe des Van de Graaff-Kraters. Es ist auch behauptet worden, daß der Mond ein Magnetfeld besaß, das heute verschwunden ist.

Die Aufnahme von Lunik 3 zeigt etwas Helles, das sich über hunderte Kilometer erstreckt und für eine Bergkette gehalten wurde, die umgehend zu Ehren der Sowjetunion benannt wurde. Später stellte sich heraus, daß es sich um nicht mehr als einen Oberflächenstrahl handelt, und die Sowjetischen Berge wurden taktvoll von den Karten entfernt. Jedoch war es sicherlich richtig, das beeindruckendste Merkmal der Mondrückseite nach Konstantin Eduardowitsch Ziolkowski, dem großen Pionier, zu benennen, der schon vor fast hundert Jahren über Weltraumflug schrieb.

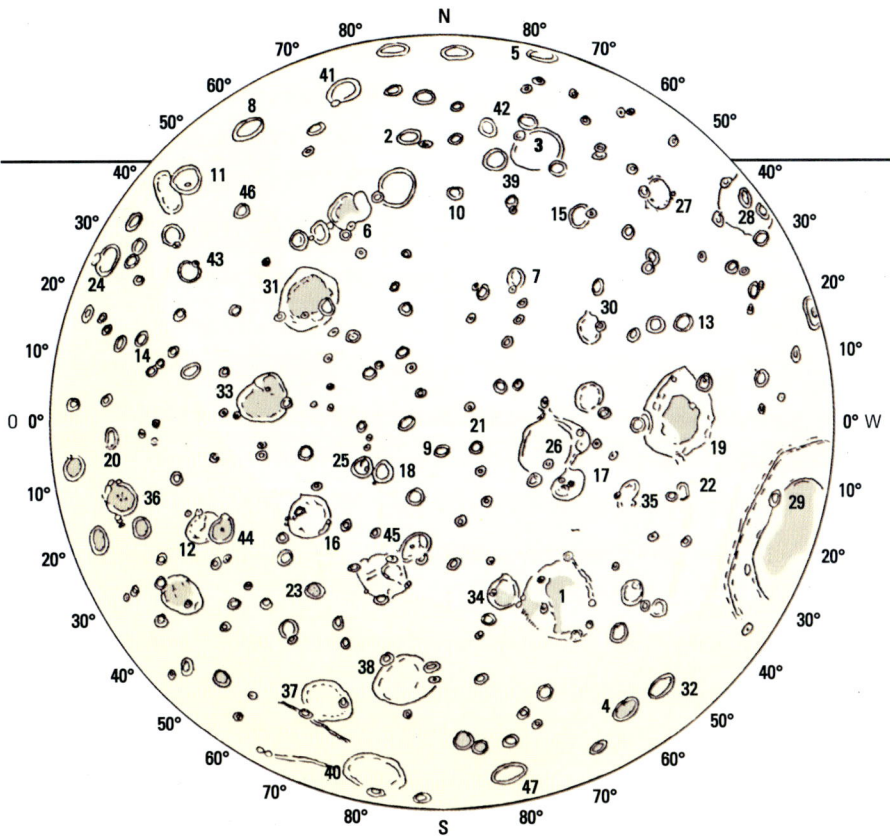

◄ **Die Rückseite** des Mondes, erstmals 1959 von der sowjetischen Raumsonde Lunik 3 aufgenommen und heute vollständig kartographiert.

▼ **Ziolkowski** ist in vielerlei Hinsicht außergewöhnlich. Es hat 240 km Durchmesser, terrassenförmige Wände und einen massiven Zentralberg. Der dunkle Untergrund ist Lava. Ziolkowski nimmt unter den Oberflächenmerkmalen des Mondes eine Zwischenstellung ein. Es ist halb ein Krater, halb ein Mare (Meer).

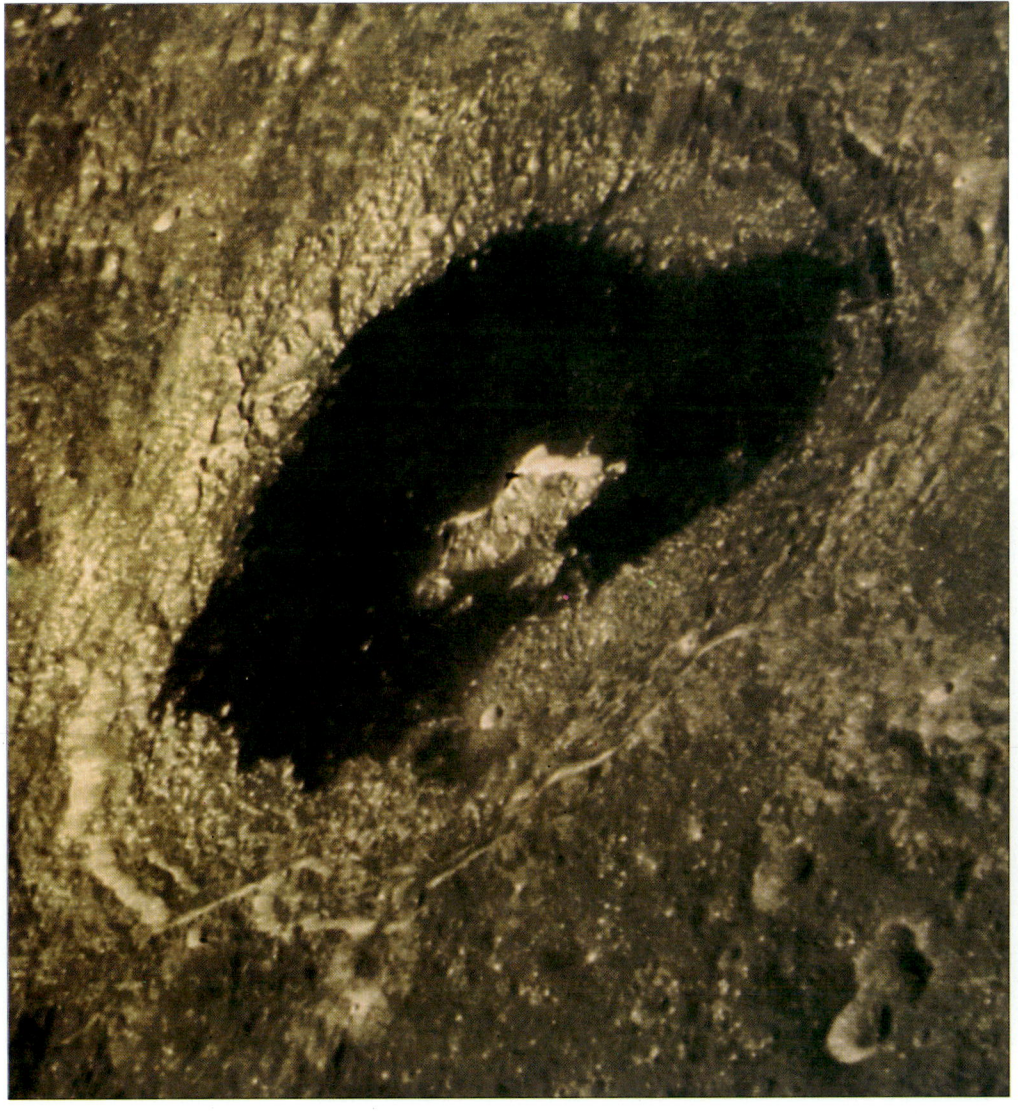

MERKMALE – MONDRÜCKSEITE

	Name	Breite °	Länge °
1	Apollo	37 S	153 W
2	Avogadro	64 N	165 O
3	Birkhoff	59 N	148 W
4	Boltzmann	55 S	115 W
5	Brianchon	77 N	90 W
6	Campbell	45 N	152 O
7	Cockcroft	30 N	164 W
8	Compton	55 N	104 O
9	Daedalus	6 S	180
10	Dunér	45 N	179 O
11	Fabry	43 N	100 O
12	Fermi	20 S	122 O
13	Fersman	18 N	126 W
14	Fleming	15 N	109 O
15	Fowler	43 N	145 W
16	Gagarin	20 S	150 O
17	Galois	16 S	153 W
18	Heaviside	10 S	167 O
19	Hertzsprung	0	130 W
20	Hirayama	6 S	93 O
21	Ikarus	6 S	173 W
22	Joffe	15 S	129 W
23	Jules Verne	36 S	146 O
24	Joliot	26 N	94 O
25	Keeler	10 S	162 O
26	Korolev	5 S	157 W
27	Landau	42 N	119 W
28	Lorentz	34 N	100 W
29	Lowell	13 S	103 W
30	Mach	18 N	149 W
31	Mare Moscoviense	27 N	147 O
32	Mendel	49 S	110 W
33	Mendelejew	6 N	141 O
34	Oppenheimer	35 S	166 W
35	Paschen	14 S	141 W
36	Pasteur	12 S	105 O
37	Planck	57 S	135 O
38	Poincaré	57 S	161 O
39	Rowland	57 N	163 W
40	Schrödinger	75 S	133 O
41	Schwarzschild	71 N	120 O
42	Sommerfeld	65 N	161 W
43	Szilard	34 N	106 O
44	Ziolkowski	21 S	129 O
45	Van de Graaff	27 S	172 O
46	H. G. Wells	41 N	122 O
47	Zeeman	75 S	135 W

Missionen zum Mond

▼ Apollo 15. Die erste Mission, bei der ein „Mond-auto", oder „Lunar Roving Vehicle", zum Einsatz kam. Es ermöglichte den Astronauten, viel größere Gebiete zu erkunden. Der Astronaut Irwin steht bei dem Auto, im Hintergrund einer der Gipfel der Apenninen. Das elektrogetriebene Fahrzeug funktionierte fehlerlos. Der Berggipfel ist viel weiter vom Auto entfernt, als es den Anschein hat. Entfernungen sind auf dem Mond immer schlecht zu schätzen.

Bei der Erforschung des Mondes mit Raumsonden übernahmen die Russen die Führung. Ihre Luniks erreichten 1959 den Mond, und sie waren auch die ersten, denen eine kontrollierte Landung mit einer ferngesteuerten Sonde gelang. Am 3. Februar 1966 ging Luna 9 sanft im Oceanus Procellarum herunter und machte endgültig Schluß mit einer eigenartigen Theorie, derzufolge die Mondmeere mit tiefen Schichten weichen Staubs überzogen seien. Später gelang es den Russen, auch Fahrzeuge auf den Mond zu schicken, dort Proben zu sammeln und sie zur Erde zurückzuschicken. Heute wissen wir, daß sie auch eine bemannte Landung in den späten 60er Jahren geplant hatten, aber das Projekt aufgeben mußten, als klar wurde, daß ihre Raketen nicht zuverlässig genug waren. 1970 war dann „das Wettrennen zum Mond" endgültig vorbei.

Die Fortschritte der Amerikaner waren gleichmäßiger gewesen. Die Ranger-Fahrzeuge landeten hart auf dem Mond und sandten Daten und Bilder zur Erde zurück, bevor sie zerstört wurden. Die Surveyor-Sonden schafften weiche Landungen und lieferten eine enorme Menge an Informationen. Zwischen 1966 und 1968 umkreisten fünf Orbiter den Mond, denen wir sehr genaue Karten von bei-

nahe der gesamten Oberfläche verdanken. In der Zwischenzeit kam das Apollo-Programm in Schwung.

Weihnachten 1968 gelang es der Crew von Apollo 8, den Mond zu umkreisen und so den Weg für eine Landung zu ebnen. Apollo 9 flog in einer Erdumlaufbahn, um die Mondfähre für die Landung auf dem Mond zu testen. Apollo 10 umflog wieder den Mond und diente als letzte Probe; und dann, am 21. Juli 1969 traten Neil Armstrong und Edwin Aldrin aus dem „Eagle", der Mondlandefähre von Apollo 11, hinaus in die öde Felslandschaft des Mare Tranquillitatis. Millionen Menschen auf der Erde sahen, wie Armstrong seinen unsterblichen „kleinen Schritt" auf die Oberfläche des Mondes machte. Die Kluft zwischen unserer Welt und einer anderen war überbrückt!

Apollo 11 war eine vorbereitende Mission. Die zwei Astronauten verbrachten mehr als zwei Stunden außerhalb der Landefähre und bauten das erste Mondlaboratorium ALSEP (Apollo Lunar Surface Exerperimental Package) auf, das verschiedene Experimente umfaßte: ein Seismometer, um eventuelle „Mondbeben" zu registrieren, ein Gerät zur letzten Suche nach Spuren einer Mondatmosphäre und ein Segel aus Aluminiumfolie zum Einfangen von Partikeln aus dem Sonnenwind. Nachdem sie ihre Arbeit beendet hatten – sie wurden nur kurz von einem Telefonanruf von Präsident Nixon unterbrochen –, gingen die Astronauten in die Mondlandefähre zurück und hoben ab, um wieder mit Michael Collins zusammenzutreffen, der mit dem Mutterschiff in der Umlaufbahn geblieben war. Der untere Teil der Landefähre war als Startrampe benutzt und zurückgelassen worden. Die Rückreise zur Erde verlief ohne Zwischenfälle.

Apollo 12 im November 1969 war ebenfalls ein Erfolg; den Astronauten Conrad und Bean gelang es, zu einer alten Surveyor-Sonde zu gehen, die dort seit 1967 gelegen hatte, und Teile von ihr zurückzubringen. Apollo 13 (April 1970) führte beinahe zur Katastrophe, weil sich auf dem Hinflug eine Explosion ereignete; die geplante Mondlandung mußte aufgegeben werden. Die Astronauten Shepard und Mitchell von Apollo 14 (Januar 1971) führten einen „Mondkarren" zum Transport ihrer Ausrüstung mit sich. Bei den letzten drei Missionen, Apollo 15 (Juli 1971), 16 (April 1972) und 17 (Dezember 1972) wurde ein Mondauto benutzt, das den Aktionsradius der Expeditionen beträchtlich erweiterte. Einer der Astronauten von Apollo 17, Dr. Harrison Schmitt, war Geologe

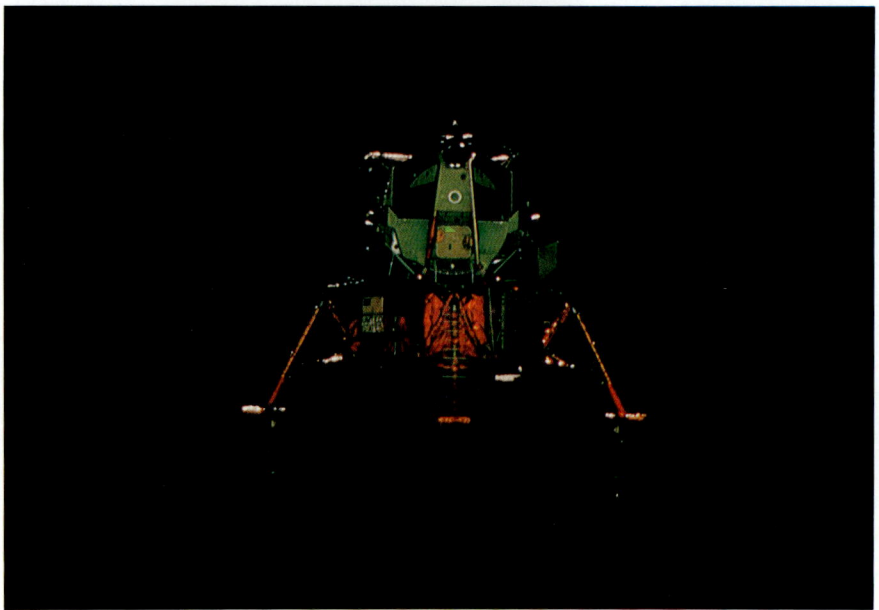

◄ Apollo 16. Der Landeplatz von Apollo 16 lag im Descartes-Hochland, einem rauheren Teil des Mondes. Wieder wurde ein Mondauto mitgenommen, wieder arbeitete es tadellos. Die Astronauten Duke und Young erforschten ein großes Gebiet und führten mit dem Apollo-Mondlabor eine Reihe von Experimenten durch. Die Mondfähre war für eine Landung auf dem Mond und die Rückkehr der Astronauten in die Umlaufbahn entwickelt worden. Der obere Teil hat nur ein Aufstiegstriebwerk; es gibt also keine zweite Chance für einen Start. Die Aufnahme wurde vom Mutterschiff in der Umlaufbahn gemacht.

und hatte für die Weltraummission eine spezielle Ausbildung erhalten.

Seit 1972 hat kein Mensch mehr den Mond betreten. Einige Sonden aber haben den Mond untersucht, zuletzt 1995 Clementine und 1999 Lunar Prospector. Die Projekte haben sehr viel weniger gekostet als das Apollo-Programm und waren mit ihren hochspezialisierten Sensoren sehr erfolgreich. Nach dem Bau der internationalen Raumstation ISS sind eine bemannte Mondbasis und ein Mondobservatorium mögliche Ziele. Um Eugene Cernan, den Kommandanten von Apollo 17, zu zitieren:

„Ich glaube, daß wir zurückkehren werden. Ursprünglich gingen wir nicht aus wissenschaftlichen Gründen, sondern aus nationalen und politischen auf den Mond, was ebenso gut war, weil es uns in die Lage versetzte, unseren Auftrag zu erfüllen! Wenn es eine echte Motivation gibt, etwa um den Mond als Basis zur Erforschung anderer Welten im Sonnensystem zu nutzen oder eine ausgewachsene Forschungsstation zu errichten, dann werden wir zurückkehren. Es wird andere geben, die in unsere Fußstapfen treten werden."

▲ **Erdaufgang.** Dieses Bild wurde von Apollo 17, der letzten bemannten Mondmission, aufgenommen. Es zeigt die aufgehende Erde über dem Rand des Mondes. Als das Foto gemacht wurde, befand sich Apollo 17 im Mondorbit.

▶ **Apollo 17.** Während eines Mondspaziergangs erregte plötzlich etwas die Aufmerksamkeit des Geologen Dr. Schmitt, was wie orangefarbener Boden in einem kleinen Krater aussah. Zuerst hielt man es für einen Hinweis auf jüngere Rauchaktivitäten, aber die Farbe ist bedingt durch kleine, glasartige „Perlen".

▲ **Clementine** wurde am 24. Januar 1994 gestartet und untersuchte zunächst die Erde, auch um die Sensoren der 140 kg schweren Sonde zu testen. Sie flog am 21. Februar 1995 zum Mond und umkreiste ihn 2½ Monate lang. Dabei wurden genaue Karten erstellt, vor allem von den weniger gut bekannten Polregionen. Am Südpol wurde ein 2250 km großer Krater entdeckt, die Aitken-Depression. Die spektroskopischen Sensoren suchten u.a. nach Eis im Schatten tiefer Krater. Am 3. Mai sollte Clementine einen Asteroiden besuchen, den sie aber verfehlte.

Der Mond: Erster Quadrant (NO)

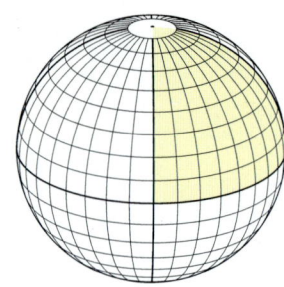

Der erste Quadrant wird im wesentlichen von Meeren bedeckt. Er umfaßt das gesamte Mare Serenitatis und Mare Crisium, den größten Teil des Mare Tranquillitatis und des dunklen Mare Vaporum sowie Teile des Mare Frigoris und Mare Foecunditatis. Es gibt dort außerdem eine Reihe kleinerer Meere in der Nähe des Randes (Smythii, Marginis, Humboldtianum), die niemals leicht zu beobachten sind, weil sie perspektivisch so verkürzt sind. Es gibt in dem Quadranten auch größere Wallebenen in Randnähe wie Neper und Gauss.

Im Süden wird das Mare Serenitatis von den Haemus-Bergen begrenzt, die bis auf 2400 Meter Höhe reichen. Die Alpen verlaufen entlang der Südgrenze des Mare Frigoris. Hier findet sich auch das Alpental, das 130 km lang ist und die bei weitem schönste Formation ihrer Art auf dem Mond ist; über den Talboden verläuft eine feine Rille, und es existieren dunkle Parallel- und Quertäler. Mont Blanc, in den Alpen, ist 3500 m hoch. Ein Teil der Apenninenkette reicht bis in den Quadranten hinein, mit hohen Spitzen, wie dem Mount Bradley oder Mount Hadley, die beide über 4000 m hoch sind. Es gibt mehrere bedeutendere Rillensysteme (Ariadaeus, Hyginus, Triesnecker, Ukert, Bürg) und ein Gebiet in der Nähe von Arago mit zahlreichen Kuppen („Lunar Domes"). Die Astronauten von Apollo 11 landeten im Mare Tranquillitatis, nicht weit von Maskelyne. Apollo 17 kam in der Nähe von Littrow herunter, in der Umgebung einer Gruppe von Hügeln, die Taurus-Berge heißen.

Agrippa: Ein feiner Krater mit Zentralberg und terrassenförmigen Wänden. Zusammen mit seinem etwas kleineren Nachbarn **Godin** bildet er ein auffallendes Paar.

Arago: Ein wohlgeformter Krater, zusammen mit dem kleineren, hellen **Manners** im Südosten. Nahe bei Arago ist eine ganze Ansammlung von Kuppen – einige davon zählen zu den schönsten auf dem Mond.

Archytas: Der hervorstechendste Krater im Mare Frigoris. Er hat helle Wände und einen Zentralberg.

Ariadaeus: Ein kleiner Krater, der mit einem großen Rillensystem verbunden ist. Die Hauptrille ist fast 250 km lang mit zahlreichen Verzweigungen. Eine davon verbindet das System mit dem des **Hyginus**.

Ein weiteres komplexes Rillensystem ist mit **Triesnecker** und **Ukert** verbunden. Alle diese Merkmale sind unter guten Bedingungen mit einem kleinen Teleskop zu erkennen.

Aristillus: Dieser Krater bildet mit **Archimedes** (siehe auf der Karte des zweiten Quadranten) und **Autolycus** eine Gruppe. Alle drei sind sehr deutlich. Unter sehr hochstehender Beleuchtung sieht man außerdem, daß Autolycus das Zentrum eines kleinen Strahlenzentrums ist.

Aristoteles und **Eudoxus** sind zwei auffallende Wallebenen. Die Wände von Aristoteles sind bis 3000 m hoch.

Atlas und **Herkules** sind ein weiteres beeindruckendes Paar von Hochebenen. Atlas hat eine komplexe Bodenstruktur, während es im Inneren von Herkules nur einen sehr hellen Krater gibt.

Bessel: Die Hauptformation im Mare Serenitatis; ein wohlgeformter Krater in der Nähe eines Strahls, der das Mare durchquert und zum Tycho-System zu gehören scheint.

Bürg: Ein Krater mit konkavem Boden; der sehr große Zentralberg wird von einem Kleinkrater gekrönt (**Rømer** sieht sehr ähnlich aus).

Challis und **Main** bilden ein „Siamesisches Zwillingspaar" – ein Phänomen, das sich auch anderswo findet.

Cleomedes: Eine großartige Einfriedung nördlich des Mare Crisium. Die Wand wird durch **Tralles**, einen tiefen Krater, durchbrochen.

Dionysius: Einer vom mehreren hell leuchtenden Kleinkratern in der rauhen Region zwischen Mare Tranquillitatis und Mare Vaporum.

Endymion: Eine große Einfriedung mit dunklem Boden; grenzt an den größeren, aber stark deformierten **De la Rue**.

Gioja: Der Nordpolkrater – von der Erde aus natürlich schwer zu beobachten. Er ist gut geformt und dringt in eine größere Formation mit niedrigeren Wänden ein.

Julius Caesar und **Boscovich** sind Krater mit niedriger Wallhöhe, recht unregelmäßig und wegen des dunklen Bodens auffällig.

Le Monnier: Ein schönes Beispiel einer Bucht des Mare Serenitatis. Es stehen nur noch Stücke der seewärtigen Wand.

Linné: Eine berühmte Formation. Es wurde einmal angenommen, der Krater hätte sich zwischen 1838 und 1866 in einen weißen Fleck verwandelt, was aber mit Sicherheit falsch ist.

Manilius: Ein schöner Krater nahe des Mare Vaporum mit leuchtenden Wänden; sehr deutlich bei Vollmond.

Picard and **Peirce** sind die einzigen deutlichen Krater im Mare Crisium.

Plinius: Ein großartiger Krater auf der Meerenge zwischen Mare Serenitatis und Mare Tranquillitatis. Er hat hohe, terrassenförmige Wände und die Zentralstruktur hat die Form eines Doppelkraters.

Posidonius: Eine Wallebene mit niedrigen Wänden und einem sehr detailreichen Boden. Er bildet ein Paar mit seinem kleineren Nachbarn **Chacornac**.

Proclus: Einer der leuchtendsten Krater auf dem Mond. Er ist das Zentrum eines asymmetrischen Strahlenzentrums.

Sabine und **Ritter** bilden ein perfektes Zwillingspaar – eines von vielen auf dem Mond.

Struve: Kleiner Krater auf dunklem Grund, daher leicht zu finden.

Taruntius: Ein gutes Beispiel für einen konzentrischen Krater. Dort findet sich ein Zentralberg mit einer Gipfelmulde und ein kompletter innerer Ring auf dem Boden.

Thales: Ein Krater bei De la Rue, der wegen seines Strahlenzentrums nahe Vollmond besonders hervorstechend ist.

Vitruvius: Auf dem Mare Tranquillitatis in der Nähe der Spitze von Mount Argaeus. Er hat helle Wände, einen ziemlich dunklen Boden und einen Zentralberg.

AUSGEWÄHLTE KRATER: ERSTER QUADRANT

Krater	Durchmesser (km)	Breite °N	Länge °O	Krater	Durchmesser (km)	Breite °N	Länge °O
Agrippa	48	4	11	Jansen	26	14	29
Apollonius	48	5	61	Julius Caesar	71	9	15
Arago	29	6	21	Le Monnier	55	26	31
Archytas	34	59	5	Linné	11	28	12
Ariadaeus	15	5	17	Littrow	35	22	31
Aristillus	56	34	1	Macrobius	68	21	46
Aristoteles	97	50	18	Main	48	81	9
Atlas	69	47	44	Manilius	36	15	9
Autolycus	36	31	1	Manners	16	5	20
Bessel	19	22	18	Maskelyne	24	2	30
Bond, W.C.	160	64	3	Mason	31	43	30
Boscovich	43	10	11	Menelaus	32	16	16
Bürg	48	45	28	Messala	128	39	60
Cassini	58	40	5	Neper	113	7	83
Cauchy	13	10	39	Peirce	19	18	53
Cayley	13	4	15	Picard	34	15	55
Challis	56	78	9	Plana	39	42	28
Chacornac	48	30	32	Plinius	48	15	24
Cleomedes	126	27	55	Posidonius	96	32	30
Condorcet	72	12	70	Proclus	29	16	47
De la Rue	160	67	56	Rømer	37	25	37
Democritus	37	62	35	Ritter	32	2	19
Dionysius	19	3	17	Sabine	31	2	20
Endymion	117	55	55	Struve	18	43	65
Eudoxus	64	44	16	Sulpicius Gallus	13	20	12
Firmicus	56	7	64	Taquet	10	17	19
Gärtner	101	60	34	Taruntius	60	6	48
Gauss	136	36	80	Thales	39	59	41
Geminus	90	36	57	Theaetetus	26	37	6
Gioja	35	Nordpol		Tralles	48	28	53
Godin	43	2	10	Triesnecker	23	4	4
Herkules	72	46	39	Ukert	23	8	1
Hooke	43	41	55	Vitruvius	31	18	31
Hyginus	6	8	6				

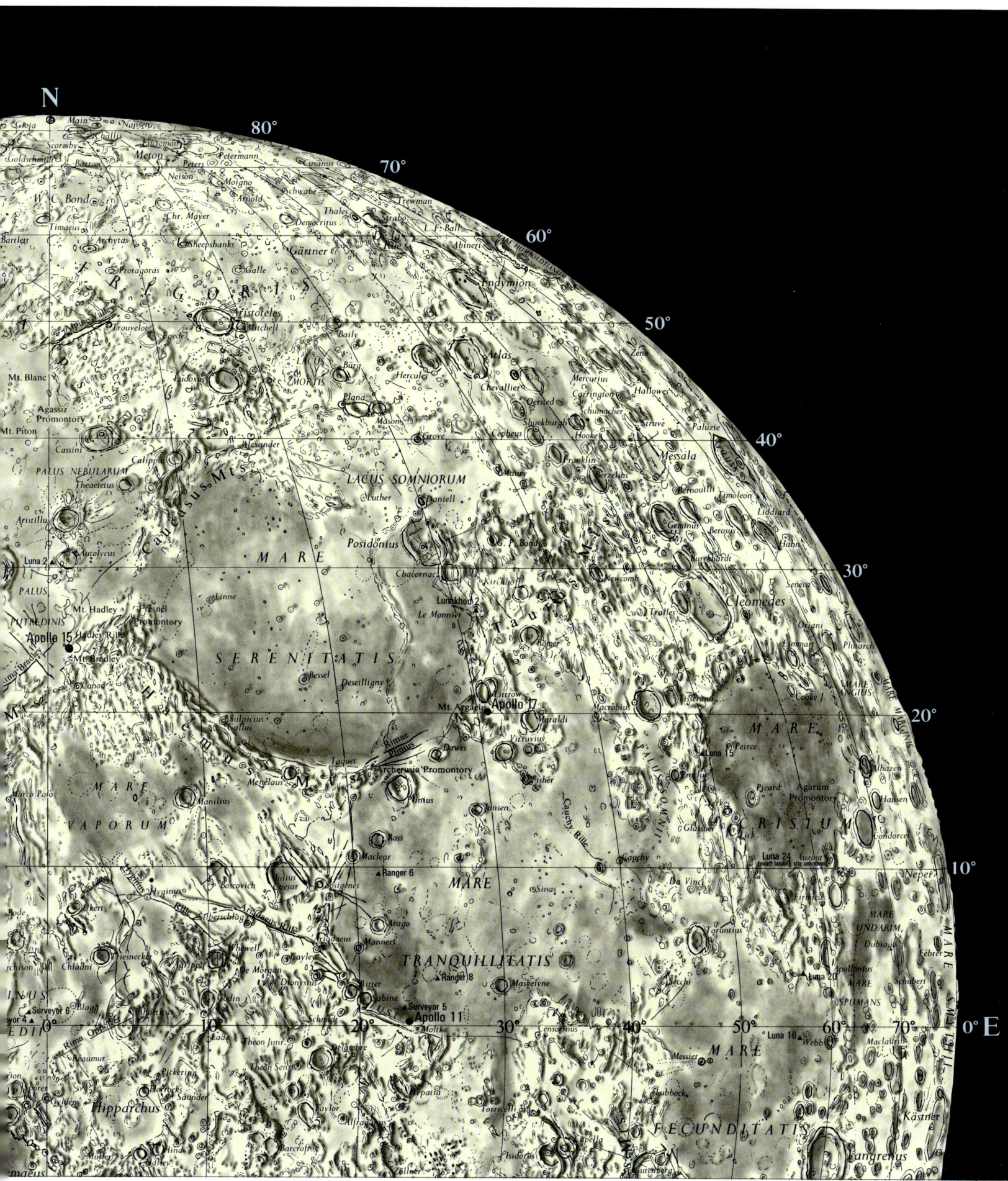

Der Mond: Zweiter Quadrant (NW)

Dies ist der „Meeresquadrant", der praktisch das ganze Mare Imbrium und den größten Teil des Oceanus Procellarum enthält sowie auch Sinus Aestuum, Sinus Roris, einen kleinen Teil von Sinus Medii und einen Abschnitt des engen, unregelmäßigen Mare Frigoris. Sinus Iridum, das vom Mare Imbrium abgeht, ist vielleicht das schönste Objekt auf dem Mond, wenn man es bei Sonnenauf- oder Sonnenuntergang beobachtet, wenn die Sonnenstrahlen die Spitzen der Jura-Berge einfangen. Es gibt zwei deutliche Kaps: Laplace und Heraclides; die seewärts gerichtete Wand ist praktisch verschwunden. In dieser Region landete 1970 Rußlands erstes „Kriechfahrzeug" Lunochod 1.

Die Apenninen sind die auffälligste Bergkette auf dem Mond, und zusammen mit den unteren Karpaten im Süden machen sie ein Großteil der Grenze des Mare Imbrium aus. Die Gerade Kette im Norden des Meeres besteht aus einer bemerkenswerten Reihe von Gipfeln, die bis über 1500 m hoch sind; diese Kette ist merkwürdig regelmäßig, und es gibt nichts Vergleichbares irgendwo sonst auf dem Mond. Die Harbinger-Berge in der Aristarchus-Region bestehen aus einer unregelmäßigen Hügelkette. Einzeln stehende Gipfel sind dagegen Pico und Piton im Mare Imbrium; Pico ist sehr auffällig und 2400 m hoch. Zwischen ihm und Plato liegt ein Gebiet mit einem Geisterring, der einst Newton hieß, obgleich der Name jetzt auf eine tiefe Formation im südlichen Hochland übergegangen ist und der „Geist" wieder in die Anonymität verbannt wurde.

Anaxagoras: Ein wohlgeformter Krater mit hohen Wänden und einem Zentralberg. Er ist sehr hell und das Zentrum eines großen Strahlensystems, so daß er unter jeder Beleuchtung leicht zu finden ist.

Archimedes: Eine der bekanntesten Wallebenen; regelmäßig und mit relativ glattem Boden.

Aristarchus: Der hellste Krater des Mondes. Seine hellen Wände und der helle Zentralberg lassen ihn selbst bei schwacher Erdscheinbeleuchtung hervorstechen. Ganz in der Nähe liegt **Herodotus**, ebenso groß, aber normal hell. Hier liegt das Gebiet des großen **Schröter-Tals**, das in einem 6 km großen Krater außerhalb von Herodotus beginnt. Es weitet sich auf 10 km aus und bildet dabei ein Oberflächenmerkmal, das den Spitznamen Kobrakopf trägt; das Tal schlängelt sich dann über die Ebene. Die Gesamtlänge beträgt 160 km und die größte Tiefe 1000 m. Es wurde von dem deutschen Astronomen Johann Schröter entdeckt und nach ihm benannt, obwohl Schröters eigener Krater weit entfernt in der Gegend von Sinus Medii und Sinus Aestuum liegt.

Beer und **Feuillé** sind nahezu identische Zwillinge – eines der augenfälligsten Kleinkraterpaare des Mondes.

Birmingham: Nicht nach der Stadt, sondern nach einem irischen Astronomen benannt. Er hat niedrige, eingebrochene Wände und ist eine von mehreren ähnlichen Formationen weit im Norden; weitere sind **Babbage, South** und **John Herschel**.

Carlini: Einer aus einer Reihe von Kleinkratern mit hellen Wänden im Mare Imbrium. Weitere sind **Caroline Herschel, Diophantusm, De l'Isle** und **Gruithuisen**.

Copernicus: Der „Monarch des Mondes", mit hohen, terrassenförmigen Wänden und einer komplexen Zentralberggruppe. Sein Strahlensystem wird nur von Tycho übertroffen.

Einstein: Eine große Formation in der Randregion jenseits des niedrigen und verkürzten Doppelkraters **Otto Struve**. Einstein hat einen großen Zentralkrater. Er ist nur unter sehr günstigen Librationsbedingungen zu sehen.

Eratosthenes: Ein großartiger Krater mit massiven Wänden und einem hohen Zentralberg. Er markiert ein Ende der Apenninen und ähnelt Copernicus sehr, abgesehen von der Tatsache, daß ihm ein vergleichbares Strahlensystem fehlt. Im

Osten davon liegt **Stadius**, ein typischer Geisterring. Er hat einen Durchmesser von 70 km, aber seine Wände sind so weit abgesenkt, daß sie kaum noch auffindbar sind. Wahrscheinlich sind die Wände nirgendwo höher als 10 m.

Hevelius: Eine der großen Ketten, die auch Grimaldi und Riccioli (im dritten Quadranten) sowie auch **Cavalerius** einschließt. Hevelius hat einen konvexen Boden und einen niedrigen Zentralberg; ein Rillensystem verläuft über den Boden. Westlich von Hevelius liegt **Sven Hedin**, der nur bei extremer Libration zu sehen ist. Er mißt 98 km im Durchmesser und hat unregelmäßige, zerbrochene Wände.

Kepler: Ein heller Krater und Zentrum eines Strahlensystems. Sein südlicher Nachbar **Encke** hat etwa dieselbe Größe, verfügt aber über kein vergleichbares Strahlensystem.

Le Verrier und **Helicon** bilden ein vorstechendes Kraterpaar im Mare Imbrium in der Nähe von Sinus Iridum.

Lichtenberg: Ein kleiner Krater, der vor der dunklen Mare-Oberfläche leuchtet. Hier ist von ungewöhnlichen Farbeffekten berichtet worden.

Plato: Eine große Wallebene mit ziemlich niedrigen Wällen und einem eisengrauen Grund, der ihn unter jeder Beleuchtung leicht identifizierbar macht. Plato ist ein perfekter Kreis, obwohl er wegen der Verkürzung von der Erde aus ein Oval zu sein scheint.

Pythagoras: Wäre er weiter in der Scheibenmitte, würde Pythagoras mit seinen hohen, terrassenförmigen Wänden und seinem massiven Zentralberg wahrlich großartig aussehen. Den Rand weiter nach Süden entlang liegt der kleinere, aber immer noch recht beeindruckende **Xenophanes**.

Timocharis: Eine klar umrissene Formation mit Zentralkrater (eine Eigenart, die er mit **Lambert** teilt). Timocharis ist das Zentrum eines ziemlich dunklen Strahlensystems.

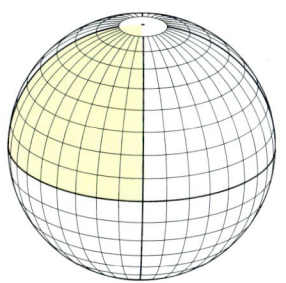

AUSGEWÄHLTE KRATER: ZWEITER QUADRANT						
Krater	**Durchmesser (km)**	**Breite °N**	**Länge °W**	**Krater**	**Durchmesser (km)**	**Breite °N**	**Länge °W**
Anaxagoras	52	75	10	Hevelius	122	2	67
Anaximander	87	66	48	Horrebow	32	59	41
Anaximenes	72	75	45	Hortensius	16	6	28
Archimedes	75	30	4	Kepler	35	8	38
Aristarchus	37	24	48	Kirch	11	39	6
Beer	11	27	9	Krafft	51	17	72
Bessarion	15	37	10	Kunowsky	31	3	32
Bianchini	40	49	34	Lambert	29	26	21
Birmingham	106	64	10	Lansberg	42	0	26
Bode	18	7	2	La Voisier	71	36	70
Briggs	38	26	69	Le Verrier	25	40	20
Cardanus	52	13	73	Lichtenberg	19	32	68
Carlini	8	34	24	Marius	42	12	51
Cleostratus	70	60	74	Mayer, Tobias	35	16	29
Condamine	48	53	28	Milichius	13	10	30
Copernicus	97	10	20	Oenopides	68	57	65
De l'Isle	22	30	35	Olbers	64	7	78
Diophantus	18	28	34	Otto Struve	160	25	75
Encke	32	5	37	Pallas	47	5	2
Epigenes	52	73	4	Philolaus	74	75	33
Einstein	160	18	86	Piazzi Smyth	10	42	3
Eratosthenes	61	15	11	Plato	97	51	9
Euler	25	23	29	Pythagoras	113	65	65
Feuillé	13	27	10	Pytheas	19	21	20
Gay-Lussac	24	14	21	Reinhold	48	3	23
Gambart	26	1	15	Repsold	140	50	70
Gérard	87	44	75	Schiaparelli	29	23	59
Goldschmidt	109	75	0	Schröter	32	3	7
Gruithuisen	16	33	40	Seleucus	45	21	66
Harding	23	43	70	Sümmering	27	0	7
Harpalus	52	53	43	South	98	57	50
Helicon	29	40	23	Timaeus	34	63	1
Herodotus	37	23	50	Timocharis	35	17	13
Herschel, Caroline	13	34	31	Ulugh Beigh	70	29	85
Herschel, John	145	62	41	Xenophanes	108	57	77

Der Mond: Dritter Quadrant (SW)

Hochebenen bedecken einen großen Teil des dritten Quadranten, obwohl auch ein Teil des riesigen Mare Nubium und das ganze Mare Humorum zum Quadranten gehören. Am Mondrand finden sich einige hohe Berge. Ein kleiner Teil des Mare Orientale kann bei sehr günstiger Libration gesehen werden. Die wichtigsten Berge sind die der kleinen, aber auffälligen Riphäen-Kette auf dem Mare Nubium. Natürlich ist der hervorstechendste Krater Tycho, dessen Strahlen um Vollmond die gesamte Oberfläche dominieren. Der Quadrant umfaßt auch zwei der auffälligsten Ketten von Wallebenen, Ptolemäus und Walter sowie die dunkelbödigen Grimaldi- und Riccioli-Krater, das Wargentin-Plateau und die fälschlich so benannte „Lange Wand". Die wichtigsten Rillen-Systeme sind Sirsalis, Ramsden, Hippalus und Mersenius.

Bailly: Eine der größten Wallebenen auf dem Mond, aber unglücklicherweise perspektivisch stark verkürzt. Sie hat eine komplexe Bodenstruktur.

Billy und **Crüger** sind gut geformte Krater mit sehr dunklem Boden, der sie leicht identifizierbar macht.

Bullialdus: Ein ausgesprochen schöner Krater mit massiven Wänden und Zentralberg.

Capuanus: Ein wohlgeformter Krater mit sehr dunklem Boden, auf dem sich eine ganze Sammlung von Kuppen befindet.

Clavius: Eine weite Wallebene mit bis zu 4000 m hohen Wällen. Die nordwestlichen Wälle werden von einem großen Krater, **Porter**, durchbrochen; außerdem ist der Boden mit einer bogenförmig angeordneten Kraterkette überzogen.

Euclides: Ein kleiner Krater in der Nähe der Riphäen.

Fra Mauro: Eine aus einer Gruppe von niedrigen, weit abgesenkten Formationen aus dem Mare Nubium (die anderen heißen **Bonpland, Parry** und **Guericke**). Apollo 14 landete hier.

Gassendi: Ein prachtvoller Krater an der Nordgrenze des Mare Humorum. Die Wand ist an verschiedenen Stellen abgesenkt und wird im Norden durch einen großen Krater durchbrochen. Es findet sich dort auch ein Rillensystem. Nördlich von Gassendi liegt **Letronne**, eine große Bucht.

Grimaldi: Die dunkelste Formation auf dem Mond. Die Wände sind unregelmäßig, haben aber einzelne Spitzen, die bis zu 2500 m Höhe reichen. Angrenzend **Riccioli**, der weniger regelmäßig ist, aber einen fast ebenso dunklen Fleck auf dem Boden wie Grimaldi hat.

Hippalus: Eine schöne Bucht im Mare Humorum, die mit einem Rillensystem verbunden ist. Wie bei **Doppelmayer**, einer ähnlichen Bucht, findet sich hier der Überrest eines Zentralbergs.

Kies: Ein Krater mit niedrigen Wänden auf dem Mare Nubium. In der Nähe steht eine Kuppe mit einem Gipfelkleinkrater.

Maginus: Eine sehr große Formation mit unregelmäßigen Wänden. Andere große Wallebenen ähnlichen Typs in dieser Region sind **Longomontanus** und **Wilhelm I**.

Mercator und **Campanus** bilden ein beachtenswertes Paar. Der Form nach sind sie gleich, Mercator ist am Boden jedoch dunkler.

Moretus: Eine sehr tiefe Formation im südlichen Hochland mit ausgesprochen feinem Zentralberg.

Newton: Eine der tiefsten Formationen auf dem Mond, die aber wegen ihrer Nähe zum Mondrand nie gut zu sehen ist.

Pitatus: An der Küste des Mare Nubium gelegen; wurde gelegentlich als „Lagune" beschrieben. Er hat einen dunklen Boden und einen niedrigen Zentralberg. Ein Paß verbindet ihn mit **Hesiodus**, der mit einer südwestwärts laufenden Rille verbunden ist.

Ptolemäus: Das größte Mitglied der beeindruckendsten Kette von Wallebenen auf dem Mond. Ptolemäus hat einen flachen

Boden mit einem großen Krater, **Ammonius**. Alphonsus hat einen Zentralberg und ein Rillensystem auf dem Boden. **Arzachel** ist kleiner, hat aber einen stärker entwickelten Zentralberg. In der Nähe liegt **Alpetragius** mit ebenmäßigen Wänden und einem Zentralberg, der von einem Kleinkrater gekrönt wird.

Purbach: Eine von drei aneinandergereihten Wallebenen am Rande des Mare Nubium. Die anderen zwei sind **Walter**, mit ziemlich regelmäßigen Wänden, und **Regiomontanus**, die den Eindruck erweckt, als sei sie zwischen Walter im Süden und Purbach im Norden eingeklemmt.

Scheiner und **Blancanus** sind zwei große, bedeutende Wallebenen in der Nähe von Clavius.

Schickard: Eine der größten Wallebenen auf dem Mond.

Schiller: Eine Verbindungsformation, die aus zwei alten Ringen gebildet ist.

Sirsalis: Zusammen mit seinem Nachbarn Watt einer der „Siamesischen Zwillinge".

Thebit: In der Nähe der Langen Wand. Der Krater wird von Thebit A unterbrochen, dieser wiederum von Thebit F.

Tycho: Der große Strahlenkrater. Seine hellen Wände stechen selbst bei schwacher Beleuchtung hervor. Nahe Vollmond wird klar, daß die Strahlen tangential zu den Wänden verlaufen.

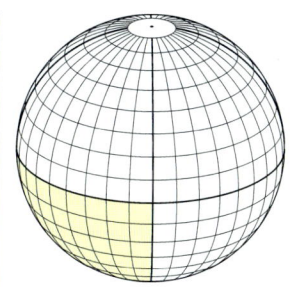

AUSGEWÄHLTE KRATER: DRITTER QUADRANT						
Krater	Durchmesser (km)	Breite °S	Länge °W	Krater	Durchmesser (km)	Breite °S	Länge °W
Agatharchides	48	20	31	Lalande	24	4	8
Alpetragius	43	16	4	Lassell	23	16	8
Alphonsus	129	13	3	Legentil	140	73	80
Arzachel	97	18	2	Letronne	113	10	43
Bailly	294	66	65	Lexell	63	36	4
Bayer	52	51	35	Lohrmann	45	1	67
Bettinus	66	63	45	Longomontanus	145	50	21
Billy	42	14	50	Maginus	177	50	6
Birt	18	22	9	Mercator	38	29	26
Blancanus	92	64	21	Mersenius	72	21	49
Bonpland	58	8	17	Moretus	105	70	8
Bullialdus	50	21	22	Mösting	26	1	6
Bouvard	127	37	87	Nasireddin	48	41	0
Byrgius	64	25	65	Newton	113	78	20
Cabaeus	140	85	20	Nicollet	15	22	12
Campanus	38	28	28	Orontius	84	40	4
Capuanus	56	34	26	Parry	42	8	16
Casatus	104	75	35	Phocylides	97	54	58
Clavius	232	56	14	Piazzi	90	36	68
Crüger	48	17	67	Pictet	48	43	7
Cysatus	47	66	7	Pitatus	86	30	14
Damoiseau	35	5	61	Ptolemäus	148	14	3
Darwin	130	20	69	Purbach	120	25	2
Davy	32	12	8	Regiomontanus	129 x 105	28	0
Deslandres	186	32	61	Ricciolli	160	3	75
Doppelmayer	68	28	41	Rocca	97	15	72
Euclides	12	7	29	Saussure	50	43	4
Flammarion	72	3	4	Scheiner	113	60	28
Flamsteed	19	5	44	Schickard	202	44	54
Fra Mauro	81	6	17	Schiller	180 x 97	52	39
Gassendi	89	18	40	Segner	74	59	48
Gauricus	64	34	12	Short	70	76	5
Grimaldi	193	6	68	Sirsalis	32	13	60
Gruemberger	87	68	10	Thebit	60	22	4
Guericke	53	12	14	Tycho	84	43	11
Hainzel	97	41	34	Vieta	52	29	57
Hansteen	36	44	83	Vitello	38	30	38
Heinsius	72	32	18	Walter	129	33	1
Hell	31	32	8	Wargentin	89	50	60
Herigonius	16	13	14	Watt	71	50	51
Herschel	45	6	2	Weigel	55	58	39
Hesiodus	45	29	16	Wichmann	13	8	38
Hippalus	61	25	30	Wilhelm I	97	43	20
Inghirami	97	48	70	Wilson	74	69	33
Kies	42	26	23	Wurzelbauer	80	34	16
Kircher	74	67	45	Zucchius	63	61	50
Klaproth	119	70	26	Zupus	26	17	52
Lagrange	165	33	72				

Der Mond: Vierter Quadrant (SO)

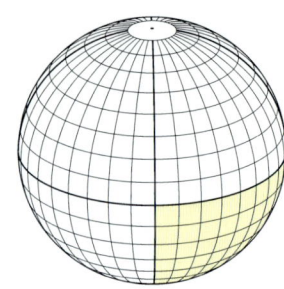

Der vierte Quadrant besteht im wesentlichen aus Hochland, wenngleich er auch das Mare Nectaris, einen Teil des Mare Foecunditatis und das unregelmäßige Randmeer Mare Australe umfaßt. Es gibt dort auch einige große, zerfallene Einfriedungen wie etwa Janssen und Hipparchus und drei imposante Formationen in einer Gruppe – Theophillus, Cyrillus und Catharina. Es finden sich ebenso vier Mitglieder der großen Ostkette: Furnerius, Petavius, Vendelinus und Langrenus. Es gibt auch zwei Kratertale, Rheita und Reichenbach, und den faszinierenden kleinen Messier, der einmal (irrtümlich) auf jüngere strukturelle Veränderungen zurückgeführt wurde. Das Oberflächenmerkmal, das früher Altai-Scarp genannt wurde, heißt heute Altai-Abhang, was sicherlich ein passenderer Name ist. Er verläuft konzentrisch mit der Grenze des Mare Nectaris und läuft vom augenfälligen Piccolomini-Krater nach Nordwesten.

Alfraganus: Ein kleiner, heller Krater; kleineres Strahlenzentrum.

Aliacensis und sein Nachbar **Werner** sind sehr ebenmäßig. Im vierten Quadranten sind einige sehr ähnliche Krater, so etwa **Abenezra-Azophi** und **Almanon-Abulfeda**.

Capella: Krater mit besonders großen Zentralberg und Gipfelmulde; wird von einem Tal durchquert. Grenzt an **Isidorus**.

Fracastorius: Eine große Bucht, die aus dem Mare Nectaris herausreicht. Ihre seewärtige Wand ist fast vollständig zerstört. Zwischen ihr und Theophilus liegt **Beaumont**, eine kleinere Bucht.

Goclenius: Ein ziemlich regelmäßiger Krater, der mit den weniger perfekten **Gutenberg** und **Magelhaens** eine Gruppe bildet.

Hipparchus: Eine sehr große Einfriedung nicht weit von Ptolemäus. Sie ist sehr stark eingebrochen, aber bei niedrigem Licht immer noch beeindruckend; grenzt an **Albategnius**, der besser erhalten ist und einen niedrigen Zentralberg hat.

Humboldt, Wilhelm: Eine riesige Formation, zu stark perspektivisch verkürzt, um gut gesehen zu werden, obgleich Aufnahmen von Sonden zeigen, daß ein detailreicher Boden mit Rillen existiert. Sie grenzt an die viel kleinere Formation von **Philipp**, die einen ähnlichen Typ darstellt.

Janssen: Eine riesige Einfriedung in schlechtem Erhaltungszustand. Im Norden werden die Wände durch **Fabricius** und im Süden durch den hellwandigen **Lockyer** durchbrochen.

Langrenus: Einer aus der großen Ostkette. Er hat hohe, terrassenförmige Wände, die bis über 3000 m reichen, sowie eine helle, zweispitzige Zentralerhebung.

Mädler: Ein augenfälliger, wenn auch unregelmäßiger Krater im Mare Nectaris. Er wird von einem Kamm durchquert.

Messier: Dieser und sein Zwilling Messier A (früher als W.J. Pickering bekannt) liegen im Mare Foecunditatis.

Metius: Eine gut geformte Wallebene bei Janssen.

Oken: Ein Krater entlang des Randes von Mare Australis; wegen seines sehr dunklen Bodens leicht zu identifizieren.

Petavius: Ein herrlicher Krater – einer der schönsten auf dem Mond. Seine Wände reichen an einigen Stellen auf über 3500 m; der leicht konvexe Boden enthält eine komplexe Zentralberggruppe, und eine augenfällige Rille läuft vom Zentrum aus zur südwestlichen Wand. Eigenartigerweise ist Petavius bei Vollmond nicht leicht auszumachen. Gleich außerhalb daneben ist **Palitzsch**, der schon mal als „Schlund" beschrieben wurde. In Wirklichkeit ist es eine Kraterkette – mehrere größere Ringe haben sich vereinigt.

Piccolomini: Ein auffallender, hochwandiger Krater am Bogen des Altai-Abhangs.

Rheita: Ein tiefer Krater mit scharfen Wänden. Verbunden mit dem sogenannten „Tal", das über 180 km lang und an manchen Stellen bis zu 25 km breit ist. Es handelt sich nicht wirklich um ein Tal, sondern besteht aus einer Kette von Kleinkratern. Nicht weit davon entfernt ist das **Reichenbach-Tal**.

Steinheil und sein Nachbar **Watt** bilden ein „Siamesisches Zwillingspaar", etwa so wie Scheiner und Blancanus im dritten Quadranten.

Stöfler: Eine große Einfriedung mit eisengrauem Boden, der ein Auffinden erleichtert. Ein Teil des Walls ist durch das Eindringen von **Faraday** zerstört worden.

Theon Senior und **Theon Junior** sind sehr helle Kleinkrater in der Nähe des auffälligen **Delambre**.

Theophilus: Eines der großartigsten Oberflächenmerkmale des Mondes und bis auf die Abwesenheit eines Strahlenzentrums in jeglicher Hinsicht wie Kopernikus. Er ist sehr tief, mit Spitzen, die über 4400 m über den Boden reichen. Es gibt dort eine prächtige Zentralberggruppe. Er grenzt an den regelmäßigen **Cyrillus**, der wiederum an den sehr rauhbödigen **Catharina** grenzt.

Vendelinus: Ein Mitglied der Ostkette, jedoch weniger ebenmäßig als Langrinus oder Petavius und wahrscheinlich älter.

Vlacq: Ein tiefer, wohlgeformter Krater mit Zentralberg. Er ist Mitglied einer relativ komplexen Gruppe, zu deren weiteren Mitgliedern **Hommel** und **Hagecius** gehören.

Webb: Ein Krater sehr nah am Mondäquator, mit sehr dunklem Boden, Zentralhügel sowie einem schwachen Strahlensystem.

AUSGEWÄHLTE KRATER: VIERTER QUADRANT

Krater	Durchmesser (km)	Breite °S	Länge °O	Krater	Durchmesser (km)	Breite °S	Länge °O
Abenezra	43	21	12	La Péyrouse	72	10	78
Abulfeda	64	14	14	Legendre	74	29	70
Airy	35	18	6	Legentil	140	73	80
Alfraganus	19	6	19	Licetus	74	47	6
Aliacensis	84	31	5	Lilius	52	54	6
Apianus	63	27	8	Lindenau	56	32	25
Azophi	43	22	13	Lockyer	48	46	37
Barocius	80	45	17	Maclaurin	45	2	68
Beaumont	48	18	29	Mädler	32	11	30
Blanchinus	53	25	3	Magelhaens	40	12	44
Boguslawsky	97	75	45	Manzinus	90	68	25
Bohnenberger	35	16	40	Marinus	48	50	75
Boussingault	78	70	50	Messier	13	2	48
Brisbane	47	50	65	Metius	81	40	44
Buch	48	39	18	Mutus	81	63	30
Büsching	58	38	20	Neander	48	31	40
Capella	48	8	36	Nearch	61	58	39
Catharina	89	18	24	Oken	80	44	78
Cyrillus	97	13	24	Palitzsch	97 X 32	28	64
Delambre	52	2	18	Parrot	64	15	3
Demonax	121	85	35	Petavius	170	25	61
Donati	35	21	5	Phillips	120	26	78
Fabricius	89	43	42	Piccolomini	80	30	32
Faraday	64	42	18	Pitiscus	80	51	31
Faye	35	21	4	Playfair	43	23	9
Fermat	40	23	20	Pons	32	25	22
Fernelius	64	38	5	Pontécoulant	97	69	65
Fracastorius	97	21	33	Rabbi Levi	80	35	24
Furnerius	129	36	60	Réaumur	45	2	1
Goclenius	52	10	45	Reichenbach	48	30	48
Gutenberg	72	8	41	Rheita	68	37	47
Hagecius	81	60	46	Riccius	80	37	26
Halley	35	8	6	Rosse	16	18	35
Hekataeus	180	23	84	Sacrobosco	84	24	17
Helmholtz	97	72	78	Steinheil	70	50	48
Hind	26	8	7	Stevinus	70	33	54
Hipparchus	145	6	5	Stöfler	145	41	6
Albategnius	129	12	4	Tacitus	40	16	19
Hommel	121	54	33	Theon Junior	16	2	16
Horrocks	29	4	6	Theon Senior	17	1	15
Humboldt, Wilhelm	193	27	81	Theophilus	101	12	26
				Torricelli	19	5	29
Isidorus	48	8	33	Vendelinus	165	16	62
Janssen	170	46	40	Vlacq	90	53	39
Kant	30	11	20	Watt	72	50	51
Lacaille	53	24	1	Webb	26	1	60
Langrenus	137	9	61	Werner	66	28	3

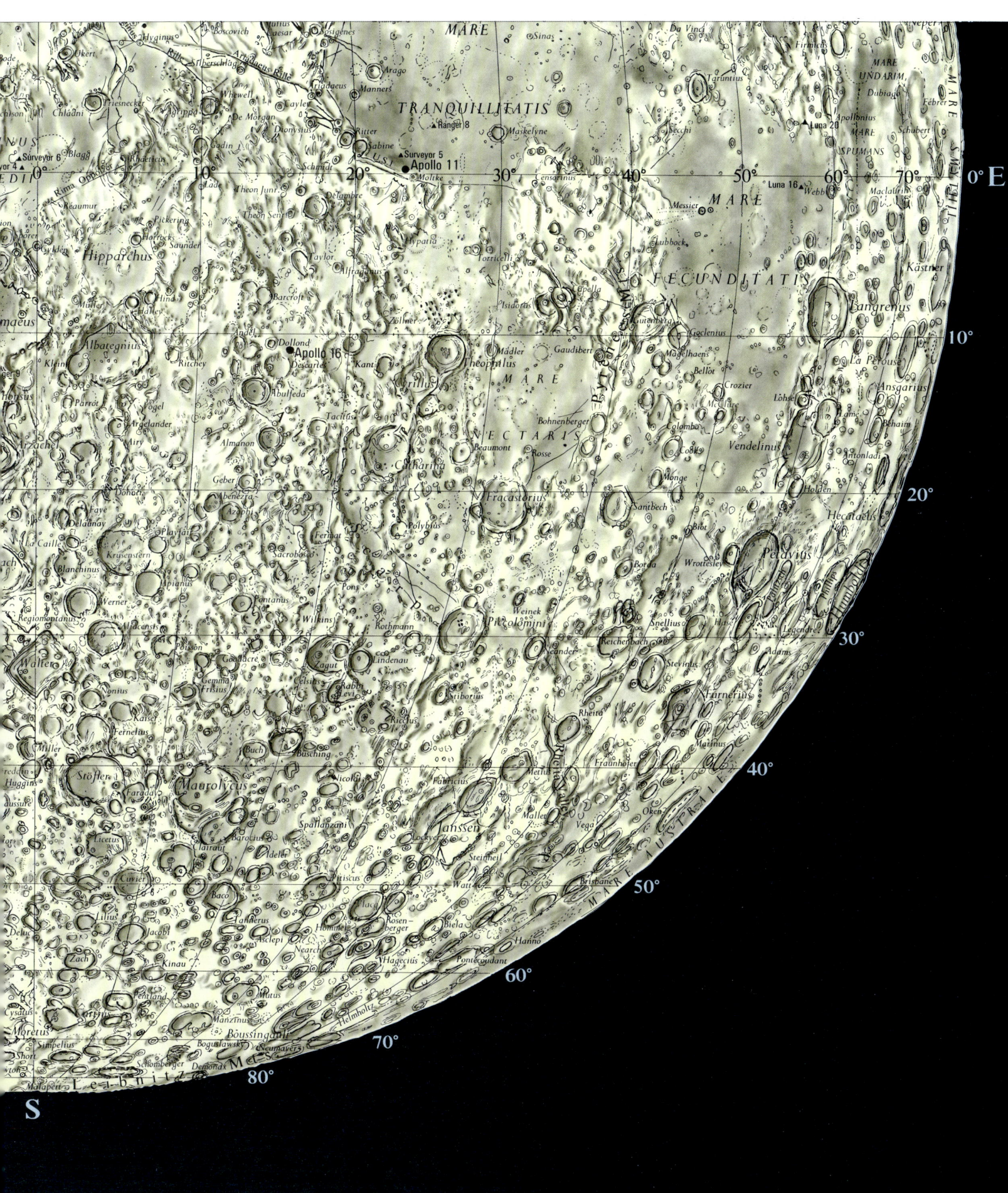

Die Bewegung der Planeten

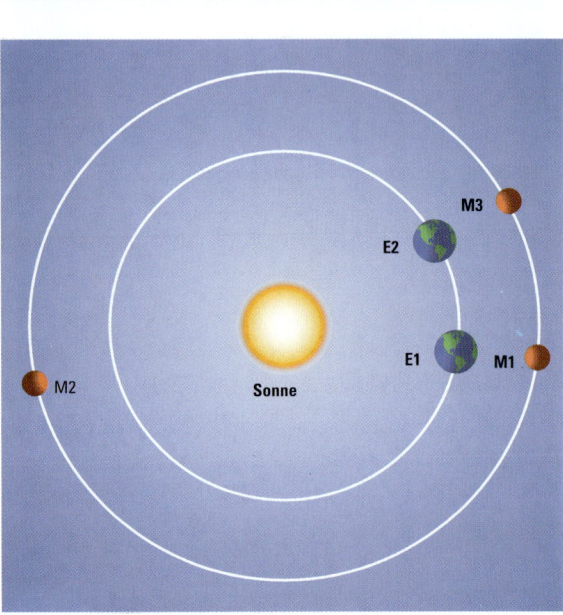

◄ Phasen des Merkur.
(1) Neu, (2) Dichotomie (Halbphase), (3) Voll, (4) Dichotomie. Die besonderen Stellungen eines unteren Planeten bezüglich der Erde nennt man (1) unter Konjugation, (3) obere Konjugation, (2) westliche und (3) östliche Elongation. Um der Klarheit willen wurde die Bewegung der Erde um die Sonne in dem Diagramm nicht berücksichtigt.

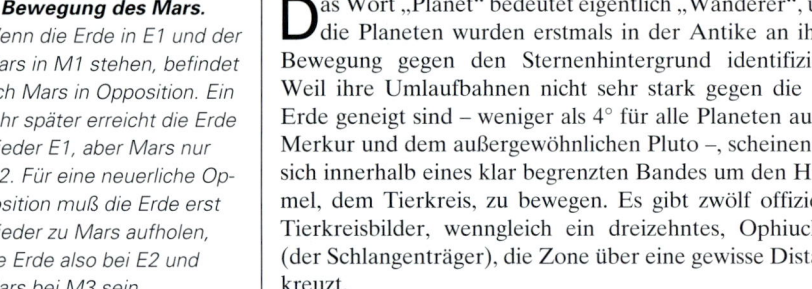

▶ Rückläufigkeit des Mars.
Wenn die Erde zu Mars aufläuft und ihn überholt, scheint seine Bewegung retrograd zu sein, so daß Mars zwischen 3 und 5 am Himmel rückwärts laufend erscheint, also von Ost nach West, gegen die Sterne, statt von West nach Ost.

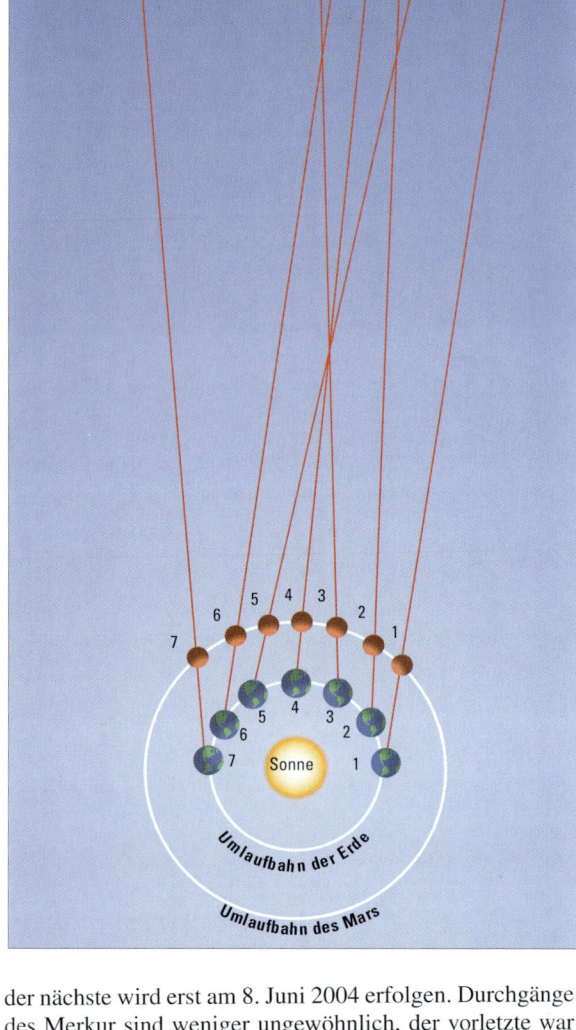

▲ Bewegung des Mars.
Wenn die Erde in E1 und der Mars in M1 stehen, befindet sich Mars in Opposition. Ein Jahr später erreicht die Erde wieder E1, aber Mars nur M2. Für eine neuerliche Opposition muß die Erde erst wieder zu Mars aufholen, die Erde also bei E2 und Mars bei M3 sein.

Das Wort „Planet" bedeutet eigentlich „Wanderer", und die Planeten wurden erstmals in der Antike an ihrer Bewegung gegen den Sternenhintergrund identifiziert. Weil ihre Umlaufbahnen nicht sehr stark gegen die der Erde geneigt sind – weniger als 4° für alle Planeten außer Merkur und dem außergewöhnlichen Pluto –, scheinen sie sich innerhalb eines klar begrenzten Bandes um den Himmel, dem Tierkreis, zu bewegen. Es gibt zwölf offizielle Tierkreisbilder, wenngleich ein dreizehntes, Ophiuchus (der Schlangenträger), die Zone über eine gewisse Distanz kreuzt.

Die unteren Planeten Merkur und Venus sind näher an der Sonne als wir und weisen ein ganz eigenes Verhalten auf. Sie scheinen in etwa in der gleichen Himmelsregion wie die Sonne zu stehen, was ihre Beobachtung schwierig macht, so vor allem beim Merkur, dessen größte Entfernung von der Sonne nie mehr als 30° beträgt. Beide Planeten haben Phasen wie der Mond, von Neuphase bis Vollphase, aber es gibt dennoch deutliche Unterschiede. Bei neuer Phase ist uns die dunkle Seite zugewandt, so daß wir ihn nur sehen können, wenn die Ausrichtung vollständig ist, d.h. der Planet in einem „Durchgang" als dunkle Scheibe erscheint, die vor der Sonne vorbeizieht. Das passiert nicht sehr oft: der letzte Venusdurchgang war 1882,

der nächste wird erst am 8. Juni 2004 erfolgen. Durchgänge des Merkur sind weniger ungewöhnlich, der vorletzte war am 6. November 1993, der letzte am 15. November 1999.

Wenn ein unterer Planet in seiner Vollphase ist, befindet er sich auf der Rückseite der Sonne und ist außer Sicht. Zu anderen Zeiten kann die Phase zunehmend, halb oder dreiviertel sein. Bei neuer Phase befindet sich der Planet in unterer Konjunktion, und bei voller Phase befindet er sich in oberer Konjunktion. Das bedeutet, daß die unteren Planeten am besten entweder im Westen nach Sonnenuntergang oder im Osten vor Sonnenaufgang gesehen werden können. Sie bleiben nicht die ganze Nacht hindurch über dem Horizont.

Die oberen Planeten können in unterer Konjunktion stehen, aber nicht in oberer Konjunktion, da ihre Bahnen außerhalb der Erdbahn liegen. Wenn sie im rechten Winkel zur Sonne stehen, sagt man, daß sie sich in Quadratur befinden. Der Mars zeigt Phasen, aber niemals eine schmale Sichel. Für die weiter außen laufenden Planeten stimmt die Blickrichtung von der Erde noch mehr mit der Richtung der Sonnenstrahlen überein, so daß wir immer nur die beleuchtete Seite des Planeten sehen.

Wenn die Sonne, die Erde und ein Planet in einer Linie stehen und die Erde dabei in der Mitte ist, befindet sich der

◀ **Venus in der Nähe des Mondes.** *Die Venus, fast bedeckt durch den Mond. Aufgenommen am 5. Oktober 1980, durch einen 30cm–Reflektor.*

Planet in Opposition: er liegt der Sonne am Himmel genau gegenüber. Der Abstand des Planeten zur Erde ist dann am kleinsten. Der Zeitraum zwischen einer Opposition und der nächsten wird synodische Umlaufzeit genannt.

Die Bewegungen des Mars werden in den nächsten zwei Diagrammen gezeigt. Es ist klar, daß Oppositionen nicht jedes Jahr auftreten. Die Erde muß den Mars „einholen", wobei seine mittlere synodische Umlaufzeit 780 Tage beträgt. Oppositionen des Mars traten 1995, 1997 und 1999 auf, aber nicht 1996, 1998, 2000. Wenn die Erde den Mars „überholt", bewegt sich der Planet scheinbar eine Weile gegen die Sterne in rückläufiger Richtung, d. h. von Osten nach Westen. Die Planetengiganten sind so viel weiter weg und bewegen sich soviel langsamer, daß sie jedes Jahr in Opposition treten. Jupiters synodische Umlaufzeit beträgt 399, die des Neptun nur 367,5 Tage, so daß es jedes Jahr weniger als zwei Tage später zur Opposition kommt.

Es sollte nicht schwierig sein, Venus und Jupiter zu identifizieren, weil sie immer sehr hell sind. Es ist dagegen unwahrscheinlich, daß man Merkur sieht, ohne gezielt nach ihm gesucht zu haben. Uranus liegt schon an der Grenze dessen, was man noch mit bloßem Auge ausfindig machen kann; Neptun und Pluto sind noch schwächer. Mars ist am besten zu sehen, wenn er alle anderen Planeten außer Venus überstrahlen kann. Wenn er nur schwach leuchtet, ist er wenig heller als der Polarstern, obschon ihn seine normalerweise kräftige rote Farbe verrät. Saturn ist heller als die meisten Sterne. Weil er fast 30 Jahre für eine Reise um den Tierkreis braucht, ist er leicht zu verfolgen.

Merkur

Merkur, der innerste Planet des Sonnensystems, ist von der Erde aus nie leicht zu beobachten. Er ist klein, mit einem Durchmesser von nur 4878 km; er befindet sich immer in etwa der gleichen Himmelsregion wie die Sonne und kommt uns nie viel näher als 80 Millionen Kilometer. Zudem ist er in neuer Phase, wenn er der Erde nah ist und kann dann nur während der seltenen Durchgänge vor der Sonnenscheibe gesehen werden.

Merkur hat eine niedrige Fluchtgeschwindigkeit und es ist schon immer klar gewesen, daß er keine oder nur eine dünne Atmosphäre haben kann. Die siderische Umlaufzeit beträgt 88 Tage. Es wurde früher angenommen, daß dies auch die Dauer der axialen Rotationsperiode wäre, wodurch Merkur der Sonne stets die gleiche Seite zuwenden würde, genau so, wie es bei Mond und Erde der Fall ist. Man nahm an, es gäbe eine Zone ewigen Tages, eine Region mit ewiger Nacht und eine kleine „Dämmerungszone" dazwischen, über der die Sonne über dem Horizont auf- und niedertauchen würde – weil die Bahn des Merkur entschieden exzentrisch ist und starke Librationseffekte auftreten würden.

Das alles hat sich jedoch als falsch herausgestellt. Die wirkliche Rotationsperiode beträgt 58,6 Tage oder zwei Drittel eines Merkurjahrs, was zu einem wirklich eigenartigen Kalender führt. Für einen Beobachter auf der Merkuroberfläche betrüge der Zeitraum zwischen Sonnenauf- und Sonnenuntergang 88 Erdtage.

Die Bahnexzentrizität macht die Dinge noch eigenartiger, weil die einstrahlende Wärme im Perihel 2,5mal so groß wie im Aphel ist. An einem „heißen Pol", wo die Sonne im Perihel hoch am Himmel steht, steigt die Temperatur auf $+467°C$ und in der Nacht fällt sie auf $-183°C$.

Für einen Beobachter an einem heißen Pol geht die Sonne auf, wenn Merkur im Aphel ist und die Sonnenscheibe am kleinsten ist. Nähert sich die Sonne dem Zenit, wächst sie in der Größe, aber für eine gewisse Zeit ist die orbitale Winkelgeschwindigkeit größer als die konstante Drehwinkelgeschwindigkeit. Ein Beobachter sieht dann, wie die Sonne den Zenit durchquert, stehenbleibt, und dann für acht Erdtage am Himmel rückwärts läuft, bevor sie wieder ihre ursprüngliche Bewegungsrichtung einnimmt. Es gibt zwei heiße Pole, von denen immer einer den vollen Schwall Sonnenstrahlung abbekommt, wenn Merkur im Perihel steht. Ein 90° entfernter Beobachter wird eine andere Erfahrung machen: Die Sonne wird im Perihel steigen, so daß sie nach ihrem ersten Erscheinen wieder absinkt, um dann zum Zenit zu steigen. Bei Sonnenuntergang wird sie verschwinden, kurz wieder aufgehen, bevor sie endgültig untergeht, um erst nach 88 Erdtagen wieder aufzugehen.

Merkur hat eine größere Dichte als alle anderen Planeten, mit Ausnahme der Erde. Es scheint einen eisenreichen Kern zu geben, der ungefähr 3600 km im Durchmesser mißt und mehr als 80% der Gesamtmasse ausmacht. Dem Gewicht nach besteht Merkur zu 70% aus Eisen und zu 30% aus felsigem Material. Der Kern ist wahrscheinlich geschmolzen und von einem 600 km dicken Mantel und einer Kruste aus Silikatgestein umgeben.

Der größte Teil des Detailwissens über den Merkur stammt von einer Sonde, Mariner 10. Sie wurde am 3. November 1973 gestartet und traf am 5. Februar 1974 nach Vorbeiflug am Mond zum Rendezvous mit Venus zusammen. Das Schwerkraftfeld der Venus wurde genutzt, um Mariner zu einem Zusammentreffen mit Merkur zu lenken. Insgesamt gab es drei aktive Vorbeiflüge, bevor der Kontakt abbrach: am 29. März und 21. September 1974 sowie am 16. März 1975. Zu dieser Zeit begann die Ausrüstung zu versagen, und am 24. März 1975 wurden dann die letzten Nachrichten von Mariner empfangen.

Wie erwartet stellte sich die Atmosphäre als quasi nicht existent heraus. Der Druck am Boden beträgt 1/10 000 000 000 Millibar. Hauptbestandteil ist Helium, das vermutlich aus dem Sonnenwind stammt. Ein Magnetfeld wurde entdeckt; mit einem Oberflächenwert von etwa 1% des Erdfeldes ist es gerade stark genug, um den Sonnenwind von der Planetenoberfläche abzulenken.

Die Existenz irgendeiner Form von Leben auf dem Merkur ist völlig ausgeschlossen.

▼ **Mariner 10.** Bisher das einzige Raumfahrzeug, das am Merkur vorbeiflog. Es war auch das erste, das die „Gravity-Assist-Technik" benutzte. Mariner hat uns die einzigen guten Karten von der Oberfläche geliefert und uns gezeigt, daß die von der Erde aus gezeichneten (auch die von Antoniadi) sehr ungenau waren. Aber trotzdem konnte die Mariner-Sonde nur weniger als die Hälfte der Oberfläche photographieren, so daß unser Wissen von der Topographie des Merkur noch immer sehr lückenhaft ist.

PLANETENDATEN – MERKUR	
Siderische Umlaufzeit	87.969 Tage
Rotationsperiode	58.6461 Tage
Mittlere Bahngeschwindigkeit	47.87 km/s
Bahnneigung	7° 00′ 15″.5
Exzentrizität	0.206
Scheinbarer Durchmesser	max 12″.9; min 4″.5
Reziproke Masse, Sonne = 1	6 000 000
Dichte, Wasser = 1	5.5
Masse, Erde = 1	0.055
Volumen, Erde = 1	0.056
Fluchtgeschwindigkeit	4.3 km/s
Gravitation an der Oberfläche, Erde = 1	0.38
Mittlere Oberflächentemperatur	350°C (Tag); –170°C (Nacht)
Abplattung	unbedeutend
Albedo	0.06
Größte scheinbare Helligkeit	–1.9 mag
Durchmesser	4878 km

Erde

▼ **Merkur von Mariner 10 aus.** Sechs Stunden nach seiner größten Annäherung nahm Mariner 10 diese Serie von 18 Bildern der Merkuroberfläche auf, die zusammen ein Photomosaik bilden. Die Anordnung der Krater entspricht in etwa dem Mondmuster; kleinere Krater brechen in größere ein, nicht umgekehrt. Es gibt auch Strahlensysteme. Der Nordpol liegt oben.

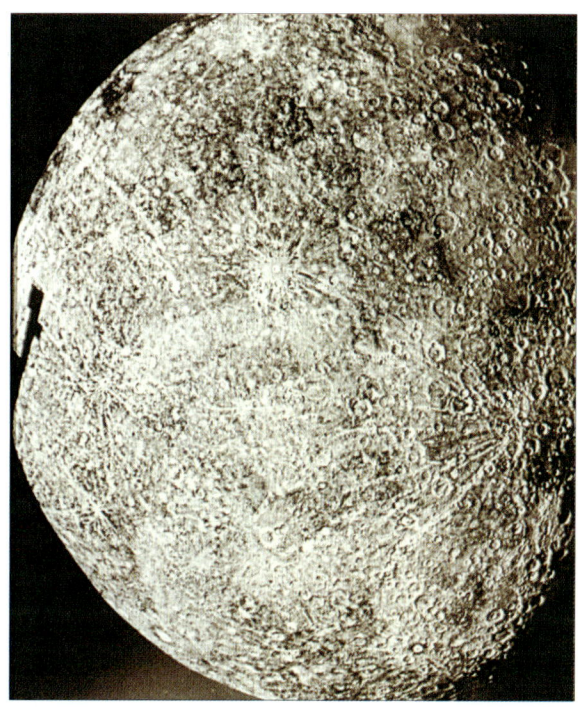

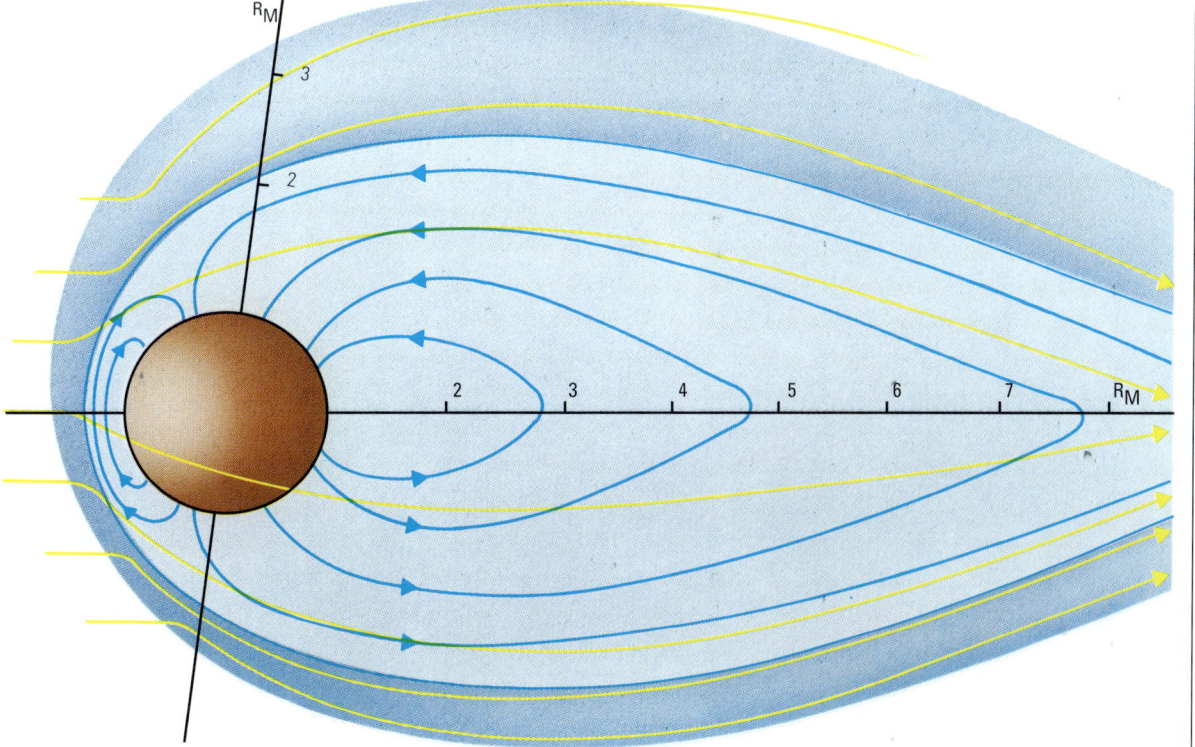

▲ **Die kraterzerfurchte Oberfläche des Merkur.** Dieses Bild ist auch ein Mosaik aus Mariner-Bildern. Der schwarze Streifen ganz links markiert einen kleinen Teil der Oberfläche, der nicht abgedeckt wurde. Der augenfälligste Unterschied zwischen Merkur und dem Mond ist das Fehlen größerer Ebenen, ähnlich den Mondmeeren.

◀ **Die Magnetosphäre des Merkur.** Die Entdeckung des Magnetfeldes von Merkur war eine kleine Überraschung. Es können sich keine Strahlungsgürtel bilden, aber es gibt eine deutliche Wechselwirkung zwischen dem Feld des Merkur und dem Sonnenwind. Es zeigt sich eine deutliche Stoßfront.

Oberflächenmerkmale des Merkur

▲ **Brahms** *ist ein großer Krater nördlich des Caloris-Beckens. Er hat einen Zentralbergkomplex, terrassenförmige Wände und weist Ablagerungen von Eruptivgestein auf.*

Merkur ist vor allem eine kraterzerklüftete Welt. Die Formationen reichen von kleinen Mulden bis hin zu gewaltigen Strukturen, die größer sind als alles Vergleichbare auf dem Mond. (Beethoven, der größte Krater des Merkur, ist mehr als 600 km groß.) Kleine Krater unter 20 km Durchmesser sind in der Regel schüsselförmig. Größere Krater haben flachere Böden und oft terrassenförmige Wände und Zentralberge. Wie auf dem Mond ist die Verteilung der Krater nicht zufällig. Es gibt Reihen, Ketten und Gruppen und dort, wo eine Formation in eine andere einbricht, ist fast immer der kleinere Krater der „Eindringling". Zwischen den stark kraterübersäten Gebieten liegen Zonen, die Binnenkraterebenen genannt werden. Sie weisen wenige große Strukturen auf, umfassen aber viele kleine Krater, die in der Größenordnung von 5 bis 10 km rangieren; diese finden sich weder auf dem Mond noch auf dem Mars. Dort sind die Abhänge und Klippen auch nicht 20 bis 500 km lang und bis zu 3 km hoch; es scheint sich um Verwerfungen zu handeln, die durch Bodenprofile schneiden und ältere Merkmale ersetzen.

Unter den Becken ist Caloris das beeindruckendste; es hat einige Ähnlichkeit mit dem Mare Imbrium. Es mißt 1500 km im Durchmesser und wird von Bergen umrandet, die bis zu zwischen 2000 und 3000 m über Bodenhöhe reichen.

Dem Caloris-Becken genau entgegengesetzt ist ein Terrain, das 360 000 Quadratkilometer umfaßt und aus Hügeln, Mulden und Tälern besteht, die ältere Bodenmerkmale zerstört haben. Augenscheinlich ist die Bildung dieses Gebiets mit der Entstehung von Caloris gekoppelt.

Vermutlich ist die Zeit der Entstehung der Oberflächenmerkmale in etwa dieselbe wie beim Mond. Das Caloris-Becken ist etwa 400 Millionen Jahre alt. Ausgedehnte vulkanische Aktivität hörte vor etwa 390 Millionen Jahren auf und scheint heute gänzlich verschwunden zu sein. Auf Radaraufnahmen basierend ist schon behauptet worden, daß es möglicherweise in einigen Polkratern Eis gibt, deren Boden im Schatten liegt, weshalb sie extrem kalt sind. Die Vorstellung von Eis auf einer Welt wie dem Merkur erscheint kaum glaublich.

Bedauerlicherweise ist die photographische Dokumentation sehr unvollständig. Das Caloris-Becken etwa war während der drei Vorbeiflüge von Mariner jeweils nur zur Hälfte im Sonnenlicht. Für mehr Informationen müssen wir auf die Ergebnisse einer neuen Raumsonde warten.

▼ **Degas** *ist ein heller Strahlenkrater. Bei Kratern wie diesem glaubt man, daß sie relativ jung sind, da die von ihnen ausgehenden Strahlen über alle anderen Formationen verlaufen. Diese hochgradig reflektierenden, strähnigen Filamente bestehen aus feinem Auswurfmaterial.*

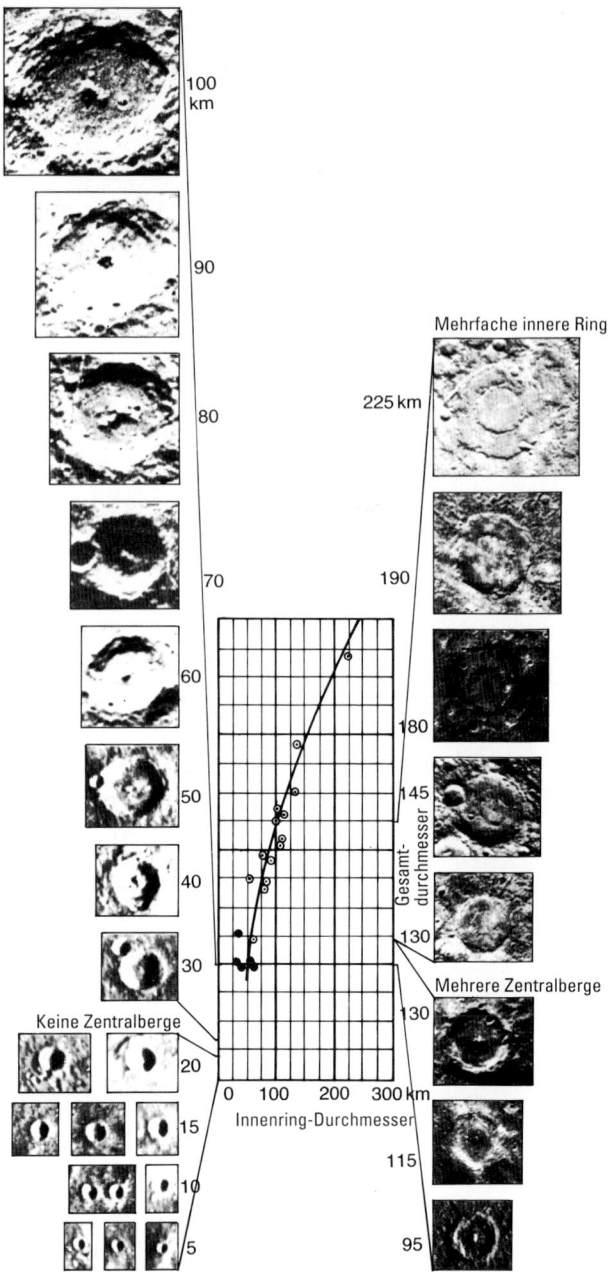

Typische Krater mit Zentralbergen

100 km

90

80

70

60

50

40

30

Keine Zentralberge

20

15

10

5

Mehrfache innere Ringe

225 km

190

180

145

130

Mehrere Zentralberge

130

115

95

Gesamtdurchmesser

Innenring-Durchmesser
0   100   200   300 km

▲ **Die Kratermorphologie** *entspricht der des Mondes. Krater sind im allgemeinen kreisförmig, haben Ringe aus Eruptivablagerungen, Felder mit Sekundärkratern, terrassenförmige Wände und Zentralberge oder gar konzentrische innere Ringe. Die kleinsten Krater sind schüsselförmig; mit wachsender Größe können Zentralberge und terrassenförmige Innenwände auftreten. Noch größere Krater haben häufiger Zentralberge und in den allergrößten Kratern des Merkur können sich partielle oder vollständige konzentrische Ringe befinden.*

◀ **Das Calorisbecken.** Dieses Mosaik wurde aus Photos von Mariner 10 zusammengesetzt, die eine unterschiedliche Auflösung haben, so daß der Detailreichtum nicht bei allen Aufnahmen gleich ist. Der Boden des Beckens mit seinen Brüchen im Zentrum und seinen gewundenen Graten in den äußeren Regionen ist sehr gut zu sehen. Auf dem Boden im Osten gibt es viele kleine Krater; ganz in der nordöstlichsten Ecke des Bildes ist Van Eyck mit 235 km Durchmesser. Das Becken hat 1500 km Durchmesser und wird durch einen Ring von Bergen begrenzt, die sich 1 bis 2 km über die umliegende Oberfläche erheben. Bedauerlicherweise wurde nur ein Teil des Beckens von Mariner 10 aufgezeichnet, weil bei jedem Treffen immer die gleichen Regionen sichtbar waren. Ungefähr 80% der 10–20 km großen Merkurkrater sind terrassenförmig; auf dem Mond beträgt der Anteil in derselben Größenklasse nur 12%.

Karte des Merkur

Die ersten ernsthaften Versuche, Karten vom Merkur anzufertigen, wurden zwischen 1881 und 1889 von dem italienischen Astronomen G.V. Schiaparelli unternommen, der zu diesem Zweck einen 22 cm- und einen 49 cm-Refraktor benutzte. Schiaparelli beobachtete bei Tageslicht, wenn sowohl Merkur als auch die Sonne hoch am Himmel standen. Er glaubte, daß die Rotationsperiode gebunden (synchron) wäre und immer die gleichen Regionen im Sonnenlicht lägen. Er beobachtete verschiedene helle und dunkle Oberflächenmerkmale.

Eine detailliertere Karte wurde 1934 von E.M. Antoniadi veröffentlicht, der den 83 cm-Refraktor im Observatorium von Meudon bei Paris benutzte. Er glaubte auch an eine gebundene Rotation und ging auch (fälschlicherweise) davon aus, daß die Atmosphäre des Merkur dicht genug wäre, um Wolken zu halten. Er zeichnete diverse Oberflächenmerkmale und benannte sie; so wurde etwa ein großer dunkler Fleck „Solitudo Hermae Trismegisti" („Die Wildnis von Hermes dem Drittgrößten") genannt. Als jedoch die Bilder von Mariner 10 ausgewertet wurden, zeigte sich, daß die früheren Karten so ungenau waren, daß ihre Nomenklatur aufgegeben werden mußte.

Mariner kartographierte weniger als die Hälfte der gesamten Oberfläche; bei jedem Vorbeiflug waren immer dieselben Regionen im Sonnenlicht. Es gibt jedoch keinen Grund anzunehmen, daß sich die verbleibenden Regionen wesentlich von den anderen unterscheiden. Flüchtig betrachtet, sieht die Oberfläche der des Mondes ziemlich ähnlich. Sie ist mit einer Schicht von porösem „Silikatstaub" bedeckt, die einen Regolith bildet, der sich vermutlich einige Meter (vielleicht bis ca. 30 m) in die Tiefe erstreckt. Es gibt Krater, die nach Persönlichkeiten benannt sind; Ebenen (planitia), die den Namen Merkur in verschiedenen Sprachen tragen; Berge (montes); Täler (valles), benannt nach Radareinrichtungen; Rücken (dorsa), benannt nach Forschungs- und Entdeckungsschiffen, und Kämme (rupes), die den Namen von Astronomen tragen, die sich besonders mit dem Merkur befaßt haben. Einige Krater haben Strahlensysteme, besonders Kuiper, der nach dem niederländischen Astronomen benannt ist. Kuiper hat in den frühen Tagen der Erkundung von Planeten durch die Raumfahrt eine bedeutende Rolle gespielt.

Der Südpol des Merkur liegt im Krater Chao Meng Fu. Man hat sich darauf geeinigt, daß der zwanzigste Meridian durch das Zentrum des 1,5 km großen Hun Kal-Kraters führt, 0,58° unterhalb des Merkuräquators. Der Name Hun Kal kommt aus der Mayasprache und ist das Wort für die Zahl 20. Die Mayas benutzten ein Duodezimalsystem, d. h. ein auf der Zahl 20 aufgebautes Zahlensystem.

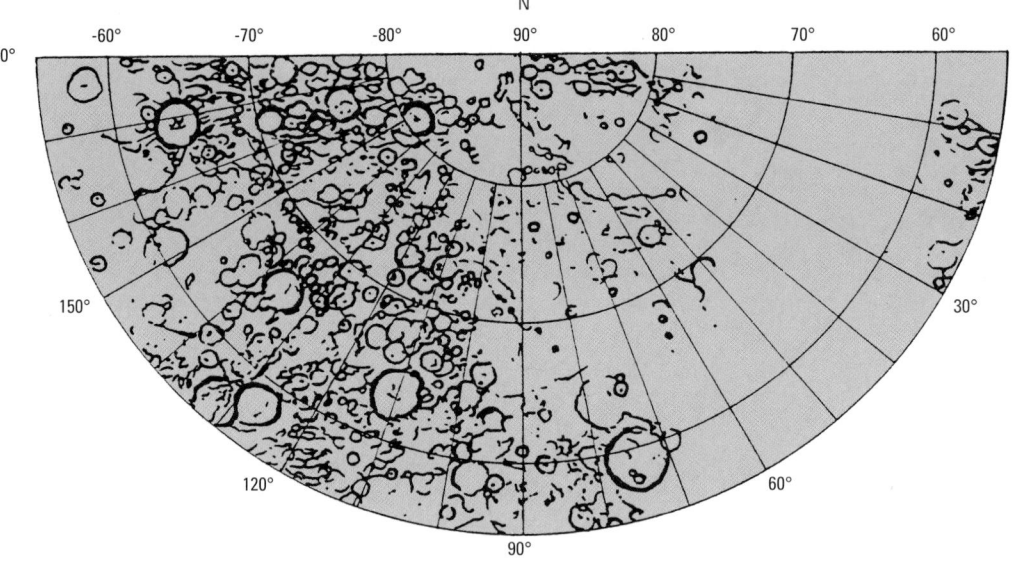

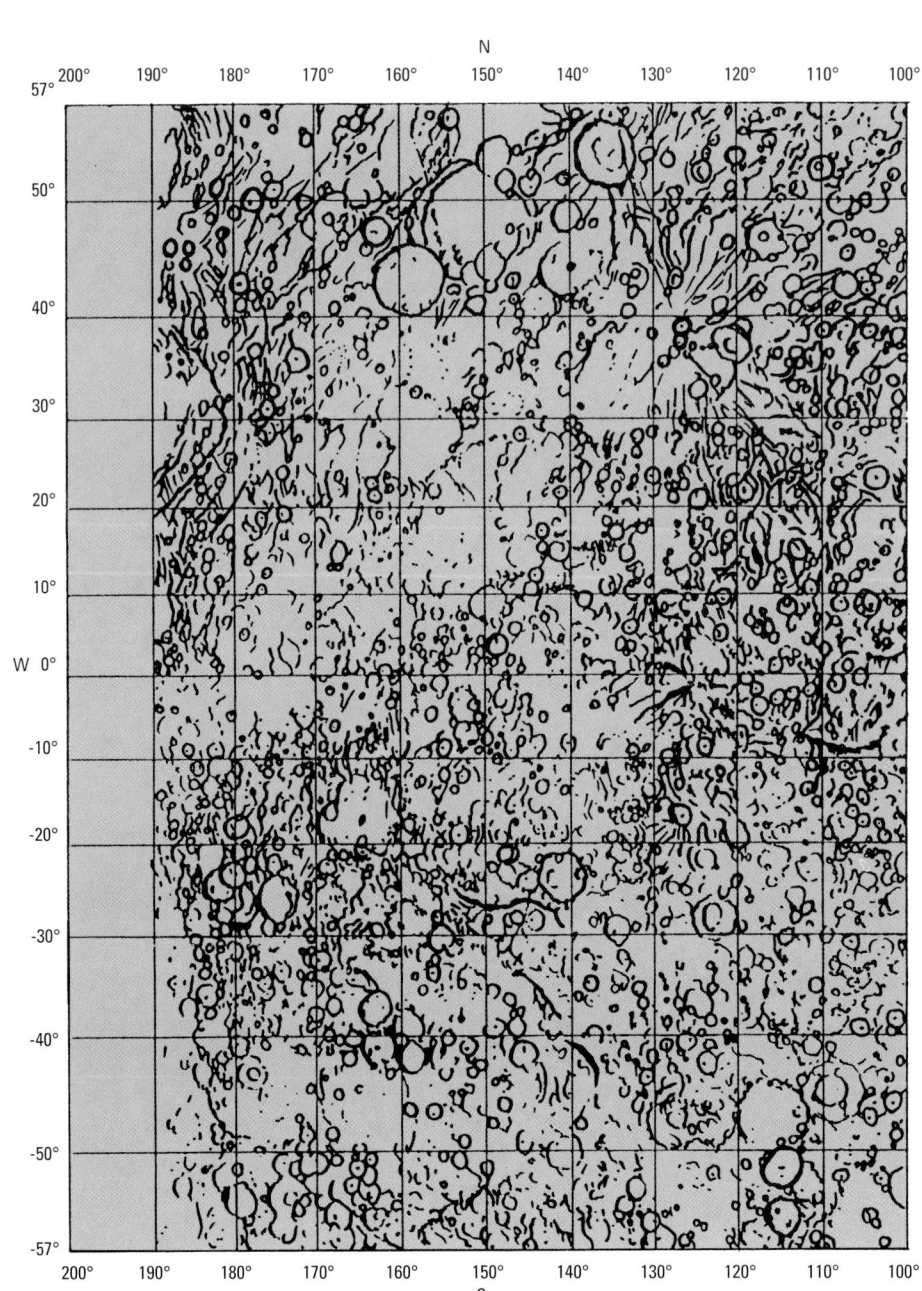

▶ *Karten von Merkur* von Paul Doherty, unter Verwendung der Daten von Mariner 10 hergestellt.

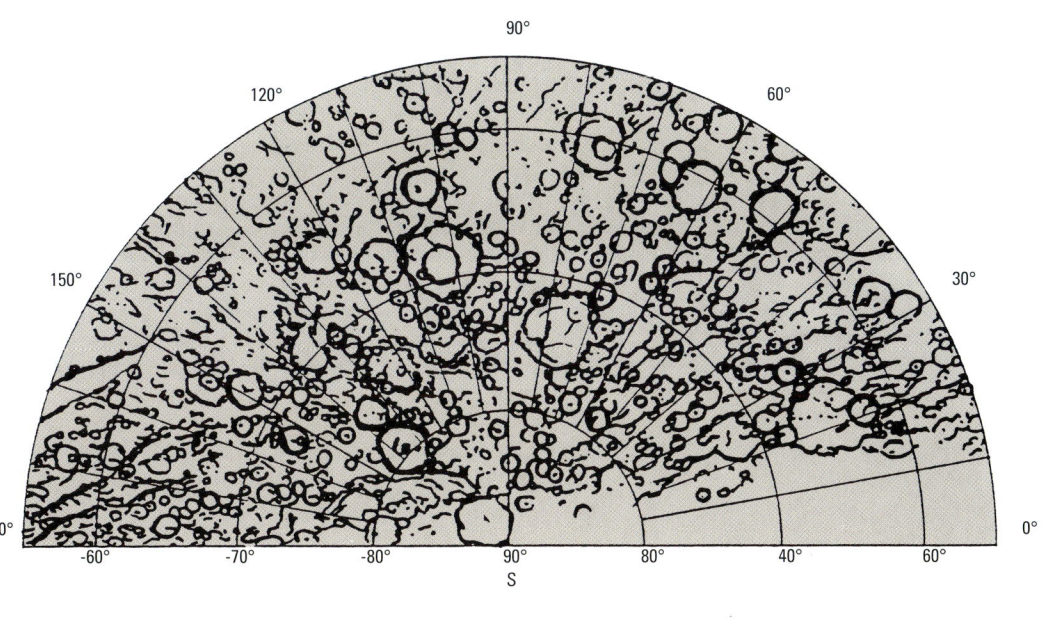

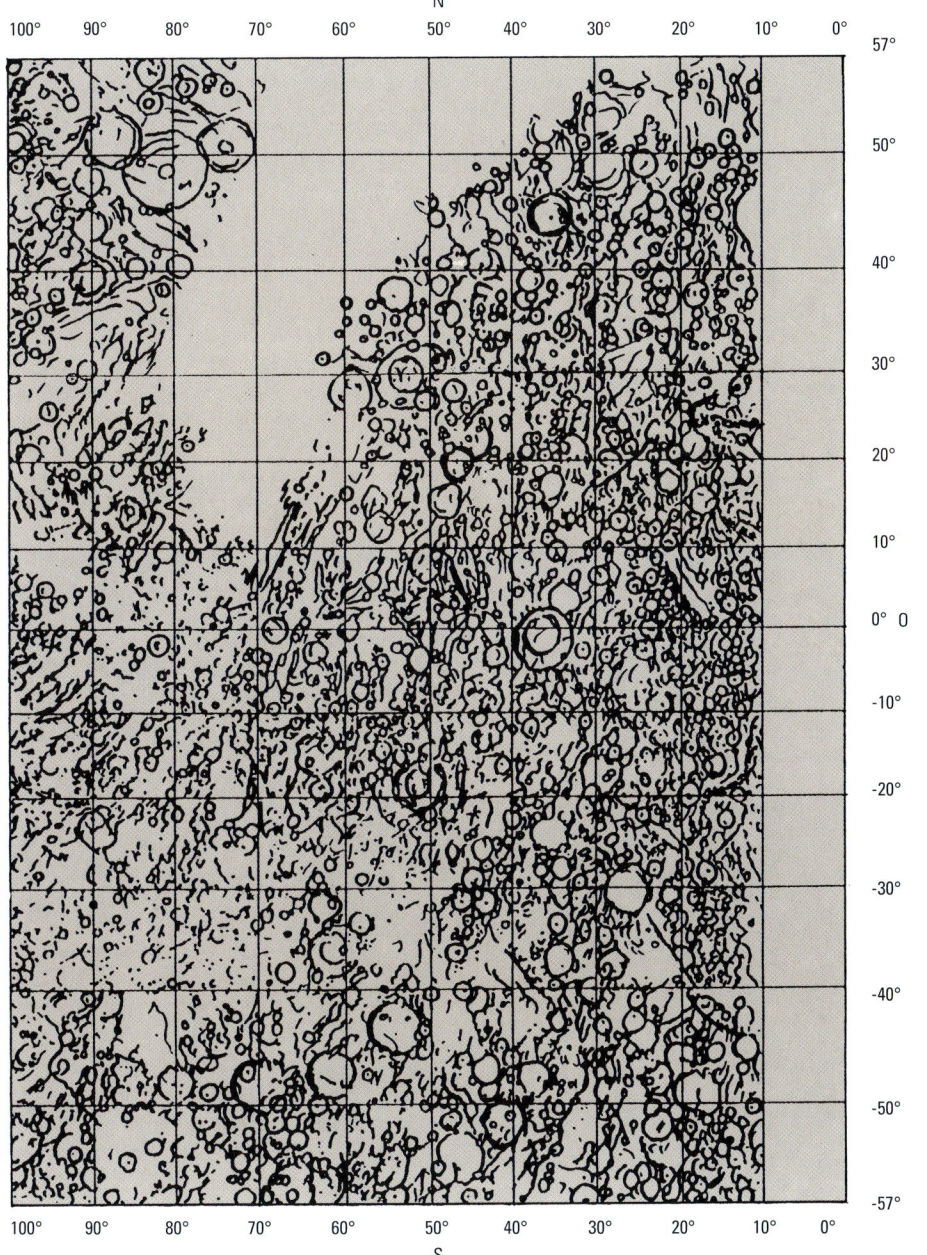

Krater	Breite °	Länge °	Durchmesser km
Ahmad Baba	58.5 N	127	115
Andal	47 S	38.5	90
Aristoxenes	82 N	11	65
Bach	69 S	103	225
Beethoven	20 S	124	625
Boccaccio	80.5 S	30	135
Botticelli	64 N	110	120
Chao Meng Fu	87.5 S	132	150
Chong Chol	47 N	116	120
Chopin	64.5 S	124	100
Coleridge	54.5 S	66.5	110
Copley*	37.5 S	85.5	30
Goethe	79.5 N	44	340
Hitomaro	16 S	16	105
Homer	1 S	36.5	320
Hun Kal	0.5 S	20	1.5
Khansa	58.5 S	52	100
Kuiper*	11 S	31.5	60
Lermontow	15.5 S	48.5	160
Mena*	0.5 N	125	20
Michelangelo	44.5 S	110	200
Monteverdi	64 N	77	130
Murasaki	12 S	31	125
Nampeyp	39.5 S	50.5	40
Petrarch	30 S	26.5	160
Puschkin	65 S	24	200
Rabelais	59.5 S	62.5	130
Raphael	19.5 S	76.5	350
Renoir	18 S	52	220
Rubens	59.5 S	73.5	180
Shakespeare	40.5 N	151	350
Sholem Aleichem	51 N	86.5	190
Snorri*	8.5 S	83.5	20
Strawinsky	50.5 N	73	170
Strindborg	54 N	136	165
Tansen*	4.5 S	72	25
Tolstoi	15 N	165	400
Turgenjew	66 N	135	110
Valmiki	23.5 S	141.5	220
Van Eyck	43.5 N	159	235
Verdi	64.5 N	165	150
Vivaldi	14.5 N	86	210
Vyasa	48.5 N	80	275
Wagner	67.5 S	114	135
Wang Meng	9.5 N	104	120
Wren	24.5 N	36	215

ANDERE MERKMALE

Montes	Breite°	Länge°
Caloris	22-40 N	180

Planitiae		
Borealis	70 N	80
Budh	18 N	148
Caloris	30 N	195
Odin	25 N	171
Sobkou	40 N	130
Suisei	62 N	150
Tir	3 N	177

Dorsa		
Antoniadi	28 N	30
Schiaparelli	24 N	164

Rupes		
Adventure	64 S	63
Discovery	53 S	38
Heemskerck	25 N	125
Pourquoi-Pas	58 S	156
Santa Maria	6 N	20
Wostok	38 S	19

Valles		
Arecibo	27 N	29
Goldstone	15 S	32
Haystack	5 N	46.5
Simeiz	12.5 S	65

(* = Strahlenzentrum)

Venus

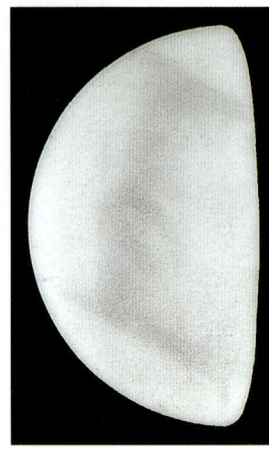

▲ **Venus,** *durch einen 31 cm-Reflektor betrachtet. Alles was man sehen kann, sind sehr undeutliche, wolkige Schattierungen, die notwendigerweise in der Zeichnung etwas übertrieben dargestellt sind, sowie etwas hellere Zonen in der Nähe der Polspitzen. Der Terminator erscheint im wesentlichen glatt. Die Venus unterscheidet sich vielleicht nicht allzusehr von der Erde, aber wegen der dickeren Kruste und des eisenreichen Kerns, der sowohl relativ wie auch absolut kleiner ist, hat Venus kein meßbares Magnetfeld. Wie Merkur verfügt auch die Venus über keinen Satelliten.*

Venus, der von der Sonne aus gesehen zweite Planet, unterscheidet sich von Merkur wie nur irgendwie denkbar. Venus ist viel heller als jeder andere Stern oder Planet und kann tiefe Schatten werfen. Menschen mit sehr guten Augen können die Phase im zunehmenden Zustand mit bloßem Auge erkennen. Mit einem Fernglas ist sie jedenfalls leicht zu sehen. Dennoch ist Venus für eine teleskopische Betrachtung eine Enttäuschung. Man kann sehr wenig erkennen, und die Scheibe erscheint im allgemeinen weiß. Wir schauen nicht auf eine feste Oberfläche, sondern auf das Äußere einer Wolkenschicht, die sich nie auflöst. Vor dem Zeitalter der Raumfahrt wußten wir sehr wenig über Venus.

Wir kannten Größe und Masse, die nur wenig kleiner als die der Erde sind, so daß beide nahezu Zwillinge sind. Die Umlaufzeit beträgt 224,7 Tage, und die Bahn um die Sonne ist nahezu kreisförmig. Schätzungen über die Rotationsperiode rangierten zwischen weniger als 24 Stunden und mehreren Monaten, wobei der allgemein bevorzugte Wert bei einem Monat lag. Die undeutlichen Schattierungen, die manchmal auf der Scheibe sichtbar waren, erschienen zu unklar, um verläßliche Ergebnisse zu liefern. Es gab da auch das aschfarbene Licht, eine schwache Sichtbarkeit der „Nachtseite", die bei zunehmender Venus zu sehen war. Es erschien durchaus real zu sein, aber nur wenige Leute stimmten dem im 19. Jahrhundert lebenden Astronomen Franz von Paula Gruithuisen zu, es könne sich um festliche Beleuchtung auf der Planetenoberfläche handeln, die von den dort ansässigen Einwohnern anläßlich der Krönung eines neuen Kaisers angezündet worden sei.

Es wurde angenommen, Venus befände sich im Zustand der Erde während der Urzeit, mit Sümpfen und üppiger Vegetation aus Riesenfarnen und Schachtelhalm. Noch in den frühen 60er Jahren waren sich viele Astronomen einig, daß die Oberfläche im wesentlichen mit Wasser bedeckt wäre, obwohl man es auch für möglich hielt, daß die Oberflächentemperatur der Venus hoch genug wäre, sie in eine tobende Staubwüste zu verwandeln. Mit Sicherheit war wenigstens klar, daß die obere Schicht der Atmosphäre hauptsächlich aus Kohlendioxid besteht, das die Tendenz hat, Sonnenwärme einzuschließen.

Als die amerikanische Sonde Mariner 2 im Dezember 1962 in weniger als 35 000 km Entfernung an der Venus vorbeiflog, übermittelte sie Daten zur Erde, die umgehend mit der verlockenden Theorie von den „Ozeanen" Schluß machte. 1970 gelang den Russen mit Venera 7 eine weiche Landung; sie sendete bis zu ihrem Ausfall 23 Minuten lang. Am 21. Oktober 1975 übermittelte Venera 9, eine weitere russische Sonde, das erste Bild von der Oberfläche. Es zeigte eine unfreundliche, felsübersäte Landschaft, in der alle Felsen – obwohl sie grau sind – durch Reflexion von darüberstehenden Wolken orange erscheinen. Der atmosphärische Druck, so fand man heraus, ist 90mal höher als auf der Erde und die Durchschnittstemperatur liegt bei 480°C.

Radarmessungen haben gezeigt, daß die Rotationsperiode 243,2 Tage beträgt, also länger als ein „Venusjahr" ist. Der Planet dreht sich von Ost nach West, also der Erde entgegengesetzt. Wenn man die Sonne von der Venus aus sehen könnte, würde sie im Westen aufgehen und 118 Erdentage später im Osten untergehen. Der Grund für diese rückläufige Rotation ist nicht bekannt.

Man fand heraus, daß der obere Teil der Atmosphäre 400 Kilometer über der Oberfläche liegt und die oberen Wolken eine Rotationsperiode von nur 4 Tagen haben. Hauptbestandteil der Atmosphäre ist Kohlendioxid mit einem Gesamtanteil von 96%; der Rest ist größtenteils Stickstoff. Die Wolken sind reich an Schwefelsäure; in manchen Schichten gibt es wahrscheinlich schwefelsauren „Regen", der verdampft, bevor er den Boden erreicht.

PLANETENDATEN – VENUS	
Siderische Umlaufzeit	224.701 Tage
Rotationsperiode	243.16 Tage
Mittlere Bahngeschwindigkeit	35.02 km/s
Bahnneigung	3°23′ 39″.8
Exzentrizität	0.007
Scheinbarer Durchmesser	max 65″.2
	mitt 37″.3
	min 9″.5
Reziproke Masse, Sonne = 1	408 520
Dichte, Wasser = 1	5.25
Masse, Erde = 1	0.815
Volumen, Erde = 1	0.86
Fluchtgeschwindigkeit	10.36 km/s
Oberflächengravitation, Erde = 1	0.903
Mittlere Oberflächentemperatur	Wolkenobergrenze –33°C
	Oberfläche +480°C
Abplattung	0
Albedo	0.76
Größte scheinbare Helligkeit	–4.4 mag
Durchmesser	12 104 km

Erde

◄ **Fünf Aufnahmen der Venus,** *im selben Maßstab aufgenommen. Mit abnehmender Phase vergrößert sich der scheinbare Durchmesser. In der Nähe der unteren Konjunktion bildet der helle Rand einen Ring um die gesamte Scheibe – ein Effekt, der von der Atmosphäre des Planeten verursacht wird.*

◄ **Venus, aufgenommen von Mariner 10.** *Diese Aufnahme wurde am 6. Februar 1974 gemacht, einen Tag nachdem Mariner 10 auf dem Weg zum Merkur an der Venus vorbeiflog. Die Aufnahmen wurden in ultraviolettem Licht gemacht. Die Blaufärbung ist eine „Falschfarbe", entspricht also nicht der wirklichen Farbe des Planeten. Für die Photographie wurden mehrere Fernsehbilder computerbearbeitet, zu einem Mosaik zusammengefügt und anschließend retuschiert. Man beachte die abweichende Erscheinung der Zonen in der Nähe der Pole des Planeten, die dem Aussehen der Polkappen der Erde ähneln.*

▼ **Venera 13** *auf der Oberfläche der Venus im März 1982. Auf dem Bild ist ein Teil der Raumsonde zu sehen. Die Temperatur wurde mit 457°C und der Druck mit 89 Atmosphären gemessen. Das Gestein war rötlichbraun und der Himmel leuchtend orange.*

Kartographierung der Venus

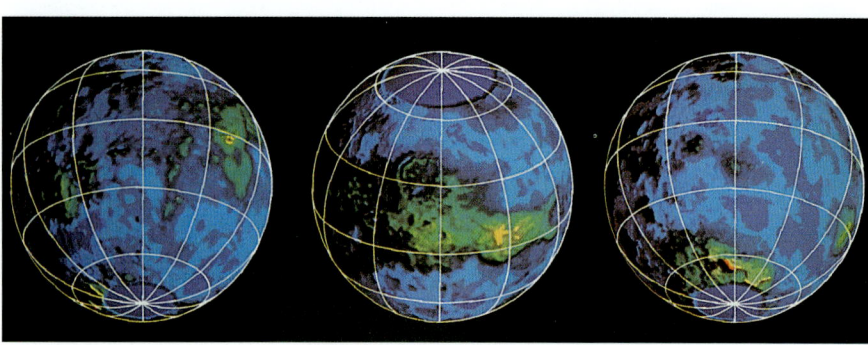

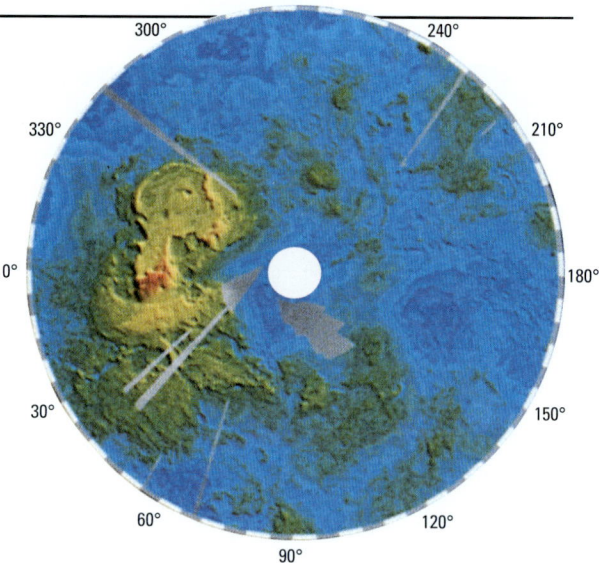

▲ Topographische Globen der Venus. *Pioneer-Venus 2 flog 1978 zur Venus. Die Mission umfaßte eine Sonde und einen „Bus", der mehrere Landekapseln aussandte, die bei ihrem Abstieg Daten zurückschickten. Die Karte wurde als Falschfarbendarstellung zusammengefügt: blau bedeutet geringe Höhe, gelb und rot markieren dagegen höhere Regionen. Ishtar und Aphrodite ragen deutlich heraus.*

Da wir die Oberfläche der Venus niemals sehen können, ist Radar die einzige Möglichkeit zur Kartographierung des Planeten. Man hat herausgefunden, daß Venus eine Welt von Ebenen, Hochland- und Flachlandregionen ist. Eine gewaltige, wellige Ebene bedeckt 65% der Oberfläche; 27% werden von Flachlandregionen eingenommen und nur 8% sind Hochland. Die höheren Gebiete sind rauher als die Tieflandbezirke, was bedeutet, daß sie auf dem Radar heller sind (bei einem Radarbild ist Helligkeit gleichzusetzen mit Unebenheiten).

Es gibt zwei wichtige Hochlandgebiete: Ishtar Terra und Aphrodite Terra. Ishtar, auf der Nordhalbkugel, mißt 2900 km im Durchmesser; der westliche Teil, Lakshmi Planum, ist ein hohes, lavabedecktes Plateau. An seinem östlichen Ende liegen die Maxwell-Berge, die höchsten Erhebungen der Venus, die bis 11 km Höhe über dem durchschnittlichen Radius und 8,2 km über dem umliegenden Plateau erreichen. Aphrodite überspannt den Äquator, mißt 9700 km mal 2900 km und besteht aus mehreren Vulkanmassiven. Diana Chasma, der tiefste Punkt auf der Venus, grenzt an Aphrodite.

(Nebenbei bemerkt hat man entschieden, daß die Namen aller Oberflächenmerkmale weiblich zu sein haben. Die einzige Ausnahme sind die Maxwell-Berge. Der schottische Mathematiker James Clerk Maxwell hatte schon einen Platz auf der Venus, bevor der offizielle Erlaß erging!)

Eine kleinere Hochlandregion, Beta Regio, umfaßt den Schildvulkan Rhea Mons und den zerklüfteten Berg Theia Mons, der von einem gewaltigen Grabenbruch durchschnitten wird, ähnlich dem großen Ostafrikanischen Graben auf der Erde. Rhea ist wahrscheinlich noch aktiv, wie überhaupt die ganze Oberfläche der Venus ohne Zweifel von vulkanischer Aktivität bestimmt ist. Die dicke Kruste der Venus gleitet wahrscheinlich nicht so über den Mantel, wie das bei der Erde der Fall ist, so daß die Plattentektonik nicht anwendbar ist. Bildet sich über einem „Hot spot" ein Vulkan, bleibt er lange Zeit dort.

Krater sind sehr zahlreich vorhanden, einige davon mit unregelmäßiger Form, andere wiederum kreisförmig. Der größte Krater, Mead, hat einen Durchmesser von 280 km.

Es gibt kreisförmige Tieflandgebiete, wie etwa Atalanta Planitia östlich von Ishtar; es finden sich darüberhinaus Systeme von Verwerfungen wie auch Regionen, die jetzt Tesserae heißen – hochliegende, zerklüftete Gebiete, die sich über Tausende von Quadratkilometern erstrecken und von kreuzenden Rücken und Rillen geprägt sind.

Venus wurde von Sonden, radarbestückten Orbitern und weich landenden Kapseln untersucht; 1985 schickten die zwei russischen Sonden, auf dem Weg zum Kometen Halley, sogar zwei Ballons in die obere Venusatmosphäre, so daß Informationen und Daten über verschiedene Schichten, welche die Ballons langsam durchschwebten, empfangen werden konnten. Die jüngste Sonde, Magellan, hat die früheren Ergebnisse bestätigt: die Venus ist ein extrem lebensfeindlicher Planet.

Die Topographie der Venus. *Diese Karte wurde von dem Radarhöhenmesser der Magellan-Sonde während der 24monatigen Kartographierung der Venusoberfläche erstellt. Zur Darstellung der Höhenunterschiede wurden verschiedene Farben benutzt (siehe unten rechts). Simulierte Schattierungen betonen die Reliefs. Rot steht für die höchsten, blau für die niedrigsten Erhe-*

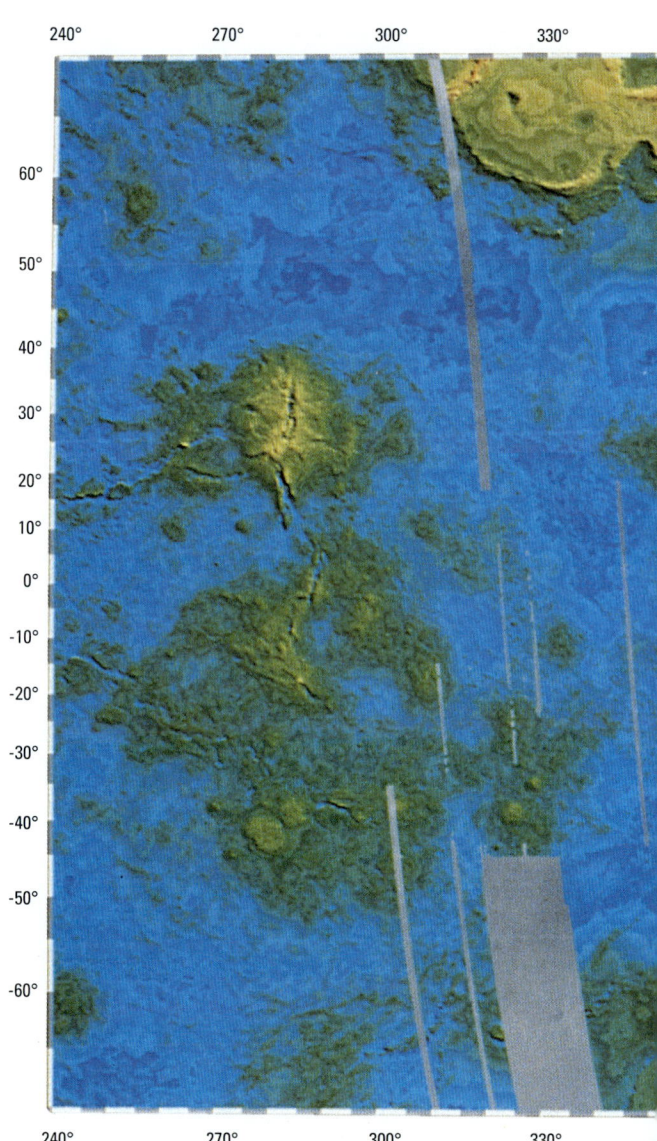

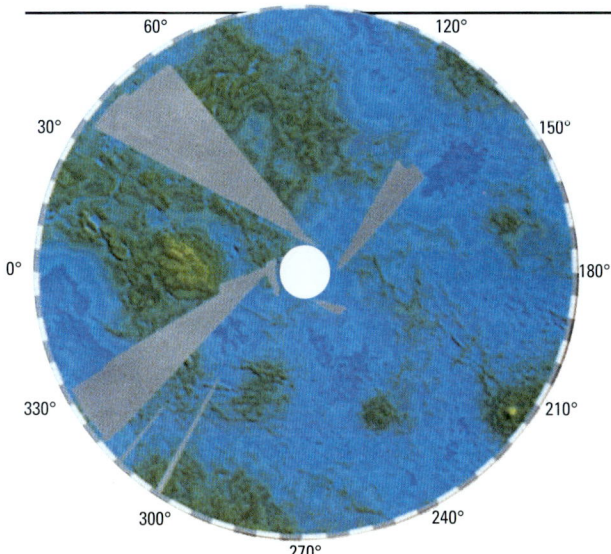

	Merkmal	**Breite°**	**Länge°**
TERRAE	Aphrodite	40 S-5 N	140–000
	Ishtar	52-75 N	080–305
REGIONES	Alpha	29-32 S	000
	Asteria	18-30 N	228–270
	Beta	20-38 N	292–272
	Metis	72 N	245–255
	Phoebe	10-20 N	275–300
	Tellus	35 N	080
	Thetis	02-15 S	118–140
PLANITIA	Atalanta	54 N	162
	Lakshmi Planum	60 N	330
	Lavinia	45 S	350
	Leda	45 N	065
	Niobe	138 N-10 S	132–185
	Sedna	40 N	335
CHASMA	Artemis	30-42 S	121–145
	Devana	00	289
	Diana	15 S	150
	Heng-O	00-10 N	350–000
	Juno	32 S	102-120
KRATER	Colette	65 N	322
	Lise Meitner	55 S	322
	Pavlova	14 N	040
	Sacajewa	63 N	335
	Sappho	13 N	027
VULKANE	Rhea Mons	31 N	285
BERGE	Theia Mons	29 N	285

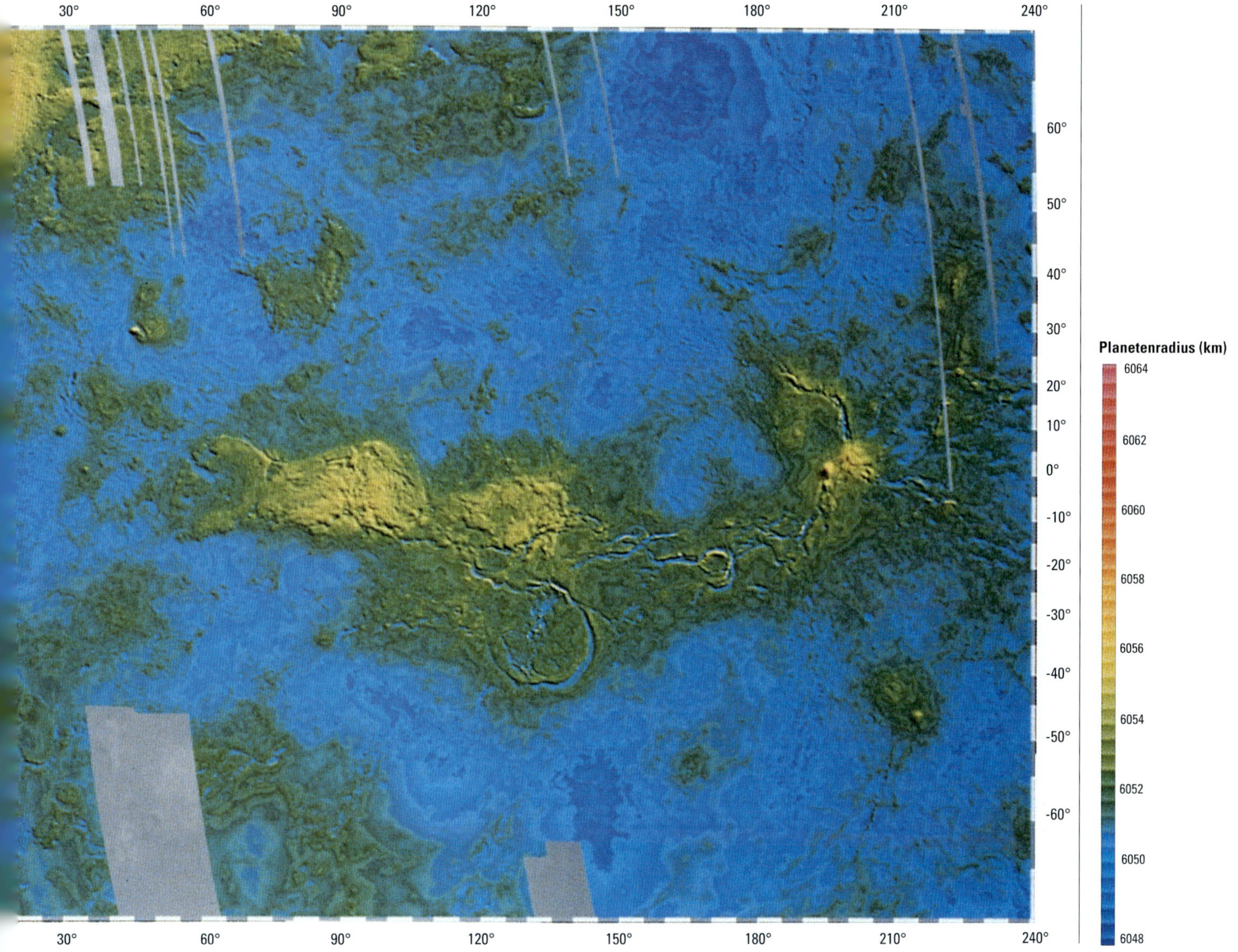

bungen. Das Bild unten zeigt einen Teil des Planeten zwischen 69° nördlicher und 69° südlicher Breite in Mercator-Projektion. Darüber sieht man die beiden Polregionen bis zu 44° Breite in stereo-

graphischer Projektion. Die Höhengenauigkeit ist besser als 50 m, und die horizontale Detailauflösung an der Oberfläche beträgt 10 km in Äquatornähe bis hin zu 25 km in höheren Breiten.

Planetenradius (km)

6064
6062
6060
6058
6056
6054
6052
6050
6048

Die Magellan-Mission

▲ **Magellan** wurde am 4. Mai 1989 aus dem Laderaum des Space Shuttle in den Weltraum gesetzt und erreichte die Venus am 10. August 1990. Nach 37 Minuten Funkstille – während die Sonde hinter dem Planeten vorbeiflog – tauchte Magellan in eine perfekte Umlaufbahn ein. Sein Programm zur Radarkartographierung war im September 1992 abgeschlossen; anschließend wurde ein Zyklus Gravitationskarten gezeichnet. Magellan hat einen Rekord bezüglich der bei einer einzigen Weltraummission gesammelten Daten aufgestellt.

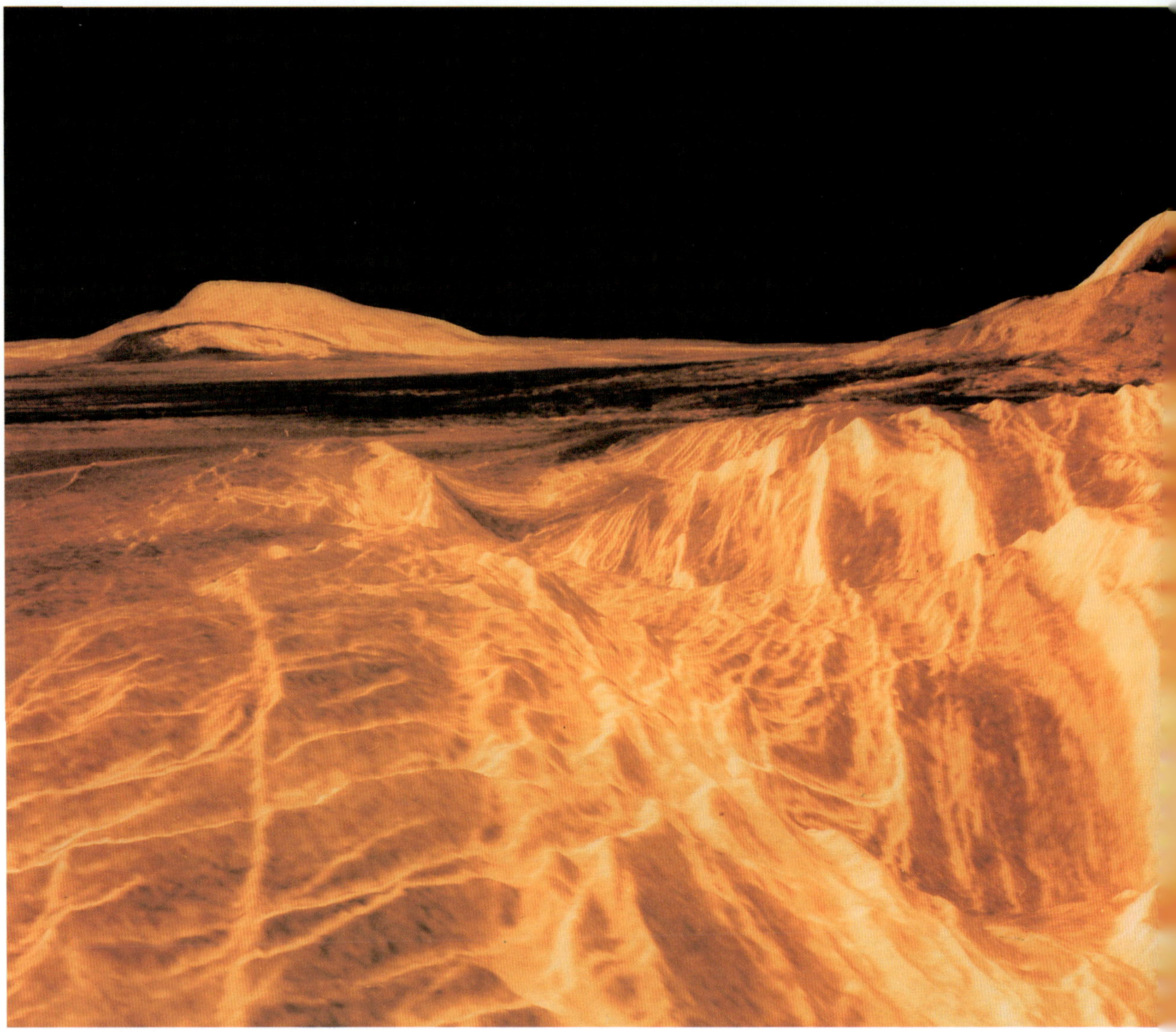

Die verschiedenen russischen und amerikanischen Raumsonden, die zwischen 1961 und 1984 zur Venus gestartet worden waren, hatten eine große Menge Informationen über den Planeten gesammelt, aber es bestand weiter das Bedürfnis nach einer besseren Radarerfassung. Dies war das Ziel der Magellan-Sonde, die am 4. Mai 1989 von dem Shuttle „Atlantis" ausgesetzt wurde. Man hoffte, eine viel bessere Auflösung als bei allen vorausgegangenen Missionen zu erzielen, was auch gelang. Die Radarkartographierung wurde im September 1990 begonnen und bis 1993 waren 98% der Oberfläche verzeichnet. Zyklus 4 endete am 24. Mai des gleichen Jahres. Ein Zyklus dauert 243 Erdtage, in denen sich die Venus vollständig unter der Umlaufebene des Raumschiffs drehte. Als Magellan das erste Mal in die Umlaufbahn um die Venus einschwenkte, betrug die Periode 3,2 Stunden, und die geringste Entfernung belief sich auf 289 km. Im September 1992 wurde sie dann auf 184 km reduziert.

Magellan kann Details bis hinab zu 120 m auflösen. Die Hauptantenne, 3,7 m im Durchmesser, sendete im schiefem Winkel zum Raumschiff einen Impuls auf die Oberfläche, der – wie ein Sonnenstrahl auf der Erde – auf den Planeten auftraf. Das Gestein der Oberfläche verändert den Impuls, bevor er zur Antenne reflektiert wird. Eine kleinere Antenne sendet einen vertikalen Impuls herab, wobei die Zeitspanne zwischen Aussenden und Empfang des reflektierten Impulses die Höhe der Oberfläche angibt,

und zwar mit einer Genauigkeit von unter 10 m. Magellan hat feine Einzelheiten auf der vulkanischen Oberfläche offengelegt. Es gibt z.B. mehrere Lavaströme, deren unterschiedliche Radarreflexion felsige und glattere Gegenden anzeigen. Es gibt Ströme, die auf sehr flüssige Lava zurückgehen und sogar eine flußähnlich geschlängelte Form haben. Die als Tesserae bekannten Oberflächenmerkmale sind hohe, zerklüftete Gebiete, die sich über mehrere tausend Kilometer erstrecken. Eins davon ist Alpha Regio, das auf der gegenüberliegenden Seite zu sehen ist. Arachnoiden, die bisher nur auf der Venus gefunden wurden, tragen diesen Namen aufgrund ihrer oberflächlichen Ähnlichkeit mit Spinnennetzen; sie sind kreisförmig bis oval, mit konzentrischen Ringen und komplizierten, nach außen gerichteten Strukturen. Sie gleichen den Koronae – kreisförmigen, vulkanischen Strukturen umgeben von Rücken, Furchen und radial verlaufenden Linien. Es gibt Anzeichen für vereinzelten explosiven Vulkanismus.

Maßstab und Farben der hier gezeigten Bilder entstammen der Computerverarbeitung. Der senkrechte Maßstab im Bild vom Gula Mons oben rechts im großen Bild beispielsweise ist absichtlich vergrößert, um Einzelheiten deutlicher zu machen. Die Farben sind nicht so, wie sie einem Besucher auf diesem Planeten – vorausgesetzt, er könnte dorthin gelangen – erscheinen würden. Die hellen Flecken etwa, die Lavaströme darstellen, wären mit bloßem Auge nicht sichtbar.

Maxwell Montes: Die Maxwell-Berge sind als heller Fleck unterhalb des Bildmittelpunktes zu sehen. Sie sind die höchsten Berge auf dem Planeten; einige Gipfel erheben sich mehr als 7 km über die Oberfläche.

Atalanta Planitia: Diese riesige Ebene ist rechts von den Verwerfungslinien zu sehen, die strahlenförmig von der Zentralregion ausgehen.

◄ *Die Nordhalbkugel der Venus.* Diese Falschfarbenprojektion der Oberfläche der Venus wurde mit Daten erstellt, die während des ersten Zyklus der Radarkartographierung gemacht wurden. Das Datenmaterial von Magellan wurde mit dem der früheren Pioneer-Venus ergänzt, und die Grundfarbe stammt von den Bildern der russischen Venera-Kapseln, die sich 1972 auf der Oberfläche des Planeten befanden.

Lakshmi Planum: Das Lakshmi-Plateau liegt direkt links neben den Maxwell-Bergen. Es liegt 2,5–4 km über der Oberfläche und ist mit Lava bedeckt.

Nordpol: Der Nordpol der Venus liegt genau im Bildmittelpunkt. Der Nullpunkt der (geographischen) Länge ist rechts. Oberhalb des Pols gibt es größere Verwerfungen.

▲ *Eistla Regio. Dieses Falschfarbenbild des westlichen Teils des Eistla Regio-Gebiets der Venus zeigt den Blick nach Nordwesten von einem Punkt, der 700 km entfernt von Gula Mons (der Berg rechts oben) liegt. Gula ist 3 km höher als die umliegende Ebene. Der Bildvordergrund wird von einem großen Grabenbruch dominiert.*

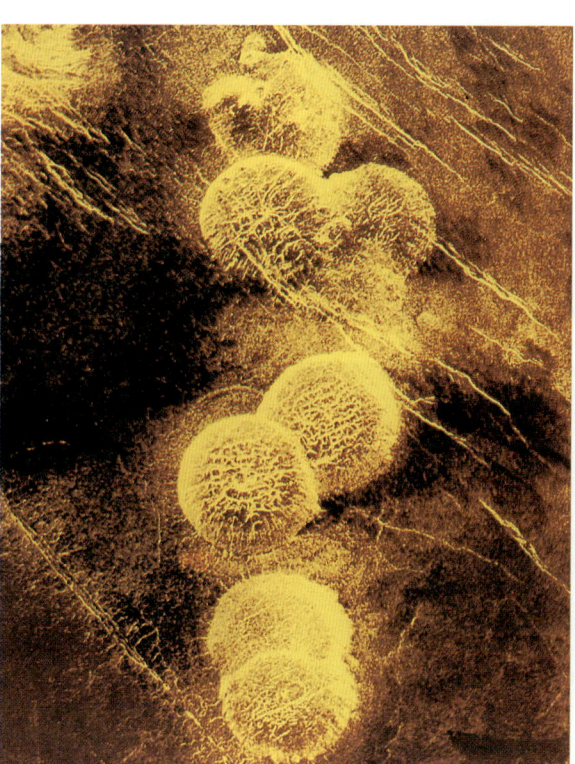

▶ *Alpha Regio. Dieses Mosaik aus Radarbildern zeigt sieben kuppelförmige Hügel mit durchschnittlich 25 km Durchmesser und 750 m Höhe. Sie könnten durch wiederholte Lavaeruptionen entstanden sein.*

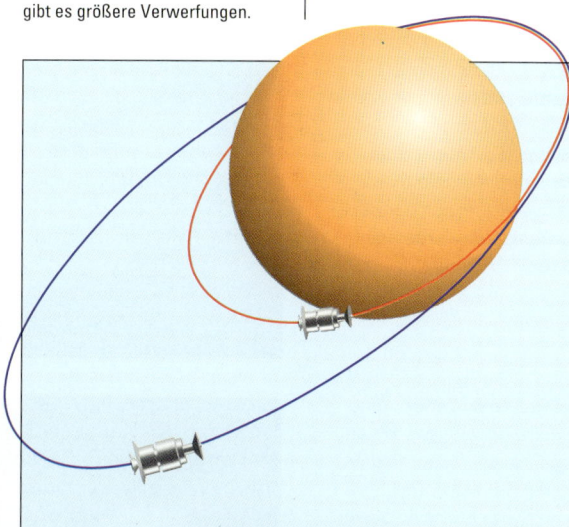

Umlaufbahnen von Magellan
Die Magellan-Raumsonde wurde in eine Umlaufbahn um die Venus gebracht und kartographierte die Oberfläche in Bahnen von 20 km Breite. Danach wurde die Sonde in eine elliptische Bahn gebracht. Nachdem die Oberfläche kartographiert war, schwenkte Magellan 1993 wieder in eine kreisförmige Bahn, um Schwerkraftuntersuchungen des Planeten zu machen.

Mars

Mars, der erste Planet jenseits der Erdumlaufbahn, war schon immer von besonderem Interesse, da bis vor kurzem angenommen wurde, daß auf ihm Leben existieren könne. Vor weniger als einem Jahrhundert wurde in Frankreich sogar ein Preis für den Ersten ausgeschrieben, der Kontakt mit Wesen anderer Welten herstellen könnte – der Mars wurde ausdrücklich ausgeschlossen, weil dies angeblich zu leicht gewesen wäre!

Der Mars ist viel kleiner und masseärmer als die Erde. Seine Größe liegt zwischen Erde und Mond. Die Fluchtgeschwindigkeit von 5 Kilometern pro Sekunde genügt für die Aufrechterhaltung einer dünnen Atmosphäre; aber bereits vor dem Raumfahrtzeitalter wurde deutlich, daß die Dichte der Atmosphäre nicht für die Entwicklung erdähnlichen Lebens ausreichen würde, genausowenig wie Ozeane auf der Marsoberfläche existieren könnten. Die Achsenneigung gleicht der unseren, so daß die Jahreszeiten ähnlich geartet sind, obwohl sie wesentlich länger dauern. Die Umlaufzeit beträgt 687 Tage. Für eine Achsendrehung – leicht meßbar durch eine Beobachtung der Oberflächenstruktur – braucht er 24 Stunden 37 Minuten und 22,6 Sekunden, so daß ein Marsjahr 668 Marstage oder „Sols" beträgt.

Die Marsumlaufbahn verläuft entschieden exzentrisch. Der Abstand von der Sonne schwankt zwischen 249 Millionen und 207 Millionen Kilometern, was einen direkten Einfluß auf das Klima des Mars ausübt. Wie auf der Erde wird das Perihel zur Zeit der südlichen Sommer erreicht, so daß diese auf dem Mars kürzer und wärmer sind als die im Norden, die Winter hingegen länger und kälter.

Bei gößter Annäherung kommt der Mars mit bis zu 59 Millionen Kilometern näher an die Erde heran als irgendein anderer Planet – abgesehen von der Venus. Kleine Teleskope zeigen dann erstaunliche Oberflächendetails. Zuerst werden die polaren Eiskappen sichtbar, deren Größe von der Jahreszeit abhängt. Bei ihrer größten Ausdehnung erreicht die südliche Kappe den 50. Breitengrad, obwohl sie auf ihrem Minimum sehr klein wird. Wegen des extremen Klimas in der südlichen Hemisphäre unterliegt die Größe der Kappe dort einem größeren Wandel als im Norden.

Die dunklen Flecke bestehen immer, doch treten leichte Veränderungen auf; bereits 1659 wurde von dem holländischen Astronomen Christian Huygens der mysteriöseste, V-förmige, heute als Syrtis Major bekannte, dunkle Fleck entdeckt. Ursprünglich hielt man diese dunklen Regionen für Meere, während man die ockerfarbenen Bereiche, die den Rest des Planeten bedecken, für das Festland hielt. Als man herausfand, daß der atmosphärische Druck zu niedrig für flüssiges Wasser ist, betrachtete man die dunklen Flecken als alte, mit Vegetation angefüllte Meeresböden. Diese Überzeugung wurde bis zum ersten Vorbeiflug von Mariner 4, im Jahre 1965, beibehalten.

Zudem gibt es verschiedene helle Bereiche im südlichen Teil des Planeten, von denen die herausstechendste Hellas ist. Zeitweise leuchtet er so hell, daß er für eine weitere Polkappe gehalten wurde. Früher dachte man, es handle sich bei Hellas um eine schneebedeckte Hochebene, obwohl er heute als tiefes Becken bekannt ist.

Im allgemeinen ist die Marsatmosphäre sehr klar, doch sind Wolken sowie gelegentlich Staubstürme zu beobachten, die sich über den gesamten Planeten erstrecken können und die Oberflächenstruktur völlig überdecken. Staubstürme sind am häufigsten, wenn der Mars in der Nähe des Perihels ist und die Oberflächenwinde am stärksten sind.

Die ersten halbwegs zuverlässigen Marskarten gehen etwa auf das Jahr 1860 zurück. Die unterschiedlichen Charakteristika wurden größtenteils nach Astronomen benannt; die alten Karten zeigen das Mädler-Land, das Lassell-Land, den Beer-Kontinent usw. (Der letzte Name ehrte Wilhelm Beer, einen deutschen Pionier auf dem Gebiet der Mond- und Planetenbeobachtung.) Schließlich stellte 1877 G.V. Schiaparelli eine detailliertere Karte her und benannte die einzelnen Merkmale um. Schiaparellis Nomenklatur wird heute noch in abgewandelter und erweiterter Form verwendet.

Schiaparelli hat ebenfalls seltsam künstlich aussehende Linien durch die ockerfarbenen Wüsten gezeichnet, die er als 'canali' bezeichnete. Unausweichlich wurde dies mit „Kanäle" übersetzt, wodurch die Vermutung, es handle sich hierbei um künstliche Wasserwege, nahelag. Diese Auffassung wurde von Percival Lowell vertreten, der die große Sternwarte bei Flagstaff in Arizona gebaut und diese

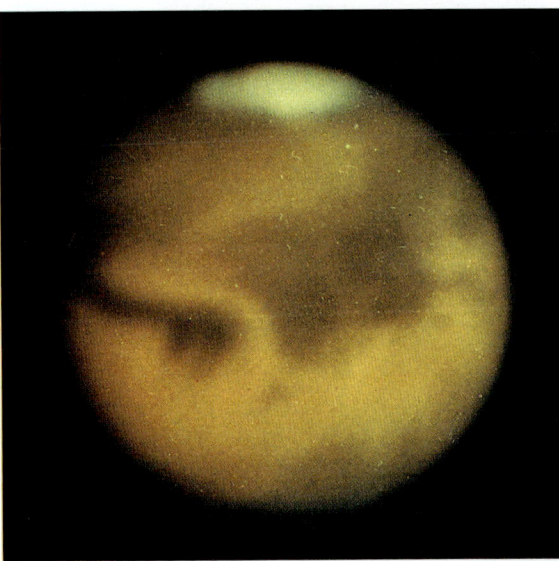

▶ **Mars.** *Photographie von Charles Capen mit dem 61-Zentimeter-Refraktor von Lowell. Die südliche Polkappe sticht hervor. Das sehr dunkle Objekt zur Linken ist Meridiani Sinus, der den kleineren Krater enthält, welcher den Längengrad 0 auf dem Mars markiert. Zur Rechten des Meridiani befindet sich die schwarze Masse, die Margaritifer Sinus und Aurorae Sinus einschließt. (Nach der neuen Nomenklatur wurde aus „Sinus" „Planum".)*

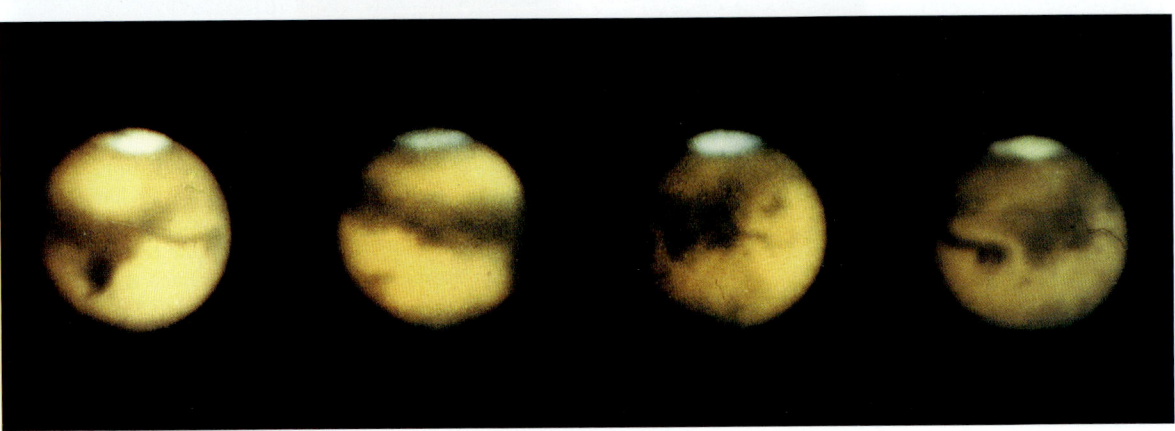

▶ **Die Marsrotation.** *Eine Bilderreihe, aufgenommen von Charles Capen mit dem Lowell-Refraktor. Der V-förmige Syrtis Major erscheint auf der linken Abbildung; das rechte Bild zeigt Meridiani Sinus. Die südliche Polkappe ist gut sichtbar. Die wesentlichen, auf diesen Photographien abgebildeten Kennzeichen können bereits mit Teleskopen mittlerer Größe gesehen werden, wenn der Mars günstig steht.*

mit einem 61-cm-Refraktor ausgerüstet hatte, um vor allem den Mars zu studieren. Lowell glaubte, die Kanäle stellten ein planetenübergreifendes Bewässerungssystem dar, das von den Bewohnern gebaut worden war, um das Wasser von den Eiskappen auf den Polen zum Äquator durchzupumpen. Leider hat sich herausgestellt, daß diese Kanäle gar nicht existieren. Sie waren eine optische Täuschung, die

dazu führte, daß Lowells Marsmenschen ins Reich der Fiktion verbannt wurden.

Die besten Karten vom Mars, die vor dem Raumfahrtzeitalter entstanden, wurden von E.M. Antoniadi in den 20er und 30er Jahren dieses Jahrhunderts angefertigt. Er benutzte den 83-cm-Refraktor von Meudon. Der wirkliche Durchbruch gelang aber erst 1965 mit Mariner 4.

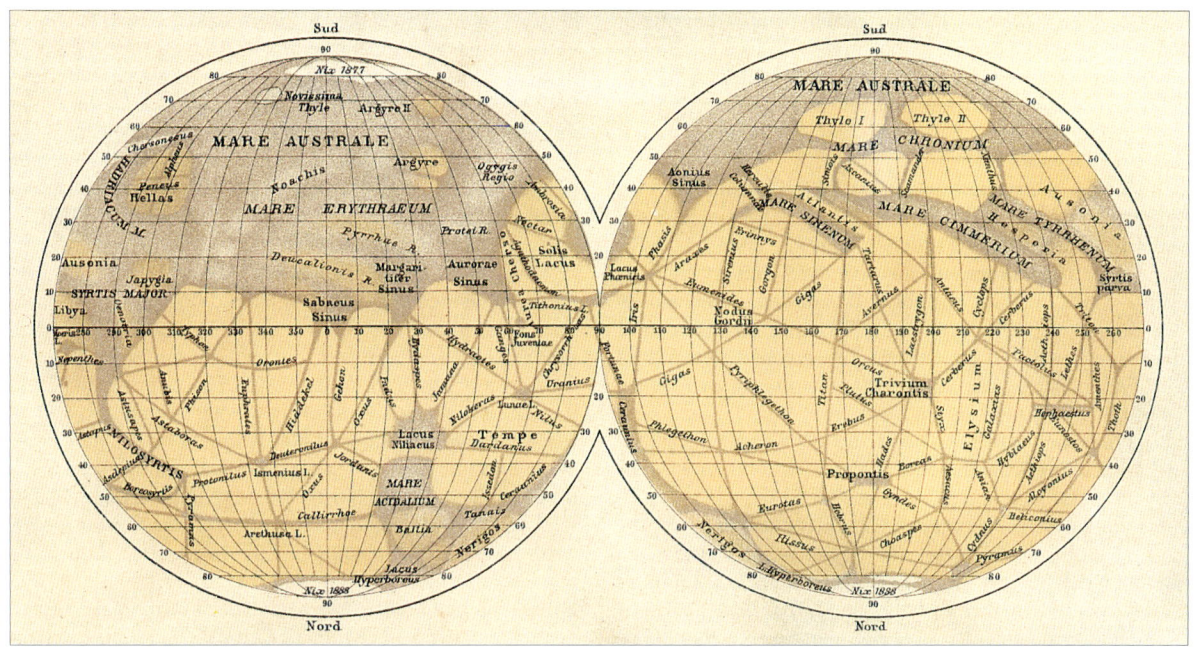

◂ **Schiaparellis Karten des Mars**, aus Beobachtungen zwischen 1877 und 1888 entstanden. Die dunklen Flecken werden deutlich gezeigt – aber ebenso die Kanäle, von denen man heute weiß, daß sie nicht existieren! Schiaparellis Karte verwendet die 1877 eingeführte Nomenklatur, der auch heute noch gefolgt wird.

PLANETENDATEN – MARS	
Siderische Umlaufzeit	686,980 Tage
Rotationsperiode	24h 37m 22s.6
Mittlere Bahngeschwindigkeit	24.1 km/s
Bahnneigung	1° 50' 59".4
Bahnexzentrizität	0.093
Scheinbarer Durchmesser	max 25".7, min 3".5
Reziproke Masse, Sonne = 1	3,098,700
Dichte, Wasser = 1	3.94
Masse, Erde = 1	0.107
Volumen, Erde = 1	0.150
Fluchtgeschwindigkeit	5.03 km/s
Oberflächengravitation, Erde = 1	0.380
Mittlere Oberflächentemperatur	−23°C
Abgeflachtheit	0.009
Albedo	0.16
Maximale Helligkeit	−2.8 mag
Durchmesser (äquatorial)	6,794 km

Erde

▲ **Der Mars vom Weltraumteleskop Hubble aus gesehen.** *Diese Farbabbildung wurde am 13. Dezember 1990 mit dem Hubble-Weltraumteleskop gemacht,*

als der Mars 85 Millionen Kilometer entfernt war. Es zeigen sich noch 50 km große Details. Auf der Nordhalbkugel herrscht gerade Winter (ein Marsjahr ent-

spricht 1,8 Erdjahren), eine dicke, bläuliche Wolkendecke liegt über dem Nordpol. Hubble kann ohne störendes Luftflimmern schärfere Bilder machen als Teleskope auf

der Erde. Allerdings war das optische System fehlerhaft, es mußte 1993 im Weltraum repariert werden. Dabei wurde zugleich die Weitwinkel-Kamera gegen ein

verbessertes Modell ausgetauscht. Seitdem liefert Hubble perfekte Bilder und erlaubt uns den tiefsten Blick in das Weltall, der jemals möglich war.

Missionen zum Mars

▲ *Olympus Mons, der höchste Vulkan auf dem Mars. Er ragt 25 Kilometer über die umliegende Oberfläche empor und besitzt einen Durchmesser von 600 Kilometern. Er wird von einer Caldera von 85 Kilometern gekrönt. Er ist ein gewaltiger Schildvulkan, weit größer und massiver als Schildvulkane auf der Erde, wie etwa Mauna Kea und Mauna Loa.*

Mariner 4 umflog den Mars am 14. Juli 1965 in einer Entfernung von 9789 Kilometern. Sie hatte Kameras an Bord, deren Aufnahmen zeigten, daß der Mars eine eher kraterreiche Landschaft hat, und nicht, wie bis dahin häufig angenommen, eine sanfte, glatte Oberfläche besitzt. Andere Expeditionen, besonders von den Amerikanern, folgten; sogar heute noch haben die Russen wenig Glück mit ihren Raumfahrten zum Mars. Dann drang am 13. November 1971 Mariner 9 in eine geschlossene Umlaufbahn ein und sandte während der folgenden elf Monate phantastische Bilder vom größten Teil der Oberfläche zurück. Die minimale Distanz zum Mars betrug 1640 Kilometer; über 7000 Bilder wurden empfangen und der Kontakt brach nicht vor Oktober 1972 ab.

Mariner 9 hat viele unserer Vorstellungen über den Mars verändert. Zuerst einmal stellte sich heraus, daß die Atmosphäre wesentlich dünner war als erwartet. Man hatte den Bodendruck auf ungefähr 87 Millibar, entsprechend dem Luftdruck auf der Erde auf etwas weniger als der doppelten Höhe des Mount Everest, geschätzt, und man ging von Stickstoff als dem wesentlichen Bestandteil aus. Tatsächlich beträgt der Druck aber überall weniger als 10 Millibar – was wir als ein recht gutes Vakuum in einem Labor ansehen würden – und die Atmosphäre besteht größtenteils aus Kohlendioxid (CO_2), mit nur kleinen Mengen an Stickstoff und anderen Gasen.

Man hat herausgefunden, daß die Polkappen nicht aus demselben Eis bestehen wie die Kappen auf der Erde, noch daß sie untereinander identisch wären. In jedem Fall gibt es eine jahreszeitlich bedingte obere Kappe, bestehend aus Kohlendioxid, unter der sich eine permanente Restkappe befindet. Die Restkappe auf dem Nordpol ist aus Wassereis gebildet, während die des Südpols eine Mischung aus Wassereis und Trockeneis (CO_2) darstellt. Während der südlichen Winter, die kälter sind als die im Norden, kondensiert Kohlendioxid aus der Atmosphäre auf der Polkappe, wobei es zeitweise zu einem Abfall des atmosphärischen Drucks kommt.

Die Aufnahmen der Oberfläche waren atemberaubend; natürlich war sich niemand bewußt gewesen, daß alle früheren Sonden die am wenigsten interessanten Gebiete des Planeten beobachtet hatten. Zum ersten Mal konnten wir die gigantischen Vulkane, wie den majestätischen Olympus Mons, analysieren. Man hat zwei deutliche Wölbungen auf der Marskruste, Tharsis und Elysium, gefunden, wo die meisten Vulkane liegen. Tharsis ist das herausragendste Phänomen; an ihm entlang liegen die Vulkane Ascraeus Mons, Arsia Mons und Pavonis Mons, der Olympus Mons ist nicht weit. All dies war auch bereits von auf der Erde stationierten Beobachtern entdeckt worden, doch gab es keine Möglichkeit, einfach herauszufinden, um was es sich handelte. Der Olympus Mons war als Nix Olympia bekannt gewesen, der Olympische Schnee, da er durch das Teleskop manchmal als weißer Flecken erschien. Im Norden von Tharsis befindet sich Alba Patera, der nur wenige Kilometer hoch ist, aber mehr als 2400 Kilometer im Durchmesser mißt. Die Wölbung Elysium ist kleiner als Tharsis, und die Vulkane sind niedriger.

Die beiden Hemisphären des Mars sind nicht gleichartig. Im allgemeinen ist die südliche der höhere, kraterreichere und ältere Teil des Planeten. Die nördliche Hemisphäre ist niedriger, jünger und weniger kraterreich.

Das Mariner-Tal, Valles Marineris, südlich vom Äquator, hat im Ganzen eine Länge von 4500 Kilometern, mit einer maximalen Weite von 600 Kilometern. Es gibt komplexe Systeme, wie z. B. das Noctis Labyrinthis (einstmals für einen See namens Noctis Lacus gehalten), mit Schluchten von 10 bis 20 Kilometern Weite, die das Muster mitbilden, das zu dem Spitznamen „Kronleuchter" führte. Es gibt Oberflächenmerkmale, die kaum etwas anderes sein können als alte Flußbetten, so daß der Mars in der Vergangenheit ein wärmeres Klima und eine dichtere Atmosphäre gehabt haben muß als heute; und natürlich gibt es Krater, die überall zu finden sind und von denen einige einen Durchmesser von mehr als 400 Kilometern haben. Hier und dort findet man „Inseln", und es existieren überzeugende Beweise für flutartige Überschwemmungen.

Ob noch aktiver Vulkanismus herrscht, ist ein strittiger Punkt. Es existiert eine Kruste, vermutlich zwischen 15 und 20 Kilometern tief, die wahrscheinlich einen Mantel überdeckt; es müßte einen Kern geben, jedoch konnte kein deutliches Magnetfeld entdeckt werden.

◄ *Der Mars im Winter, photographiert von Viking 2. Im Schatten der Steine und Felsbrocken kann ein weißes Kondensat entdeckt werden, wahrscheinlich Wassereis oder gefrorenes Kohlendioxid (Trockeneis), oder eine Kombination von beiden, die auf den Boden als Schnee oder Frost niederging. Im Vordergrund sieht man einige kleine Gräben, die vom Arm des Viking-Landemoduls zur Entnahme von Bodenproben für Experimente gegraben wurden. Die Abdeckung der Bodenschaufeln liegt zur Rechten der Gräben, wo sie abgesetzt wurde, als die Mission der Sonde begann. Die meisten Felsblöcke dieser Szenerie sind etwa 50 cm groß.*

◄ **Der Mars von Viking 2 gesehen.** Dieses Photo vom Mars wurde von Viking 2 aus einer Entfernung von 419 000 km aufgenommen, als sich die Raumsonde dem Planeten am 5. August 1976 näherte. Viking 1 war Viking 2 vorausgegangen. Bei diesem Blick auf den sichelförmig erleuchteten Planeten wurden Kontrast- und Farbverhältnisse verbessert, um eine bessere Sichtbarkeit der feineren Oberflächentopographie und der Farbvariationen zu gewährleisten. Wolkenbüschel aus Wasserdampf erstrecken sich nordwestlich von der westlichen Flanke des Ascraeus Mons, dem nördlichsten der drei großen Vulkane, die den Höhenzug Tharsis säumen. Der mittlere Vulkan, Pavonis Mons, kann gerade am Ende der Morgendämmerung, westlich von und unter Ascraeus Mons gesehen werden. Valles Marineris, ein großer Komplex von Grabenbrüchen, dehnt sich vom Zentrum der Abbildung am Ende bis zum Osten nach unten aus. Den riesigen Komplex im Norden, Noctis Labyrinthis genannt, eingeschlossen, erstreckt sich Valle Marineris auf 4800 Kilometer. Das helle Becken fast am unteren Rand der Photographie ist das Argyre-Becken, eines der größten auf dem Mars. Der alte Krater liegt in der Nähe des Südpols (auf diesem Bild nicht sichtbar) und wird durch die eisigen Frostperioden und Nebel auf dem Boden des Beckens erleuchtet, die charakteristisch für die polnahen Regionen des Mars sind, wenn jeder Pol seine Winterzeit erlebt.

51

Die Satelliten des Mars

Mars hat zwei Satelliten, Phobos und Demios, die beide von Asaph Hall, der den großen Refraktor des Washingtoner Observatoriums benutzte, im Jahre 1877 entdeckt wurden. Vorheriges Suchen von William Herschel und Heinrich d'Arrest war ergebnislos geblieben. Beide Monde sind sehr klein und nicht leicht durch das Teleskop sichtbar, da sie in direkter Nähe des Mars liegen. Es ist interessant, sich ins Gedächtnis zu rufen, daß Jonathan Swift in seiner „Reise nach Laputa" (eine von „Gullivers Reisen") beschrieben hat, wie zwei Astronomen auf der sonderbaren, fliegenden Insel zwei Marssatelliten entdeckt hatten, von denen einer den Planeten in weniger Zeit umkreist, als dieser benötigt, sich um seine eigene Achse zu drehen – wie es auf Phobos auch tatsächlich zutrifft. Swifts Argumentation war nicht sehr wissenschaftlich: Wenn die Erde einen Mond und der Jupiter vier hat, wie könnte Mars dann mit weniger als zweien auskommen?

Phobos bewegt sich in einer Entfernung von weniger als 6000 Kilometern über der Planetenoberfläche, und seine Umlaufzeit beträgt nur 7 Stunden und 39 Minuten, so daß für einen Beobachter auf dem Mars Phobos im Westen auf- und 4 1/2 Stunden später im Osten unterginge. Während dieser Zeit durchliefe er mehr als die Hälfte seiner Mondphasen. Die Phase zwischen den tatsächlichen Aufgängen betrüge nicht mehr als 11 Stunden. Dennoch wäre Phobos als Lichtquelle in der Nacht ungeeignet. Vom Mars aus hätte er einen Durchmesser, der um mehr als die Hälfte kleiner wäre als unser Mond für die Erde und würde weniger Licht ausstrahlen als die Venus für uns.

Phobos ist ein dunkler, unregelmäßig geformter Himmelskörper mit einem maximalen Durchmesser von 27 Kilometern. Seine Oberfläche ist kraterreich und, wie Raumfahrtaufnahmen zeigen, von einem „staubigen" Regolith ummäntelt. Der größte Krater hat einen Durchmesser von 10 Kilometern und wurde zu Ehren von Asaph Halls Ehefrau Stickney genannt (dies war ihr Mädchenname, und sie war es, die ihren Ehemann zu der Suche nach Satelliten drängte, als er schon fast aufgegeben hatte). Andere Krater, von denen einer nach Hall benannt ist, betragen im Durchmesser ungefähr 5 Kilometer. Außerdem findet man dort Höhenzüge, Hügel und seltsam parallele Furchen, die eine Neigung von 30° zum Äquator aufweisen. Es wurde

▼ *Die Satellitenumlaufbahnen.* *Sowohl Phobos als auch Deimos stehen in direkter Nähe zum Mars; Phobos durchläuft eine kreisförmige Umlaufbahn, 9270 Kilometer vom Marszentrum entfernt – näher zu seinem Mutterplaneten als irgendein anderer Satellit. Deimos umkreist den Mars in 23 400 Kilometern Entfernung.*

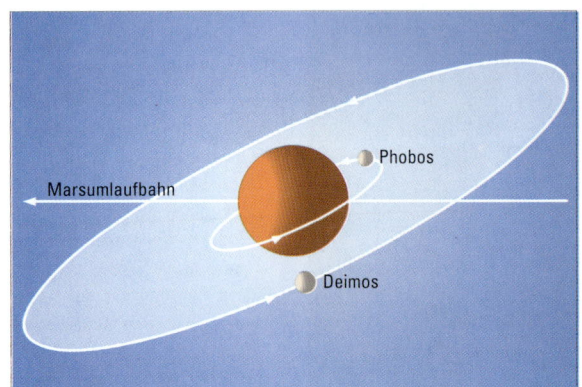

▶ *Phobos.* *Der größere Satellit des Mars; wie Deimos besitzt er eine gräuliche Färbung und ein Reflexionsvermögen von ca. 5%. Von seiner Masse kann man vermuten, daß er – anderen Asteroiden ähnlich – aus kohleartigen Chondriten besteht.*

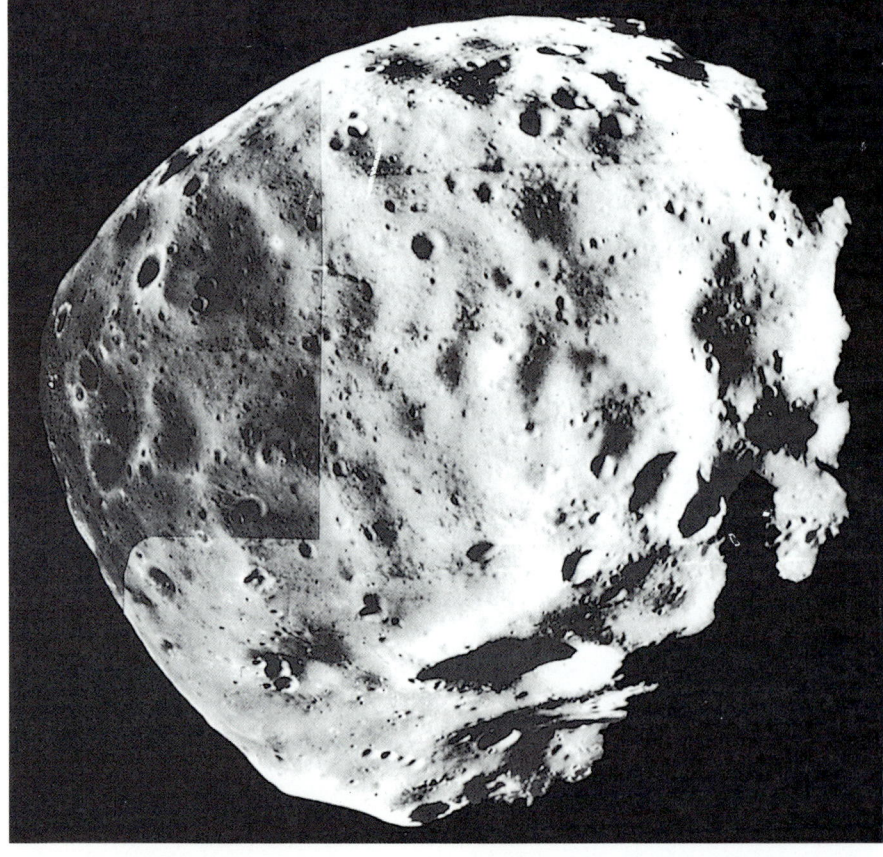

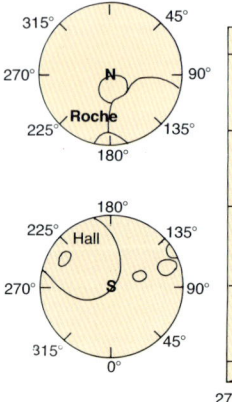

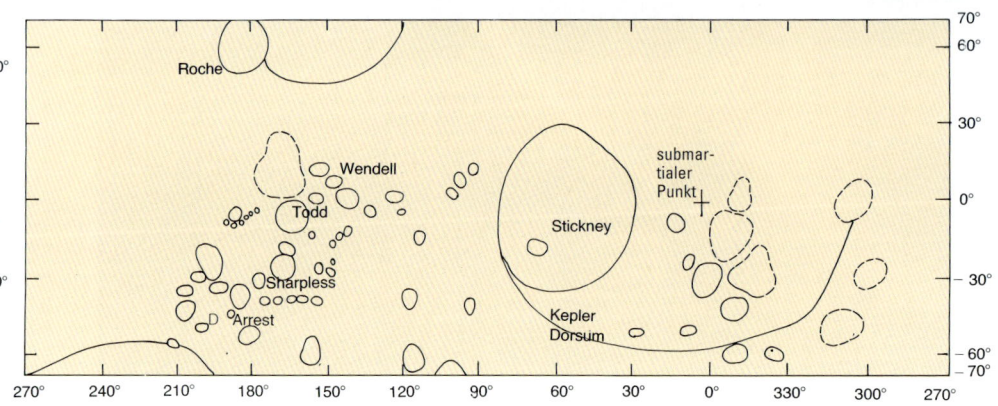

◀ *Phoboskarte.* *Stickney ist bei weitem der größte Krater, der in der Nähe des submartialen Punktes liegt. Von Stickney erstreckt sich ein gut erkennbarer Höhenzug, das Kepler-Dorsum. Von den anderen wesentlichen Kratern liegt Roche im Norden und Hall im Süden.*

errechnet, daß Phobos sich bei einer Geschwindigkeit von 18 Metern pro Jahrhundert spiralförmig nach unten bewegt. In diesem Fall würde er in 40 Millionen Jahren auf den Mars prallen.

Im Juli 1988 sandte die Sowjetunion zwei Sonden zu Phobos, um dessen Oberfläche zu untersuchen (tatsächlich ist die Anziehungskraft dieses winzigen Satelliten so gering, daß ein Zusammentreffen eher die Natur eines Ankoppelungsmanövers besäße). Unglücklicherweise schlugen beide Missionen fehl. Phobos 1 ging beim Anflug wegen eines fehlerhaften Befehls der Bodenkontrollstation verloren. Phobos 2 hätte auf Phobos landen, sich auf der Oberfläche „festhaken" und dann durch einen genialen Mechanismus auf dem Satelliten herumhüpfen sollen, doch der Kontakt brach ab, bevor Phobos erreicht wurde; dennoch wurden einige Aufnahmen empfangen. Das Pech der Russen mit dem Mars hielt an, obwohl die ausgeklügelte, amerikanische Marsbeobachter-Sonde, die 1993 verlorengingen, einen noch größeren Verlust darstellte.

Deimos ist sogar noch kleiner als Phobos, mit einem maximalen Durchmesser von nicht mehr als 15 Kilometern. Sein Regolith ist tiefer, so daß die Oberflächenstruktur weniger ausgeprägt ist. Krater und Gruben sind zu erkennen. Der vom Mars aus erkennbare Durchmesser des Deimos betrüge nur das Doppelte des maximalen Durchmessers der Venus von der Erde aus gesehen; mit dem bloßen Auge wäre er kaum zu erkennen. Deimos bliebe zweieinhalb „Sols" lang über dem Marshorizont. Die Umlaufbahn scheint im Gegensatz zu der von Phobos stabil zu sein.

Die Satelliten des Mars sind unserem massiven Mond sehr unähnlich und wahrscheinlich handelt es sich um ehemalige Asteroide, die vor langer Zeit vom Mars eingefangen wurden. Diese Annahme wird von der Tatsache gestützt, daß die ersten, aus der Nähe einer Raumsonde heraus photographierten Asteroide (Gaspra und Ida) Phobos sehr ähnlich scheinen und fast dieselbe Größe aufweisen. Photographien zeigen ähnlich unregelmäßige Formen und kraterreiche Oberflächen. Alles in allem handelt es sich bei Phobos und Deimos um interessante Kleinplaneten – und eines Tages werden sie zweifelsohne in den Dienst natürlicher Raumstationen gestellt werden.

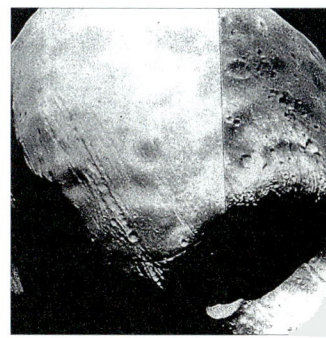

▲ **Stickney.** Der größte Krater des Phobos hat einen Durchmesser von 10 Kilometern. Daneben befindet sich der Krater Hall, halb vom Schatten des Kepler-Dorsums versteckt.

▶ **Deimos.** Der äußere der beiden Satelliten, Deimos, ist kleiner und hat eine unregelmäßigere Form. Keiner der beiden Satelliten hat genug Masse, um sphärisch zu werden. Die Umdrehungen beider verlaufen synchron, so daß sie dem Mutterplaneten immer die gleiche Seite zukehren.

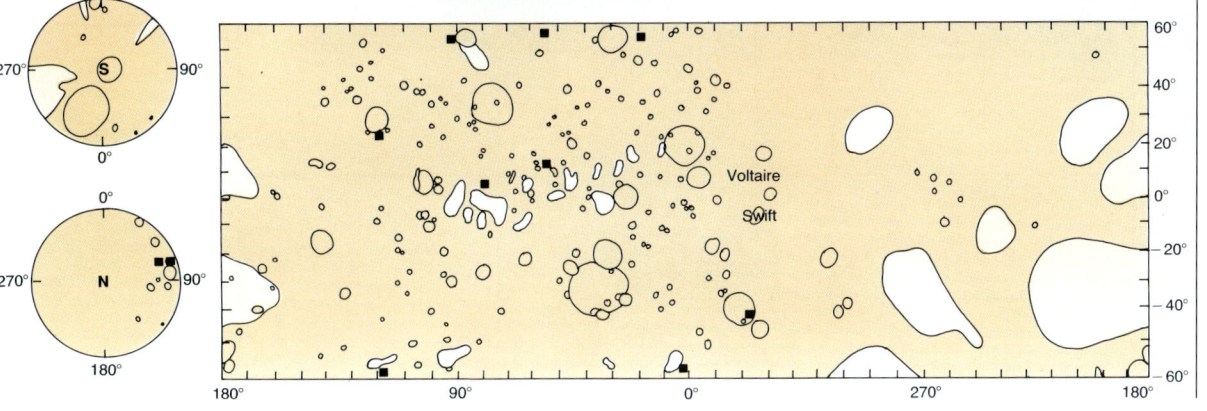

◀ **Deimoskarte.** Dieser Satellit weist eine weniger ausgeprägte Oberflächenstruktur auf; der submartiale Punkt liegt ein wenig südlich des Swift, einem der beiden benannten Krater.

Karte des Mars

Die hier dargestellte Karte des Mars zeigt viele Oberflächenstrukturen, die mit einem angemessenen Teleskop, wie z.B. einem 30-cm-Reflektor, unter guten Bedingungen gesehen werden können, obwohl andere Strukturen, wie Krater, nicht erkennbar sind. Süden wurde auf der oberen Kartenhälfte eingezeichnet, da dies der normalen teleskopischen Sicht entspricht. Das herausragendste Charakteristikum stellt das dreieckige Syrtis Major dar, das einst für ein altes, mit Vegetation angefülltes Meeresbecken gehalten wurde, heute aber als Hochebene bekannt ist. Ein Band dunkler Zeichnungen windet sich südlich vom Äquator um den Planeten. Dort treten einige besonders interessante Bodenmerkmale, wie z. B. Solis Planum, auf, das Schwankungen in Form und Intensität aufweist. Es existieren dort zwei große Becken, Hellas und Argyre, von denen besonders Hellas manchmal sehr hell erscheinen kann. Es ist das tiefste Becken auf dem Mars und auf seinem Boden herrscht ein atmosphärischer Druck von 8,9 Millibar, was allerdings noch nicht hoch genug für das Auftreten flüssigen Wassers ist. Im Norden ist das Hauptmerkmal die keilförmige Acidalia Planitia. Beobachter benutzen manchmal weiterhin die Namen aus der Zeit vor der Raumfahrt, so daß Solis Planum „Solis Lacus" und Acidalia Planitia „Mare Acidalium" genannt wird.

▼ **Marskarte,** hergestellt von Paul Doherty nach Beobachtungen des Autors mit seinem 39-cm-Newton-Reflektor.

AUSGEWÄHLTE MERKMALE DES MARS

	Breitengrade	Längengrade	Durchmesser km
CATENA			
Coprates	14 S-16 S	067-058	505
Ganges	02 S-03 S	071-067	233
Tithonia	06 S-05 S	087-080	400
CHAOS			
Aromatum	01 S	044	-
Aureum	02 S-07 S	030-024	365
Margaritifer	07 S-13 S	017-025	430
CHASMA			
Australe	80 S-89 S	284-257	501
Candor	04 S-08 S	078-070	400
Capri	15 S-03 S	053-031	1275
Coprates	10 S-16 S	069-053	975
Gangis	06 S-09 S	055-043	575
Tithonium	03 S-07 S	092-077	880
KRATER			
Antoniadi	22 N	299	380
Barabashov	47 N	069	130
Becquerel	22 N	008	675
Cassini	24 N	328	440
Flaugergues	17 S	341	230
Herschel	14 S	230	320
Huygens	14 S	304	495
Kepler	47 S	219	238
Kopernikus	50 S	169	280
Lowell	52 S	081	200
Lyot	50 N	331	220
Newton	40 S	158	280
Ptolemäus	46 S	158	160
Proctor	48 S	330	160
Schiaparelli	03 S	343	500
Schroter	02 S	304	310
Prouvelot	16 N	013	150

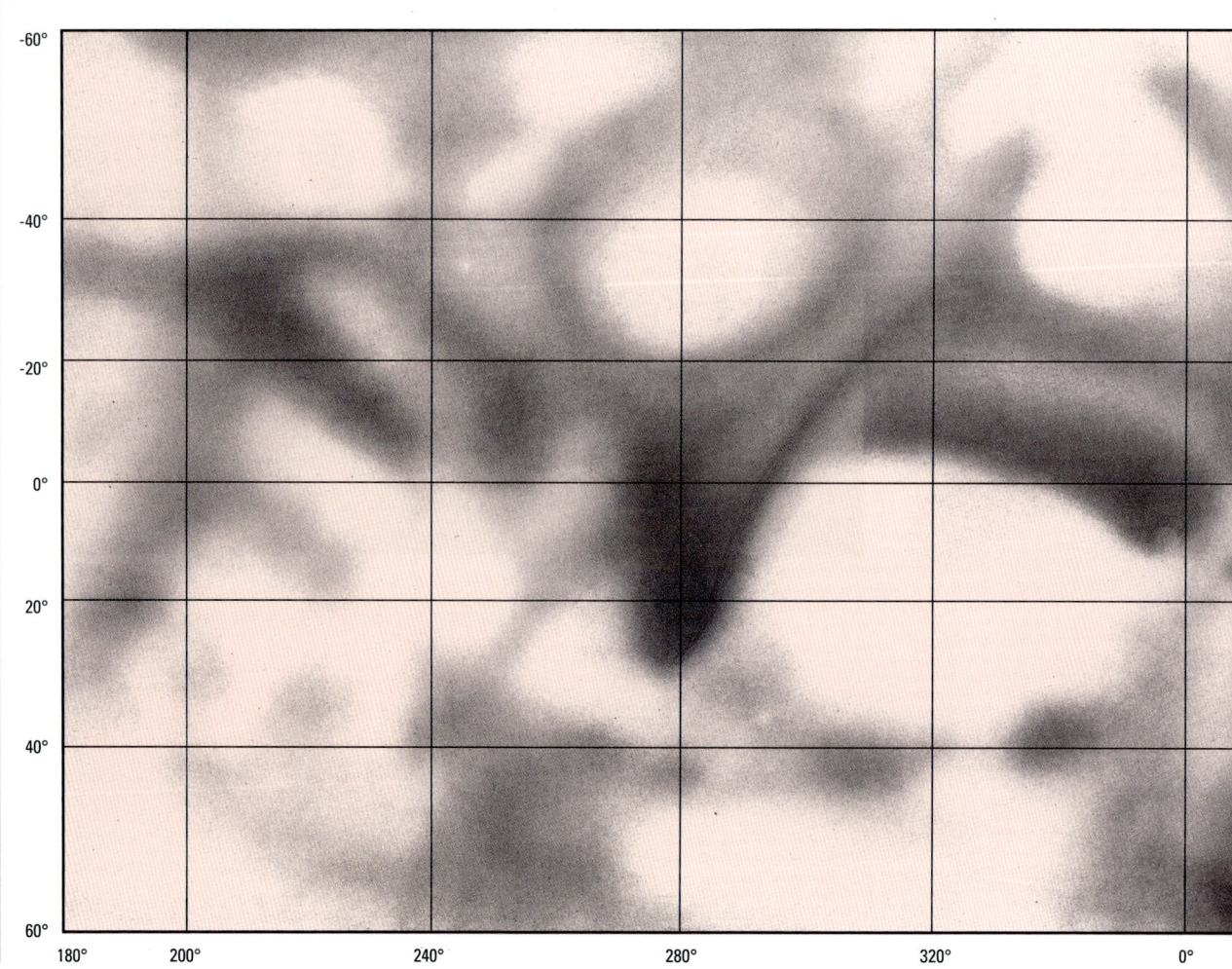

	Breitengrade	Längengrade	Durchmesser km
MONS			
Arsia	09 S	121	500
Ascraeus	12 S	104	370
Elysium	25 N	213	180
Olympus	18 N	133	540
Pavonis	01 N	113	340
MONTES			
Charitum	50S–59S	060–027	1279
Hellespont	35S–50S	319–310	854
Libya	15N–02S	253–282	2015
Nereidum	50S–38S	060–030	1626
Phlegra	30N–46N	195	919
Tharsis	12S–16N	125–101	2175
PLANITIA			
Acidalia	55 N–14 S	060–000	2615
Amazonia	00–40 N	168–140	2416
Arcadia	55 N–40 S	195–110	3052
Argyre	45 S–36 S	043–051	741
Chryse	19 S–30 N	051–037	840
Elysium	10 S–30 S	180–260	5312
Hellas	60 S–30 S	313–272	1955
Isidis	04 S–20 S	279–255	800
Syrtis Major	20 N–01 S	298–293	1262
Utopia	35 N–50 N	310–195	3276
PLANUM			
Aurorae	09 S–15 S	053–043	565
Hesperia	10 S–35 S	258–242	2125
Lunae	05 N–23 N	075–060	1050
Ophir	06 S–12 S	063–054	550
Sinai	09 S–20 S	097–070	1495
Solis	20 S–30 S	098–088	1000
Syria	10 S–20 S	112–097	900
TERRAE			
Arabia	00–43 N	024–280	5625

	Breitengrade	Längengrade	Durchmesser km
Cimmeria	45 S	210	-
Margaritifer	02 N–27 S	012·045	1924
THOLUS			
Albor	19 N	210	115
Ceraunius	24 N	097	135
Hecates	32 N	210	152
Uranius	26 N	098	65
Meridiani	05 N	000	-
Noachis	15 S–83 S	040 - 300	1025
Promethei	30 S–65 S	240-300	2967
Sabaae	01 S	325	-
Sirenum	50 S	150	-
Tempe	24 N–54 N	050-093	1628
Tyrrhena	10 S	280	-
Xanthe	19 N–13 S	015-065	2797
VASTITAS			
Borealis	zirkumpolar		9999
LABYRINTHUS			
Noctis	04 S–14 S	110-095	1025
VALLIS			
Auqakuh	30 N–27 N	300-297	195
Huo Hsing	34 N–28 N	299-292	662
Kasei	27 N–18 N	075-056	1090
Ma' adim	28 S–16 S	184-181	955
Mangala	04 S–09 S	150-152	272
Marineris	01 N–18 S	024-113	5272
Tiu	03 N–14 N	030-035	680
MONTES			
Charitum	50 S–59 S	060-027	1279
Hellespontes	35 S–50 S	319-310	854
Libya	15 N–02 S	253-282	2015
Nereidum	50 S–38 S	060-030	1626
Phlegra	30 N–46 N	195	919
Tharsis	12 S–16 N	125-101	2175

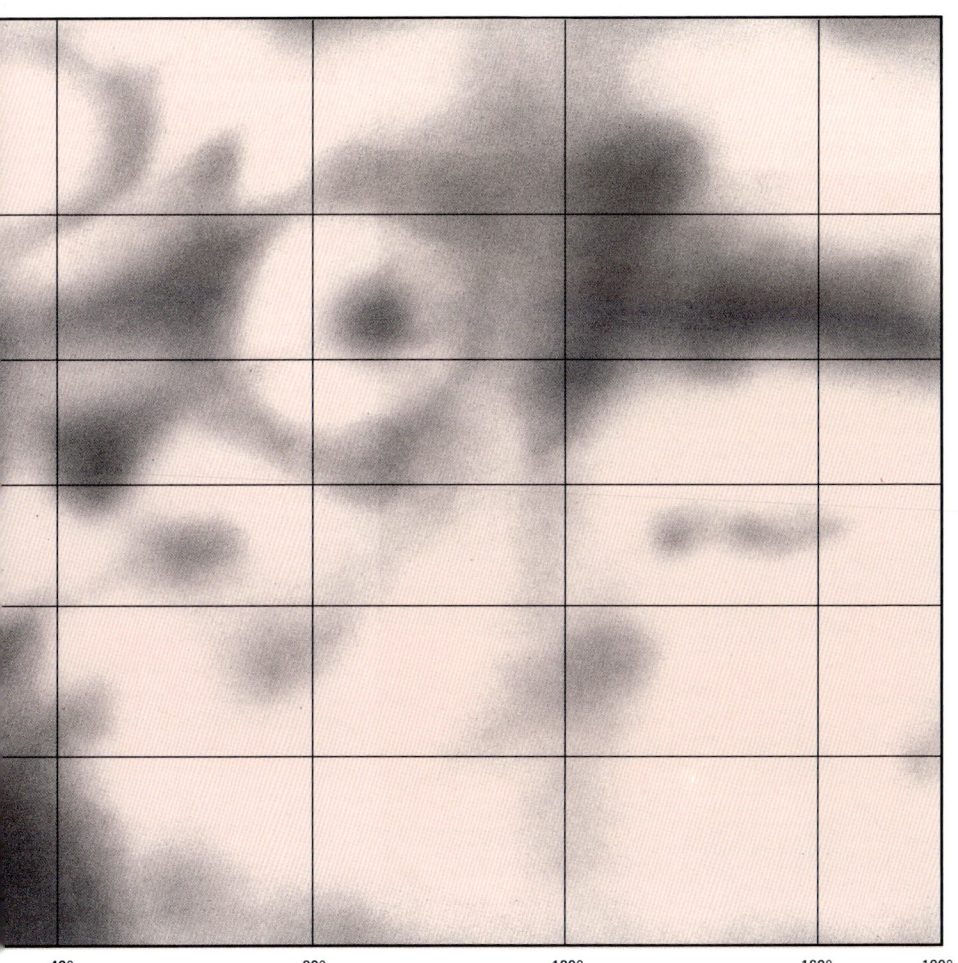

40°   80°   120°   160°   180°

WESENTLICHE OBERFLÄCHENMERKMALE

Catena – Reihung oder Kette von Kratern, z. B. Tithonia Catena.

Chaos – Gebiete mit zerklüftetem Gelände, z. B. Aromatum Chaos.

Chasma – sehr großer, linearer Einschnitt, z. B. Capri Chasma.

Colles – Hügel, z. B. Deuteronilus Colles.

Dorsum – Höhenzug, z. B. Solis Dorsum.

Fossa – Graben: lange, seichte und schmale Senke, z. B. Claritas Fossae.

Labyrinthus – Canyon-Komplex. Noctis Labyrinthus ist das einzig wirklich herausragende Beispiel.

Mensa – kleine Hochebene oder tafelförmige Erhebung, z. B. Nilosyrtis Mensae.

Mons – einzelner Berg oder Vulkan, z. B. Olympus Mons.

Patera – flache, untertassenähnliche, vulkanische Struktur, z. B. Alba Patera.

Planitia - glatte, tiefliegende Ebene, z. B. Hellas Planitia.

Planum – Hochebene; glatte, hohe Region, z. B. Hesperia Planum.

Rupes – Kliff, Steilabhang, z. B. Ogygis Rupes.

Terrae – Länder, Bezeichnung häufig für die klassischen dunklen Gebiete verwendet, z. B. Sirenum. Terra, früher als Mare Sirenum bekannt.

Tholus – kuppelförmiger Hügel, z. B. Uranius Tholus.

Vallis – Tal, z. B. Vallis Marineris.

Vastitas – weite Ebene. Vastitas Borealis ist das beste Beispiel.

Die Suche nach Leben auf dem Mars

Die erfolgreichsten Marsexpeditionen waren die Viking-Sonden, die jeweils aus Orbiter und Landemodul bestanden. Viking 1 wurde am 20. August 1975 gestartet und im folgenden Juni in eine Umlaufbahn um den Mars gebracht. Der Orbiter arbeitete vier Jahre lang und setzte das Kartierungsprogramm von Mariner 9 fort. Am 20. Juli 1976 wurde das Landemodul vom Orbiter getrennt und teils mit Bremsraketen, teils mit Fallschirmen weich gelandet. Der Landeplatz lag in der Region Cryse Planitia bei 22° Nord und 47,5° West. Die ersten Bilder zeigten eine rote, mit Felsen bedeckte Landschaft unter rötlichem Himmel. Die ersten Analysen des Oberflächenmaterials ergaben als Hauptbestandteil Silikate. Die Temperaturen waren sehr niedrig und erreichten mittags ein Maximum von −31°C und nach Sonnenuntergang ein Minimum von −86°C. Windgeschwindigkeiten wurden gemessen; Viking 1 überwachte das Marswetter bis Anfang der 90er Jahre.

Die Hauptaufgabe von Viking 1 war die Suche nach Leben. Material wurde aufgeschaufelt, in die Raumsonde gebracht und dort chemisch auf Spuren organischer Substanzen hin untersucht. Die zur Erde gefunkten Daten waren zunächst verwirrend, doch wurden schließlich keine positiven Lebenszeichen gefunden. Die Ergebnisse von Viking 2, die am 3. September 1976 1500 km weiter nördlich landete, fielen ähnlich aus.

Wenn heute Leben auf dem Mars existiert, müßte es sehr primitiv sein. Alte Flußbetten zeigen an, daß früher Wasser geflossen sein muß und die Bedingungen günstiger waren. Es könnte Leben gegeben haben, das bei der Verschlechterung der Verhältnisse ausgestorben ist. Sicherheit werden wir hierüber erst gewinnen, wenn eine Sonde Proben vom Mars nimmt und zur Erde bringt.

Ehrgeizige Pläne für die Erforschung des Mars sehen eine ständige Marsbasis bis zum Jahre 2050 vor. Der Trend

▼ **Erste Farbphotographie von Viking 1.** *Das Landemodul von Viking 1 landete auf der „Goldenen Ebene", Chryse, auf dem Breitengrad 22,4° N und dem Längengrad 47,5° W. Die Abbildung zeigt eine rote, mit Felsen bedeckte Landschaft; der atmosphärische Druck zu dieser Zeit betrug ungefähr 7 Millibar. Die erste Analyse des Oberflächenmaterials von Viking 1 ergab: 44% Silikate, 5,5% Aluminium, 18% Eisen, 0,9% Titan und 0,3% Kalium.*

▲ **Die Suche nach Leben.** *Viking 1 sammelte Material von der roten „Wüste", analysierte es und sandte die Ergebnisse zurück. Man hatte die Entdeckung von Zeichen organischen Lebens erwartet, doch dies stellte sich als unrichtig heraus. Obwohl es zu früh wäre, darauf zu schließen, daß der Mars völlig unbelebt ist, scheint die gegenwärtige Beweislage dies anzudeuten. Da die beiden Viking-Sonden ihre Tätigkeit schon lange eingestellt haben, müssen wir für eine endgültige Entscheidung auf die Ergebnisse einer neuen Raumsonde warten. Es bestehen bereits Pläne, eine Sonde zum Mars zu schicken, um Material zu sammeln und für die Analyse zur Erde zurückzusenden.*

geht aber eher zu kostensparenden, hochtechnisierten Projekten, wofür 1997 die relativ kleine Sonde Pathfinder ein Beispiel gab. Sie sollte nicht nach Leben suchen. Neu war die Landetechnik: Der Aufprall wurde durch Airbags gemildert. Sojourner, ein Geländefahrzeug, kaum einen halben Meter lang, konnte über eine Rampe die Sonde verlassen und langsam in der Umgebung herumfahren. Es untersuchte Gesteinsbrocken und sendete mehrere Wochen lang Bilder zur Erde, bis im Marswinter die Energie knapp wurde. Ähnlich kleine, automatische Sonden werden Proben vom Mars zur Erde zurückbringen.

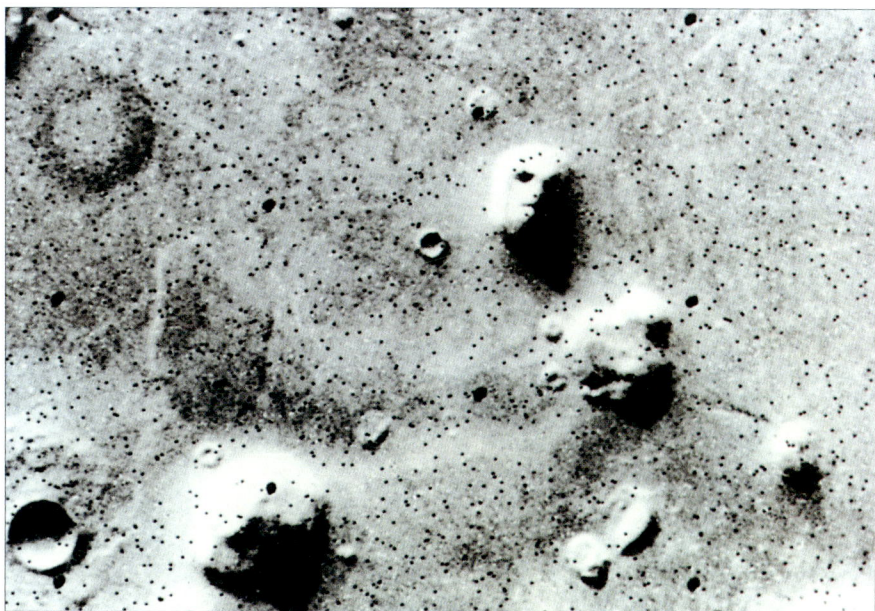

▲ **Das „Gesicht" auf dem Mars.** Das Photo wurde während der Umkreisung von Viking 1 aufgenommen. Das Zusammenspiel von Licht und Schatten auf einem Felsen erweckt den fast unheimlichen Eindruck eines menschlichen Gesichtes – natürlich stürzten sich wissenschaftliche Exzentriker darauf! Selbstverständlich handelt es sich um ein völlig natürliches Phänomen.

◄ **Landeplatz von Viking 2.** Viking 2 landete auf der Ebene von Utopia; Breitengrad: 48° N, Längengrad: 226° W. Die Stelle ähnelte im wesentlichen der von Viking 1, und Viking 2 bestätigte frühere Funde. Zum Beispiel stellte sich heraus, daß die Atmosphäre aus 95,3 % Kohlendioxid, 2,7 % Stickstoff, 1,6 % Argon und einer kleineren Menge anderer Gase besteht.

Asteroiden

Jenseits der Marsumlaufbahn liegt der Hauptgürtel der Asteroiden oder Kleinplaneten. Nur einer (Ceres) bringt es auf 900 Kilometer im Durchmesser, und nur einer (Vesta) ist immer mit bloßem Auge sichtbar. Die meisten Mitglieder dieses Schwarms sind tatsächlich sehr klein, und weniger als 20 Asteroide des Hauptgürtels haben einen Durchmesser von 250 Kilometern.

Ceres, das größte Mitglied des Schwarms, wurde am 1. Januar 1801 von G. Piazzi im Observatorium von Palermo entdeckt. Piazzi war gar nicht auf der Suche nach Asteroiden, sondern gerade bei der Erstellung eines neuen Sternenkatalogs, als er auf ein sternenähnliches Objekt aufmerksam wurde, das sich von Nacht zu Nacht merklich bewegte. Dies war in gewisser Hinsicht Ironie des Schicksals, da von einer Gruppe Astronomen, die sich selbst „Himmelspolizei" nannte, eine regelrechte „Planetenjagd" angesetzt worden war. Eine mathematische Relation, die die Abstände der bekannten Planeten zur Sonne verband, hatte zu dem Glauben geführt, es müsse noch einen weiteren Planeten zwischen den Mars- und Jupiterbahnen geben, und die „Polizei" hatte ihre Arbeit bereits vor Piazzis zufälliger Entdeckung begonnen. Sie fanden zwischen 1801 und 1808 drei weitere Asteroiden, Pallas, Juno und Vesta, doch die nächste Entdeckung, die des Asteroiden Astraea, ließ bis 1845 auf sich warten. Seit 1847 verging kein Jahr ohne neue Entdeckungen, und die gesamte Menge der Asteroiden, deren Bahnen richtig nachverfolgt wurden, liegt bei beträchtlich mehr als 5000. Einige Kleinplaneten wurden gefunden, verloren und neu entdeckt; z.B. ging 878 Mildred, der ursprünglich 1916 ausgemacht worden war, bis zu seiner Wiederentdeckung 1990 verloren.

Asteroiden sind nicht immer beliebt gewesen. Auf photographischen Platten, die für ganz andere Zwecke aufgenommen wurden, wimmelte es häufig nur so vor Asteroidenspuren, und ein verärgerter Astronom ging sogar so weit, diese als „Himmelsungeziefer" zu bezeichnen.

Die Asteroiden sind nicht alle gleichartig. Die größeren Mitglieder des Schwarms sind recht regelmäßig geformt, doch No. 2 Pallas ist dreiachsig und mißt 580 x 530 x 470 km. Kleinere Asteroiden haben ziemlich unregelmäßige Umrisse. Zusammenstöße müssen sehr häufig gewesen sein – und sind es noch. Auch ist die Zusammensetzung nicht dieselbe; einige Asteroiden sind kohlenstoffhaltig, andere silikathaltig und wieder andere metallreich. Die Oberfläche von No. 3 Vesta ist mit Eruptivgestein bedeckt; 16 Psyche ist eisenreich; 246 Asporina und 446 Aeternitas scheinen beinah ganz aus reinem Olivin zu sein, während man 1990 organische Bestandteile auf der Oberfläche weniger Asteroiden gefunden hat, einschließlich auf der des ungewöhnlich weit entfernten 279 Thule.

Keiner der Asteroiden besitzt eine Fluchtgeschwindigkeit, die hoch genug ist, um eine Atmosphäre aufrecht zu halten. Die drei größten Mitglieder (Ceres, Pallas und Vesta) haben 55% der gesamten Masse der Kleinplaneten des Hauptgürtels.

Zwei Asteroiden, 951 Gaspra und 243 Ida, wurden von der Raumsonde Galileo aus der Nähe beobachtet, die auf ihrer Reise zum Jupiter die Hauptzone durchquerte. Beide sind länglich und unregelmäßig; Gaspra mißt 20 x 12 x 11 km, seine Oberfläche ist dunkel und kraterreich; Ida hingegen ist größer, mit stärker erodierten Kratern. Beide scheinen Teile eines größeren Asteroiden zu sein, der bei einem Zusammenstoß zerbrach.

Die meisten Asteroiden des Hauptgürtels bewegen sich auf ziemlich kreisförmigen Umlaufbahnen, obwohl einige eine starke Bahnneigung haben, wie etwa Pallas mit 34%. Sie tendieren dazu, sich in bestimmten, wenig bevölkerten Regionen zu „Familien" zusammenzuschliessen. Hierfür ist die starke Anziehungskraft Jupiters verantwortlich, und es scheint sicher, daß Jupiters störender Einfluß die Bildung eines größeren Planeten verhindert hat.

▼ *Die „Himmelspolizei".*
Dies ist ein altes Bild des Lilienthal-Observatoriums, in Besitz von Johann Hieronymus Schröter. Hier traf sich die „Himmelspolizei" auf der Suche nach einer Methode, den vermißten Planeten zwischen der Mars- und Jupiterbahn zu finden. Schröters Hauptteleskop besaß einen 48 cm großen Spiegel, aber er verwendete auch von Herschel hergestellte Teleskope.

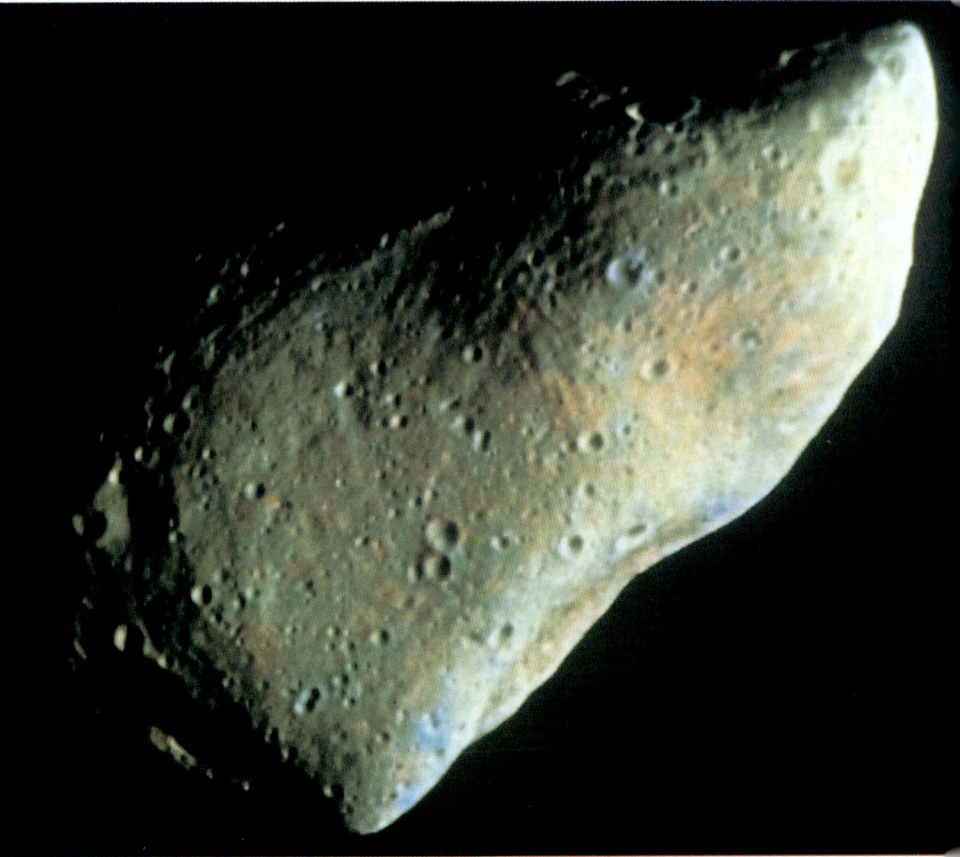

▶ *Gaspra. Dies war die erste Nahaufnahme eines Asteroiden des Hauptgürtels, empfangen am 13. November 1991 von der Sonde Galileo aus einer Entfernung von 16 000 km. Gaspra (Asteroid 951) stellte sich als keilförmig mit einer dunklen, kraterreichen Oberfläche heraus. Seine Form ist unregelmäßig; er ist 16 km lang und 12 km breit, und die kleinsten, vermerkten Strukturen sind nur 55 Meter im Durchmesser.*

ASTEROIDENTYPEN		
Bezeichnung	**Typ**	**Beispiel**
C	kohlenstoffreich; Spektrum ähnelt kohlenstoffreichen Chondriten	1 Ceres
S	kieselerdehaltig; normalerweise rötlich; Spektrum ähnelt kohlenstoffreichen Chondriten	5 Astraea
M	metallreich; vielleicht metallreiche Kerne früherer, größerer Körper, die bei Zusammenstößen zerbrochen sind	16 Psyche
E	Enstatit; selten, ähnelt einigen Chondritarten, in denen Enstatit ($MGSiO_3$) der wesentliche Bestandteil ist	434 Hungaria
D	rötlich; Oberfläche stark tonhaltig	336 Lacadiera
A	fast reine Olivine	446 Aeternitas
P	eigentümliches Spektrum; Typ M nicht sehr unähnlich	87 Sylvia
Q	erdnahe Asteroide; ähneln Chondriten	4581 Asclepius
V	Eruptive Oberfläche; Vesta ist das einzig große Exemplar	4 Vesta
U	nicht klassifizierbar	72 Feronia

EINIGE ASTEROIDEN DES HAUPTGÜRTELS						
Name	**Abstand von der Sonne astronomische Einheit**		**Umlaufzeit Jahre**	**Typ**	**Durchmesser km**	**scheinb. Helligkeit**	**Rotations- zeit**
	min	max			max	mag	Stunden
1 Ceres	2.55	2.77	4.60	C	940	7.4	9.08
2 Pallas	2.12	2.77	4.62	CU	580	8.0	7.81
3 Juno	1.98	2.87	4.36	S	288	8.7	7.21
4 Vesta	2.15	2.37	3.63	V	576	6.5	5.34
5 Astraea	2.08	2.57	4.13	S	120	9.8	16.81
10 Hygeia	2.76	3.13	5.54	C	430	10.2	17.50
16 Psyche	2.53	2.92	5.00	M	248	9.9	4.20
44 Nysa	2.06	2.42	3.77	S	84	10.2	5.75
72 Feronia	1.99	2.67	3.41	U	96	12.0	8.1
132 Aethra	1.61	2.61	4.22	SU	38	11.9	?
279 Thule	4.22	4.27	8.23	D	130	15.4	?
288 Glauke	2.18	2.76	4.58	S	30	13.2	1500
704 Interamnia	2.61	3.06	5.36	E	338	11.0	8.7
243 Ida	2.73	2.86	4.84	S	52	14.6	5.0

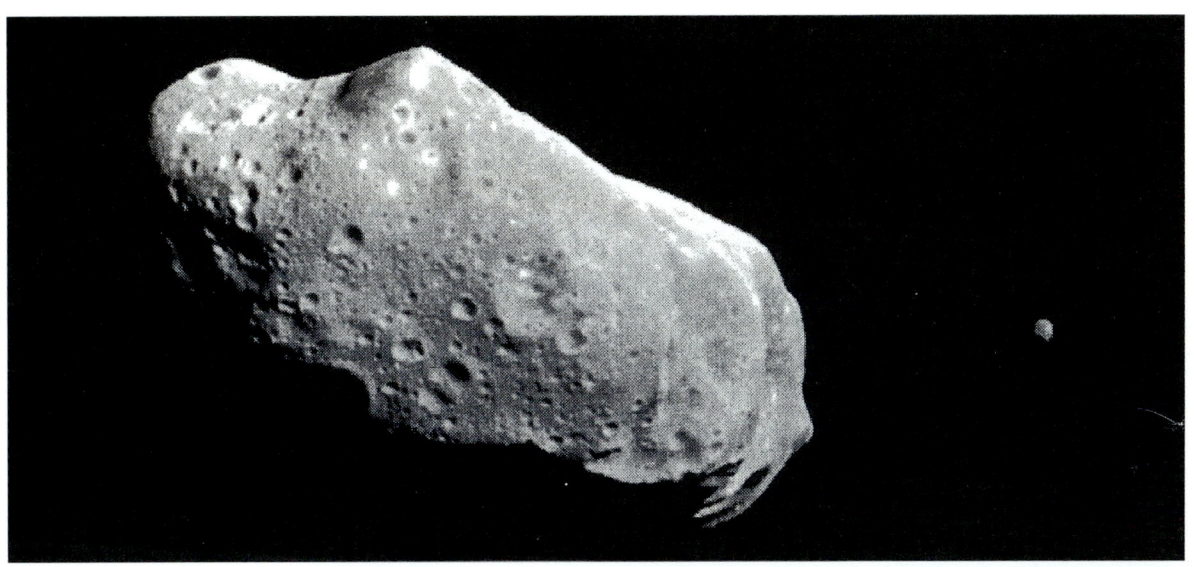

▲ **Asteroid 243 Ida** besitzt einen eigenen Mond. Das Bild wurde am 28. August 1993 von der Raumsonde Galileo aufgenommen. Ida ist ein Mitglied der Koronis-Asteroidengruppe und umkreist die Sonne in 430 Millionen km Entfernung, in einer Zeit von 4,84 Jahren. Er mißt 56 x 24 x 21 km; der Satellit hat einen Durchmesser von ca. 1 km. Die Distanz liegt bei ca. 100 km. Beide Körper wurden wahrscheinlich gleichzeitig gebildet, als ein größerer Asteroid infolge eines Zusammenstoßes zerbrach.

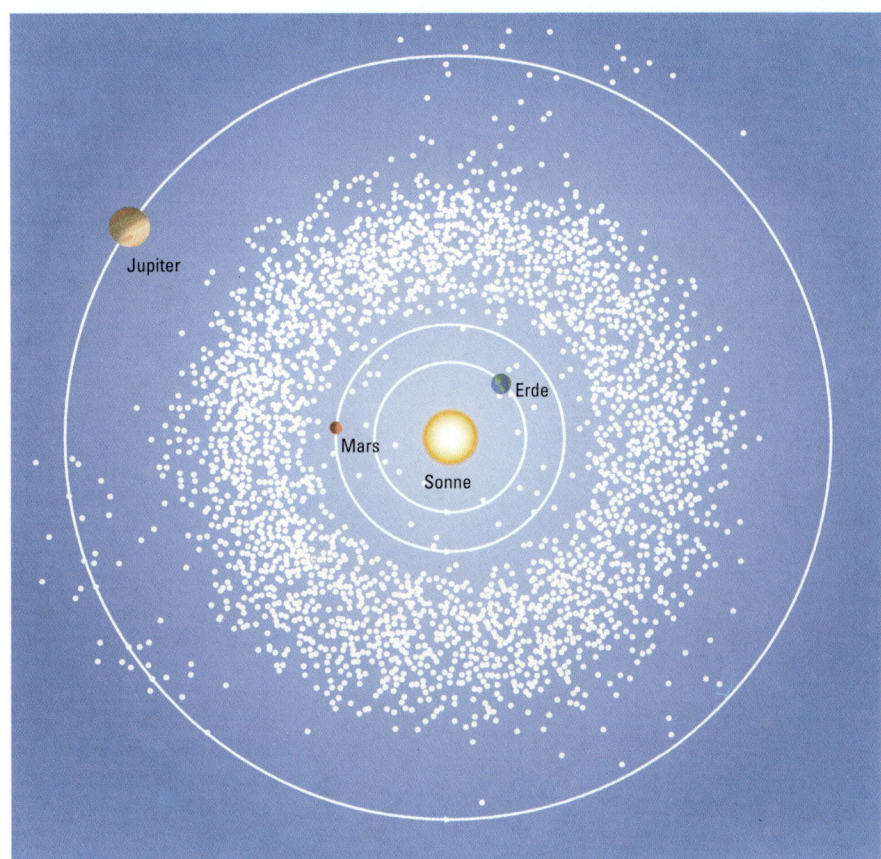

◄ **Asteroidengürtel.** Dieses Diagramm zeigt die Positionen der 1990 bekannten Asteroide. Die Umlaufbahnen der Erde, des Mars und des Jupiter sind dargestellt. Deutlich zu sehen ist, daß die meisten Asteroiden auf dem Hauptgürtel zwischen den Mars- und Jupiterbahnen liegen; einige weichen vom Hauptschwarm ab, aber die erdnahen Asteroiden sind alle sehr klein, während sich die Trojaner auf derselben Umlaufbahn wie der Jupiter bewegen.

Außergewöhnliche Asteroiden

Nicht alle Asteroiden sind auf den Hauptschwarm beschränkt. Die Trojaner beispielsweise bewegen sich auf derselben Umlaufbahn wie Jupiter und besetzen die sogenannten „Lagrange-Punkte". 1772 hat der Mathematiker Lagrange auf das „Dreikörperproblem" aufmerksam gemacht, das auftritt, wenn ein übergroßer Planet und ein kleiner Asteroid auf derselben Ebene auf nahezu kreisförmigen Umlaufbahnen und in gleicher Umlaufzeit um die Sonne kreisen. Sind sie 60° voneinander entfernt, so werden sie es auch immer bleiben. Daher sind die Trojaner auch nicht in Gefahr, verschlungen zu werden, obwohl sie zu einem gewissen Grad Schwingungen um die „Lagrange-Punkte" ausführen. Verglichen mit anderen Asteroiden sind sie groß. Das zuerst bekannt gewordene Mitglied der Gruppe, 588 Achilles, hat einen Durchmesser von 116 km und Hektor sogar einen von 232 km, wobei letzterer auch doppelt so groß sein könnte. Wegen ihrer Ferne sind die Trojaner sehr undeutlich; viele Dutzend sind heute bekannt. Es gibt auch einen noch zu bezeichnenden Marstrojaner, und wahrscheinlich existieren noch andere.

Einige kleine Asteroiden haben sehr exzentrische Umlaufbahnen. So umkreist 944 Hidalgo die Sonne in einer Entfernung von 300 bis 870 Millionen Kilometern, so daß sein Aphel (entferntester Punkt von der Sonne) ferner liegt als der Jupiters. Tatsächlich verläuft Hidalgos Umlaufbahn wie die eines Kometen, was sehr bedeutsam sein könnte.

Der 1977 von C. Kowal entdeckte Chiron hat eine Umlaufzeit von 50 Jahren und verbringt die meiste Zeit zwischen der Saturn- und Uranusumlaufbahn. Sein Durchmesser beträgt wenigstens 150 km, und nahe des Perihel (sonnennächster Punkt) entwickelt er eine kometenartige Koma, obwohl Chiron viel zu groß für einen Kometen ist. Man hat ihm die Asteroidennummer 2060 gegeben, aber den gewöhnlichen Hauptgürtelasteroiden ist er ziemlich unähnlich.

Der erste bekannte Asteroid, der die Marsbahn von Innen durchkreuzt, war der 1898 entdeckte 433 Eros. Seine Entfernung zur Erde beträgt 23 Millionen km. Er ist wurstförmig, mit einem längsten Durchmesser von 22 km. Seitdem hat man viele erdnahe Asteroiden gefunden und in drei Gruppen eingeteilt: Amor-Asteroiden kreuzen mit ihrer Umlaufbahn die des Mars, aber nicht die der Erde; Apollo-Asteroiden kreuzen mit ihrer Umlaufbahn die der Erde, und ihr durchschnittlicher Abstand von der Sonne ist größer als eine astronomische Einheit, während die Wege von Aten-Asteroiden hauptsächlich innerhalb der Erdumlaufbahn verlaufen, so daß sie Umlaufzeiten von weniger als einem Jahr haben.

Ein Mitglied der Aten-Gruppe, 2340 Hathor hat einen Durchmesser von nur 500 Metern. Der derzeitige „Erdnähe-Rekordhalter" ist 1991 KA1 (noch zu bezeichnen), der uns am 21. Mai 1993 auf 140 000 Kilometer, weniger als die Hälfte der Entfernung vom Mond, streifte. Bei einem Zusammenstoß mit der Erde hätte er riesige, weltweite Zerstörungen angerichtet.

Alle erdnahen Asteroiden sind Liliputaner. Ein Radarkontakt mit einem von ihnen, 4179 Toutatis, zeigte, daß es sich um ein Doppelsystem handelt, dessen Bestandteile (4 bzw. 2,5 km im Durchmesser) sich berühren und in 10,5 Tagen um ihr gemeinsames Gravitationszentrum kreisen.

Es werden regelmäßig neue erdnahe Asteroiden gefunden, und sie scheinen viel verbreiteter zu sein, als ursprünglich angenommen, so daß gelegentliche Zusammenstöße nicht ganz auszuschließen sind.

Der Weg zweier Asteroiden, Ikarus und Phaeton, führt sie in das Innere der Merkurbahn, so daß sie auf ihrem Perihel bis auf mindestens 500 °C erhitzt werden; auf dem Aphel gehen sie zurück in den Hauptgürtel, so daß ihr Klima entschieden ungemütlich sein muß.

3200 Phaeton bewegt sich auf derselben Bahn wie der Geminiden-Meteorstrom, und es könnte sich sehr wohl um einen „toten" Kometen handeln, der seine flüchtigen Bestandteile verloren hat. Es stimmt, daß der 1979 entdeckte Asteroid 4015 als ein 1949 beobachtetes Objekt identifiziert wurde, das als Komet klassifiziert war (Wilson-Harrington). Es gibt Ähnlichkeiten und vielleicht sogar wirklich eine Verbindung zwischen Meteoriten, Kometen und erdnahen Asteroiden. So klein sie auch sein mögen, die Asteroiden sind von einigem Interesse. Wir betrachten sie nicht mehr als „Himmelsungeziefer".

▼*Asteroid 4015.* Er wurde 1979 von Eleanor Helin entdeckt. Man fand schließlich heraus, daß er mit dem Wilson-Harrington-Kometen von 1949 identisch ist. Das obere Bild zeigt ihn 1949 mit einem Kometenschweif, das untere 1979, als er nur als Asteroid erschien. Dies scheint die These zu stützen, zumindest einige erdnahe Asteroiden könnten ausgelöschte Kometen sein.

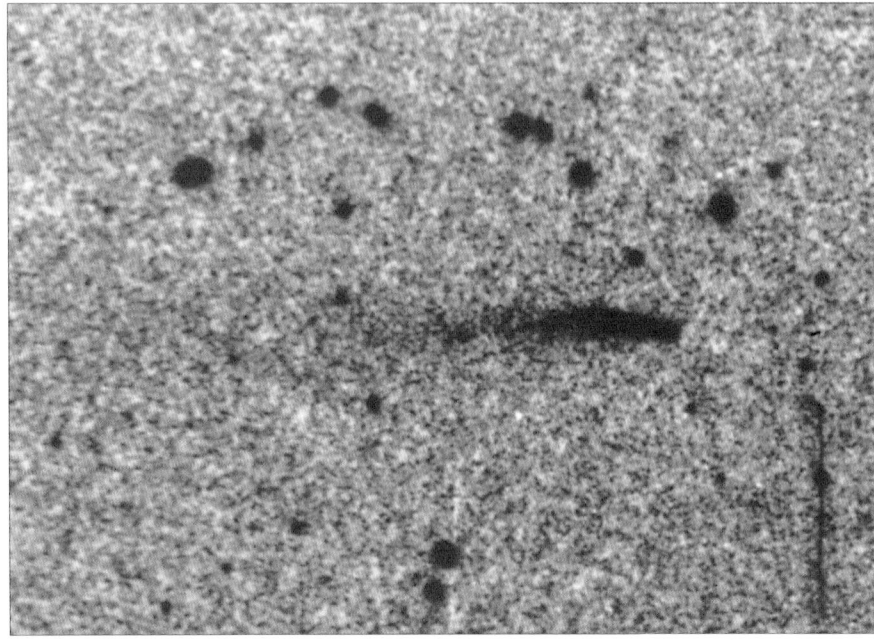

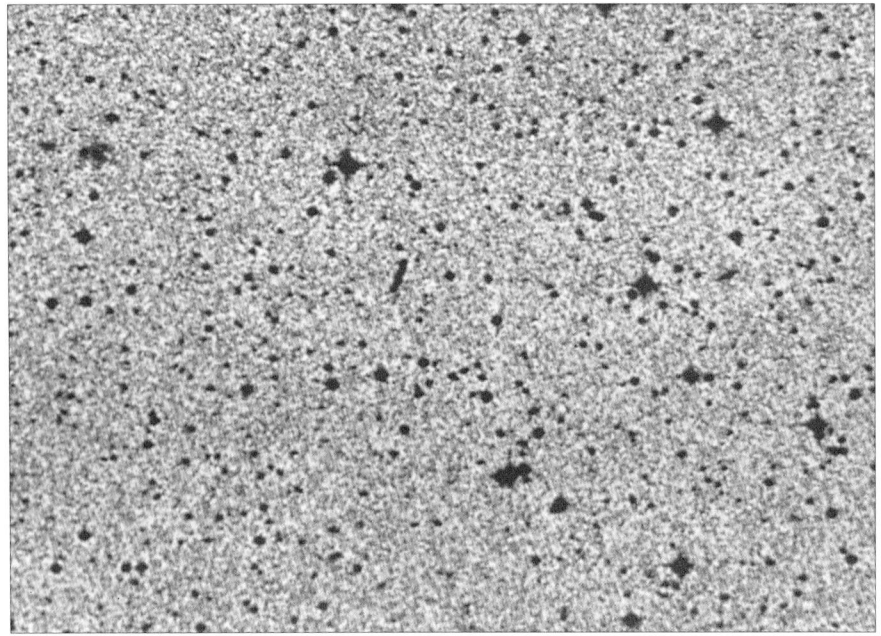

► **Eros.** Dies war der erste Asteroid, über den man herausfand, daß er bis in die Marsbahn gelangt; er wurde 1898 von Witt entdeckt. Er ist wurstförmig und hat einen Durchmesser von maximal 22 km; seine Rotationsperiode beträgt 5,3 Stunden. Innerhalb von 1,76 Jahren trägt ihn seine Umlaufbahn von 274 Millionen km bis zu 594 Millionen km von der Sonne weg. Diese Aufnahme von Paul Doherty aus dem Jahre 1975 zeigt Eros (siehe Pfeil) nahe den Sternen Castor und Pollux.

▼ **Asteroid 4179 Toutatis,** mit Radar aufgenommen am 8. Dezember 1992 aus einer Entfernung von 3,6 Millionen km. Toutatis stellte sich als „Doppelsystem" heraus, bestehend aus zwei sich berührenden Teilen aus steinigem Material. Wie alle die Erdbahn kreuzenden Asteroiden ist Toutatis sehr klein; der Durchmesser des größeren Teils beträgt nicht mehr als 4 km. Beide Teile sind kraterreich.

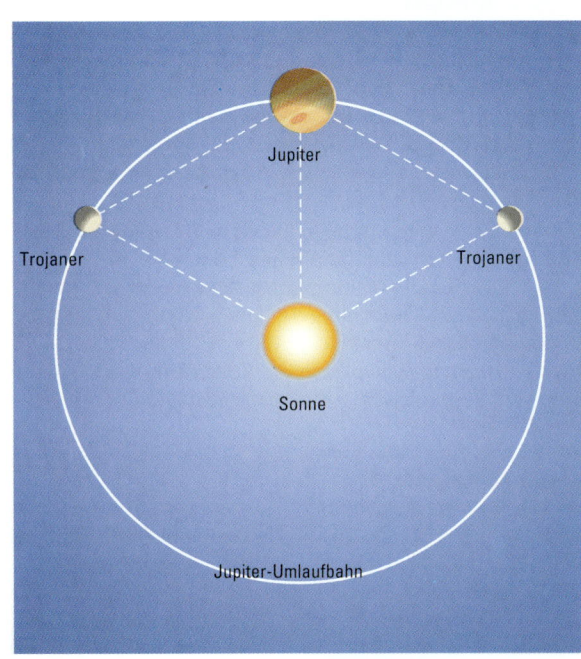

▲ **Die trojanischen Asteroiden.** Die Trojaner bewegen sich auf derselben Umlaufbahn wie Jupiter, halten sich aber wohlweislich 60° vor oder hinter dem gigantischen Planeten, so daß nicht die Gefahr eines Zusammenstoßes besteht. Dennoch weisen sie bis zu einem gewissen Grad Schwingungen um ihre mittleren Positionen auf.

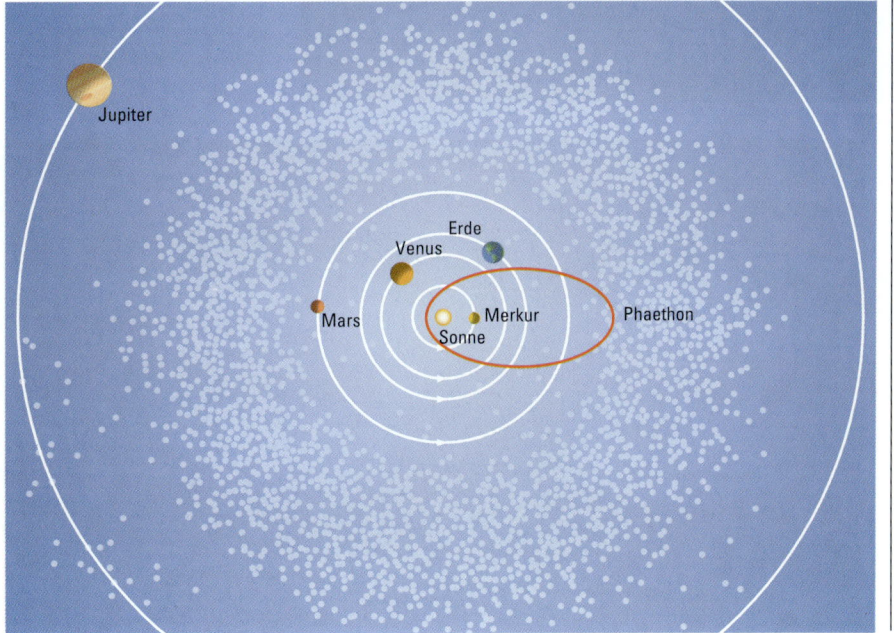

◄ **Phaethonumlaufbahn.** Der 1983 entdeckte Phaethon hat einen Durchmesser von ca. 5 km. Seine Bahn trägt ihn in die Merkurs. Sein Abstand von der Sonne liegt zwischen 21 Millionen km und 390 Millionen km. Die Umlaufzeit beträgt 1,43 Jahre und die Rotationszeit 4 Stunden. Phaethon könnte der „Vater" des Geminiden-Meteorstroms sein. Der einzige andere Asteroid, der die Merkurbahn kreuzt, ist 1566 Ikarus.

Jupiter

Jupiter, der erste der Riesenplaneten, liegt ein ganzes Stück hinter der Asteroidenzone. Er ist das Hauptmitglied der Sonnenfamilie. Tatsächlich wurde häufig behauptet, das Sonnensystem bestehe aus der Sonne, dem Jupiter und verschiedenen unbedeutenderen Planeten. Obwohl er nur 1/1047 der Sonnenmasse besitzt, ist er schwerer als alle anderen Planeten zusammen. Trotz seiner Entfernung scheint er heller als irgendein anderer Planet, abgesehen von der Venus und manchmal dem Mars.

Ein flüchtiger Blick durch das Teleskop genügt, um die Unterschiedlichkeit zu Erde und Mars zu zeigen. Seine Oberfläche besteht aus Gas. Er ist gelb und von schwarzen Streifen durchzogen, die Wolkengürtel genannt werden. Die Scheibe ist aufgrund der schnellen Rotation abgeflacht. Das Jupiterjahr dauert ungefähr 12mal so lange wie unseres, doch die „Tage" zählen weniger als 10 Stunden, und dadurch kommt es zu einer großen Abplattung. Der Poldurchmesser ist 10 000 Kilometer geringer als der durch den Äquator gemessene. Auf der Erde beträgt dieser Unterschied nur 42 Kilometer. Der Jupiter steht fast aufrecht; die Achsenneigung weicht nur um 3 % von der Senkrechten ab.

Bis vor einem Jahrhundert glaubte man noch, die Riesenplaneten seien Miniatursonnen zur Erwärmung ihrer Satelliten. Tatsächlich sind die äußeren Wolken aber sehr kalt. Den neuesten theoretischen Modellen zufolge besitzt Jupiter einen Silikatkern, der 15mal größer als die Erde und zugegebenermaßen sehr heiß ist. Die Temperatur in Graden ist nicht genau bestimmbar, aber 30 000 Grad könnten ungefähr der Wahrheit entsprechen. Um den Kern herum ist eine Schale flüssigen Wasserstoffs, der so stark komprimiert ist, daß er die Eigenschaften eines Metalls annimmt. Weiter entfernt vom Zentrum gibt es eine Schale flüssigen, molekularen Wasserstoffs, und darüber folgt die gashaltige Atmosphäre, die 1 000 Kilometer tief ist und aus über 80 % Wasserstoff besteht; der Rest wird größtenteils aus Helium und Spuren anderer Gase gebildet. Spektroskopische Untersuchungen weisen wenig einladende Wasserstoffverbindungen wie Ammoniak und Methan nach.

Es ist nicht verwunderlich, daß Jupiter hauptsächlich aus Wasserstoff zusammengesetzt ist, denn schließlich ist es das bei weitem am häufigsten vorkommende Element des Universums. Das Äußere Jupiters ist dem der Sonne nicht unähnlich, doch wäre es ein Fehlschluß, ihn als „mißglückten Stern" zu bezeichnen. Um stellare Nuklearreaktionen auszulösen, muß die Temperatur 10 Millionen °C erreichen.

Man fand heraus, daß Jupiter 1,7mal mehr Energie ausstrahlt, als er es tun würde, wenn er völlig von dem abhinge, was er von der Sonne empfängt. Dies rührt wahrscheinlich daher, daß er keine Zeit hatte, alle während seines Entstehungsprozesses freigesetzte Hitze zu verlieren. Allerdings könnte dieser Überschuß auch durch die Produktion von Gravitationsenergie erklärt werden, die bei der Kontraktion Jupiters von weniger als einem Millimeter pro Jahr entsteht.

Die Atmosphäre Jupiters ist in ständigem Chaos. Es scheinen einige Wolkenschichten zu existieren, von denen eine – in beachtlicher Tiefe – aus Wassertropfen aufgebaut sein könnte. Bei einem gigantischen Planeten fällt es nicht leicht zu bestimmen, wo die „Atmosphäre" aufhört und der eigentliche Planetenkörper beginnt! Weiter oben gibt es Wolkenlagen aus Eiskristallen, Ammoniak- und Ammoniumhydrosulfidkristallen.

Jupiter ist eine mächtige Quelle von Radiowellen. Das wurde 1955 von amerikanischen Forschern zufällig entdeckt. Die Hauptstrahlung konzentriert sich auf Wellenlängen der Größenordnung 10 Meter (dekametrisch) und 10 Zentimeter (dezimetrisch). Aufgrund der Schwankungen dieser Strahlung scheint sich die Rotationszeit des Jupiterkerns auf 9 Stunden 55,5 Minuten zu belaufen.

◄ **1. Zusammentreffen von Venus und Jupiter,** *Juni 1991. Die beiden Planeten sind eng zusammen tief am Himmel sichtbar; der rote Schimmer ist das störende Licht eines benachbarten Hauses! Zusammentreffen von Planeten sind nicht ungewöhnlich, doch ist die Verdunkelung eines Planeten durch einen anderen selten.*

▼ **Drei Ansichten Jupiters.** *Sie wurden von Charles Capen (Lowell Observatorium, Arizona) aufgenommen. Die Auswirkungen der Planetenrotation werden deutlich und viele Einzelheiten gezeigt. Zu dieser Zeit war die Oberfläche sehr aktiv.*

◀ **Der südöstliche Quadrant des Jupiter,** am 11. März 1991 von Hubble aufgenommen. Links im Bild sieht man einen ovalen, dunken Ring, ganz rechts erkennt man den Großen Roten Fleck, der durch die Jupiterrotation gerade außer Sicht getragen wird. Das Bild hat eine Auflösung von 0,15 Bogensekunden. Es ist das Ergebnis einer Verbindung von Photographien in blauem, grünem und rotem Licht über einen Zeitraum von 6 Minuten. Norden ist oben.

▼ **Komet Shoemaker-Levy 9 prallt auf Jupiter.** Dieses Bild des Jupiter wurde am 21. Juli 1994 von der NASA freigegeben. Die Einschlagstellen der Bruchstücke „D" und „G" sind unten in der Mitte zu sehen. Bruchstück „G" verursachte das größere Phänomen bei seinem Aufschlag auf den Planeten am 18. Juli, und das kleinere Phänomen stammt von Bruchstück „D" am 17. Juli.

PLANETENDATEN – JUPITER	
Siderische Umlaufzeit	4332.59 Tage
Rotationsperiode (äquatorial)	9h 55m 21s
Mittlere Bahngeschwindigkeit	13.06 km/s
Bahnneigung	1° 18' 15".8
Bahnexzentrizität	0.048
Scheinbarer Durchmesser	max 50".1, min 30".4
Reziproke Masse, Sonne = 1	1047.4
Dichte, Wasser = 1	1.33
Masse, Erde = 1	317.89
Volumen, Erde = 1	1318.7
Fluchtgeschwindigkeit	60.22 km/s
Oberflächengravitation, Erde = 1	2.64
Durchschnittliche Oberflächentemperatur	−150°C
Abplattung	0.06
Albedo	0.43
Maximale scheinbare Helligkeit	−2.6 mag
Durchmesser (äquatorial)	143,884 km
Durchmesser (polar)	133,700 km

Erde

Das wandelbare Gesicht des Jupiter

▲ Nördliche Polarregion
*Breitengrade ca. +90° bis
+55°. Gewöhnlich dunkle Erscheinung mit veränderlichem Ausmaß. Die ganze Region ist häufig strukturlos.
Der nördliche Polarstrom hat
eine mittlere Rotationszeit
von 9 Std. 55 Min. 42 Sek.*
**Nord-Nord-nördliches
Gemäßigtes Band** *Mittlere
Breite +45°. Ein kurzlebiges
Phänomen, häufig nicht von
der NPR unterscheidbar.*
**Nord-nördliche Gemäßigte
Zone** *Mittlere Breite +41°.
Wegen genereller Dunkelheit
in der Polarzone oft nicht ausmachbar.*
Nord-nördliches Gemäßigtes Band *Mittlere Breite
+37°. Zeitweise hervorstechend, manchmal ganz verschwindend wie 1924.*
Nördliche Gemäßigte Zone
*Mittlere Breite +33°. Sehr
veränderlich, sowohl in Breite
als auch in Helligkeit.*
**Nördliches Gemäßigtes
Band** *Mittlere Breite +31° bis
+24°. Normalerweise sichtbar
mit einer maximalen Ausdehnung von ca. 8° Breite. Dunkle Flecken am südlichen Rand
des Bandes sind nicht ungewöhnlich.*

**Nördliche Tropische
Zone** *Mittlere Breite +24°
bis +20°. Manchmal sehr
hell. Der Nördliche Tropische Strom, der das Nördliche Äquatorband überdeckt, hat eine Rotationszeit von 9 Std. 55 Min. 20
Sek.*
Nördliches Äquatorband
*Mittlere Breite +20° bis
+7°. Das herausstechendste aller Jupiterbänder.
Diese Region ist extrem
aktiv und weist eine große
Menge Details auf.*
Äquatorzone *Mittlere
Breite +7° bis –7°. Bedeckt
ca. 1/8 der gesamten Jupiteroberfläche, die ÄZ zeigt
viele sichtbare Details.*
Äquatorband *Mittlere
Breite –0,4°. Zuweilen erscheint die ÄZ durch ein
schmales Band, das ÄB
auf oder nahe dem Jupiteräquator in zwei Einzelteile getrennt.*
Südliches Äquatorband
*Mittlere Breite –7° bis –21°.
Das veränderlichste Band.
Es ist oft breiter als das
NÄB und normalerweise
von einer Zwischenzone in
zwei Bereiche geteilt. Der
Südteil enthält die Höhlung*

des Großen Roten Flecks.
Südliche Tropische Zone
*Mittlere Breite –21° bis –26°.
Enthält den berühmten
Großen Roten Fleck. Die
STrZ war der Ort der langlebigen
Südlichen Tropischen
Störung.*
Großer Roter Fleck *Mittlere
Breite –22°. Obwohl auch andere rote und weiße Flecken
auf der Jupiteroberfläche
sichtbar sind, ist der Große
Rote Fleck der herausragendste. Er dreht sich gegen den
Uhrzeigersinn.*
Südliches Gemäßigtes Band
*Mittlere Breite –26° bis –34°.
Sehr veränderlich in Ausmaß
und Intensität. Manchmal
erscheint es doppelt.*
Südliche Gemäßigte Zonen
*Mittlere Breite –38°. Oft
breit; können sehr hell sein.
Flecken sind üblich.*
**Süd-südliches Gemäßigtes
Band** *Breitengrad –44°. Veränderlich, zeitweise mit kleinen weißen Flecken.*
**Süd – Süd – südliches
Gemäßigtes Band** *Mittlerer
Breitengrad –56°.*
Südliche Polarregion *Mittlere Breite ca. –58° bis –90°.
Wie die NPR sehr veränderlich im Ausmaß.*

Jupiter stellt ein beliebtes Ziel für Benutzer kleinerer
und mittelgroßer Teleskope dar. Hauptmerkmale sind
die Bänder und die hellen Zonen; außerdem existieren
Flecken, Wölkchen und Girlanden, einschließlich des häufig sichtbaren Großen Roten Flecks.

Durch Jupiters schnelle Rotation werden die Oberflächenmerkmale in weniger als fünf Stunden von einer
Seite der Scheibe zur anderen getragen, und die Verschiebungen sind bereits nach wenigen Minuten erkennbar. Jupiter besitzt eine differentielle Rotation, d.h. er dreht sich
nicht wie ein fester Planet. Zwischen den beiden Hauptgürteln herrscht eine, als System I bezeichnete, starke Äquatorialströmung, deren Rotationszeit 9 Std. 50 Min. 30 Sek. beträgt, während sie auf dem Rest des Planeten (System II)
bei 9 Std. 55 Min. und 41 Sek. liegt. Wie auch immer, verschiedene Einzelmerkmale besitzen eigene Rotationsperioden und variieren hinsichtlich des Längengrades, wobei
sich ihre Breitengrade nicht wesentlich verändern.

Im wesentlichen gibt es zwei Hauptbänder, auf jeder
Seite des Äquators eins. Das Nordäquatorband (NÄB)
sticht fast immer hervor und zeigt erstaunliche Einzelheiten. Das Südäquatorband (SÄB) hingegen ist viel veränderbarer, und man weiß, daß es so undeutlich werden kann,
daß es fast verschwindet (z. B. 1993). Auch die anderen
Bänder zeigen Veränderungen in Breite und Intensität.
Aufgrund der Besonderheiten der Jupiterchemie können
oft sehr deutliche Farben auf der Scheibe gesehen werden.

Das berühmteste Merkmal ist der Große Rote Fleck,
der seit den ersten teleskopischen Beobachtungen im 17.
Jahrhundert immer wieder gesehen wurde. Er ist oval und
erreicht eine maximale Länge von ca. 40 000 Kilometern
mit 14 000 Kilometern Breite, so daß seine Oberfläche
größer als die der Erde ist. Zuweilen wird er fast ziegelrot,
doch manchmal verblaßt die Farbe, und der Fleck verschwindet für mehrere Monate oder Jahre vollständig. Er
bildet eine Höhlung an der südlichen Kante des Südäquatorbandes, und diese Höhlung kann zeitweise sogar gesehen werden, wenn der Fleck unsichtbar ist. Obwohl sein
Breitengrad unveränderlich bei 22° Süd liegt, belief sich die
Veränderung des Längengrades während der letzten Jahrhunderte auf 1200°. Zwischen 1901 und 1940 existierte
außerdem ein als Südliche Tropische Störung bekanntes
Phänomen, das auf demselben Breitengrad wie der Fleck
lag und wie ein Schattenbereich zwischen weißen Flecken
aussah. Die Rotationsperiode der Südlichen Tropischen
Störung war kürzer als die des Roten Flecks, so daß der
Fleck regelmäßig eingeholt und überholt wurde, wobei die
interessantesten Wechselwirkungen entstanden.

Die Störung ist verschwunden, und es gibt keinen Anhaltspunkt für ihre Rückkehr, doch der Rote Fleck ist noch
zu sehen, obwohl er kleiner als in der Vergangenheit ist
und möglicherweise nicht für immer besteht. Lange Jahre
hat man ihn für einen festen oder halbfesten Körper gehalten, der in Jupiters äußerem Gas schwimmt, doch die
Raumfahrtmissionen zeigten, daß es sich um einen Wirbelsturm – ein Phänomen des „Jupiterwetters" – handelt. Er
rotiert gegen den Uhrzeigersinn in einer Zeit von 12 Tagen
am Rand und 9 Tagen nahe des Zentrums. Dieses befindet
sich 8 Kilometer über den umliegenden Wolken, und hier
erhebt sich Material, das spiralförmig zum Rand nach
außen strebt. Die Ursache für die Farbe ist letztendlich unbekannt, aber sie könnte durch Phosphor entstehen, das
durch die Reaktion von Phosphin aus dem Planeteninnern
und Sonnenlicht zustande kommt. Viele andere Flecken
sind sichtbar, einige davon hell, weiß und klar umgrenzt,
doch in der Regel halten sie nicht lange.

Amateurbeobachter führten wichtige Jupiterstudien
durch. Insbesondere versuchten sie, Schätzungen über die

Rotationszeiten unterschiedlicher Oberflächenmerkmale durchzuführen. Dies funktioniert so, daß der Zeitpunkt bestimmt wird, an dem das Merkmal den zentralen Meridian des Planeten kreuzt. Der zentrale Meridian ist wegen der Abflachung der Pole des Globus leicht auszumachen, und die Zeitbestimmungen können mit erstaunlicher Genauigkeit durchgeführt werden. Der Längengrad kann dann durch den Gebrauch von Tabellen in jährlichen astronomischen Almanachen festgelegt werden.

Jupiter ist mit Sicherheit eine der interessantesten Welten des Sonnensystems. Es gibt eine Menge zu sehen, und niemand weiß, was als nächstes passieren wird.

▼ *Voyager 1* – *Aufnahme Jupiters aus einer Entfernung von 32,7 Mio. km.*

Missionen zum Jupiter

Einige Raumsonden flogen bereits am Jupiter vorbei. Die erste war Pioneer 10 im Dezember 1973. Pioneer 11 (Dezember 1974) sollte außerdem noch am Saturn vorbeifliegen. Es folgten die wesentlich weiterentwickelten Voyager-Sonden (März und Juli 1979). Beide flogen zu genaueren Untersuchungen des Saturn, seiner Monde und Ringe weiter, Voyager 2 sogar noch zum Uranus und zum Neptun. Alle vier Sonden bewegen sich nun für immer aus dem Sonnensystem hinaus.

Im Februar 1992 flog die Sonnenforschungs-Sonde Ulysses nahe am Jupiter vorbei, hauptsächlich um die starke Anziehungskraft des Planeten für die Weiterreise über die Pole der Sonne auszunutzen, wofür die heutigen Raketenantriebe zu schwach sind. Bei dieser Gelegenheit wurden auch Beobachtungen am Jupiter durchgeführt.

Die letzte Mission, Galileo, wurde 1990 gestartet und mußte durch nahe Vorbeiflüge an Venus und Erde Schwung holen, um sich dem Jupiter zu nähern. Dabei konnten Venus, die Rückseite des Mondes und im Asteroidengürtel Gaspara und Ida untersucht werden. Obwohl sich die Hauptantenne nicht entfaltet hat, kann Galileo sein Beobachtungsprogramm durchführen, nur das Senden über die Hilfsantenne geht sehr langsam. Der Galileo Orbiter umkreist den Jupiter seit Dezember 1995. Die Abstiegssonde Galileo Probe ist in die Atmosphäre eingedrungen und hat neun Stunden lang Daten gesendet. Galileos Bilder der Jupitermonde zeigen, daß sich die Oberfläche von Io und Europa seit den Voyager-Flügen deutlich verändert hat.

Besonderes Interesse gilt Jupiters Magnetfeld, das sehr stark ist und auf der sonnenabgewandten Seite einen über 700 Millionen Kilometer langen Magnetschweif besitzt, der sich bis über die Saturnbahn erstreckt. Es gibt Strahlungsgürtel, die 10 000mal stärker als die Van Allen-Gürtel der Erde sind. Jeder Astronaut müßte dort binnen kurzer Zeit an der Strahlenkrankheit sterben. Die Strahlung legte die Ausrüstung von Pioneer 10 beinahe lahm. Die folgenden Sonden wurden dann so gelenkt, daß sie die Äquatorregionen mit der stärksten Strahlung möglichst schnell passieren sollten. Die Voyager-Sonden sollten dem Doppelten der erwarteten Strahlendosis standhalten; nur kleinere Auswirkungen wurden von einer Annäherung von Voyager 1 am Jupiter bis auf 350 000 Kilometer verzeichnet, doch war die Strahlung für Voyager 2 auf einer größeren Distanz von 650 000 Kilometern 3mal stärker. Die Messungen der beiden Voyager-Sonden haben unterschiedliche Werte ergeben, was darauf schließen läßt, daß die Strahlungsgürtel anscheinend veränderlich sind. Das Magnetfeld ist sehr kompliziert aufgebaut und um 10° zur Rotationsachse geneigt.

Ein dunkler Ring wurde entdeckt, der von der Erde aus nicht zu sehen ist und aus drei Bestandteilen zusammengesetzt ist, die heute als Halo, Main und Gossamer bekannt sind.

Man erhielt phantastische Bilder von der Planetenoberfläche mit Abbildungen von den turbulenten, buntgefärbten Wolken und Flecken. Polarlichter und leuchtende Blitze wurden auf der Nachtseite verzeichnet und Beobachtungen jeglicher Art wurden unternommen.

▶ *Voyager-Aufnahmen von Jupiter.* Oben links die am 2. März 1979 aufgenommene Nördliche gemäßigte Zone. Die blasse, orangefarbene Linie, die die untere Bildhälfte kreuzt, markiert den Nördlichen gemäßigten Strom, in dem Windgeschwindigkeiten von 120 m/s erreicht werden. Oben rechts ist die Äquatorzone zu sehen, von Voyager 2 am 28. Juni 1979 aufgenommen. Die Farben sind künstlich verstärkt, um mehr Einzelheiten hervorzuheben. Unten links der Große Rote Fleck, von Voyager 2 am 3. Juli 1979 photographiert – er war lange Beobachtungsobjekt. Der Fleck formt eine Höhlung in das angrenzende Band, und obwohl er regelmäßig verschwindet, kehrt er immer zurück. Unten rechts ein Blick von Voyager auf den Fleck, der mehr Strukturen zeigt (4. Mai 1979).

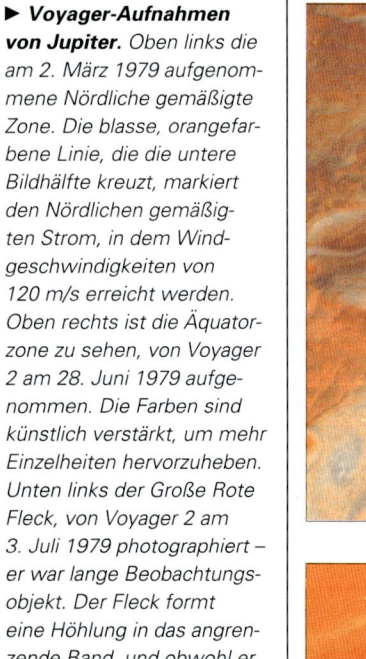

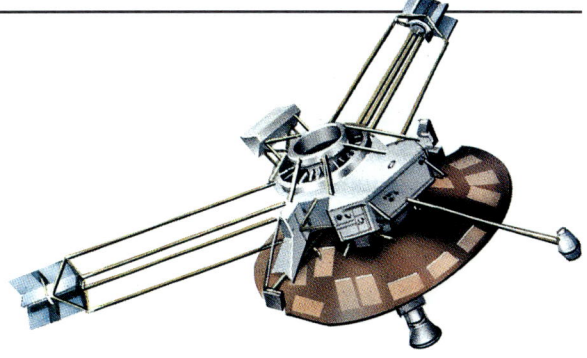

▲ **Jupiter mit Satelliten** von Voyager aus gesehen. Europa liegt zur Rechten, Io befindet sich vor der Jupiterscheibe und Kallisto ist gerade noch unten links erkennbar.

▶ **Die Magnetosphäre Jupiters.** Sonnenwindpartikel nähern sich von links und stoßen mit der strukturell komplexen Magnetosphäre zusammen. Innerhalb der Stoßfront liegt die Magnetopause. Die gesamte magnetisch aktive Region ist von einem magnetischen „Mantel" umgeben.

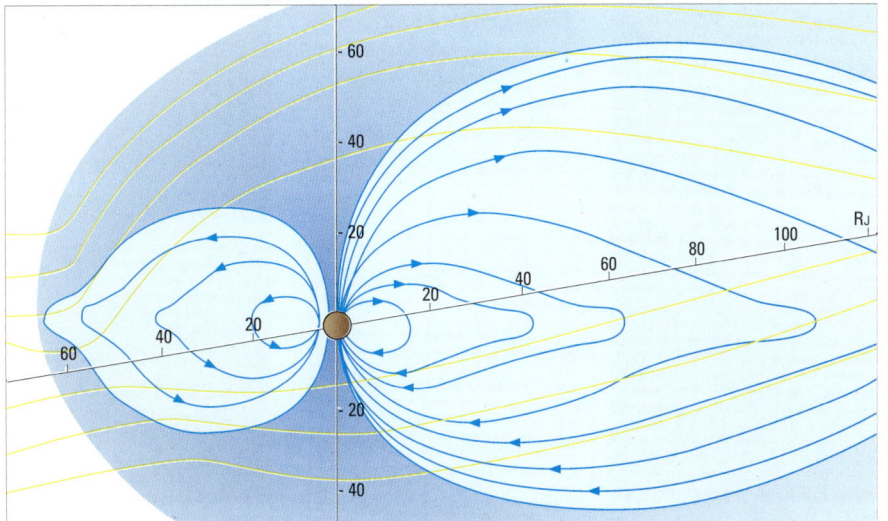

▲ **Raumsonden zum Jupiter.** Pioneer 10 (oben) startete am 2. März 1972, passierte Jupiter am 3. Dezember 1973 in 132 000 km Entfernung. Voyager 2 (unten) startete am 20. August 1977 und flog an Jupiter, Saturn, Uranus und Neptun vorbei.

▼ **Jupiters Ring.** Die einzigen Aufnahmen von Jupiters Ring sind die der Voyagersonden. Dieses Photo stammt vom 10. Juli 1979; Voyager befand sich 2° unter der Ringebene (Entfernung 1,55 Millionen km).

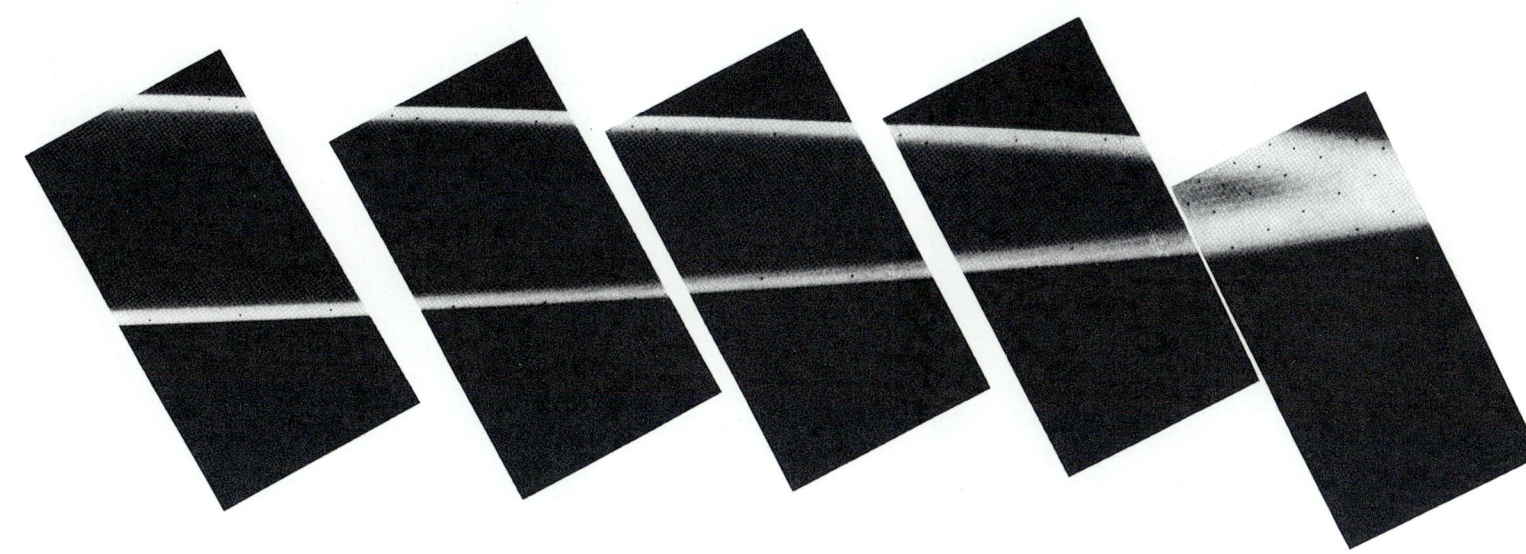

Die Satelliten des Jupiter

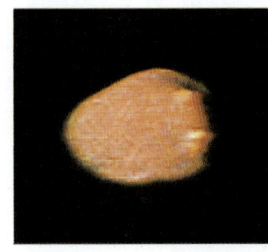

▲ **Amalthea,** Jupiters fünfter Satellit, wie er am 4. März 1979 von Voyager 1 aus einer Entfernung von 425 000 km aufgenommen wurde. Die Auflösung beträgt 8 km. Die weißen Flecken, heute Ida und Lyktos genannt, haben einen Durchmesser von ca. 15 km und sind wahrscheinlich Berge. Für Almatheas Farbe könnte zumindest teilweise Io verantwortlich sein.

Jupiter besitzt eine ausgedehnte Satellitenfamilie. Vier sind groß und hell genug, um mit jedem kleinen Teleskop gesehen zu werden; sogar starke Fernstecher zeigen sie unter günstigen Bedingungen. Sie wurden im Januar 1610 von Galileo mit dem ersten astronomischen Teleskop beobachtet und sind daher zusammen als Galileische Monde oder Satelliten bekannt, obwohl sie vielleicht ein wenig früher von Simon Maurius gesehen worden sind. Maurius war derjenige, der ihnen ihre Namen gab: Io, Europa, Ganymed und Kallisto. Vielleicht wurden diese Namen deshalb kaum vor Beginn des Raumfahrtzeitalters benutzt.

Ganymed und Kallisto sind viel größer als unser Mond und Ganymed – obwohl masseärmer – größer als der Planet Merkur; es könnte sein, daß er bereits von dem chinesischen Astronomen Gan De 364 v.Chr. mit bloßem Auge entdeckt wurde. Io ist etwas größer als unser Mond und Europa etwas kleiner.

Kallisto, der äußerste der Galileischen Satelliten, ist der schwächste der vier. Er besitzt eine eisige, kraterreiche Kruste, die bis auf eine Tiefe von einigen hundert Kilometern hinabreichen könnte, unter der sich ein Mantel aus Wasser oder weichem Eis um einen Silikatkern herum befindet. Es gibt keinerlei Anzeichen vergangener tektonischer Aktivität, und fraglos ist Kallisto völlig inaktiv. Ganymed hat wenig mehr Masse, doch ist er weniger als zweimal so dicht wie Wasser; er könnte aus Eis und Stein in gleicher Verteilung zusammengesetzt sein. In der Vergangenheit könnte er aktiver als Kallisto gewesen sein, doch auch er ist

nun inaktiv. Keiner der äußeren Galileischen Monde zeigt Spuren von Atmosphäre.

Europa besitzt ebenfalls eine eisige Oberfläche, doch gibt es fast keine Krater, und die Oberflächenstrukturen unterscheiden sich von allen anderen. Europa wurde mit einer geplatzten Eierschale verglichen und ist hauptsächlich glatt. Einer Theorie folgend liegt die Kruste über einem Ozean flüssigen Wassers, doch ist im großen und ganzen wahrscheinlicher, daß der Mantel aus „matschigem" Eis besteht, das über dem Kern liegt.

Die Welt Ios ist erstaunlich. Ihre Oberfläche wird von Schwefel umhüllt, und während des Vorbeifluges von Voyager 1 wurden einige aktive Vulkane entdeckt, von denen einer, Pele, eine Rauchwolke von bis zu 280 Kilometern gen Himmel schickte. Beim Vorbeiflug von Voyager 2 war der Ausbruch von Pele vorbei, doch waren andere Vulkane aktiver als zuvor, und es gibt keine Anhaltspunkte, daß Pele erloschen ist.

Nach einer Theorie besteht Ios Kruste aus einem 4 Kilometer tiefen „Meer" von Schwefel und Schwefeldioxiden, von denen nur der oberste Kilometer fest ist. Hitze entweicht aus dem Inneren in Form von Lava, die aus dem Schwefelozean ausbricht. Das Ergebnis ist ein gewaltiger Ausfluß einer Mischung aus Schwefel, Schwefeldioxidgasen sowie „Schwefeldioxidschnee". Einige der Vulkanöffnungen müssen bis zu 500 °C heiß sein, obwohl der größte Teil der Oberfläche eine Temperatur von –150 °C hat.

Die vier großen Galileischen Satelliten Jupiters von Voyager 1 zwischen dem 1. und dem 3. März 1979 photographiert. Hier werden die Satelliten in ihrer richtigen Größenrelation gezeigt. Die Bildbearbeitung bewahrt die relativen Kontraste auf den Satelliten; es ist sehr deutlich, daß Europa (oben rechts) die wenigsten Kontraste und Io (oben links) die größten aufweist. Dennoch war es nicht möglich, die wahre, relative Helligkeit dieser Satelliten darzustellen. Die hellsten Satelliten, Io und Europa, weisen offensichtlich Oberflächen unterschiedlicher Zusammensetzung auf. Man vermutet, Io sei mit Schwefel und Salzen, Europa mit Wassereis bedeckt. Ganymeds Oberfläche (unten links) zeigt beides, Eis und Felsen, während Kallisto hauptsächlich aus felsbedecktem Eis besteht. Diese Oberflächenphänomene kontrastieren mit dem Satelliteninnern: Io und Europa besitzen ein felsiges Inneres, während Kallisto und Ganymed aus großen Mengen Wassereis bestehen. Die kleinsten Strukturen auf diesen Bildern sind ca. 50 km im Durchmesser.

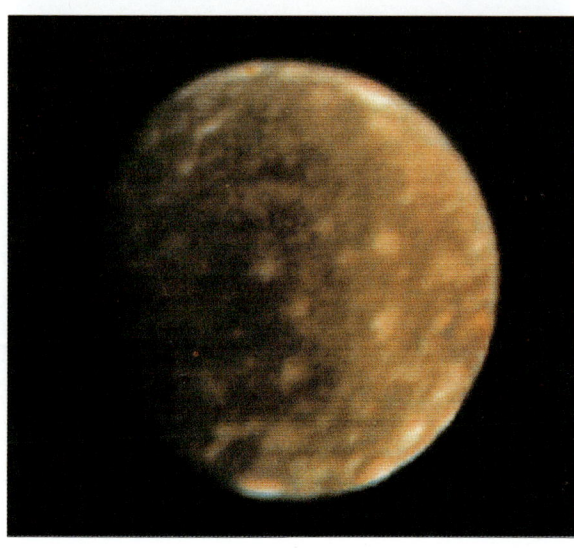

Jupiter und sein Satellit Io sind durch einen mächtigen elektrischen Strom miteinander verbunden (weshalb Io auch einen deutlichen Einfluß auf die Radiostrahlung Jupiters selbst ausübt), und Material der Ionischen Vulkane bildet einen Torus um Jupiter herum, mit dem Zentrum in der Umlaufbahn Ios. Als die Ulysses-Raumsonde Jupiter am 9. Februar 1992 umkreiste, war man besorgt, was während der Durchquerung von Ios Torus passieren könnte, doch schließlich kam Ulysses unbeschadet davon.

Warum ist Io so aktiv? – Das Innere scheint durch Veränderungen der Schwerkraft von Jupiter und den anderen Galileischen Monden aufgewühlt und erhitzt zu werden. Die Umlaufbahn Ios ist exzentrisch, so daß der Gezeitenhöhepunkt wechselt. Io befindet sich mitten in der Strahlenzone Jupiters, so daß er sich als die tödlichste Welt des Sonnensystems auszeichnet.

Den Bewegungen der Galileischen Monde kann man von Nacht zu Nacht folgen. Sie können in den Jupiterschatten eindringen und halb verdeckt oder von dem Planeten verdunkelt werden; sie und ihre Schatten können zwischendurch die Jupiterscheibe kreuzen, so daß man sie langsam entlangziehen sehen kann – die Veränderung ihrer Stellung wird nach nur wenigen Minuten sichtbar.

Der fünfte Satellit, Almathea, wurde 1892 von E. E. Barnard mit Hilfe des großen Lick-Refraktors entdeckt. Almathea wurde von Voyager 1 photographiert und stellte sich als unregelmäßig geformt heraus. Die Oberfläche ist rötlich, so daß er durch Einfluß von Io gefärbt sein könnte. Es gibt zwei schüsselförmige Krater, zwei helle Merkmale, die Berge zu sein scheinen und ein Wirrwarr aus Höhenzügen und Furchen. Von den anderen kleinen, inneren Satelliten, Metis, Adrastea und Thebe, hat man keine Nahaufnahmen empfangen.

Die anderen acht Satelliten sind sehr klein; nur der Himalia hat einen Durchmesser von 100 Kilometern. Die acht äußeren Satelliten werden in zwei Gruppen unterteilt. Die Mitglieder der inneren Gruppe (Leda, Himalia, Lysithea und Elara) bewegen sich rechtläufig, die der äußeren Gruppe (Ananke, Carme, Pasiphaë und Sinope) bewegen sich retrograd oder rückläufig, wodurch die Vermutung genährt wird, es handle sich bei all diesen kleineren Planeten um eingefangene Asteroiden.

Tatsächlich werden ihre Umlaufbahnen so stark von der Sonne beeinflußt, daß sie nicht einmal annähernd kreisförmig verlaufen. Keine zwei Umläufe sind gleich. Selbstverständlich befinden sich außer den Galileischen Monden alle Jupitersatelliten außerhalb der Reichweite von Amateurteleskopen.

◄ **Die Vulkane Ios** von Voyager aus gesehen. Die entlang des Horizonts sichtbare Aktivität scheint beständig zu sein. Die Kruste ist sicherlich instabil, und Material wird von den Vulkanen in eine Höhe von Hunderten von Kilometern über die Oberfläche geschleudert.

▼ **Satelliten Jupiters.** Die vier großen Satelliten, die Galileischen Monde, bewegen sich auf fast kreisförmigen Bahnen, und ihre Neigung zum Jupiteräquator ist gering. Die äußeren Satelliten bestehen aus zwei Gruppen: Leda, Himalia, Lysithea und Elara bewegen sich rechtläufig, während sich Ananke, Carme, Pasiphaë und Sinope rückläufig bewegen.

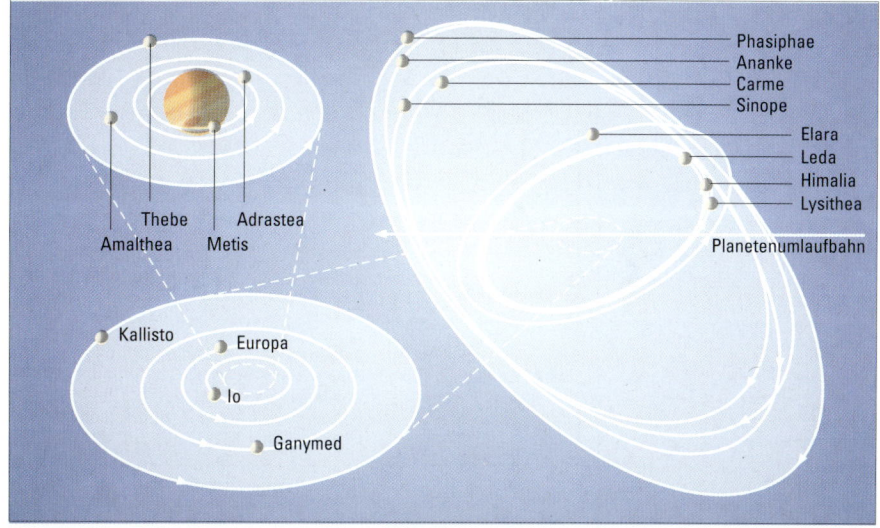

SATELLITEN DES JUPITER								
Name	Entfernung zum Jupiter, km	Umlaufbahn Tage	Bahnneigung °	Bahnexzentrizität	Durchmesser km	Dichte, Wasser = 1	Fluchtgeschw. km/s	Mag
Metis	127,900	0.290	0	0	40	3?	0.02?	17.4
Adrastea	128,980	0.298	0	0	26 x 20 x 16	3?	0.01?	18.9
Amalthea	181,300	0.498	0.45	0.003	262 x 146 x 143	3?	0.16?	14.1
Thebe	221,900	0.675	0.9	0.013	110 x 90	3?	0.8?	15.5
Io	421,600	1.769	0.04		3660 x 3637 x 3631	3.55	2.56	5.0
Europa	670,900	3.551	0.47	0.009	3130	3.04	2.10	5.3
Ganymed	1,070,00	7.155	0.21	0.002	5268	1.93	2.78	4.6
Kallisto	1,880,000	16.689	0.51	0.007	4806	1.81	2.43	5.6
Leda	11,094,000	238.7	26.1	0.148	10	3?	0.1?	20.2
Himalia	11,480,000	250.6	27.6	0.158	170	3?	0.1?	14.8
Lysithea	11,720,000	259.2	29.0	0.107	24	3?	0.01?	18.4
Elara	11,737,000	259.7	24.8	0.207	80	3?	0.05?	16.7
Ananke	21,200,000	631*	147	0.17	20	3?	0.01?	18.9
Carme	22,600,000	692*	164	0.21	30	3?	0.02	18.0
Pasiphae	23,500,000	735*	145	0.38	36	3?	0.02	17.7
Sinope	23,700,000	758*	153	0.28	28	3?	0.01?	18.3
(* = rückläufig)								

Karten der Satelliten des Jupiter

Die vier großen Satelliten sind sich alle sehr unähnlich. Jeder besitzt seine eigenen, spezifischen Merkmale, und man sagt, so etwas wie einen uninteressanten Galileischen Mond gebe es nicht.

Io. Die Oberfläche ist von Vulkanen bestimmt, insbesondere durch den herzförmigen Pele und die sehr aktiven Loki und Prometheus. Durch die konstante Aktivität ist die Oberfläche

sogar über kurze Zeiträume beachtlichen Veränderungen ausgesetzt; diese Änderungen können in Reichweite des Hubble-Weltraumteleskops sein.

Europa. Alptraum jeden Kartenzeichners. Hauptmerkmale sind die dunklen, oft unregelmäßigen, als Maculae bekannten Flecken sowie die komplexen Linien, die gerade oder kurvige, dunkle oder helle verlängerte Markierungen darstellen.

Io ▶

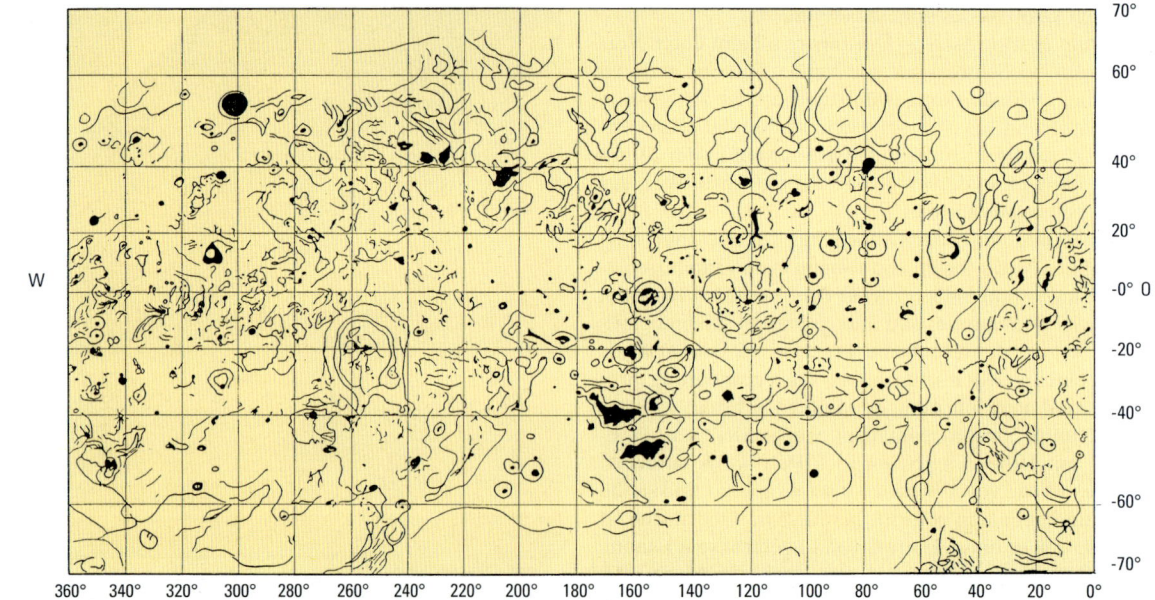

IO		Breiten °	Längen °
VULKANE	Amirani	27 N	119
	Loki	19 N	30
	Marduk	28 S	210
	Masubi	45 S	053
	Maui	19 N	122
	Pele	19 S	257
	Promethens	03 S	153
	Surt	46 N	336
	Volund	22 N	177
REGIONEN	Bactria	45 S	125
	Colchis	10 N	170
	Lerna	65 S	300
	Tarsus	30 S	055
PATERAE	Atar	30 N	279
	Daedalus	19 N	175
	Heno	57 S	312
	Ülgen	41 S	288

EUROPA		Breiten °	Längen °
MACULAE	Thera	45 S	178
	Thrace	44 S	169
	Tyre	34 N	144
LINEA	Adonis	38-60 S	112-122
	Belus	14-26 N	170-226
	Minos	45-31 N	199-150
KRATER	Cilix	01 N	182

Europa ▶

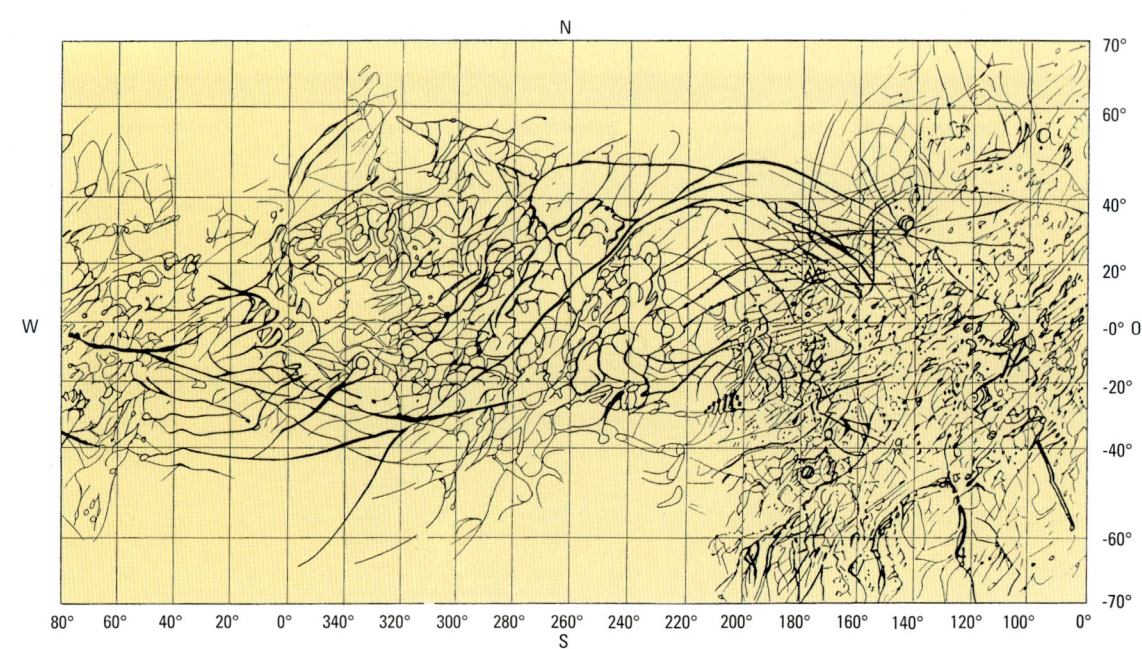

Ganymed. *Die herausragendsten Oberflächenstrukturen dieses Satelliten sind die dunklen Regionen, von denen die größte, Galileo Regio, 4000 km breit ist, also fast so breit wie die USA (ohne Alaska). Es existieren hellere, jüngere Regionen mit „Sulci", d.h. Rillen oder Furchen, und mit Höhenzügen, die ein oder zwei Kilometer in die Höhe ragen. Zahlreiche Krater, einige von ihnen Strahlenzentren, sind zu finden.*

Kallisto. *Die herausstechendsten Oberflächenmerkmale von Kallisto sind die beiden großen, ringförmigen Becken. Das größte von ihnen, Valhalla, hat einen Durchmesser von 600 km und ist von konzentrischen Kreisen umgeben, von denen einer einen Durchmesser von mehr als 3000 km besitzt. Das andere Becken ist Asgard. Die Oberfläche von Kallisto ist möglicherweise die kraterreichste im Sonnensystem.*

◄ *Ganymed*

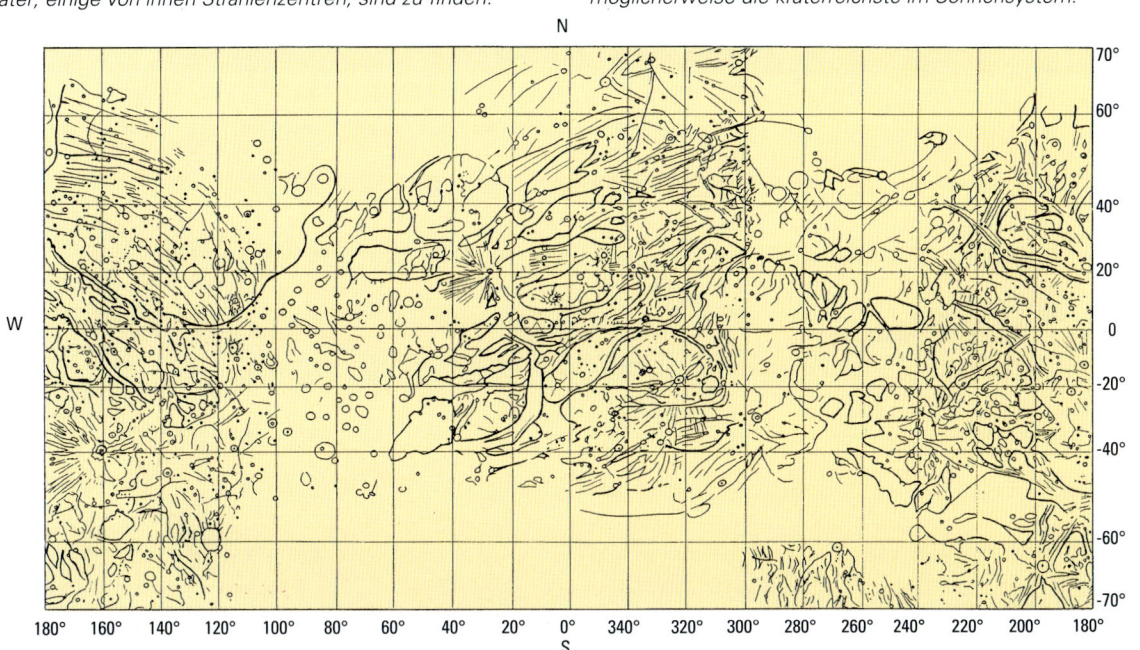

GANYMED		Breiten °	Längen °
REGIONEN	Bannard	22 N	010
	Galileo	35 N	145
	Marius	10 S	200
	Nicholson	20 S	000
	Perrine	40 N	030
SULCI	Dardanus	20 S	013
	Aquarius	50 N	010
	Nun	50 N	320
	Tiamat	03 S	210
KRATER	Achelous	66 N	004
	Eshmun	22 S	187
	Gilgamesh	58 S	124
	Isis	64 S	197
	Nut	61 S	268
	Osiris	39 S	161
	Sebek	65 N	348
	Tros	20 N	P28

KALLISTO		Breiten °	Längen °
RINGFÖRMIGE BECKEN	Asgard	30 N	140
	Valhalla	10 N	055
KRATER	Adlinda	58 S	020
	Alfr	09 S	222
	Bran	25 S	207
	Grimr	43 N	214
	Igaluk	05 N	315
	Lodurr	52 S	270
	Rigr	69 N	240
	Tyn	68 N	229

◄ *Kallisto*

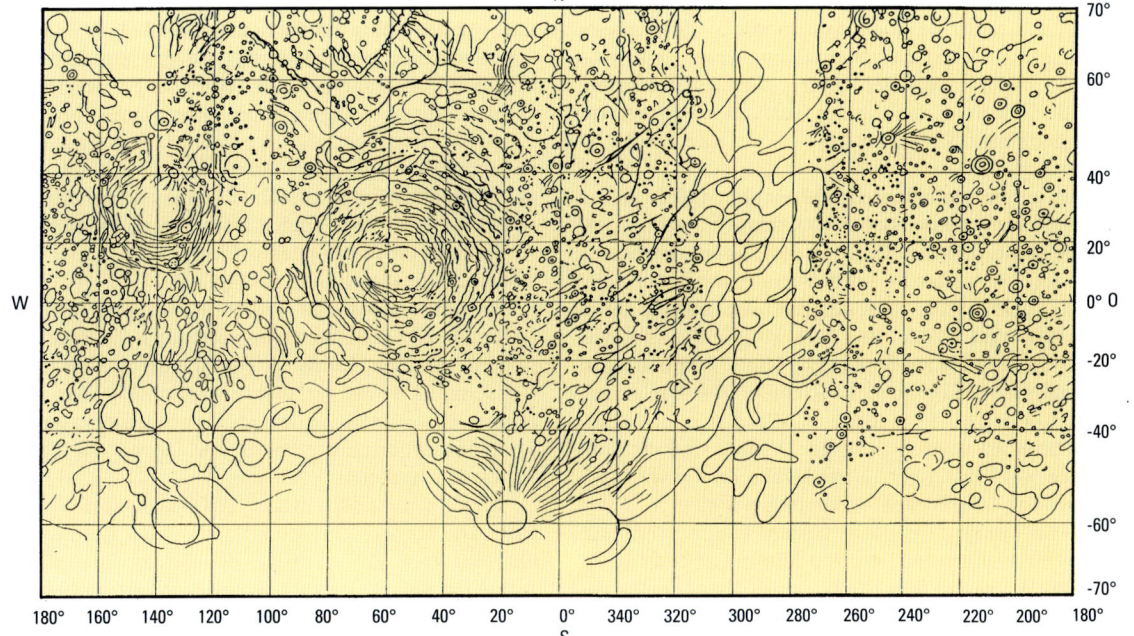

Saturn

▶ **Nördliche Polarregion**
Breite +90° bis ungefähr
+55°. Der nördlichste Teil
der Scheibe. Seine Farbe ist
variabel: mal hell, mal dunkel.

Nördliche Gemäßigte Zone
Breite ungefähr +70° bis
+40°. Generell ziemlich hell,
aber von der Erde kann man
nur wenige Details sehen.

**Nördliches Gemäßigtes
Band** Breite +40°. Eines der
aktiveren Bänder auf der
Scheibe und gewöhnlich teleskopisch leicht zu sehen,
außer wenn es von Ringen
verdeckt ist.

Nördliche Tropische Zone
Breite +40° bis +20°. Eine
generell recht helle Zone
zwischen den zwei dunklen
Bändern.

Nördliches Äquatorband
Breite +20°. Ein auffallendes
Band, immer leicht zu sehen
und generell recht dunkel.
Manchmal kann darin von
der Erde aus Aktivität gesehen werden.

Äquatorzone Breite +20°
bis –20°. Der hellste Teil des
Planeten. Details können
darin beobachtet werden.
Gelegentlich sieht man
weiße Flecken. Der im
20. Jahrhundert auffälligste
weiße Fleck wurde 1933
entdeckt.

Südliches Äquatorband
Breite –20°. Ein dunkles
Band, gewöhnlich von der
selben Intensität wie das
entsprechende Band auf der
nördlichen Hemisphäre.

Südliche Tropische Zone
Breite –20° bis –40°. Eine
gewöhnlich recht helle Zone.
Wenige Details sind teleskopisch zu sehen.

**Südliches Gemäßigtes
Band** Breite –40°.Generell
sichtbar, wenn nicht gerade
von den Ringen verdeckt.

Südliche Gemäßigte Zone
Breite –40° bis –70°. Eine
aufgehellte Zone mit wenig
oder keinem von der Erde
aus sichtbarem Detail.

Südliche Polarregion Breite
ungefähr –70° bis –90°. Der
südlichste Teil der Scheibe.
Wie die nördliche Polarregion etwas variabel im Grad
der Schattierung.

Saturn, zweitgrößter Planet, ist fast doppelt so weit entfernt wie Jupiter und hat eine Umlaufzeit von über 29
Jahren, so daß er ein langsamer Wanderer am Himmel ist –
die Völker der Antike benannten ihn zu Ehren des Zeit-
gottes. Er kann heller werden als jeder Stern außer Sirius
und Canopus, und in Größe und Masse ist er einzig Jupiter
unterlegen.

Mit dem Teleskop betrachtet kann Saturn beanspruchen, das schönste Objekt am ganzen Himmel zu sein. Er
hat eine gelbliche, deutlich abgeflachte Scheibe, durchkreuzt von Bändern, die wesentlich unauffälliger sind als
die von Jupiter. Um den Planeten herum liegt das Ringsystem, das sogar mit einem kleinen Teleskop gut gesehen
werden kann, außer wenn das System mit der Schmalseite
zu uns liegt (wie 1995). Es gibt drei Hauptringe, zwei helle
und einen halbtransparenten; andere sind von Raumsonden entdeckt worden, die von der Erde aus an Saturn vorbeigeflogen sind: 1979 Pioneer 11, 1980 Voyager 1 und 1981
Voyager 2.

Viele unserer detaillierten Informationen über Saturn
sind diesen Weltraummissionen zu verdanken, aber es war
schon bekannt, daß die Kugel in der Zusammensetzung
ähnlich der von Jupiter ist, selbst wenn es im Detail wichtige Unterschiede gibt – teils aufgrund von Saturns geringerer Masse und Größe, und teils aufgrund seiner viel
größeren Entfernung zur Sonne. Die polare Abplattung ist
zurückzuführen auf die schnelle Rotation. Die Umlaufzeit
am Äquator beträgt 10 Stunden 14 Minuten, aber die polare Rotation ist wesentlich länger. Visuell sind die Umlaufzeiten viel schwieriger zu bestimmen als die von Jupiter, da scharfe Oberflächenmarkierungen fehlen.

Die gasförmige Oberfläche besteht hauptsächlich aus
Wasserstoff, Helium und geringen Mengen anderer Gase.
Unter den Wolken ist flüssiger Wasserstoff, erst molekular

und dann, unterhalb einer Tiefe von 30 000 km, metallisch.
Der felsige Kern ist nicht wesentlich größer als die Erde,
aber viel massiver; die Temperatur wird mit 15 000 °C angegeben, jedoch mit beträchtlicher Ungewißheit.

Ein interessanter Aspekt ist, daß die Gesamtdichte der
Saturnkugel geringer ist als die von Wasser – man sagt sogar, daß der Planet schwimmen würde, wenn man ihn in einen weiten Ozean fallen lassen könnte! Obwohl die Masse
das 95fache der Erde beträgt, ist die Oberflächenschwer-
kraft nur 1,16mal so groß. Trotzdem hat Saturn eine sehr
starke Anziehungskraft und eine äußerst störende Wirkung auf wandernde Körper wie Kometen.

Wie Jupiter sendet Saturn mehr Energie aus, als er es
täte, wenn er völlig auf die Sonneneinstrahlung angewiesen
wäre, aber der Grund mag ein anderer sein. Saturn hatte
reichlich Zeit, seine gesamte Hitze, die er während seiner
Entstehungsphase angenommen haben muß, abzustrahlen.
Es gibt Vermutungen, daß der Überschuß an Strahlung aus
Gravitationsenergie freigesetzt wird, die dadurch entsteht,
daß Heliumtröpfchen allmählich im leichteren Wasserstoff
absinken. Dies würde auch erklären, warum Saturns äußerste Wolken einen geringeren Prozentsatz an Helium enthalten, als dies bei Jupiter der Fall ist.

Saturn sendet einen Radiopuls mit einer Periode von
10 Stunden 39,4 Minuten, was vermutlich die Rotationsperiode des inneren Kerns ist. Die Magnetosphäre ist in der
Ausdehnung etwas variabel, erstreckt sich aber annähe-
rungsweise bis zu Titan, dem größten Satelliten von Saturn.
Strahlungszonen existieren, sie sind jedoch viel schwächer
als die von Jupiter.

Das Magnetfeld selbst ist 1000mal stärker als das der
Erde. Die Magnetachse stimmt fast mit der Rotationsachse
überein, doch das Zentrum des Feldes ist entlang der
Achse um ungefähr 2400 km nach Norden verlagert.

Heute ist unsere Sicht von Saturn ganz anders als die des Astronomen R.A. Proctor 1882. Er schrieb:

„Über einen Bereich Hunderttausender Quadratmeilen muß die fließende Oberfläche des Planeten von unterplanetarischen Kräften zerrissen sein. Riesige Massen äußerst heißen Dunstes müssen von unten ausgeschüttet werden. Indem sie enorm hoch steigen, müssen sie entweder den umhüllenden Wolkenmantel wegreißen, oder müssen selbst eine Masse von Wolken bilden, die aufgrund ihres enormen Ausmaßes erkennbar ist... Wenn über tausend verschiedene Regionen, jede so groß wie Yorkshire, aus einem Ruhezustand in solche Aktivität versetzt würden, wie sie der geplagten Oberfläche siedenden Metalls entspricht, und wenn riesige Wolken, die sich über diesen Regionen gebildet hätten, so verändert würden, daß sie das tatsächliche Leuchten der Oberfläche versteckten, würde unser bestes Teleskop daran scheitern, die kleinste Veränderung aufzuzeigen."

PLANETENDATEN – SATURN	
Siderische Umlaufzeit	10 759,20 Tage
Rotationszeit (äquatorial)	10h 13m 59s
Mittlere Bahngeschwindigkeit	9.6 km/s
Bahnneigung	2° 29′ 21″.6
Bahnexzentrizität	0.056
Scheinb. Durchmesser	max 20.9″, min 15″.0
Reziproke Masse, Sonne = 1	3498.5
Dichte, Wasser = 1	0.71
Masse, Erde = 1	95,17
Volumen, Erde = 1	744
Fluchtgeschwindigkeit	32,26 km/s
Oberflächengravitation, Erde = 1	1.16
Mittlere Oberflächentemperatur	−180°C
Abplattung	0.1
Albedo	0.61
Scheinbare Helligkeit	−0.3 mag
Äquatordurchmesser	120 536 km
Polardurchmesser	108 728 km

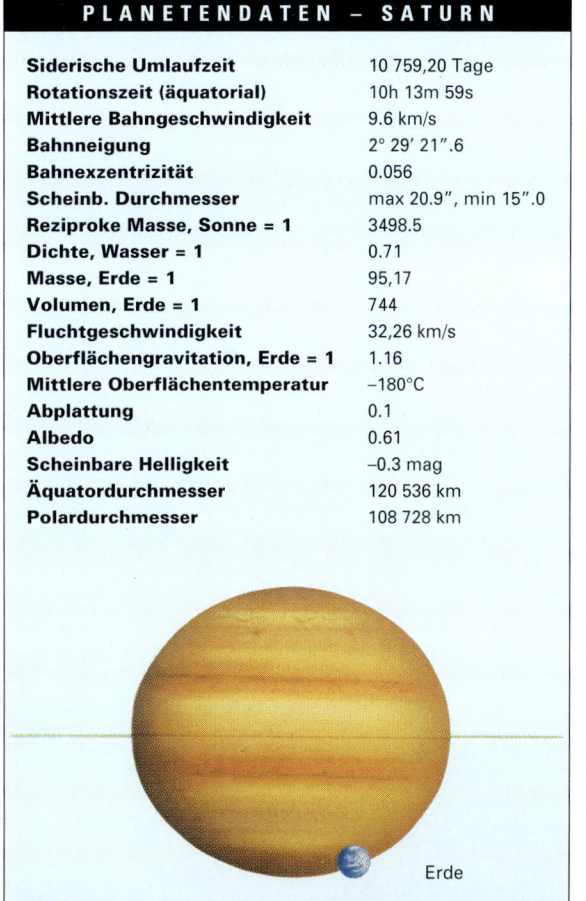

Erde

▲ **Saturn,** *photographiert von Charles Capen mit dem 61 cm-Lowell Refraktor. Das Ringsystem war zu dem Zeitpunkt weit offen. Die Cassini-Teilung im Ringsystem ist gut gezeigt. Es gibt nicht viele Einzelheiten auf der Scheibe – Saturns Oberfläche ist weit weniger aktiv als die von Jupiter.*

▶ **Saturn vom Weltraum aus***: 26.8.1990, aufgenommen mit der Wide Field and Planetary Camera des Hubble-Weltraumteleskops. In dem Moment war Saturn 1390 Mio. km von der Erde entfernt. Die Farbe auf dem Bild wurde rekonstruiert, indem man drei verschiedene Fotos, aufgenommen in blauem, grünem und rotem Licht, miteinander kombinierte. Der Nordpol war zur Erde geneigt; die Teilungen in den Ringen sind klar – einschließlich der Encke-schen Teilung nahe dem äußeren Rand von Ring A.*

Die Saturnringe

Saturns Ringsystem ist einzigartig und unterscheidet sich von den dunklen, undeutlichen Ringen des Jupiter, Uranus und Neptun. Saturns Ringe wurden erstmals im 17. Jahrhundert gesehen und 1656 von Christian Huygens erklärt; vorher betrachtete man Saturn sogar als einen dreifachen Planeten.

Man unterscheidet zwei helle Ringe (A und B) und einen schwächeren, inneren Ring (C), der 1850 entdeckt wurde und aufgrund seiner Halbtransparenz normalerweise als Krepp- oder Florring bekannt ist. Die hellen Ringe sind durch einen Spalt voneinander getrennt, bekannt als die Cassini-Teilung (oder Cassinische T.) zu Ehren von G. C. Cassini, der sie 1675 entdeckte. Verschiedene schwächere Ringe, sowohl innerhalb als auch außerhalb des Hauptsystems, sind vor dem Raumfahrtzeitalter gemeldet worden, aber ohne definitive Bestätigung. Das Hauptsystem ist relativ dicht am Planeten und liegt gut innerhalb der Roche-Grenze, d.h. der minimalen Entfernung, bei der ein zerbrechlicher Körper überleben kann, ohne durch die Schwerkraft zerrissen zu werden. Der äußere Rand von Ring A befindet sich 135 200 km von Saturns Zentrum entfernt. Der innerste der Satelliten, der vor den Raumfahrtmissionen bekannt war, ist viel weiter außen bei 185 600 km.

Der Gesamtdurchmesser des Ringsystems beläuft sich auf etwa 270 000 km, aber die Dicke beträgt nicht mehr als einige zehn Meter. Stellt man sich die volle Ausbreitung der Ringe als den Durchmesser eines Kricket- oder Baseballfeldes vor, würde die Dicke dann nicht mehr als die eines Zigarettenpapiers betragen. Das bedeutet, daß die Ringe fast verschwinden, wenn sie mit der Kante zu uns stehen. Solche Lagen ergeben sich abwechselnd in Intervallen von 13 Jahren, 9 Monaten und 15 Jahren, 9 Monaten, wie 1966, 1980 und 1995. Diese Ungleichheit ist bedingt durch Saturns Bahnexzentrizität.

Während des kürzeren Intervalls ist der Südpol zur Sonne geneigt – es ist also Sommer auf der südlichen Hemisphäre – und ein Teil der nördlichen Hemisphäre ist mit den Ringen bedeckt. In dieser Zeit wandert Saturn durch das Perihel und bewegt sich so schnell er kann. Innerhalb des längeren Intervalls ist der Nordpol zur Sonne gewandt, so daß Teile der südlichen Hemisphäre bedeckt sind; Saturn passiert das Aphel und wandert am langsamsten.

Die Ringe sind am stärksten verdunkelt, wenn die Erde oder die Sonne die Hauptebene passieren. Es ist falsch, zu behaupten, daß sie vollständig verschwinden; man kann sie jederzeit mit leistungsstarken Teleskopen verfolgen, jedoch nicht mit kleineren Instrumenten.

Kein fester oder flüssiger Ring könnte so nahe bei Saturn existieren. Es ist lange bekannt, daß die Ringe aus kleinen Partikeln bestehen und sich alle wie winzige Monde um den Planeten bewegen. Ihre Zusammensetzung ist bekannt; sie bestehen aus gewöhnlichem Wassereis.

◀ **Aspekte der Saturnringe** von der Erde aus gesehen. Die Intervalle zwischen Randansichten betragen 13,75 Jahre und 15,75 Jahre.

▲ **Saturnringe von Voyager 1 gesehen.** Aufgenommen am 13.11.1980; der Abstand betrug 1,5 Mio. km. Saturns heller Rand ist durch die Ringe deutlich sichtbar. Die Aufnahme wurde länger belichtet, um das Ringdetail hervorzuheben. Daher ist das erhellte Halbrund des Planeten überbelichtet. Der Kreppring C streut Licht derart, daß er blauer aussieht als die Ringe A und B.

Von den zwei Hauptringen ist B der hellere. Die Cassini-Teilung ist sehr auffällig, wenn das System günstig zur Erde geneigt ist. Vor den Pioneer- und Voyager-Missionen sind mehrere kleinere Teilungen gemeldet worden, doch nur eine davon (Enckesche Teilung in Ring A) ist bestätigt worden. Man glaubte, daß die anderen Teilungen bloß „kleine Wellen" in einem ansonsten recht regelmäßigen und homogenen flachen Ring sind.

1907 verkündete der französische Beobachter G. Fournier die Entdeckung eines schwachen Rings außerhalb des Hauptsystems; doch zu dieser Zeit fehlte die Bestätigung. Er wurde als Ring F bekannt. Es gab auch Berichte über einen blassen Ring zwischen dem Kreppring und der Wolkendecke. Dieser wurde gewöhnlich als Ring D bezeichnet, obwohl es wieder keine positive Bestätigung gab.

Man glaubte, daß die Cassini-Teilung hauptsächlich durch die Anziehungskraft des 400 km durchmessenden Satelliten Mimas bedingt ist, den William Herschel schon 1789 entdeckte. Ein Partikel, das sich innerhalb der Teilung bewegt, würde genau die Hälfte der Umlaufzeit haben, die Mimas benötigt, und kumulative Störungen würden es aus der „verbotenen Zone" treiben. Zweifellos liegt darin ein gewisser Gehalt, obwohl die Voyager-Entdeckungen zeigten, daß ebenso andere Effekte involviert sein müssen. Die Ringe erwiesen sich als völlig verschieden von allem, was erwartet worden war.

ENTFERNUNGEN UND UMLAUFZEITEN DER RINGE UND DER INNEREN SATELLITEN

	Entfernung vom Saturnzentrum km	Umlaufzeit h
Wolkendecke	60 330	10.66
Innere Kante von „Ring" D	67 000	4.91
Innere Kante von „Ring" C	73 200	5.61
Innere Kante von „Ring" B	92 200	7.93
Äußere Kante von „Ring" B	117 500	11.41
Mitte der Cassini-Teilung	119 000	11.75
Innere Kante von „Ring" A	121 000	11.92
Enckesche Teilung	133 500	13.82
Pan	133 600	14
Äußere Kante von „Ring" A	135 200	14.14
Atlas	137 670	14.61
Prometheus	139 350	14.71
Ring F	140 600	14.94
Pandora	141 700	15.07
Epimetheus	151 420	16.65
Janus	151 420	16.68
Innere Kante von „Ring" G	165 800	18
Äußere Kante von „Ring" G	173 800	21
Innere Kante von „Ring" E	180 000	22
Mimas	185 540	22.60
Enceladus	238 040	32.88
Tethys	294 760	1.88 d
Dione	377 420	2.74
Äußere Kante von „Ring" E	480 000	4
Rhea	527 040	4.52

▼ *Saturn von Voyager 1 aus gesehen.* Diese Aufnahme wurde am 18.10.1980 aus einer Entfernung von 34 Mio. km vom Planeten gemacht. Das Photo wurde am letzten Tag gemacht, an dem Saturn und seine Ringe noch von einer Telekamera eingefangen werden konnten, da das Raumfahrzeug am 12.11.1980 seine dichteste Annäherung an den Planeten erreichte. Dione, einer von Saturns inneren Satelliten, erscheint als drei farbige Flecke direkt unter dem Südpol des Planeten.

Details der Saturnringe

Als die ersten Missionen zu Saturn geplant wurden, nahm man ganz instinktiv an, daß vereinzelte Ringpartikel eine ernsthafte Gefahr darstellen könnten. Der erste Exkurs wurde von Pioneer 11 unternommen, die 21 000 km von der Wolkendecke entfernt vorbeiflog. Schätzungen ihrer Überlebenschancen bewegten sich zwischen 99% und 1%. Es war eine Erleichterung, als die Sonde unversehrt auftauchte.

Die Voyager-Sonden näherten sich Saturn nicht so weit (124 200 km beziehungsweise 101 300 km) und blieben ebenfalls unbeschädigt. Die Scanner-Plattform von Voyager 2 verklemmte sich, als er von Saturn aus weiterflog. Eine Zeitlang glaubte man, daß ein Zusammenstoß mit einem Ringpartikel dafür verantwortlich sein könnte, aber es stellte sich schließlich heraus, daß es an unzureichender Schmierung lag. Während der Begegnungen mit Uranus und Neptun funktionierte die Scanner-Plattform ausgezeichnet.

Die Hauptüberraschung war, daß die Ringe aus Tausenden von kleineren Ringen und schmalen Teilungen bestanden; es finden sich sogar Ringe innerhalb der Cassini- und Encke-Spalten. Eine Art Wellenbewegung mag involviert sein, aber man muß fairerweise sagen, daß wir bis heute die Dynamik des Systems noch nicht vollkommen verstehen.

Der innerste oder der D-Bereich des Systems ist kein richtiger Ring, da es keine scharfe innere Kante gibt. Die Partikel verbreiten sich vielleicht bis fast zur Wolkenoberseite. Die C- oder Krepp-Ringpartikel scheinen durchschnittlich einen Durchmesser von 2 m zu haben. Im Ring B bewegt sich die Größe der Partikel zwischen 10 cm und ungefähr 1 m mit Temperaturen von –180 °C in der Sonne bis auf –200 °C im Schatten. Hier finden sich seltsame, strahlenförmige „Speichen". Sie sind schon früher von Beobachtern an Bodenstationen kurz gesehen worden, aber die Voyager-Sonden lieferten die ersten klaren Ansichten von ihnen. Logisch betrachtet sollten sie nicht existieren, weil sich nach den Keplerschen Gesetzen die Umlaufgeschwindigkeiten der Partikel mit zunehmender Entfernung zum Planeten verringern und die Differenz in der Umlaufzeit zwischen der inneren und der äußeren Kante von Ring B mehr als 3 Stunden beträgt – dennoch verblieben die Speichen über Stunden, nachdem sie aus dem Schatten der Kugel hervorgetreten waren. Vermutlich sind sie auf Partikel zurückzuführen, die durch magnetische oder elektrostatische Kräfte von der Ringebene weggehoben wurden. Die Speichen sind gänzlich auf Ring B beschränkt.

Ring A besteht aus Partikeln feinen „Staubs" bis hin zu größeren Blöcken von ungefähr 10 Metern. Man fand heraus, daß die Hauptteilung darin, die Enckesche Teilung, ei-

▼ „Speichen" in Saturns Ringen. Diese Bilder erhielt man am 24.10.1980 von Voyager 1, aufgenommen aus einem Abstand von 25 Mio. km. Die durch die Rotation des Ringsystems bedingte Bewegung der Speichen ist in der Bilderfolge zu sehen.

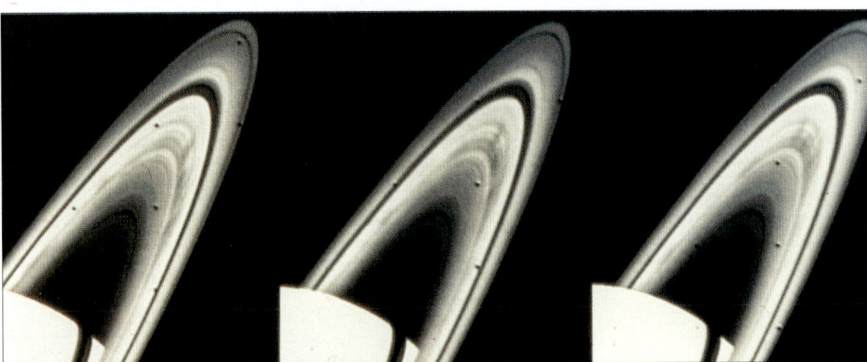

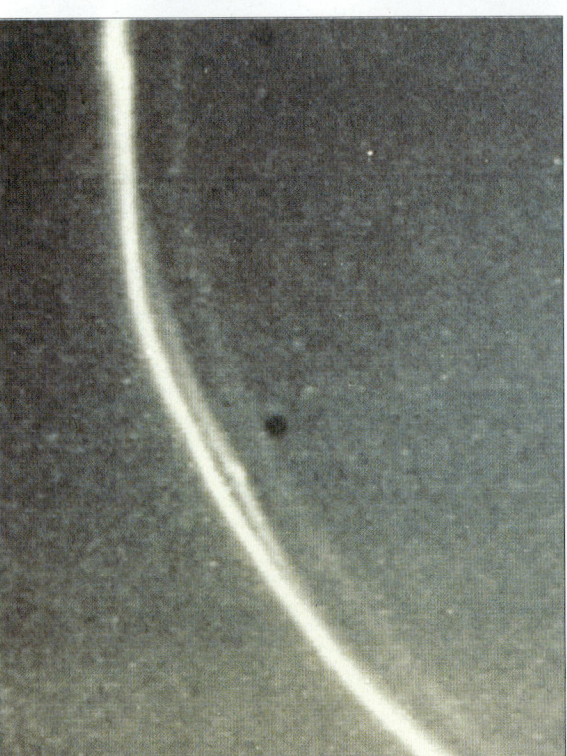

◄ Der „geflochtene" Ring F von Voyager 2 aus einer Entfernung von 103 000 km aufgenommen. Die komplexe Struktur des Rings war unerwartet und ist scheinbar bedingt durch die Schwerkraftwirkungen der kleineren Satelliten Prometheus und Pandora.

► Falschfarbene Saturnringe, von Voyager 2 am 20.8.1981 aufgenommen. Man sieht Sonnenlicht durch die Cassini-Teilung dringen. Die Auflösung beträgt maximal 56 Meter.

nige unregelmäßige kleinere Ringe mit einem winzigen Satelliten, heute als Pan bezeichnet, enthielt. Ein weiterer Satellit, Atlas, bewegt sich dicht an der äußeren Kante von Ring A und ist für dessen scharfen Rand verantwortlich.

Außerhalb des Hauptsystems liegt der schwache und komplexe Ring F. Er wird von zwei kleineren Satelliten, Prometheus und Pandora, stabilisiert. Diese wirken als „Schäferhunde" und halten die Ringpartikel zusammen. Prometheus, etwas dichter an Saturn befindlich als der Ring, bewegt sich schneller als die Ringpartikel. Bewegt sich ein Partikel nach innen, treibt er dieses voran und bringt es so zur Hauptzone zurück; Pandora, weiter weg gelegen, bewegt sich langsamer und treibt jedes verirrte Partikel zurück.

Die äußeren Ringe (G und E) sind in der Tat sehr dünn. Der hellste Teil von Ring E ist direkt in der Umlaufbahn des vereisten Satelliten Enceladus. Man hat sogar behauptet, daß von Enceladus ausgestoßenes Material an der Bildung des Rings beteiligt sein könnte. Es ist schwierig zu sagen, wo Ring E endet. Spuren von ihm dehnen sich über 500 000 km von Saturn bis hin zum Orbit des größeren Satelliten Rhea aus.

Es gab einige Diskussion über den Ursprung der Ringe. Generell scheinen die Ringe aus Material zu bestehen, das nie zu einem größeren Körper kondensierte.

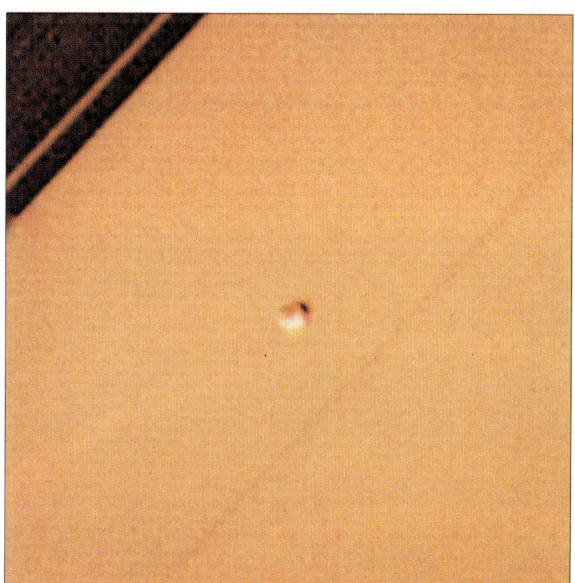

▲ Aufnahme von Voyager 2 von Saturns Ring F und seinem inneren „Schäferhund-Satelliten" Prometheus, aufgenommen am 25.8.1981 aus 1,2 Mio. km Entfernung. Prometheus reflektiert stärker als Saturns Wolken, vermutlich weil er ein eisiges Objekt mit heller Oberfläche, wie die größeren Satelliten, ist.

▲ Ringe des Saturn. Der C-Ring (und im geringeren Ausmaß oben und links der B-Ring) in einer Falschfarbenaufnahme. Die Aufnahme setzt sich aus drei separaten Bildern zusammen, die mit einem ultravioletten, einem klaren und einem grünen Filter gemacht wurden. Voyager 2 machte dieses Photo am 23.8.1981 aus einer Entfernung von 2,7 Mio. km. Mehr als 60 helle und dunkle kleine Ringe sind erkennbar. Farbunterschiede zwischen Ring C (auf dem Bild blau) und B sind auf unterschiedliche Oberflächenzusammensetzungen des Materials, aus denen diese komplexen Strukturen bestehen, zurückzuführen.

Missionen zum Saturn

▶ **Saturn-Aufnahmen von den beiden Voyager-Sonden.** Es handelt sich um Falschfarben-Bilder – das heißt, Farbe wurde hinzugefügt, um die Analyse zu erleichtern. Links im Bild sieht man Saturn von Voyager 1 im Oktober 1980 aufgenommen; rechts sieht man Saturn von Voyager 2 aus im August 1981. Trotz ähnlichen Aussehens gibt es Unterschiede im Detail.

▼ **Computererzeugte Aufnahme der Saturnringe** aus den Daten, die man von der ersten Saturn-Sonde, Pioneer 11, erhielt. Diese passierte am 1.9.1979 den Planeten in einer Entfernung von 21 400 km. Es handelt sich hier nicht um ein Photo, sondern um eine Darstellung von Daten der Ringe, so als ob die Ringe im 90°-Winkel gesehen würden, obwohl die Daten nur 6° über der Ringebene gesammelt wurden. Die Graphik zeigt die Ringe, als ob der Beobachter sich 1 Mio. km über dem Nordpol des Saturn befinden würde.

Drei Raumsonden sind an Saturn vorbeigeflogen. Die erste Begegnung durch Pioneer 11 im September 1979 war im Grunde ein kurzer, einleitender Aufklärungsflug; ursprünglich war nicht geplant, Pioneer nach seinem Treffen mit Jupiter weiter zu Saturn zu schicken, aber als klar wurde, daß die Möglichkeit dazu bestand, profitierte man davon. Pioneer sendete in der Tat nützliche Informationen, doch die Hauptresultate kamen von Voyager 1 (1980) und Voyager 2 (1981).

Voyager 1 war dafür vorgesehen, nicht nur Saturn zu untersuchen, sondern auch Titan, den größten Satelliten, von dem man wußte, daß er eine Atmosphäre besitzt und eine außerordentlich interessante Welt ist. Wäre Voyager 1 gescheitert, hätte Voyager 2 Titan erforschen müssen – dies hätte bedeutet, daß die Sonde nicht zu Uranus und Neptun hätte weiterfliegen können. Daher war man sehr erleichtert, als Voyager 1 erfolgreich war.

Saturn ist eine viel fadere Welt als Jupiter. Die Wolkenstruktur ist dieselbe, aber die niedrigere Temperatur bedeutet, daß sich in höheren Schichten Ammoniakkristalle bilden und die allgemein diesige Erscheinung bewirken. Anders als bei Jupiter gibt es hier keine lebhaften Farben. Die Hauptbänder sind meist gut erkennbar, doch es

gibt lange Perioden, in denen ein großer Teil der einen oder der anderen Hemisphäre durch die Ringe versteckt wird. Flecken sind gewöhnlich unauffällig, aber hier und da gibt es größere Ausbrüche. Helle, weiße Flecken wurden 1876, 1903, 1933 (von W.T. Hay entdeckt – vielleicht besser bekannt als Will Hay, der Schauspieler), 1960 und 1990 gesehen. Die auffälligsten waren jene von 1933, die noch einige Wochen weiter bestanden, und die von 1990, die das Hubble-Weltraumteleskop sehr gut aufgenommen hat und die eindeutig durch von unten aufströmendes Material bedingt sind. Die Intervalle zwischen diesen Flecken beliefen sich auf 27, 30, 27 und 30 Jahre. Dies entspricht fast Saturns Umlaufzeit von 29,5 Jahren, was eventuell bedeutsam sein kann. Die Flecken sind wichtig, weil sie uns eine Menge über Bedingungen unter der sichtbaren Oberfläche mitteilen und uns so helfen, die Rotationsperioden zu messen.

Die Voyager-Missionen bestätigten, daß Saturn, wie Jupiter, eine Oberfläche hat, die sich in konstantem Aufruhr befindet (wenn auch nicht so, wie es Proctor 1882 vermutet hat), und daß die Windgeschwindigkeiten sehr hoch sind. Man findet einen 80 000 km breiten Jet-Strom am Äquator, der von 35° nördlicher Breite bis zu 35° südlicher Breite reicht, wo die Winde 1800 km/h erreichen, viel mehr als irgendein Wind auf Jupiter. Eine größere Überraschung war, daß die Windzonen nicht den leichten und dunklen Bändern folgen, sondern mit dem Äquator symmetrisch sind. Ein auffälliges Band bei 47° nördlicher Breite hielt man für ein Wellenmuster in einem äußerst instabilen Jet-Strom.

Eine sorgfältige Suche nach Flecken wurde gestartet. Es gibt nichts, was im entferntesten mit dem Großen Roten Fleck bei Jupiter vergleichbar wäre, aber ein relativ großes, ovales Merkmal auf der Südhalbkugel schien etwas farbig (es wurde erstmals von Anne Bunker bemerkt und als Annes Fleck benannt). Man fand weitere, kleinere Erscheinungen der gleichen Art, von denen einige von Voyager 1 gesichtet wurden und immer noch bestanden, als Voyager 2 dorthin flog – doch es ist nicht wahrscheinlich, daß sie wirklich langlebig sind.

Saturns Jahreszeiten sind sehr lang. Das bedeutet, daß es meßbare Temperaturunterschiede zwischen den zwei Hemisphären gibt. Während der Voyager-Begegnungen war die nördliche Hemisphäre die kältere der beiden; der Unterschied zwischen den Polen belief sich auf 10 °C.

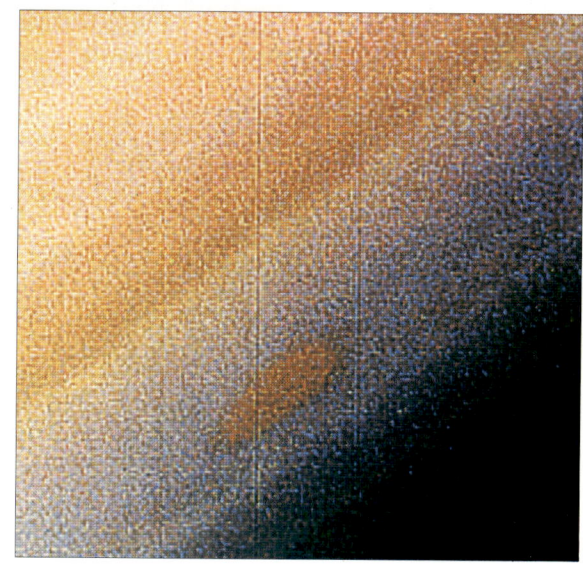

◄ **Drei Flecken** auf Saturns Nordhalbkugel, aufgenommen von Voyager 2, 19. August 1981. Der größte hat einen Durchmesser von 3000 km. Der Farbkontrast wurde verstärkt. Die feinen Merkmale der Scheibe, aufgenommen von den Voyager-Sonden würden erdstationierten Teleskopen entgehen. Heute können jedoch hochwertige Bilder mit dem Hubble-Weltraumteleskop gemacht werden. Wir dürfen auf mehr Informationen hoffen, wenn im Jahr 2004 die Cassini-Sonde Saturn erreichen wird. Bis dahin halten Amateurbeobachter und professionelle Astronomen Ausschau – es besteht immer die Chance, einen neuen, großen weißen Fleck zu finden.

◄ **Die Nordpolarregion,** aufgenommen von Voyager 2 am 25.8.1981. Man beachte den deutlichen Unterschied in der atmosphärischen Struktur in der Polarzone.

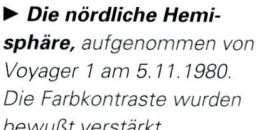

► **Die nördliche Hemisphäre,** aufgenommen von Voyager 1 am 5.11.1980. Die Farbkontraste wurden bewußt verstärkt.

Die Satelliten des Saturn

Saturns Satellitenfamilie unterscheidet sich beträchtlich von der des Jupiter. Jupiter hat vier große Begleiter und ein Dutzend kleinere; Saturn hat einen großen Satelliten (Titan) und sieben mittelgroße, zusammen mit dem entfernten Phoebe, der sich retrograd bewegt und höchstwahrscheinlich ein eingefangener Asteroid ist. Auf den Voyager-Aufnahmen hat man acht neue, sehr kleine Satelliten gefunden.

Abgesehen von Ganymed ist Titan mit einem Durchmesser von über 5000 km der größte Satellit im Sonnensystem und eigentlich größer als Merkur, wenn auch nicht so massereich. Er ist auch der einzige unter den Satelliten, der eine dichte Atmosphäre hat. Alles, was Voyager sehen konnte, war der oberste Teil einer orangefarbenen „Smogschicht". Die Atmosphäre besteht überwiegend aus Stickstoff mit viel Methan.

Von den vereisten Satelliten haben Rhea und Japetus einen Durchmesser um 1500 km, Dione und Tethys um 1110 km, Enceladus, Hyperion und Mimas zwischen 220 km und 320 km. Hyperion ist von entschieden unregelmäßiger Gestalt (er wird ganz unromantisch mit einem kosmischen Hamburger verglichen). Die Kugeln scheinen aus einer Mischung von Gestein und Eis zu bestehen, doch speziell Tethys hat eine nur wenig größere Dichte als Was-

ser, so daß sein Gesteinsgehalt sehr gering sein muß. Über Phoebe weiß man nicht viel. Er war während der beiden Voyager-Flüge ungünstig plaziert, aber die anderen Hauptmitglieder der Familie wurden sorgfältig untersucht.

Von allen vereisten Satelliten hat jeder seine spezielle, interessante Eigenheit. Sie sind nicht gleich; zum Beispiel sind Rhea und Mimas sehr stark kraterzerfurcht, während Enceladus eine viel jünger aussehende Oberfläche hat und Tethys einen gewaltigen Graben aufweist, der drei Viertel des Kugelumfangs bedeckt. Japetus hat eine helle und eine dunkle Hemisphäre; offensichtlich ist dunkles Material aufgestiegen und hat die vereiste Oberfläche bedeckt. Dies hat man lang vor den Voyager-Missionen vermutet, da die Helligkeit von Japetus so wechselhaft ist. Wenn er westlich vom Planeten steht, mit seinem reflektierenden Bereich zu uns gewandt, kann man ihn mit einem kleinen Teleskop sehen; wenn er östlich von Saturn steht, mit seiner dunklen Seite zu uns, ist er für Beobachter mit einem kleinen Teleskop schwer erfaßbar.

Die „neuen" Satelliten, die man auf den Voyager-Aufnahmen sah, sind vermutlich auch eis- und kraterbedeckt. Pan bewegt sich in der Enckeschen Teilung in Ring A; Prometheus und Pandora fungieren als „Schäferhunde" von Ring F. Epimetheus und Janus tauschen periodisch die

▼ **Mimas** (Voyager 1). Die Oberfläche wird von einem einzelnen riesigen Krater, Herschel genannt, dominiert. Dieser hat einen Durchmesser von 130 km – ein Drittel von Mimas Durchmesser – und Wände bis zu 5 km über dem Boden. Der niedrigste Teil reicht 10 km in die Tiefe und umschließt einen massiven Zentralberg.

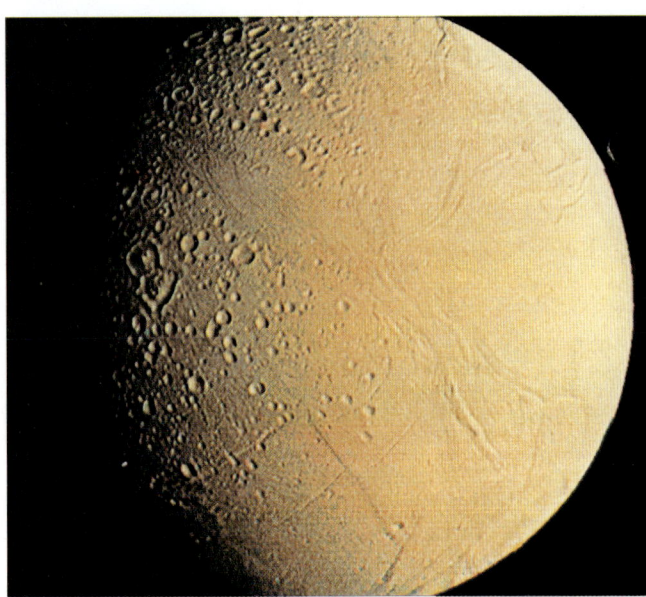

▶ **Enceladus** (Voyager 1). Enceladus unterscheidet sich stark von Mimas; mehrere verschiedene Landschaftstypen sind vertreten. Krater existieren in vielen Gebieten, aber sehen „scharf" und relativ jung aus, während es auch eine weite, fast kraterlose Ebene gibt. Man vermutet, daß Wasser periodisch unter der Oberfläche hervorsprudelt und die vorhandenen Merkmale auslöscht.

SATELLITEN DES SATURN						
Name	Entfernung zum Saturn, km	Umlauf-dauer, Tage	Bahn-neigung,°	Bahn exz.	Durchmesser km	Hellig-keit, mag
Pan	133,600	0.57	0	0	20?	20?
Atlas	137,670	0.602	0.3	0.002	37 x 34 x 27	18.1
Prometheus	139,350	0.613	0.8	0.004	48 x 100 x 68	16.5
Pandora	141,700	0.629	0.1	0.004	110 x 88 x 62	16.3
Epimetheus	151,420	0.694	0.3	0.009	194 x 190 x 154	14.5
Janus	151,470	0.695	0.1	0.007	138 x 110 x 110	15.5
Mimas	185,540	0.942	1.52	0.020	194 x 190 x 154	12.9
Enceladus	238,040	1.370	0.07	0.004	421 x 395 x 395	11.8
Tethys	294,670	1.888	1.86	0.000	1046	10.3
Telesto	294,670	1.888	2	0	30 x 25 x 15	19.0
Calypso	294,670	1.888	2	0	30 x 16 x16	18.5
Dione	377,420	2.737	0.02	0.002	1120	10.4
Helene	377,420	2.737	0.2	0.005	35	18.5
Rhea	527,040	4.518	0.35	0.001	1528	9.7
Titan	1,221,860	15.495	0.33	0.029	5150	8.4
Hyperion	1,481,100	21.277	0.43	0.104	360 x 280 x 225	14.2
Iapetus	3,561,300	79.331	7.52	0.028	1436	10 (var)
Phoebe	12,954,000	550.4	175	0.163	30 x 220 x 210	16.5

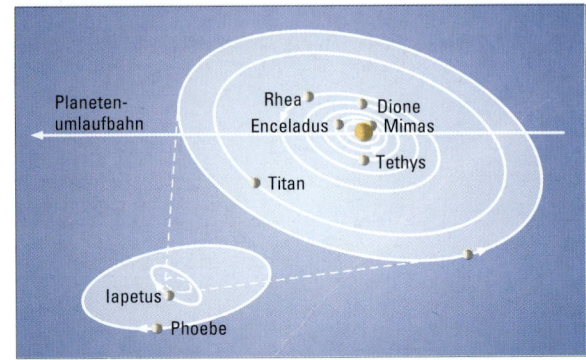

▲ **Umlaufbahnen** der neun größeren Satelliten Saturns. Hinzu kommen noch mindestens acht kleinere Monde, einige in sehr ungewöhnlichen Umlaufbahnen. Telesto und Calypso beispielsweise, zwei kleine Satelliten, bewegen sich in der gleichen Umlaufbahn wie Tethys, eine 60° vor, der andere 60° hinter Tethys, so wie die trojanischen Asteroiden in der Jupiterbahn.

Umlaufbahn miteinander. Sie kollidieren nicht, aber sie können bis auf wenige Kilometer aneinanderrücken. Beide sind sehr unregelmäßig und zweifellos die Reste eines größeren Objekts, das in geraumer Vorzeit katastrophal endete.

Telesto und Calypso bewegen sich in der selben Umlaufbahn wie Tethys, genau so wie die Trojanischen Asteroiden in bezug auf Jupiter. Sie bewegen sich um die Lagrange-Punkte, 60° vor und 60° hinter Tethys. Dione hat einen „trojanischen" Satelliten, Helene; ein weiterer wird vemutet.

Titan ist mit fast jedem Teleskop sichtbar. Ein 7,5 cm-Refraktor zeigt Japetus (wenn er westlich von Saturn steht) und Rhea problemlos, Tethys und Dione mit etwas Schwierigkeit. Die anderen, vor den Voyager-Missionen bekannten Satelliten erfordern größere Blenden, aber liegen außer Phoebe alle in der Reichweite eines 30 cm-Reflektors.

1904 berichtete W.H. Pickering, Entdecker von Phoebe, von einem anderen Satelliten, der sich zwischen den Umlaufbahnen von Titan und Hyperion bewegte. Man gab ihm den Namen Themis, aber er wurde nie entdeckt. Vermutlich existiert er nicht. Andererseits gibt es vielleicht mehrere kleinere innere Satelliten, die auf ihre Entdeckung warten.

◀ **Tethys** (Voyager 2). Tethys scheint fast nur aus Eis zu bestehen. Ein großer Krater, Odysseus, mit einem Durchmesser von 400 km – größer als ganz Mimas – ist zu sehen. Man findet dort auch Ithaca Chasma, ein riesiger, 2000 km langer Graben, der sich ungefähr vom Nordpol über den Äquator bis hin zum Südpol erstreckt.

◀ **Dione** (Voyager 2). Die Oberfläche ist nicht gleichmäßig; die nachfolgende Hemisphäre ist relativ dunkel. Man findet große Krater, wie Dido, Penelope und Aeneas, und ein merkwürdiges Gebilde, das entweder ein Krater oder ein Becken ist.

▶ **Rhea** (Voyager 1). Rhea ist kraterübersät, es finden sich aber nur wenige große Formationen. Die nachfolgende Hemisphäre ist dunkel mit feinen Merkmalen, ähnlich der von Dione, jedoch weniger auffällig. Rhea scheint zu fast gleichen Teilen aus Fels und Eis zu bestehen.

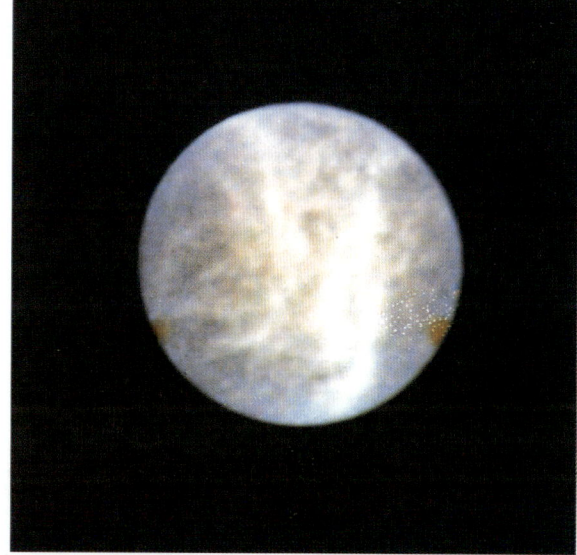

▼ **Hyperion** (Voyager 2). Man sagt, daß Hyperion die Form eines Hamburgers hat! Seine Rotation ist eher „chaotisch" als synchron. Die längere Achse ist nicht zur Sonne gerichtet, wie man es erwarten könnte, wenn seine Rotation geregelter wäre. Er besitzt viele Krater

und einen 300 km langen Abhang (Bons-Lassell). Die Oberfläche ist weniger stark reflektierend als die der anderen vereisten Satelliten.

▶ **Iapetus** (Voyager 2). Hier liegen zwei Hemisphären mit sehr unterschiedlicher Albedo vor. Auf diesem Bild kommt das Sonnenlicht nicht von links, wie man erwarten könnte, sondern von rechts! Dies liegt daran, daß die Helligkeit von Iapetus variabel ist; wenn er westlich vom Planeten steht, sieht man seine hellere Seite. Die Topographie scheint in beiden Gebieten gleich zu sein.

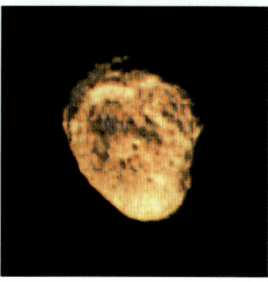

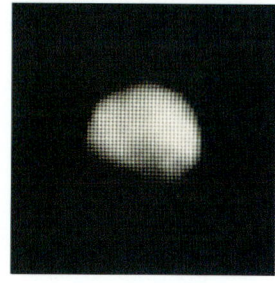

▲ **Phoebe** (Voyager 2) war der einzige vor Voyager bekannte Satellit, der nicht gut photographiert war; die einzige Aufnahme kam von Voyager 2 aus 1 473 000 km Entfernung. Die Rotation ist retrograd mit einer Dauer von 9,4 Stunden; die Oberfläche ist recht dunkel.

Karten der vereisten Saturn-Satelliten

Abgesehen von dem planetengroßen Titan sind Saturns Satelliten alle klein und vereist, jeder von ihnen hat jedoch seine speziellen Eigenheiten. Von den vor den Voyager-Missionen bekannten acht Satelliten hat man hier anhand der Daten der Missionen Karten erstellt. Die Voyager-Sonden fanden acht weitere Satelliten von noch kleinerer Größe.

Mimas. Die Kugel scheint hauptsächlich aus Eis zu bestehen, doch etwas Gestein muß vorhanden sein. Die Oberfläche wird von dem großen Krater Herschel dominiert. Dieser hat einen Durchmesser von 130 km – ein Drittel des Durchmessers von Mimas selbst – und einen massiven 6 km hohen Zentralberg. Man findet viele weitere Krater von geringerer Größe, ebenso Rillen (Chasma) wie Oeta und Ossa.

Enceladus. Er unterscheidet sich beträchtlich von Mimas. Krater existieren in vielen Bereichen, aber sie sehen „jung" aus. Möglicherweise wird das Innere von der Anziehungs-

kraftkraft des Dione beeinflußt, so daß zeitweise weiches Eis von unten hervorsprudelt und ältere Formationen bedeckt. Man findet auch Gräben (Fossae) und Ebenen (Planitia) wie Diyar und Sarandib.

Tethys. Er hat einen riesigen, 400 km breiten Krater (größer als der ganze Satellit Mimas), der aber nicht sehr tief ist. Das Hauptmerkmal ist Ithaca Chasma, ein enormer Graben, der sich vom Nordpol über den Äquator bis zur Südpolarregion erstreckt. Er ist durchschnittlich 100 km breit und 4 bis 5 km tief, mit einem Rand, der einen halben Kilometer über die äußere Oberfläche aufragt. Weitere Krater sind Penelope, Anticleia und Eumaeus.

Dione. Dione ist viel dichter und massereiche als Tethys, so daß seine Kugel vermutlich mehr Gestein als Eis enthält. Die nachfolgende Hemisphäre ist recht dunkel; die vorangehende hell. Das auffälligste Merkmal ist Amata mit einem Durchmesser von 240 km. Es ist entweder ein Krater oder ein Bek-

AUSGEWÄHLTE MERKMALE

	Breite°	Länge°
MIMAS		
Krater		
Bedivere	10 N	145
Bors	45 N	165
Gwynevere	12 S	312
Launcelot	10 S	317
Morgan	25 N	240
Chasmata		
Avalon	20-57 N	160-120
Oeta	10-35 N	130-105
Ossa	10-30 S	305-280
ENCELADUS		
Krater		
Dalilah	53 N	244
Dunyazad	34 N	200
Salib	06 S	000
Sindbad	66 N	210
Fossae		
Bassprah	40-50 N	023-345
Daryabar	05-10 N	020-335
Isbanir	10 S-20 N	000-350
Planitia		
Diyar	00	250
Sarandib	05 N	300
TETHYS		
Krater		
Anticleia	30 S	285
Eumaeus	27 N	047
Mentor	03 N	039
Odysseus	30 N	130
Penelope	10 S	252
Chasma		
Ithaca	60 S-35 N	030-340

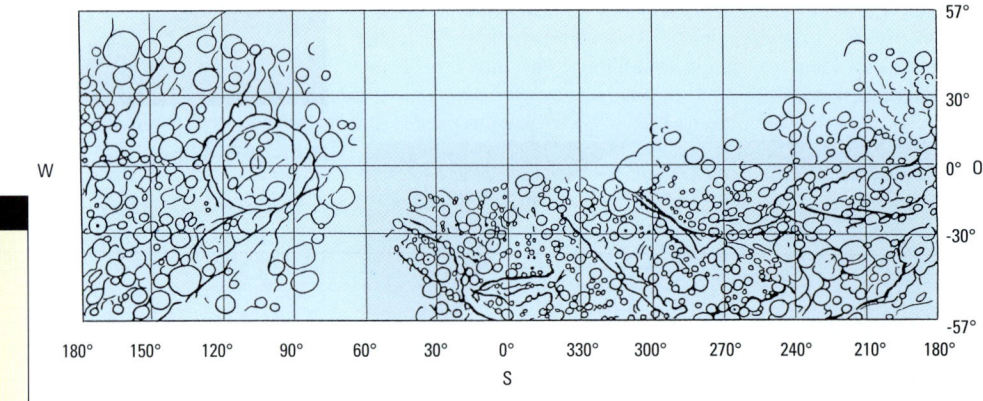

Mimas

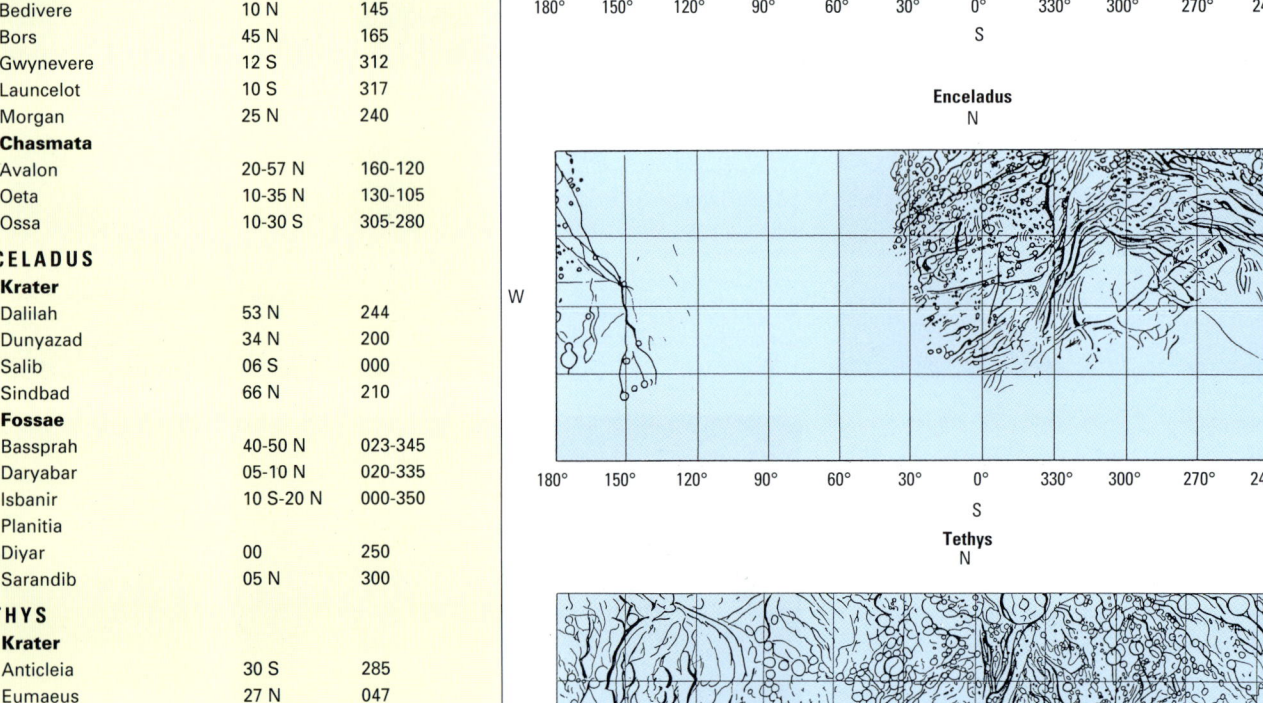

Enceladus

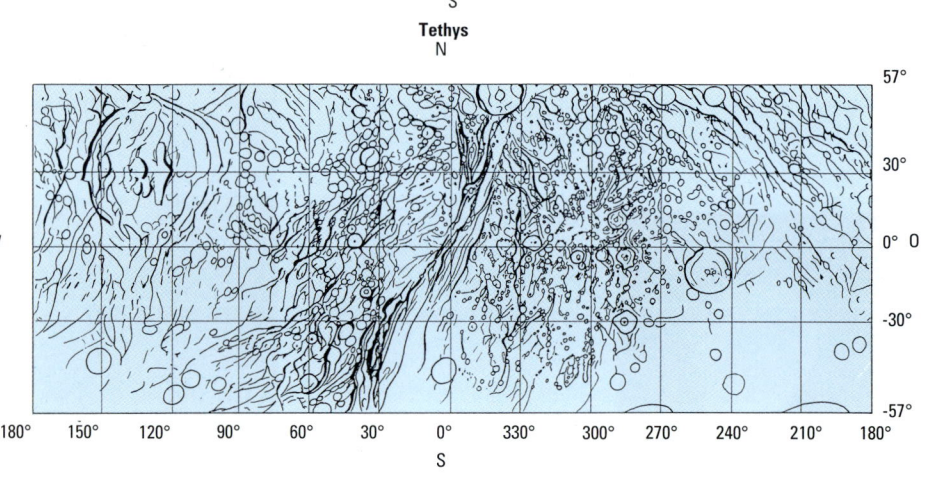

Tethys

ken und ist mit hellen, feinen Merkmalen, die sich über die nachfolgende Hemisphäre erstrecken, verbunden. Andere Hauptkrater sind Aeneas und Dido. Chasma (Larissa, Tibur) und Linea (Carthago, Palatin) sind ebenfalls vorhanden.

Rhea. Eine sehr alte, kraterzerfurchte Oberfläche. Der auffälligste Krater ist Izanagi; doch es gibt noch einige andere große Krater von unregelmäßiger Form. Wie bei Dione ist die nachfolgende Hemisphäre recht dunkel, mit feinen Merkmalen, ähnlich denen von Dione, nur weniger auffällig.

Hyperion. Dies ist einer der wenigen mittelgroßen Satelliten, der nicht synchron rotiert. Die Rotationsperiode ist in der Tat „chaotisch" und variabel. Er reflektiert weniger stark als die anderen vereisten Satelliten. So gibt es womöglich eine „Schmutzschicht", die weite Gebiete bedeckt. Man findet mehrere Krater wie Helios, Bahloo und Jarilo, wie auch Bond-Lassell, einen langen Grat oder Abhang.

Iapetus. Hier ist die vorangehende Hemisphäre so schwarz wie eine Tafel, mit einer Albedo von nicht mehr als 0,05, während die nachfolgende Hemisphäre hell ist: Albedo 0,5. Die Demarkationslinie ist nicht abrupt; es gibt ein Übergangszone von 200–300 km. Einige Krater in der hellen Region (Roncevaux Terra) haben dunkle Böden, aber wir wissen nicht, ob sie aus dem selben Material bestehen, aus dem auch der dunkle Bereich (Cassini Regio) besteht. Zu den Kratern zählen unter anderem Otho und Charlemagne.

Phoebe. Es ist unklar, ob er als vereister Satellit bezeichnet werden soll; anscheinend hat er eine recht dunkle Oberfläche. Leider hat ihn keine der Voyager-Sonden genau untersucht. Er ähnelt vielleicht dem seltsamen Asteroiden Chiron. Es ist bemerkenswert, daß sich Chiron 1664 v.Chr. dem Saturn bis auf 16 Mio. Kilometer näherte, was in etwa der Entfernung zwischen Phoebe und Saturn entspricht. Wie bei Hyperion ist auch Phoebes Rotationsperiode nicht synchron und beträgt nur 9,4 Stunden.

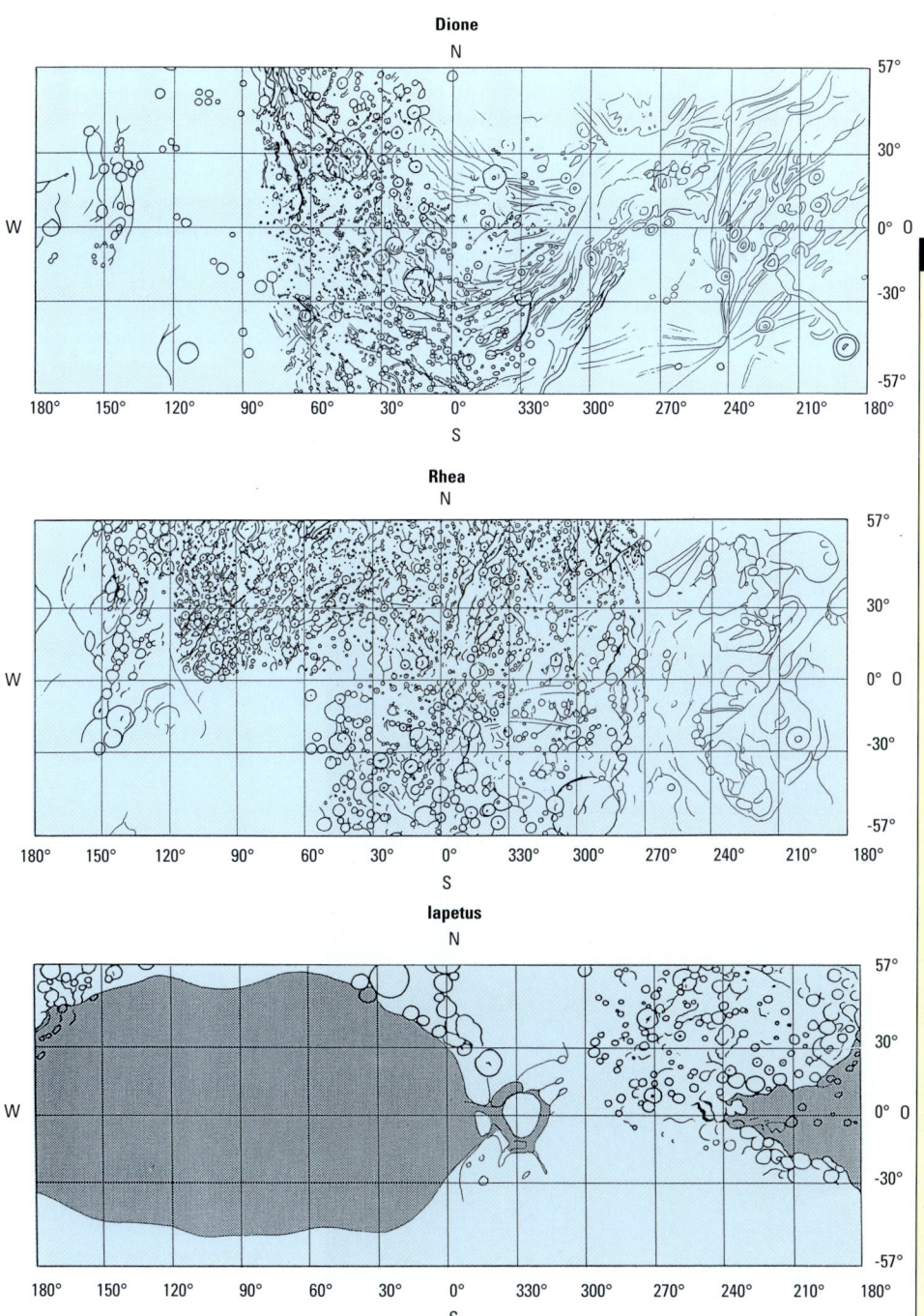

AUSGEWÄHLTE MERKMALE		
	Breite°	**Länge°**
DIONE		
Krater		
Aeneas	26 N	047
Amata	07 N	287
Adrastus	64 S	040
Dido	22 S	015
Italus	20 S	076
Lausus	38 N	023
Chasmata		
Larissa	20-48 N	015-065
Latium	03-45 N	064-075
Palatine	55-73 S	075-230
Tibur	48-80 N	060-080
Linea		
Carthage	20-40 N	337-310
Padua	05 N-40 S	245-
Palatine	10-55 S	285-320
RHEA		
Krater		
Izanagi	49 S	298
Izanami	46 S	310
Leza	19 S	304
Melo	51 S	006
Chasmata		
Kun Lun	37-50 N	275-300
Pu Chou	10-35 N	085-115
Tapetus		
IAPETUS		
Krater		
Charlemagne	54 N	266
Hamon	10 N	271
Othon	24 N	344
Region		
Cassini	48 S-55 N	210-340
Terra		
Roncevaux	30 S-90 N	300-130

Titan

▲ **Größe Titans** im Verhältnis zur Erde und zum Mond. Im Gegensatz zu unserem Mond hat Titan eine Atmosphäre.

Abgesehen von den Galileischen Jupitersatelliten wurde Titan als erster Planetensatellit entdeckt – von Christiaan Huygens (1656). 1944 erregte Titan besonderes Interesse, als G.P. Kuiper spektroskopisch zeigte, daß er von einer ausgedehnten Atmosphäre umgeben ist; natürlich wurde er als ein Hauptziel für Voyager 1 angesetzt.

Verschiedene Fakten wurden nachgewiesen. Die Kugel ist mit Sicherheit fest und hat vermutlich einen felsigen Kern. Gestein macht vielleicht 55 % der Gesamtmasse aus. Zwei Modelle waren vorgeschlagen worden. Im ersten war der felsige Kern von einem Mantel flüssigen Wassers mit etwas aufgelöstem Ammoniak und Methan umgeben; im zweiten von Eisschichten mit unterschiedlichen Kristallstrukturen. Die Atmosphäre sollte aus Methan bestehen.

Die Ergebnisse von Voyager 1 waren überraschend. Titans Atmosphäre versteckte die Oberfläche gänzlich. Man konnte kein Detail sehen, außer einem leichten Unterschied zwischen den zwei Hemisphären. Dies war verständlich, da man davon ausgehen kann, daß Titans Rotationsachse nach der von Saturn ausgerichtet ist, so daß die Jahreszeiten in der Tat sehr lang sind. Als Voyager 1 vorbeiflog, trat die Nordhalbkugel gerade aus einer 7,5 Erdjahre langen „Nacht" hervor. Es zeigte sich, daß die Atmosphäre anstatt aus Methan mindestens zu 90 % aus Stickstoff besteht und nur zu einem geringen Teil aus Methan. Die Atmosphäre ist dicht, wodurch der Luftdruck am Boden 1,5mal größer ist als der auf der Erde bei Meeresniveau. Man sah Dunst bis zu einer Höhe von 200 km sowie eine dünnere Schicht 100 km darüber.

Was verbirgt sich hinter dem orangefarbenen Schild? Wir müssen gestehen, es bisher noch nicht zu wissen. Die Oberflächentemperatur von –168 °C ist dicht an dem Tripel-Punkt von Methan – das heißt, Methan könnte in fester, flüssiger und gasförmiger Form bestehen, so wie H_2O auf der Erde als Eis, flüssiges Wasser und Wasserdampf existieren kann. Also könnte es einen ausgedehnten Ozean aus Methan (oder Ethan) geben, mit – laut Carl Sagan – 350 m Tiefe. Diese Theorie wird durch Folgendes unterstützt: Methan kann durch Sonnenlicht aufgebrochen werden. Der Vorgang ist irreversibel, so daß das atmosphärische Methan immer wieder aufgefüllt werden muß, vermutlich von Titans Oberfläche. Andererseits zeigen Radarergebnisse, daß ein chemischer Ozean nicht die gesamte Oberfläche bedecken kann. Er wäre ein mangelhafter Reflektor von Radarimpulsen, aber tatsächlich ist die Reflektivität über verschiedenen Teilen der Oberfläche nicht gleich, so daß es wenigstens etwas „Land" geben muß. Es könnten Wassereismengen mit festem Kohlendioxid, Silikaten und Teeren vorhanden sein.

Gewiß ist Titan eine außergewöhnliche Welt, wie keine andere im Sonnensystem. 2004, wenn eine spezielle Sonde dort ankommt, werden wir sicher mehr wissen. Die Cassini-Mission trägt einen Titan-Bodenerkunder, treffend zu Ehren von Christiaan Huygens benannt, die – wie wir hoffen – bei einer sehr geringen Geschwindigkeit weich landen wird. Es wird sich zeigen, ob sie auf Land oder Flüssigkeit treffen wird. Viel Zeit wird nicht bleiben, um dies herauszufinden. Huygens kann nur wenige Minuten arbeiten, bevor die umlaufende Cassini-Sonde den Kontakt zu ihr verliert.

Auf Titan findet sich alles, was für die Existenz von Leben notwendig ist, aber höchstwahrscheinlich haben die niedrigen Temperaturen dort Leben verhindert. Es gab Vermutungen, daß in ferner Zukunft, wenn die Sonne sich ausdehnt und leuchtender als jetzt sein wird, Titan bewohnbar werden könnte. Leider gibt es einen fatalen Einwand gegen diese Vorstellung. Titan hat eine geringe Fluchtgeschwindigkeit – nur 2,4 km/s, fast dieselbe wie der Mond –, und er kann seine Atmosphäre nur aufgrund seiner Kälte behalten; niedrige Temperaturen verlangsamen die Bewegungen von Atomen und Molekülen. Erhöht man die Temperatur, verflüchtigt sich Titans Atmosphäre umgehend.

◄ **Sichelförmiger Titan** von Voyager 2 aufgenommen; Entfernung 906 111 km. Aufgrund der dichten Atmosphäre wird die Mondsichel über den Halbkreis hinaus verlängert.

◄ ► **Titan von Voyager 1 aus,** 9.11.1980, (links) aus 7000 km. Die südliche Hemisphäre ist heller als die nördliche, wie man auf dem rechten Bild vom 12.11.1980 sehen kann. Der dunkle nördliche Polarring ist deutlich sichtbar. Der Unterschied zwischen den beiden Hemisphären ist sehr wahrscheinlich jahreszeitlich bedingt.

◄ **Dunstschichten über Titan** von Voyager 2 aus, 1.11.1980, Entfernung 22 000 km. Es handelt sich um ein Falschfarbenbild; die Dunstschichten sind blau dargestellt. Wir können nicht durch die Atmosphäre sehen und die Oberfläche untersuchen. Wir müssen warten, bis die Huygens-Raumsonde angekommen ist.

Uranus

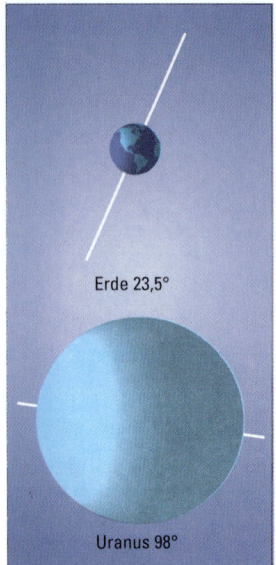

▲ Achsenneigung von Uranus. Die Neigungen der Planeten sind sehr unterschiedlich: 2° (Merkur), 178° (Venus), 24° (Mars), 3° (Jupiter), 98° (Uranus), 29° (Neptun) und 122° (Pluto). Uranus weicht somit – ohne Berücksichtigung von Pluto – von den anderen Planeten ab.

Uranus, der dritte Riesenplanet, wurde 1781 von William Herschel entdeckt. Herschel suchte keinen Planeten. Er arbeitete mit einem selbstgebauten Teleskop an einer systematischen „Inspektion des Himmels", als er auf ein Objekt traf, das mit Sicherheit kein Stern war. Es war eine schmale Scheibe und bewegte sich langsam von Nacht zu Nacht. Herschel hielt es für einen Kometen, doch bald zeigten Berechnungen, daß es ein Planet war, der sich weit hinter der Umlaufbahn Saturns bewegte. Nach einigen Diskussionen nannte man ihn Uranus, nach dem mythologischen Vater Saturns.

Uranus ist mit bloßem Auge gerade noch sichtbar. Noch vor Herschels Entdeckung wurde er schon mehrmals gesehen. John Flamsteed, Englands erster Königlicher Astronom, nahm ihn sogar in seinen Sternenkatalog auf und gab ihm eine Nummer: 34 Tauri. Doch ein kleines Teleskop zeigt seine winzige, grünliche Scheibe. Der Durchmesser am Äquator beträgt 51 118 km, knapp die Hälfte von Saturns Durchmesser. Die Masse beträgt das 14fache der Erdmasse. Die sichtbare Oberfläche besteht aus Gas, überwiegend Wasserstoff mit größeren Mengen von Helium.

Unregelmäßigkeiten in den Bewegungen des Uranus führten 1846 zur Entdeckung des äußersten Riesen, Neptun. Von der Größe und Masse her sind die beiden fast Zwillinge. So werden sie in gewisser Hinsicht als zusammengehörig angesehen, obwohl es deutliche Unterschiede zwischen ihnen gibt. Zudem unterscheiden sie sich als Paar sehr von Jupiter und Saturn, abgesehen davon, daß sie kleiner und masseärmer sind. Sie sind zwischen den wasserstoff- und heliumreichen Planeten Saturn und Jupiter und den sauerstoffreichen, metallischen Planeten einzuordnen.

Dem sogenannten Dreischichtenmodell entsprechend besitzt Uranus einen Silikatkern, umgeben von einem Ozean flüssigen Wassers, der wiederum von der Atmosphäre überzogen ist. Bei dem überzeugenderen Zweischichtenmodell ist der Kern von einer dichten Hülle umgeben, in der Gase mit verschiedenen gefrorenen Substanzen, hauptsächlich Wasser, Ammoniak und Methan, vermischt sind. Darüber liegt die Atmosphäre, die überwiegend aus Wasserstoff besteht, zusammen mit ungefähr 15 % Helium und geringeren Mengen anderer Gase. Es ist schwierig zu entscheiden, wo genau die Atmosphäre endet und der Körper des Planeten beginnt.

Sicher ist, daß Uranus, im Gegensatz zu Jupiter, Saturn und Neptun, über keine nennenswerte Quelle innerer Wärme verfügt. So ist die Temperatur an der Wolkenoberseite genauso hoch wie Neptuns Temperatur, obwohl dieser viel weiter von der Sonne entfernt ist.

Uranus bewegt sich langsam. Er braucht für den Umlauf um die Sonne 84 Jahre. Die Rotationsperiode beträgt 17,24 Stunden, doch wie auch die anderen Riesen dreht sich der Planet anders als ein starrer Körper. Das außergewöhnlichste Merkmal ist die Achsenneigung von 98°; dies ist mehr als ein rechter Winkel, so daß die Rotation retrograd ist. Der Kalender von Uranus ist sehr merkwürdig. Manchmal ist ein Pol zur Sonne gewandt und hat einen 21 Erdjahre langen „Tag" mit einer entsprechenden Dunkelperiode am Gegenpol; manchmal steht der Äquator in Richtung Sonne. Insgesamt erhalten die Pole mehr Wärme von der Sonne als der Äquator. Der Grund für die außergewöhnliche Achsenneigung ist nicht bekannt. Oft vermutet man, daß Uranus in einem frühen Stadium seiner Evolution von einem gewaltigen Körper getroffen und buchstäblich zur Seite gestoßen wurde. Dies klingt nicht sehr überzeugend, aber man findet keine bessere Erklärung. Bezeichnenderweise liegen die Satelliten und das Ringsystem praktisch in der Ebene des Äquators von Uranus.

(Welcher ist übrigens der „Nord-", welcher der „Süd-" pol? Die Internationale Astronomische Union hat beschlossen, daß alle Pole über der Ekliptik, d.h. der Ebene der Erdbahn, Nordpole sind, während alle Pole unter der Ekliptik Südpole sind. Demzufolge war es der Südpol, der während des Vorbeiflugs von Voyager 2 1986 im Sonnenlicht lag. Das Voyager-Team kehrte dies jedoch um und bezeichnete den sonnnenbestrahlten Pol als Nordpol.)

Mit keinem Teleskop wird man von der Erde aus eindeutige Merkmale auf der Uranusscheibe sehen können. Vor der Voyager-Mission waren fünf Satelliten bekannt: Miranda, Ariel, Umbriel, Titania und Oberon; Voyager fügte zehn weitere hinzu, alle dicht an dem Planeten.

Am 10. 3. 1977 strich Uranus vor einem Stern vorbei und versteckte oder bedeckte ihn. Das war für die Astronomen eine gute Gelegenheit, den scheinbaren Durchmesser von Uranus zu messen. Dies ist durch rein visuelle Beobachtung schwierig, da die Kante der Scheibe nicht scharf ist. Der kleinste Meßfehler führt zu einem ganz anderen Endwert. Daher hat man das Phänomen genau beobachtet und kam zu überraschenden Ergebnissen. Sowohl vor als auch nach der eigentlichen Bedeckung „zwinkerte" der Stern mehrmals. Dies konnte nur durch ein den Planeten umgebendes Ringsystem bedingt sein. Anschließend gelang es D.A. Allen in Siding Spring in Australien, die Ringe in Infrarotlicht zu photographieren.

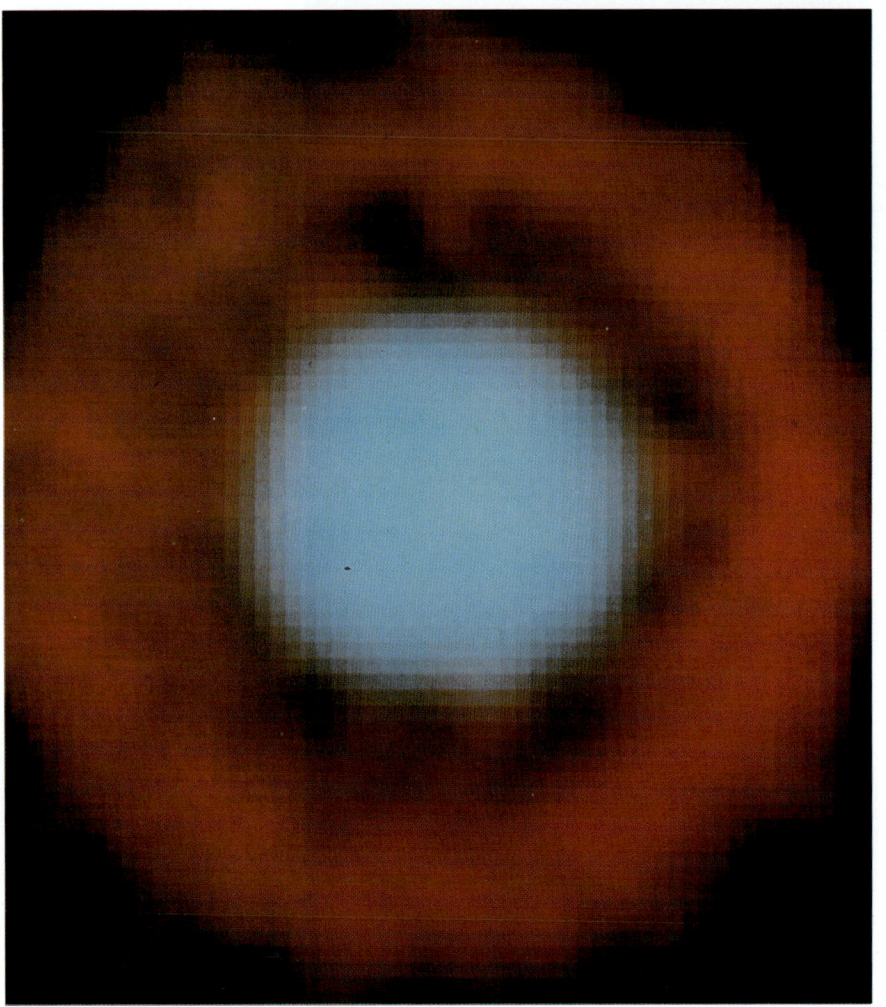

◄ Die Ringe in Infrarotlicht. Dies war die erste wirklich gute Aufnahme der Ringe; von D. A. Allen 1985 mit dem anglo-australischen Teleskop in Siding Spring aufgenommen, über 200 Jahren nach der Entdeckung des Uranus. Details der Ringe sind nicht zu sehen.

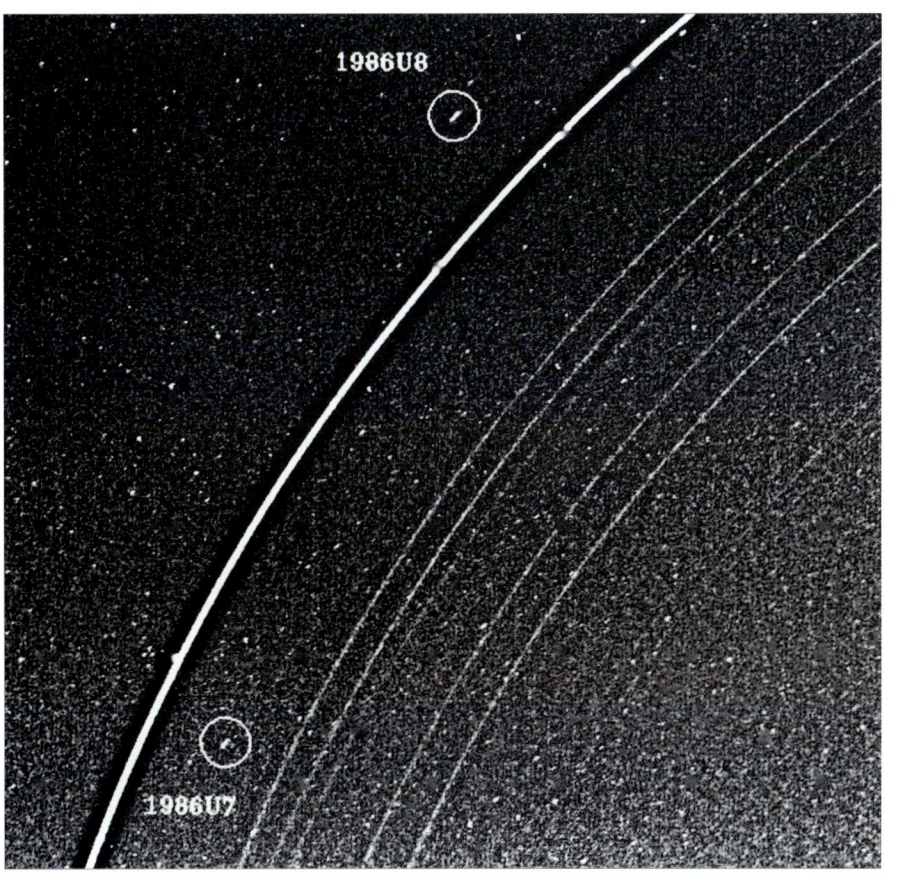

1986U8

1986U7

◄ *„Schafhütende" Monde* der Uranusringe. Zwei kleinere Satelliten, Cordelia und Ophelia, „hüten" die Umlaufbahn der Partikel im Epsilon-Ring des Planeten. Für die anderen Ringe fand man keine „schafhütenden" Monde.

► *Entdeckung der Uranusringe.* Am 10.3.1977 bedeckte Uranus den Stern SAO 158687, Helligkeit 8,9. Beobachtungen von Süd-Afrika und vom Kuiper Flugzeugobservatorium, das über dem Indischen Ozean flog, stellten die Existenz eines Ringsystems fest – nachfolgende Beobachtungen bestätigten dies.

PLANETARISCHE DATEN – URANUS

Siderische Umlaufzeit	30 684.9 Tage
Rotationszeit	17,2 Stunden
Mittlere Bahngeschwindigkeit	6.80 km/s
Bahnneigung	0.773°
Bahnexzentrizität	0.047
Scheinbarer Durchmesser	max 3.7", min 3.1"
Reziproke Masse, Sonne = 1	22,800
Dichte, Wasser = 1	1.27
Masse, Erde = 1	14.6
Volumen, Erde = 1	67
Fluchtgeschwindigkeit	22.5 km/s
Oberflächengravitation,	
Erde = 1	1.17
Mittlere Oberflächentemperatur	–214°C
Abplattung	0.24
Albedo	0.35
Maxmale scheinbare Helligkeit	+5.6 mag
Durchmesser (am Äquator)	51 118 km

Erde

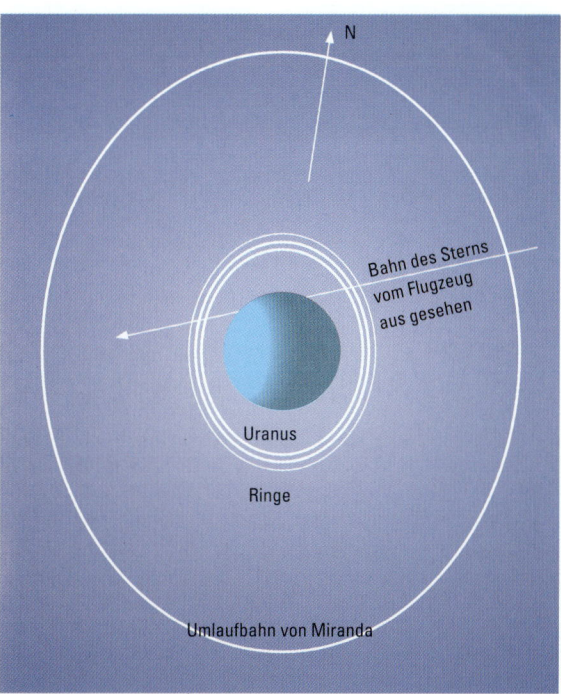

N

Bahn des Sterns vom Flugzeug aus gesehen

Uranus

Ringe

Umlaufbahn von Miranda

▲ *Uranus,* 24.8.1991 – eine Zeichnung, die ich in 1000facher Vergrößerung mit dem 152 cm–Palomar–Reflektor machte. Sogar mit diesem riesigen Teleskop sind keine Oberflächentails auszumachen; alles, was zu sehen war, war eine grünliche Scheibe.

▼ *Die wechselnde Darstellung von Uranus.* Manchmal erscheint ein Pol, von der Erde aus gesehen, in der Mitte der Scheibe, manchmal sieht man den Äquator. Gemäß der Definition der Internationalen Astronomischen Union war der Südpol im Sonnenlicht, als Voyager 2 1986 vorbeiflog.

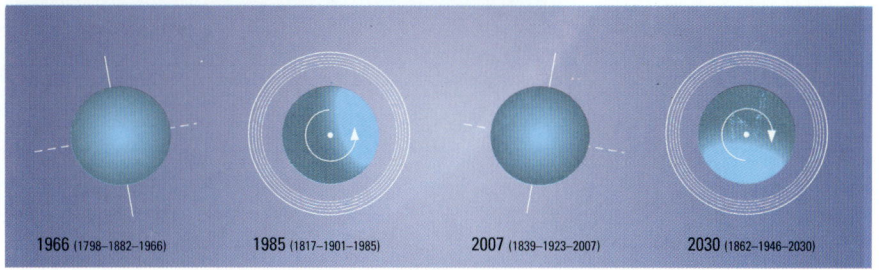

1966 (1798–1882–1966) 1985 (1817–1901–1985) 2007 (1839–1923–2007) 2030 (1862–1946–2030)

Missionen zum Uranus

▲ **Vollständiges Ring-system von Uranus** (Voyager 2). Zu den zehn Ringen kommt noch eine breite Scheibe aus Material, die weiter innen als Ring 6 liegt (39 500 km bis 37 000 km).

▼ **Uranus am 25.1.1986.** Als Voyager 2 von Uranus aus weiter zu Neptun flog, benutzte die Raumsonde eine Weitwinkel-Kamera, um diese sichelförmige An-sicht des Uranus zu photo-graphieren. Voyager 2 be-fand sich 1 Mio. km hinter Uranus. Das Bild, eine Zu-sammensetzung von in blau, grün und orange aufgenom-menen Bildern, zerlegt Merkmale auf 140 km.

Es hat bisher nur eine einzige Begegnung zwischen einer Raumsonde und Uranus gegeben. Am 24. 1. 1986 flog Voyager 2 80 000 km vom Planeten entfernt an diesem vorbei. In wenigen Stunden berichtete er uns mehr, als wir im Lauf der ganzen Wissenschaftsgeschichte hatten heraus-finden können.

Während Voyagers Annäherung wurden mehrere neue innere Satelliten entdeckt, aber es war nur wenig auf der Scheibe selbst zu sehen. Natürlich sah man den Plane-ten mit dem Pol zu uns gerichtet, so daß der Äquator um den Rand der Scheibe lag. Zehn neue Satelliten wurden entdeckt, alle innerhalb der Umlaufbahn von Miranda. Schließlich fand man einige Wolkengebilde, hauptsächlich zwischen 20 ° und 45 ° Breite, wo Sonnenlicht zu etwas wärmeren Ebenen durchdringen kann; dennoch sind alle Wolken sehr dunkel. Generell scheint Uranus selbst aus nächster Nähe ohne besondere Merkmale zu sein. Wind-geschwindigkeiten konnten gemessen werden. Zur allge-meinen Überraschung scheinen diese in höheren Atmo-sphärenschichten am stärksten zu sein. Auf kleineren Breitengraden herrscht eine westliche Luftströmung und weiter vom Äquator weg ein dahinschlängelnder östlicher Jet-Strom.

Uranus hat eine deutlich blaugrüne Färbung, was durch die große Menge Methan in den höheren Wolken bedingt ist; Methan absorbiert rotes Licht und erlaubt den kürzeren Wellenlängen, reflektiert zu werden. In der At-mosphäre von Uranus scheinen Wasser, Ammoniak und Methan in dieser Reihenfolge zu kondensieren, um dicke, eisumhüllte Wolkenschichten zu bilden. Methan gefriert bei der niedrigsten Temperatur und bildet so die oberste Schicht, der die wasserstoffreiche Atmosphäre folgt. Auf der Nachtseite des Planeten sah man Polarlichter, auf der Tagseite zeigten ultraviolette Beobachtungen eine Emis-sion, die als elektrische Leuchterscheinung bezeichnet wird und deren Ursprung noch unbekannt ist.

Wie erwartet ist Uranus eine Quelle von Radiostrah-lung und hat ein starkes Magnetfeld. Überraschend daran ist, daß die Magnetachse 58,6 ° von der Rotationsachse ver-setzt ist. Zudem führt die Magnetachse nicht einmal durch das Zentrum der Kugel. Sie ist um mehr als 7500 km ver-schoben, und die Polarität ist der der Erde entgegengesetzt. Der Grund für diese Neigung der Magnetachse ist unbe-kannt. Anfangs glaubte man, daß sie irgendwie mit der 98 °-Neigung der Rotationsachse verbunden ist, doch seit man weiß, daß Neptun die gleiche Eigentümlichkeit auf-weist, ist diese Theorie zu überdenken.

Voyager gelang eine detaillierte Untersuchung des Ringsystems. Man hat zehn einzelne Ringe identifiziert und eine breite Scheibe aus Material, die weiter innen ist als das Hauptsystem. Die Nomenklatur ist offen gesagt chaotisch; man kann nur hoffen, daß sie überarbeitet wird. Alle Ringe sind sehr dünn und haben bemerkenswert scharfen Grenzen. Sie können nicht mehr als einige zehn Meter dick sein und bestehen wahrscheinlich aus Fels-blöcken von ein oder zwei Metern Durchmesser. Man fin-det nicht viele kleinere, zentimetergroße Objekte.

Jeder Ring von Uranus ist anders. Der äußere Epsilon-Ring ist nicht symmetrisch. Er ist in der Breite variabel. Der Teil, der Uranus am nächsten ist, ist ungefähr 20 km breit, während der Teil, der am weitesten vom Pla-neten weg ist, eine maximale Breite von ungefähr 100 km hat. Alle anderen Ringe sind viel schmaler. Einige von ih-nen zeigen klare Strukturen. Die Satelliten Cordelia und Ophelia fungieren als „Schäfer" von Ring Epsilon. Die Ringe von Uranus sind so schwarz wie Kohlenstaub und sind völlig anders als die prächtig farbigen, eisumhüllten Ringe, die Saturn umgeben.

◄ **Ein Echtfarbenbild,** aufgenommen mit der Telekamera von Voyager 2 am 17.1.1986, 9,1 Millionen km vom Planeten entfernt, 7 Tage vor der größten Annäherung. Die blaugrüne Farbe entsteht durch Absorption roten Lichts durch Methangas in der tiefen, kalten und sehr klaren Atmosphäre von Uranus.

DIE RINGE DES URANUS

Ring	Entfernung von Uranus, km	Breite, km
6	41,800	1–3
5	42,200	2–3
4	42,600	2
(Alpha)	44,700	4–11
(Beta)	45,700	7–11
(Eta)	47,200	2
(Gamma)	47,600	1–4
(Delta)	48,300	3–9
(Lambda)	50,000	1–2
(Epsilon)	51,150	20–96

Die breite Materiescheibe, die noch weiter im Innern liegt als Ring 6 und von 39 500 km bis zu 37 000 km von Uranus reicht, wird manchmal als Ring angesehen.

◄ **Partikel im Ringsystem von Uranus.** Voyager 2 machte diese Aufnahme, als sie sich im Schatten von Uranus befand, bei einer Entfernung von 236 000 km und einer Auflösung von ungefähr 33 km. Dies war der steilste Winkel, aus dem Voyager die Ringe aufnahm und aus dem wir Felder feiner Staubpartikel sehen können, die aus keinem anderen Winkel sichtbar sind.

Die Satelliten des Uranus

► **Umbriel.** *Seine Ober-fläche ist viel dunkler und eintöniger als die von Ariel. Der größte Krater, Skynd, hat einen Durchmesser von 110 km mit einem hellen Zentralberg. Wunda, 140 km Durchmesser, liegt dicht an Umbriels Äquator; sein Ursprung ist unklar, doch ist es das am stärksten reflek-tierende Merkmal auf dem Satelliten. (Man beachte, daß aufgrund der Aufsicht auf den Pol bei diesem Bild der Äquator am Rand liegt.)*

Wie alle Riesenplaneten hat auch Uranus eine große Satellitenfamilie. Die beiden äußeren Mitglieder, Titania und Oberon, wurden 1787 von William Herschel entdeckt. Er verkündete auch die Entdeckung von vier weiteren Satelliten, aber drei von ihnen sind nicht existent und müssen blasse Sterne gewesen sein; der vierte könnte Umbriel gewesen sein, was jedoch stark bezweifelt wird. Umbriel und Ariel wurden 1851 von dem englischen Ama-teur William Lassell gefunden. Alle vier zuerst entdeckten Satelliten haben einen Durchmesser von 1100 bis 1600 km, so daß sie mit den mittelgroßen, eisumhüllten Satelliten in Saturns System vergleichbar sind. Ihre größere Entfernung macht sie aber zu ziemlich schwer erfaßbaren teleskopi-schen Objekten.

In den 90er Jahren des 19. Jahrhunderts suchte W. H. Pickering (Entdecker von Phoebe, dem äußersten Satelliten Saturns) nach weiteren Mitgliedern des Systems, aber ohne Erfolg. Der fünfte Mond, Miranda, wurde 1948 von G.P. Kuiper entdeckt; er ist viel schwächer und liegt

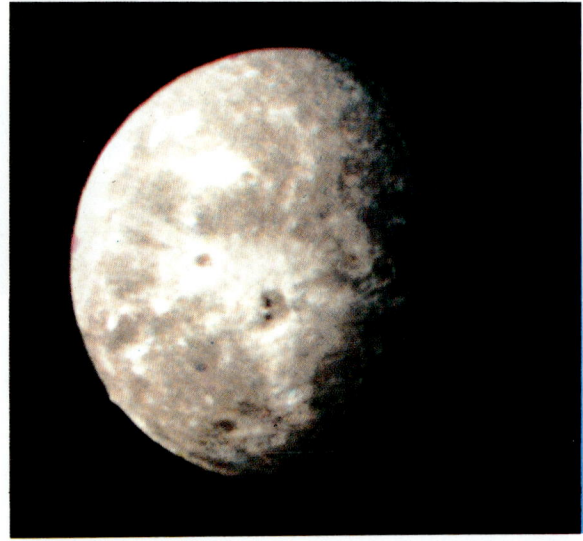

◄ **Miranda.** *Den innersten der großen Satelliten des Uranus sieht man auf diesem Bild (von Voyager 2 auf-genommen) aus einer Ent-fernung von 35 000 km. Man sieht Abhänge, Eiskliffs und Krater.*

▲ **Oberon.** *Voyager 2 machte das Bild aus unge-fähr 660 000 km Entfernung mit einer Auflösung von 11 km. Man beachte den unge-fähr 6 km hohen Gipfel, der am unteren linken Rand hervorspringt.*

Name	Entfernung von Uranus, km	Umlaufzeit Tage	Bahn-neigung	Bahnexzen-trizität	Durchmesser km	Dichte Wasser = 1	Fluchtgeschwin-digkeit, km/s	Scheinbare Helligkeit
Cordelia	49,471	0.330	0	0	26	?		24.2
Ophelia	53,796	0.372	0	0	30	?		23.9
Bianca	59,173	0.433	0	0	42	?		23.1
Cressida	51,777	0.463	0	0	62	?		22.3
Desdemona	62,676	0.475	0	0	54	?		22.5
Juliet	64,352	0.493	0	0	84	?		21.7
Portia	66,085	0.513	0	0	106	?		21.1
Rosalind	69,941	0.558	0	0	54	?		22.5
Belinda	75,258	0.622	0	0	66	?		22.1
Puck	86,000	0.762	0	0	154	?		20.4
Miranda	129,400	1.414	4.22	0.027	481x466x466	1.3	0.5	16.5
Ariel	191,000	2.520	0.03	0.003	1158	1.6	1.2	14.4
Umbriel	256,300	4.144	0.04	0.004	1169	1.4	1.2	15.3
Titania	435,000	8.706	0.01	0.002	1578	1.6	1.6	14.0
Oberon	583,500	13.463	0.01	0.001	1523	1.5	1.5	14.2

DIE SATELLITEN DES URANUS

weiter innen als die ursprünglichen vier. Voyager 2 fand zehn weitere Satelliten, die sich alle innerhalb von Mirandas Bahn bewegen. Der einzige Neuling, dessen Durchmesser über 100 km hinausgeht, ist Puck. Er wurde aus einer Reichweite von 500 000 km aufgenommen und ist dunkel und kugelförmig. Drei Krater wurden entdeckt, denen man die bizarren Namen Bogle, Lob und Butz gab.

Nebenbei wird man sich fragen, warum die Namen der Monde von Uranus aus der Literatur und nicht aus der Mythologie kommen. Die Namen Titania und Oberon wurden von Sir John Herschel vorgeschlagen. Die späteren Satelliten wurden ebenfalls mit Namen benannt, die entweder aus Shakespeare oder aus Alexander Popes Gedicht „The Rape of the Lock" stammen. Dies ist sicher eine ungewöhnliche Abweichung von der Norm, aber die Namen sind nun anerkannt und von der Internationalen Astronomischen Union ratifiziert worden.

Die neun innersten Satelliten sind vermutlich eisbedeckt, aber man weiß nichts über ihren physikalischen Aufbau. Cordelia und Ophelia dienen dem Epsilon-Ring als „Schäfer". Man suchte sorgfältig nach ähnlichen „Schäfern" im Hauptteil des Ringsystems, doch ohne Erfolg; sollten solche „Schäfer" existieren, müssen sie sehr klein sein.

Die vier größten Mitglieder der Familie sind nicht gleich. Generell sind sie dichter als die vereisten Satelliten Saturns. Sie müssen mehr Gestein als Eis enthalten; der Anteil an Felsmaterial liegt wahrscheinlich zwischen 50 und 55 Prozent. Alle haben eisbedeckte Oberflächen, aber es gibt deutliche Unterschiede zwischen ihnen. Umbriel ist der dunkelste mit einer recht ruhigen Oberfläche und einem hellen Merkmal, Wunda, das fast am Pol liegt. So erscheint es, bei einer Sicht direkt auf den Äquator, nahe des Randes der Scheibe; es kann ein Krater sein, doch seine Beschaffenheit ist ungewiß. Umbriel ist schwächer als die anderen großen Satelliten. Vor der Voyager-Mission hielt man ihn für den kleinsten, obwohl er eigentlich geringfügig größer als Ariel ist. Oberon ist stark kraterzerfurcht. Einige der Krater wie Hamlet, Othello und Falstaff haben dunkle Böden, was vielleicht durch eine Mischung aus Eis und kohlenstoffhaltigem Material, das aus dem Innern ausbrach, bedingt ist. Titania unterscheidet sich durch hohe Eisfelsen. Man findet weite, verzweigte und miteinander verbundene Täler. Auch Ariel hat sehr breite, verzweigte Täler, die so aussehen, als ob sie durch Flüssigkeiten geschnitten wurden.

Miranda hat eine erstaunlich abwechslungsreiche Oberfläche. Man findet völlig unterschiedliche Regionen. Einige kraterzerklüftet, andere relativ eben; es gibt bis zu 20 km hohe Eisfelsen und große, trapezförmige Gebiete oder „Koronae", anfangs scherzhaft „Rennbahnen" genannt. Die drei Hauptkoronae (Arden, Elsinore und Inverness) bedecken einen Großteil der Hemisphäre. Man nahm an, daß Miranda in seiner Evolution durch eine Kollision zerbrach, vielleicht sogar mehrmals, und daß sich die Fragmente anschließend neu formiert haben. Dies stimmt vielleicht, vielleicht auch nicht, aber sicherlich würde es ein Stück weiterhelfen, den Wirrwarr der heute sichtbaren Oberflächenmerkmale zu erklären. Alle Satellitensysteme der Riesenplaneten haben für Überraschungen gesorgt. Die Uranusfamilie ist dabei keine Ausnahme. Leider können wir nicht eher auf weitere Informationen hoffen, bis nicht eine neue Raumsonde entsandt wird, und darauf müssen wir vielleicht noch lange warten.

▶ *Ariel. Aus 169 000 km, Auflösung 3,2 km. Die Oberfläche ist kraterzerfurcht mit Auffaltungen und Gräben,* *die auf rege tektonische Aktivität in der Vergangenheit hinweisen. Es finden sich Anzeichen von Erosion.*

▲ *Titania. Voyager 2 machte dieses Bild am 24.1.1986 aus 483 000 km Entfernung. Es zeigt Details bis zu 9 km. Die Oberfläche, mit Eisklippen und grabenähnlichen Merkmalen, ist kraterzerklüftet. Es gibt deutliche Anzeichen früherer tektonischer Aktivität.*

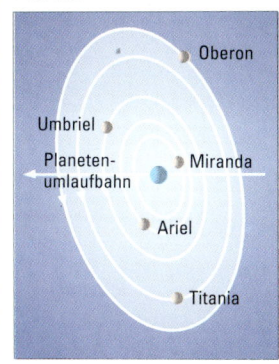

▼ *Satellitenumlaufbahnen. Umlaufbahnen der fünf größeren Satelliten. Voyager entdeckte innerhalb von Mirandas Bahn zehn kleine Monde.*

Oberon

Umbriel

Planeten-umlaufbahn

Miranda

Ariel

Titania

◀ *Puck. Entdeckt am 30.12.1985 und aufgenommen am 24.1.1986 aus 500 000 km Entfernung. Die Auflösung beträgt 10 km. Drei Krater wurden erfaßt: Bogle, Lob und Butz. Puck ist ungefähr kugelförmig, mit einer dunklen Oberfläche.*

Karten der Satelliten des Uranus

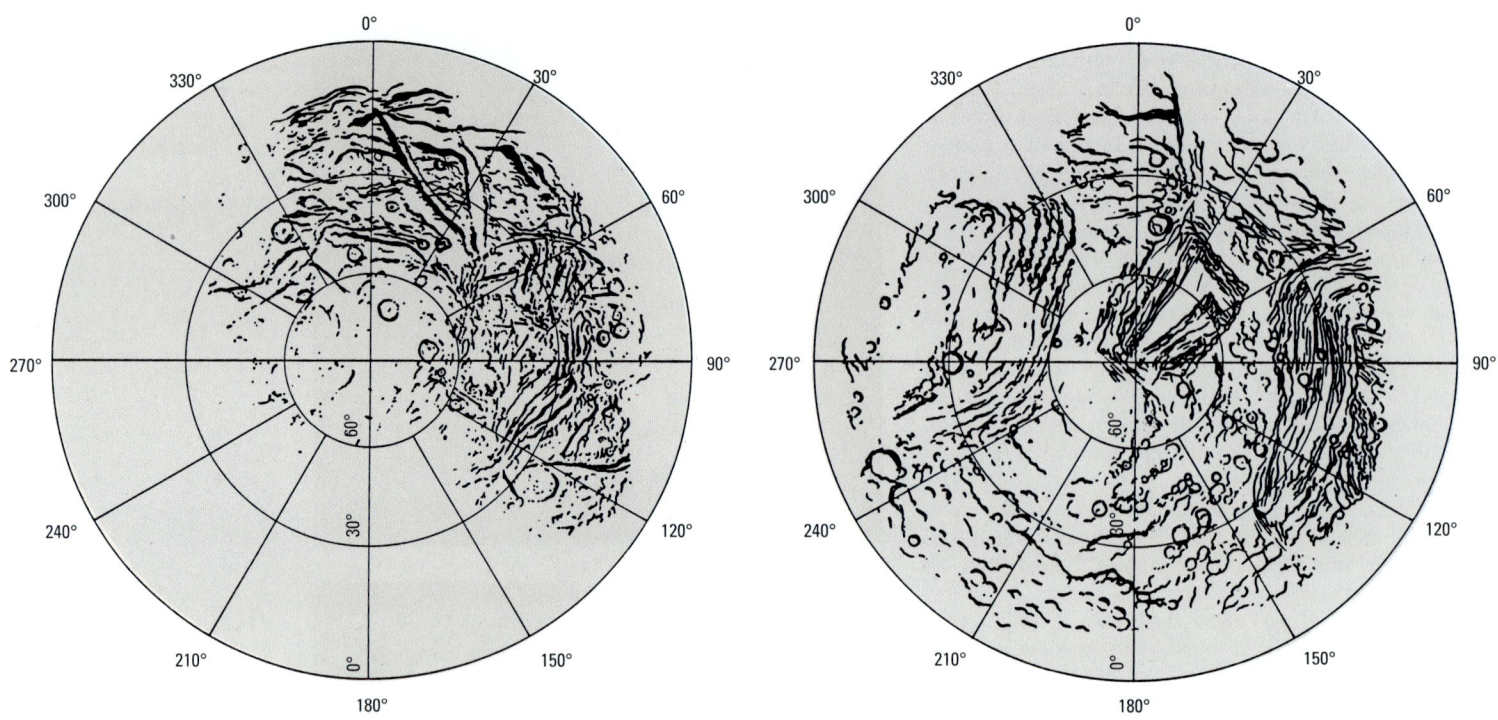

MIRANDA		
	Breite °S	**Länge °O**
Arden Corona	10-60	30-120
Dunsinane Regio	20-75	345-65
Elsinore Corona	10-42	215-305
Ferdinand	36	208
Gonzalo	13	75
Inverness Corona	38-90	0-350
Mantua Regio	10-90	75-300
Prospero	35	323
Sicilia Regio	10-50	295-340
Trinculo	67	168

ARIEL		
	Breite °S	**Länge °O**
Ataksak	53	225
Brownie Chasma	5-21	325-357
Domovoy	72	339
Kachina Chasma	24-40	210-280
Kewpie Chasma	15-42	307-335
Korrigan Chasma	25-46	328-353
Kra Chasma	32-36	355-002
Laica	22	44
Mab	39	353
Sylph Chasma	45-50	328-015
Yangoor	68	260

Als Voyager 2 im Januar 1986 an Uranus vorbeiflog, konnten erstmalig detaillierte Karten der Satelliten des Planeten erstellt werden.

Miranda. Die Landschaft ist unglaublich vielseitig und etwas verworren. Die Hauptmerkmale sind die drei Koronae: Elsinore, Arden („die Rennbahn") und Inverness („der Winkel"). Es gibt einige große Krater. Voyager näherte sich Miranda bis auf 3000 Kilometer. Die zurückgesandten Bilder hatten eine Auflösung von 600 Metern, so daß die Ansichten von Miranda detaillierter sind als die von irgendeiner anderen Welt. Eine Ausnahme stellen die dar, auf denen gerade Raumsonden gelandet sind.

Ariel. Ariel wurde aus 130 000 km Entfernung mit einer Auflösung von 2,4 km aufgenommen. Man sieht viele Krater, einige mit hellen Rändern und Strahlensystemen, aber die Hauptmerkmale sind die weiten, verzweigten, glattbödigen Täler wie Korrigan Chasma und Kewpie Chasma. Rillen, gewundene Abhänge und Verwerfungen sind ebenso vorhanden. Ariels Oberfläche scheint jünger zu sein als die der anderen größeren Satelliten.

Umbriel. Das detaillierteste Bild von Umbriels dunkler, recht eintöniger Oberfläche wurde aus einer Entfernung von 537 000 km gemacht, was eine Auflösung von ungefähr 10 km ermöglicht. Der auffälligste Krater ist Skynd auf dem Terminator; er hat einen Durchmesser von 110 km mit einem hellen Zentralberg oder zentrumsnahen Berg. Das andere, helle Merkmal, Wunda, ist rätselhafter. Es scheint ein Ring zu sein, der über 140 km groß ist. Es ist so ungünstig plaziert, daß seine Form nicht auszumachen ist, doch ist es wahrscheinlich ein Krater.

Titania. Wie Ariel scheint Titania früher eine beträchtliche tektonische Aktivität erfahren zu haben. Auf der besten Voyager-Aufnahme, aufgenommen aus einer Entfernung von 369 000 km, sieht man viele Krater sowie gerade Furchen und Verwerfungen. Der 200 km große Krater Ursula wird von einer Verwerfung über 100 km Breite hinweg durchschnitten; die größte Formation, Gertrude, ist von ihrer Beschaffenheit her vielleicht eher ein Becken als ein richtiger Krater. Man findet Eisklippen und Täler wie das 1500 m lange Messina Chasma.

Oberon. Oberon wurde aus einer Entfernung von 660 000 km Entfernung aufgenommen, was eine Auflösung von 12 km ergab. Es gibt viele Krater, von denen einige, zum Beispiel Hamlet, Othello und Falstaff, dunkle Böden haben. Ein interessantes Merkmal ist ein über 6 km hoher Berg, den man auf der besten Voyager-Photographie genau an der Kante der Scheibe, nahe bei Macbeth, sehen kann, so daß er vom Rand absteht (anders wäre er nicht erkennbar). Wir wissen nicht, ob es sich hierbei um eine Ausnahme handelt. Dies können uns nur neue Beobachtungen sagen.

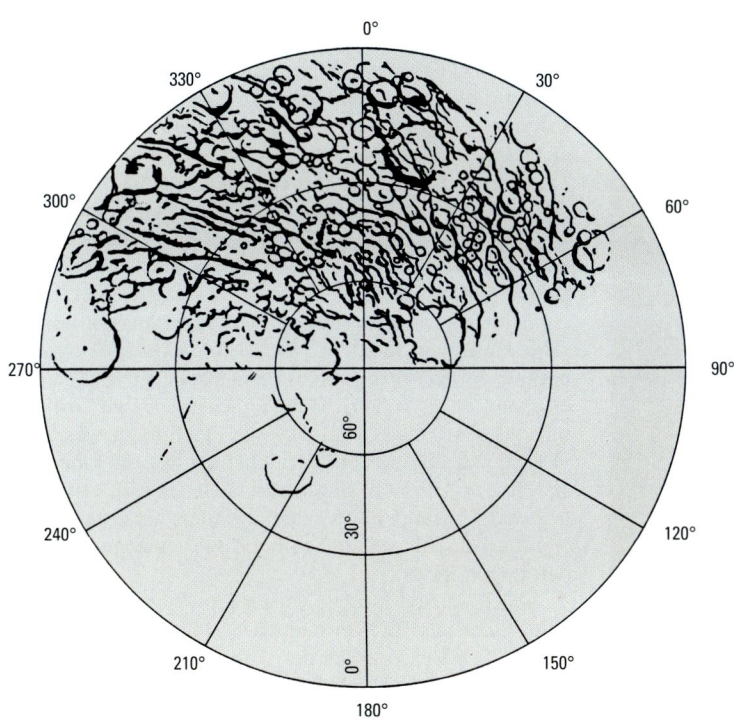

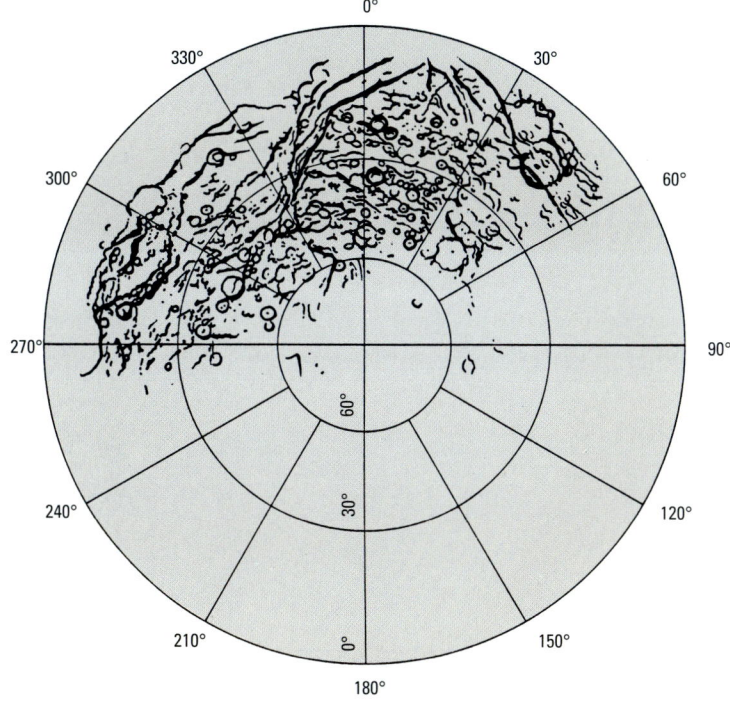

UMBRIEL		
	Breite °S	**Länge °O**
Kanaloa	11	351
Malingee	22	13
Setibos	31	350
Skynd	1 (N)	335
Vuver	2	311
Wunda	6	274
Zlyden	24	330

TITANIA		
	Breite °S	**Länge °O**
Belmont Chasma	4-25	25-35
Gertrude	15	288
Lucetta	9	277
Messin Chasma	8-28	325-005
Rousillon Rupes	7-25	17-38
Ursula	13	44
Valeria	34	40

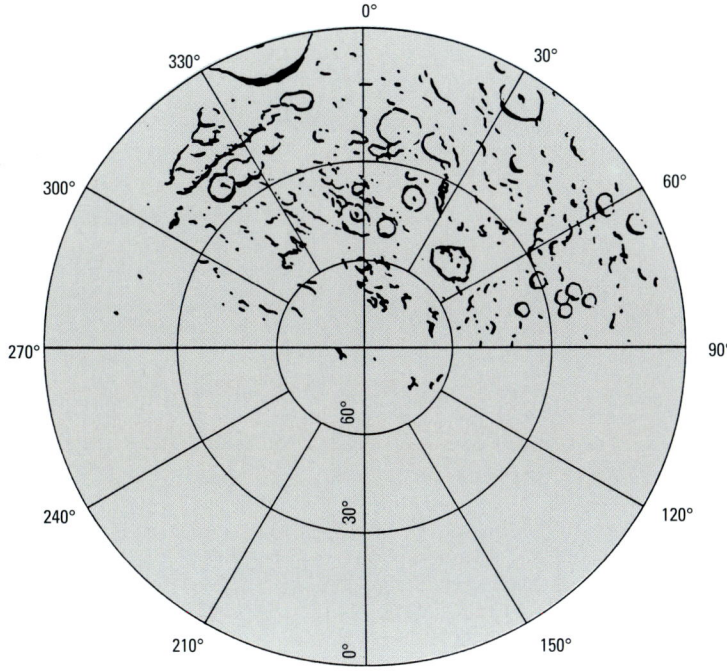

OBERON		
	Breite °S	**Länge °O**
Coriolanus	11	345
Falstaff	22	19
Hamlet	46	45
Lear	5	31
Macbeth	59	112
Mommur Chasma	16-20	240-343
Othello	65	44
Romeo	28	88

Neptun

Einige Jahre nach der Entdeckung des Uranus wurde deutlich, daß seine Bahn nicht wie erwartet verlief. Als Grund dafür nahm man eine Störung durch einen unbekannten, weiter von der Sonne entfernt liegenden Planeten an. Zwei Mathematiker, U. Le Verrier in Frankreich und J.C. Adams in England, berechneten unabhängig voneinander die Position des neuen Planeten, den Johann Galle und Heinrich D'Arrest 1846 im Berliner Observatorium entdeckten. Man nannte ihn Neptun, nach dem antiken Meeresgott.

Mit dem bloßen Auge ist Neptun nicht zu erkennen; seine Helligkeit liegt bei 7,7 mag, so daß er aber noch innerhalb der Reichweite eines Fernglases liegt. Im Teleskop erscheint er als kleine, bläuliche Scheibe. Seine Größe ist mit der des Uranus fast identisch, doch ist er wesentlich massereicher. Seine Umlaufzeit beträgt fast 165 Jahre. Wie alle „Riesen" dreht er sich sehr schnell, seine Rotationszeit liegt bei 16 Stunden 7 Minuten. Anders als Uranus weist Neptun keine ungewöhnlich hohe Achsenneigung auf, sie beträgt nur 28°48'.

Auch verfügt Neptun im Gegensatz zu Uranus über eine starke interne Wärmequelle, so daß die Temperatur der Wolkendecke mit der des Uranus fast identisch ist, obwohl Neptun über 1600 Millionen Kilometer weiter von der Sonne entfernt ist. Neptun besteht wahrscheinlich hauptsächlich aus Eis. Möglicherweise gibt es einen Kern aus Silikaten, doch ist anzunehmen, daß er sich nicht klar vom Eis abgrenzt.

▲ **Neptuns blaugrüne Atmosphäre,** von Voyager aus einer Entfernung von 16 Millionen km gesehen. Der Große Dunkle Fleck mißt ungefähr 13 000 x 6600 km. Die Federwolken sind höher.

▶ **Neptuns Wolkendecke,** kurz bevor Voyager 2 seine maximale Annäherung an den Planeten erreichte. Gut zu erkennen sind die flauschigen weißen Wolken über dem Neptun. Wolkenschatten sind nur hier beobachtet worden.

PLANETENDATEN – NEPTUN	
Siderische Umlaufzeit	60 190,3 Tage
Rotationsperiode	16h 7min
Mittlere Bahngeschwindigkeit	5,43 km/s
Bahnneigung	1°45'19.8"
Bahnexzentrizität	0,009
Scheinbarer Durchmesser	max. 2.2", min. 2.0"
Reziproke Masse, Sonne = 1	19.300
Dichte, Wasser = 1	1,77
Masse, Erde = 1	17,2
Volumen, Erde = 1	57
Fluchtgeschwindigkeit	23,9 km/s
Oberflächengravitation, Erde = 1	1,2
Mittlere Oberflächentemperatur	-220°C
Abplattung	0,02
Albedo	0,35
Maximale scheinbare Helligkeit	+7,7 mag
Durchmesser	50.538 km

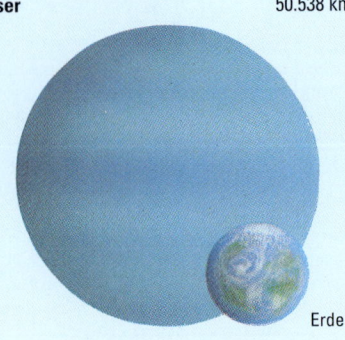

Erde

Fast alle Detailkenntnisse, die wir über Neptun besitzen, verdanken wir der Sonde Voyager 2, die am 25. August 1989 an dem Planeten vorbeiflog – zu dieser Zeit war er 4425 Millionen Kilometer von der Erde entfernt. Voyager flog mit einer relativen Geschwindigkeit von etwas mehr als 17 Kilometern pro Sekunde an dem verdunkelten Nordpol vorüber; in der südlichen Halbkugel herrschte gerade der lange „Sommer".

Lange bevor Voyager nahe herankam, war bereits zu erkennen, daß Neptun ein wesentlich dynamischerer Himmelskörper ist als Uranus. Das auffälligste Merkmal auf der blauen Oberfläche ist ein riesiges Oval, der Große Dunkle Fleck, auf einer südlichen Breite von 8° 28′. Seine Rotationszeit liegt bei über 18 Stunden. Er dreht sich selbst gegen den Uhrzeigersinn und verändert häufig Form und Richtung. Über ihm befinden sich weiße Wolkenfetzen aus Methankristallen („Methan-Zirrus"), und zwischen diesen und der eigentlichen Wolkendecke ist eine 50 km hohe, wolkenlose Schicht. Weiter südlich (auf 24° Breite) befindet sich ein kleinerer Fleck mit einem hellen Kern und einer kürzeren Rotationszeit, dem man den Spitznamen „Scooter" (Tretroller) gegeben hat. Noch weiter südlich (55° Breite) ist ein zweiter dunkler Fleck.

Neptun ist ein windiger Ort. Am Äquator brausen die Winde mit einer Geschwindigkeit von bis zu 450 Metern pro Sekunde gen Westen; weiter südlich lassen sie ein wenig nach. Jenseits des 50. Breitengrades wehen sie in östlicher Richtung und erreichen eine Geschwindigkeit von 300 Metern pro Sekunde.

Temperaturmessungen haben gezeigt, daß es in den mittleren Regionen kälter ist als am Äquator und an den Polen. All dies bezieht sich natürlich auf die südliche Halbkugel; die nördlichen Regionen befanden sich während der Voyager-Mission im Dunkeln.

Die obere Atmosphäre setzt sich hauptsächlich aus Wasserstoff zusammen (85%), mit einem beträchtlichen Anteil an Helium und etwas Methan. Über den verschiedenen Wolkenschichten liegt ein Dunstschleier aus Methan.

Wie erwartet worden war, strahlt Neptun im Radiobereich, doch das magnetische Feld erwies sich in vielerlei Hinsicht als Überraschung. Die magnetische Achse ist um einen Winkel von 47° zu der Rotationsachse geneigt. Ähnlich wie bei Uranus zieht sich die magnetische Achse nicht durch das Zentrum des Globus, sondern ist um 10 000 km verschoben. Das magnetische Feld selbst ist schwächer als das der anderen Riesen. Es wurden Polarlichter beobachtet, die nahe den magnetischen Polen natürlich am hellsten sind.

Voyager hat bestätigt, daß Neptun von Ringen umgeben ist, auch wenn diese nicht so deutlich zu erkennen sind wie bei den anderen Riesenplaneten. Insgesamt scheint es zusätzlich zu dem sog. „Plateau", einem diffusen Band aus winzigen Materieteilchen, fünf Ringe zu geben.

Die Ringe, die düster und gespenstisch wirken, sind nach den Astronomen benannt, die an der Entdeckung des Neptun beteiligt waren. Der Adams-Ring ist am deutlichsten ausgeprägt und besitzt drei wesentlich hellere Bogen, was möglicherweise auf die Anziehungskraft von Galatea zurückzuführen ist, einem der neuentdeckten kleinen Satelliten. Der Ring in einer Höhe von 62 000 km liegt in unmittelbarer Nähe von Galateas Umlaufbahn.

Viele Probleme sind gelöst worden, andere jedoch bleiben. Insbesondere ist es nach wie vor nicht klar, warum sich Uranus und Neptun in mancher Hinsicht so ähnlich sind und in mancher so verschieden voneinander sind. Wir können auch heute noch nicht behaupten, ein umfassendes Wissen über diese fernen, bitterkalten Riesen zu besitzen.

◄ Die beiden wichtigsten Ringe des Neptun, ungefähr 53 000 km und 63 000 km vom Zentrum des Planeten entfernt, wurden von der Sonne beleuchtet, als Voyager 2 vorbeiflog. Die Ringe wirken sehr hell aufgrund der winzigen Partikel, an denen sich das Sonnenlicht bricht. Die Verteilung und Größe der Ringteilchen ist von den Ringen des Uranus sehr verschieden.

▼ Drei herausragende Merkmale, rekonstruiert aus zwei Voyager-Bildern. Im Norden (oben) ist der Große Dunkle Fleck. Weiter südlich ist der „Scooter", der sich schneller um den Globus dreht als die beiden anderen Merkmale. Noch weiter südlich ist der „Dunkle Fleck 2". Alle drei bewegen sich mit unterschiedlicher Geschwindigkeit ostwärts.

	DIE NEPTUN-RINGE	
Name	**Entfernung vom Zentrum des Neptun (km)**	**Breite (km)**
Galle	41.900	50
Le Verrier	53.200	50
„Plateau"	53.200-59.100	4000
—	62.000	30
Adams	62.900	50

Die Satelliten des Neptun

▶ **Proteus,** der kleine Mond des Neptun, wurde im Juni 1989 entdeckt, früh genug für Voyager, ihn zu untersuchen. Das Bild wurde am 25. August 1989 aus einer Entfernung von 146 000 km aufgenommen. Proteus hat einen Durchmesser von über 400 km, ist also etwas kleiner als der Mond Miranda des Uranus. Er ist dunkel (da er nur 6% des Lichtes reflektiert, das auf ihn trifft) und von gespenstisch grauer Farbe. Es sind Anzeichen von Kratern und Furchen zu erkennen.

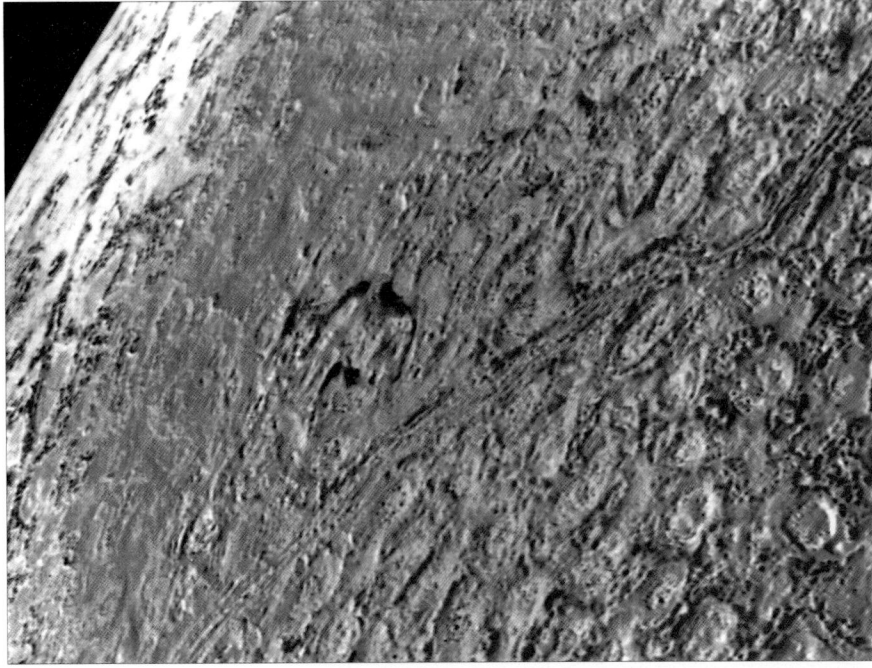

▲ **Eine Detailansicht von Triton,** aufgenommen von Voyager 2 am 25. August 1989 aus einer Entfernung von 40 000 km. Das Bild umfaßt ein Gebiet von ca. 220 km und zeigt Details bis zu einer Größe von 750 m. Zu sehen sind kreisförmige Vertiefungen, die durch gezackte Hügelketten voneinander getrennt sind. Dieses Terrain auf Triton ist einzigartig im Sonnensystem.

▶ **Triton** am 25. August 1989. Diese Ansicht umfaßt ein Gebiet von 500 km. Es enthält zwei Vertiefungen, die, aufgrund von Überflutungen, Eisschmelzen, Verwerfungen und Einstürzen, zahlreichen Veränderungen unterworfen waren.

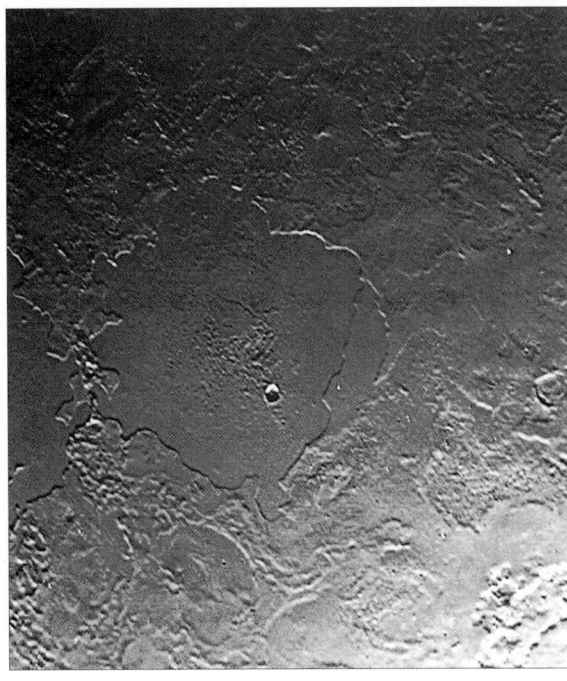

Vor dem Vorbeiflug der Voyager-Sonde waren bereits zwei Monde des Neptun bekannt: Triton und Nereide. Jeder war auf seine Art außergewöhnlich. Triton, den Lassell nur wenige Wochen nach der Entdeckung des Neptun fand, ist für einen Satelliten ungewöhnlich groß. Seine Bahn verläuft retrograd, d. h., er dreht sich in gegenläufiger Richtung zu der Rotation Neptuns. Darin ist er einzigartig unter den großen Monden, da alle anderen Satelliten mit retrograder Bahn (die vier äußersten im Jupiter-System und Phoebe im Saturn-System) Asteroiden sind. Nereide hat einen Durchmesser von nur 240 Kilometern und ähnelt wegen ihrer exzentrischen Umlaufbahn eher einem Kometen als einem Satelliten. Ihre Entfernung zum Neptun verändert sich um über 8 Millionen Kilometer, und die Umlaufzeit ist nur eine Woche kürzer als ein Erdenjahr.

Voyager entdeckte sechs neue innere Satelliten. Einer davon, Proteus, ist sogar größer als Nereide, läßt sich jedoch wegen seiner Nähe zu Neptun von der Erde kaum beobachten. Proteus und eine weitere Neuentdeckung, Larissa, wurden von Voyager photographiert. Beide sind dunkel und von Kratern übersät; Proteus weist eine tiefe Einbuchtung in der südlichen Halbkugel auf und hat eine zerfurchte Oberfläche. Zweifelsohne sind die anderen inneren Satelliten von ähnlicher Natur. Als Voyager vorüberflog, befand sich Nereide in dem ungünstigen Teil ihrer Umlaufbahn, und man bekam nur ein sehr schlechtes Bild von ihr, doch die Bilder von Triton glichen diesen Verlust mehr als aus.

Man hatte die Größe Tritons äußerst unterschiedlich eingeschätzt, und eine Weile glaubte man sogar, er sei größer als Merkur und besäße eine relativ dichte Atmosphäre. Voyager bewies das Gegenteil. Triton ist kleiner als der Erdmond und besitzt eine doppelt so große Dichte wie Wasser, deshalb besteht er mehr aus Stein als aus Eis. Seine Oberflächentemperatur liegt bei –236°C, womit Triton die kälteste Welt ist, die je von einer Raumsonde entdeckt wurde.

Die Fluchtgeschwindigkeit beträgt 1,4 km pro Sekunde, und dies reicht Triton, um eine sehr dünne Atmosphäre zu erhalten, die sich hauptsächlich aus Stickstoff und einem Anteil Methan zusammensetzt. Bis in eine Höhe von 6 km erstreckt sich ein Dunstschleier. Die Winde in der Atmosphäre erreichen eine Geschwindigkeit von ungefähr 5 m pro Sekunde in westlicher Richtung.

Die Oberfläche von Triton ist sehr unterschiedlich gestaltet, wenn auch überall von einem Mantel aus Wassereis bedeckt, über dem sich wiederum eine Schicht aus gefrorenem Stickstoff und Methan befindet. Es gibt nur wenige Krater, jedoch zahlreiche Flüsse, die wahrscheinlich aus Ammoniakwasser bestehen. Am bemerkenswertesten ist der rosafarbene Südpol, der Triton anders aussehen läßt als jeden anderen Planeten oder Satelliten. Die Farbe wird wahrscheinlich durch gefrorenen Stickstoff und Schnee verursacht. Wegen der langen Jahreszeiten auf Triton war der Südpol nun bereits seit einem Jahrhundert ununterbrochen im Sonnenlicht, und an den Rändern des Pols gibt es Anzeichen von Verdampfung. Nördlich des Pols ist eine Randregion, die eine dunklere, rötliche Farbe aufweist, was vielleicht an der Einwirkung von ultraviolettem Licht auf Methan liegen könnte.

Die Oberfläche des Triton ist in drei Hauptgebiete eingeteilt: Uhlanga Regio (polar), Monad Regio (östlicher Äquator) und Bubembe Regio (westlicher Äquator). In Uhlanga gibt es äußerst bemerkenswerte Stickstoff-Geysire. Die einfachste Erklärung für dieses Phänomen ist, daß sich 20 oder 30 m unter der Oberfläche eine Schicht flüssigen Stickstoffs befindet. Wandert diese Flüssigkeit aus irgendeinem Grund in Richtung der oberen Kruste, entlädt

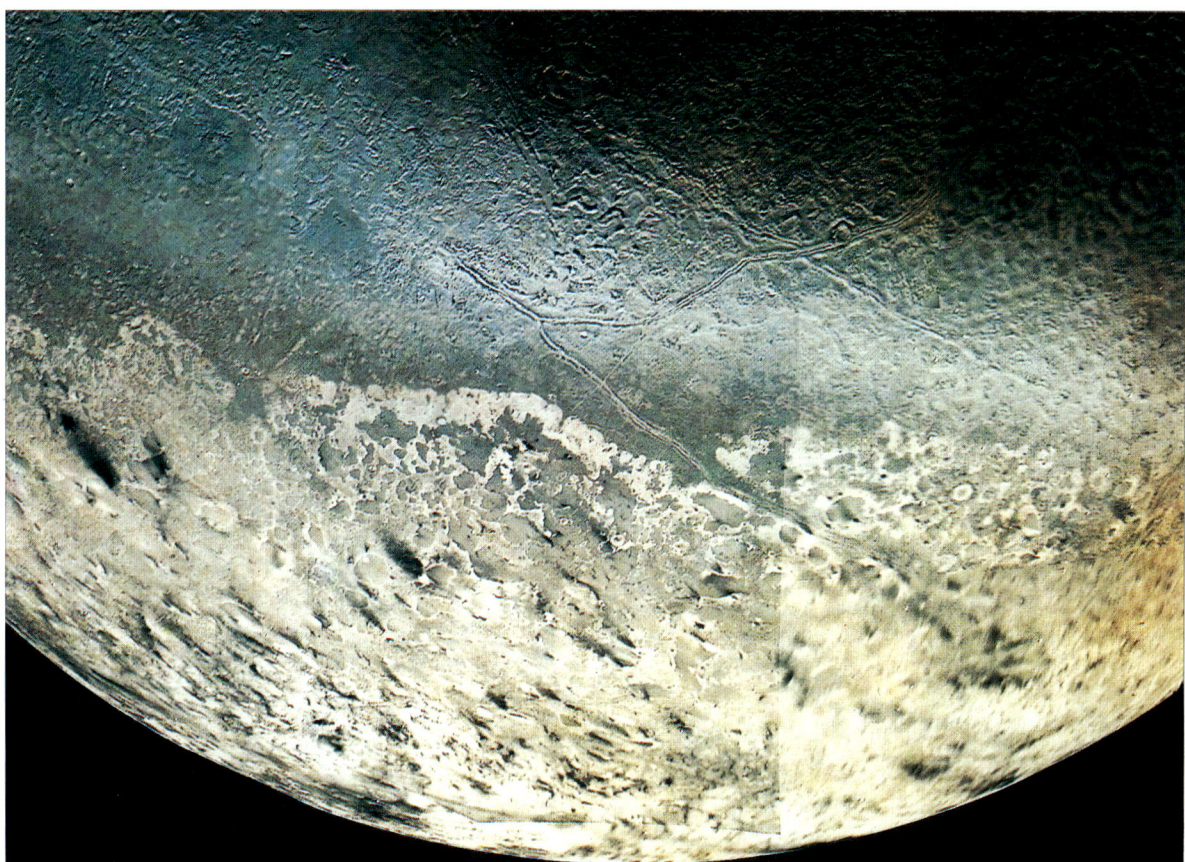

◄ **Ein Photomosaik des Triton,** zusammengesetzt aus 12 Bildern der Voyager 2-Sonde – am unteren Bildrand der helle Südpol.

▼ **Die Umlaufbahnen von Triton und Nereide.** Tritons Bahn ist fast kreisrund und verläuft retrograd; Nereides Bahn ist synchron, dafür aber äußerst exzentrisch. Alle 6 von Voyager 2 entdeckten Satelliten sind näher am Neptun als an Triton.

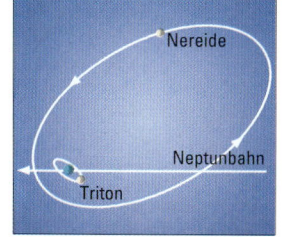

DIE NEPTUN-MONDE						
Name	Entf. von Neptun (km)	Umlaufzeit Tage	Bahn neigung	Bahnexzen-trizität	Durchm. km	Mag
Naiad	48.000	0,296	4,5	0	54	26
Thalassa	50.000	0,312	0	0	80	24
Despina	52.500	0,333	0	0	180	23
Galatea	62.000	0,429	0	0	150	23
Larissa	73.500	0,544	0	0	192	21
Proteus	117.600	1,121	0	0	416	20
Triton	354.800	5,877	159,9	0,0002	2705	13,6
Nereide	1.345.500	360,15	27,2	0,749	240	18,7
	bis 9.688.500					

AUSGEWÄHLTE MERKMALE AUF TRITON		
Name	Breitengrad°	Längengrad°
Abatos Planum	35–8S	35–81
Akupara Maculae	24–31S	61–65
Bin Sulci	28–48S	351–14
Boyenne Sulci	18–4S	351–14
Bubembe Regio	25–43S	285–25
Medamothi Planitia	16S–17N	50–90
Monad Regio	30°S 45′N	330–90
Namazu Macula	24–28S	12–16
Ob Sulci	19–14N	325–37
Ruach Planitia	24–31S	20–28
Ryugu Planitia	3–7S	25–29
Tuonela Planitia	36–42N	7–19
Uhlanga Regio	60–0S	285–0
Viviane Macula	30–32S	34–38
Zin Maculae	21–27S	65–72

sich der Druck, und der Stickstoff expandiert in einem Schwall aus Eis und Gas, der sich mit einer Geschwindigkeit von bis zu 150 m pro Sekunde in die Höhe schraubt – schnell genug, um die Bestandteile viele Kilometer nach oben steigen zu lassen. Der Ausbruch reißt dunklen Schutt mit sich, der vom Wind verteilt wird. Dadurch entstehen Rauchwolken aus dunklem Material wie Viviane Macula und Namazu Macula. Einige dieser Woken sind über 70 km lang.

Die Oberfläche von Monad Regio ist zum Teil glatt, zum Teil hügelig, und es gibt Ebenen oder „Seen" mit flachem Untergrund, wie zum Beispiel Tuonela und Ruach. Sie bestehen wohl hauptsächlich aus Wasser, da gefrorener Stickstoff oder Methan nicht fest genug sind, um über lange Zeit hinweg ein Oberflächen-Relief aufrechtzuerhalten. Bubembe Regio ist gezeichnet von Spalten, die sich in riesigen X- oder Y-Formationen treffen. Es gibt auch kreisrunde Gruben, die einen Durchmesser von rund 30 km haben.

Es könnte gut sein, daß in den kommenden Jahrzehnten deutliche Veränderungen auf der Oberfläche Tritons stattfinden, denn die Jahreszeiten dort sind sehr lang, und der rosafarbene Schnee könnte bis zum nördlichen Pol wandern, der während des Voyager-Vorbeiflugs im Dunkeln lag. Unglücklicherweise wird wohl vor 2006, dem Jahr des südlichen Sommers auf Neptun und Triton, keine weitere Raumfahrtmission ins Neptun-System mehr stattfinden.

▼ **Karte des Triton** mit den wichtigsten von Voyager entdeckten Merkmalen.

Nord

Pluto

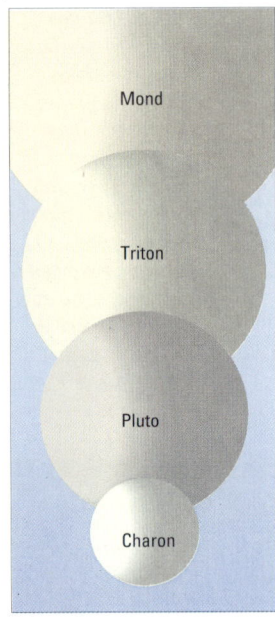

▲ **Plutos Größe** im Vergleich mit Mond, Triton und Charon. Es wird deutlich, daß das Pluto-Charon-Paar nicht als Planet-Satellit-System betrachtet werden kann. Charon hat mehr als die Hälfte des Durchmessers von Pluto.

Auch nach der Entdeckung des Neptun gab es immer noch winzige Unregelmäßigkeiten in den Bewegungen der äußeren Planeten, weshalb Lowell, in der Hoffnung, noch einen weiteren Planeten zu entdecken, neue Berechnungen anstellte. 1930, 16 Jahre nach Lowells Tod, fand Clyde Tombaugh tatsächlich einen neuen Planeten, nur wenige Grade von dem vorherberechneten Ort entfernt. Man nannte ihn schließlich Pluto – ein passender Name, denn Pluto war der Gott der Unterwelt, und der nach ihm benannte Planet ist ein düsterer Ort, auch wenn das Sonnenlicht dort immer noch 1500mal heller ist als das Licht des Vollmondes auf der Erde.

Pluto hat eine seltsam exzentrische Umlaufbahn. Wenn er sich der Sonne am nächsten befindet, ist er ein gutes Stück innerhalb der Bahn Neptuns, aber da Plutos Bahn um ganze 17 Grad geneigt ist, besteht keine Kollisionsgefahr. Das letzte Perihel war 1989, und seit 1999 ist Plutos Entfernung von der Sonne wieder größer als die des Neptun. Die Umlaufzeit Plutos beträgt fast 248 Jahre; die Achsenrotation dauert 6 Tage 9 Stunden, und die Rotationsachse ist um 122° geneigt.

Das Verwirrendste an Pluto sind seine geringe Größe und Masse. Der Durchmesser beträgt lediglich 2324 km, also noch weniger als der des Mondes. Die Masse beträgt nur 2 Tausendstel der Erdmasse, und Pluto kann offensichtlich keinen meßbaren Effekt auf die Bewegungen solcher Giganten wie Uranus oder Neptun haben. Entweder war Lowells einigermaßen akkurate Bestimmung reines Glück (was schwer zu glauben ist) oder aber der wahre Planet, nach dem er auf der Suche war, blieb bis heute unentdeckt.

Die Dichte Plutos ist zweimal so groß wie die von Wasser, weshalb ein recht großer Prozentsatz an Gestein in dem Globus enthalten sein muß. Es könnte einen Kern aus Silikaten geben, der von einem dicken Eismantel umgeben ist, doch haben wir keine definitiven Erkenntnisse, weil kein Raumfahrzeug dem Pluto je nahe gekommen ist. Wir wissen jedoch, daß eine dünne Atmosphäre vorhanden ist. Wenn Pluto vor einem Stern vorbeizieht und diesen verdeckt, dann verblaßt der Stern zunächst, bevor er ganz verschwindet, und das heißt, daß sein Licht für eine kurze Zeit durch die Atmosphäre Plutos hindurch zu uns dringt. Die Atmosphäre könnte aus Methan, Stickstoff oder einer Mischung bestehen. Wenn Pluto zu dem weiter entfernten Teil seiner Umlaufbahn wandert, wird die Temperatur so weit fallen, daß die Atmosphäre auf der Oberfläche gefrieren könnte, so daß für einen Teil des plutonischen „Jahres" überhaupt keine Gashülle mehr vorhanden ist. Das nächste Aphel ist 2114 fällig, doch wird die Atmosphäre wohl lange vor dieser Zeit bereits kondensiert sein.

1977 entdeckte man, daß Pluto nicht alleine durch den Raum wandert. Ein Trabant begleitet ihn, den man Charon genannt hat nach dem unheimlichen Fährmann, der die verstorbenen Seelen auf ihrem Weg zur Unterwelt über den Fluß Styx ruderte. Bilder vom Hubble Weltraum-Teleskop zeigen die beiden Himmelskörper getrennt, obwohl sie weniger als 20 000 km voneinander entfernt sind. Charon hat einen Durchmesser von 1270 km, also mehr als die Hälfte von Plutos Durchmesser. Seine Masse beträgt ein Zwölftel von der Plutos und seine Umlaufzeit ist 6,3 Tage, genausoviel wie die Achsenrotation Plutos, so daß die beiden sozusagen „zusammengebunden" sind. Von Pluto aus gesehen steht Charon bewegungslos am Himmel.

Es ist einem glücklichen Zufall zu verdanken, daß es während der späten 80er Jahre gegenseitige Bedeckungen von Pluto und Charon gab – ein Phänomen, das erst in 120 Jahren wieder vorkommen wird. Als Charon hinter Pluto vorüberzog, wurde er vollständig verdeckt, so daß Plutos Spektrum für sich allein untersucht werden konnte, und als Charon vor Pluto stand, waren die beiden Spektren zusammen sichtbar, und Plutos Spektrum konnte abgezogen werden. Pluto hat allem Anschein nach eine Oberfläche aus gefrorenem Methan und eventuell ein wenig Stickstoff,

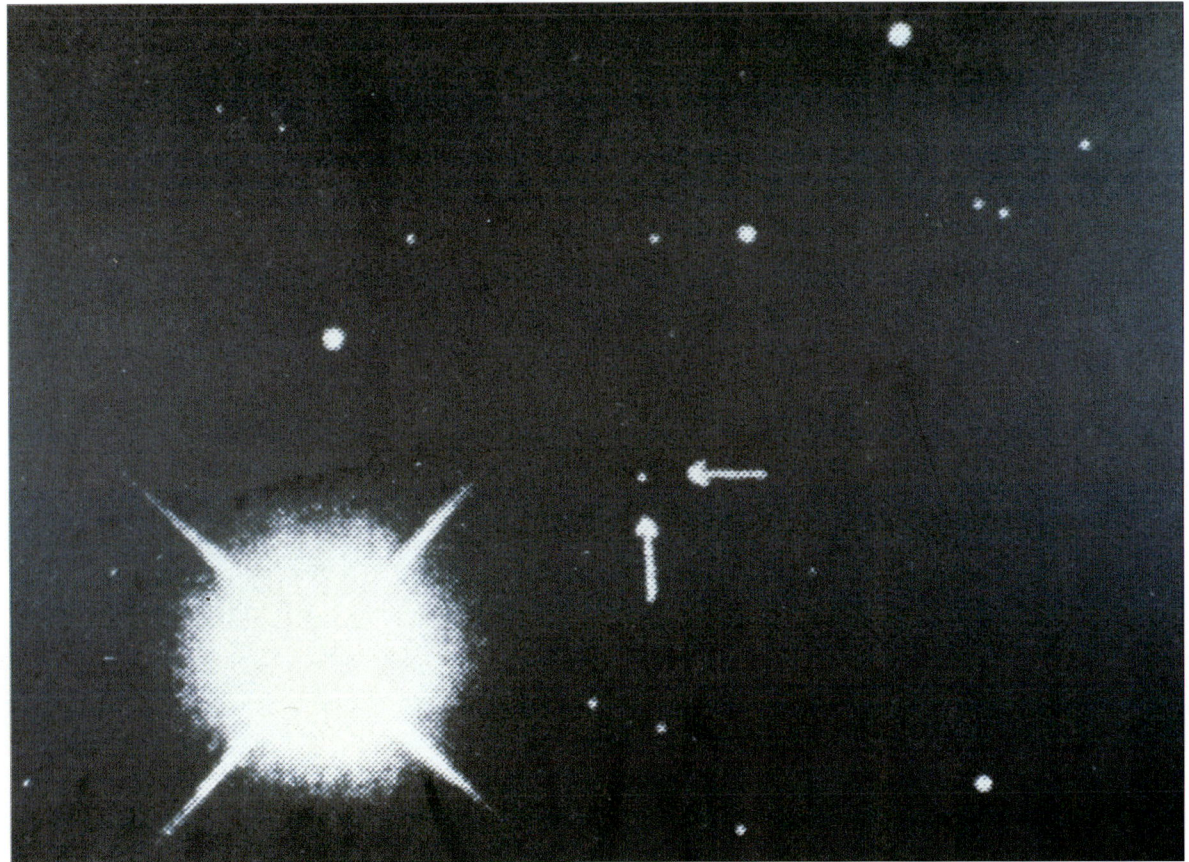

◄ **Entdeckungsplatte von Pluto,** 1933 aufgenommen von Clyde Tombaugh. Pluto ist durch die Pfeile gekennzeichnet. Er sieht genauso aus wie ein Stern und konnte nur identifiziert werden, weil er sich von Nacht zu Nacht bewegte. Das überbelichtete Bildelement ist Delta Geminorum mit einer Helligkeit von 3,5 mag; die Helligkeit Plutos lag unter 14.

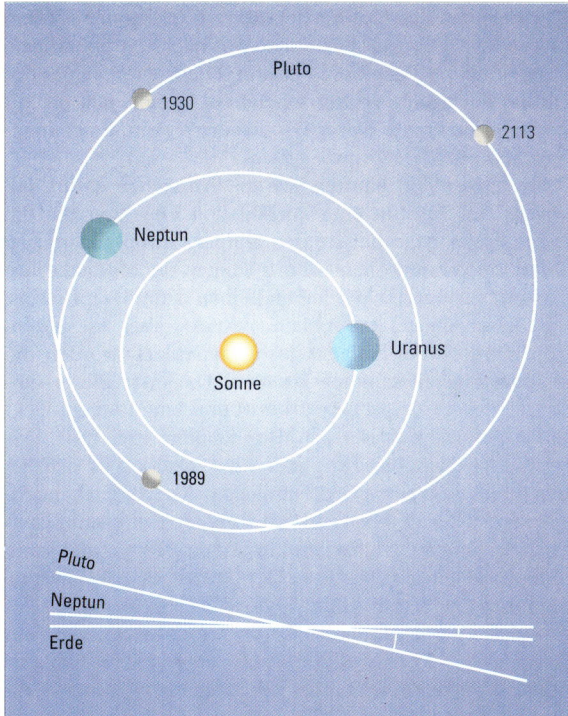

▲ Die Umlaufbahn Plutos.
Wegen seiner exzentrischen Bahn stößt er bis in die Umlaufbahn Neptuns vor, aber seine Bahnneigung von 17° verhindert die Gefahr einer Kollision. Das Perihel war 1989, das Aphel wird 2114 stattfinden.

▼ Pluto und Charon. Das Hubble-Bild ist jedem vom Boden aus gemachten Bild überlegen. Unten der Winkel der Umlaufbahn Charons, wie er sich momentan darstellt. In den 80er Jahren gab es eine Serie gegenseitiger Bedeckungen.

während es auf Charon Anzeichen von Wassereis gibt, jedoch keine erkennbare Atmosphäre vorhanden ist. Die Ergebnisse der Bedeckung lieferten sogar einige Anhaltspunkte für die Oberflächenstruktur.

Über den Ursprung Plutos ist man im Ungewissen. Er ist kein normaler Planet, könnte aber ein ungewöhnlicher Asteroid sein. Wahrscheinlicher ist jedoch, daß er ein Planetesimal ist, eine Art „Überbleibsel", das entstand, als sich die Hauptplaneten aus dem ursprünglichen Solarnebel bildeten. Seine Helligkeit liegt bei 14 mag, so daß man ihn bereits mit einem relativ kleinen Teleskop als sternähnlichen Punkt erkennen kann. Bis zur Annäherung einer Raumsonde an Pluto können wir kaum erwarten, sehr viel mehr über ihn herauszufinden, aber es könnte gut sein, daß seine Oberflächenstruktur der des Triton ähnelt.

▼ Infrarot-Karte Plutos, hauptsächlich basierend auf Beobachtungen von IRAS, dem Infrarot-Astronomischen-Satelliten, 1983. Anscheinend gibt es nahe dem Äquator einen hellen Streifen, der ohne Infrarot-Licht nicht zu erkennen ist. Die Pole sind drei- oder viermal so hell wie der Äquator. Die Karte ist natürlich nicht sehr genau.

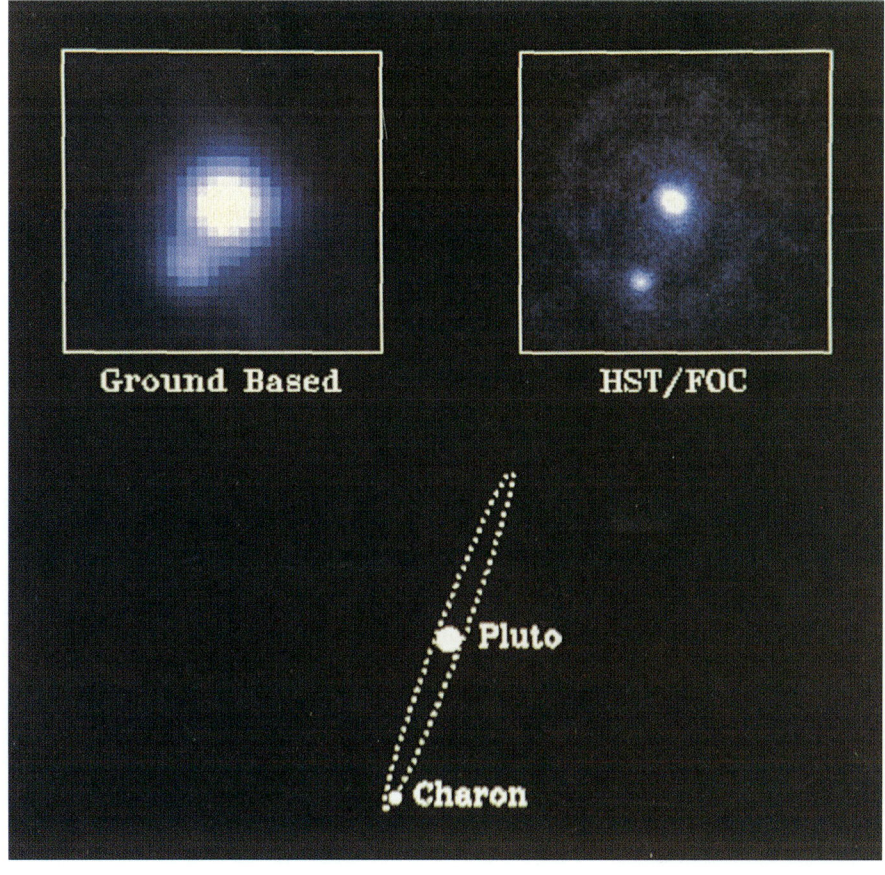

Ground Based

HST/FOC

Pluto

Charon

PLANETENDATEN – PLUTO	
Siderische Umlaufzeit	90 465 Tage
Rotationsperiode	6d 9h 17m
Mittlere Bahngeschwindigkeit	4,7 km/s
Bahnneigung	17,2°
Bahnexzentrizität	0,248
Scheinbarer Durchmesser	< 0,25"
Reziproke Masse, Sonne = 1	< 4.000.000
Fluchtgeschwindigkeit	1,18 km/s
Mittlere Oberflächentemperatur	ca. –220 °C
Albedo	ca. 0,4
Maximale scheinbare Helligkeit	14 mag
Durchmesser	2324 km

Erde

Grenzen des Sonnensystems

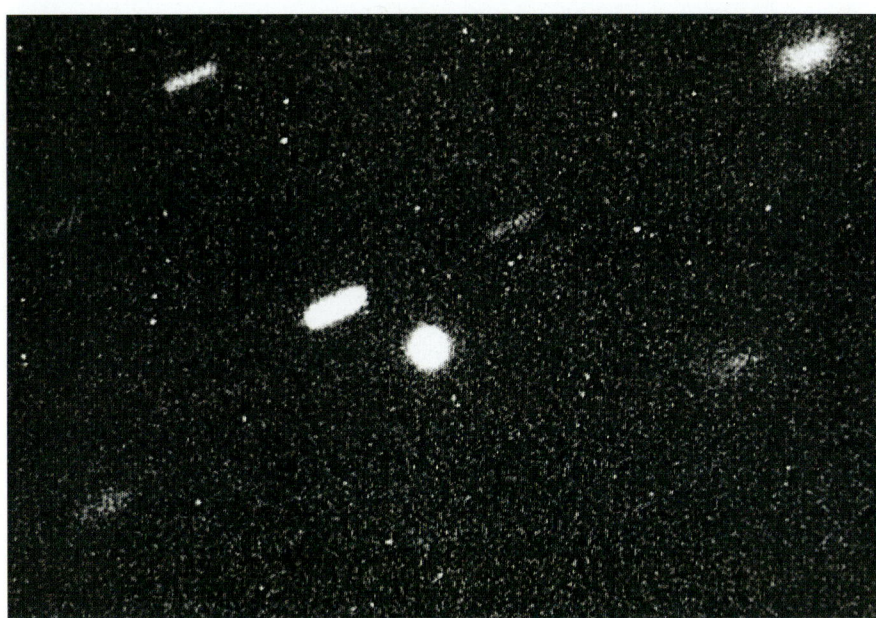

▲ **Pholus,** Asteroid 5145, 1992 entdeckt von D.L. Rabinowitz im Kitt Peak Observatorium, Arizona. Die scheinbare Helligkeit lag zu dieser Zeit bei 17 mag. Der Durchmesser könnte ungefähr 150 km betragen. Die Umlaufzeit ist 93 Jahre. Die Entfernung zur Sonne beträgt zwischen 1,3 und 4,8 Milliarden km. Er ist rot und könnte ein Planetesimal aus dem Kuiper-Gürtel sein.

▶ **1992 QB1.** Diese Bilder wurden von Alain Smette und Christian Vanderriest mit einem 3,5 m-Teleskop in La Silla aufgenommen. Die scheinbare Helligkeit betrug 23 mag; das schwach leuchtende Objekt ist durch einen Kreis gekennzeichnet. Die Entfernung zur Sonne betrug zu dieser Zeit über 6 Milliarden km jenseits der Umlaufbahn des Pluto.

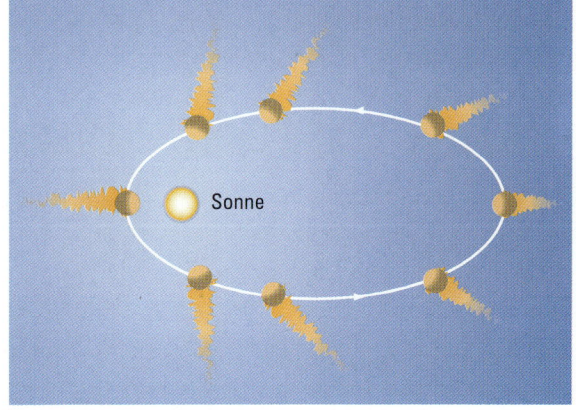

▶ **Die Richtung eines Kometenschweifes.** Die Schweife weisen immer mehr oder weniger von der Sonne weg. Während sich der Komet entfernt, verblaßt der Schweif, und wenn er weit genug von der Sonne entfernt ist, verschwindet er ganz.

Es ist nicht leicht zu bestimmen, wo das Sonnensystem „endet". Der sich der Sonne am nächsten befindliche Stern ist über 4 Lichtjahre entfernt. Die Region, in der der Einfluß der Sonne vorherrschend ist, könnte sich bis auf ungefähr die Hälfte dieser Distanz erstrecken. Es kann jedoch keine scharfe Grenze geben.

In letzter Zeit häuften sich die Anzeichen dafür, daß jenseits des Neptun eine Anzahl von Objekten um die Sonne kreist. Man hat sie den Kuiper-Gürtel genannt zu Ehren des verstorbenen Gerard Kuiper, der als erster ihre Existenz vermutete. Wir haben keinen definitiven Beweis, daß dieser Gürtel tatsächlich existiert, aber es sind in großer Entfernung einige Asteroiden entdeckt worden, die aus dem Gürtel stammen könnten. Das erste dieser Objekte wurde 1992 von David Jewitt und Jane Luu entdeckt und erhielt die provisorische Bezeichnung 1992 QB1. Das ist eine Bezeichnung für Asteroiden, aber ob es sich bei dem Objekt um einen herkömmlichen Asteroiden handelt, ist nicht sicher. Er bewegt sich in einer Entfernung zwischen 5,1 und 6,6 Milliarden km um die Sonne, und seine Umlaufzeit beträgt 296 Jahre. Der Durchmesser liegt wahrscheinlich bei 150 km, könnte jedoch auch größer sein. Man hat seitdem andere, ähnliche Objekte entdeckt, wie zum Beispiel 5145 Pholus, die alle sehr exzentrische Umlaufbahnen haben: Pholus kreuzt die Bahnen von Saturn, Uranus und Neptun.

Falls der Kuiper-Gürtel tatsächlich existiert, könnte er aus Planetesimalen – einer Art „Planetenbaustein" – bestehen, aus denen sich im Solarnebel die Hauptplaneten gebildet haben. Auch Pluto und Triton könnten solche Planetesimale sein. Schließlich gibt es immer noch die Möglichkeit, daß es einen weiteren großen Planeten im Sonnensystem gibt. Man hat von Zeit zu Zeit nach ihm gesucht, aber ob er tatsächlich existiert, ist fraglich.

Und was ist mit den Kometen? Kurzperiodische Kometen könnten aus dem Kuiper-Gürtel stammen, doch ist man allgemein der Meinung, daß die meisten Kometen aus der sogenannten Oortschen Wolke kommen, einem Schwarm aus eisigen Objekten, die mehr als ein Lichtjahr entfernt um die Sonne kreisen.

Wenn ein Mitglied dieser Wolke in seiner Bahn gestört wird, könnte es passieren, daß es auf die Sonne zufällt und schließlich in den inneren Teil des Sonnensystems eindringt. Das könnte verschiedene Folgen haben: Der Komet könnte einfach um die Sonne herumwandern, zur Oortschen Wolke zurückkehren und einige Jahrhunderte lang nicht mehr zurückkehren – oder sogar Tausende oder Millionen Jahre. Er könnte auch in die Sonne stürzen und dort zerstört werden (für gewöhnlich von Jupiter) und entweder ganz aus dem Sonnensystem hinauskatapultiert oder aber in eine kurzperiodische Umlaufbahn gezwungen werden, die ihn nach einigen Jahren wieder ins Perihel bringt. Er könnte auch mit einem Planeten kollidieren, wie es mit Shoemaker-Levy 9 im Juli 1994 passierte, als er auf Jupiter stürzte. Wirklich helle Kometen jedoch haben so lange Umlaufzeiten, daß wir ihr Erscheinen nicht vorhersagen können und sie meistens ganz überraschend auftauchen.

Ein Komet ist alles in allem ein geisterhaftes Objekt. Der einzige substanzhaltige Teil ist der Kern, den man treffend mit einem schmutzigen Schneeball verglichen hat. Wenn der Komet sich erhitzt, während er sich der Sonne nähert, beginnt das Eis im Kern zu schmelzen, so daß der Komet einen Kopf oder eine Koma entwickelt, die riesige Ausmaße annehmen kann. Die Koma des Großen Kometen von 1811 war größer als die Sonne. Ein Komet kann einen oder auch mehrere Schweife haben, obwohl es auch viele kleine Kometen ganz ohne Schweif gibt.

► Der Komet Bennett, 1970. Er war einer der helleren Kometen in letzter Zeit, und sein Kern wurde ebenso hell wie der Polarstern. Entdeckt wurde er von dem südafrikanischen Amateurastronomen Jack Bennett, einem der bekanntesten Kometenjäger.

▼ Der Komet West, einer der hellsten Kometen der neueren Geschichte, auch wenn er kein „Großer Komet" ist. Entdeckt wurde dieser Komet von Richard West, der auch dieses Bild aufnahm. Man konnte den Kometen in den Morgenstunden mehrerer Tage im März 1975 klar mit bloßem Auge erkennen. Während er sich von der Sonne entfernte, gab es Anzeichen für Störungen in seinem Kern, so daß er bei seinem nächsten Perihel in ungefähr 553 000 Jahren nicht mehr ganz so hell sein könnte!

Ein Kometenkern besteht aus Felspartikeln, die durch gefrorene Materie wie Ammoniak, Methan und Wasser zusammengehalten werden. Es gibt zwei Arten von Schweifen: Ein Gas- oder Ionenschweif entsteht durch den Druck des Sonnenlichts, das winzige Partikel aus dem Kopf löst, während sich ein Staubschweif aufgrund des Sonnenwindes bildet. Im allgemeinen ist ein Ionenschweif gerade, ein Staubschweif jedoch gekrümmt. Die Schweife zeigen immer mehr oder weniger von der Sonne weg, so daß sich ein nach außen wandernder Komet mit dem Schweif voran bewegt.

Jedesmal, wenn ein Komet sein Perihel durchwandert, verliert er einen Teil seiner Materie, woraus sich eine Koma und, in einigen Fällen, ein Schweif bildet. Der Halleysche Komet zum Beispiel verliert alle 76 Jahre, bei jeder Rückkehr zur Sonne, ungefähr 300 Millionen Tonnen seiner Materie. Das bedeutet, daß Kometen, im kosmischen Maßstab gesehen, sehr kurzlebig sind; der Halleysche Komet muß ein verhältnismäßiger Neuling aus der Oortschen Wolke sein. Einige kurzperiodische Kometen, die man regelmäßig beobachten konnte, sind mittlerweile verschwunden, wie zum Beispiel die Kometen von Biela, Brorsen und Westphal. (Kometen werden gewöhnlich nach ihren Entdeckern benannt, manchmal, wie es bei dem Halleyschen Kometen der Fall ist, jedoch auch nach dem Mathematiker, der als erster ihre Umlaufbahn berechnet hat.) Ein vorgestelltes P/ zeigt an, daß der Komet periodisch ist. Ein Komet hinterläßt eine „staubige" Spur auf seiner Bahn, und wenn die Erde durch eine dieser Spuren zieht, gibt es einen Schauer von Sternschnuppen.

Durch die stark exzentrischen Umlaufbahnen können die Kometen so nahe an einem Planeten vorbeiziehen, daß sich die Umlaufbahnen von einem Zyklus zum nächsten radikal ändern können. Der klassische Fall ist der des Lexell-Kometen von 1770, der so hell wurde, daß man ihn mit bloßem Auge sehen konnte. Einige Jahre später kam er nahe an Jupiter heran, so daß sich seine Umlaufbahn völlig veränderte. Wo er sich nun befindet, wissen wir nicht.

Unter den Entdeckern von Kometen befinden sich auch zahlreiche Amateure. Die Jagd nach Kometen ist ein beliebter Zeitvertreib, obwohl sie zeitaufwendig und sehr unberechenbar ist. Das Glück spielt dabei natürlich eine Rolle, aber das Wichtigste bei der Suche nach Kometen ist eine wahrhaft enzyklopädische Kenntnis des Himmels.

Kurzperiodische Kometen

Es ist schade, daß alle Kometen mit einer Periode von weniger als einem halben Jahrhundert nur schwach leuchten. Zweifellos waren sie, als sie das erste Mal von der Oortschen Wolke in Richtung Sonne stürzten, viel beeindruckender; heute jedoch sind sie nur noch Schatten ihrer selbst. Der Komet Encke, der als erster identifiziert wurde, ist ein gutes Beispiel dafür. Entdeckt wurde er 1786 von Pierre Méchain. 1795 sah ihn Caroline Herschel, und 1805 wurde er von Thulis in Marseille erneut gesehen. 1818 tauchte er wieder auf und wurde von Jean Louis Pons beobachtet. Seine Umlaufbahn berechnete J.F. Encke aus Berlin, der zu dem Schluß kam, daß die Kometen von 1786, 1795, 1805 und 1818 ein und derselbe waren. Er gab die Periode mit 3,3 Jahren an und sagte eine Rückkehr für 1822 voraus. Der Komet erschien dann auch genau zu der von Encke erwarteten Zeit und wurde dementsprechend nach ihm benannt. Seitdem ist er bei jeder Wiederkehr außer 1945 gesehen worden.

Bei einigen seiner Wiederkünfte während des letzten Jahrhunderts war er recht auffallend: 1829 erreichte er eine Helligkeit von 3,5 und hatte einen Schweif von 18 Bogenminuten Länge. Heutzutage ist er nicht mehr so eindrucksvoll, und obwohl es schwer zu sagen ist, scheint es, als wäre er verblaßt. Ob der Komet bis ins 22. Jahrhundert überleben wird, bleibt abzuwarten.

Der Komet Encke hat eine kleine Umlaufbahn. Sein Perihel liegt gerade noch innerhalb von Merkurs Bahn, während seine weiteste Entfernung von der Sonne bis in die Asteroidenzone reicht. Moderne Instrumente können ihn auf seiner gesamten Bahn verfolgen; seine Periode ist die kürzeste, die man kennt. 1949 gab es einen neuen Kometen, Wilson-Harrington, von dem man glaubte, seine Periode sei nur 2,4 Jahre. Er wurde jedoch erst 1979 wieder gesehen und diesmal als Asteroid, dem man die Bezeichnung Nr. 4015 gab! Es besteht kaum ein Zweifel daran, daß dieser Komet seinen Status geändert hat, und es könnte gut sein, daß viele der kleinen, nah herankommenden Asteroiden, wie zum Beispiel Phaethon, ursprünglich Kometen waren.

Der Komet Biela hatte ein trauriges Schicksal. Er wurde 1772 von Montaigne in Limoges entdeckt, von Pons 1805 wiederentdeckt und erneut 1826 von dem österreichischen Amateurastronomen Wilhelm von Biela gesehen. Die Periode wurde mit zwischen 6 und 7 Jahren angegeben, und er kehrte pünktlich im Jahre 1832 zurück, als John Herschel ihn als erster sah. (Der Komet verursachte übrigens eine große Panik in Europa, denn der französische Astronom Charles Damoiseau hatte vorhergesagt, daß die Bahn des Kometen mit der der Erde zusammentreffen würde. Er hatte zwar Recht, doch war der Komet zu jener Zeit weit von dem Punkt des Zusammentreffens entfernt.) 1839 sah man den Kometen nicht, weil er ungünstig am Himmel stand. 1846 jedoch versetzte er die Astronomen in Erstaunen, weil er sich in zwei Hälften spaltete. Das Paar kehrte 1852 zurück, wurde 1859 wegen seiner ungünstigen Position wieder nicht gesehen und tauchte bei seiner nächsten erwarteten Wiederkehr 1866 überhaupt nicht mehr auf – tatsächlich hat man es nie wiedergesehen. Als das Paar 1872 eigentlich hätte wiederkehren müssen, sah man einen hellen Meteorschauer aus dem Teil des Himmels kommen, an dem man die Kometen erwartet hatte, und es kann kein Zweifel bestehen, daß die Meteore sozusagen den Scheiterhaufen der Kometen darstellten. Der Schauer wiederholte sich 1885, 1892 und 1899, doch seitdem wurde nichts Vergleichbares mehr beobachtet. Allem Anschein nach hat der Schauer aufgehört, was wohl leider das Ende des Kometen Biela bedeutet.

Andere periodische Kometen sind „verlorengegangen", nur um nach Verlauf vieler Jahre wiedergefunden zu werden, wie zum Beispiel der Komet Holmes. 1892 war er mit dem bloßen Auge zu sehen und hatte eine Periode von fast sieben Jahren. Zwischen 1908 und 1965 ging er verloren und wurde seitdem bei verschiedenen Wiederkünften beobachtet, bei denen er jedoch nur extrem schwach leuchtete. Der Komet Brooks 2 kam 1886 nahe an Jupiter heran, geriet in die Umlaufbahn Ios und wurde zum Teil zerstört. Während dieses Zusammentreffens mit Jupiter verringerte sich seine Umlaufzeit von ursprünglich 29 Jahren auf den gegenwärtigen Wert von 7 Jahren.

Der Komet Schwassmann-Wachmann 1 ist ungewöhnlich interessant. Seine Umlaufbahn liegt ganz innerhalb der Bahnen Jupiters und Saturns, und er ist normalerweise von sehr geringer Leuchtkraft. Manchmal jedoch gibt es plötz-

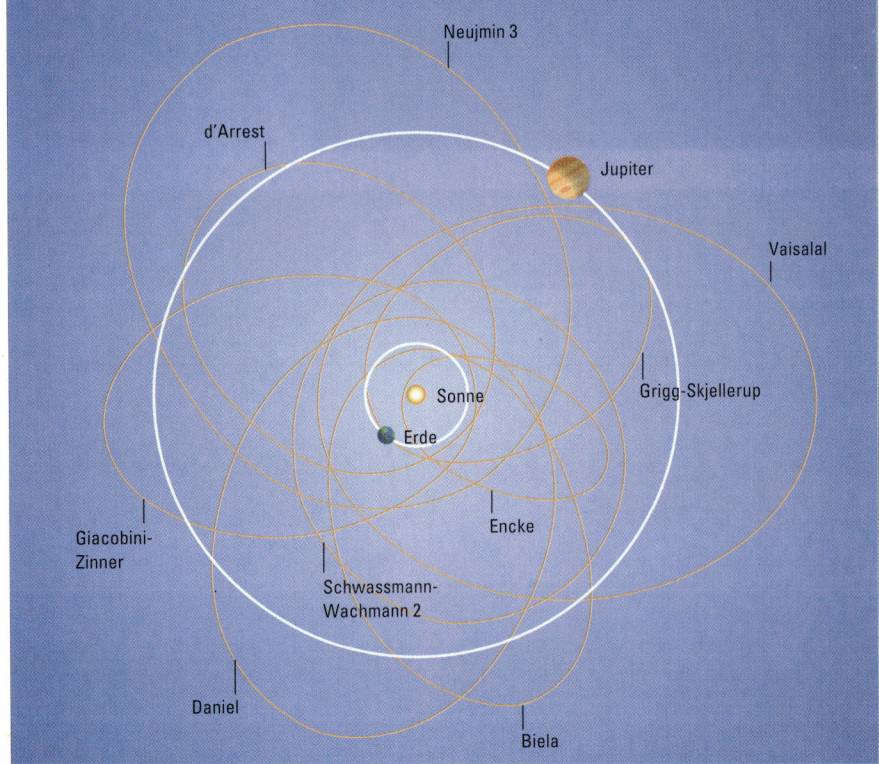

▲ **Die Umlaufbahnen einiger kurzperiodischer Kometen.** *Viele haben ihr Aphel nahe Jupiters Bahn. Einige, z.B. Encke, können auf ihrer gesamten Bahn beobachtet werden.*

▼ *Der Komet Biela in einer Zeichnung von Angelo Secchi, 1845, nachdem sich der Komet in zwei Hälften gespalten hatte. Die letzte beobachtete Wiederkehr war 1852.*

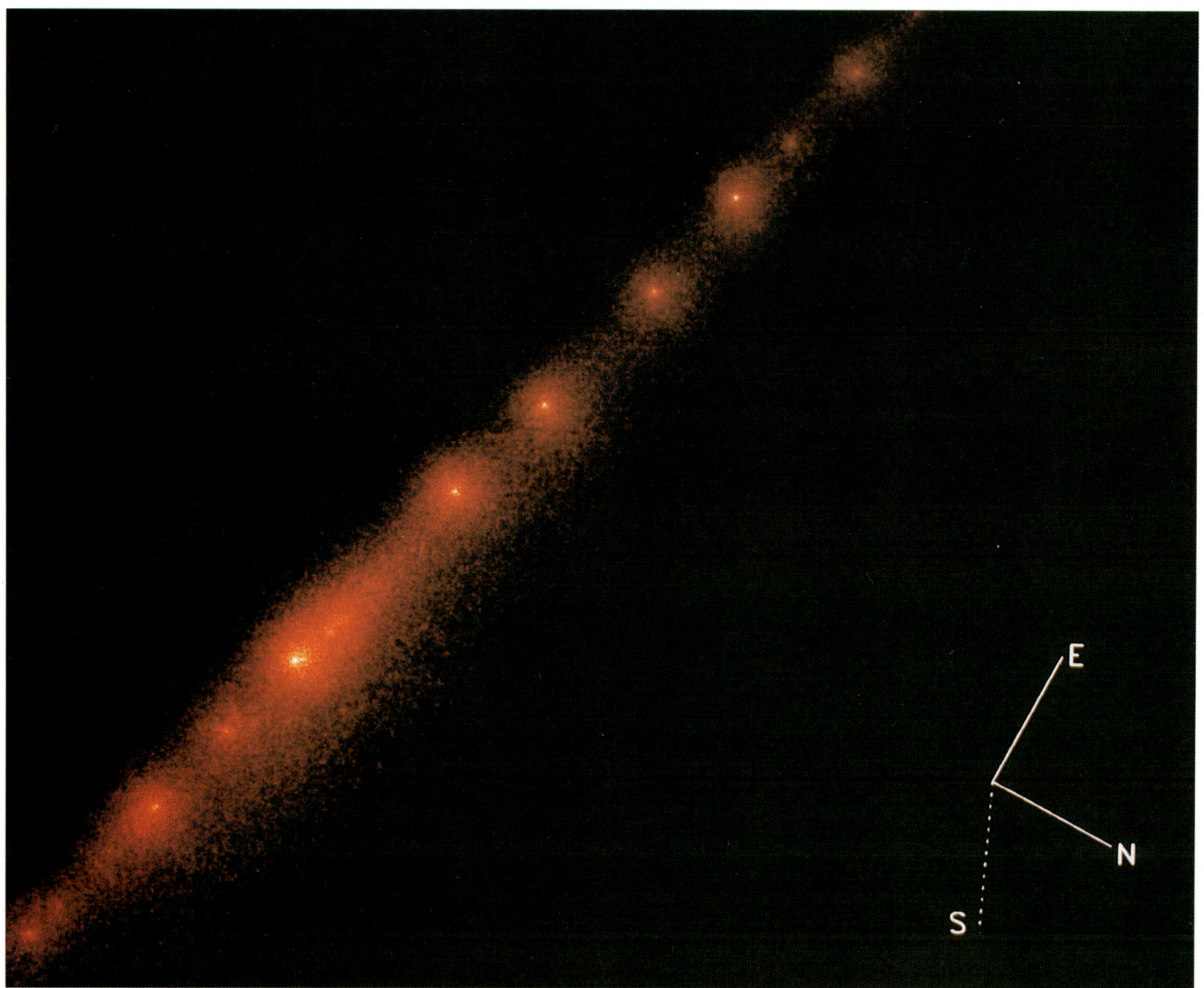

▲ Die Bahnstörung des Kometen Shoemaker-Levy 9. *Der Komet wurde während einer Annäherung an Jupiter in seiner Bahn gestört, vom Planeten eingefangen und schlug schließlich im Juli 1994 auf Jupiter auf. In einer Aufnahme des Hubble Space Teleskops vom 1. Juli 1993 kann man sehen, daß der Kern in eine Reihe von über 20 Objekten zerbrochen ist.*

liche Ausbrüche von Helligkeit, die ihn in Reichweite von Teleskopen bringen. Größere Instrumente können ihn auf seiner gesamten Bahn verfolgen, wie es auch bei einigen anderen Kometen mit fast kreisrunder Bahn der Fall ist, zum Beispiel bei Smirnova-Chernykh und Gunn.

Offensichtlich hat der riesige Jupiter einen mächtigen Einfluß auf Kometen, von denen viele ihr Aphel nahe der Umlaufbahn dieses Planeten haben. Tatsächlich hat Jupiter eine „Kometenfamilie", während es bei Saturn, Uranus und Neptun kein vergleichbares Phänomen gibt. Einige der kurzperiodischen Kometen, wie zum Beispiel D'Arrest, können von Zeit zu Zeit mit bloßem Auge gesehen werden. Es lohnt sich, nach ihnen Ausschau zu halten, auch wenn man zugeben muß, daß sie nicht eben eine Sensation sind.

PERIODISCHE KOMETEN, DIE MINDESTENS ZEHNMAL ZURÜCKGEKEHRT SIND

Name	Entdek- kungsjahr	Periode in Jahren	Exzen- trizität	Bahn- neigung	Abstand zur Sonne (AE) min.	max.
Encke*	1786	3,3	0,85	12,0	0,34	4,10
Grigg–Skjellerup	1902	5,1	0,66	21,1	0,99	4,93
Tempel 2	1873	5,3	0,55	12,5	1,38	4,70
Pons-Winnecke	1819	6,4	0,64	22,3	1,25	5,61
D'Arrest	1851	6,4	0,66	16,7	1,29	5,59
Kopff	1906	6,4	0,55	4,7	1,58	5,34
Schwassmann– Wachmann 2	1929	6,5	0,39	3,7	2,14	4,83
Giacobini–Zinner	1900	6,6	0,71	13,7	1,01	6,00
Borrelly	1905	6,8	0,63	30,2	1,32	5,83
Brooks 2	1889	6,9	0,49	5,6	1,85	5,41
Finlay	1886	7,0	0,70	3,6	1,10	6,19
Faye	1843	7,4	0,58	9,1	1,59	5,96
Wolf 1	1884	8,4	0,40	27,3	2,42	5,73
Tuttle	1790	13,7	0,82	54,4	1,01	10,45
Schwassmann– Wachmann 1*	1908	15,0	0,11	9,7	5,45	6,73
Halley	240 v. Chr.	76,0	0,97	162,2	0,59	34,99

(*= Kometen, die man auf ihrer gesamten Bahn verfolgen kann)

Der Halleysche Komet

▲ **Der Halleysche Komet, wie er am 16. März 1986 in Christchurch, Neuseeland, zu sehen war.** *Photographiert von Peter Carrington.*

▼ **Giotto,** *die in Großbritannien gebaute Raumsonde, die den Halleyschen Kometen traf und danach zu dem Kometen P/Grigg-Skjellerup weiterflog.*

▶ **Der Halleysche Komet,** *aufgenommen bei seiner Wiederkehr von 1910. Ein weit von der Sonne entfernter Komet hat keinen Schweif. Der Schweif entwickelt sich erst, wenn der Komet sich der Sonne nähert und erhitzt wird, so daß das Eis im Kern zu verdampfen beginnt. Diese Photoabfolge zeigt, wie der Schweif zu seinem Maximum heranwächst.*

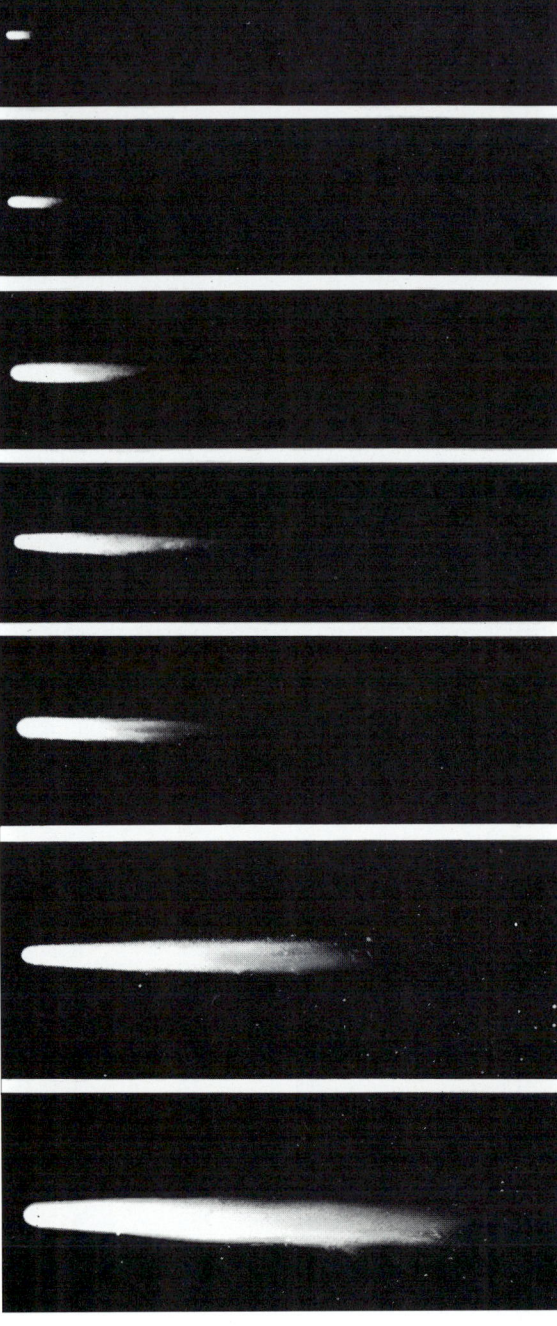

Der Halleysche Komet ist zweifelsohne der berühmteste Komet. Er wurde seit 164 v.Chr. bei jeder Rückkehr gesehen, und die frühesten Berichte über ihn aus China könnten bis ins Jahr 1059 v.Chr. zurückgehen. Der Zeitraum zwischen zwei Periheldurchgängen ist nicht immer 76 Jahre, denn wie alle seine Artgenossen unterliegt auch der Halleysche Komet der Anziehungskraft der Planeten.

Edmond Halley beobachtete die Wiederkehr von 1682. Er berechnete die Umlaufbahn und bemerkte, daß sie auffallende Ähnlichkeit mit der Bahn der Kometen besaß, die man 1607 und 1531 gesehen hatte, und glaubte daher, mit Sicherheit voraussagen zu können, daß 1758 eine Wiederkehr stattfinden würde. In der Weihnachtsnacht dieses Jahres – lange nach Halleys Tod – wurde der Komet von dem deutschen Amateurastronomen Palitzsch wiederentdeckt. Der Komet erreichte sein Perihel im März 1759. Dies war die erste vorhergesagte Wiederkehr eines Kometen, vorher hatten die meisten Astronomen geglaubt, daß Kometen in einer geraden Linie wandern.

Der Halleysche Komet hat eine stark elliptische Umlaufbahn. Seine kürzeste Entfernung von der Sonne beträgt ungefähr 88 Millionen km, sein Aphel liegt jenseits der Bahn Neptuns und möglicherweise nahe dem Kuiper-Gürtel. Bei der Wiederkehr, bei der er am hellsten war, 837 n.Chr., wanderte er in einer Entfernung von nur 6 Millionen km an der Erde vorbei. Aus zeitgenössischen Berichten wissen wir, daß sein Kopf so hell war wie die Venus und sein Schweif sich 90 Grad über den Himmel zog. Eine weitere helle Wiederkehr fand 1066 statt, vor der Schlacht von Hastings, und der Komet verursachte damals große Unruhe unter den Sachsen, wie man auf dem Wandteppich von Bayeux sehen kann. 1301 sah ihn der Florentiner Künstler Giotto di Bondone und nahm ihn als Modell für den Stern von Bethlehem in seinem Bild „Die Anbetung der Heiligen Drei Könige" –, auch wenn der Halleysche Komet mit

Sicherheit nicht der Stern von Bethlehem war, denn er kam 12 v.Chr. wieder, Jahre, bevor Christus geboren wurde. Bei seiner Wiederkehr von 1456 wurde der Komet von Papst Kalixtus III. als Werkzeug des Teufels verdammt. 1835 und 1910 war er eine auffällige Erscheinung, leider jedoch nicht 1986, als er in ungünstiger Position erschien und nicht näher als 39 Millionen Kilometer an die Erde herankam. Man konnte ihn zwar mit bloßem Auge sehen, er war jedoch keineswegs sensationell. Die nächste Wiederkehr, 2061, wird nicht besser sein. Wir müssen bis 2137 warten, dann wird er wieder einen herrlichen Anblick bieten.

Die Tatsache, daß der Halleysche Komet immer noch sehr hell wird, beweist, daß er erst vor verhältnismäßig kurzer Zeit aus der Oortschen Wolke gekommen ist. Bei jedem Periheldurchgang verliert er ungefähr 250 Millionen Tonnen seiner Materie, doch wird er seine gegenwärtige Form mehr oder weniger für weitere 150 000 Jahre beibehalten.

Das erste Mal photographiert wurde der Komet bei seiner Wiederkehr 1910, daraufhin blieb er bis zum 16. Oktober 1982 außer Reichweite, als er von D. Jewitt und E. Danielson im Palomar Observatorium wiederentdeckt wurde, nur sechs Bogenminuten von seiner vorhergesagten Position entfernt. Während er sich seinem Perihel näherte, schickte man ihm 5 Raumsonden entgegen: eine japanische, zwei russische und eine europäische. Die europäische Sonde Giotto drang in den Kopf des Kometen ein und kam in der Nacht vom 13. zum 14. März 1986 bis auf 605 km an den Kern heran. Giottos Kamera funktionierte noch 14 Sekunden, bevor die Sonde dem Kern am nächsten kam, dann jedoch wurde sie von einem Staubkörnchen getroffen, und der Kontakt war unterbrochen. Die Kamera blieb funktionsuntüchtig, so daß das aus nächster Nähe aufgenommene Bild vom Kern des Kometen aus einer Distanz von 1675 km stammt.

Es erwies sich, daß der Kern eine ähnliche Form wie eine Erdnuß hat und 15 x 8 x 8 Kilometer mißt bei einem Gesamtvolumen von über 500 Kubikkilometern und einer Masse zwischen 50 und 100 Milliarden Tonnen. Der Kern besteht hauptsächlich aus Wassereis, und er wird von einer Oberschicht aus schwarzer Materie geschützt, die an einigen Stellen Risse bekommt, sobald sie von der Sonne erhitzt wird. Dadurch wird das Eis unter der schwarzen Materie freigelegt, und es werden Staubteilchen losgelöst. Während Giotto vorüberflog, gab es sehr viele dieser sogenannten „Staubjets", die sich jedoch auf einen kleinen Bereich auf der sonnenzugewandten Seite des Kerns beschränkten. Die mittleren Regionen des Kerns waren glatter als der Rand; ein heller, 1,5 Kilometer großer Fleck war wahrscheinlich ein Hügel, und es gab kraterähnliche Erscheinungen mit einem Durchmesser von rund einem Kilometer. Die Rotationsperiode um die längste Achse des Kerns betrug 55 Stunden.

Schweife von beiderlei Art hatten sich gebildet, die selbst über kurze Zeit deutliche Veränderungen aufwiesen. Ende April war der Komet zu blaß geworden, um noch mit bloßem Auge gesehen werden zu können, doch überraschte er die Beobachter im Februar 1991, als man mittels eines dänischen 154 cm-Reflektors in La Silla in Chile bemerkte, daß der Komet einige Größenklassen heller geworden war. Es war eine Art Ausbruch erfolgt, dessen Ursache jedoch unbekannt ist.

Giotto überstand das Zusammentreffen mit dem Halleyschen Kometen und wurde weitergeschickt, um im Juli 1992 einen wesentlich kleineren und weniger aktiven Kometen zu treffen: P/Grigg-Skjellerup. Trotz des Verlustes der Kamera erhielt man eine Vielzahl von wertvollen Informationen. Unglücklicherweise hatte Giotto nicht mehr genug Antriebskraft, um noch zu einem dritten Kometen zu fliegen.

BEOBACHTETE WIEDERKEHR DES HALLEYSCHEN KOMETEN	
Jahr	**Datum des Perihels**
1059 v.Chr.	3. Dez.
240 v.Chr.	25. Mai
164 v.Chr.	12. Nov.
87 v.Chr.	6. August
12 v.Chr.	10. Oktober
66 n.Chr.	25. Januar
141	22. März
218	17. Mai
295	20. April
374	16. Februar
451	28. Juni
530	27. Sept.
607	15. März
684	2. Oktober
760	20. Mai
837	28. Februar
912	18. Juli
989	5. Sept.
1066	20. März
1145	18. April
1222	28. Sept.
1301	25. Oktober
1378	10. Nov.
1456	9. Juni
1531	26. August
1607	27. Oktober
1682	15. Sept.
1759	13. März
1835	16. Nov.
1910	10. April
1986	9. Februar

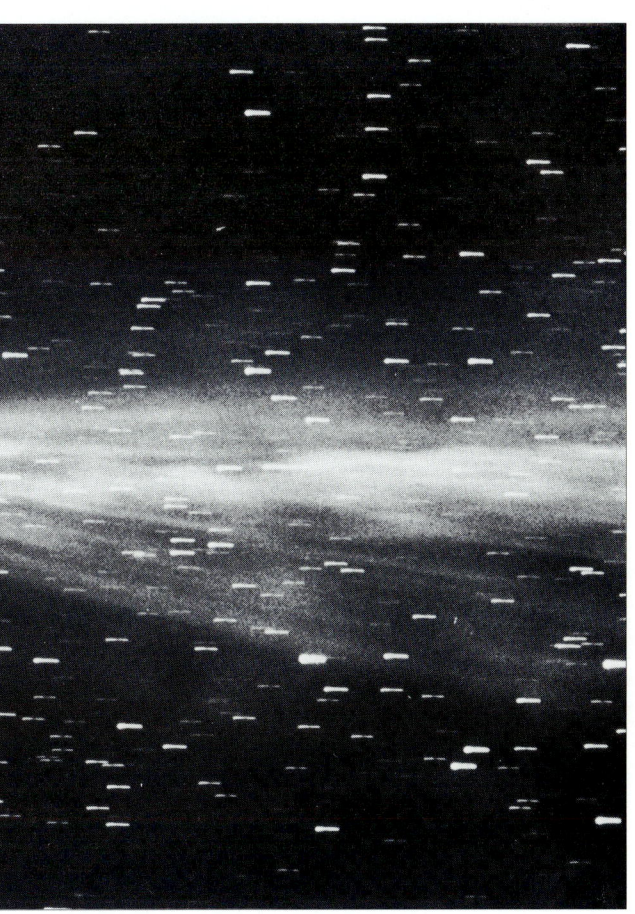

◄ *Der Halleysche Komet im Schmidt-Teleskop.* Eine der schönsten Aufnahmen des Kometen vom 9. Januar 1986. Der Komet war zu dieser Zeit 200 Millionen km von der Erde entfernt und hatte einen Schweif von 6 Millionen km Länge.

▲ *Die Umlaufbahn des Halleyschen Kometen.* Das Aphel wurde 1948 erreicht, das Perihel 1986. Der Komet ist nun wieder bis zur Umlaufbahn des Uranus zurückgewandert. Das nächste Perihel wird 2061 stattfinden.

◄ *Der Kern des Halleyschen Kometen,* aufgenommen mit der Mehrfarbenkamera in der Giotto-Sonde. Die Entfernung betrug 20 000 km. Es handelt sich hier natürlich um ein Falschfarbenbild.

Große Kometen

◄ **Der Große Komet von 1811,** entdeckt von Honoré Flaugergues. Diese Darstellung zeigt den Kometen am 15. Oktober von Otterbourne Hill aus, nahe Winchester in England.

► **Der Tageslicht-Komet von 1910,** Lowell Observatorium, 27. Januar. (Viele Menschen, die behaupten, 1910 den Halleyschen Kometen beobachtet zu haben, haben tatsächlich den helleren Tageslicht-Kometen gesehen.)

► **Der Komet Arend-Roland,** 1957 photographiert von E.M. Lindsay aus Armagh (Irland). Dieser Komet wird nie wiederkehren, da er in eine offene Umlaufbahn geschleudert worden ist.

Es überrascht nicht, daß in früherer Zeit die Menschen in Angst versetzt wurden, wenn ein heller Komet erschien. Man hielt diese sogenannten „haarigen Sterne" für Unglücksbringer, und es kam verschiedentlich zu Panikausbrüchen. Einer davon wurde 1736 von William Whiston ausgelöst, dem Nachfolger Newtons am Lehrstuhl für Mathematik in Cambridge. Whiston prophezeite, die Welt werde durch einen Zusammenstoß mit einem Kometen am 16. Oktober desselben Jahres zerstört. Die Angst der Londoner Bevölkerung war so groß, daß der Erzbischof von Canterbury die Prophezeiung öffentlich widerrufen mußte: Falls die Erde von einem Kometenkern von einigen Kilometern Durchmesser getroffen würde, gäbe es zweifellos weitverbreitete Schäden, doch bestehe für einen Zusammenstoß nur eine geringe Wahrscheinlichkeit.

Während unseres Jahrhunderts hat es leider nur wenige große Kometen gegeben, in der Vergangenheit jedoch wurden viele gesehen. Der Komet de Chéseaux von 1744 zum Beispiel entwickelte mehrere Schweife, die man mit einem Fächer verglich. Noch eindrucksvoller war der Komet von 1811, den der französische Astronom Honoré Flaugergues entdeckte. Die Koma war 2 Millionen km breit, und der 16 Millionen km lange Schweif erstreckte sich mehr als 90 Grad über den Himmel. Der Schweif des Großen Kometen von 1843 war über 330 Millionen km lang, um einiges länger also als die Distanz zwischen Sonne und Mars. Man vergißt bei diesen Zahlen leicht, daß diese riesigen Objekte im Vergleich zu Planeten von so verschwindend geringer Substanz sind.

Der Komet Donati von 1858 soll der schönste Komet gewesen sein, der je gesehen wurde. Er hatte einen hellen Kopf, einen geraden Ionenschweif und einen gekrümmten Staubschweif. Drei Jahre später erschien der von einem australischen Amateurastronomen entdeckte Komet Tebutt, der bis auf 20 Millionen km an die Erde herankam; wir könnten sogar durch die Spitze seines Schweifes hindurchgeglitten sein.

Der Große Komet des Südens von 1882 war hell genug, um Schatten zu werfen und selbst dann sichtbar zu bleiben, wenn die Sonne am Himmel stand. Er war der erste Komet, den man photographieren konnte. Sir David Gill machte am Kap der Guten Hoffnung ein hervorragendes Bild von ihm. Das hatte wichtige Konsequenzen: Weil Gills Bild so viele Sterne aufwies, wurde ihm klar, daß die Photographie die beste Methode war, um eine Karte des Sternenhimmels anzufertigen.

Der „Tageslicht"-Komet von 1910 tauchte wenige Wochen vor Erscheinen des Halleyschen Kometen auf und war eindeutig heller als dieser. Auch er war zur gleichen Zeit wie die Sonne sichtbar und hatte einen langen, eindrucksvollen Schweif. Seine Umlaufbahn ist elliptisch, doch werden wir ihn eine Weile lang nicht mehr zu sehen bekommen, denn seine Periode wird auf 4 Millionen Jahre geschätzt. Natürlich können wir darüber keine präzisen Angaben machen, da wir nur sehr kleine Teilstücke seiner Umlaufbahn berechnen können.

Der Komet Skjellerup-Maristany von 1927 war ebenfalls sehr hell, doch währte sein Erscheinen nur kurz, und er

▲ **Der Große Komet von 1843**, gesehen vom Kap der Guten Hoffnung, am Abend des 3. März. Dies war vielleicht der hellste Komet für viele Jahrhunderte.

▲ **Der Komet de Chéseaux von 1744** mit seinem vielfächrigen Schweif in einer berühmten Darstellung. Der Komet blieb jedoch nicht lange hell, und wir wissen nicht sehr viel über ihn.

▼ **Der Komet Donati von 1858**, der schönste Komet, der je gesehen wurde. Er hatte je einen Schweif von beiden Arten.

blieb zu nahe an der Sonne, um gut beobachtet werden zu können. Das galt auch, wenn auch nicht in diesem Maße, für den Kometen 1965 VIII, den zwei japanische Beobachter, Ikeya und Seki, unabhängig voneinander entdeckten. In einigen Teilen der Erde war er für eine Weile sehr hell, verblaßte jedoch bald und wird frühestens in 880 Jahren wiederkehren. Der Komet Kohoutek von 1973 war eine große Enttäuschung. Er wurde am 7. März 1973 von Lubos Kohoutek im Hamburger Observatorium entdeckt, und man erwartete, daß er außergewöhnlich hell werden würde. Er erfüllte diese Hoffnung jedoch nicht und war, mit dem bloßen Auge gesehen, keinesswegs auffällig. Vielleicht wird er bei seiner nächsten Wiederkehr ein besseres Schauspiel bieten. Sie wird ungefähr in 75 000 Jahren stattfinden.

Unter den weniger bedeutenden Kometen sollten insbesondere die Kometen Arend-Roland (1957), Bennett (1970) und West (1976) erwähnt werden. Arend-Roland war 1957 für ein oder zwei Wochen eine recht auffällige Erscheinung am Abendhimmel. Er zeigte einen seltsamen Lichtspeer, der zur Sonne zeigte. Es handelte sich dabei nicht um einen umgekehrten Schweif, sondern um kleine Staubpartikelchen in der Umlaufbahn des Kometen, die das Sonnenlicht in einem günstigen Winkel einfingen und reflektierten. Der Komet Bennett war etwas heller und hatte einen langen Schweif; seine Periode beträgt ungefähr 1700 Jahre. Der Komet West war ebenfalls hell, trug jedoch schwere Schäden davon, als er sein Perihel durchwanderte und der Kern zerbrach. Zweifelsohne werden Beobachter

AUSWAHLLISTE GROSSER KOMETEN					
Jahr	**Name**	**Datum der Entdeckung**	**Größte Helligkeit**	**Mag**	**Geringste Entfernung zur Erde (Mio. km)**
1577		1. Nov.	10. Nov.	−4	94
1618		16. Nov.	6. Dez.	−4	54
1665		27. März	20. April	−4	85
1743	de Chéseaux	29. Nov.	20. Feb. 1744	−7	125
1811	Flaugergues	25. März	20. Okt.	0	180
1843		5. Feb.	3. Juli	−7	125
1858	Donati	2. Juni	7. Okt.	−1	80
1861	Tebbutt	13. Mai	27. Juni	0	20
1874	Coggia	17. April	13. Juli	0	44
1882	Großer Komet des Südens	18. März	9. Sept.	−10	148
1910	Tageslicht-Komet	13. Jan.	30. Jan.	−4	130
1927	Skjellerup-Maristany	27. Nov.	6. Dez.	−6	110
1965	Ikeya-Seki	18. Sept.	14. Okt.	−10	135

sehr daran interessiert sein zu erfahren, was mit ihm geschehen ist, wenn er ungefähr im Jahre 559 000 n. Chr. zurückkehrt.

Zum Ende des Jahrhunderts erschienen noch zwei Kometen, die beide −1 mag erreichten. Hyakutake mit einem 3 km kleinen Kern näherte sich der Erde bis auf 15 Millionen Kilometer. Hale-Bopp kam 1997 nur auf 190 Millionen Kilometer Erdabstand und ist dafür sehr hell gewesen, vielleicht der schönste Komet seit 1910. Wir können nicht voraussehen, wann der nächste große – langperiodische – Komet zu sehen sein wird – vielleicht schon bald.

Meteore

▲ *Holzschnitt des Leonidenschauers von 1833.* Es hieß, die Meteore seien „wie Schneeflocken" herabgefallen. Andere große Leonidenschauer fanden 1799, 1866 und 1966 statt.

▼ *Der große Meteor vom 7. Oktober 1868.* Gemälde eines unbekannten Künstlers. Der Meteor war so hell, daß er weithin Aufmerksamkeit erregte. Er scheint nicht weniger hell als der Mond gewesen zu sein und hinterließ eine Spur, die einige Minuten lang sichtbar blieb.

Ein Meteorit ist ein Gesteinsbrocken, der aus dem All kommt und auf der Erde aufschlägt, wobei er manchmal einen Krater hinterläßt. Wenn ein Teilchen in die Lufthülle eindringt, verdampft Material und es kommt zu einer Leuchterscheinung, die man Meteor nennt. Die meisten Meteore kommen durch Bruchstücke von Kometen zustande, die meistens vollständig verdampfen. Teilchen, die als Meteorit die Erdoberfläche erreichen, stammen dagegen häufig aus der Asteroidenzone. Der Meteorit brennt in einer Höhe von 70 km aus und beendet seine Reise als feinkörniger Staub.

Wenn die Erde durch die Staubspur eines Kometen hindurchzieht, können wir einen Schauer von Sternschnuppen beobachten. Es gibt jedoch auch sporadische Meteore, die nicht mit uns bekannten Kometen in Verbindung stehen und jederzeit und aus jeder Richtung erscheinen können. Die Gesamtzahl der Meteore der Helligkeitsklasse 5 oder heller, die pro Tag in die Erdatmosphäre eindringen, liegt bei 75 Millionen, so daß ein Beobachter damit rechnen kann, mit dem bloßen Auge ungefähr 10 Meteore pro Stunde zu sehen. Während eines Schauers wird diese Zahl natürlich größer sein.

Ein Meteorschauer erweckt den Eindruck, als komme er von einem bestimmten Punkt am Himmel, den man den Radianten nennt. Die Teilchen wandern aber tatsächlich auf parallelen Bahnen durch den Himmel; wir haben es also mit einer perspektivischen Wirkung zu tun – ganz so, wie die parallelen Spuren einer Autobahn von einem gemeinsamen Punkt nahe dem Horizont zu kommen scheinen.

Die Reichhaltigkeit eines Schauers wird in ZHR gemessen (Zenithal Hourly Rate). Das ist die Anzahl der mit bloßem Auge sichtbaren Meteore, die man unter idealen Bedingungen sehen kann, wenn der Radiant im Zenit steht. Da diese Bedingungen nie gegeben sind, ist die beobachtete Anzahl immer um einiges geringer als die theoretische ZHR.

Jeder Schauer hat seine eigenen, besonderen Merkmale. Die Anfang Januar auftretenden Quadrantiden haben keinen bekannten Ursprungskometen, ihr Radiant liegt im Sternbild von Bootes. Die ZHR kann sehr hoch sein, doch ist das Maximum von sehr kurzer Dauer. Die

April-Lyriden stehen mit dem Kometen Thatcher von 1861 in Zusammenhang, dessen Periode auf 415 Jahre geschätzt wird. Ihre ZHR ist für gewöhnlich nicht sehr hoch, doch können sie hin und wieder ein beeindruckendes Schauspiel liefern wie zuletzt 1982. Zwei Schauer, die Eta Aquariden im April/Mai und die Orioniden im Oktober, stammen vom Halleyschen Kometen, obwohl sie während der letzten Wiederkehr des Kometen 1986 nicht besonders dicht waren. Die Oktober-Draconiden sind mit dem periodischen Kometen Giacobini-Zinner verbunden. Für gewöhnlich sind sie recht dürftig, 1933 aber brachten sie einen heftigen Schauer hervor, in dessen Verlauf man für kurze Zeit sogar 350 Meteore pro Minute beobachten konnte. Seitdem waren die Draconiden jedoch leider jedesmal eine Enttäuschung.

Die größten Schauer finden im Dezember statt: die Geminiden und die Ursiden. Die Geminiden haben einen ungewöhnlichen Ursprung – den Asteroiden Phaethon, der wahrscheinlich ein „toter" Komet ist. Die Ursiden, die ihren Radianten im Großen Bären haben, sind mit dem Kometen Tuttle verbunden und können manchmal eine große Dichte erreichen, wie zum Beispiel 1945 und 1986.

Einige Schauer scheinen im Laufe der Jahre nachgelassen zu haben. Die Andromediden sind heute fast ausgestorben. Die Tauriden vom Kometen Encke sind normalerweise nicht sehr auffällig, obwohl sie über einen Monat lang dauern. Sie scheinen in früheren Jahrhunderten wesentlich eindrucksvoller gewesen zu sein.

Die wahrscheinlich interessantesten Schauer sind die Perseiden und die Leoniden. Die Perseiden sind sehr verläßlich, dauern einige Wochen und erreichen ihr genaues Maximum am 12. August jeden Jahres. Wenn man während der ersten Augusthälfte einige Minuten lang in einen klaren, dunklen Himmel blickt, muß man schon sehr großes Pech haben, um nicht mehrere Perseiden zu sehen. Die Tatsache, daß dieses Schauspiel nie auf sich warten läßt, beweist, daß die Partikel genügend Zeit hatten, um sich über die gesamte Umlaufbahn ihres Ursprungskometen Swift-Tuttle zu verteilen, der eine Periode von 130 Jahren hat und sein letztes Perihel 1992 erreichte. Der Komet war zu dieser Zeit nicht besonders auffällig, aber bei seiner nächsten Wiederkehr wird er der Erde sehr nahe kommen – bestimmt bis auf einige Millionen Kilometer, vielleicht sogar näher –, und es hat Vermutungen gegeben, daß er mit uns zusammenstoßen könnte. Die Chancen einer Kollision sind äußerst gering, aber Swift-Tuttle wird sicherlich ein herrliches Schauspiel bieten.

Die Leoniden sind ganz anderer Art. Der Ursprungskomet Temple-Tuttle hat eine Periode von 33 Jahren, und größere Leoniden-Schauer erfolgen nur dann, wenn der Komet zu seinem Perihel zurückkehrt, da die Partikel sich noch nicht über die gesamte Umlaufbahn verteilt haben. Besonders spektakuläre Meteorschauer gab es 1799, 1833 und 1866.

Die erwarteten Schauer von 1899 und 1933 blieben aus, weil der Meteorsturm von Jupiter und Saturn abgelenkt worden war. 1966 jedoch kehrten die Leoniden eindrucksvoll zurück und erreichten im Maximum eine Rate von 60 000 pro Stunde. Leider dauerte der Schauer nur 40 Minuten und ereignete sich, während in Europa Tageslicht herrschte. Leonidenschauer sind über viele Jahrhunderte zurückverfolgt worden. Tatsächlich wurde das Jahr 902 das „Jahr der Sterne" genannt.

Einige wenige Leoniden lassen sich jährlich um den 17. November herum beobachten. Die letzte Wiederkehr des Kometen Temple-Tuttle 1999 wurde von vielen Beobachtern als enttäuschend empfunden. Der Meteoritenschauer fiel längst nicht so reich aus wie erwartet.

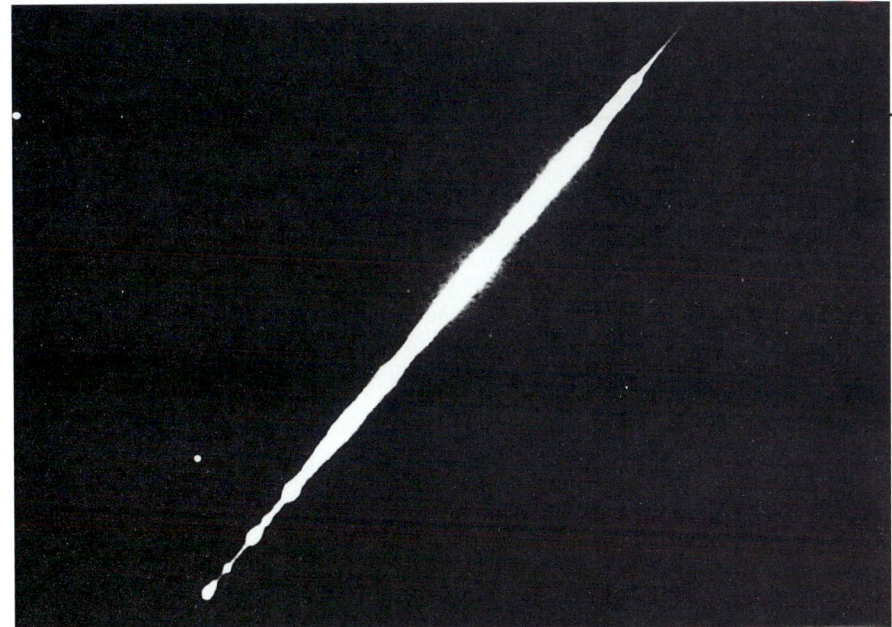

▲ **„Feuerball"** *(ein sehr heller Meteor), photographiert um 22.55 UT am 8.November 1991 von John Fletcher in Gloucester, England. Belichtung 6 Sekunden; Film 3M 1000; Brennweite 50 mm; f/2.8.*

▲ **Das „Radianten"-Prinzip,** *aufgenommen 1992 in Alaska. Die parallelen Linien scheinen von einem gemeinsamen Punkt nahe dem Horizont zu kommen.*

▼ **Der Komet Swift-Tuttle,** *von dem die Perseiden kommen, photographiert von Don Trombino um 23.35 UT am 12.Dezember 1992. Er war bei dieser Wiederkehr nicht sehr hell, wurde jedoch vielerorts beobachtet.*

◄ **Der Leonidenschauer,** *am 17. November 1966 in Arizona aufgenommen. Er scheint ebenso dicht gewesen zu sein wie die Schauer von 1799, 1833 und 1866.*

AUSGEWÄHLTE JÄHRLICHE METEORSCHAUER

Schauer	Beginn	Max.	Ende	Max. ZHR	Ursprungs- komet	Bemerkungen
Quadrantiden	1.Jan.	4.Jan.	6.Jan.	60	–	Radiant im Bootes. Kurz, scharfes Max.
Lyriden	19.Apr.	21.Apr.	25.Apr.	10	Thatcher	Gelegentlich sehr dicht, wie z. B. 1922 und 1982.
Eta Aquariden	24.Apr.	5.Mai	20.Mai	35	Halley	Breites Maximum.
Delta Aquariden	15.Juli	29.Juli 20.Aug.	6.Aug.	20	–	Doppelter Radiant, nicht sehr hell.
Perseiden	23.Juli	12.Aug.	20.Aug.	75	Swift-Tuttle	Dicht, beständig.
Orioniden	16.Okt.	22.Okt.	27.Okt.	25	Halley	Schnell, feine Bahnen.
Draconiden	10.Okt.	10.Okt.	10.Okt.	veränderl.	Giacobini- Zinner	Normalerweise schwach, gelegentlich jedoch sehr dicht, wie z. B. 1933 und 1946.
Tauriden	20.Okt.	3.Nov.	30.Nov.	10	Encke	Langsame Meteore. 1988 sehr beeindruckend.
Leoniden	15.Nov.	17.Nov.	20.Nov.	veränderl.	Tempel- Tuttle	Normalerweise schwach, manchmal aber sehr dicht, z.B. 1933,1866, 1966. Ein weiterer dichter Schauer wird 1999 erwartet.
Andromediden	15.Nov.	20.Nov.	6.Dez.	sehr niedrig	Biela	Heute fast ausgestorben.
Geminiden	7.Dez.	13.Dez.	16.Dez.	75	Phaethon (Asteroid)	Dicht, beständig.
Ursiden	17.Dez.	23.Dez.	25.Dez.	5	Tuttle	Kann dicht werden, wie z.B. 1945 und 1986

Meteoriten

Ein Meteorit ist ein Gesteinsbrocken, der aus dem All kommt und auf der Erde aufschlägt, wobei er manchmal einen Krater hinterläßt. Er ist keineswegs einfach nur ein großer Meteor; es gibt zwischen diesen beiden Phänomenen keine Verbindung. Meteore sind Leuchterscheinungen, hervorgerufen durch Bruchstücke von Kometen. Meteoriten dagegen kommen aus der Asteroidenzone und haben weder mit Sternschnuppen noch mit Kometen etwas zu tun. Zwischen einem großen Meteoriten und einem Asteroiden besteht eigentlich keinerlei Unterschied.

Meteoriten werden in drei Hauptkategorien eingeteilt: in Eisen- (Siderite), Stein-Eisen- (Siderolite) und Stein-Meteorite (Aerolite). Siderite bestehen fast gänzlich aus Eisen und Nickel. Aerolite gibt es in zwei Varianten: Chondriten und Achondriten. Die Chondriten enthalten im Gegensatz zu den Achondriten kleine kugelförmige Mineralfragmente von ca. 1-10 Millimeter Größe, die man Chondren nennt. Sie sind besonders interessant, weil sie

Kohlenstoff enthalten. Es wurde sogar behauptet, daß ein berühmter kohlenstoffhaltiger Chondrit, der Meteorit Orgueil, der am 14. Mai 1864 in Frankreich einschlug, „organische Elemente" enthielt, obwohl es sehr viel wahrscheinlicher ist, daß der Meteorit erst nach seiner Landung „befallen" wurde.

Alle bekannten Meteorite, die mehr als 10 Tonnen wiegen, sind Siderite (der größte Aerolit, der 1976 in der Mandschurei niederging, wog nur 1766 kg). Es ist jedoch nicht immer einfach, einen Meteoriten nur aufgrund seines Aussehens zu identifizieren, und oft kann nur ein ausgebildeter Geologe bestimmen, was meteoritisch ist und was nicht. Man kann einen Eisenmeteoriten dadurch testen, daß man ihn zerteilt und mit verdünnter Säure anätzt. Einige Siderite weisen dann die geometrischen „Widmannstättenschen-Muster" auf, die in gewöhnlichen Mineralen nicht zu finden sind.

Meteoriten sind schon seit frühester Zeit bekannt, obwohl man erst 1803 in L'Aigle, Frankreich, durch einen Steinschauer den endgültigen Beweis dafür erhielt, daß sie aus dem Himmel kommen. Der Schwarze Stein in Mekka ist zweifellos ein Meteorit, und Berichten zufolge machte man noch im 19. Jahrhundert aus einem südafrikanischen Meteoriten ein Schwert für Zar Alexander.

Der größte bekannte Meteorit liegt immer noch dort, wo er in prähistorischer Zeit niederging, nämlich in Grootfontein nahe Hoba West in Namibia. Er wiegt mindestens 60 Tonnen. Der zweitgrößte Meteorit ist der Ahnighito („Zelt"), den Robert Peary 1897 in Grönland fand und der sich nun im Hayden-Planetarium in New York befindet.

Man weiß von mehr als zwanzig Meteoriten, die über den Britischen Inseln niedergegangen sind, und die meisten davon sind gefunden worden. Der berühmteste unter ihnen schoß am Weihnachtsabend 1965 über England hinweg. Nachdem er zerbrochen war, regneten seine Bruchstücke auf das Dorf Barwell in Leicestershire nieder. Der letzte britische Meteorit – ein kleiner Chondrit – fiel am 5. Mai 1991 in Glatton in Cambridgeshire nieder und landete zwanzig Meter von einem Rentner entfernt, der seiner Gartenarbeit nachging. Übrigens ist kein Fall bekannt, bei dem jemand von einem herabstürzenden Meteoriten ernstlich verletzt worden wäre.

Die beiden größten Einschläge im Verlauf des 20. Jahrhunderts gab es in Sibirien. Am 30. Juni 1908 stürzte ein Objekt im Gebiet der Tunguska nieder und knickte über weite Strecken, die glücklicherweise unbewohnt waren, den Nadelwald um. Aufgrund der unruhigen Verhältnisse, die zu dieser Zeit in Rußland herrschten, erreichte erst 1927 eine Expedition die Stelle, und obwohl die Kiefern immer noch umgeknickt waren, gab es keinen Krater und auch keine Anzeichen von einem Meteoriten zu sehen. Es ist möglich, daß der Aufschlag von einem Eisklumpen herrührte, was bedeuten könnte, daß er von einem Kometen stammte, aber wir wissen es nicht sicher. Der zweite sibirische Einschlag ist nicht so geheimnisvoll. Er ereignete sich am 12. Februar 1947 im Sikhote-Alin Gebiet. Man entdeckte zahlreiche kleine Krater, und es konnten viele Bruchstücke des Meteoriten geborgen werden.

Man hat viel über die acht SNC-Meteoriten diskutiert, die nach den Gebieten benannt wurden, in denen man sie gefunden hat (Shergotty in Indien, Nakhla in Ägypten und Chassigny in Frankreich). Sie scheinen sehr viel jünger zu sein als die meisten Meteoriten und sind auch anders zusammengesetzt. Man hat die Theorie aufgestellt, daß sie vom Mond oder sogar vom Mars stammen könnten. Dies ist natürlich reine Vermutung, aber zumindest eine faszinierende Möglichkeit, auch wenn man sich nur schwer vorstellen kann, wie sie hierher gekommen sein sollen.

▼ ▶ Tektite könnten meteoritischen Ursprungs sein, stammen aber wahrscheinlich von der Erde.

▶ Der Glatton Meteorit,
der am 5. Mai 1991 in Cambridgeshire niederging. Er wog 767 Gramm.

▶ Nickel-Eisen-Meteorit,
gefunden am Meteorkrater in Arizona und nun im dortigen Museum.

Noch rätselhafter sind die Tektite, kleine glasähnliche Objekte, die zweimal erhitzt worden zu sein scheinen und eine aerodynamische Form haben. Man findet sie nur in bestimmten Gebieten, besonders in Australien, Ozeanien und Teilen der ehemaligen Tschechoslowakei. Viele Jahre lang hat man sie als ungewöhnliche Meteorite bezeichnet, aber nun nimmt man eher an, daß sie irdischen Ursprungs sind und wahrscheinlich von Vulkanen herausgeschleudert wurden.

Zumindest können wir das Alter von Meteoriten bestimmen. Die meisten scheinen ungefähr 4,6 Milliarden Jahre alt zu sein, was ungefähr dem Alter unseres Sonnensystems selbst entspricht. Wenn man also einen Meteoriten aufhebt, dann hat man ein Stück Materie in der Hand, das Tausende von Millionen Jahren zwischen den Planeten umhergewandert ist, bis es schließlich auf der Oberfläche unserer eigenen Welt seinen endgültigen Ruheplatz fand.

EINIGE GROSSE METEORITEN

Name	Gewicht (Tonnen)
Hoba West, Grootfontein, Namibia, Afrika	über 60
Ahnighito (Das Zelt) Cape York, Westgrönland	34
Bacuberito, Mexiko	27
Mbosi, Tansania	26
Agalik, Cape York, Westgrönland	21
Armanty, Äußere Mongolei	20
Willamette, Oregon, USA	14
Chapuderos, Mexiko	14
Campo del Cielo, Argentinien	13
Mundrabilla, Westaustralien	12
Morito, Mexiko	11

◄ *Der Hoba West-Meteorit,* photographiert von Rudolf Meyer. Er ist von allen bekannten Meteoriten der schwerste.

◄ *Stück des Barwell-Meteoriten,* der in Leicestershire gefunden wurde. Der Meteorit landete am 24. Dezember 1965. Er erregte viel Aufmerksamkeit, als er über England hinwegflog und während seines Abstiegs zerbrach. Er war der größte uns bekannte Meteorit, der auf Großbritannien stürzte. Das ursprüngliche Gewicht könnte bei ungefähr 46 Kilogramm gelegen haben.

Meteoritenkrater

In Arizona, nicht weit entfernt von dem Dorf Winslow, gibt es eine Stelle, die man als den „interessantesten Ort der Erde" bezeichnet hat. Es ist ein riesiger Krater, 1265 Meter Durchmesser und 175 Meter tief. Er ist gut erhalten und eine bekannte Touristenattraktion. Über seinen Ursprung besteht kein Zweifel: er stammt von einem Meteoriten, der in prähistorischer Zeit in der Wüste Arizonas einschlug. Das Datum seiner Entstehung ist nicht genau bekannt, und frühere Schätzungen von 20 000 Jahren sind vielleicht nicht hoch genug. Unter den weißen Einwohnern weiß man seit 1871 von seiner Existenz.

Der Krater ist kreisrund, obwohl der Einsturz in einem schrägen Winkel erfolgte. Als der Meteorit einschlug, verwandelte sich seine kinetische Energie in Hitze, und er wurde so zu einer Art gewaltigen Bombe. Was von dem Meteoriten selbst übrigblieb, liegt wahrscheinlich unter dem südlichen Kraterwall begraben. Übrigens ist sein gebräuchlicher Name falsch. Man nennt ihn Meteorkrater, doch sollte es eigentlich Meteoritenkrater heißen.

Ein kleinerer, aber sehr ähnlicher Krater ist der Wolf Creek-Krater in Westaustralien, um den sich verschiedene Legenden ranken. Er ist wesentlich jünger als der Arizona-Krater. Sein Alter kann nicht mehr als 15 Millionen Jahre betragen, und wahrscheinlicher ist, daß es lediglich 2 Millionen Jahre sind. Seit er 1947 durch Luftaufnahmen entdeckt wurde, ist er gründlich erforscht worden. Der Wall hat eine Schräge von 15 bis 35 Grad, der Boden ist flach, liegt 55 Meter unter dem Kraterrand und 25 Meter tiefer als die umliegende Ebene. Der Durchmesser beträgt 675 Meter. Meteoritenbruchstücke, die man in dem Gebiet gefunden hat, lassen keine Zweifel daran, daß der Krater kosmischen Ursprungs ist.

In Australien gibt es auch noch andere Einschlagskrater, einer in Boxhole und eine ganze Gruppe nahe Henbury, beide im Norden. Faszinierend ist auch „Gosse's Bluff", ein mindestens 50 000 Jahre alter Krater, der bereits sehr unter Erosion gelitten hat. Man kann jedoch immer noch den Überrest einer kreisrunden Form erkennen sowie Andeutungen der alten Wälle.

Die Liste der Einschlagskrater enthält Exemplare in Amerika, Arabien, Argentinien, Estland und anderswo, doch muß man sich vor falschen Schlüssen in acht nehmen. Unvoreingenommene Geologen sind zum Beispiel aufgrund sorgfältiger Untersuchungen übereinstimmend zu dem Schluß gekommen, daß der Vredefort-Ring nahe Pretoria in Südafrika irdischen Ursprungs ist. Er entstand aufgrund örtlicher geologischer Strukturen. Auch seine Form ist untypisch für eine Kollision. Ebenso bemerkenswert ist, daß der riesige Hoba West-Meteorit mit keinem Krater in Verbindung gebracht werden kann.

▼ *Der Schauplatz des sibirischen Einschlags von 1908,* Tunguska; 1991 photographiert von Don Trombino. Es entstand kein Krater, was wahrscheinlich bedeutet, daß das Objekt vor der Landung zerbrach. Die Folgen des Einschlags sind jedoch immer noch deutlich zu sehen.

▼ *Der Wolf Creek-Krater* in Westaustralien in einer Luftaufnahme, die 1993 gemacht wurde. Der Krater ist sehr gut ausgebildet und, abgesehen von dem Arizona-Krater in den USA, möglicherweise das perfekteste Beispiel für einen Einschlagskrater auf der Erde.

▶ *„Saltpan",* nahe Pretoria, Südafrika, wurde kürzlich als Einschlagskrater identifiziert. Er ist größer als der Arizona-Krater. Man kann deutlich die entsprechenden Gesteinsstrukturen erkennen. Die umgebenden Wälle sind überall gleich hoch. Photo von Dr. Kelvin Kemm, 1994.

Es ist oft behauptet worden, daß die Erde vor 65 Millionen Jahren von einem riesigen „Geschoß" getroffen worden ist, wodurch im Erdklima solch grundlegende Veränderungen hervorgerufen wurden, daß viele Lebensformen, einschließlich der Dinosaurier, ausstarben. Das mag stimmen oder auch nicht, ist jedoch sicherlich eine Möglichkeit, auch wenn alle Bemühungen, einen zu dieser Zeit entstandenen Einschlagskrater zu finden, zu keinem klaren Ergebnis geführt haben.

Zweifellos werden auch in Zukunft weitere Krater entstehen, da es zahlreiche potentielle Kandidaten gibt, die in unserer Nähe im Sonnensystem umherwandern. Auch wenn die Chancen eines größeren Einschlags gering sind, kann man ihn doch nicht ganz ausschließen, weshalb man heutzutage ununterbrochen nach vom Kurs abweichenden Objekten Ausschau hält. Es besteht sogar die Absicht, solche Objekte, wenn man sie bei ihrer Annäherung bemerkt, mit Nuklearraketen abzuwehren – obwohl fraglich ist, ob wir eine rechtzeitige Vorwarnung erhalten würden.

Alles in allem ist die Erde ein recht sicherer Ort und sollte für weitere Tausende von Millionen Jahren bewohnbar bleiben, bevor sich Veränderungen in der Sonne unangenehm bemerkbar machen. Im Augenblick kommt die einzig wirkliche Gefahr für das Leben auf der Erde von uns Menschen selbst.

▲ **Der Meteorkrater in Arizona, USA.** Er ist der berühmteste aller Einschlagskrater, obwohl man heute noch größere Krater kennt. Diese Luftaufnahme entstand 1991.

▼ **Gosse's Bluff,** Australien, photographiert von Gerry Gerrard. Es besteht kein Zweifel daran, daß er von einem Meteoriten herrührt. Er ist jedoch sehr alt und hat stark unter Erosion gelitten.

EINIGE WICHTIGE METEORITENKRATER		
Name	**Durchmesser (Meter)**	**Datum der Entdeckung**
Meteorkrater, Arizona	1265	1871
Wolf Creek, Australien	675	1947
Henbury, Australien	200x110	1931 (13 Krater)
Boxhole, Australien	175	1937
Odessa, Texas, USA	170	1921
Waqar, Arabien	100	1932
Oesel, Estland	100	1927

DIE SONNE

◄ **Eine riesige Bogenpro-
tuberanz,** aufgenommen
von Don Trombino am
15. Juni 1992 mit einem
Daystar 12 cm-Teleskop.
Das schwarz-weiß Negativ
wurde im Vergrößerer in
Farbe umgewandelt.

Unser Stern: Die Sonne

Nur wenige wissen, daß die Sonne, die so herrlich an unserem Himmel erscheint, eigentlich ein Stern ist. Tatsächlich zählt sie für die Astronomen sogar nur zu den sog. „Gelben Zwergen"! Ihre Nähe zu uns bedingt, daß die Sonne der einzige Stern ist, den wir detailliert untersuchen können.

Der Durchmesser der Sonne beträgt 1 392 000 km, aber sie hat wesentlich weniger Dichte als die Erde, da sie aus glühendem Gas besteht. Im Kern, wo die Energie produziert wird, beträgt die Temperatur schätzungsweise 15 000 000 °C; die helle Oberfläche, die wir sehen können – die Photosphäre – hat immerhin noch eine Temperatur von 5500 °C. Hier können wir auch die bekannten Sonnenflecken und Sonnenfackeln sehen. Über der Photosphäre liegt die Chromosphäre, eine Schicht aus dünnerem Gas, und darüber schließlich die Korona, die äußere Atmosphäre der Sonne.

Die Sonne liegt nicht mal annähernd im Zentrum unserer Galaxis; sie ist ungefähr 25 000 Lichtjahre von deren Kern entfernt und nimmt an der allgemeinen Rotation teil. Sie bewegt sich mit 220 km pro Sekunde und benötigt für eine Umrundung 225 Mio. Jahre, eine Periode, die oft mit dem Begriff „Kosmisches Jahr" bezeichnet wird.

Die Sonne dreht sich um ihre eigene Achse, aber sie dreht sich nicht auf dieselbe Weise wie ein fester Körper. Eine Umdrehung am Äquator dauert 25,4 Tage, an den Polen aber ca. 34 Tage. Das läßt sich gut an der Wanderung der Sonnenflecken über die Sonnenscheibe beobachten: Es dauert ungefähr zwei Wochen, bis eine Gruppe von Flecken die Scheibe überquert hat.

Bei der Beobachtung der Sonne ist größte Vorsicht angebracht, denn schaut man mit einem Teleskop oder sogar Ferngläsern direkt auf sie, konzentrieren sich das ganze Licht und – schlimmer – die gesamte Hitze auf dem Auge des Beobachters, was zu totaler und permanenter Blindheit führen kann. Auch das Verwenden eines dunklen Filters ist unsicher, da Filter dazu neigen, plötzlich zu zerspringen, und auch sonst können sie nie vollen Schutz bieten. Die einzig vernünftige Methode ist, das Teleskop als Projektor zu verwenden, und die Sonnenscheibe auf einen Bildschirm zu projizieren, der hinter dem Okular des Teleskops angebracht wird.

Wir wissen, daß die Erde ungefähr 4600 Mio. Jahre alt ist, die Sonne ist sicherlich noch älter. Eine Sonne, die ganz aus Kohle bestehen und so viel Energie wie die richtige Sonne erzeugen würde, wäre nach nur 5000 Jahren zu Asche verbrannt. Tatsächlich wird die Energie der Sonne durch Kernfusion in ihrem Innern erzeugt, wo Druck und Temperaturen enorm sind. Die Sonne besteht zum Großteil aus Wasserstoff (über 70 %), und nahe dem Kern verschmelzen die Wasserstoffkerne zu dem nächstleichteren Element, Helium. Es sind vier Wasserstoffkerne nötig, um einen Heliumkern entstehen zu lassen. Jedesmal, wenn ein Heliumkern entsteht, geht ein wenig Masse verloren und wird etwas Energie freigesetzt, und diese Energie läßt die Sonne strahlen. Der Massenverlust summiert sich zwar auf 4 Mio. Tonnen pro Sekunde, doch besteht noch kein Grund zur Besorgnis; die Sonne wird sich wenigstens die nächsten 1000 Mio. Jahre nicht dramatisch verändern.

Die Photosphäre ist ca. 300 km tief. Darunter liegt die Konvektionszone mit einer Tiefe von ca. 200 000 km. Hier wird die Energie vom Kern durch Ströme von Gas nach oben getragen. Darunter liegt die Strahlungszone und unter dieser der Energie produzierende Kern, der wahrscheinlich einen Durchmesser von rund 450 000 km hat. Die theoretischen Modelle erscheinen zwar befriedigend,

▼ Querschnitt der Sonne mit Kern, Strahlungs-, Konvektionszone, Photosphäre, Chromosphäre und Korona.

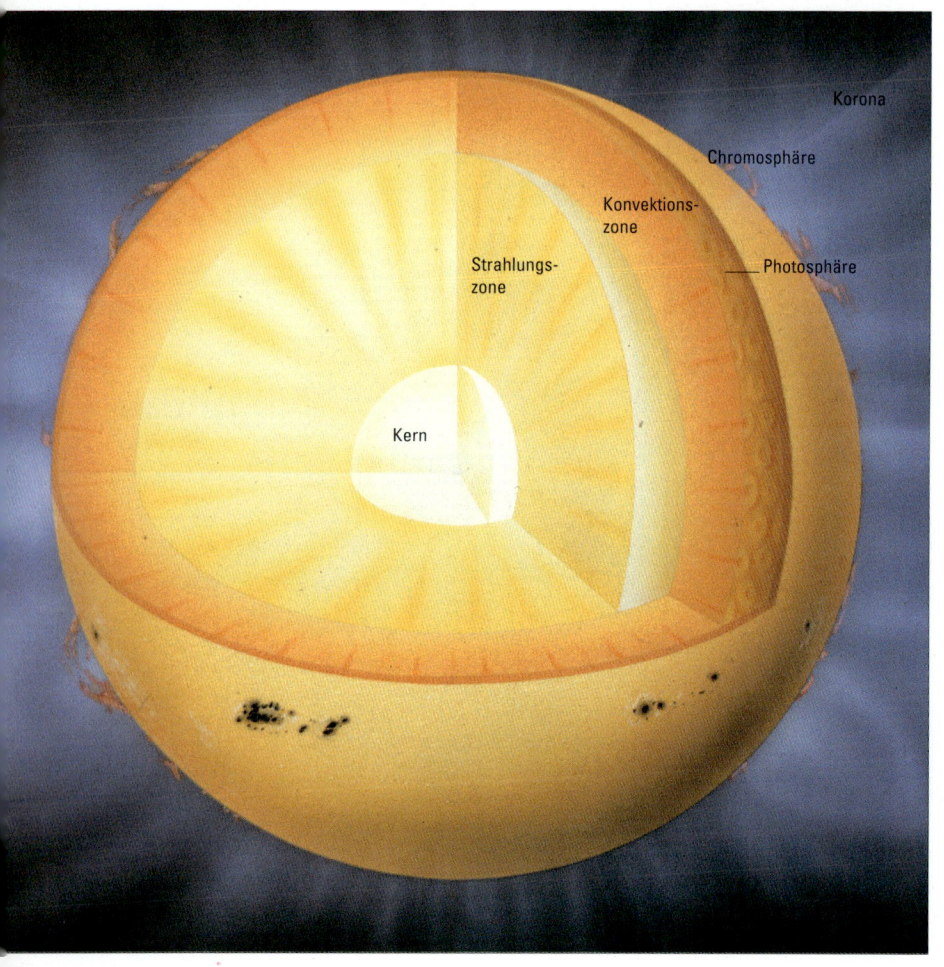

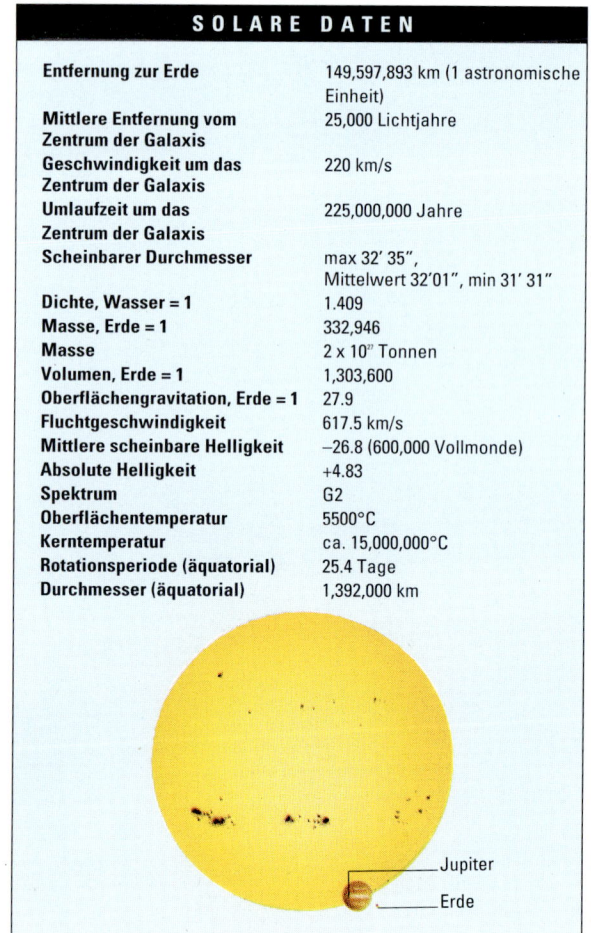

SOLARE DATEN	
Entfernung zur Erde	149,597,893 km (1 astronomische Einheit)
Mittlere Entfernung vom Zentrum der Galaxis	25,000 Lichtjahre
Geschwindigkeit um das Zentrum der Galaxis	220 km/s
Umlaufzeit um das Zentrum der Galaxis	225,000,000 Jahre
Scheinbarer Durchmesser	max 32' 35", Mittelwert 32'01", min 31' 31"
Dichte, Wasser = 1	1.409
Masse, Erde = 1	332,946
Masse	2×10^{27} Tonnen
Volumen, Erde = 1	1,303,600
Oberflächengravitation, Erde = 1	27.9
Fluchtgeschwindigkeit	617.5 km/s
Mittlere scheinbare Helligkeit	−26.8 (600,000 Vollmonde)
Absolute Helligkeit	+4.83
Spektrum	G2
Oberflächentemperatur	5500°C
Kerntemperatur	ca. 15,000,000°C
Rotationsperiode (äquatorial)	25.4 Tage
Durchmesser (äquatorial)	1,392,000 km

Jupiter

Erde

doch bleibt immer noch ein großes Problem ungelöst: Die Sonne müßte eigentlich eine Unmenge kleiner Partikel, Neutrinos genannt, aussenden, die schwer festzustellen sind, da sie keine elektrische Ladung und kaum Masse besitzen. Die Sonne scheint jedoch weitaus weniger Neutrinos auszusenden als vorhergesagt.

Trifft ein Neutrino direkt auf ein Chloratom, so kann das Chloratom in eine Form des radioaktiven Argons verwandelt werden. Tief in der Homestake-Goldmine in Süd-Dakota füllten Ray Davies und seine Kollegen einen großen Tank von 450 000 Litern Fassungsvermögen mit einer stark chlorhaltigen Reinigungsflüssigkeit. Alle paar Wochen spülten sie den Tank durch, um zu sehen, wieviel Argon durch den Kontakt mit Neutrinos entstanden war. Tatsächlich waren die erzielten Werte wesentlich geringer als erwartet, und weitere ähnliche Experimente bestätigten dieses Ergebnis. Wäre die Kerntemperatur der Sonne auf 14 Mio. Grad reduziert, könnte die geringere Anzahl an Neutrinos erklärt werden. Das würde aber wiederum andere Probleme aufwerfen, so daß zur Zeit das Geheimnis noch nicht gelüftet werden kann.

Wie alle Sterne entstand auch die Sonne aus der Zusammenballung interstellarer Materie. Zunächst war sie nicht heiß genug, um zu strahlen, aber als sie unter dem Einfluß der Schwerkraft schrumpfte, heizte sie sich auf. Als die Kerntemperatur sich auf 10 Mio. Grad erhöht hatte, fanden Kernreaktionen statt, und die Sonne begann, Energie abzustrahlen. Der Anstieg an Energie mag verheerende Folgen für jedes Leben, das eventuell auf der Venus existierte, gehabt haben. Zur Zeit verändert sich die Sonne nur sehr geringfügig.

Doch dieser Zustand wird nicht ewig anhalten. Zur wirklichen Krise wird es kommen, wenn der Nachschub an verfügbarem Wasserstoff erschöpft ist. Der Kern der Sonne wird dann schrumpfen und sich aufheizen; die äußeren Hüllen werden sich aufblähen und abkühlen: Die Sonne wird ein roter Riesenstern werden, hundertmal so hell wie jetzt, so daß die Erde und alle inneren Planeten zerstört werden. Schließlich wird die Sonne alle ihre äußeren Hüllen abwerfen, der Kern wird zusammenbrechen, und die Sonne wird zu einem sehr kleinen, unglaublich dichten Stern vom Typ eines „Weißen Zwergen" werden. Zum Schluß werden all ihr Licht und ihre Hitze sie verlassen, und sie wird zu einem kalten, toten Ball werden, einem „Schwarzen Zwerg".

Das alles klingt vielleicht deprimierend, doch die Krise liegt noch in weiter Zukunft, so daß wir uns nicht weiter damit belasten müssen. Wenigstens in unserer Zeit wird von der Sonne keine Gefahr ausgehen.

▼ *Die Homestake-Mine* in Süd-Dakota, Standort des ungewöhnlichsten „Teleskopes" der Welt – einem riesigen Tank voll chlorhaltiger Reinigungsflüssigkeit (Tetrachlorethylen), um damit solare Neutrinos aufzufangen. Der beobachtete Fluß ist nur um ein Drittel so groß wie vorhergesagt. Dasselbe Ergebnis wurde von Forschern in Rußland erzielt, die 100 Tonnen flüssigen Szintillators und 144 Photodetektoren in einer Mine im Donez-Becken und in Kamiokande in Japan verwendeten.

▲ *Die Sonne in der Galaxis.* Die Sonne liegt ein gutes Stück vom Zentrum der Galaxis entfernt – weniger als 30 000 Lichtjahre – und nahe dem Rand eines der Spiralarme.

▶ *Projizieren der Sonne.* Die einzig sichere Art, die Sonne zu beobachten, ist, sie durch ein Teleskop auf einen Bildschirm zu projizieren.

Die Sonnenoberfläche

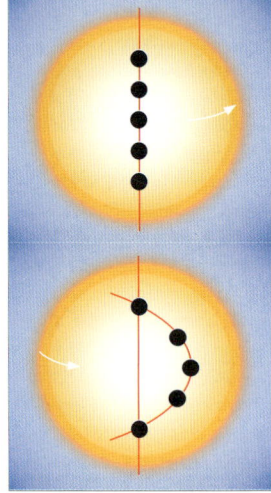

▼ **Rotation der Sonne.** Diese Sequenz zeigt die riesige Fleckengruppe von 1947. Nach Überquerung der erdabgewandten Seite der Sonne tauchte sie zu einer zweiten Überquerung wieder auf.

▲ **Differentielle Rotation.** Die Rotationsperiode der Photosphäre nimmt mit höheren Breitengraden zu. In dieser Zeichnung liegen Sonnenflecken in einer Reihe auf dem mittleren Meridian der Sonne. Nach einer Umdrehung würden sie bogenförmig liegen.

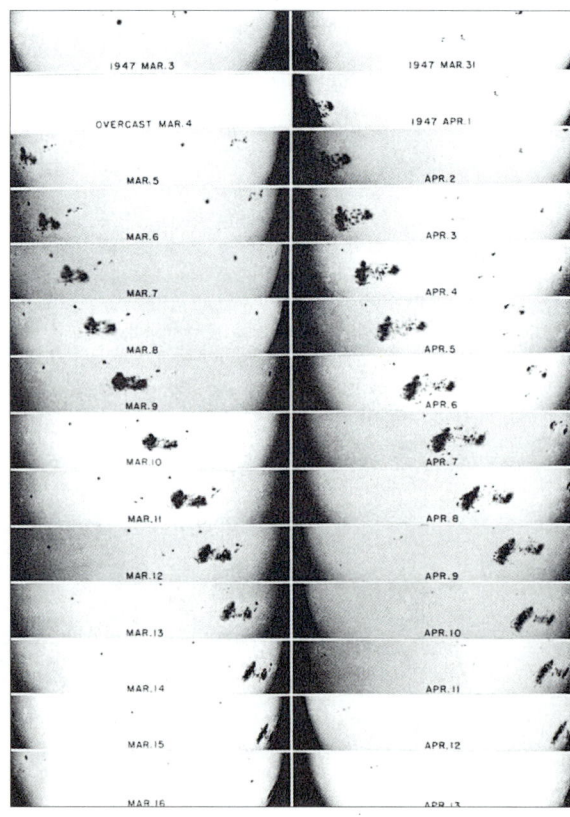

1947 MAR. 3	1947 MAR. 31
OVERCAST MAR. 4	1947 APR. 1
MAR. 5	APR. 2
MAR. 6	APR. 3
MAR. 7	APR. 4
MAR. 8	APR. 5
MAR. 9	APR. 6
MAR. 10	APR. 7
MAR. 11	APR. 8
MAR. 12	APR. 9
MAR. 13	APR. 10
MAR. 14	APR. 11
MAR. 15	APR. 12
MAR. 16	APR. 13

Wenn man das Bild der Sonne durch ein Teleskop projiziert, sieht man, daß die gelbe Scheibe in ihrem Zentrum am hellsten, an den Rändern dagegen dunkler ist. Das kommt daher, daß man im Zentrum in tiefere und daher heißere Hüllen sieht. Möglicherweise kann man auch ein paar dunklere Flecken erkennen, die Sonnenflecken. Sie erscheinen uns schwarz, da sie kühler als die übrigen Regionen der Photosphäre sind.

Ein Hauptfleck besteht aus einem dunklen Kern, der Umbra, der von der helleren Penumbra umgeben ist. Manchmal sind die Formen gleichmäßig, und manchmal, wenn viele Umbrae in einer einzigen Penumbra liegen, sind sie sehr komplex. Die Temperatur der Umbra beträgt ca. 4500 °C, die der Penumbra 5000 °C.

Sonnenflecken treten meist in Gruppen auf. Eine „normale" Gruppe mit zwei Flecken beginnt als ein Paar von winzigen, kaum erkennbaren Poren. Diese Poren entwickeln sich zu Flecken, indem sie wachsen und sich der Länge nach teilen. Innerhalb von zwei Wochen hat die Gruppe ihre maximale Länge erreicht, mit einem ziemlich gleichmäßigen vorangehenden Fleck, einem weniger gleichmäßigen nachfolgenden und vielen kleinen, um sie verteilten Flecken. Dann beginnt ein langsamer Rückgang, bei dem gewöhnlich der vorangehende Fleck als letzter zurückbleibt. Rund 75 % der Gruppen lassen sich in dieses Schema einordnen, aber es gibt viele Variationen; auch einzelne Flecken sind nicht ungewöhnlich.

Sonnenflecken können riesig werden. Der bisher größte verzeichnete Fleck, im April 1947 beobachtet, bedeckte in seinem Maximum eine Fläche von über 18 000 Mio. km². Die Flecken sind aber nicht von Dauer. Eine große Gruppe kann bis zu sechs Monaten bestehen, sehr kleine Flecken überdauern oft nicht mehr als einige Stunden.

Flecken sind magnetische Phänomene, und es gibt einen relativ gut berechenbaren Zyklus ihres Erscheinens. Fleckenmaxima, mit vielen gleichzeitig erscheinenden

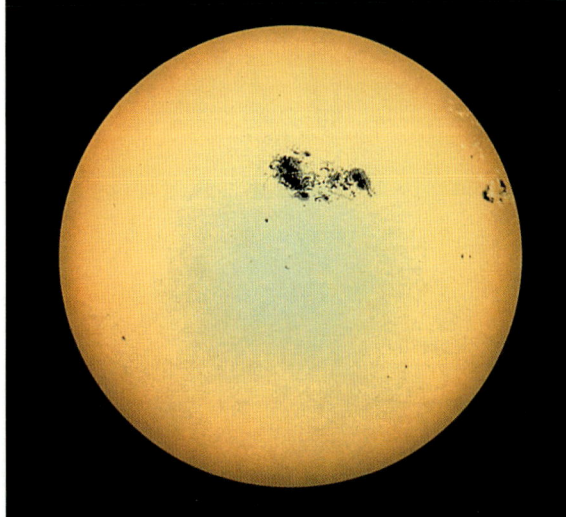

◄ **Der große Sonnenfleck von 1947.** Am 8. April 1947 bedeckte er eine Fläche von 18 130 Mio. km².

► **Sonnenflecken,** photographiert von H.J.P. Arnold.

▼ **Der Sonnenzyklus,** 1650 bis in die Gegenwart. Nicht alle Maxima sind gleich hoch; während des „Maunder-Minimums", 1645-1715, scheint der Zyklus unterbrochen gewesen zu sein. Die vertikale Skala zeigt die Züricher Nummer, berechnet nach der Anzahl der Gruppen und der Flecken.

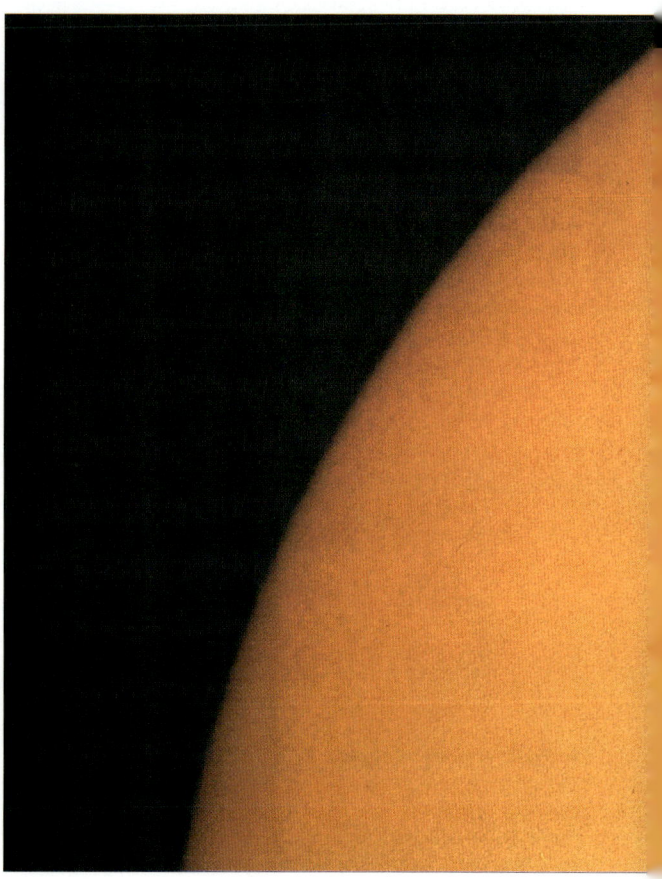

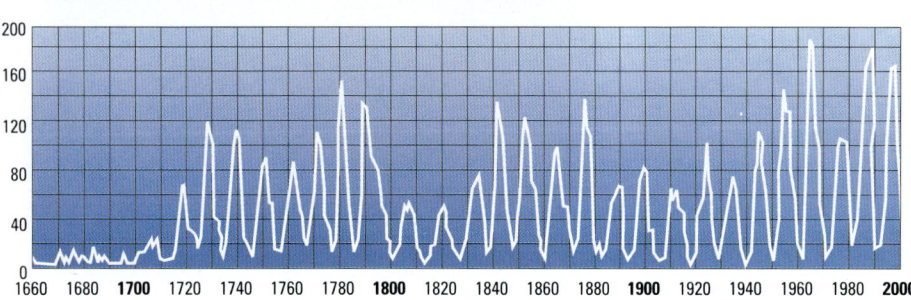

Gruppen, tauchen etwa alle 11 Jahre auf. Danach verringert sich ihr Erscheinen, bis im Minimum die Scheibe für eine Reihe von Tagen oder sogar Wochen ganz frei sein kann. Danach bauen sich wieder Flecken auf, bis ein neues Maximum erreicht ist. Dieser Zyklus ist nicht ganz regelmäßig, aber 11 Jahre sind ein guter Durchschnittswert.

Die Maxima sind nicht gleich hoch. Zwischen 1645 und 1715 scheint es eine lange Unterbrechung des Zyklus gegeben zu haben, in der kaum Flecken beobachtet wurden. Diese Periode wird mit „Maunder-Minimum" bezeichnet, nach dem britischen Astronomen E.W. Maunder, der als einer der ersten die Aufmerksamkeit darauf lenkte. Die Aufzeichnungen aus dieser Zeit sind nicht vollständig, doch ist es sicher, daß die Flecken damals aus bisher ungeklärten Ursachen stark vermindert auftraten. Es ist gut möglich, daß in Zukunft weitere ausgedehnte Minima auftreten werden. Ob das Folgen für das Klima auf der Erde haben wird, ist unklar, bekannt aber ist, daß das „Maunder-Minimum" eine Kältewelle mit sich brachte. Während der Jahre um 1680 fror die Themse in den meisten Wintern völlig zu, so daß „Eisjahrmärkte" auf ihr abgehalten wurden.

Eine weitere Besonderheit wurde zuerst von dem deutschen Amateur-Astronomen F.W. Spörer entdeckt. Zu Beginn eines neuen Zyklus brechen die Flecken um den 30. und 45. Breitengrad nördlich oder südlich des Sonnenäquators aus. Schreitet der Zyklus fort, entstehen immer mehr Flecken näher und näher am Äquator, bis sie im Maximum bei ca. 15 Grad nördlich oder südlich liegen. Nach dem Maximum gibt es selten neue Flecken, sie können aber bis zum 7. Breitengrad entstehen. Sie erscheinen nie am Äquator selbst, und bevor die letzten Flecken des alten Zyklus vergehen, tauchen die ersten des neuen wieder an höheren Beitengraden auf.

Nach der allgemein anerkannten, von H. Babcock 1961 vorgestellten Theorie sind die Flecken ein Ergebnis der magnetischen Feldlinien, die direkt unter der Oberfläche der Sonne von einem Pol zum anderen fließen. Eine Umdrehung ist am Äquator kürzer als in den höheren Breitengraden, so daß die Feldlinien hier schneller fließen und unter der Oberfläche magnetische „Tunnel" mit einem Durchmesser von 500 km entstehen. Diese schwimmen nach oben und brechen durch die Oberfläche, dabei bilden sie Paare von Flecken mit gegensätzlicher Ladung. Im Maximum bilden die magnetischen Feldlinien ein Gewirr von Schlaufen, doch danach vereinigen sie sich erneut zu einer stabileren Verbindung und verwandeln sich nach Ende des Zyklus in ihren ursprünglichen Zustand zurück.

Die Beobachtung von Sonnenflecken ist eine faszinierende Beschäftigung. Eine Gruppe benötigt weniger als zwei Wochen, um die Scheibe zu überqueren. Nach einem ähnlichen Zeitraum wird sie am anderen Ende wieder auftauchen, vorausgesetzt, sie existiert noch. Ein Fleck wirkt verkürzt, wenn er nahe dem Rand ist, und die Penumbra eines regelmäßigen Fleckens erscheint zum Rand hin verbreitert. Dieser sogenannte „Wilsoneffekt" läßt vermuten, daß ein Fleck eher eine Mulde als eine Erhebung ist, doch nicht alle Flecken bestätigen diese Vermutung.

Viele Flecken werden von Fackeln begleitet, hellen, wolkenartigen Gebilden in höheren Schichten. Sie werden oft in Zonen gesichtet, wo gerade Flecken entstehen, und manchmal bestehen sie noch eine Zeitlang fort, nachdem die Flecken schon verschwunden sind. Sogar in Zonen ohne Flecken ist die Oberfläche nicht ruhig. Die Photosphäre hat eine körnige Struktur; jedes Korn hat einen Durchmesser von ca. 1000 km und eine Lebensdauer von 8 Minuten. Es wird geschätzt, daß die Oberfläche permanent um die 4 Mio. Körner hat. Diese Körner sind heiße Gasballen.

Es wäre müßig vorzugeben, daß wir auch nur ein annähernd vollständiges Wissen über die Sonne haben. Viele Probleme sind gelöst, aber es gibt nach wie vor viel über unser „Tagesgestirn" zu lernen.

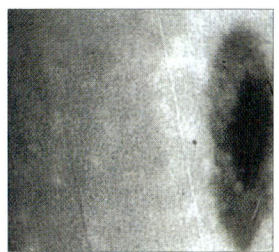

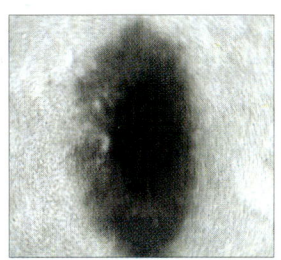

▲ **Der Wilsoneffekt.** *Wie in diesen drei Bildern zu sehen ist, verhalten sich viele Flecken so, als wären sie Vertiefungen. Die Penumbra erscheint zur inneren Seite hin verbreitert, wenn der Fleck perspektivisch verkürzt ist. Diese Beobachtung wurde 1769 von dem schottischen Astronomen A. Wilson gemacht.*

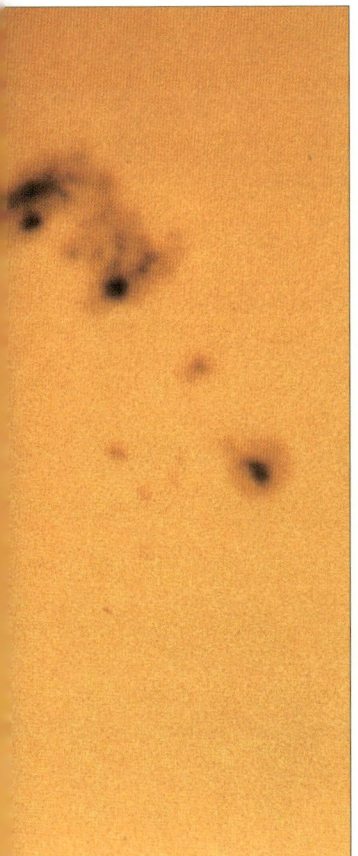

◄ **Sonnenflecken** *am 26. Mai 1990. Diese Studie wurde durch Projektion mit einem 12,7 cm-Refraktor gemacht. Im oberen linken Bereich sind Fackeln erkennbar.*

Das Sonnenspektrum

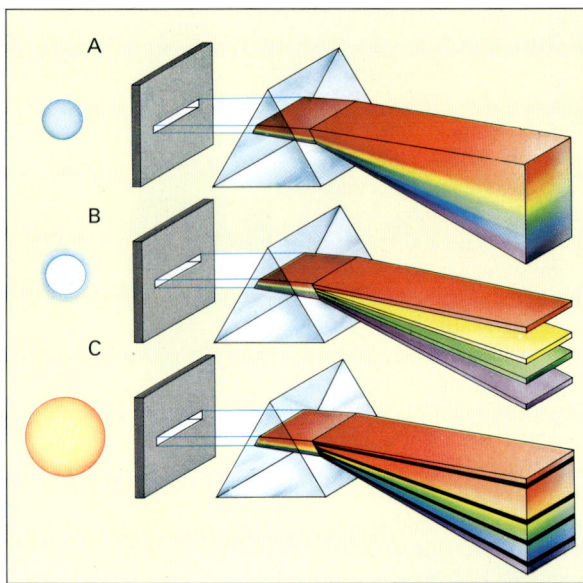

Das Sonnenspektrum
Die Photosphäre produziert einen Regenbogen oder auch ein kontinuierliches Spektrum von Rot im langwelligen Bereich bis zu Violett im kurzwelligen (A). Die Atmosphäre der Sonne sollte ein Emissionsspektrum (B) produzieren, aber da Licht von der Oberfläche ausgestrahlt wird, absorbieren gasförmige Elemente in der Atmosphäre bestimmte Wellenlängen, so daß das auf der Erde zu beobachtende Spektrum Lücken hat, die als dunkle Linien, sogenannte Fraunhoferlinien (C), erscheinen.

Könnten wir nichts weiter tun, als die helle Photosphäre zu untersuchen und den Wechsel der Sonnenflecken, Fackeln und Körner zu verfolgen, bliebe unser Wissen von der Sonne in der Tat dürftig. Glücklicherweise ist das nicht der Fall, und wir können uns dem anderen großen astronomischen Instrument zuwenden, dem Spektroskop.

So wie das Teleskop Licht bündelt, so zerlegt das Spektroskop es. Ein Sonnenstrahl besteht aus einer Mischung von Farben, die durch ein Glasprisma verschieden stark gebrochen werden. Kurze Wellenlängen (Blau und Violett) werden am stärksten gebrochen, lange Wellenlängen (Orange und Rot) am wenigsten. Die ersten Experimente in dieser Richtung führte 1666 Isaac Newton durch, aber er verfolgte sie nie weiter. Der englische Wissenschaftler W.H. Wollaston leitete 1802 Sonnenlicht durch ein Prisma, indem er es zuerst durch einen Schlitz in einer undurchsichtigen Leinwand lenkte; er erhielt so ein kontinuierliches Sonnenspektrum von Rot über Orange, Gelb, Grün und Blau zu Violett. Wollaston bemerkte, daß dieser Regenbogen von dunklen Linien gekreuzt wurde, aber er nahm fälschlicherweise an, daß es sich dabei um bloße Abgrenzungen zwischen den einzelnen Farben handelte. 12 Jahre später entdeckte Joseph von Fraunhofer bei einer genaueren Untersuchung, daß die dunklen Linien permanent waren: sie blieben mit gleichbleibender Intensität an denselben Positionen. Er kartierte 324 von ihnen, und noch

▲ *Ein Sonnenteleskop* im Mount Wilson Observatorium, Kalifornien. Das 46 Meter hohe Teleskop sammelt mit einem Spiegel Licht auf der Spitze des Turms und schickt es in einer festgelegten Richtung hinunter zu den Aufzeichnungsinstrumenten.

VERHÄLTNIS DER ELEMENTE AUF DER SONNE	
Element	**Anzahl der Atome,** bezogen auf 1 Mio. Wasserstoffatome
Helium	63,000
Sauerstoff	690
Kohlenstoff	420
Stickstoff	87
Silikon	45
Magnesium	40
Neon	37
Eisen	32
Schwefel	16
alle weiteren	unter 5

▶ *Die Sonne,* abgebildet im Licht des Wasserstoffs (H-alpha) von Don Trombino.

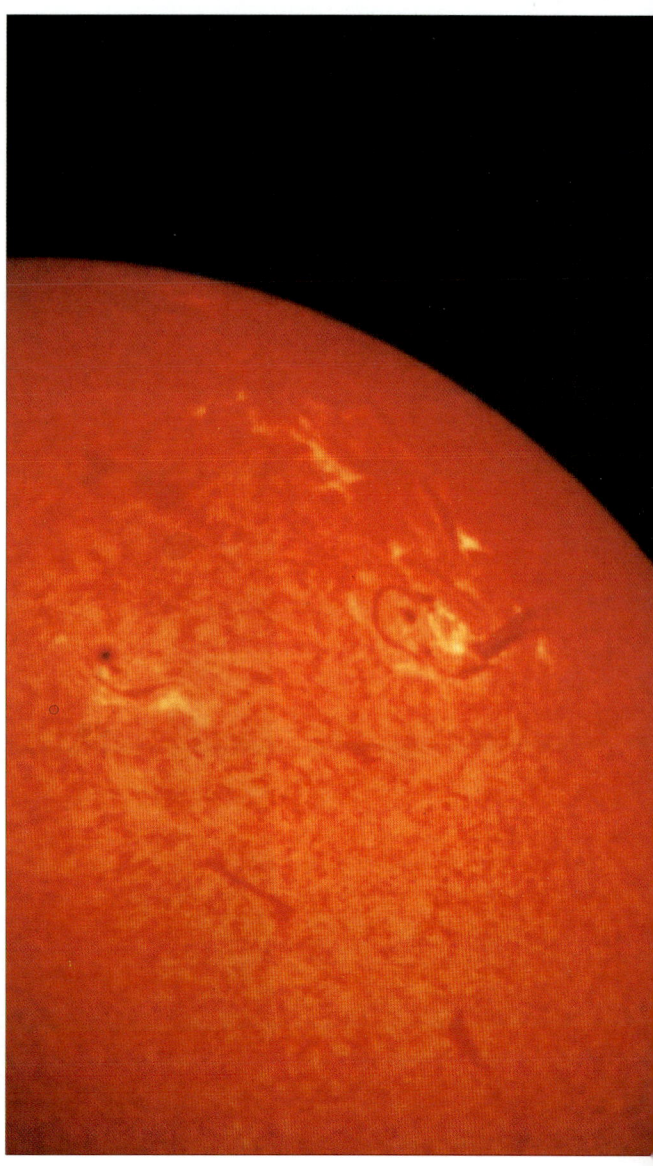

heute werden sie oft Fraunhoferlinien genannt. 1859 deuteten zwei deutsche Physiker, Gustav Kirchhoff und Robert Bunsen, die Linien schließlich richtig und begründeten so die moderne Astrophysik.

Glühende Feststoffe, Flüssigkeiten oder Gase werden unter Hochdruck ein kontinuierliches Spektrum von Rot zu Violett produzieren. Ein leuchtendes Gas unter niedrigem Druck dagegen produziert ein Spektrum aus isolierten hellen Linien, von denen jede für ein bestimmtes Element oder eine Gruppe von Elementen charakteristisch ist. Ein solches Spektrum wird Emissionsspektrum genannt. So produziert glühendes Natrium ein Spektrum, das zwei helle gelbe Linien enthält, die kein anderes Element hervorbringen kann. Viele Elemente haben sehr komplexe Spektren, die Tausende von Linien in ihrer einmaligen Form enthalten.

Die Photosphäre der Sonne bringt ein kontinuierliches Spektrum hervor. Über der Photosphäre liegt die Chromosphäre, die aus Gas unter niedrigem Druck besteht und ein Emissionsspektrum produziert. Normalerweise wären diese Linien hell, da sie aber vor dem regenbogenfarbenen Hintergrund erscheinen, wirken sie dunkel. Ihre Position und Intensität sind jedoch unverändert, so daß sie problemlos identifiziert werden können. Zwei auffallende, dunkle Linien in dem gelben Feld des Regenbogens stimmen genau mit den bekannten Linien des Natriums überein, und so kann nachgewiesen werden, daß auf der Sonne Natrium vorkommt.

Man fand heraus, daß das häufigste Element auf der Sonne Wasserstoff ist, der 71% der Gesamtmasse ausmacht. Im ganzen Universum übertreffen die Wasserstoffatome die Gesamtzahl aller anderen Elemente. Auf der Sonne ist mit 27% Helium das zweithäufigste Element. Es bleibt also nicht mehr viel Raum für andere Elemente, doch bis jetzt konnten die meisten der 92 auf der Erde vorkommenden Elemente auch auf der Sonne nachgewiesen werden.

Viele Instrumente basieren auf dem Prinzip des Spektroskops. Eins davon ist der Spektroheliograph, bei dem zwei Schlitze benutzt werden, um ein Bild der Sonne in dem Licht nur eines ausgewählten Elementes aufzubauen (das sichtbare Äquivalent des Spektroheliographen ist das Spektrohelioskop). Ähnliche Ergebnisse können auch durch das Verwenden von speziellen Filtern, die alle anderen als die ausgewählten Wellenlängen ausfiltern, erzielt werden.

Heutzutage werden solche Geräte auch schon von Amateuren verwendet, denn das Beobachten der Sonne ist immer wieder faszinierend, da ständig etwas Neues zu sehen ist; die Sonne verändert sich ununterbrochen, und es ist nie vorhersagbar, was als nächstes passieren wird.

▲ **Das Kitt Peak Sonnenteleskop** in Arizona. Das Sonnenlicht wird vom Heliostat gesammelt und durch einen schrägen Tunnel auf einen gekrümmten Spiegel am Boden geworfen. Dieser reflektiert die Strahlen durch den Tunnel zurück auf einen flachen Spiegel, der sie durch ein Loch in das darunterliegende Labor wirft.

EINIGE WICHTIGE FRAUNHOFER-LINIEN IM SONNENSPEKTRUM

Buchstabe	Wellenlänge, Å	Identifizierung
C (H-alpha)	6563	Wasserstoff
D_1	5896	Natrium
D_2	5890	
b_1	5183	Magnesium
b_2	5173	
b_3	5169	
b_4	5167	
F (H-beta)	4861	Wasserstoff
G	4308	Eisen
g	4227	Calcium
h (H-delta)	4102	Wasserstoff
H	3967	Ionisiertes Calcium
K	3933	

(Ein Ångström (Å), nach dem schwedischen Wissenschaftler Anders Ångström benannt, ist gleich dem einhundertmillionsten Teil eines Zentimeters. Der Durchmesser eines menschlichen Haares beträgt ungefähr 500.000 Å. Eine weitere oft gebrauchte Einheit ist der Nanometer. Um Nanometer in Ångström zu konvertieren, muß man sie durch 10 teilen; so beträgt beispielsweise die Wellenlänge der H-alpha-Linie 656.3 nm.)

▼ **Das sichtbare Spektrum** der Sonne ist sehr komplex; es wurden mehr als 70 Elemente identifiziert. Die Photosphäre produziert einen Regenbogen, d.h. ein kontinuierliches Spektrum. Die dünnen Gase in der Chromosphäre würden – für sich allein betrachtet – helle Linien hervorbringen, doch gegen die Photosphäre gesehen werden sie „umgekehrt".

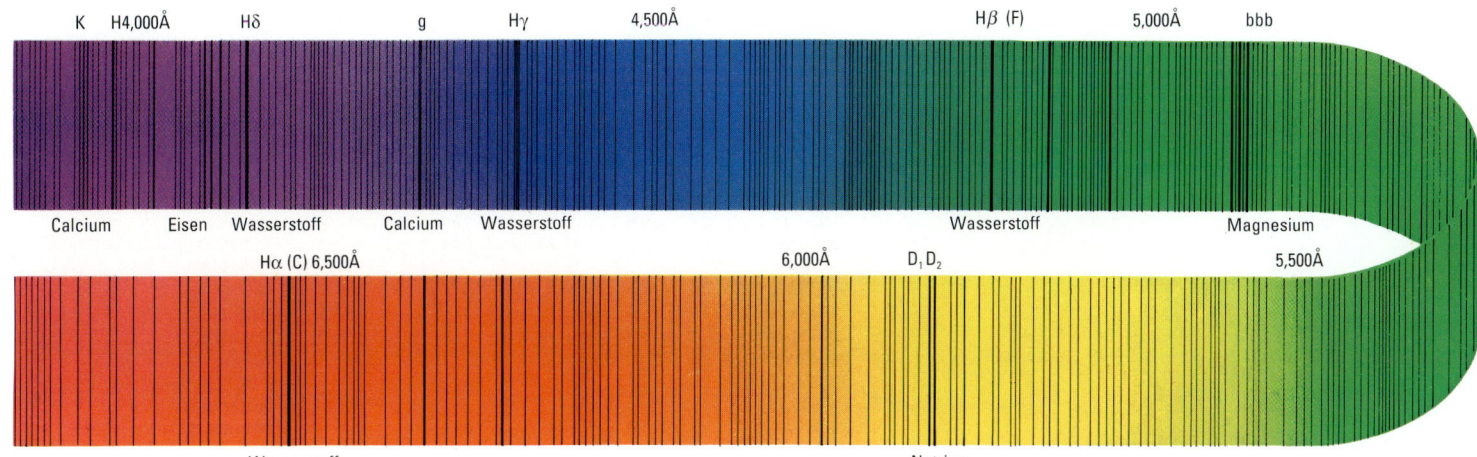

Sonnenfinsternisse

*Der Schatten des Mondes** ist, wie jeder andere Schatten auch, zweigeteilt: in Umbra (Kernschatten) und Penumbra (Halbschatten). Eine totale Sonnenfinsternis entsteht, wenn die Erde in den Schatten des Mondes eintritt. Sie erscheint aber nur in dem begrenzten Gebiet der Erde, das von der Umbra bedeckt wird, als total, innerhalb der Penumbra ist die Sonnenfinsternis nur eine teilweise. Eine ringförmige Sonnenfinsternis entsteht, wenn der Mond am erdfernsten ist und sein Schattenkegel nicht die Erde berührt. Der Mond ist daher von der Erde aus gesehen zu klein, um die ganze Sonnenscheibe zu bedecken, so daß ein schmaler Ring aus Licht rund um die schwarze Scheibe des Mondes sichtbar bleibt.*

Der Mond dreht sich um die Erde, die Erde dreht sich um die Sonne. Folglich muß es Zeiten geben, zu denen die drei Körper in einer Linie stehen, mit dem Mond in der Mitte. Das Ergebnis ist eine sogenannte Sonnenfinsternis, obwohl eigentlich von einer Bedeckung der Sonne durch den Mond gesprochen werden müßte.

Es gibt drei Arten von Sonnenfinsternissen: totale, partielle und ringförmige. Bei einer totalen Sonnenfinsternis ist die Photosphäre ganz verdeckt. Sobald das letzte Stück der hellen Scheibe verdeckt ist, wird die Atmosphäre der Sonne schlagartig sichtbar, und, zusammen mit den gerade vorhandenen Protuberanzen, die Chromosphäre und die Korona erscheinen. Der Himmel ist nun so dunkel, daß Planeten und helle Sterne sichtbar werden; die Temperatur fällt rapide: Der Effekt ist in jeder Hinsicht spektakulär. Da der Mondschatten die Erde nur gerade eben berühren kann, kann leider die Zone, in der eine totale Sonnenfinsternis eintritt, niemals breiter als 272 km sein. Außerdem dauert die Phase der totalen Finsternis höchstens 7 Minuten und 31 Sekunden, in der Regel ist sie sogar viel kürzer.

Zu beiden Seiten des Kernschattens ist die Sonnenfinsternis nur partiell, so daß das großartige Phänomen der totalen Finsternis dort nicht beobachtet werden kann. Viele partielle Sonnenfinsternisse entstehen aber unabhängig von einer totalen Sonnenfinsternis. Schließlich gibt es noch die ringförmigen Sonnenfinsternisse, wenn zwar Position von Mond, Erde und Sonne perfekt ist, der Mond aber seine größte Entfernung zur Erde hat. Seine Scheibe ist dann nicht groß genug, um die Photosphäre ganz zu verdecken, so daß sich rund um die dunkle Masse des Mondes noch ein Ring von Sonnenlicht zeigt.

Eine Sonnenfinsternis kann nur dann entstehen, wenn Neumond ist, d.h., wenn der Mond auf der Sonnenseite der Erde liegt. Läge die Bahn des Mondes in derselben Ebene wie die der Erde, gäbe es jeden Monat eine Sonnenfinsternis. Da die Mondbahn aber tatsächlich um einen Winkel

von 5 Grad geneigt ist, so durchzieht der Neumond in der Regel unsichtbar entweder über oder unter der Sonne den Himmel.

Die Punkte, an denen die Mondbahn die Erdbahnebene schneidet, werden Knoten genannt. Um eine Sonnenfinsternis zu erzeugen, muß der Mond daher entweder auf oder nahe einem solchen Knoten stehen. Aufgrund der Anziehungskraft der Sonne verschieben sich die Knoten langsam, aber regelmäßig, und nach einem Zeitraum von 18 Jahren und 11,3 Tagen kehren Erde, Mond und Sonne an beinahe dieselben Positionen zurück. Folglich ist es sehr wahrscheinlich, daß eine Sonnenfinsternis der vorhergehenden ziemlich genau nach 18 Jahren und 11,3 Tagen folgt. Dieser Zeitraum wird Saros-Zyklus genannt. Zwar ist diese Berechnung nicht ganz exakt, aber sie reichte den Menschen des Altertums, um Sonnenfinsternisse mit einiger Sicherheit vorhersagen zu können.

Von der Erde aus sind Sonnenfinsternisse sehr viel seltener zu sehen als Mondfinsternisse. Das kommt daher, daß man, um eine Sonnenfinsternis zu sehen, zu einer genauen Zeit am richtigen Ort sein muß. Mondfinsternisse lassen sich dagegen von jedem Punkt aus beobachten, an dem der Mond über dem Horizont steht.

Die wichtigsten, während einer totalen Sonnenfinsternis zu beobachtenden Erscheinungen sind die Chromosphäre, die Protuberanzen und die Korona. Die Chromosphäre hat eine Dicke von 2000 bis 10 000 km und eine Temperatur, die bei 1500 km Höhe 8000 °C erreicht. Bis Chromosphäre und Korona verschmelzen, steigt die Temperatur sogar noch rapide an. Protuberanzen, einst fälschlich „Rote Flammen"genannt, sind Ansammlungen von rotem, glühendem Wasserstoff. Ruhige Protuberanzen können über viele Wochen in der Chromosphäre bleiben, aber eruptive Protuberanzen weisen heftige Aktivität auf. Oft steigen sie mehrere tausend Kilometer hoch, und in einigen Fällen wird Sonnensubstanz sogar ganz von der

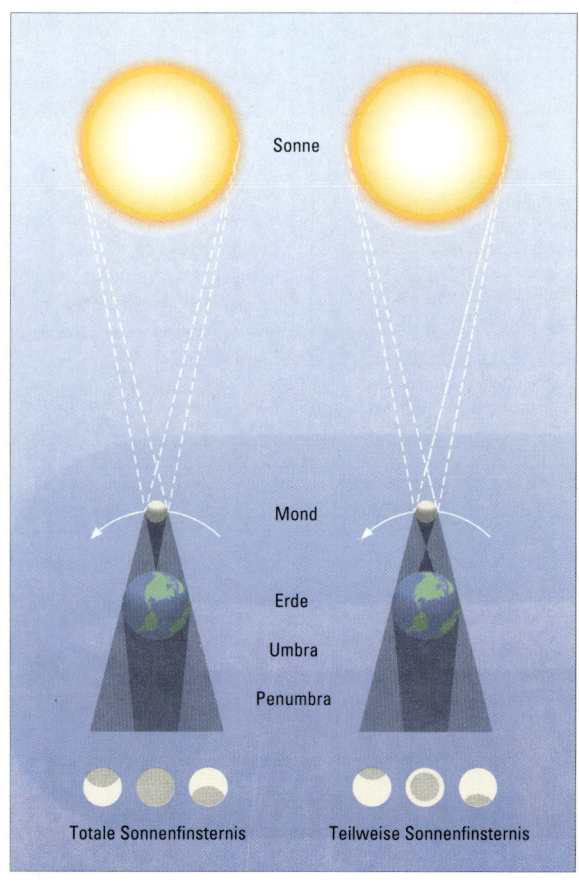

Totale Sonnenfinsternis   Teilweise Sonnenfinsternis

SONNENFINSTERNISSE, 1995 - 2005						
Datum	UT	Typ	Dauer (wenn total oder ringförmig)		% verfinstert (wenn partiell)	Gebiet
			min.	sec.		
1995 Apr 29	18	R	6	38	-	Südpazifik, Peru, Südatlantik
1995 Okt 24	05	T	2	10	-	Iran, Indien, Ostindische Inseln, Borneo, Pazifik
1996 Apr 17	23	P	-		88	Antarktis
1996 Okt 12	14	P	-		76	Arktis
1997 Mrz 9	01	T	2	50	-	Sibirien, Arktis
1997 Sep 2	00	P	-		90	Antarktis
1998 Feb 26	17	T	4	08	-	Pazifik, Atlantik
1998 Aug 22	02	R	3	14	-	Indischer Ozean, Ostindische Inseln, Pazifik
1999 Feb 16	07	R	1	19	-	Indischer Ozean, Australien, Pazifik
1999 Aug 11	11	T	2	23	-	Atlantik, England (Cornwall), Frankreich, Deutschland, Türkei, Indien
2000 Feb 5	13	P	-		56	Antarktis
2000 Jul 31	02	P	-		60	Arktis
2000 Dez 25	18	P	-		72	Arktis
2001 Jun 21	12	T	4	56	-	Atlantik, Südafrika
2001 Dez 14	21	R	3	54	-	Mittelamerika, Pazifik
2002 Jun 10	24	R	1	13	-	Pazifik
2002 Dez 4	08	T	2	04	-	Südafrika, Indischer Ozean Australien
2003 Mai 31	04	R	3	37	-	Island
2003 Nov 23	23	T	1	57	-	Antarktis
2004 Apr 19	14	P	-		74	Antarktis
2004 Okt 14	03	P	-		93	Arktis
2005 Apr 8	21	T	0	42	-	Pazifik, Amerika, nördl. Südamerika
2005 Okt 3	11	R	4	32	-	Atlantik, Spanien, Afrika, Indischer Ozean

Sonne weggeschleudert. Mit bloßem Auge sind sie nur während einer totalen Sonnenfinsternis zu sehen, doch inzwischen ermöglichen spektroskopische Geräte, sie jederzeit zu beobachten.

Schattenbänder sind wellige Linien, die direkt vor und nach einer totalen Sonnenfinsternis über der Erdoberfläche auftauchen. Sie sind auf Vorgänge in der Atmosphäre zurückzuführen und sind extrem schwierig zu photographieren; außerdem tauchen sie nicht bei jeder totalen Sonnenfinsternis auf.

Während einer totalen Sonnenfinsternis wird das Bild von der strahlend hellen Korona bestimmt, die sich von der Sonne aus in alle Richtungen erstreckt. Im Maximum ist sie verhältnismäßig symmetrisch, aber nahe dem Minimum treten lange Ausläufer auf. Die Korona ist extrem dünn, mit einer Dichte von weniger als einem Billionstel der Dichte der Erdatmosphäre am Meeresspiegel. Ihre Temperatur beträgt weitaus mehr als 1 Mio. °C, aber sie gibt nicht viel Hitze ab. In der Wissenschaft wird Temperatur an der Geschwindigkeit, mit der sich die einzelnen Atome und Moleküle bewegen, gemessen: Je höher die Geschwindigkeit, desto höher die Temperatur. In der Korona ist die Geschwindigkeit der Teilchen sehr hoch, aber ihre Anzahl ist so gering, daß auch die Hitze nur gering ist. Ursache der hohen Temperatur scheinen magnetische Erscheinungen zu sein, die aber bis jetzt noch nicht völlig erforscht werden konnten.

Das Photographieren von Sonnenfinsternissen ist faszinierend, aber eines sollte dabei bedacht werden. Es ist ziemlich sicher, direkt in die total verfinsterte Sonne zu schauen, doch bei dem geringsten Wiederauftauchen der Photosphäre besteht erneute Gefahr. Es sollte unbedingt beachtet werden, daß das Verwenden einer Spiegelreflex-Kamera mit dem Verwenden eines Teleskops vergleichbar ist. Wie beim Teleskop muß auch hier die allergrößte Vorsicht gelten.

▶ *Die partielle Sonnenfinsternis* vom 21. November 1966, in Sussex von Henry Brinton mit einem 10 cm-Reflektor photographiert.

▼ *Die ringförmige Sonnenfinsternis* vom 29. April 1976, vom Autor auf der griechischen Insel Thera photographiert.

▼ *Das wundervolle Diamantring-Phänomen,* das direkt vor und nach einer totalen Sonnenfinsternis beobachtet werden kann. Dieses Photo wurde am 21. November 1966 auf einem Transatlantikflug gegen Ende der totalen Phase aufgenommen. Das erste Stück der wiederauftauchenden Sonne scheint für einige Sekunden aufzuflackern.

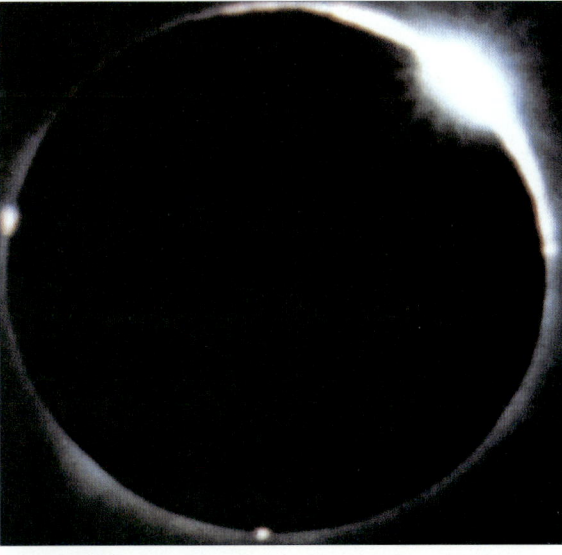

◀ *Totale Sonnenfinsternis 1983,* photographiert auf Java. Die Korona war großartig zu sehen. Die Form der Korona hängt ab vom Stand des Sonnenzyklus: nahe dem Maximum ist sie relativ regelmäßig, nahe dem Minimum erscheinen lange Strahlen in den äquatornahen Gebieten. Während einer totalen Sonnenfinsternis verdunkelt sich der Himmel, und Planeten und helle Sterne werden sichtbar. Vor dem Weltraumzeitalter waren totale Sonnenfinsternisse die einzige Möglichkeit, die äußere Korona zu beobachten.

Die Sonnenaktivität

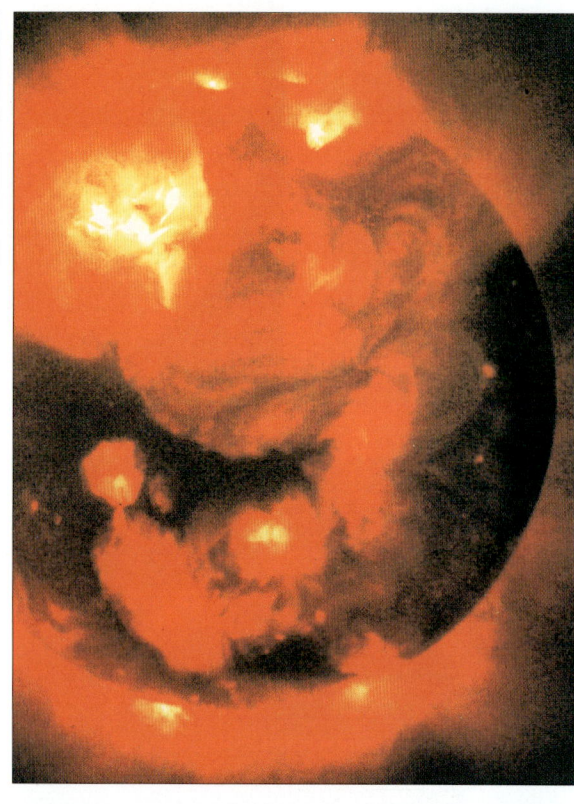

▶ **Die Röntgenstrahlung der Sonne**, *am 25. November 1990 von dem japanischen Satelliten Yohkoh aufgenommen. Dieses Bild zeigt mehrere Regionen mit unterschiedlicher Röntgenemission.*

Die Sonne ruht nie. Selbst die Photosphäre ist in ständiger Bewegung. In der Chromosphäre gibt es die Protuberanzen, von denen einige äußerst explosiv sind, und die Spiculen, schmale Gasfontänen, die auf der hellen Oberfläche entstehen und bis zu 10 000 km in die Chromosphäre aufsteigen. Sie sind immer vorhanden; zu jeder Zeit kann es bis zu 250 000 von ihnen geben.

Noch beeindruckender sind die Eruptionen oder Flares, die sich normalerweise über aktiven Sonnenfleckengruppen ereignen. Sie sind sehr kurzlebig, in der Regel dauern sie höchstens ca. 20 Minuten, obwohl einige Ausnahmen bekannt sind, die mehrere Stunden dauerten. Die Flares erzeugen Stoßwellen in der Chromosphäre und der Korona, durch die beträchtliche Mengen an Materie von der Sonne weggesprengt werden können. Dabei kann die Temperatur auf mehrere Millionen Grad ansteigen. Flares sind im wesentlichen magnetische Phänomene. Es scheint so, daß schnelle Veränderungen der magnetischen Felder in aktiven Zonen der Korona einen plötzlichen Energieausstoß bewirken, der zunimmt und die Materie in der Sonnenatmosphäre erhitzt. Strahlungen aller Wellenlängen werden abgegeben, besonders intensiv ist die Strahlung im Röntgen- und UV-Bereich des elektromagnetischen Spektrums.

Der Sonnenwind setzt sich zusammen aus geladenen Teilchen, die permanent von der Sonne ausgesandt werden. Er ist dafür verantwortlich, daß die Ionenschweife der Kometen abgestoßen werden und so immer von ihr wegzeigen. Die geladenen Teilchen, die die Erde erreichen, erzeugen die wunderbaren Erscheinungen der Polarlichter in der nördlichen und südlichen Hemisphäre.

Die Durchschnittsgeschwindigkeit, mit der der Sonnenwind die Erde passiert, beträgt 300 bis 400 km pro Sekunde. Es ist nicht bekannt, wie weit er sich erstreckt, doch besteht die Hoffnung, daß vier der sich gegenwärtig im Weltraum befindenden Sonden (Pioneer 10 und 11 und Voyager 1 und 2) noch so lange Daten übertragen werden, bis sie die Grenzen der Heliosphäre – d.h. des Bereiches, innerhalb dessen der Sonnenwind noch feststellbar ist – erreicht haben.

Der Sonnenwind kann sehr leicht durch Löcher in der Korona entweichen, d.h. dort, wo die magnetischen Feldlinien offen statt zurückgebogen sind. 1990 wurde eine besondere Raumsonde, Ulysses, in den Weltraum gestartet, um die Polregionen der Sonne zu untersuchen. Diese konnten bisher noch nicht ausreichend untersucht werden, weil die Sonne sowohl von der Erde als auch von allen früheren Sonden aus immer nur mehr oder weniger von der Ekliptik her gesehen werden konnte. Deshalb mußte Ulysses zuerst zu dem riesigen Jupiter fliegen und dessen Anziehungskraft ausnutzen, um in die richtige Umlaufbahn zu kommen.

Es wurden schon viele Sonnensonden abgeschossen, die zusammen bedeutende Informationen, besonders über den Röntgen- und den UV-Bereich des elektromagnetischen Spektrums, geliefert haben. Detaillierte Untersuchungen der Sonne wurden von den drei Besatzungen der amerikanischen Raumstation Skylab (1973-1974) durchgeführt.

Seit William Herschel glaubte, daß die Sonne bewohnt sein könnte, haben wir einen langen Weg zurückgelegt, und wir lernen ständig Neues hinzu. Dennoch müssen wir zugeben, daß wir noch weit davon entfernt sind, unseren eigenen, besonderen Stern gänzlich zu kennen.

◀ **Der Start des japanischen Röntgensatelliten Yohkoh.** *Da Röntgenstrahlung die Erdatmosphäre nicht durchdringen kann, müssen alle Untersuchungen vom Weltraum aus durchgeführt werden.*

► **Eine aktive Zone auf der Sonne,** am 14. August 1973 von der Raumstation Skylab aufgenommen. Der große „Bogen" hat ein schwächeres Abbild direkt daneben.

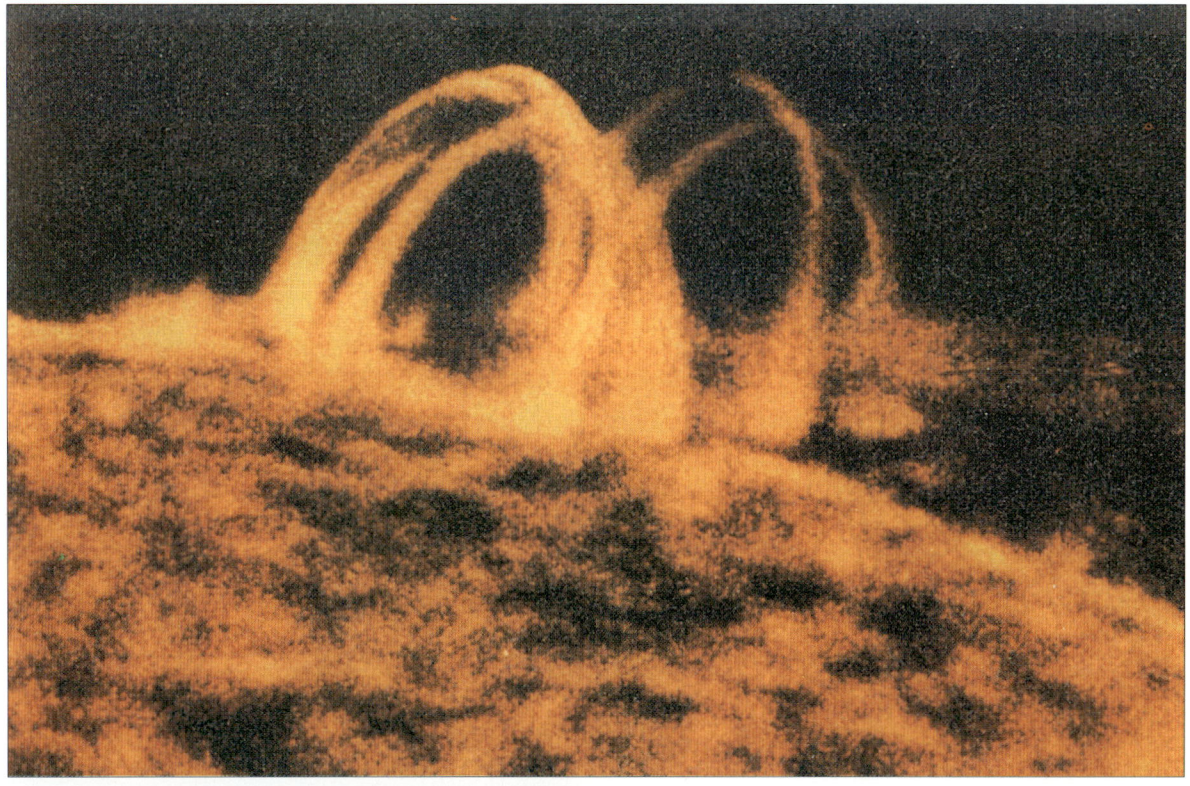

▼ **Protuberanz,** eine Photographie von Don Trombino. Dies ist eine aktive Protuberanz; in einigen Fällen entweicht Materie gänzlich von der Sonne.

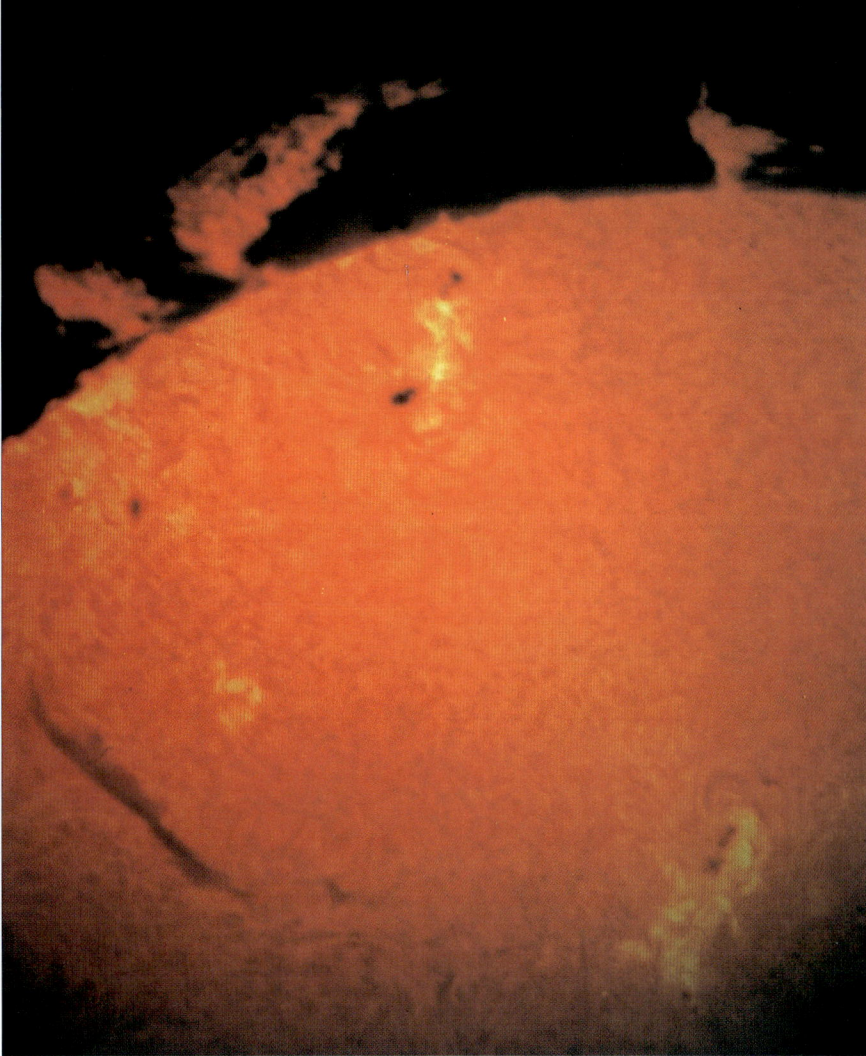

▼ **Nordpolarlichter** am 13. März 1989, aufgenommen von Paul Doherty, Stoke-on-Trent, England. Diese Erscheinung war eine der ausgedehntesten seit vielen Jahren und wurde mit einer besonders großen und aktiven Gruppe von Sonnenflecken in Zusammenhang gebracht. In Stoke waren die Polarlichter sogar hell genug, um Schatten zu werfen!

DIE STERNE

◄ **Das Kreuz des Südens,**
eingebettet in die Milch-
straße. Das Bild zeigt die
natürlichen Farben, die aber
durch die besondere Lichtstärke eines großen Tele-
skops intensiviert wurden.

Einführung in die Sterne

DAS GRIECHISCHE ALPHABET

α	Alpha
β	Beta
γ	Gamma
δ	Delta
ε	Epsilon
ζ	Zeta
η	Eta
θ	Theta
ι	Iota
κ	Kappa
λ	Lambda
μ	My
ν	Ny
ξ	Xi
ο	Omikron
π	Pi
ρ	Rho
σ	Sigma
τ	Tau
υ	Ypsilon
φ	Phi
χ	Chi
φ	Psi
ω	Omega

Wieviele Sterne können Sie mit bloßem Auge in einer klaren, dunklen Nacht sehen? Viele Leute werden sagen „Millionen", aber das ist nicht richtig. Es gibt ungefähr 5800 Sterne, die man mit bloßem Auge sehen kann. Nur die Hälfte aber erscheint jeweils über dem Horizont, und blasse Sterne, die relativ niedrig stehen, sind vermutlich gar nicht zu erkennen. Wenn man also eine Gesamtzahl von 2500 Sternen sehen kann, dann ist man schon sehr gut.

Die Menschen des Altertums teilten die Sterne in Sternbilder ein, die sie auf verschiedene Arten benannten. Die Ägypter hatten ihre eigene Methode ebenso wie die Chinesen und andere. Die Sternbilder, die wir heutzutage verwenden, sind die der alten Griechen (aber mit lateinischen Namen). Hätten wir eines der anderen Systeme benutzt, sähen unsere Sternkarten völlig anders aus, obwohl die Sterne selbst dieselben wären. Ein Muster der Sternbilder hat eigentlich keine wirkliche Aussagekraft, da sich die Sterne in ganz unterschiedlichen Entfernungen von uns befinden und wir es daher mit nichts anderem als unseren begrenzten Seheindrücken zu tun haben.

Ptolemäus, der letzte große Astronom des klassischen Altertums, listete 48 Sternbilder auf, von denen alle noch in modernen Sternkarten eingezeichnet sind, obwohl sie an einigen Stellen modifiziert wurden. Einige der Gruppen wurden nach mythologischen Figuren benannt, so wie Orion und Perseus, andere nach Tieren, so wie Cygnus (Schwan) und natürlich Ursa Maior (Großer Bär), oder nach unbelebten Objekten wie Triangulum (Dreieck). Seither sind noch weitere Sternbilder hinzugekommen, besonders jene am Südhimmel, die in Ägypten, wo Ptolemäus vermutlich sein ganzes Leben verbracht hat, nie über dem Horizont erschienen sind.

Einige dieser neuen Sternbilder erhielten moderne Namen wie Telescopium (Fernrohr) und Octans (Oktant).

Im 17. Jahrhundert erstellten verschiedene Astronomen Sternkataloge, und zwar gewöhnlich, indem sie Sterne von älteren Sternbildern wegnahmen. Einige der so entstandenen Sternbilder gibt es noch heute (darunter Crux Australis, das Kreuz des Südens), während andere getilgt wurden wie Globus Aerostaticus (Ballon), Officina Typographica (Druckerpresse) und Sceptrum Brandenburgicum (Zepter von Brandenburg). Heute wird eine Gesamtzahl von 88 Sternbildern anerkannt, die in ihrer Größe und Bedeutung sehr unterschiedlich sind. Man kann Sir John Herschel verstehen, der einmal sagte, daß die Sternbilder anscheinend nur aufgezeichnet worden seien, um das größtmögliche Durcheinander anzurichten.

Sehr helle Sterne wie Sirius, Canopus, Beteigeuze und Rigel haben Eigennamen, von denen die meisten arabisch sind. Es gibt aber auch noch ein anderes System: 1603 zeichnete der deutsche Amateurastronom Johann Bayer ein Sternverzeichnis, in dem er jedem einzelnen Stern der verschiedenen Sternbilder griechische Buchstaben gab, angefangen mit Alpha für den hellsten Stern bis zu Omega. Dieses System bewährte sich, so daß Bayers Buchstaben auch heute noch benutzt werden. In vielen Fällen wurde allerdings die richtige Reihenfolge der Buchstaben mißachtet, so daß im Sternbild des Sagittarius (Schütze) die hellsten Sterne Epsilon, Sigma und Zeta sind. Ebenfalls im 17. Jahrhundert gab John Flamsteed, erster Königlicher Astronom Englands, den Sternen Nummern, die auch heute noch in Gebrauch sind. Sirius, im Sternbild des Canis Maior (Großer Hund), ist deshalb nicht nur als Alpha Canis Maior, sondern auch als 19 Canis Maior bekannt.

Die Sterne werden nach ihrer Helligkeit in Klassen oder Größen eingeteilt, die sogenannte Magnitude (mag). Dabei haben die helleren Sterne den geringeren Wert; 1 mag ist also heller als 2 mag (2,512mal so hell), und 2 mag ist

▲ **Ursa Maior** (Großer Bär). Dies ist das bekannteste aller nördlichen Sternbilder. Sieben Hauptsterne bilden den „Pflug" oder „Wagen". Sechs von ihnen sind weiß; der siebte, Dubhe, ist orange.

▶ **Orion.** Dieses helle Sternbild wird vom Himmelsäquator gekreuzt und kann daher von jedem Land der Erde aus gesehen werden. Sein Bild ist unverwechselbar; zwei seiner Sterne gehören zur ersten Größenordnung.

Wie der Große Bär ist Orion ein „Führer" zu den Sternbildern, obwohl er für einen Teil des Jahres außer Sicht ist, wenn er nahe zur Sonne steht und nur während des Tages über dem Horizont erscheint.

heller als 3 mag. Das bloße Auge kann Sterne mit 6 mag gerade noch erkennen, moderne Teleskope reichen bis zu 28 mag. Nur wenige Sterne haben 0 mag oder sogar eine negative Magnitude. Die beiden hellsten Sterne sind Sirius (−1,46 mag) und Canopus (−0,73 mag). Diese Skala ist logarithmisch. Ein Stern mit 1 mag ist genau 100mal so hell wie einer mit 6 mag und 10 000mal so hell wie einer mit 11 mag.

Unsere Sonne hat −26,8 mag, erscheint also sehr hell, weil sie nicht sehr weit von der Erde entfernt ist. Die Helligkeit, mit der wir einen Stern sehen (scheinbare Helligkeit), sagt noch nichts über seine tatsächliche (absolute) Helligkeit aus. Ein Stern kann hell aussehen, weil er wirklich sehr groß und leuchtstark ist, oder einfach nur, weil er uns besonders nahe ist. Sirius ist 8,7 Lichtjahre entfernt und leuchtet 26mal stärker als die Sonne, während der über 100 Lichtjahre entfernte Canopus es mit 1400 Sonnen aufnehmen könnte.

Die Sterne stehen nicht wirklich fest im Raum. Sie bewegen sich in alle möglichen Richtungen und mit den verschiedensten Geschwindigkeiten, doch sind sie so weit entfernt, daß wir ihre Eigenbewegung kaum bemerken können.

Deshalb haben sich die Sterbilder über einen viele Generationen umfassenden Zeitraum hinweg nicht bemerkenswert verändert und sehen heute im wesentlichen genauso aus wie zu Julius Cäsars Zeiten oder sogar zu Zeiten der Erbauer der großen Pyramiden. Nur unsere näheren Nachbarn, die Mitglieder unseres Sonnensystems, bewegen sich von einem Sternbild ins andere. Der nächste Stern zur Sonne befindet sich in einer Entfernung von 4,2 Lichtjahren; ein Lichtjahr ist die Entfernung, die ein Lichtstrahl in einem Jahr zurücklegt – über 9 Billionen Kilometer.

Deshalb erscheinen die Sterne relativ klein und schwach; kein normales Teleskop würde einen Stern anders als einen Lichtpunkt zeigen. Dennoch sind einige Sterne ungeheuer groß: Beteigeuze im Sternbild des Orion ist so groß, daß er die gesamte Erdumlaufbahn einnehmen würde. Andere Sterne wiederum sind viel kleiner als die Sonne oder sogar als die Erde, aber die Unterschiede in der Masse sind nicht so groß, wie man erwarten dürfte, da kleine Sterne dichter sind als große.

Die Palette an Leuchtkraft ist sehr groß: Wir kennen Sterne, die über 1millionenmal so leuchtstark sind wie die Sonne, während andere nur einen winzigen Bruchteil von ihrer Leuchtkraft haben. Auch die Farben sind nicht gleich. Unsere Sonne ist gelb, während andere Sterne bläulich, weiß, orange oder rot sind. Diese Unterschiede resultieren aus den unterschiedlichen Oberflächentemperaturen. Die heißesten bekannten Sterne haben Temperaturen von bis zu 80 000 °C, während die kältesten so schwach sind, daß sie kaum leuchten.

Viele Sterne sind so wie die Sonne Einzelsterne (trotzdem können sie das Zentrum eines Planetensystems sein). Andere sind Paare oder Mitglieder vielzähliger Systeme. Es gibt Sterne, deren Licht unbeständig ist, es gibt Sternhaufen, und es gibt riesige Wolken aus Staub und Gas, die sogenannten Nebel.

Unsere Galaxis enthält über 100 Milliarden Sterne, und dahinter kommen wir zu anderen Galaxien, die so weit entfernt sind, daß ihr Licht Millionen oder sogar Milliarden Jahre braucht, um uns zu erreichen. Wenn man sich diese entfernten Systeme heute anschaut, so sieht man sie nicht, wie sie heute sind, sondern so, wie sie waren, als das Universum noch jung war – lange bevor die Erde oder sogar die Sonne existierte. Das ist wirklich ein ernüchternder Gedanke.

▼ *Das Kreuz des Südens,* das bekannteste südliche Sternbild, ist eher wie eine Raute als wie ein X geformt. Zwei der Sterne im Hauptbild gehören der ersten Größe an, ein dritter hat 1,5 und der vierte gerade über 3 mag. Zwei weitere helle Sterne, Alpha und Beta Centauri, weisen zu ihm hin. Von den vier großen Sternen im Kreuz sind drei heiß und bläulich-weiß. Der vierte (Gamma Crucis) ist orangerot. Das Kreuz enthält außerdem einen bekannten dunklen Nebel, den Kohlensack, und einen wunderschönen offenen Sternhaufen, das Schatzkästlein. Diese drei Photos (Ursa Maior, Orion und das Kreuz) wurden von dem Autor mit jeweils der gleichen Kamera und Belichtung aufgenommen.

Die Himmelssphäre

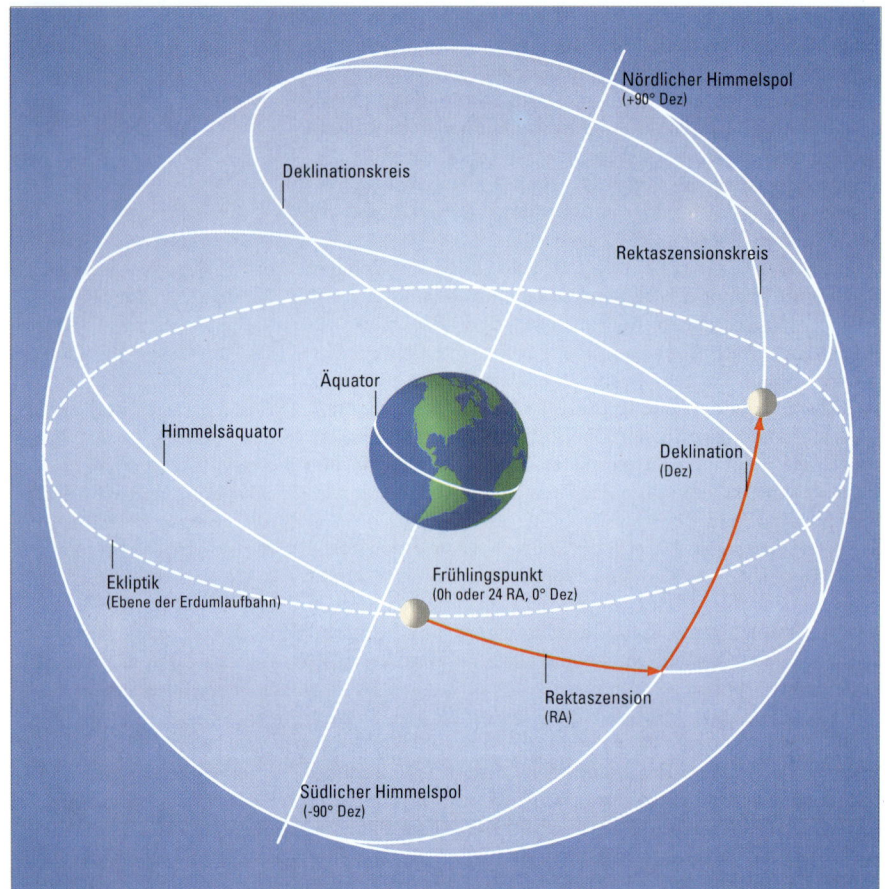

Nördlicher Himmelspol
(+90° Dez)

Deklinationskreis

Rektaszensionskreis

Äquator

Himmelsäquator

Deklination
(Dez)

Ekliptik
(Ebene der Erdumlaufbahn)

Frühlingspunkt
(0h oder 24 RA, 0° Dez)

Rektaszension
(RA)

Südlicher Himmelspol
(-90° Dez)

▲ **Die Himmelssphäre.** *In einigen Fällen ist es immer noch praktisch anzunehmen, daß der Himmel fest und die Himmelssphäre konzentrisch mit der Erdoberfläche ist. Dann kann man die Himmelspole bezeichnen, die durch die Projektion der Erdachse auf die Himmelssphäre definiert sind. Der Nordpol wird deutlich von dem hellen Stern Polaris im Sternbild des Kleinen Bären (Ursa Minor) markiert, der Südpol von dem schwachen Sigma Octantis. Ebenso ist der Himmelsäquator die Projektion des Erdäquators auf die Himmelssphäre. Er teilt den Himmel in zwei Hemisphären. Deklination bezeichnet die Winkelentfernung eines Körpers zum Himmelsäquator, vom Erdzentrum oder dem Zentrum der Himmelssphäre aus gerechnet. Sie korrespondiert daher mit den Breitengraden der Erde. Hier wird Sirius gezeigt. Seine Winkelentfernung vom Himmelsäquator beträgt hier 16°39′ Süd und damit seine Deklination −16°39′*

Die Völker des Altertums glaubten, daß der Himmel stabil sei und daß die Sterne auf einer unsichtbaren Sphäre aus Kristall befestigt seien. Dies ist eine praktische Vorstellung und angenommen, die Himmelssphäre existiert wirklich und macht eine Umdrehung um die Erde in 24 Stunden, wobei sie alle Himmelskörper mit sich führt:

Dann ist der Nordpol des Himmels ganz einfach der Punkt der Himmelssphäre, der in Richtung zur Erdachse liegt. Nur ein Grad daneben liegt Polaris, ein Stern der zweiten Größe, im Sternbild des Kleinen Bären (Ursa Minor). Selbstverständlich gibt es auch einen südlichen Himmelspol, doch leider befindet sich kein heller Stern in seiner Nähe, so daß wir mit dem undeutlichen Sigma Octantis vorliebnehmen müssen, der nicht einmal unter optimalen Bedingungen mit bloßem Auge leicht zu erkennen ist.

Genauso wie der Erdäquator die Erde in zwei Hemisphären teilt, so teilt der Himmelsäquator den Himmel in zwei Hälften – Nord und Süd. Der Himmelsäquator wird als die Projektion des Erdäquators auf die Himmelssphäre definiert, wie in dem oberen Diagramm zu sehen ist.

Um eine Position auf der Erde zu bestimmen, muß man den Breiten- und den Längengrad kennen. Der Breitengrad ist die nördliche oder südliche Winkelentfernung vom Äquator, gemessen vom Erdmittelpunkt. So liegt z.B. London ungefähr auf dem 51. Breitengrad N und Sydney auf dem 34. Breitengrad S. Der Nordpol liegt auf dem 90. Breitengrad N, der Südpol auf dem 90. Breitengrad S. Das Äquivalent hierzu am Himmel wird als Deklination bezeichnet und ebenso berechnet. Demnach beträgt die Deklination von Beteigeuze in Orion 7°24′N, die von Sirius 16°39′S. (Nördliche Werte werden auch als + oder positiv angegeben, südliche Werte als − oder negativ).

Schwieriger wird es, wenn es um die Berechnung des himmlischen Äquivalents zum Längengrad geht. Auf der Erde wird der Längengrad als die Winkelentfernung der

jeweiligen Stelle östlich oder westlich zu einem ganz bestimmten wissenschaftlichen Instrument, dem Airy Transit Circle im Greenwich Observatorium, definiert. Greenwich wurde vor über einem Jahrhundert als der Nullpunkt des Längengrades festgelegt.

Man braucht also ein „himmlisches Greenwich", und dafür gibt es nur einen naheliegenden Kandidaten: das Frühlingsäquinoktium, auch als Frühlingspunkt bezeichnet. Um den Frühlingspunkt zu erklären, muß zunächst darüber gesprochen werden, wie die Sonne sich über den Himmel zu bewegen scheint.

Da die Erde sich in etwas mehr als 365 Tagen einmal um die Sonne dreht, scheint die Sonne sich für uns innerhalb desselben Zeitraumes über den Himmel zu bewegen. Der sichtbare jährliche Weg der Sonne gegen die Sterne wird als Ekliptik bezeichnet und führt durch die zwölf Sternbilder des Tierkreises (plus einem kleinen Teil des dreizehnten Sternbildes, Ophiuchus, dem Schlangenträger). Der Erdäquator ist zur Ebene der Umlaufbahn um 23,5 ° gekippt, so daß der Winkel zwischen Ekliptik und Himmelsäquator ebenfalls 23,5 ° beträgt. Jedes Jahr überquert die Sonne den Äquator zweimal. Um den 22. März herum (das Datum ist wegen der Launen unseres Kalenders nicht ganz konstant) erreicht die Sonne auf ihrem Weg von Süden nach Norden den Äquator; ihre Deklination beträgt dann 0 °, und sie hat den Frühlingspunkt erreicht, der von keinem hellen Stern bezeichnet wird. Dann verbringt sie sechs Monate in der nördlichen Hemisphäre. Um den 22. September herum erreicht sie wieder den Äquator, diesmal auf dem Weg von Norden nach Süden. Sie hat das Herbstäquinoktium, auch Herbstpunkt genannt, erreicht und wird die nächsten sechs Monate in der südlichen Hemisphäre zubringen.

Das himmlische Äquivalent des Längengrades wird als Rektaszension bezeichnet. Verwirrenderweise wird sie nicht in Grad, sondern in Zeiteinheiten gemessen. Da sich die Erde dreht, muß jeder Punkt am Himmel einmal in 24 Stunden seinen höchsten Stand über dem Horizont erreichen. Dies wird als obere Kulmination bezeichnet. Die Rektaszension eines Sterns ist die Zeit, die zwischen der oberen Kulmination des Frühlingspunktes und der des betreffenden Sterns vergeht. Beteigeuze erreicht seine obere Kulmination 5 Stunden und 53 Minuten später als der Frühlingspunkt, daher beträgt seine Rektaszension genau diese Zeit.

Der Frühlingspunkt befand sich früher im Sternbild des Widders, mittlerweile ist er in das angrenzende Sternbild der Fische gewandert. Das liegt am Phänomen der Präzession: Die Erde ist keine perfekte Kugel, da der Äquator sich ein wenig verbeult. Sonne und Mond „ziehen" an diesem Buckel, und deshalb „eiert" die Erdachse ein wenig. Sie benötigt 25 800 Jahre, um einen kleinen Kreis am Himmel zu beschreiben.

Angenommen Polaris, unser jetziger Polarstern, läge genau auf dem Pol statt etwas weniger als 1° davon entfernt (seine exakte Deklination beträgt +89°15′51″), so würde das bedeuten: Für einen direkt am Nordpol der Erde stehenden Beobachter hätte Polaris eine Höhe von 90°, d.h. er würde im Zenit stehen. Vom Erdäquator aus hätte er eine Höhe von 0° und würde so auf dem Horizont liegen. Von den südlichen Breitengraden aus würde er niemals sichtbar sein.

Wenn man ihn von der nördlichen Hemisphäre aus beobachten würde, hätte er immer den gleichen Breitengrad wie der Beobachter. Von London aus, auf dem 51. Breitengrad N, stünde Polaris 51 ° über dem Horizont, von Sydney aus betrüge die Höhe des undeutlichen Sigma Octantis 34 °.

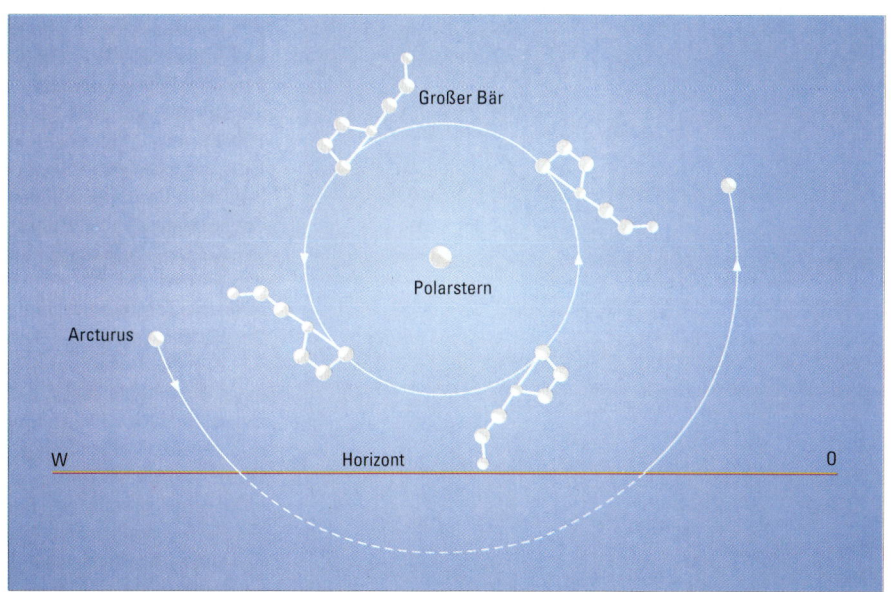

▶ **Zirkumpolare und nicht zirkumpolare Sterne.** In diesem Diagramm wird Ursa Maior zusammen mit Arcturus im Sternbild Bootes gezeigt. Dabei wird vorausgesetzt, daß der Breitengrad des Beobachtungspunktes irgendwo in Norddeutschland liegt. Ursa Maior ist so nahe am nördlichen Himmelspol, daß er niemals untergeht, aber Arcturus verschwindet für einen Teil seiner Tagesbahn hinter dem Horizont. Ursa Maior ist also von Norddeutschland aus zirkumpolar, im Gegensatz zu Arcturus.

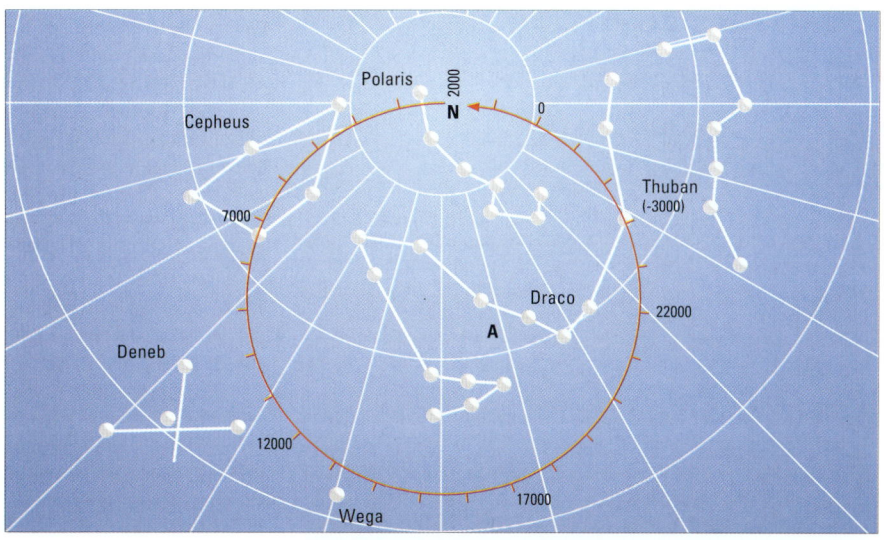

▶ **Präzession.** Der Präzessionskreis, 47° im Durchmesser, zeigt die Verschiebung des nördlichen Himmelspols um den Pol der Ekliptik an (A). Im ägyptischen Zeitalter (ca. 3000 v. Chr.) lag der Polpunkt nahe bei Thuban oder Alpha Draconis. Heute befindet er sich nahe Polaris in Ursa Minor (Deklination +89°15'). 12 000 n. Chr. wird er nahe bei Wega liegen. Der südliche Himmelspol beschreibt einen analogen Präzessionskreis.

▼ **Strichspuren.** Dieses Photo, auf Neuseeland mit einer Belichtungszeit von 2 Stunden aufgenommen, zeigt die Sterne nahe dem südlichen Himmelspol. Der Pol selbst befindet sich am unteren Bildrand.

Ein Stern, der niemals untergeht, sondern immer rund um den Pol wandert, ohne unter den Horizont zu tauchen, wird zirkumpolar genannt. Um zu entscheiden, welche Sterne zirkumpolar sind und welche nicht, muß man einfach den Breitengrad des Beobachtungspunktes von 90 subtrahieren, d. h. im Fall von London: 90 – 51 = 39. Daraus folgt, daß jeder Stern, der nördlich der Deklination +39 liegt, niemals untergehen wird, so wie jeder Stern, der südlich der Deklination –39 liegt, niemals aufgehen wird. Solche Sternbilder wie Ursa Maior (Großer Bär) und Cassiopeia sind von jedem Punkt auf den Britischen Inseln aus zirkumpolar, nicht aber vom südlichen Mittelmeer aus.

Ein weiteres Beispiel ist das Kreuz des Südens, das Australiern und Neuseeländern ebenso vertraut ist wie der Große Bär den Briten. Die Deklination von Acrux, dem hellsten Stern im Kreuz, beträgt –63 °. 90 – 63 = 27 bedeutet, daß Acrux niemals irgendwo in Europa gesehen werden kann.

Es war eine dieser Überlegungen, die einen frühen Beweis dafür lieferte, daß die Erde rund ist. Canopus, der zweithellste Stern am Himmel, hat eine Deklination von –53 °. Daher kann er zwar von Alexandria (31. Breitengrad N), aber nicht von Athen (38. Breitengrad N) aus gesehen werden, wo er den Horizont streift. Die alten Griechen wußten das, und sie folgerten richtig, daß dies nur möglich war, wenn die Erde eine Kugel ist statt einer Fläche.

Entfernungen und Bewegung der Sterne

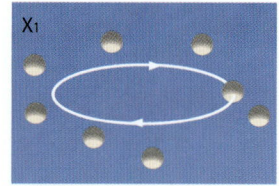 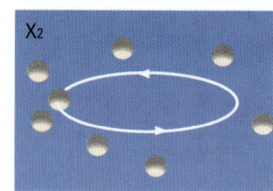

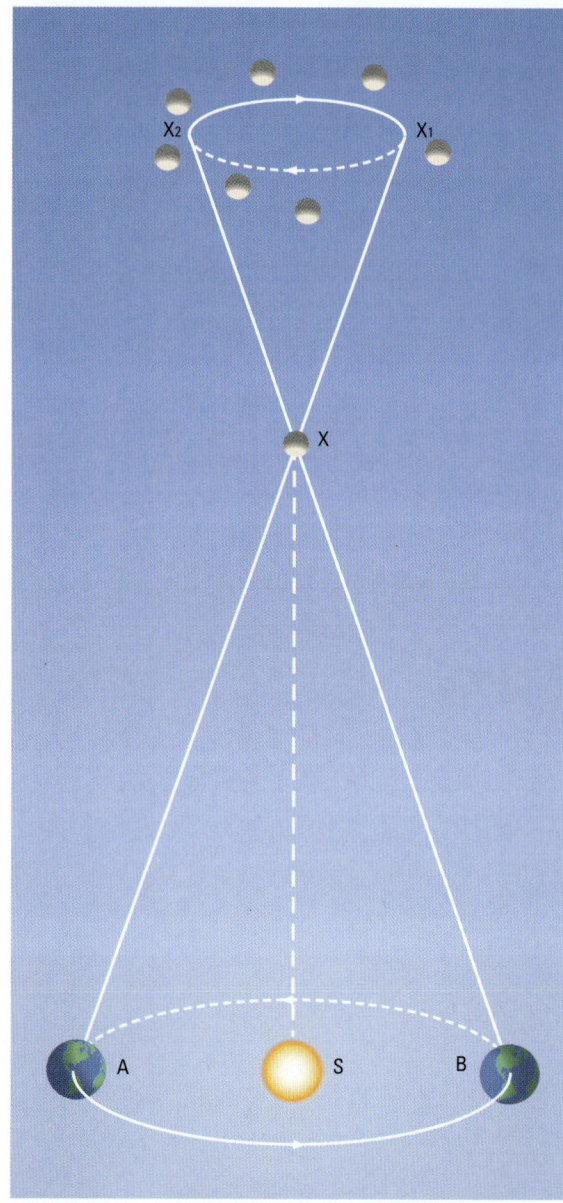

► *Trigonometrische Parallaxe.* *A stellt die Erde auf ihrer Position im Januar dar; der danebenliegende Stern X wird gegen den Hintergrund von weiter entfernten Sternen gemessen und erscheint bei X1. Sechs Monate später, gegen Juli, hat sich die Erde zur Position B bewegt. Da die Erde 150 Millionen km von der Sonne entfernt ist, beträgt die Entfernung zwischen A und B das Doppelte davon, also 300 Millionen km. Stern X erscheint nun bei X2. Der Winkel AXS kann so bestimmt werden, und dies wird als die Parallaxe bezeichnet. Da die Länge der Grundlinie A–B bekannt ist, kann der Dreisatz gelöst werden, und die Entfernung von S zu X kann errechnet werden.*

▼ *Die Eigenbewegung von Proxima Centauri.*
Proxima, der nächste Stern hinter der Sonne (4,249 Lichtjahre), hat die äußerst große Eigenbewegung von 3″75 pro Jahr. Diese beiden Bilder, eines 1897, das andere 1940 aufgenommen, zeigen die Verschiebung sehr deutlich (Proxima ist mit einem Pfeil gekennzeichnet).

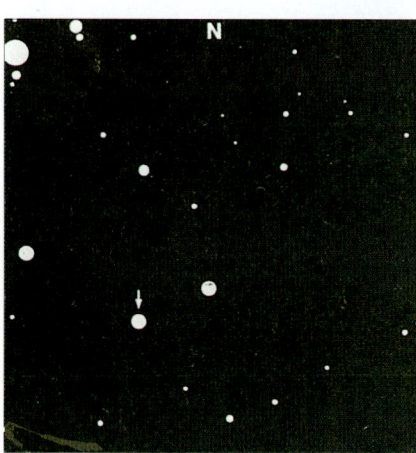 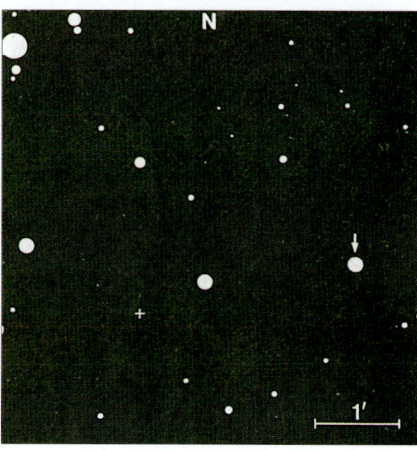

Die erste erfolgreiche Berechnung der Entfernung eines Sterns wurde 1838 von dem deutschen Astronomen Friedrich Bessel gemacht. Seine Methode war die der Parallaxe, mit der auch ein Landvermesser arbeitet, der die Entfernung eines unerreichbaren Objektes, wie z.B. einer Bergspitze, ermitteln möchte. Er mißt eine Grundlinie aus und stellt dann die Blickrichtung des Zielpunktes von zwei entgegengesetzten Enden aus fest. Daraus kann er den Winkel des Zielpunktes errechnen, dessen Hälfte Parallaxe genannt wird. Er kennt die Länge der Grundlinie, so daß einfache Trigonometrie ihn zu dem gewünschten Ergebnis, der Entfernung des Zielpunktes, führt.

Für die Berechnung der Entfernung der Sterne wird eine wesentlich längere Grundlinie benötigt. Bessel benutzte dazu den Durchmesser der Erdumlaufbahn. A steht nun für die Position der Erde im Januar und B für ihre Position im Juni, wenn sie auf der anderen Seite der Umlaufbahn angekommen ist. Da die Erde 150 Millionen km von der Sonne entfernt ist, beträgt die Entfernung von A zu B das Doppelte davon, also 300 Millionen km. X steht für den anvisierten Stern, 61 Cygni im Sternbild Schwan, den Bessel berechnete, weil er Grund zu der Annahme hatte, daß dieser Stern besonders nahe sein könnte. Er fand heraus, daß die Parallaxe 0,29 Bogensekunden beträgt, was einer Entfernung von 11,2 Lichtjahren entspricht.

Die Methode der Parallaxe läßt sich gut bis zu mehreren hundert Lichtjahren anwenden. Doch bei größeren Entfernungen werden die jährlichen Verschiebungen zu gering für eine exakte Beobachtung, daher muß man hier zu weniger direkten Methoden greifen. Zunächst wird die spektroskopische Analyse benutzt, um herauszufinden, wie hell der Stern ist. Darauf folgt die Ermittlung der Entfernung, vorausgesetzt, die vielen Komplikationen, wie z.B. die Absorption von Licht im Weltraum, sind mit in Betracht gezogen worden.

Ein Stern in der Entfernung von 3,26 Lichtjahren hätte eine Parallaxe von 1 Bogensekunde, daher wird diese Entfernung als 1 Parsec bezeichnet. Berufsastronomen geben diesem Maß den Vorzug gegenüber dem Lichtjahr. Tatsächlich befindet sich kein Stern (außer der Sonne natürlich) näher als 1 Parsec; unser nächster Nachbar, der undeutliche südliche Proxima Centauri, hat eine jährliche Parallaxe von 0,76 Bogensekunden, was einer Entfernung von 4,249 Lichtjahren entspricht. Bei der absoluten Helligkeit eines Sterns nimmt man an, der Stern sei 10 Parsec (32,6 Lichtjahre) entfernt, und gibt für diese Entfernung die scheinbare Helligkeit an. Unsere Sonne hätte aus dieser Entfernung betrachtet +4,8 mag, wäre also schwächer als Alcor, das „Reiterlein" neben Mizar im großen Wagen. Sirius hat eine absolute Helligkeit von +1,4 mag und erscheint nur wegen seiner geringen Entfernung so hell. Rigel im Orion mit absolut −7,1 mag würde nachts Schatten werfen, wenn er statt 900 nur 32,6 Lichtjahre entfernt wäre. Entfernung und Helligkeit sehr entfernter Sterne sind recht unsicher, so daß die verschiedenen Kataloge sehr unterschiedliche Werte angeben. Maßstab für diesen Atlas ist der Cambridge Catalogue.

Obwohl die Eigenbewegungen der Sterne wegen der riesigen Entfernungen sehr gering sind, können sie berechnet werden. Der „Geschwindigkeitsrekord" wird von einem Roten Zwerg, Barnards Pfeilstern, gehalten, der 5,8 Lichtjahre entfernt und neben den drei Mitgliedern der Alpha Centauri-Gruppe unser nächster Nachbar ist. Seine jährliche Eigenbewegung beträgt 10,31 Bogensekunden, so daß er in ca. 190 Jahren in einer Entfernung, die gleich dem scheinbaren Durchmesser des Vollmondes ist, über den Himmel wandern wird. (Er ist nur 0,0005mal so hell wie die Sonne, so daß er für stellare Standards sehr matt ist.)

Über einen genügend langen Zeitraum hinweg werden sich die Sternbildmuster verändern. Zum Beispiel haben wir in Ursa Maior das vertraute siebensternige Muster, das oft der Pflug oder der Große Wagen genannt wird. Fünf dieser Sterne bewegen sich in ungefähr der gleichen Richtung und Geschwindigkeit durch das All, so daß anzunehmen ist, daß sie denselben Ursprung haben; die anderen beiden, Alkaid und Dubhe, bewegen sich in eine andere Richtung. In vielleicht 100 000 Jahren wird daher wohl das Bild des Pfluges bis zur Unkenntlichkeit verzerrt worden sein. Die Sterne des Pfluges sind auch nicht alle gleich weit von uns entfernt: bei den beiden „Extremen" Mizar und Alkaid sind es 59 und 108 Lichtjahre. Damit ist Alkaid also fast ebenso weit von Mizar entfernt wie wir. Und das erinnert uns daran, daß ein Sternbild nichts weiter als ein Sichtlinieneffekt ist und keine wirkliche Bedeutung hat: Würden wir die Sterne von einem anderen Punkt aus betrachten, könnten Mizar und Alkaid sehr wohl auf entgegengesetzten Seiten des Himmels stehen.

61 Cygni, der erste Stern, dessen Entfernung berechnet worden ist, hat eine jährliche Eigenbewegung von über 4 Bogensekunden. Wegen der großen Eigenbewegung glaubte Bessel zu Recht, daß er relativ nah zu uns sein müßte.

Wir müssen uns auch mit den radialen oder den Vor- und -Zurückbewegungen der Sterne beschäftigen, die durch die Spektroskopie ermittelt werden können. Wie wir gesehen haben, besteht das Sonnenspektrum aus einem regenbogenfarbenen Hintergrund, der von den dunklen Fraunhoferlinien durchkreuzt wird. Dies trifft auch auf alle anderen Sterne zu, obwohl sie sich in den Details stark unterscheiden.

Wenn ein Stern sich uns nähert, sind alle Linien im Spektrum zum blauen oder kurzwelligen Bereich des Regenbogens hin verschoben; entfernt er sich dagegen von uns, entsteht eine Verschiebung zum roten oder langwelligen Bereich hin. (Dies ist der berühmte Doppler-Effekt, zu dem beim Thema Galaxien noch einiges zu sagen sein wird.)

Indem man die Verschiebung der Linien mißt, kann man feststellen, ob ein Stern sich uns nähert oder sich von uns entfernt. Die scheinbare Eigenbewegung eines Sterns am Himmel ist die Kombination der transversalen und radialen Bewegungen. (Praktischerweise werden die Radialgeschwindigkeiten als negativ angegeben, wenn der Stern sich nähert, und als positiv, wenn er sich wieder entfernt.)

Zur Zeit nähert sich uns Barnards Pfeilstern mit 108 km in der Sekunde. In 8000 Jahren wird er mit vier Lichtjahren seinen geringsten Abstand zur Erde erreichen und sich dann wieder entfernen.

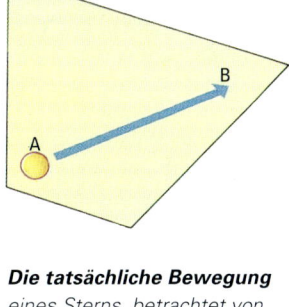

Die tatsächliche Bewegung eines Sterns, betrachtet von der Erde (A–B), ist die Kombination radialer und transversaler Bewegung gegen den Hintergrund entfernter Sterne.

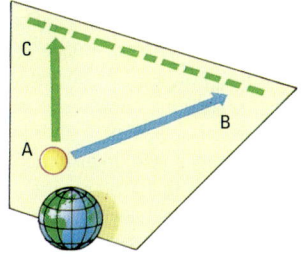

Die radiale Bewegung (A–C) ist die Geschwindigkeit zur Erde hin oder weg. Sie ist positiv, wenn der Stern sich entfernt, und negativ, wenn er sich nähert.

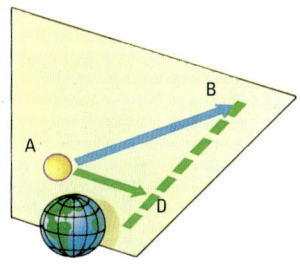

Die Eigenbewegung (A–D) ist die transversale Bewegung oder die Bewegung über den Himmel. Barnards Stern (10",31 pro Jahr) hat die größte Eigenbewegung.

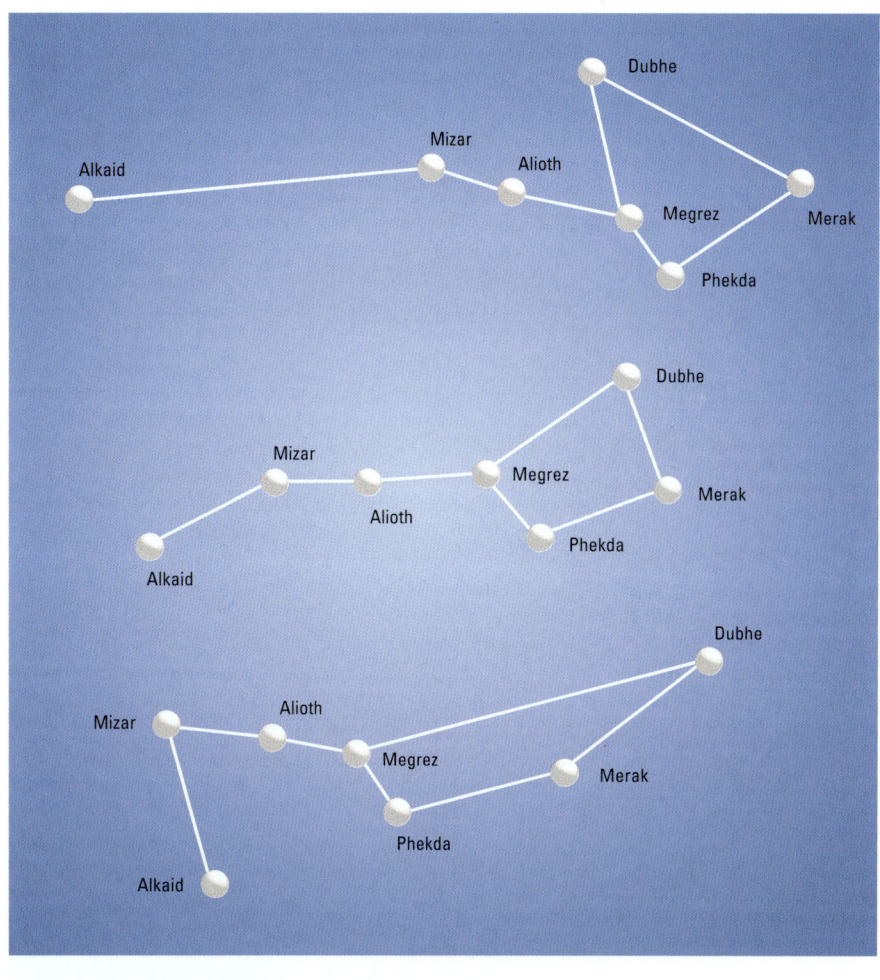

▶ **Die Entfernungen der Sterne im großen Wagen.**

Das Diagramm zeigt die sieben Hauptsterne in Ursa Maior und ihre korrekten relativen Entfernungen zur Erde. Alkaid, 108 Lichtjahre entfernt, ist der entfernteste, Mizar, 59 Lichtjahre entfernt, der nächste. Alkaid ist also beinahe so weit von Mizar entfernt wie wir!

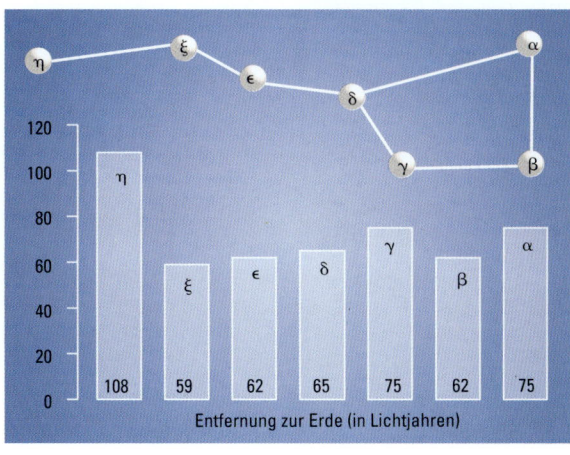

Entfernung zur Erde (in Lichtjahren)

▲ **Der Langzeiteffekt der Eigenbewegung.** Die Diagramme zeigen die Bewegungen der sieben Hauptsterne in Ursa Maior (Großer Bär), die das bekannte Muster des Pfluges oder Großen Wagens ergeben. Das obere Diagramm zeigt die Anordnung der Sterne, wie sie vor 100 000 Jahren war; das mittlere Diagramm zeigt die heutige Anordnung und das untere zeigt Ursa Maior, wie er in 100 000 Jahren aussehen wird.

Verschiedene Sterntypen

Fragt man einen Berufsastronomen, welches das wertvollste wissenschaftliche Instrument ist, das er zur Verfügung hat, wird er höchstwahrscheinlich antworten: „Das Spektroskop." Selbstverständlich braucht man zunächst Teleskope, die das Licht bündeln, bevor man Spektroskope benutzen kann, doch ohne sie wäre unser Wissen von den Sternen wahrhaftig mager.

Da die Sterne Sonnen sind, ist es nur logisch anzunehmen, daß sie Spektren ähnlich dem unserer Sonne aufweisen. Diese Annahme ist richtig, doch gibt es im Detail große Unterschiede. Zum Beispiel dominieren in den Spektren von weißen Sternen, wie z.B. Sirius, Linien, die durch Wasserstoff verursacht werden; die kalten, orangeroten Sterne weisen dagegen sehr komplexe Spektren mit vielen, von Molekülen verursachten Linien auf.

Während des letzten Jahrhunderts wurden viele wegweisende Anstrengungen zur Klassifizierung der Sterne in verschiedene Spektraltypen unternommen. Schließlich wurde das in Harvard entwickelte System eingeführt, bei welchem jeder Stern einen Buchstaben erhielt, je nachdem, welche Art von Spektrum er aufwies. Die heute etablierten Typen sind, in der Reihenfolge abnehmender Oberflächentemperatur, W, O, B, A, F, G, K, M, R, N und S (die Oberflächentemperaturen von R, N und S sind annähernd gleich; die Gruppen R und N werden heute auch oft unter C zusammengefaßt). Jeder Spektraltyp ist wieder untergliedert: Ein Stern vom Typ A5 steht daher zwischen A0 und F0. Unsere Sonne gehört zum Typ G2.

1908 entwarf der dänische Astronom Ejnar Hertzsprung ein Diagramm, in das er die Helligkeiten der Sterne gegenüber ihren Spektraltypen einzeichnete. Ähnliches wurde in Amerika von Henry Norris Russel gemacht, daher sind diese Diagramme heute als Hertzsprung-Russel- oder als HR-Diagramme bekannt. Man kann auf ihnen auf Anhieb erkennen, daß die meisten Sterne um ein Band herum liegen, das vom oberen linken zum unteren rechten Ende des Diagramms verläuft. Es bildet die sogenannte Hauptreihe. Unsere Sonne ist ein typischer Stern der Hauptreihe. Am oberen rechten Ende liegen Riesen und Überriesen von gewaltiger Helligkeit und am unteren linken Ende die Weißen Zwerge, die zu einer anderen Kategorie gehören; sie waren noch nicht bekannt, als HR-Diagramme eingeführt wurden. Zu beachten ist, daß die meisten Sterne zu den Typen B bis M gehören. Die heißesten (W, O) und die kältesten Typen (R, N, S) sind relativ selten.

Bei den roten und den orangefarbenen Sternen (üblicherweise als „später" Typ bezeichnet) gibt es zwei Arten: sehr energiereiche Riesen und sehr schwache Zwerge, wobei es praktisch keine Beispiele für mittlere Helligkeit gibt. Die Riese-Zwerg Einteilung ist bei den gelben Sternen weniger markant, aber immer noch erkennbar; z. B. gehören Capella und die Sonne beide zum Typ G, aber Capella ist ein Riese, während die Sonne zu den Zwergen zählt. Diese Einteilung gilt nicht für die weißen oder bläulichen Sterne, die Sterne des „frühen" Typs.

Die Sterne weisen eine breite Palette an Größe, Temperatur und Helligkeit auf. Die heißesten Sterne sind die des W-Typs; sie werden oft Wolf-Rayet Sterne genannt, nach den beiden französischen Astronomen, die vor über 100 Jahren sorgfältige Studien über sie anstellten. Sie haben Oberflächentemperaturen von bis zu 80 000°C. Ihre Spektren weisen viele helle Emissionslinien auf, und sie sind instabil, mit sich ausdehnenden Schalen, die sich mit einer Geschwindigkeit von bis zu 3000 km pro Sekunde nach außen bewegen. Sterne vom Typ O weisen sowohl Emissions- als auch Absorptionslinien auf; ihre Temperatur kann bis zu 40 000°C betragen. Am anderen Ende der Skala haben wir die kalten roten Riesensterne der Typen R, N und S, deren Oberflächentemperatur nicht mehr als 2600°C beträgt.

Einige der Überriesen sind wirklich kraftvoll: S Doradus in der großen Magellanschen Wolke, eine unserer nächsten Nachbargalaxien in einer Entfernung von 169 000 Lichtjahren, ist mindestens 1millionenmal heller als die Sonne, obwohl er zu weit entfernt ist, um für das bloße Auge sichtbar zu sein. Sogar noch leuchtstärker ist der seltsame, unberechenbar wechselhafte Eta Carinae, der sechs Millionen Sonnen gleichkommt und ein eigenartiges Spektrum aufweist, das keinem regulären Typ zugeordnet werden kann. Auf der anderen Seite hat der dunkle, als MH 18 bekannte Stern, der 1990 von M.H. Hawkins am Royal Observatory Edinburgh identifiziert wurde, gerade einmal 1/20 000 der Helligkeit der Sonne.

Direkte Messungen von Sterndurchmessern sind sehr schwierig. Der Stern mit dem größten scheinbaren Durchmesser ist vermutlich Beteigeuze im Sternbild Orion mit einem Wert von 50 Millibogensekunden. Neue direkte Messungen werden zur Zeit von John Davis und seinem australischen Team mit SUSI (Sydney University Stellar Interferometer) durchgeführt. SUSI besteht aus einer Anzahl relativ kleiner, zusammenhängender Teleskope und könnte ein menschliches Haar aus einer Entfernung von ca. 100 km vermessen. Mit diesem Instrument ist es sogar möglich, Details auf den Oberflächen einiger Sterne zu entdecken.

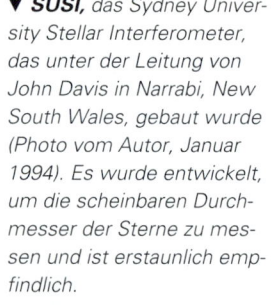

▼ **SUSI,** das Sydney University Stellar Interferometer, das unter der Leitung von John Davis in Narrabi, New South Wales, gebaut wurde (Photo vom Autor, Januar 1994). Es wurde entwickelt, um die scheinbaren Durchmesser der Sterne zu messen und ist erstaunlich empfindlich.

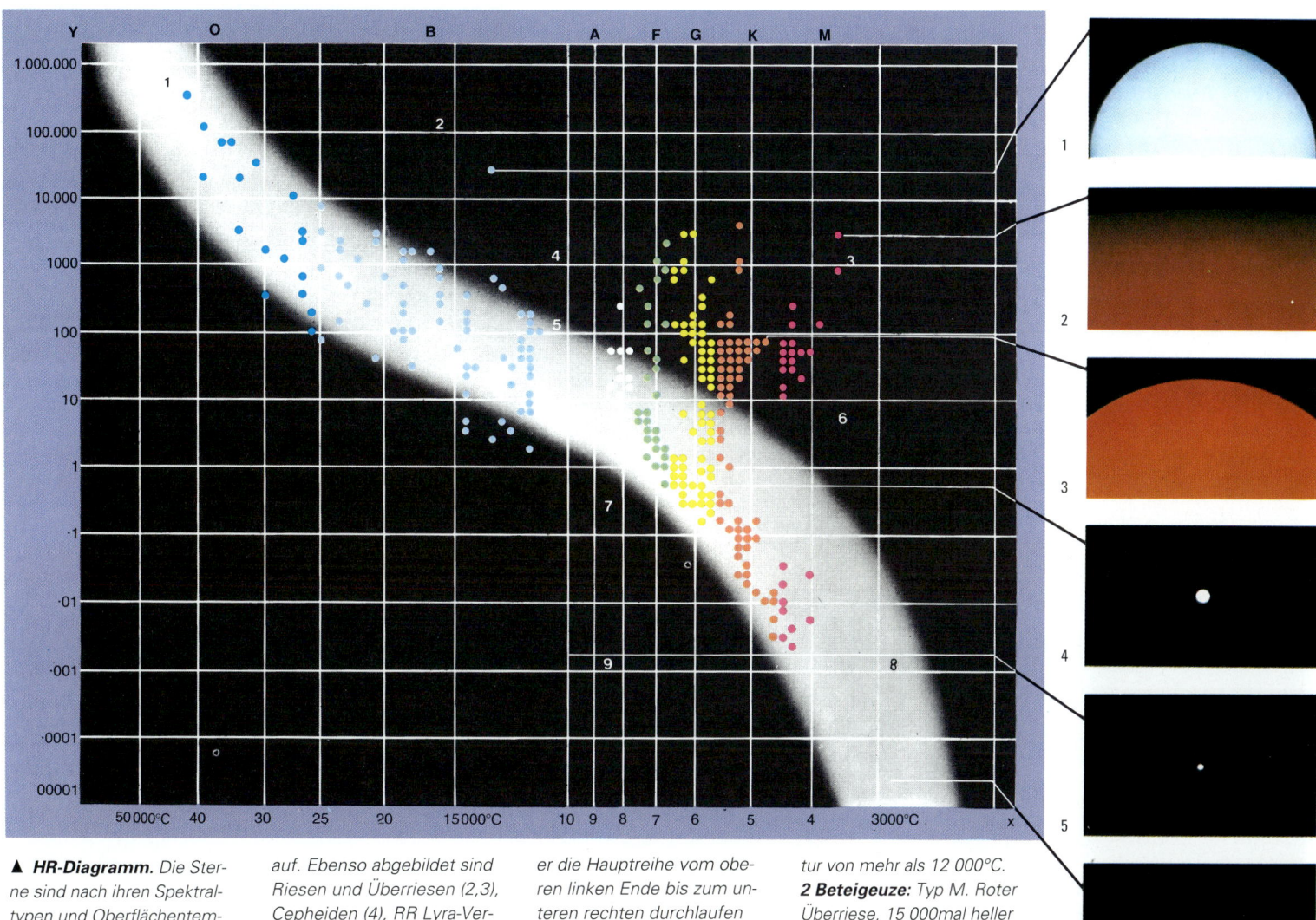

▲ HR-Diagramm. Die Sterne sind nach ihren Spektraltypen und Oberflächentemperaturen (horizontale Achse, x) und ihren Helligkeiten im Vergleich zur Sonne (vertikale Achse, y) eingezeichnet. Die Hauptreihe von den heißen und energiereichen W und O Sternen (1) bis herunter zu den dunklen Roten Zwergen des M-Typs (8) fällt sofort auf. Ebenso abgebildet sind Riesen und Überriesen (2,3), Cepheiden (4), RR Lyra-Veränderliche (5), Unterriesen (6), Unterzwerge (7) und Weiße Zwerge (9). Ursprünglich glaubte man, ein Stern begänne als großer, kalter Roter Riese, würde sich dann aufheizen und in die Hauptreihe eintreten, dort würde er dann abkühlen und schrumpfen, während er die Hauptreihe vom oberen linken Ende bis zum unteren rechten durchlaufen würde. Diese Theorie ist falsch. Die roten Sterne befinden sich in einem fortgeschrittenen Stadium ihrer Entwicklung.

1 Rigel: Typ B8. Massereicher und heller Stern am oberen Ende der Hauptreihe. Er ist 60 000mal heller als die Sonne und hat eine Temperatur von mehr als 12 000°C.

2 Beteigeuze: Typ M. Roter Überriese, 15 000mal heller als die Sonne, mit einem größeren Durchmesser als die Erdumlaufbahn. Er ist von einer sehr feinen „Schale" von Kalium umgeben.

3 Aldebaran: Typ K. Orangefarbener Riesenstern, kleiner als Beteigeuze, obwohl er 100mal heller als die Sonne ist und sein Durchmesser auf mindestens 50 Millionen km geschätzt wird.

4 Die Sonne: Typ G2. Typischer Stern der Hauptreihe. Sie wird offiziell zu den Zwergen gezählt, während Capella, auch vom Typ G (G8), ein Riese ist.

5 Sirius B: Weißer Zwerg, der seinen ganzen nuklearen „Brennstoff" verbraucht hat. Er hat einen Durchmesser von 40 000 km, ist aber erstaunlich dicht und so massereich wie die Sonne.

6 Wolf 339: Typ M. Dunkler Roter Zwerg, mit einer Oberflächentemperatur von 3000°C und einer Helligkeit vom nur 0,00002fachen der der Sonne. Dennoch ist sein Spektraltyp der gleiche wie der von Beteigeuze.

SPEKTREN DER STERNE			
Typ	**Spektrum**	**Oberflächentemperatur, °C**	**Beispiel**
W	Viele helle Linien. Geteilt in WN (Nitrogenreihe) und WC (Kohlenstoffreihe). Selten.	bis zu 80,000	γ Velorum (WC7)
O	Sowohl helle wie dunkle Linien. Selten.	40,000-35,000	ζ Orionis (09.5)
B	Bläulich-weiß. Auffällige, von Helium verursachte Linien.	25,000-12,000	Spica, β Crucis
A	Weiß. Auffällige Wasserstofflinien.	10,000-8000	Sirius, Vega
F	Weiß oder sehr schwach gelblich. Sehr auffällige Kalziumlinien.	7500-6000	Canopus, Polaris
G	Gelblich; schwächere Wasserstofflinien, viele Metallinien.	Riesen 5500-4200 Zwerge 6000-5000	Capella, Sonne
K	Orange. Starke Metallinien.	Riesen 4000-3000 Zwerge 5000-4000	Arcturus, Aldebaran ε Eridani, τ Ceti
M	Orange-rot. Komplizierte Spektren mit zahlreichen Molekülbändern.	Riesen 3400 Zwerge 3000	Betelgeux, Antares Proxima Centauri
R	Rötlich.	2600	T Lyrae
N	Rötlich; starke Kohlenstofflinien.	2500	R Leporis
S	Rot; auffällige Bänder von Titanoxid und Zirkonoxid.	2600	χ Cygni, R Cygni

Der Lebenslauf der Sterne

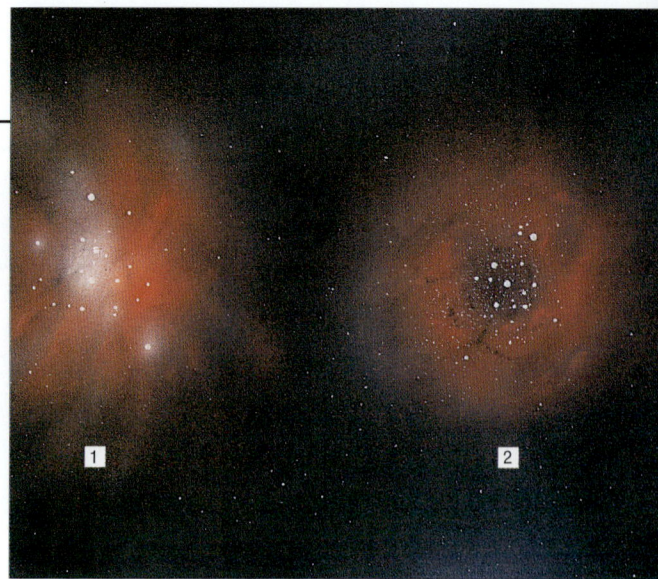

▼ M16, der Adlernebel, durch das 5 m hohe Hale Teleskop der Palomar Observatorien betrachtet. M16 liegt in Serpens; er besteht aus einem gasförmigen Emissionsnebel mit einem Sternhaufen. Seine Entfernung beträgt etwas unter 6000 Lichtjahren. Er enthält eine Anzahl von „Bokglobulen", kleinen dunklen Objekten, benannt nach Bart J. Bok, dem niederländischen Astronomen, der als erster die Aufmerksamkeit auf sie lenkte. Es wird angenommen, daß es Protosterne sind, die sich noch verdichten, aber nicht heiß genug sind, um zu strahlen.

Frühere Theoretiker lagen bei ihren Untersuchungen zu der Lebensgeschichte von Sternen häufig, wenn auch schuldlos, falsch. Der Fehler lag in der falschen Interpretation des HR Diagramms. Man nahm an, daß ein Stern als ein sehr großer, kalter Roter Riese, so wie Beteigeuze, begann; daß er sich aufheizte und am oberen linken Ende des Diagramms in die Hauptreihe eintrat; daß er, während er allmählich auskühlte, zum unteren rechten Ende wanderte, zu einem dunklen Roten Zwerg wurde und danach verblaßte. Das würde natürlich die Einteilung in Riesen und Zwerge erklären, aber heute wissen wir, daß die Roten Riesen alles andere als jung sind; tatsächlich sind sie in ihrer Entwicklung sehr weit fortgeschritten.

Nach der gegenwärtigen Theorie entsteht ein Stern, indem sich die dünne Materie eines Nebels verdichtet. Zufällige Verdichtungen dieser Art führen zu den Erscheinungen der nichtleuchtenden Masse, Globulen genannt, von denen viele in Nebeln entdeckt werden können, weil sie das Licht hinter ihnen liegender Sterne verdecken. Die Schwerkraft bewirkt, daß diese Masse unter Erhitzung ihres Zentrums zusammenschrumpft. Ist die Temperatur hoch genug, beginnt die Masse zu glühen und verwandelt sich in einen Protostern.

Was als nächstes passiert, hängt von der Ausgangsmasse des Sterns ab. Wenn sie geringer als ein Zehntel der Sonnenmasse ist, wird der Kern nicht heiß genug, und es

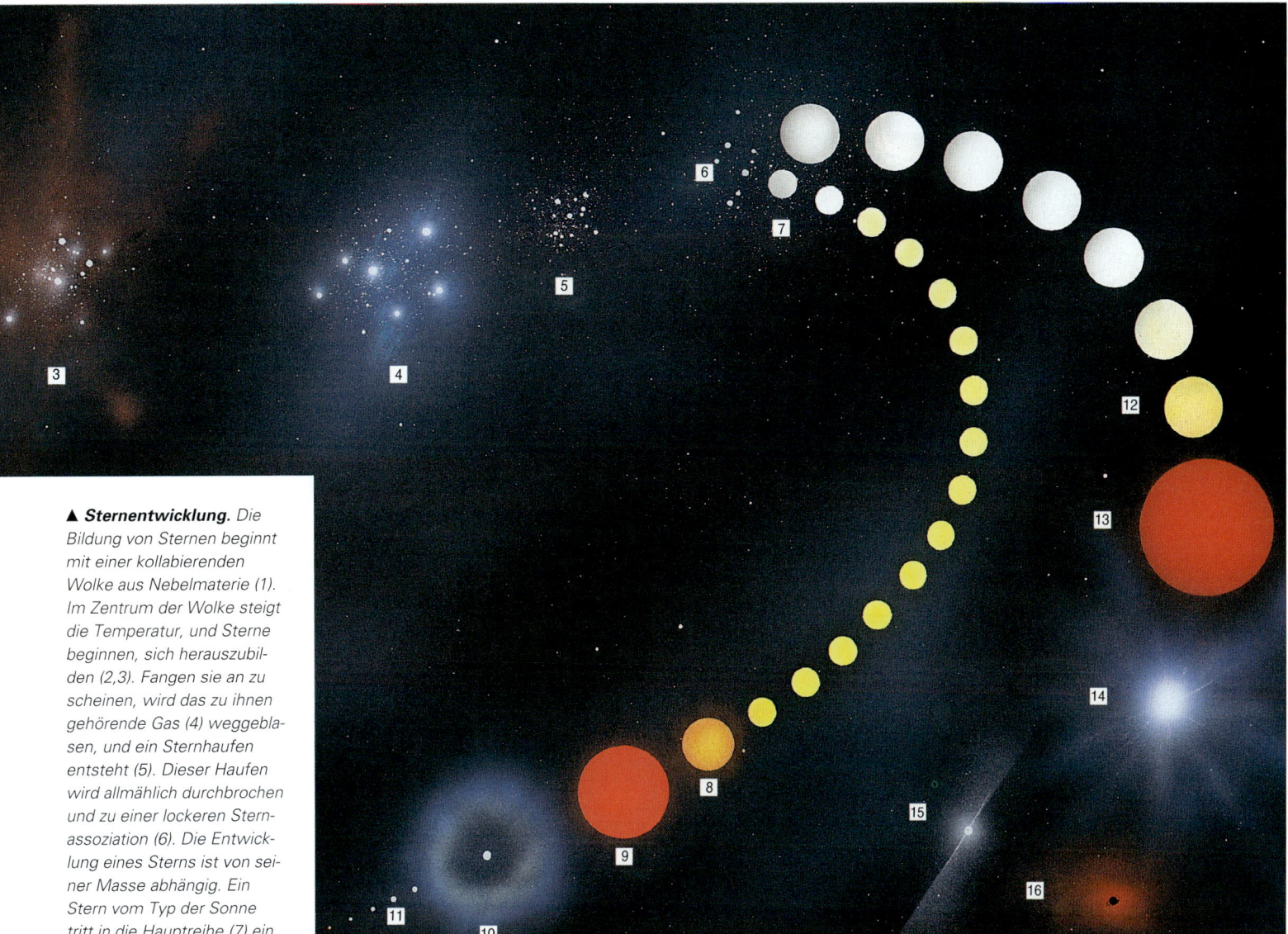

▲ Sternentwicklung. Die Bildung von Sternen beginnt mit einer kollabierenden Wolke aus Nebelmaterie (1). Im Zentrum der Wolke steigt die Temperatur, und Sterne beginnen, sich herauszubilden (2,3). Fangen sie an zu scheinen, wird das zu ihnen gehörende Gas (4) weggeblasen, und ein Sternhaufen entsteht (5). Dieser Haufen wird allmählich durchbrochen und zu einer lockeren Sternassoziation (6). Die Entwicklung eines Sterns ist von seiner Masse abhängig. Ein Stern vom Typ der Sonne tritt in die Hauptreihe (7) ein und bleibt lange Zeit in ihr. Wenn sein „Wasserstoffbrennstoff" ausgeht, dehnt er sich aus (8) und wird zu einem Roten Riesen (9). Schließlich gehen die äußeren Hüllen verloren, und das Ergebnis ist ein Planetarischer Nebel (10). Diese „Schale" aus Gas dehnt sich aus, löst sich schließlich auf und läßt den Kern des alten Sterns als Weißen Zwerg zurück (11). Der Weiße Zwerg strahlt für lange Zeit schwach weiter, bevor er die letzte Hitze verliert und zu einem kalten, toten Schwarzen Zwerg wird. Bei einem massiveren Stern verläuft die Abfolge der Entwicklungen wesentlich schneller. Nach seiner Zeit in der Hauptreihe (12) wird der Stern zum Roten Überriesen (13), der als Supernova explodieren kann (14). Er endet dann als Neutronenstern oder Pulsar (15), doch wenn seine Masse sehr groß ist, kann er auch ein Schwarzes Loch produzieren (16).

können keine Kernreaktionen stattfinden. Der Stern wird dann einfach für eine Weile schwach glühen, bevor er seine Energie verliert.

Ist die Masse zwischen 0,1 und 1,4mal so groß wie die der Sonne, sieht es anders aus: Der Stern schrumpft weiter und fluktuiert unregelmäßig; er sendet außerdem einen starken Sternwind aus und bläst schließlich seine anfängliche Hülle aus Staub fort. Das ist das sog. T Tauri-Stadium, das bei der Sonne ca. 30 Millionen Jahre dauerte. Wenn die Kerntemperatur auf 10 Millionen °C angestiegen ist, werden Kernreaktionen ausgelöst; der Wasserstoff-zu-Helium-Prozeß beginnt (irreführenderweise als „Wasserstoffverbrennung" bekannt), und der Stern tritt in die Hauptreihe ein. Die Wasserstoffverbrennung wird etwa 10 Milliarden Jahre andauern, doch schließlich wird der „Wasserstoffbrennstoff" ausgehen, und der Stern muß seine Struktur ändern. Die Kerntemperatur wird so hoch, daß das Helium anfängt zu verbrennen, wobei Kohlenstoff entsteht; um diesen unruhigen Kern herum ist eine Schale, in der immer noch Energie aus Wasserstoff produziert wird. Der Stern wird instabil, und die äußeren Hüllen blähen sich auf, wobei sie abkühlen. Der Stern wird zu einem Roten Riesen.

Weiter kann der nukleare Prozeß nicht gehen, da die Temperatur nicht genug ansteigt, um das Verbrennen von Kohlenstoff auszulösen. Die äußeren Hüllen des Sterns werden abgeworfen, und für einen im Vergleich zu kosmischen Verhältnissen kurzen Zeitraum (nicht mehr als 100 000 Jahre) erhalten wir das Phänomen, das als Planetarischer Nebel bekannt ist. Wenn sich die äußeren Hüllen im All aufgelöst haben, bleibt ein Weißer Zwerg zurück. Er ist der ursprüngliche Kern, der nun degeneriert ist: Die

Atome sind aufgebrochen und dicht zusammengepackt, so daß kaum Platz verschwendet wird. Die Dichte ist äußerst hoch: Könnte ein Löffel voll Materie eines Weißen Zwerges zur Erde gebracht werden, würde er so viel wie eine Dampfwalze wiegen. Der bekannteste Weiße Zwerg ist der dunkle Begleiter des Sirius, dessen Durchmesser nur 40 000 km beträgt, der aber so massereich ist wie die Sonne.

Doch auch ein Weißer Zwerg hat, wenn er entsteht, zunächst noch eine hohe Oberflächentemperatur, in einigen Fällen bis zu 100 000°C, und er strahlt weiterhin. Allmählich verblaßt er und endet als ein kalter, toter Schwarzer Zwerg. Bis jetzt wurde noch kein Weißer Zwerg mit einer Oberflächentemperatur von unter 3000°C entdeckt, so daß es möglich ist, daß das Universum noch nicht alt genug ist, um Schwarze Zwerge hervorzubringen.

Bei Sternen mit größerer Ausgangsmasse passiert alles wesentlich schneller. Die Kerntemperaturen werden so hoch, daß neue Reaktionen auftreten, die schwerere Elemente hervorbringen. Schließlich besteht der Kern zum Großteil aus Eisen, das nicht auf dieselbe Weise „verbrennen" kann. Es kommt zu einem plötzlichen Kollaps, gefolgt von einer Explosion, dem sogenannten Supernova-Ausbruch, durch den der Stern das meiste seiner Materie wegsprengt. Übrig bleibt nur ein sehr kleiner, sehr dichter Kern aus Neutronen, so dicht, daß eine Milliarde Tonnen davon in einen Eierbecher passen würden. Wenn die Masse noch größer ist, kann der Stern nicht einmal mehr als Supernova explodieren. Er wird weiter schrumpfen, bis er eine so große Gravitationskraft aufweist, daß nicht einmal mehr Licht von ihm entkommen kann. Er ist zu einem Schwarzen Loch geworden.

Doppelsterne

Beobachtet man Mizar in der Deichsel des großen Wa-gen, fällt der Blick auf Alcor, das „Reiterlein". Beide umkreisen sich in rund 800 000 Jahren. Durch das Teleskop zeigt sich, daß Mizar aus zwei Komponenten besteht, von denen eine viel heller ist als die andere. Mizar ist ein binäres System (physischer Doppelstern). Mizar/Alcor bilden zusammen ein Mehrfachsystem, in dem sich sieben Sterne umkreisen. Doppelsterne sind in der Galaxie weit verbreitet und zahlreicher vertreten als Einzelsterne wie unsere Sonne.

Viele Doppelsterne liegen innerhalb der Reichweite kleiner Teleskope. Einige Paare sind sogar mit bloßem Auge getrennt voneinander sichtbar. Da bekannteste Bei-spiel ist Alcor, der bei klarem, dunklen Himmel neben Mizar gut erkennbar ist. Aber nicht alle Doppelsterne sind echte binäre Systeme. Häufig liegt eine Komponente weit vor der anderen, und wir haben es lediglich mit einem Sichtlinien-effekt zu tun. Alpha Capricorni im Steinbock ist ein gutes Beispiel. Die beiden Komponenten erreichen die Helligkei-ten 3,6 mag und 4,2 mag, und ein normalsichtiger Mensch kann sie ohne optische Hilfe trennen. Der schwächere Teil des Paares liegt 1600 Lichtjahre entfernt und ist über 5000mal heller als die Sonne. Die hellere Komponente ist nur 117 Lichtjahre entfernt und hat die 75fache Leuchtkraft der Sonne. Bei diesem Abstand gibt es keine physische Verbindung; beide bilden nur einen optischen Doppelstern.

Die Komponenten eines binären Systems bewegen sich um ihren gemeinsamen Schwerpunkt wie die Endstücke ei-ner Hantel um ihr Verbindungsglied. Wenn die zwei Mit-glieder die gleiche Masse haben, liegt der Schwerpunkt ge-nau in der Mitte; wenn nicht, wird der Schwerpunkt näher an dem massereicheren Stern liegen. Die Sterne verfügen über keinen so großen Spielraum, weder an Masse noch an Größe oder Helligkeit, so daß der Schwerpunkt generell nahe bei der Mitte liegt. Da die getrennten Paare so weit voneinander weg liegen, müssen die Umlaufzeiten Millio-nen von Jahre betragen. Wir können lediglich sagen, daß sich die Komponenten gemeinsam im Raum bewegen. Dies trifft auf Alcor und das Mizarpaar zu. Die geschätzte Umlaufzeit der zwei hellen Mizar-Komponenten um ihren gemeinsamen Schwerpunkt liegt bei 10 000 Jahren.

▲ ▶ *Doppelsterne (Zeichnungen von Paul Doherty) Mizar und Alcor (oben), der berühmteste aller mit bloßem Auge gese-henen Doppelsterne; tele-skopisch sind die zwei Kom-ponenten des Mizar zu sehen. (Mitte) Albireo (Beta Cygni). Sicher der schönste Doppelstern am Himmel; der Primärstern (3,2 mag) ist goldgelb, der zweite (5,1 mag) leuchtendblau. Der Abstand ist fast 35". (Rechts) Alamak oder Gamma Andromedae. Die erste Komponente ist ein orangefarbener K-Typ von der Helligkeit 2,2 mag. Der Partner hat 5,0 mag und ist ein weißer Stern vom Typ A. Er ist ein enger Doppelstern mit einer Umlaufzeit von 61 Jahren und einem Abstand von ca. 0,5".*

Der Abstand beträgt ca. 60 Milliarden km. Die Mizar-Gruppe betrifft ein weiteres Problem: 1889 untersuchte E. C. Pickering in Harvard das Spektrum der helleren Komponente (Mizar A) und sah, daß die Spektrallinien periodisch verdoppelt waren. Er merkte, daß es ein Doppelstern war, dessen zwei Komponenten zu eng beieinander lagen, um getrennt sichtbar zu sein. Die Umlaufdauer beträgt 20,5 Tage, und die Sterne sind etwa gleich hell. Manchmal nähert sich uns eine Komponente und zeigt ein blau verschobenes Spektrum, während sich die andere mit einem rot verschobenen Spektrum von uns entfernt. So erscheinen doppelte Linien. Wenn die orbitale Bewegung quer verläuft, erscheinen einzelne Linien. Mizar A war der erste entdeckte spektroskopische Doppelstern. Später wurde bekannt, daß Mizar B und Alcor ebenfalls spektroskopische Doppelsterne sind. Der 8 mag-Stern zwischen Alcor und dem hellen Paar ist weiter entfernt und gehört nicht zu der Gruppe.

Der Positionswinkel (P.A.) eines Doppelsterns, eines echten binären Systems oder eines optischen Paares ist der Winkel, den der zweite (B) relativ zum ersten (A) einnimmt, gemessen von 0 Grad Nord über 90 Grad Ost, 180 Grad Süd, 270 Grad West und zurück zu Nord. Generell kann festgestellt werden, daß ein 7,6 cm-Teleskop ein Paar 1,8 Bogensekunden voneinander trennen kann, vorausgesetzt, daß die zwei Komponenten gleich sind; ein 15,2 cm-Teleskop erreicht bis zu 0,8 Bogensekunden, ein 30,5 cm-Gerät bis zu 0,4 Bogensekunden.

Arich oder Gamma Virginis ist ein Doppelstern, der im Laufe der Jahre sein Aussehen verändert hat. Die Komponenten sind exakt gleich hell (3,5 mag), und die Periode beträgt 171,4 Jahre. Viele Jahrzehnte zuvor war er breit und leicht trennbar, jetzt verschließt er sich ganz, und bis 2016 wird er einzeln erscheinen, außer mit Hilfe eines großen Teleskops. Das bedeutet nicht, daß sich die Komponenten einander nähern, sondern daß wir sie aus einem weniger günstigen Winkel sehen.

Bei Zeta Herculis beträgt die Periode nur 34 Jahre, so daß sich Abstand und Positionswinkel schnell ändern. Ebenso verhält es sich mit Alpha Centauri, dem helleren der zwei Zeiger zum Kreuz des Südens, wo die Periode 79,9 Jahre beträgt. 1995 beläuft sich die Trennung auf 17,3" und der P.A. auf 218 Grad; bis 2005 wird die Trennung auf 10,5" zurückgehen und der P.A. auf 230 Grad steigen. (Alpha Centauri ist der am nächsten zur Sonne befindliche Stern. Der trübe Rote Zwerg Proxima, mehr als ein Grad entfernt von Alpha, ist uns näher; er galt stets als Mitglied des Systems, obwohl gegenteilige Meinungen darüber bestehen).

Oft sind die beiden Komponenten eines Doppelsterns sehr verschieden. Sirius hat einen Zwergpartner, nur 1/10 000 so hell wie der ursprüngliche Stern, obwohl er das Stadium des Roten Riesen durchlaufen hat und viel heller als jetzt gewesen sein muß. Es gibt auch schöne, kontrastfarbige Paare. Albireo oder Beta Cygni ist gelb, sein Partner leuchtend blau, während die Roten Überriesen Antares und Alpha Herculis Partner besitzen, die im Kontrast grünlich schimmern.

Ein schönes Beispiel für einen Mehfachstern ist Epsilon Lyrae nahe Wega. Die Komponenten weisen Helligkeiten von 4,7 mag und 5,1 mag auf und sind mit bloßem Auge trennbar. Ein Teleskop zeigt, daß jede doppelt ist, so daß ein Vierfachsystem entsteht. Im Falle von Theta Orionis im Großen Nebel liegen die vier Hauptkomponenten in einem Muster vor, das zu dem Spitznamen Trapez geführt hat. Castor ist der ältere, doch schwächere Teil der Zwillinge. Jede der zwei Komponenten ist ein spektroskopischer Doppelstern, und es existiert noch ein schwächeres Mitglied der Gruppe, wiederum ein spektroskopischer Doppelstern.

Lange wurde angenommen, daß binäre Systeme durch das Auseinanderbrechen eines schnell kreisenden Sterns entstehen. Diese Theorie hat jedoch mittlerweile an Beliebtheit verloren. Wahrscheinlicher ist, daß die Komponenten der binären Systeme der gleichen Materie und Region entstammen, so daß sie schon immer bezüglich der Schwerkraft miteinander verbunden waren. Bei unterschiedlichen Anfangsmassen entstehen ungleiche Verhältnisse, und oft kommt es wiederholt zum Austausch von Materie zwischen den beiden Mitgliedern eines solchen Paares.

▼ *Zwillinge, photographiert von S. Andrew. Die zwei hellen Sterne sind die „Zwillinge" Castor (oben) und Pollux (unten). Pollux ist ein Einzelstern. Castor, der auf dem Photo einzeln erscheint, besteht aus zwei hellen und einem schwächeren Paar.*

AUSGEWÄHLTE DOPPELSTERNE

Name	Mag	Trennung"	P.A., °	Karte	Anmerkungen
γ Andromeda	2.3,5.0	9.4	064	12	Gelb, blau. B ist doppelt.
ζ Aquarii	4.3,4.5	2.0	196	14	Dehnt sich aus.
γ Arietis	4.8,4.8	7.6	000	12	Sehr leicht trennbar.
α Canum Venaticorum	2.9,5.5	19.6	228	1	Gelb, bläulich.
α Centauri	0.0,1.2	17.3	218	20	Sehr leicht trennb. Periode 80 J.
γ Centauri	2.9,2.9	1.2	351	20	Periode 84 Jahre.
δ Cephei	var, 7.5	41	192	3	Sehr leicht trennbar.
α Crucis	1.4,1.9	4.2	114	20	Dritter Stern des Feldes.
β Cygni	3.1,5.1	34.1	054	18	Gelb, blau.
γ Delphini	4.5,5.5	9.3	267	18	Gelblich, bläulich.
ν Draconis	4.9,4.9	62	312	2	Mit bloßem Auge sichtbar.
θ Eridani	3.4,4.5	8.3	090	22	Beide weiß.
α Geminorum	1.9,2.9	3.5	072	17	Dehnt sich aus.
α Herculis	var, 5.4	4.6	106	9	Rot, grünlich.
ζ Herculis	2.9,5.5	1.4	261	9	Periode 34 Jahre.
ε Lyrae	4.7,5.1	207	173	18	Beide doppelt.
ζ Lyrae	4.3,5.9	44	149	18	Fixiert, leicht trennbar.
β Orionis	0.1,6.8	9.5	202	16	Nicht schwer trennbar.
ζ Orionis	1.9,4.0	2.4	162	16	Getrennt bei 7,5 cm.
β Phoenicis	4.0,4.2	1.5	324	21	Dehnt sich aus.
α Scorpii	1.2,5.4	2.7	274	11	Rot, grünlich
ν Scorpii	4.3,6.4	42	336	11	Beide doppelt.
θ Serpentis	4.5,4.5	22	104	10	Sehr leicht trennbar.
β Tucanae	4.4,4.8	27	170	21	Beide doppelt.
ζ Ursae Majoris	2.3,4.0	14.4	151	1	Mit bloßem Auge sichtbar.
γ Virginis	3.5,3.5	2.2	277	6	Periode 171 Jahre. Schließt sich.

Veränderliche Sterne

▶ **RR Lyrae-Veränderliche.**
Alle verfügen über kurze Perioden. Es existieren drei Hauptgruppen. In der ersten liegen die Perioden bei ca. 0,5 Tagen, der maximale Anstieg erfolgt rapide, gefolgt von einem langsameren Abfall. RR Lyrae-Sterne gehören zu dieser Gruppe

▶ **Cepheid-Veränderliche**
verfügen über Perioden von drei bis fünfzig Tagen. Ihre Lichtkurven sind regelmäßig und stehen in Bezug zu ihren maximalen Helligkeiten. Die abgebildete Lichtkurve stammt von Delta Cephei, dem Prototyp-Stern. Delta Cephei gehört zur der

▶ **Langperiodische Veränderliche.** Bei Langperiodischen Veränderlichen, deren Prototyp der Mira Ceti (Lichtkurve hier abgebildet) ist, sind weder Periode noch die maximalen und minimalen Helligkeiten konstant. Z. B. kann Mira auf seinem Maximum 2 mag erreichen. Bei

▶ **RV Tauri-Veränderliche.**
Die RV Tauri-Veränderlichen sind sehr hell und charakterisiert durch Lichtkurven, die alternierende tiefe und flache Minima aufweisen. Es herrschen Unregelmäßigkeiten: zwei tiefe Minima können in Folge auftauchen, doch manchmal scheinen

▶ **SS Cygni- oder U Geminorum-Veränderliche.** Die sogenannten Zwergnovae sind charakterisiert durch periodische Ausbrüche; meist verharren sie bei minimaler Helligkeit. Ausbrüche können regelmäßig oder unvorhergesehen eintreten. Die Prototypen heißen

▶ **R Coronae Borealis-Veränderliche.** Das auffälligste Merkmal der Lichtkurve des typischen R Coronae-Veränderlichen ist die relative Konstanz der Helligkeit, aber plötzlich stürzt die Lichtkurve in die Tiefe auf ein Minimum. Die Helligkeit der R Coronae-Sterne liegt normalerweise bei 6 mag, aber sie kann bis unter 14 mag fallen; lange

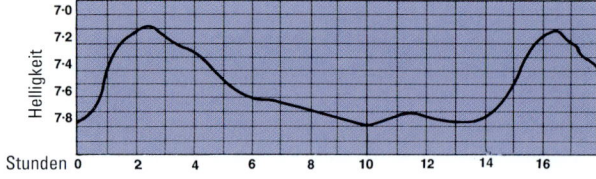

(vgl. Lichtkurve). Veränderliche Sterne der zweiten Klasse sind ähnlich, aber die Amplituden sind kleiner, der maximale Anstieg langsamer.

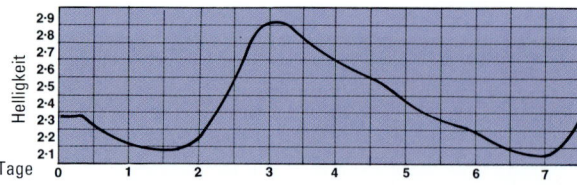

Population-I: es gibt auch Cepheid-Veränderliche der Population-II, die ähnlich, aber weniger hell sind; sie sind bekannt unter dem Namen W Virginis-Veränderliche.

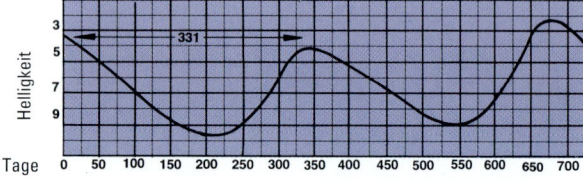

anderen Maxima überschreitet die Helligkeit niemals 4 mag. Die meisten langperiodischen Veränderlichen sind Rote Riesen des Spektraltyps M oder später.

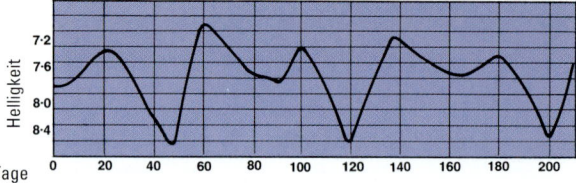

keinerlei Regelmäßigkeiten vorzuliegen. RV Tauri-Sterne sind selten. Die Abbildung zeigt die Lichtkurve eines Mitglieds dieser Klasse AC Herculis.

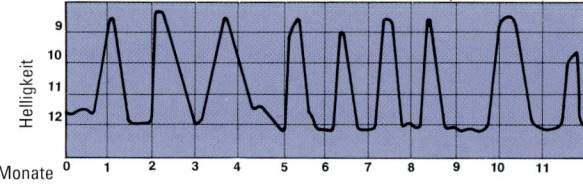

U Geminorum und SS Cygni (Lichtkurve hier abgebildet), der ungefähr alle 40 Tage ausbricht, wenn seine Helligkeit von 12 mag auf bis zu 8,25 mag steigt.

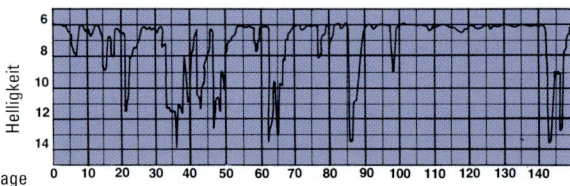

Zeit kann dann das Maximum gehalten werden. R Coronae-Veränderliche sind selten. Nur fünf der bisher beobachteten R Coronae-Veränderlichen – R Coronae selbst, UW Centauri, RY Sagittarii, SU Tauri und schließlich RS Teleskopii – können bei maximaler Helligkeit die zehnte Größe erreichen.

Veränderliche Sterne kommen in unserer und anderen Galaxien häufig vor. Es gibt viele Typen. Einige zeigen leicht voraussehbare Verhaltensweisen, doch andere versetzen uns immer wieder in Erstaunen.

Zunächst gibt es die Bedeckungs-Doppelsterne, die im Prinzip nicht veränderlich sind. Der Prototyp ist Algol oder Beta Persei. Er liegt am Kopf der mythologischen Gorgo und hatte lange den Spitznamen „Dämon-Stern". Normalerweise scheint er bei 2,1 mag, doch alle 2,9 Tage beginnt er zu verschwinden und fällt innerhalb von nur vier Stunden auf 3,4 mag ab. Etwa zwanzig Minuten lang hält er das Minimum, anschließend erstrahlt er von neuem.

Algol ist ein binäres System. Die Hauptkomponente (Algol A) gehört zu Typ B und ist ein weißer Stern, der 100 mal so hell strahlt wie die Sonne; der zweite Teil (Algol B) ist ein G-Typ-Überriese, größer als A, aber leichter. Wenn sich B vor A verlagert, wird ein Teil des Lichtes verdeckt, und die Helligkeit nimmt ab. Wenn A vor B liegt, kommt es zu einem wesentlich flacheren Minimum, das mit bloßem Auge nicht erkennbar ist. Die Bedeckungen sind nicht total, und von einem anderen Standpunkt aus beobachtet, gäbe es gar keine Abweichung.

Dies ist auch ein gutes Beispiel für das Phänomen des Massenaustausches. Die G-Typ-Komponente war anfangs die massereichere der beiden, so daß sie die Hauptreihe früher verließ und sich ausdehnte. Dabei nahm die Schwerkraft auf die Außenschichten ab, und die Materie wurde vom Partner „gefangengenommen", der zum Ranghöheren wurde. Dieser Prozeß vollzieht sich noch immer, Radiobeobachtungen belegen dies.

Andere, mit bloßem Auge sichtbare Sterne sind Lambda Tauri und Delta Librae. Beta Lyrae, nahe Wega, ist ein anderer Typ. Die Periode dauert fast 13 Tage und zeigt schwankende Tief- und Flachminima. Die Komponenten sind sich ähnlicher als bei Algol, oft entstehen Abweichungen. Die Komponenten berühren einander fast und haben den Umriß eines Eis. Anders ist es bei Epsilon Aurigae, der nahe bei Capella liegt. Die erste Komponente ist ein sehr heller Überriese. Der bedeckte zweite Teil ist nie gesehen worden, ist aber vermutlich ein kleiner heißer Stern, der von einer relativ undurchlässigen Wolke umgeben ist. Bedeckungen entstehen ca. alle 27 Jahre, die nächste wird 2011 erwartet. Nahe bei Epsilon liegt Zeta Aurigae, ein Bedeckungsveränderlicher mit einer Periode von 972 Tagen. Er ist ein Roter Überriese mit einem kleineren heißen Partner. Wenn der heiße Stern bedeckt ist, sehen wir einen hellen Tropfen, aber die Amplitude ist klein (3,7 mag–4,2 mag).

Pulsierende Sterne verändern ihr Inneres. Die wichtigsten sind die Cepheiden, die nach dem Prototypen Delta Cephei weit im Norden benannt sind. Cepheiden sind gelbe Überriesen auf einer hohen Evolutionsstufe, so daß sie ihre verfügbaren „Antriebsstoffe" Wasserstoff und Helium verbraucht haben und instabil sind, d. h. sie dehnen sich aus und schrumpfen wieder. Die Pulsationsdauer ist die Zeit, die ein solcher Zyklus benötigt, so daß große und helle Sterne über längere Perioden verfügen als kleinere und schwächere.

Es besteht ein Zusammenhang zwischen der Periode eines Cepheiden und seiner Helligkeit, ein Anhaltspunkt für die Entfernung. Daher werden Cepheiden als „Standardkerzen" angesehen, da sie kraftvoll genug sind, um aus einer großen Entfernung gesehen zu werden. W Virginis-Sterne sind den Cepheiden ähnlich, aber weniger hell. Der hellste ist der Kappa Pavonis in der südlichen Hemisphäre. Es gibt auch RR Lyrae, die kurze Perioden und kleine Amplituden haben. Alle scheinen etwa die 90fache Leuchtkraft der Sonne zu haben.

KLASSIFIKATION DER VERÄNDERLICHEN STERNE

Symbol	Typ	Beispiel	Anmerkungen
EA	Algol	Algol	Perioden 0,2T - 27 J. Meist Maximum.
EB	Beta Lyrae	Beta Lyrae	Perioden mehr als 1 Tag. Ähnliche Komponenten. Ständige Abweichungen.
EW	W Ursae Majoris	W UMa	Zwerge; Perioden in der Regel unter 1 Tag.

PULSIEREND

Symbol	Typ	Beispiel	Anmerkungen
M	Mira	Mira	Langperiodische Rote Riesen; Perioden 80-1000 Tage. Perioden und Amplituden variieren von Zyklus zu Zyklus.
SR	Halbregelmäßige	η Geminorum	Rote Riesen; Perioden und Amplituden sehr ungenau.
RV	RV Tauri	R Scuti	Rote Überriesen; alternierende tiefe- und flache Minima; Unregelmäßigkeiten.
CEP	Cepheiden	δ Cephei	Regelmäßig; Perioden 1-135 Tage; Spektra F bis K.
CW	W Virginis	κ Pavonis	Population-II Cepheiden.
RR	RR Lyrae	RR Lyrae	Regelmäßig; kurze Perioden, 0,2 bis 1,2 Tage; alle gleich hell.

ERUPTIV

Symbol	Typ	Beispiel	Anmerkungen
GCAS	γ Cassiopeiae	γ Cassiopeiae	Hüllensterne: schnelle Rotation; kleine Amplituden.
IT	T Tauri	T Tauri	Sehr junge, unregelmäßig variierende Sterne.
RCB	R Coronae Borealis	RCrB	Unvorhersehbare tiefe Minima. Große Amplitude. Sehr hell.
SDOR	S Doradus	S Doradus	Sehr helle Überriesen mit expandierenden Hüllen.

KATAKLYSMISCH

Symbol	Typ	Beispiel	Anmerkungen
UG	U Geminorum	SS Cygni	Zwergnovae oder SS Cygni.
UG2	Z Camelopardalis	Z Cam.	Zwergnovae mit gelegentlichem Stillstand.
N	Novae	DQ Herculis	Extremer Ausbruch.
SN	Supernovae	B Cassiopeiae	Extremer Ausbruch; Typ I; Zerstörung der Weiße Zwerg-Komponente des binären Systems. Typ II; Zusammenbruch des Überriesen.

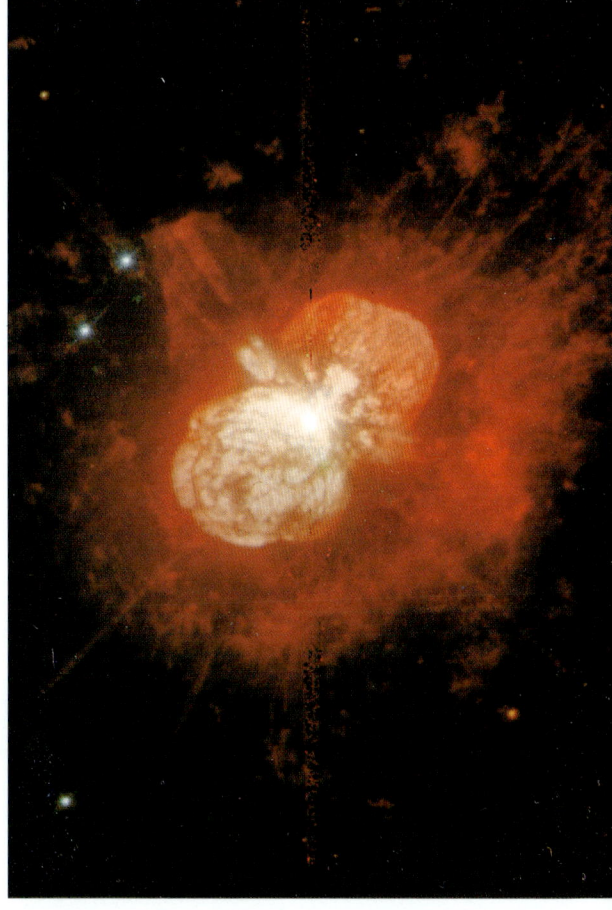

▲ **Eta Carinae** photographiert mit der neuen „Wide-Field and Planetary Camera" des Hubble-Weltraum-Teleskops, Januar 1994. Eta Carinae hat die 150fache Masse der Sonne und könnte der hellste bekannte Stern sein; vielleicht wird er wie eine Supernova explodieren. Das gespenstische rote Glühen, das den Stern umgibt, besteht aus sich schnell bewegender Materie, die während des Ausbruches im letzten Jahrhundert entladen wurde. Damals übertraf Eta Carinae eine Zeitlang jeden Stern außer Sirius an Helligkeit.

Es folgen die langperiodischen Mirasterne, benannt nach Mira oder Omicron Ceti, dem als ersten entdeckten und hellsten Stern der Klasse. Anders als die Cepheiden haben Mirasterne – sie sind alle Rote Riesen oder Überriesen – keine regelmäßige Struktur. Ihre Perioden und Amplituden weichen vom Mittelwert (332 Tage bei Mira) ab. Bei einigen Maxima wird Mira niemals heller als 4 mag, während Mira bei anderen den Wert 1,7 mag erreicht hat. Generell sind die Amplituden groß, sogar über 10 mag im Falle des Chi Cygni im Schwan. Einige Mirasterne sind auf ihrem Maximum mit bloßem Auge sichtbar, aber auf dem Minimum liegen sie alle außerhalb der Reichweite von Feldstechern.

Halbregelmäßige Veränderliche ähneln Mirasternen, weisen aber kleinere Amplituden auf, und ihre Perioden sind sehr unregelmäßig. Beteigeuze im Orion ist das bekannteste Beispiel. Mal ähnelt er Rigel, ein anderes Mal ist er nicht heller als Aldebaran im Stier. RV Tauri-Sterne haben in unregelmäßigen Abständen alternierende Tief- und Flachminima. R Scuti im Schützen ist das einzige leuchtend helle Beispiel.

Eruptive Veränderliche sind nicht vorhersehbar; Gamma Cassiopeiae etwa wirft von Zeit zu Zeit Hüllenmaterie ab. T Tauri-Sterne sind jung und haben sich noch nicht der Hauptreihe angeschlossen, so daß sie sich unregelmäßig verändern.

R Coronae Borealis-Sterne halten meist ihr Maximum, durchlaufen jedoch plötzliche Abfälle bis zum Minimum, da sie in ihren Atmosphären Kohlenstoff anhäufen und verblassen, bis der Kohlenstoff fortgetrieben ist. Diese Sterne kommen selten vor. R Coronae ist das hellste Mitglied seiner Klasse.

Kataklysmische Veränderliche halten ihr Minimum, wenn sie im Bereich ihrer normalen Helligkeit liegen, aber sie brechen periodisch aus, wie die SS Cygni- oder U Geminorum-Sterne, oder es kommt unerwartet zum Ausbruch wie bei den klassischen Novae. All diese Sterne sind binäre Systeme. Eine Komponente ist ein Weißer Zwerg, der seinem Partner Materie entzieht. Wenn sich genug Materie angesammelt hat, wird die Situation instabil, und es folgt ein kurzlebiger Ausbruch.

Supernovae, die gewaltigsten Ausbrüche, die in der Natur bekannt sind, werden separat beschrieben (Seiten 144 – 145). Weiter sollte der Eta Carinae im Schiffskiel erwähnt werden. Im 19. Jahrhundert war er eine Zeitlang außer dem Sirius der hellste Stern am Himmel, doch seit hundert Jahren ist er nicht mehr mit dem bloßen Auge zu sehen. Er ist umgeben von Nebeln, und durch ein Teleskop betrachtet, sieht er nicht wie ein normaler Stern aus. Er muß sechsmillionenmal stärker als die Sonne gewesen sein. Er ist der leuchtstärkste uns bekannte Stern, sehr instabil, und könnte in naher Zukunft – aus kosmischer Sicht – wie eine Supernova explodieren.

Die große Anzahl der veränderlichen Sterne am Himmel kann von professionellen Astronomen nicht erfaßt werden. Hier helfen die Amateure. Exakte Messungen gelingen mit anspruchsvollen Geräten, wie z. B. dem photoelektrischen Photometer. Wichtig sind Augenschätzungen durch gewöhnliche Teleskope. Die Veränderlichen werden mit konstant hellen Nachbarsternen verglichen. Dazu sind mindestens zwei Vergleichsobjekte notwendig. Ist etwa bekannt, daß Stern A über 6,8 mag und Stern B über 7,2 mag verfügt und die Helligkeit des Veränderlichen in der Mitte liegt, muß seine Helligkeit ca. 7,0 mag betragen. Mit etwas Übung gelingen Schätzungen bis auf eine Zehntel Größenklasse. Die Erforschung der veränderlichen Sterne gehört inzwischen zu den zentralen Zweigen der modernen Amateurastronomie.

Novae

▼ **Nova (HR) Delphini 1967,** entdeckt von dem englischen Amateur George Alcock. Mit bloßem Auge sichtbar. Dieses Photo wurde am 10. August 1967 von H.R. Hatfield gemacht. Abgebildet ist das Viereck des Delphinus; HR ist der hellste Stern nahe am oberen Bildrand. Das Maximum hielt sich sehr lange, wie die Lichtkurve zeigt. Er wurde langsam schwächer, und zur Zeit (1994) liegt die Helligkeit wieder bei 13 mag, wie vor dem Ausbruch.

Manchmal flammt ein heller Stern auf, wo vorher kein Stern gesichtet wurde. Dies nennt man naturgemäß „Nova", abgeleitet aus dem Lateinischen für „neu", doch der Name ist irreführend. Eine Nova ist gar nicht neu. Ein ehemals schwacher Stern hat einen Ausbruch erlitten und seine Helligkeit um ein Vielfaches gesteigert. Doch der Glanz hält nicht lange an; innerhalb von wenigen Tagen, Wochen oder Monaten schwindet seine Helligkeit auf ihre ursprüngliche Intensität.

Es gilt als sicher, daß eine Nova das Ergebnis eines Ausbruches in der Weißen Zwerg-Komponente eines Doppelsterns ist. Der andere Teil ist ein normaler Stern, der noch nicht in das Weiße Zwerg-Stadium übergegangen ist und eine relativ geringe Dichte hat. Der Weiße Zwerg hat eine enorme Gravitationskraft und entzieht seinem Partner Materie. Allmählich entsteht um den Weißen Zwerg ein Ring oder eine „Scheibe". Die stetige Zunahme der Materie in der Scheibe läßt die Temperatur steigen. Im unteren Teil der Scheibe kommt es zu leichten Kernreaktionen, die von der oberen, nicht reagierenden Materie „zugedeckt" wer-

den. Dies dauert nicht unbegrenzt an. Die Temperatur steigt in solchem Maße, daß eine nukleare Explosion entsteht und Materie mit einer Geschwindigkeit von 1500 km in der Sekunde abgestoßen wird. Am Ende des Ausbruches gerät das System dann wieder in seinen ursprünglichen Zustand zurück. Obwohl der Ausbruch eine enorme Energie entlädt, vergleichbar mit einer Milliarde Atombomben, verliert der Weiße Zwerg nur einen geringen Teil seiner Masse.

Einige Novae können sehr intensiv leuchten. GK Persei von 1901 erreichte 0 mag. Auf seinem Maximum muß er 200 000mal so hell wie die Sonne gewesen sein, und er war vier Monate lang mit bloßem Auge sichtbar. Als er schließlich verschwand, sah man, daß er von Nebeln umgeben war, was den Eindruck einer Ausdehnung mit der Lichtgeschwindigkeit erweckte, obwohl die Materie die ganze Zeit über da gewesen und nur von der Nova erhellt worden war. Erst später wurde der reale Nebel um den Stern sichtbar. Die gegenwärtige Helligkeit des Sterns beträgt 13 mag, wie vor der Explosion. 1918 flammte die Nova Aquilae auf und übertraf mit Ausnahme des Sirius alle Sterne an Helligkeit. Sie wurde am 8. Juni entdeckt und fiel bis zum folgenden März nicht unter 6 mag. Spektroskopische Forschungen zeigten, daß sie ihre Gashüllen abwarf und diese als Nebel sichtbar wurden. Sie dehnten sich weiter aus, wurden schwächer, bis sie ganz verschwanden. Zur Zeit liegt die alte Nova bei 12 mag und scheint kleiner, aber dichter zu sein als die Sonne.

DQ Herculis, 1934 von dem Amateur J.P.M. Prentice entdeckt, ist eine „langsame Nova" und war monatelang mit bloßem Auge zu sehen. Sie ist jetzt ein Bedeckungs-Veränderlicher mit einer Periode von 4 Stunden und 39 Minuten. HR Delphini von 1967 war noch langsamer und fiel erst nach Jahren wieder auf die Ursprungshelligkeit von ca. 12 mag zurück. 1975 trat V 1500 Cygni binnen weniger Stunden hervor, war aber nach wenigen Nächten nicht mehr mit bloßem Auge sichtbar. Jetzt leuchtet er sehr schwach.

Einige Sterne sind dafür bekannt, daß sie mehr als einmal ausbrechen. Dies sind wiederkehrende Novae. So liegt z.B. der „Flammenstern" T Coronae Borealis in der Nördlichen Krone für gewöhnlich bei 10 mag. Er flammte 1866 bis auf 2 mag auf und erstrahlte 1946 erneut. Das Intervall zwischen den Explosionen betrug 80 Jahre. Die Astronomen werden ihn also im Jahre 2026 genau beobachten, um zu sehen, ob er erneut ausbricht.

Es besteht eine Verbindung zwischen den Novae und kataklysmischen Veränderlichen vom Typ des SS Cygni oder U Geminorum, die häufig Zwergnovae genannt werden. Der sehr helle und instabile P Cygni im Schwan flammte 1600 auf bis zu 3 mag, wurde einst als Nova klassifiziert, wird jetzt aber eher als typischer Veränderlicher angesehen. Seine Helligkeit beträgt seit Jahren 5 mag. Doch er kann jeden Moment wieder erstrahlen.

Novae weisen interessante Wechsel in ihren Spektren auf, und man muß sie möglichst unmittelbar nach Beginn des Ausbruches beobachten. Hier kommen die Amateure zum Zuge. Sie kennen den Nachthimmel viel besser als die meisten Profis und haben ein gutes Gespür für Novae. Zum Beispiel entdeckte der englische Lehrer George Alcock kürzlich fünf Novae und fünf Kometen. Er benutzt starke Feldstecher und kann etwa 30 000 Sterne identifizieren, so daß er einen Neuling sofort bemerkt.

Teleskopische Novae sind nicht ungewöhnlich. Die meisten erscheinen in oder in der Nähe der Milchstraße. Begeisterte Novajäger konzentrieren sich auf diese Himmelsregionen. Man kann nie wissen, wann ein neuer leuchtender Stern ohne jede Vorankündigung erscheint.

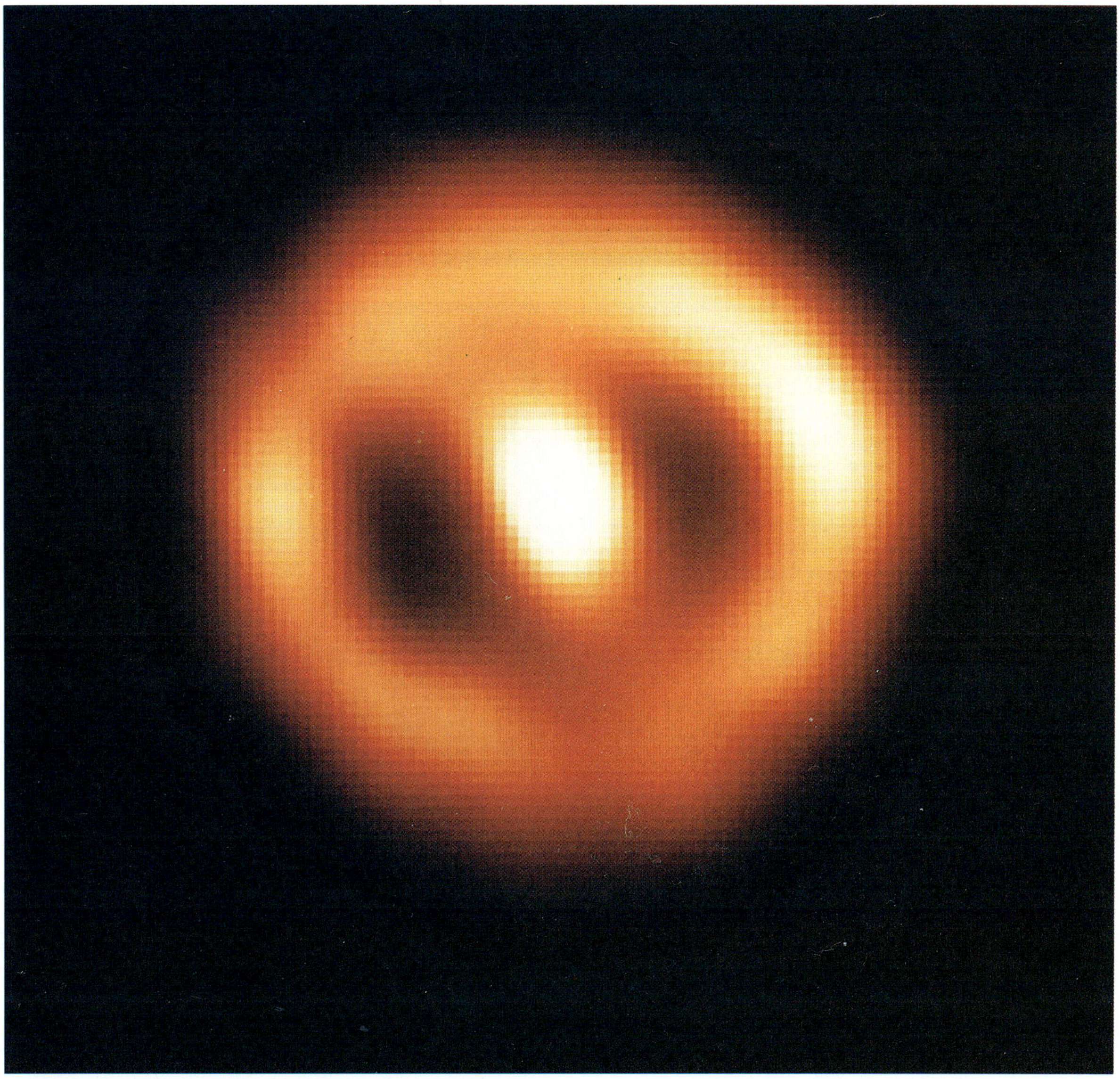

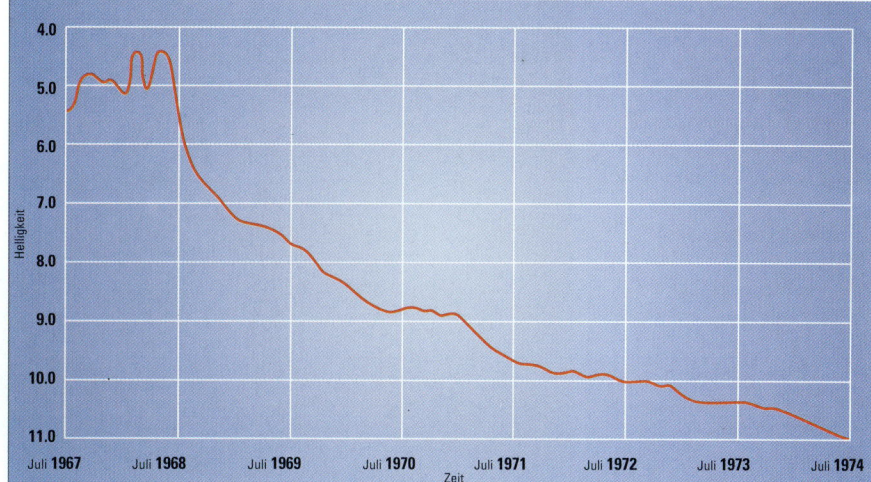

▲ Gashülle um Nova Cygni 1992. Hubble-Weltraum-Teleskop-Bild einer von einem Stern abgestoßenen Gasblase. Die Hülle umgibt Nova Cygni 1992, der am 19. Februar 1992 ausbrach. Bild vom 31. Mai 1993, 467 Tage nach dem Ausbruch. Die Hülle ist noch so jung, daß sie idealerweise die Anfangsbedingungen der Explosion dokumentiert.

HELLE NOVAE, 1600–1994

Die folgende Tabelle enthält alle klassischen Novae, die mindestens eine Helligkeit von 4,5 erreicht haben:

Jahr	Stern	Entdecker	Max. Helligkeit
1670	CK Vulpeculae	Anthelm	3
1848	V841 Ophiuchi	Hind	4
1876	Q Cygni	Schmidt	3
1891	T Aurigae	Anderson	4.2
1901	GK Persei	Anderson	0.0
1912	DN Geminorum	Enebo	3.3
1918	V603 Aquilae	Bower	-1.1
1920	V476 Cygni	Denning	2.0
1925	RR Pictoris	Watson	1.1
1934	DQ Herculis	Prentice	1.2
1936	V630 Sagittarii	Okabayasi	4.5
1939	BT Monocerotis	Whipple und Wachmann	4.3
1942	CP Puppis	Dawson	0.4
1963	V533 Herculis	Dalgren und Peltier	3.2
1967	HR Delphini	Alcock	3.7
1970	FH Serpentis	Honda	4.4
1975	V1500 Cygni	Honda	1.8
1992	Nova Cygni	Collins	4.3

▼ Lichtkurve einer Nova. HR Delphini von 1967-1974, vom Autor beobachtet.

Supernovae

Sterne haben ein langes Leben. Sogar kosmische Leuchtfeuer, wie etwa Rigel und Canopus, schütten zigmillionen Jahre lang Energie aus, bevor sie vergehen. Doch manchmal kann man den Tod, die Zerstörung eines Sterns beobachten. Man nennt ihn Supernova.

Supernovae sind nicht einfach nur sehr helle Novae. Sie gehören einer völlig anderen Kategorie an und sind in zwei Klassen unterteilbar. Eine Supernova vom Typ I ist ein binäres System, dessen eine Komponente (A) anfangs massereicher ist als der Partner (B) und deshalb schneller in das Stadium des Roten Riesen übergeht. Materie geht zu B über, so daß B anwächst und A verkümmert. B wird der massereichere der beiden, während A ein Weißer Zwerg geworden ist, der vorwiegend aus Kohlenstoff besteht. Dann wendet sich das Blatt. B wird ein Riese und verliert Materie an A, mit dem Ergebnis, daß der Weiße Zwerg eine Gasschicht aus Wasserstoff, der von B stammt, aufbaut. Doch sowie die Masse des Weißen Zwerges 1,4mal so groß wie die Sonne ist (ein Wert, der unter dem Namen „Chandrasekhar Limit", benannt nach dem indischen Astronomen, bekannt ist), verbrennt der Kohlenstoff explosionsartig, und binnen weniger Sekunden zerspringt der Weiße Zwerg schließlich in Stücke. Eine Rückkehr ist nicht möglich, der Stern ist endgültig vollständig zerstört. Die entladene Energie ist enorm, und die Helligkeit kann wenigstens etwa 400milliardenmal so stark wie die Sonne sein, also größer als die gemeinsame Helligkeit aller Sterne einer durchschnittlich großen Galaxis. Einige Zeit bleiben Materienschleier zurück und können entdeckt werden, weil sie Radiostrahlung aussenden.

Eine Supernova vom Typ II ist völlig anders. Sie entsteht durch den plötzlichen Zusammenbruch eines Überriesen, der mindestens achtmal so massereich ist wie die Sonne. Er hat seinen Nuklearbrennstoff verbraucht und einen nicht „brennenden" Nickel-Eisen-Kern gebildet. Die Struktur des Sterns ähnelt einer Zwiebel. Um den Kern liegt eine Zone aus Silikon und Schwefel, gefolgt von einer Schicht aus Neon und Magnesium, einer aus Kohlenstoff, Neon und Sauerstoff, einer Heliumschicht und außen einer Wasserstofflage. Nach Einstellung der Energieproduktion brechen die Außenschichten zum nun kollabierenden Kern durch. Protonen und Elektronen werden zu Neutronen zusammengedrängt, und eine Flut von Neutrinos wird freigesetzt. Die Temperatur beträgt nun 100 Milliarden °C. Es kommt zu einer Explosion und ein großer Teil der Sternmaterie wird fortgeblasen. Der Rest bildet einen Neutronenstern, der so dicht ist, daß ca. 2500 Millionen Tonnen Materie in eine Streichholzschachtel passen würden. Die Spitzenhelligkeit einer Typ II Supernova kann 5milliardenmal so hoch wie die der Sonne sein.

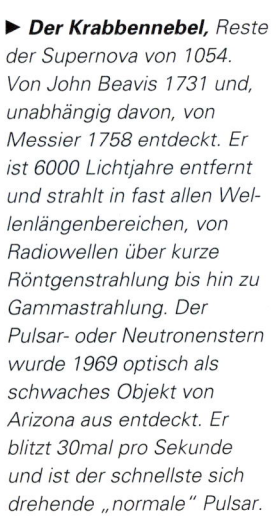

▶ Der Krabbennebel, Reste der Supernova von 1054. Von John Beavis 1731 und, unabhängig davon, von Messier 1758 entdeckt. Er ist 6000 Lichtjahre entfernt und strahlt in fast allen Wellenlängenbereichen, von Radiowellen über kurze Röntgenstrahlung bis hin zu Gammastrahlung. Der Pulsar- oder Neutronenstern wurde 1969 optisch als schwaches Objekt von Arizona aus entdeckt. Er blitzt 30mal pro Sekunde und ist der schnellste sich drehende „normale" Pulsar.

▲ Supernova im Messier 81. *M81 ist eine Spiralgalaxie im Großen Bären, 8,5 Millionen Lichtjahre entfernt (nahe bei der Lokalen Gruppe). 1993 leuchtete in M81 eine Supernova. Dieses Bild machte Arbour, als die Supernova (Pfeil) ihr Helligkeitsmaximum erreicht hatte.*

◄ Supernova 1987A in der Großen Magellanschen Wolke. *Dieses Bild wurde in Südafrika gemacht, als die Supernova (unten rechts) nahe am Helligkeitsmaximum lag.*

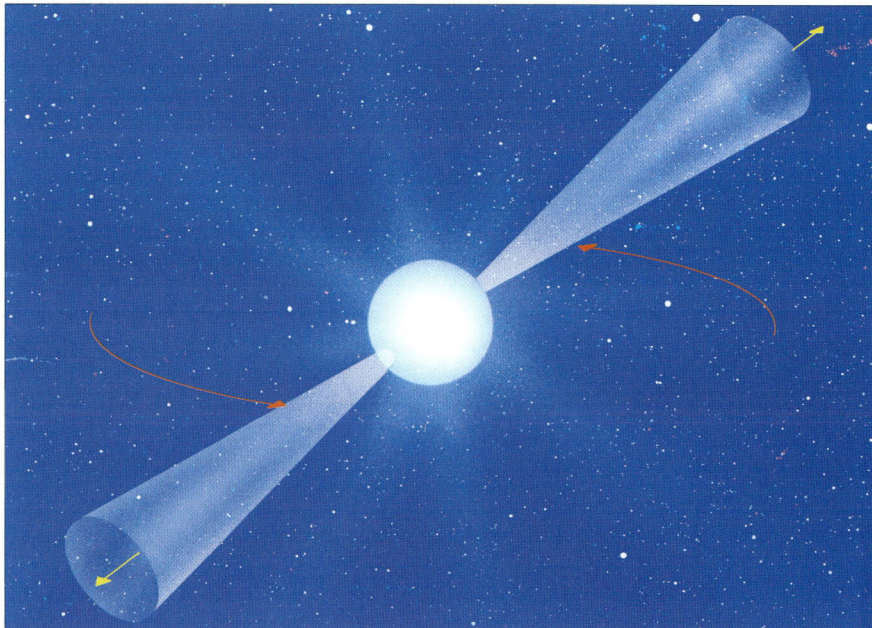

▲ Pulsar-Strahlung. *Es wird angenommen, daß Pulsare scharf gebündelte Strahlen aussenden, so daß der Stern wie ein Leuchtturm regelmäßige Blitze aussendet.*

Ein Neutronenstern ist ein erstaunliches Objekt. Sein Durchmesser muß nicht mehr als einige Kilometer betragen, aber seine Masse entspricht der der Sonne. Die Schwerkraft ist enorm (Objekte würden an der Oberfläche eines Neutronensterns 100milliardenmal mehr wiegen als auf der Erde), gleiches gilt für das magnetische Feld. Die Rotationsrate ist sehr hoch, und an den magnetischen Polen, die nicht mit den Polen der Rotationsachse übereinstimmen, entweicht Radiostrahlung. Wenn dieser rotierende Radiostrahl über die Erde fegt, messen wir einen Strahlenimpuls. Der Effekt ähnelt dem Strahl eines rotierenden Leuchtturms, der einen Betrachter am Strand anleuchtet. Dies alles führte zu dem Begriff Pulsar.

In den entfernten Galaxien sind viele Supernovae gesichtet worden, aber in unserer Galaxis waren es in den letzten tausend Jahren nur vier. Alle wurden hell genug, um bei Tageslicht mit bloßem Auge sichtbar zu sein. Die hellste wurde 1006 im Lupus, Wolf, gesichtet. Sie ist schlecht dokumentiert, aber scheint so hell wie ein Viertelmond gewesen zu sein. Wir wissen mehr über die Supernova von 1054 im Stier, weil sie einen Gasfleck, bekannt als Krabbennebel, hinterlassen hat, der einen Pulsar enthält, der 30mal pro Sekunde rotiert. Er ist einer der wenigen Pulsare, der optisch als sehr schwach blitzendes Objekt identifiziert wurde. Die „Krabbe" ist 6000 Lichtjahre entfernt, der Ausbruch geschah also, bevor ihn die Astronomen wissenschaftlich beobachten konnten.

Die Supernova von 1562 im Cassiopeia ist bekannt als „Tychos Stern" (nach dem dänischen Astronomen benannt). Sie ist 20 000 Lichtjahre entfernt. Es gibt keinen Pulsar, aber in den verbliebenen Gasbündeln entsteht Strahlung. Gleiches gilt für den Stern 1604, von Johannes Kepler beobachtet. Die Radioquelle Cassiopeia A scheint der Überrest einer Supernova zu sein, die im späten 17. Jahrhundert aufflammte, aber nicht genau beobachtet werden konnte, da sie von interstellarer Materie nahe der galaktischen Bahn verdunkelt wurde.

Seitdem hat es zwei besonders außergewöhnliche Supernovae gegeben. 1885 wurde ein neuer Stern in der Großen Spirale in Andromeda gesichtet, der über zwei Millionen Lichtjahre entfernt liegt. Er war gerade noch mit bloßem Auge sichtbar und heißt S Andromedae. Leider unterschätzte man seine wahre Natur, weil man damals nicht wußte, daß die sogenannten „Sternnebel" außerhalb unserer Galaxis liegen.

1987 gab es in der Großen Magellanschen Wolke, der nächsten der großen Galaxien und etwa 169 000 Lichtjahre entfernt, ein Aufflammen. Die maximale Helligkeit betrug 2,3 mag, und die Supernova 1987A war wochenlang mit dem bloßem Auge sichtbar. Überraschenderweise war der Vorläufer-Stern, Sandulek –69°202, kein Roter Überriese, sondern ein blauer Stern, dessen Spitzenhelligkeit 250millionenmal so groß war wie die der Sonne, was für Supernovae wenig ist. Der etwa 20 Millionen Jahre alte Stern, 20mal schwerer als die Sonne, scheint ursprünglich ein Roter Überriese gewesen zu sein. Er warf seine Außenschichten ab und wurde kurz vor dem Ausbruch blau. Die abgestoßene Materie schoß mit 10 000 km pro Sekunde heraus und hellte Wolken aus Materie, zwischen der Supernova und uns gelegen, auf. Bis jetzt ist kein Pulsar entdeckt worden, doch wenn einer existiert, was gut möglich ist, wird er sichtbar, wenn sich die Trümmer gelichtet haben. Europäische Astronomen beklagen, die Supernova habe so weit südlich gelegen, aber es war zumindest mit dem Hubble-Weltraum-Teleskop möglich, genaue Bilder zu machen.

Niemand kann wissen, wann die nächste Supernova in unserer Galaxis erscheinen wird. Es kann morgen sein oder aber erst in vielen Jahrhunderten. Astronomen hoffen natürlich, daß es bald sein wird, doch von der Supernova 1987A in der Großen Magellanschen Wolke haben wir bereits viel gelernt.

Schwarze Löcher

Große Teile der stellaren Evolution sind uns bekannt. Wir wissen, wie Sterne entstehen und wie sie Energie erzeugen. Wir wissen, wie sie vergehen, einige mit einem „Seufzen", andere mit einem lauten Knall. Wenn wir es aber mit enorm schweren Sternen zu tun haben, sehen wir uns einer Vielzahl noch ungeklärter Details gegenüber.

Stellen wir uns also einen Stern vor, der zu schwer ist, um wie eine Supernova zu explodieren. Wenn er seine Energie verbraucht hat, fällt er der Schwerkraft zum Opfer und beginnt zusammenzufallen. Dies ist ein schneller Prozeß. Es kommt nicht zum Ausbruch, aber der Stern wird immer kleiner und dichter. Währenddessen steigt die Fluchtgeschwindigkeit bis auf 300 000 km in der Sekunde. Dies entspricht der Lichtgeschwindigkeit, so daß nicht einmal Licht von dem geschrumpften Stern entweichen kann, und wenn es schon Licht nicht gelingt, ist es auch nichts anderem möglich. Der alte Stern hat um sich eine sogenannte „verbotene Zone" gelegt, aus der absolut nichts entweichen kann. Er hat ein Schwarzes Loch gebildet.

Leider sind Schwarze Löcher nicht sichtbar, sie entlassen keine Strahlung. Die einzige Hoffnung, sie zu lokalisieren, besteht darin, den Effekt, den sie auf etwas uns Sichtbares haben, zu beobachten. Geeignet ist Cygnus X-1, benannt nach seiner Röntgenquelle. Er liegt in der Nähe des Eta Cygni. Das System besteht aus einem B-Typ-Überriesen, HDE 226868, der 9 mag erreicht. Er hat ca. die 30fache Masse der Sonne und einen Durchmesser von etwa

18 Millionen km. Er ist verbunden mit einer unsichtbaren zweiten Komponenten, die 14mal schwerer ist als die Sonne. Die Umlaufzeit beträgt 5,6 Tage, wie wir aus dem Verhalten des Überriesen ableiten können. Die Entfernung zu uns beträgt 5000 Lichtjahre. Das Schwarze Loch scheint dem Überriesen Materie zu entziehen und sie zu schlucken. Bevor die Materie verschwindet, wird sie um das Schwarze Loch gewirbelt und so stark aufgeheizt, daß sie meßbare Röntgenstrahlung freigibt. Andere Deutungen sind zwar möglich, aber das Bild des Schwarzen Loches leuchtet ein.

Die Größe eines Schwarzen Loches hängt von der Masse des zerfallenen Sterns ab. Den kritischen Radius eines nicht-rotierenden Schwarzen Loches nennt man Schwarzschild-Radius, benannt nach dem deutschen Astronomen, der das Problem bereits 1916 mathematisch untersuchte.

Der Bereich um den zerfallenen Stern mit diesem Radius heißt Ereignishorizont. Nach Überschreiten des Ereignishorizontes bleibt die Materie für immer vom Rest des Universums abgeschnitten. Der Schwarzschild-Radius eines Körpers der Sonnenmasse würde ca. 3 km betragen, eines Körpers der Erdmasse weniger als 1 cm.

Es wird vermutet, daß sich massereiche Schwarze Löcher in den Zentren besonders aktiver Galaxien befinden, etwa in den Seyfert-Galaxien und in Quasaren, die extrem klein und hell sind. Die Anwesenheit Schwarzer

▶ *Der Vela-Supernova-Rest,* gesehen durch das 1,2 m Schmidt-Teleskop. Die roten, glühenden Bänder entstehen durch Wasserstoff. Vela war der zweite optisch identifizierte Pulsar. Mit einer Helligkeit von 24 mag ist er eines der schwächsten je entdeckten Objekte. Der Ausbruch passierte vor ca. 11 000 Jahren.

Löcher dieser Art spricht für die immense beteiligte Menge an Energie. 1994 haben Forschungen mit dem Hubble-Teleskop ergeben, daß im Kern der Galaxis M87 tatsächlich ein derartiges Schwarzes Loch existiert.

Angenommen, Schwarze Löcher existieren tatsächlich. Können wir ihre inneren Vorgänge bestimmen? Die Antwort lautet „Nein", weil jenseits des Ereignishorizontes die wissenschaftlichen Gesetze zusammenbrechen. Ob der in sich zusammengestürzte Stern sich selbst zerschmettert, ist ungeklärt.

Zur Erklärung der Vorgänge im Inneren der Schwarzen Löcher existieren die exotischsten Theorien: Ist es z. B. möglich, daß Materie in einem Schwarzen Loch verschwindet und irgendwo in der Galaxis in Form eines „Weißen Loches" wiederkehrt? Und wenn ja, besteht zwischen beiden eine Verbindung? Kann ein Schwarzes Loch im Laufe der Jahre an Energie verlieren und somit langsam verdampfen? Gibt es vielleicht kleine Schwarze Löcher, die umherwandern, ohne von uns jemals entdeckt zu werden? Spekulationen dieser Art reichen weit, doch sollten derartige Überlegungen stets mit äußerstem Vorbehalt behandelt werden.

Zumindest wissen wir genau, daß unsere Sonne niemals ein Schwarzes Loch bilden wird. Sie ist nämlich nicht massiv genug und wird ihre Laufbahn wesentlich sanfter beenden, indem sie zunächst das Stadium des Weißen Zwerges durchlaufen und schließlich als kalte, tote Kugel enden wird.

▲ **Impression eines Schwarzen Loches** (Paul Doherty). In das Schwarze Loch kann Materie gezogen werden, aber nichts kann ihm entkommen. Deshalb kann ein Schwarzes Loch nur durch den Effekt, den es auf uns zugängliche Objekte hat, entdeckt werden.

◀ **„X"-Struktur im Kern von M51 (Whirlpool).** *Dieses Bild des Kerns der nahen Spiralgalaxie M51, mit der „Wide Field and Planetary Camera" des Hubble-Weltraum-Teleskops gemacht, zeigt ein dunkles, den Kern der Galaxie umschattendes „X", das durch Absorption von Staub entsteht und die exakte Position des Schwarzen Loches markiert, das ca. die Masse von einer Million Sternen von Sonnengröße hat.*

Sternhaufen

Sternhaufen gehören zu den schönsten Objekten am Himmel. Einige können leicht mit bloßem Auge gesehen werden, namentlich die Plejaden und die Hyaden im Stier, Praesepe im Krebs und das herrliche „Schatzkästchen" im Kreuz des Südens. Viele liegen in Reichweite von Feldstechern oder kleinen Teleskopen.

1781 erstellte der französische Astronom Charles Messier eine Liste mit mehr als hundert Sternhaufen und Nebeln, nicht aus Interesse, sondern weil er sie stets mit Kometen verwechselte, für die er sich sehr interessierte. Messier ist uns wegen seines Kataloges in Erinnerung geblieben, und man benutzt noch heute seine Nummern. Deshalb heißt Praesepe auch M44 und der Plejadenhaufen M45. Außerdem werden die Nummern des NGC („New General Catalogue", 1888) verwendet, die von J.L.E Dreyer stammen. Danach heißt Praesepe NGC2632.

Es gibt zwei Typen von Sternhaufen: offene Haufen und Kugelhaufen. Offene Haufen können einige Dutzend, aber auch einige hundert Sterne enthalten und besitzen keine feste Struktur. Doch sie bestehen nicht unbegrenzt fort. Im Laufe der Zeit werden sie von anderen Sternen beeinflußt und verlieren ihre Stabilität. Die Sterne eines Haufens sind gleich alt und entstammen der gleichen interstellaren Wolke. Kugelhaufen sind große symmetrische Systeme und bestehen aus bis zu einer Million Sternen.

▲ *Der Plejadenhaufen.*
„Das Siebengestirn" im Stier. Ein sehr berühmter offener Haufen. Die meisten führenden Plejaden sind heiß und blau-weiß. Sie sind noch sehr jung. Es existieren auch Nebel, die leicht zu photographieren, aber schwer visuell zu erfassen sind. Der Haufen ist nicht älter als 50 Millionen Jahre.

AUSGEWÄHLTE STERNHAUFEN

M	NGC	Name	Sternbild	Karte	Anmerkungen
2	7089		Aquarius	14	Kugelhaufen; bei α und β Aquarii.
3	5272		Canes Venatici	1	Kugelhaufen; Feldstecherobjekt.
4	6121		Scorpius	11	Kugelhaufen nahe Antares.
5	5904		Serpens	10	Feiner heller Kugelhaufen.
6	6405	Schmetterling	Scorpius	11	Offen, mit bloßem Auge.
7	6475		Scorpius	11	Offen, fein, mit bloßem Auge.
11	6705	Wildente	Scutum	8	Fächerförmig, fein, offen.
13	6205		Hercules	9	Hellster nördlicher Kugelhaufen.
15	7078		Pegasus	13	Feiner heller Kugelhaufen.
19	6273		Sagittarius	11	Verlängerter Kugelhaufen.
22	6656		Sagittarius	11	Kugelhaufen bei λ Sagittarii.
23	6494		Sagittarius	11	Hell, offener Haufen nahe μ.
34	1039		Perseus	12	Heller und offener Haufen.
35	2168		Gemini	17	Offen, fein, mit bloßem Auge.
36	1960		Auriga	18	Heller und offener Haufen.
37	2099		Auriga	18	Heller Haufen, weit geöffnet.
38	1912		Auriga	18	Sehr heller offener Haufen.
41	2287		Canis Major	16	Offen, mit bloßem Auge zu sehen.
44	2632	Praesepe	Cancer	5	Hell, offen, sehr berühmt.
45	-	Plejaden	Taurus	17	Hellster offener Haufen.
46	2437		Puppis	19	Offen, reich; heller Haufen.
47	2422		Puppis	19	Fein, reich; offener Haufen.
48	2548		Hydra	7	Offen, nicht sehr hell.
53	5024		Coma Berenices	4	Kugelhaufen, nahe α Comae.
54	6715		Sagittarius	11	Kleiner, heller Kugelhaufen.
62	6266		Ophiuchus	10	Kleiner, heller Kugelhaufen.
67	2682		Cancer	5	Alt, offen, hell und gut erkennbar.
79	1904		Lepus	16	Kleiner, heller Kugelhaufen.
92	6341		Hercules	9	Großer, heller Kugelhaufen.
93	2447		Puppis	19	Heller Kugelhaufen.
-	6397		Ara	20	Kugelhaufen, leicht zu finden.
-	IC 2602	θ Carinae	Carina	19	Feiner, offener Kugelhaufen, um θ.
-	2516		Carina	19	Fein, offener Haufen nahe ε.
-	5139	ω Centauri	Centaurus	20	Feinster aller Kugelhaufen.
-	3766		Centaurus	20	Offener Haufen nahe λ.
-	6541		Corona Australis	11	Kugelhaufen; Feldstecherobjekt.
-	4755	Schatzkästchen	Crux Australis	20	Feiner, offener Haufen, um κ.
--	6087	S Normae	Norma	20	Kugelhaufen; Feldstecherobjekt.
-	6752		Pavo	21	Strahlend heller Kugelhaufen.
-	869/884	Schwertgriff	Perseus	12	Mit bloßem Auge, doppelt, offen.
-	-	Hyaden	Taurus	17	Liegt um den Aldebaran.
-	6025		Triangulum Australe	20	Heller Kugelhaufen, nahe β.
-	IC 2391	o Velorum	Vela	19	Mit bloßem Auge, offen, um o.
-	2547		Vela	19	Mit bloßem Auge, offen nahe κ.

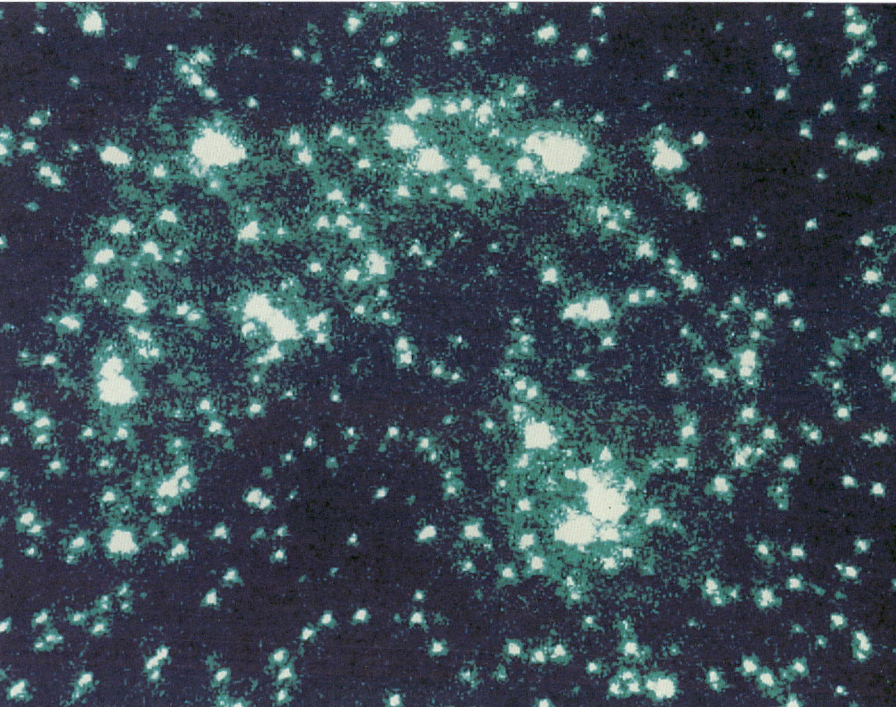

Die berühmtesten offenen Haufen sind die Plejaden und die Hyaden, beide im Stier. Die Plejaden sind gut sichtbar und schon lange bekannt (sie werden in der Odyssee und in der Bibel erwähnt), und in klaren Nächten kann jeder normalsichtige Mensch mindestens sieben einzelne Sterne sehen, weshalb sie den Spitznamen „das Siebengestirn" tragen. Scharfsichtige Menschen können mehr sehen (der Rekord soll bei neunzehn liegen), und Feldstecher zeigen viele mehr. Die Gesamtzahl der Mitglieder des Haufens beträgt ca. 400. Alcyone oder Eta Tauri, der hellste Stern des Haufens, erreicht die Helligkeit 3 mag. Die Hyaden sind verstreuter und werden überstrahlt vom hell-orangefarbenen Licht des Aldebaran, der kein Mitglied des Haufens ist, sondern schlicht mitten zwischen den Hyaden und uns liegt. Die Hyaden wurden nicht von Messier erfaßt, möglicherweise weil es nicht den geringsten Anlaß gibt, sie mit Kometen zu verwechseln.

Ein anderer, leicht mit bloßem Auge sichtbarer offener Haufen ist der Praesepehaufen im Krebs, auch Krippe genannt. Er ist viel älter als die Plejaden. Im Krebs liegt auch M67, der gerade noch mit bloßem Auge zu sehen ist. Er ist vermutlich der älteste bekannte Haufen diesen Typs und weit entfernt von der Hauptebene der Galaxis. Er zieht durch eine schwächer besiedelte Region und wird so kaum von der Anziehungskraft der Sterne bedrängt.

Im Perseus befindet sich der Doppelhaufen des Schwertgriffes, und weit im Süden liegt das Schatzkästchen, Kappa Crucis, das verschiedenfarbige Sterne und einen Roten Riesen umfaßt. Teleskopische Haufen kommen häufig vor, und viele sind durch kleine Teleskope sichtbar.

Kugelhaufen liegen am Rand der Hauptgalaxis. Über 100 sind bekannt, aber alle sind weit entfernt. Messier listete 28 auf. Die zwei hellsten liegen so weit südlich, daß sie niemals über Europa aufgehen werden. Omega Centauri ist sehr hell und deutlich, obwohl er ca. 17 000 Lichtjahre entfernt ist. Der Kern ist ca. 100 Lichtjahre im Durchmesser, und die dicht gedrängten Sterne sind kaum individuell sichtbar.

47 Tucanae, ebenfalls weit im Süden, rivalisiert mit Omega Centauri. Fast wirft er einen dünnen Schatten auf die Kleine Magellansche Wolke, aber diese Wolke ist ein externes System jenseits unserer Galaxis. 47 Tucanae liegt etwa so weit von uns entfernt wie Omega Centauri. Der hellste Kugelhaufen im Norden ist M13 im Herkules, der in klaren, dunklen Nächten mit bloßem Auge und Feldstechern leicht zu sehen ist.

Kugelhaufen sind sehr alt, so daß ihre führenden Sterne Rote Riesen oder Überriesen sind. Da sie keine Nebel mehr enthalten, werden auch keine neuen Sterne mehr gebildet. Sie sind reich an kurzperiodischen Veränderlichen, was im Jahre 1918 Harlow Shapley auf den Plan rief. Indem er die Sterne beobachtete, fand er deren tatsächliche Helligkeiten heraus und dadurch die Distanzen der Kugelhaufen. Shapley erkannte auch, daß die Haufen nicht über den ganzen Himmel verteilt sind: Im Süden des Himmels finden sich weitaus mehr als im Norden, besonders im Bereich des Schützen. Das liegt daran, daß die Sonne weit weg vom Zentrum der Galaxis liegt, so daß eine Schrägansicht der Milchstraße entsteht.

Überraschenderweise finden sich in Kugelhaufen auch heiße blaue Riesen, die als blaue Nachzügler bekannt sind. Logischerweise gehören sie dort nicht hin. Als extrem massereiche Sterne dieses Alters müßten sie schon lange die Hauptreihe verlassen haben. Da die Sterne nahe dem Kern des Haufens so dicht beieinander liegen, verketten sie sich und bilden binäre Systeme. Der weniger massereiche Teil des Paares entzieht dem weiterentwickelten, weniger dichten Partner Materie, wird heißer und wieder blau. In einer direkten Kollision verschmelzen zwei Sterne miteinander. In diesem Fall sind die Sterne dann überdurchschnittlich massereich und sammeln sich nahe dem Zentrum des Haufens an. So können wir es auch tatsächlich beobachten.

Wenn es bewohnte Planeten gäbe, die sich um die Sterne herum nahe dem Kern eines Kugelhaufens bewegten, hätten die Astronomen vor Ort einen außergewöhnlichen Anblick. Sie sähen viele Sterne, die hell genug wären, um Schatten zu werfen, so daß es niemals dunkel würde. Darüberhinaus wären alle Sterne rot. Ein Astronom wäre in der Lage, viele Sterne aus der Nähe zu beobachten, aber unfähig, etwas über das äußere Universum zu erfahren.

▲ **Kern von 47 Tucanae.**
Der Kern des Kugelhaufens 47 Tucanae, abgebildet von der „European Space Agency' s Faint Object Camera" (FOC) des NASA-Hubble-Weltraum-Teleskops. Die hohe räumliche Auflösung und die ultraviolette Sensibilität machen es möglich, die Zentren von Kugelhaufen zu sondieren. Die FOC trennt viele hundert Sterne. Bilder von der Erde könnten nur einige Dutzend trennen. Mindestens 21 dieser Sterne sind in ultraviolettem Licht besonders hell.

Nebel

In seinem 1781 veröffentlichten Katalog widmete sich Messier zwei Typen von Nebeln: solchen, die aussahen, als wären sie aus Gas, und anderen, die scheinbar aus Sternen zusammengesetzt waren. William Herschel war einer der ersten, der einen entscheidenden Unterschied zwischen den beiden Klassen erkannte. 1791 sagte er über den Orionnebel: „Unsere Überlegungen haben ergeben, daß der Nebel nicht aus Sternen besteht."

Den Beweis erbrachte 1864 Sir William Huggins, der Pionier der englischen spektroskopischen Astronomie, als er herausfand, daß die Spektren von hellen Nebeln dem Emissionstyp angehörten, während die Sternobjekte wie M31 im Sternbild Andromeda die bekannten Absorptionslinien aufwiesen. Aber es gibt zwei weitere Objektklassen. Insbesondere M1, der erste Eintrag in Messiers Liste, ist

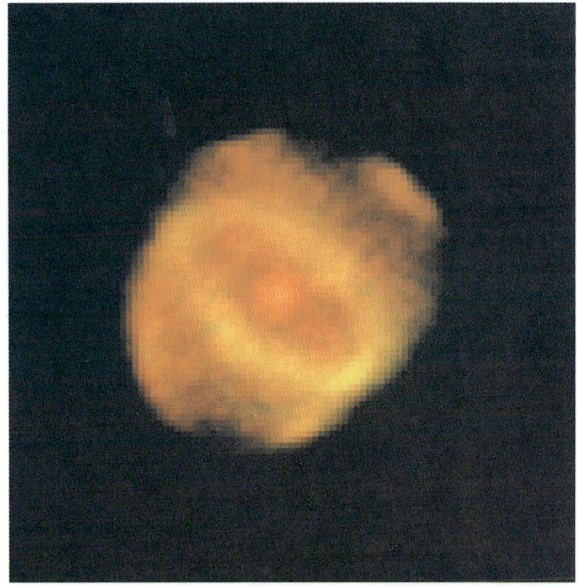

► **Hen 1357**, gesehen durch das Hubble-Weltraum-Teleskop. Er ist etwa 18 000 Lichtjahre entfernt und liegt im Ara. Er gehört zu den von Karl Henize gesammelten ungewöhnlichen Objekten. Frühe Beobachtungen zeigen, daß er sich in den letzten Jahrzehnten vom normalen heißen Stern zu einem planetarischen Nebel entwickelt hat. Nur das HST kann detaillierte Bilder liefern.

bewiesenermaßen ein Supernovarest, das Wrack des Sterns, der 1054 von den Chinesen gesichtet wurde. Den Namen Krabbe gab ihm der Earl of Rosse, als er ihn mit seinem großen 183 cm-Teleskop in der Mitte des 19. Jahrhunderts beobachtete. Der Rest einer anderen Supernova ist der Gumnebel im Sternbild Vela, benannt nach dem australischen Astronomen Colin Gum. In diesem Falle brach die Supernova in prähistorischer Zeit los und muß sehr hell gewesen sein.

Planetarische Nebel haben nichts mit Planeten zu tun und sind keine richtigen Nebel. Sie sind alte, hochentwickelte Sterne, die ihre Außenschichten abgeworfen haben. Die abgelegten Hüllen leuchten aufgrund der ultravioletten Strahlen, die vom Hauptstern ausgesandt werden, der extrem heiß (die Oberfläche erreicht eine Temperatur von bis zu 400 000 °C) und dabei ist, ein Weißer Zwerg zu werden. Alle planetarischen Nebel dehnen sich aus. Das bekannteste Beispiel dieser Klasse ist M57, der Ringnebel im Sternbild Lyra, der leicht zwischen den mit bloßem Auge sichtbaren Beta und Gamma Lyrae zu lokalisieren ist. Durch das Teleskop sieht er wie ein kleiner heller Kreis mit einem schwachen Hauptstern aus, obwohl aktuelle Forschungen von der Form eines doppelten Bogens ausgehen. Andere planetarische Nebel sind weniger regelmäßig. So etwa M27, der Hantelnebel im Sternbild Vulpecula, und der relativ schwache M97 im Großen Bären, der die Eule genannt wird, weil die zwei eingebetteten Sterne aussehen wie das Gesicht einer Eule.

Echte Nebel bestehen hauptsächlich aus Wasserstoff und dem, was man als Staub bezeichnen kann. Sie leuchten wegen der Sterne, die in ihnen oder in ihrer Nähe liegen. Manchmal entsteht ihr Licht schlicht durch Reflexion, wie bei den Plejadennebeln, in anderen Fällen bringen heiße Sterne die Nebel selbst zum Leuchten und bilden HII-Regionen. So etwa der Große Nebel M42 im Schwert des Orion, wo die erhellenden Sterne Glieder des Mehrfachsterns Theta Orionis, dem Trapez, sind. Der Orionne-

▲ **M17, der Omeganebel im Schützen** (J. Fletcher, 25 cm-Reflektor). Der Nebel liegt fast 6000 Lichtjahre weit entfernt, ist aber leicht mit dem Teleskop zu sehen. Er trägt auch den Spitznamen Schwan- oder Hufeisennebel.

► **M42, der Orionnebel,** Bild von H. R. Hatfield mit dem 30 cm-Reflektor. Das sogenannte Trapez (Theta Orionis) erscheint nahe der Mitte des Bildes, und der tiefe dunkle Nebel ist gut erkennbar.

bel ist etwa 30 Lichtjahre im Durchmesser groß und 1500 Lichtjahre entfernt. Eine Probe eines im Durchmesser 2,5 cm großen Kerns würde nicht mehr wiegen als eine etwa 3,5 g schwere Münze. Der Orionnebel ist dennoch ein Geburtsort für Sterne, in dem neue Sterne aus Nebelmaterie geformt werden. Er umfaßt sehr junge T Tauri-Sterne, die noch nicht die Hauptreihe erreicht haben und sich unregelmäßig verändern.

Es gibt auch auffallend leuchtstarke Sterne, die wir zwar niemals sehen werden, die wir aber aufgrund ihrer nicht durch Staub blockierten Infrarotstrahlung orten können. Ein Beispiel ist etwa das Becklin-Neugebauer-Objekt (BN), das zwar sehr hell ist, aber nicht lange genug existieren wird, um ein Loch durch den Nebel zu bohren, so daß sein Licht entweichen könnte. M42 wiederum ist nur ein kleines Stück einer großen molekularen Wolke, die fast den gesamten Orion bedeckt.

Andere Nebel liegen in Reichweite von Feldstechern. Im Schützen z. B. liegen der Lagunennebel, der leicht durch einen Feldstecher zu sehen ist, und der Trifidnebel, der Spuren aus verdunkelnder Materie aufweist. Der Nordamerikanebel im Schwan sieht wirklich aus wie der nordamerikanische Kontinent. Er ist mit bloßem Auge schwach in der Milchstraße sichtbar, und große Feldstecher enthüllen seine vollen Umrisse. Sein Durchmesser beträgt fast 50 Lichtjahre. Ein großer Teil seiner Helligkeit scheint vom Deneb herzurühren, eines unserer kosmischen Leuchtfeuer, der mindestens 70 000mal so hell ist wie die Sonne. Einige Nebel sind wahrhaft kolossal. Der Tarantelnebel in der Großen Magellanschen Wolke wirft Schatten, als wäre er uns so nahe wie M42, dabei liegt er 169 000 Lichtjahre entfernt von uns.

Andere Nebel sind verbunden mit veränderlichen Sternen, so daß sich ihre Gestalt verändert. Dazu gehören die Nebel, die an T Tauri, R Monocerotis und R Coronae Australis gekoppelt sind.

Falls Nebel nicht von einem geeigneten Stern erhellt werden, scheinen sie nicht und können nur entdeckt werden, weil sie genug Staub enthalten, um das Licht der Objekte hinter ihnen auszulöschen. Das beste Beispiel ist der Kohlensack im Kreuz des Südens, nahe Alpha und Beta Crucis, der eine sternenfreie Zone bildet, die mit bloßem Auge sichtbar ist. Andere dunkle Nebel sind kleiner, wie der Pferdekopf nahe Zeta Orionis, und es gibt dunkle Zonen in der Milchstraße, namentlich im Schwan.

Es besteht kein Unterschied zwischen einem dunklen Nebel und einem hellen, außer bezüglich der Helligkeit. Es wird vermutet, daß auf einer Seite des Kohlensacks ein geeigneter Stern liegt, so daß der Sack, von einem anderen Standpunkt aus betrachtet, hell erstrahlen würde.

▼ *M27, der planetarische Hantelnebel im Sternbild Vulpecula,* Bernard Abrams, 25 cm-Reflektor. Die Hantelform ist gut erkennbar. M27 ist leicht zu finden, 3° nördlich des Gamma Sagittae. Er ist fast 1000 Lichtjahre von der Erde entfernt.

AUSGEWÄHLTE NEBEL					
M	**NGC**	**Name**	**Sternbild**	**Karte**	**Anmerkungen**
1	1952	Krabbennebel	Taurus	17	Rest einer Supernova.
8	6253	Lagunennebel	Sagittarius	11	Gutes Feldstecherobjekt.
16	6611	Adlernebel	Serpens	10	Nebel und Haufen.
17	6618	Omeganebel	Sagittarius	11	Omega oder Hufeisen.
20	6514	Trifidnebel	Sagittarius	11	Nebel, dunkle Bahnen.
27	6853	Hantelnebel	Vulpecula	8	Hell und planetarisch.
42	1976	Schwert des Orion	Orion	16	Gilt als großer Nebel.
57	6720	Ringnebel	Lyra	8	Hell, planetarisch.
97	3587	Eulennebel	Ursa Major	1	Planetarisch, schwach.
-	7009	Saturnnebel	Aquarius	14	Planetarischer Nebel.
-	7293	Helixnebel	Aquarius	14	Hell und planetarisch.
-	IC405	Flammensternnebel	Auriga	18	Um den AE Aurigae.
-	3372	Schlüssellochnebel	Carina	19	Liegt um Carinae.
-	7635	Blasennebel	Cassiopeia	3	Schwacher Nebel.
-	6729	R Cor Australis-Nebel	Corona Australis	11	Veränderlicher Nebel.
-	6888	Crescentnebel	Cygnus	8	Strahlt nicht sehr hell.
-	6960/92	Schleiernebel	Cygnus	8	Rest einer Supernova.
-	7000	Nordamerikanebel	Cygnus	8	Gutes Feldstecherobjekt.
-	2070	Tarantelnebel	Dorado	22	In der Großen Magellanschen Wolke, um 30 Doradus.
-	2392	Eskimonebel	Gemini	17	Planetarisch, schwach.
-	2237/9	Rosettennebel	Monoceros	16	Umgibt NGC2244.
-	2261	R Mon-Nebel	Monoceros	16	Veränderlich, um R.
-	2264	Kegelnebel	Monoceros	16	Veränderlich, um S.
-	1499	Californianebel	Perseus	12	Groß, nicht hell.
-	6302	Wanzennebel	Scorpius	11	Planetarisch, schwach.
-	1554/5	Hinds-Nebel	Taurus	17	Veränderlich, um T Tauri.
-	-	Gumnebel	Vela	19	Rest einer Supernova.
-	-	Kohlensack	Crux	20	Dunkler Nebel.

DAS UNI-VERSUM

◄ **Die Große Magellansche Wolke** liegt weit im Süden und ist mit bloßem Auge sichtbar. Sie liegt 169 000 Lichtjahre entfernt und ist mit unserer Galaxis verbunden. Sie galt stets als unregelmäßig, zeigt aber die Struktur einer Spirale. Von der Erde aus betrachtet, ist sie die hellste externe Galaxis und enthält Objekte aller Arten.

Die Struktur des Universums

In dunklen und klaren Nächten ist die herrliche Milchstraße zu sehen, die sich von einem Horizont zum anderen zieht. Sie muß bereits in den Anfängen der Menschheitsgeschichte bekannt gewesen sein, und viele Legenden umgeben sie. Doch erst 1610 fand Galileo mit seinem einfachen Teleskop heraus, daß sie aus unzähligen Sternen besteht. Sie sehen so dicht gedrängt aus, daß Kollisionsgefahr zu drohen scheint. Aber wie so oft in der Astronomie trügt der Schein. Die Sterne der Milchstraße sind nicht gehäufter als in anderen Bereichen des Raums. Wir haben es hier mit einem Projektionseffekt zu tun, weil das Sternensystem, in dem wir leben, eben ist. Seine Form wird oft mit einer doppelten Konvexlinse oder aber, weniger romantisch, mit zwei übereinandergeklappten Spiegeleiern verglichen. Stellt es aber das gesamte Universum dar?

Als Messier seinen Katalog der Nebelobjekte erstellte, befaßte er sich mit zwei verschiedenen Typen, den Gasnebeln (z.B. M42 im Schwert des Orion) und stellaren Nebeln (wie M31 in Andromeda, der mit bloßem Auge schwach sichtbar ist). 1845 fand der Earl of Rosse mit seinem 183 cm-Reflektor in Irland heraus, daß viele der stellaren Nebel spiralförmig sind, so daß sie wie Feuerräder aussehen. Weiter äußerte er die Vermutung, sie seien Außensysteme vom Status selbständiger Galaxien. (William Herschel hatte diese Möglichkeit übrigens schon wesentlich früher in Erwägung gezogen.) Das Problem bestand darin, daß die Spiralen, welcher Natur auch immer sie sind, zu weit weg waren, um meßbare Parallaxenspalten zu zeigen, so daß ihre Entfernungen schwer abzuschätzen waren. Bis 1920 hielt Harlow Shapley, der als erster eine gute Schätzung der Größe unserer Galaxis abgab, daran fest, daß die Spiralen relativ unbedeutende Phänomene seien.

Erst Edwin Hubble fand die Lösung. 1923 benutzte er das Hooker-Teleskop am Mount Wilson, damals das stärkste der Welt, und entdeckte in einigen Spiralen Cepheid-Veränderliche, so auch in M31. Er maß ihre Perioden und errechnete ihre Entfernungen. Die Ergebnisse waren eindeutig: die Cepheiden, und daher auch die Systeme, in denen sie lagen, waren zu weit entfernt, um Mitglieder unserer Galaxis zu sein. Sie konnten also nur externe Systeme sein.

Hubbles erste Schätzung der Entfernung von M31, der nächsten großen Spiralgalaxis, betrug 900 000 Lichtjahre, später wurde sie reduziert auf 750 000 Lichtjahre. Letzteres erwies sich als Unterschätzung. 1952 zeigte Walter Baade, der den damals neuen Palomar-Reflektor benutzte, daß es zwei Typen von Cepheiden gibt und daß ein Typ viel heller ist als der andere. Die Veränderlichen, die Hubble benutzte, waren doppelt so hell wie er vermutet hatte und deshalb viel weiter entfernt. Mittlerweile wissen wir, daß M31 über zwei Millionen Lichtjahre entfernt liegt, obwohl er dennoch eine der nächsten der äußeren Galaxien ist.

Während seiner Arbeit mit dem Mount Wilson-Reflektor erforschte Hubble auch sorgfältig die kombinierten

▼ **M31, die Andromedagalaxis**, gesehen durch den 5 m-Hale-Reflektor. Sie ist die nächste der großen Galaxien und liegt in einem für uns ungünstigen Winkel, so daß die Schönheit der Spirale verlorengeht. Sie ist weitaus größer als unsere Galaxis.

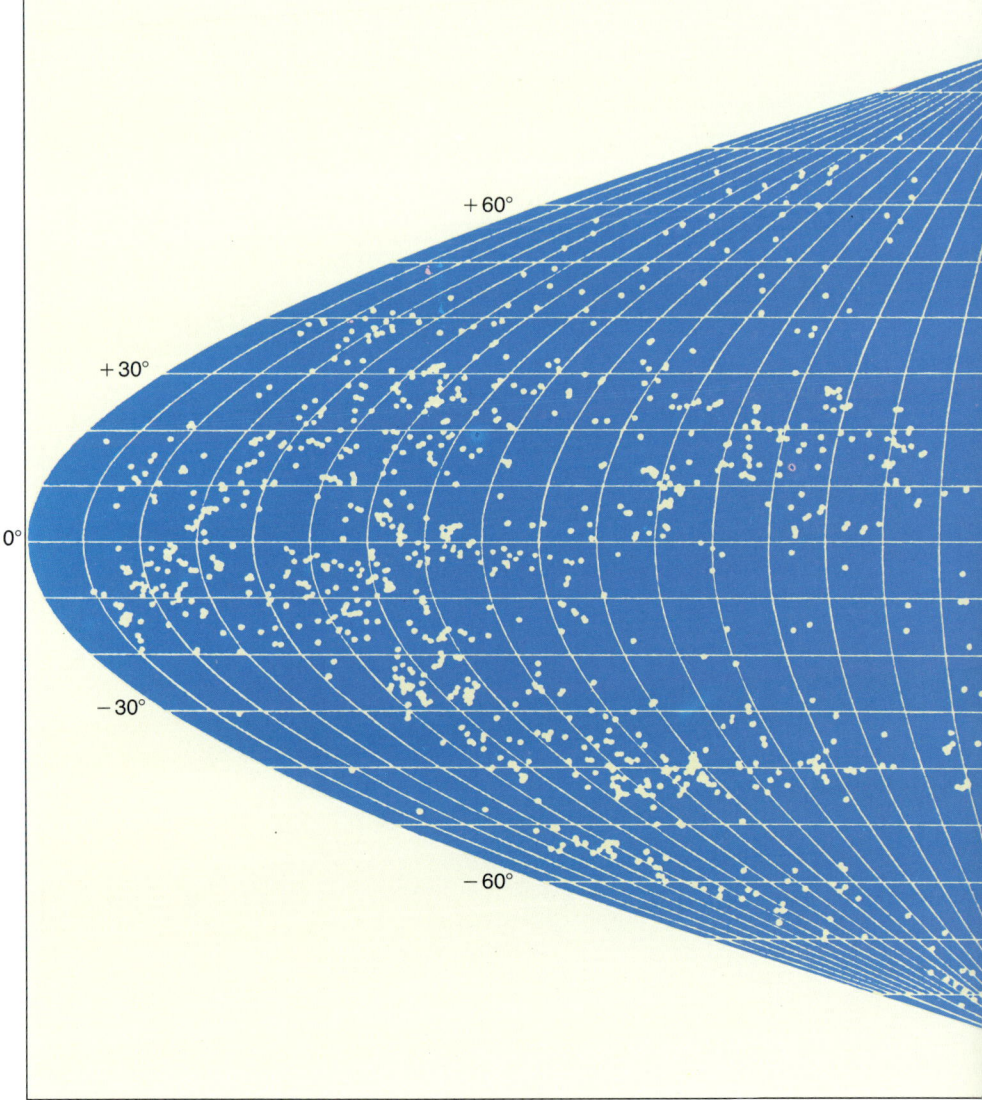

▶ **Diese Karte des Himmels** in außergalaktischen Koordinaten zeigt die Verteilung von über 400 Galaxien mit einem scheinbaren Durchmesser von mehr als einer Bogenminute. Die Konzentration der Galaxien entlang dem außergalaktischen Äquator, besonders im Norden (rechte Hälfte), ist ebenso auffällig wie die unzähligen Häufungen von kleinen Gruppen, z. B. die Lokale Gruppe, und großen Gruppen, z. B. der Virgohaufen (Länge 100-110°), südlich des Äquators.

Spektren der Galaxien. Diese Spektren sind das Ergebnis der kombinierten Spektren von Millionen von Sternen und bilden ein Wirrwarr. Allerdings können die Absorptionslinien ausfindig gemacht werden, und ihre Doppler-Verschiebung sind meßbar.

Hubble bestätigte frühere Studien in Arizona, indem er zeigte, daß alle Galaxien außer ganz wenigen, die sehr nah bei uns liegen, eine Rotverschiebung ihrer Spektrallinien aufweisen, was bedeutet, daß sie sich von uns fort bewegen. Je weiter sie weg sind, desto schneller ziehen sie sich zurück. Das gesamte Universum dehnt sich aus. Das bedeutet nicht, daß wir begünstigt sind. Jede Galaxiegruppe entfernt sich von jeder anderen.

Mittlerweile kann man Systeme beobachten, die Tausende von Lichtjahren entfernt sind, so daß wir sie sehen, wie sie vor Tausenden von Millionen Jahren waren, lange bevor Erde und Sonne existierten. Ein Blick jenseits des Sonnensystems zeigt, wie veraltet unsere Sicht des Universums ist.

Lange glaubte man, die Erde sei immens bedeutend, läge exakt in der Mitte des Universums, und alles drehe sich um sie. Doch mittlerweile wissen wir es besser. Die Erde, die Sonne, ja sogar unsere Galaxis sind eher unbedeutend, wenn man das Universum als Ganzes betrachtet. Je weiter unsere Forschungen voranschreiten, desto mehr gelangen wir zu der Erkenntnis, daß wir höchst unbedeutend sind.

▲ Galaxienhaufen, 4000 Millionen Lichtjahre entfernt. Das HST-Bild zeigt einen Teil eines Galaxienhaufens (CL 0939 + 4713). Es erlaubt Astronomen erstmals das Studium der Umrisse.

▼ Dichtes Sternfeld in der Milchstraße. Die Sterne sind so gehäuft, daß sie zu kollidieren drohen. Aber der Schein trügt!

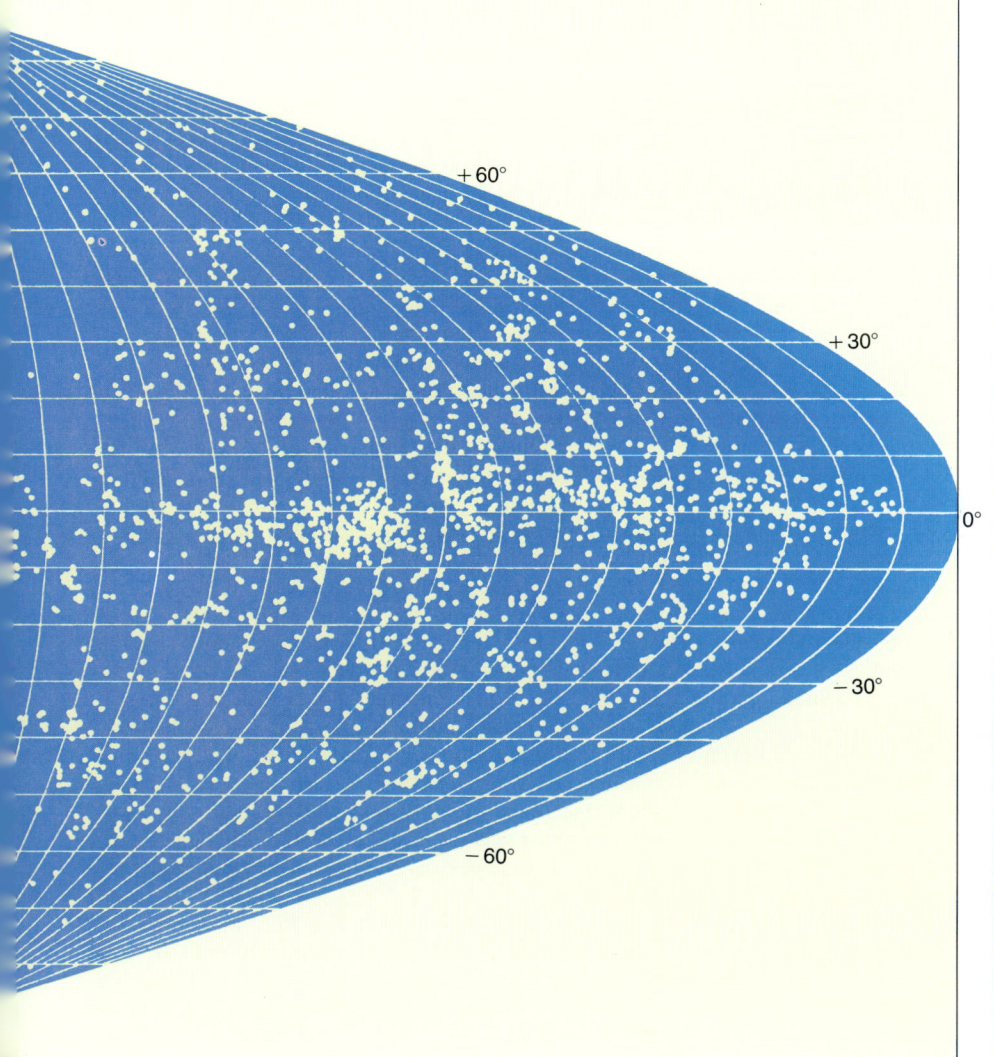

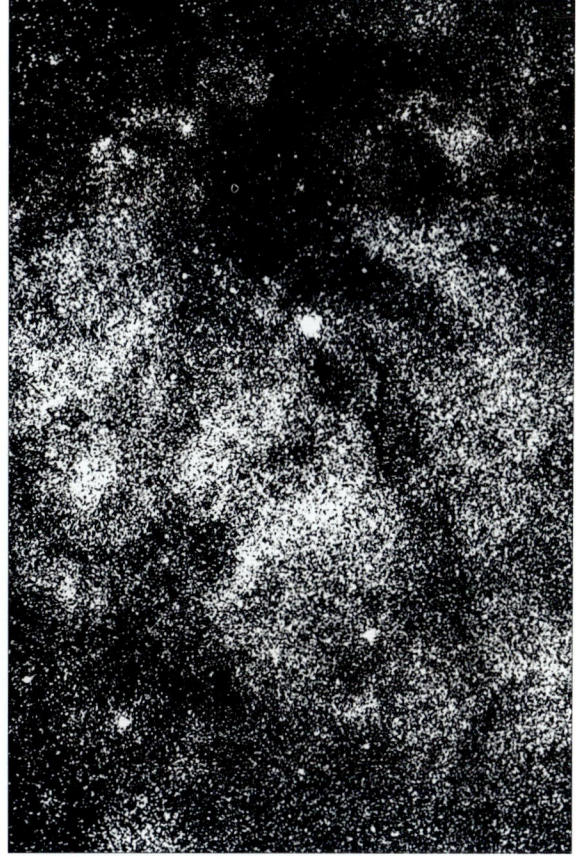

Unsere Galaxis

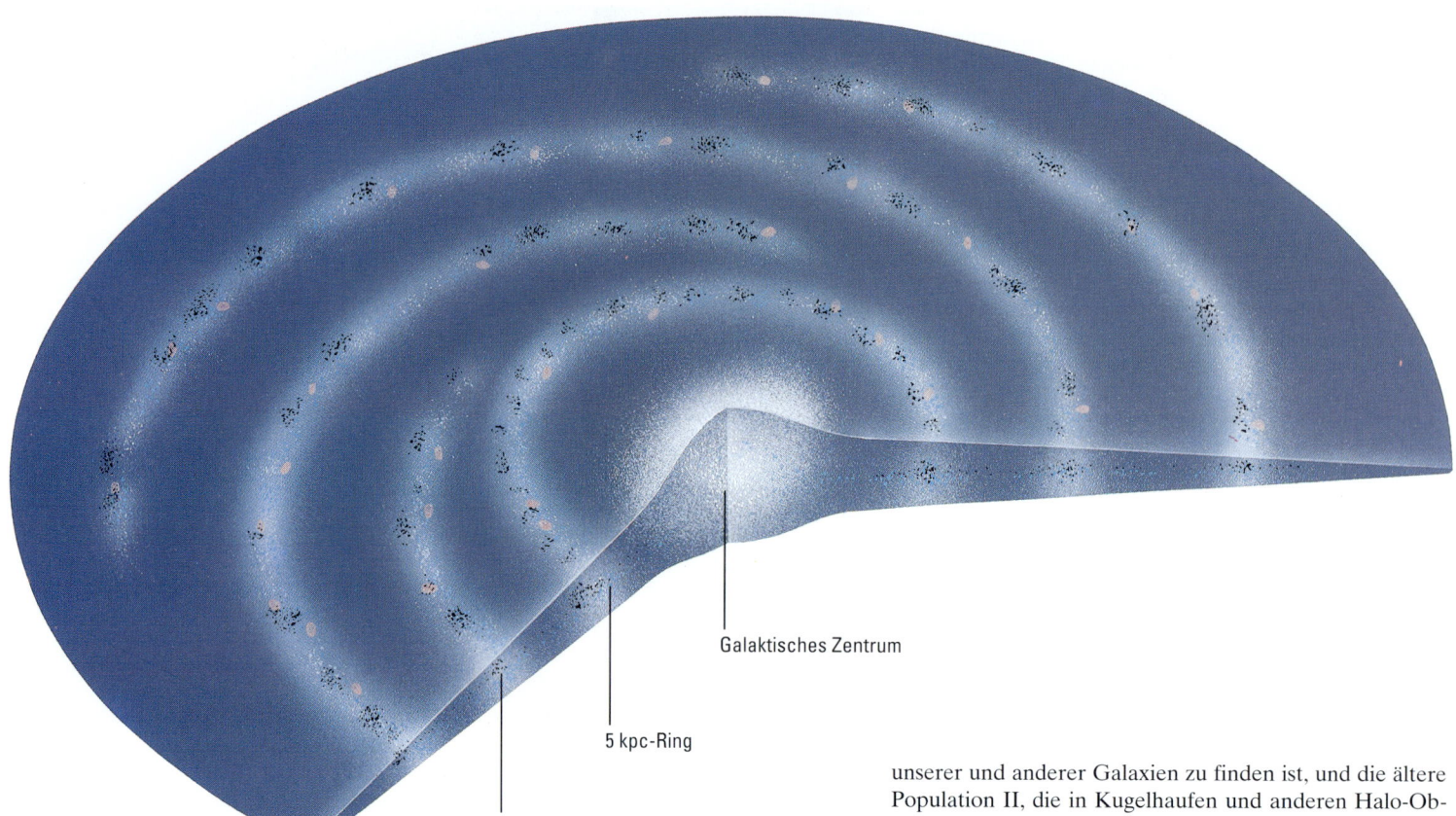

Galaktisches Zentrum

5 kpc-Ring

Spiralarm

▲ In unserer Galaxis sind entlang der vier langen Spiralarme neutraler Wasserstoff sowie HII-Regionen (rot) und massereiche, molekulare Wolken (schwarz) angehäuft. Das galaktische Zentrum enthält sich ausdehnende Regionen aus ionisiertem Wasserstoff und riesige molekulare Komplexe. Es ist umgeben von einem großen Ring, in dem große Mengen an atomarem und molekularem Wasserstoff konzentriert sind.

Das Problem, die Form der Galaxis zu bestimmen, besteht darin, daß wir in ihr leben. Die Situation ist vergleichbar mit jemandem, der auf dem Ku'damm steht und den Umriß von Berlin ergründen will. Ursprünglich nahmen die meisten Leute an, daß die Sonne mit ihren Planeten in der Nähe des Zentrums der Galaxis liegen muß. William Herschel fand heraus, daß die Anzahl der Sterne entlang der Milchstraße relativ gleichmäßig verteilt ist, obwohl einige Teile mehr aufweisen als andere.

Die ersten verläßlichen Ergebnisse lieferte in den 40er Jahren die Radioastronomie. Es war bekannt, daß große Mengen an dünn verteilter Materie zwischen den Sternen liegen, und ein großer Teil wurde als Wasserstoff bestimmt. 1944 sagte der Niederländer H. C. van Hulst voraus, daß Wolken aus kaltem Wasserstoff, der über die Galaxis verteilt ist, Radiostrahlen der Wellenlänge 21,1 cm aussenden würden. Damit lag van Hulst richtig. Die Positionen und Geschwindigkeiten von Wasserstoffwolken wurden gemessen und wiesen eine Spiralstruktur auf. Das war keine Überraschung, da viele andere Galaxien ebenfalls spiralförmig gebaut sind.

Mittlerweile können wir uns ein verläßliches Bild von Form und Struktur der Galaxis machen. Ihre Ausdehnung beträgt ca. 100 000 Lichtjahre von einem Ende zum anderen (einige Forscher halten dies für übertrieben) mit einer zentralen Verdickung von ca. 10 000 Lichtjahren im Durchmesser. Die Sonne liegt zwischen 25 000 und 30 000 Lichtjahre vom galaktischen Zentrum entfernt, nahe der Hauptebene und am Rand eines Spiralarms. Jenseits des Hauptsystems befindet sich der galaktische Halo, der mehr oder minder sphärisch ist und kalte Objekte wie Kugelhaufen und weitentwickelte Sterne enthält. Es gibt zwei stellare Populationen, die eher junge Population I, die im Kern unserer und anderer Galaxien zu finden ist, und die ältere Population II, die in Kugelhaufen und anderen Halo-Objekten dominiert.

Wir können nicht durch das Zentrum der Galaxis sehen, weil zuviel verdunkelnde Materie im Weg liegt, aber wir wissen, wo es sich befindet. Es liegt hinter den Sternen des Sagittarius. Dies ist eine mysteriöse Gegend, doch wiederum ist die Radioastronomie zu Hilfe geeilt, denn Radiowellen werden nicht wie Licht blockiert. Mit Hilfe modernster Geräte, dem VLA („Very Large Array"-Radioteleskop), war es möglich, in der San Agustin-Wüste in New Mexiko eine kleine, starke Radioquelle mit dem Namen Sagittarius A* genau zu bestimmen. Sie liegt an der richtigen Position und markiert vermutlich das genaue Zentrum der Galaxis, obwohl dies nicht sicher ist. Neben ihr liegen wirbelnde Gaswolken und Gruppen besonders heller Sterne.

Wir wissen, daß die Galaxis um ihr Zentrum rotiert, und daß unsere Sonne ca. 225 Millionen Jahre für einen Umlauf benötigt. Doch die allgemeine Rotation folgt nicht dem erwarteten Muster. Das Keplersche Gesetz zeigt, daß im Sonnensystem Körper, die nahe am Zentrum kreisen, hier die Sonne, sich schneller bewegen als Körper, die weiter weg sind, so daß sich z.B. der Merkur schneller bewegt als die Erde und die Erde schneller als der Mars. Für die Galaxis gilt dies nicht, und die Geschwindigkeiten sind am Rand der Scheibe deutlich höher. Eine logische Erklärung ist, daß die Hauptmasse der Galaxis nicht nahe am Zentrum konzentriert liegt, sondern daß außerhalb eine enorm große Menge an Materie existieren muß. Wir können sie nicht sehen, und wir wissen nichts über sie. Wir wissen aber sicher, daß sie existiert. Das Problem der „fehlenden" Masse ist eines der verwirrendsten der modernen Astronomie.

Heutzutage bezeichnet der Begriff „Milchstraße" lediglich das leuchtende Band am Himmel, obwohl wir häufig vom Milchstraßensystem sprechen. Mit Feldstechern an ihr entlangzustreifen, kann sehr faszinierend sein, und oft vergißt man, daß jeder kleine Lichtfleck eine richtige Sonne ist.

◄ **Das Zentrum** unserer Galaxis, beobachtet vom Infrarot-Satelliten (IRAS). Das Infrarot-Teleskop sieht durch Staub und Gas hindurch, die Sterne und andere Objekte verdunkeln, wenn gewöhnliche optische Teleskope benutzt werden. Die Verdickung im Band ist das Zentrum der Galaxis. Die gelben und grünen Knoten und Kleckse um das Band herum sind Riesenwolken aus interstellarem Gas und Staub, die von benachbarten Sternen aufgeheizt werden. Einige von ihnen werden von massereichen, heißen und blauen Sternen (etwa 10 000mal so hell wie die Sonne) erwärmt.

▼ **Karte der Milchstraße**. Von M. und T. Tesküla, Schweden. Die Koordinaten beziehen sich auf die galaktische Breite und Länge, gemessen von der galaktischen Ebene und dem Himmelsäquator bei R.A. 18h 40min. Der nördliche galaktische Pol liegt in Coma, der südliche in Sculptor.

Die Lokale Gruppe

▶ **Die Lokale Gruppe** ist das Band der Galaxien, zu der auch unsere Galaxis gehört. Sie umfaßt auch den Großen Nebel im Sternbild Andromeda und die Magellanschen Wolken.

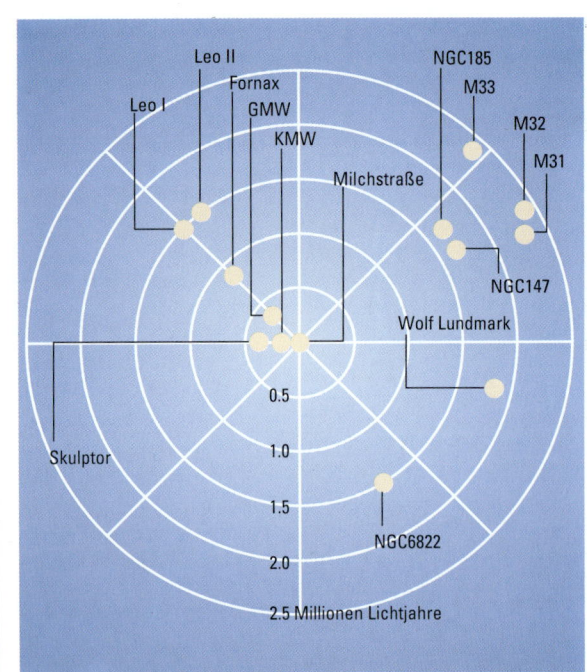

▼ **Die Kleine Magellansche Wolke** ist ca. ein sechstelmal so groß wie unsere Galaxis. Sie ist relativ nah, liegt ca. 190 000 Lichtjahre entfernt und ist weit im Süden des Himmels mit bloßem Auge zu sehen.

Die einzigen Galaxien, die sich nicht von uns weg bewegen, sind die Mitglieder der sogenannten Lokalen Gruppe. Dies ist eine stabile Ansammlung von mehr als zwei Dutzend Systemen, von denen die größten die Andromedaspirale, unsere Galaxis, die stark verdunkelte Maffei 1 und Dreiecknebel sind. Die nächstgrößten sind die zwei Magellanschen Wolken, die Satelliten unserer Galaxis sind, und M32 und NGC205, die Satelliten der Andromedaspirale. Die übrigen sind größtenteils Zwerge, von denen einige nicht mehr Sterne enthalten als Kugelhaufen, und sie sind weniger symmetrisch und kaum definierbar.

Die Magellanschen Wolken sind die hellsten mit bloßem Auge sichtbaren Galaxien. Sie sind weniger als 200 000 Lichtjahre entfernt. Beobachter im Norden bedauern, daß die Wolken so weit im Süden liegen, und dies ist ein Grund dafür, warum die meisten neuen großen Teleskope in der südlichen Hemisphäre aufgestellt wurden. Beide Wolken deuten die Struktur einer Spirale an und weisen nicht, wie klassische Spiralgalaxien, die Form eines Feuerrades auf. Es wurde bereits vermutet, die Kleine Magellansche Wolke sei ein Doppelsystem, das uns mit dem Ende zugewandt ist. Die Wolken sind miteinander verbunden. Sie sind eine Art binäres System, dessen Glieder umeinander kreisen, während sie um unsere Galaxis ziehen. Sie sind verbunden durch eine Wasserstoffgasbrücke, und es gibt den „Magellanschen Strom", der 300 000 Lichtjahre lang ist und bis zu unserer Galaxis herüberreicht.

Die Wolken sind so wichtig, weil sie viele verschiedene Objekte enthalten: Riesensterne, Zwergsterne, Doppel- und Mehrfachsterne, Novae, offene Haufen und Kugelhau-

AUSGEWÄHLTE MITGLIEDER DER LOKALEN GRUPPE				
Name	**Typ**	**Absolute Helligk.** mag	**Entfernung**	**Durchmesser** 1000 Lj.
Die Galaxis	Spirale	-20.5	-	100
Große Magell. Wolke	Balkenspirale	-18.5	169	30
Kleine Magell. Wolke	Balkenspirale	-16.8	190	16
Kleiner Bär-Zwerg	Elliptischer Zwerg	-8.8	250	2
Dracozwerg	Elliptischer Zwerg	-8.6	250	3
Sculptorzwerg	Elliptischer Zwerg	-11.7	280	5
Fornaxzwerg	Elliptischer Zwerg	-13.6	420	7
Löwe-I-Zwerg	Elliptischer Zwerg	-11.0	750	2
Löwe-II-Zwerg	Elliptischer Zwerg	-9.4	750	3
NGC6822 (Barnards Galaxie)	Unregelmäßig	-15.7	1700	5
M31 (Andromedaspirale)	Spirale	-21.1	2200	130
M32	Elliptisch	-16.4	2200	12
NGC205	Elliptisch	-16.4	2200	8
NGC147	Elliptischer Zwerg	-14.9	2200	2
NGC1613	Unregelmäßig	-14.8	2400	8
M33 (Dreiecknebel)	Spirale	-18.9	2900	52
Maffei 1	Elliptisch	-20	3300	100

◀ ▼ *Nachbarspiralen.*
M31 Andromeda (unten),
M33 in der Triangel (links),
von John Fletcher photographiert (25 cm-Reflektor).

Beide gehören zur Lokalen
Gruppe. M33 liegt weiter
weg, aber der Winkel, in
dem er sich befindet, ist
wesentlich günstiger.

fen sowie Gas- und planetarische Nebel. Vor kurzem tauchte sogar eine Supernova, 1987A, in der Großen Magellanschen Wolke auf. Teleskopisch betrachtet sind sie wahrhaft prächtig. So beispielsweise der Tarantelnebel in der Großen Wolke, neben dem der viel gerühmte Orionnebel winzig erscheint.

M31, die Andromedagalaxis, ist ein älteres Mitglied der Lokalen Gruppe und ist erheblich größer und heller als unsere Galaxis. Sie enthält die verschiedenartigsten Objekte, und es gab sogar einmal eine Supernova, S Andromedae von 1885, die gerade noch mit bloßem Auge zu sehen war. Leider wurde ihre wahre Natur damals noch unterschätzt, denn sie wurde nicht als unabhängige, eigenständige Galaxis eingestuft.

M31 ist eine typische Spirale, aber sie liegt in einem flachen Winkel zu uns, und ihre volle Schönheit ist verlorengegangen. Blicke durch kleine oder große Teleskope sind eher enttäuschend. Der Halo und die dreihundert Kugelhaufen können nur durch Photographien veranschaulicht werden. Die aktuelle Schätzung ihrer Entfernung beträgt 2,2 Millionen Lichtjahre. Dieser Wert muß überdacht werden, da es mittlerweile möglich erscheint, daß die Cepheiden heller sind als ursprünglich vermutet. Zur Zeit bewegt sich M31 auf uns zu, doch dies wird nicht unbegrenzt andauern. Es besteht keine Kollisionsgefahr. Die Hauptsatelliten M32 und NGC205 sind leicht mit Teleskopen zu entdecken und elliptisch.

M33, der Dreiecknebel, wird oft Nagelrad genannt. Sie liegt nahe an der Grenze zur Sichtbarkeit mit bloßem Auge und ist leicht durch Feldstecher zu sehen, obwohl sie wegen ihrer geringen Oberflächenhelligkeit mit kleinen Teleskopen schwer zu sehen ist. Sie ist weniger spiralförmig als M31, liegt aber in einem günstigeren Winkel und enthält verschiedene Objekte. Ihr Durchmesser liegt bei der Hälfte unserer Galaxis. Anders als M31 ist M33 erst relativ spät entdeckt worden, nämlich 1764 von Messier.

Die meisten der übrigen Mitglieder der Lokalen Gruppe sind Zwerge, die wegen ihrer geringen Helligkeit nur schwer identifizierbar sind, besonders wenn sie fast vollständig hinter hellen Sternen unserer Galaxis liegen wie Leo I und Leo II, die sich in der Nähe des Regulus befinden. Bisher ist kein spiralförmiger Zwerg entdeckt worden, und wahrscheinlich existiert auch keiner.

Schließlich gibt es Maffei 1, der 1968 von dem italienischen Astronomen Paolo Maffei entdeckt wurde. Er ist vermutlich eine elliptische Riesengalaxis, obwohl Anzeichen für Spiralförmigkeit bestehen. Er liegt in Cassiopeia, nahe der Milchstraßenebene, und ist so stark verdunkelt, daß wir nur wenig über ihn wissen. Eine zweite Galaxis, die von Maffei entdeckt wurde, galt einst als Mitglied der Lokalen Gruppe, wird heute aber als ca. 15 Millionen Lichtjahre entfernte Galaxis angesehen.

1994 fand man heraus, daß im Schützen eine nur 80 000 Lichtjahre entfernte Zwerggalaxis liegt, die somit die nächste, je entdeckte Galaxis darstellt. Sie enthält isolierte Sterne und Haufen. Ein Kugelhaufen, NGC5694, scheint sich auf einem Weg zu befinden, der ihn geradewegs aus unserer Galaxis hinausführen wird. Wenn dies eintritt, wird er zu dem, was man allgemein als intergalaktischen Landstreicher bezeichnet.

Entfernte Galaxien

Jenseits der Lokalen Gruppe begegnen wir anderen Galaxienhaufen, die Millionen Lichtjahre entfernt liegen. Edwin Hubble erstellte das erste zuverlässige System zur Klassifizierung. Sein Diagramm wird häufig als „Stimmgabel" bezeichnet.

Es gibt drei Hauptklassen:

1. **Spiralgalaxien**, von Sa (großer Kern, eng gewundene Arme) bis Sc (kleiner Kern, locker gewundene Arme). Unsere Galaxis gehört dem Typ Sb an, während M51 in den Jagdhunden zu Typ Sa gehört und M33, das Nagelrad, eine typische Sc-Galaxis ist.

2. **Balkenspiralen**, wo die Arme wie ein Balken durch den Kern verlaufen. Sie reichen von SBa bis zu SBc. Es scheint, daß sich Sterne in einer großen Rotationsscheibe wie vor einer Sperre anhäufen. Aber diese hält sich nicht sehr lange auf der kosmischen Zeitskala, was erklärt, warum die SB-Galaxien seltener vorkommen als gewöhnliche Spiralsysteme.

3. **Elliptische Systeme**, von E0 (sphärisch) bis zu E7 (sehr flach). Anders als die Spiralgalaxien haben sie nur noch wenig interstellare Materie übrig, so daß sie höher entwickelt sind, und keine neuen Sternsysteme mehr gebildet werden. Elliptische Riesen sind wesentlich massereicher als Spiralgalaxien. M87 im Virgohaufen gehört etwa zu Typ E0 und ist viel massereicher als unsere Galaxis oder sogar der Andromedanebel. Andere sind elliptische Zwerggalaxien, z.B. die kleinen Mitglieder unserer Loka-len Gruppe, und sehr selten. Oft ist es schwer, den Typ eines elliptischen Systems zu bestimmen. Ein abgeflachtes System, das E7 sein müßte, kann etwa mit dem Ende zu uns zeigen, so daß es rund aussieht und wir es irrtümlich als E0 klassifizieren.

4. **Unregelmäßige Systeme** sind seltener, als man meinen möchte und haben keinen festen Umriß. M82 im Großen Bären ist ein Beispiel. Die Magellanschen Wolken wurden früher als unregelmäßig angesehen, heute aber scheint sicher, daß zumindest die Große Wolke klare Anzeichen einer leicht spiralförmigen Struktur aufweist.

Als erste Spirale wurde M51, der Wirbelsturm, von Lord Rosse im Jahre 1845 in Irland mit seinem riesigen selbstgebauten Teleskop entdeckt. Sie liegt 37 Millionen Lichtjahre entfernt und ist leicht neben Alkaid im Schwanz des Großen Bären zu finden. Die Arme einer Spiralgalaxis entstehen offenbar durch Druckwellen, die durch das System fegen. Der zugeführte Druck initiiert die Sternentstehung. Die massereichsten Sterne entwickeln sich schnell und explodieren als Supernovae, während die Druckwellen weiterziehen und die ursprünglichen Spiralarme zersprengen. Wenn das stimmt, dann sind Spiralarme keine dauerhaften Phänomene.

Aktuelle Photographien von M51, die mit dem Hubble-Weltraum-Teleskop gemacht wurden, zeigen eine dunkle, den Kern umschattende X-Struktur, die durch Absorption infolge von Staub entstanden ist. Es wird vermutet,

▶ **Hubbles Klassifizierung der Galaxien**. Es gibt elliptische Galaxien (E0 bis E7), Spiralgalaxien (Sa, Sb und Sc) und unregelmäßige Systeme (hier nicht gezeigt). Es gibt viele Feinheiten, z.B. haben die Seyfert-Galaxien (viele sind Radioquellen) sehr helle, dichte Kerne.

▲ **Typ E0**. M87 in der Jungfrau, 9,2 mag, 41 Millionen Lichtjahre entfernt. Eine starke Radioquelle, die anscheinend im Kern ein Schwarzes Loch besitzt.

▲ **Typ E4**. Zwerggalaxis NGC147 in Cassiopeia, 12,1 mag. Typisch für kleine Systeme; besteht aus Sternen der Population-II. Es gibt keine sehr hellen Hauptreihensterne, die Sternentstehung ist abgeschlossen.

▲ **Typ E6**. NGC205, in rotem Licht photographiert. Sein System ist länglicher als NGC147, er ist der kleinere Begleiter der Andromedagalaxis und besteht aus Population-II-Objekten.

daß sie auf die Anwesenheit eines Schwarzen Loches, mindestens einemillionmal so massereich wie die Sonne, hindeutet, und in der Tat herrscht die Meinung, daß die aktivsten Galaxien von tief innen liegenden Schwarzen Löchern angeregt werde. Dieser Punkt ist aber noch ungeklärt.

Es gibt einige Galaxien, die sehr energiereich sind. Dazu gehört NGC5128 im Centaurus, auch bekannt als Centaurus A, der von einer breiten Staubbahn durchkreuzt wird, die ihm ein bemerkenswertes Aussehen verleiht. Weiter gibt es die Seyfert-Galaxien, nach Carl Seyfert benannt, der als erster 1942 auf sie aufmerksam machte. Hier haben wir es mit kleinen, sehr hellen Kernen und dichten Spiralarmen zu tun. Alle scheinen hochaktiv zu sein, und die meisten, z.B. die riesige M87 im Virgohaufen, sind starke Radioquellen. Andere Galaxien stoßen einen Großteil ihrer Energie in Form von Infrarotstrahlung aus. Eine davon, 1991 von Michael Rowan-Robinson entdeckt, soll über die 30 000fache Leuchtkraft unserer Galaxis verfügen. Auf der anderen Seite der Skala liegen weit entfernte Galaxien, deren Helligkeit so gering ist, daß sie kaum auszumachen sind.

Wir müssen gestehen, daß unser Wissen bezüglich der Evolution der Galaxien eingeschränkter ist als uns recht ist. Es ist verlockend anzunehmen, daß eine Spirale zu einem elliptischen System werden kann oder umgekehrt, aber so einfach ist es nicht. Da riesige elliptische Systeme so massereich sind, wurde angenommen, daß sie durch zwei verschmolzene Spiralgalaxien entstanden sind, aber die Meinungen gehen hier auseinander. Zumindest wissen wir, daß Kollisionen zwischen den Mitgliedern einer Gruppe vorkommen. Die Wagenradgalaxis A0035, ca. 500 Millionen Lichtjahre entfernt, ist ein gutes Beispiel. Sie besteht aus einer Felge, 170 000 Lichtjahre im Durchmesser, in dem eine Nabe und Speichen liegen, markiert durch alte Rote Riesen und Überriesen. Ursprünglich war das Wagenrad eine normale Spirale, aber vor ca. 200 Millionen Jahren zog eine kleinere Galaxis hindurch, was zur Bildung sehr massereicher Sterne in der Felgenregion führte. Die eingedrungene Galaxis ist noch immer sichtbar. Es gibt auch Galaxien mit doppelten Kernen, möglicherweise ein Hinweis auf kosmischen Kannibalismus, und sogar die Andromedaspirale scheint über einen doppelten Kern zu verfügen, der vielleicht durch ein kleineres System, das vor langer Zeit verschlungen wurde, entstanden ist.

Eine wertvolle Forschungsrichtung von Profis und Amateuren ist die Suche nach Supernovae in äußeren Galaxien. Da diese Ausbrüche so enorm sind, sind sie aus großen Entfernungen sichtbar und als Standardkerzen zu nutzen, da angenommen wird, daß eine Supernova in einer weit entfernten Galaxis genauso hell ist wie in unserer eigenen. Supernovae müssen unmittelbar nach ihrem Aufflammen beobachtet werden. Man kann nie wissen, wann eine normal aussehende Galaxis durch einen dramatischen Ausbruch ein leuchtender Neuling wird.

▲ **Typ Sa**. NGC7217, Spiralgalaxis im Pegasus. Gut definierter Kern, die Arme sind symmetrisch und eng gewunden.

▲ **Typ Sb**. M81 (NGC3031) im Großen Bären. Aus einem flacheren Winkel gesehen als NGC7217. Weitere Arme; Helligkeit 7,9 mag.

▲ **Typ Sc**. M33 (NGC598), das entfernteste Mitglied der Lokalen Gruppe. Kern schlechter definierbar, Arme undeutlicher.

▲ **Typ SBa**. NGC3504 im Kleinen Löwen. Der Balken durch den Kern ist deutlich erkennbar.

▲ **Typ SBb**. NGC7479 im Pegasus. Helligkeit: 11,6 mag. Form des Balkens stärker ausgeprägt.

▲ **Typ SBc**. Galaxis im Herkuleshaufen. Hier ist der Balken dominant, die Arme sind sekundär.

Quasare

Wir wissen, daß sich um die Lokale Gruppe herum alle Galaxien mit zunehmender Geschwindigkeit von uns weg bewegen. Es besteht eine Verbindung zwischen Entfernung und Geschwindigkeit, so daß wir mit Hilfe der Geschwindigkeit, die sich durch eine Rotverschiebung in den Spektren ausdrückt, die Entfernung bestimmen können. Die entferntesten bisher entdeckten Galaxien liegen mindestens 10 000 Millionen Lichtjahre von uns entfernt. Die Quasare aber sind noch weiter weg.

Die Geschichte der Quasare begann in den frühen 60er Jahren. Zuvor hatte es mehrere Kataloge von Radioquellen am Himmel gegeben – einige wurden in Cambridge herausgegeben –, aber generell entsprachen die Radioquellen nicht den sichtbaren Objekten, und damals konnten Radioteleskope noch keine befriedigenden Positionen anzeigen. Eine Quelle war 3C-273, das 273. Objekt im dritten Cambridge-Katalog der Radioquellen. Die Natur kam den Astronomen zu Hilfe. 3C-273 liegt in einem Teil des Himmels, wo er vom Mond bedeckt werden kann, und dies trat am 5. August 1962 ein. Am Parkes-Observatorium in Neu-Südwales bestimmten Beobachter den genauen Zeitpunkt, in dem die Strahlung ausblieb. Da der Standpunkt des Mondes bekannt war, konnte die Position der Radioquelle bestimmt werden. Sie war ein gewöhnlicher bläulicher Stern.

Die Ergebnisse wurden zum Palomar-Observatorium in Kalifornien geschickt, wo Maarten Schmidt den großen Hale-Reflektor benutzte, um ein optisches Spektrum der Quelle zu erstellen. Das Ergebnis war verblüffend. 3C-273 war gar kein Stern. Die Rotverschiebung in den Spektren wies auf eine Distanz von 3000 Millionen Lichtjahren hin, und die Gesamtleuchtkraft war viel größer als die einer durchschnittlichen Galaxis, obwohl er aussah wie ein Stern. Andere ähnliche Entdeckungen folgten, und es wurde deutlich, daß man es mit Objekten eines völlig neuen Typs zu tun hatte. Anfangs wurden sie QSOs (Quasi-stellare Objekte) genannt, aber dann erkannte man, daß nicht alle QSOs starke Radiostrahlung ausstoßen. Heute bezeichnet man diese Objekte als Quasare.

Da die Quasare so stark sind, können sie aus größeren Distanzen als normale Galaxien gesehen werden. Unsere

Quasar 3C-273. Dies war der erste identifizierte Quasar und zugleich der hellste. Seine Helligkeit beträgt 12,8 mag, er liegt in der Jungfrau. Kein Quasar ist heller als 16 mag.

Beobachtungen reichen inzwischen bis zu 13 000 Millionen Lichtjahre. Wir sehen die Quasare, wie sie waren, als das Universum noch jung war. Sonst existieren sie nirgends in der Nähe der Lokalen Gruppe, und möglicherweise sind in der relativ kurzen Geschichte des Universums, so wie wir es kennen, keine neuen Quasare mehr entstanden.

Quasare sind fast sicher die Kerne von sehr aktiven Galaxien, und in vielen Fällen können wir sie entdecken, indem wir zugehörige Galaxien ausmachen, obwohl sie vom Glanz der Kerne so stark überstrahlt werden. Möglicherweise durchlaufen viele große Galaxien zeitweilig ein Quasar-Stadium.

Viele Quasare weisen rasche Lichtveränderungen auf, und das bedeutet, daß sie relativ klein sein müssen. Wenn die Veränderungsperiode einen Monat beträgt, kann der Durchmesser des Quasars nicht größer als ein Lichtmonat sein. Wie kann aber eine so große Menge Energie in ein so kleines Objekt passen? Es existieren zwar verschiedene Theorien, doch alles in allem scheint sicher, daß die Energie aus einem eingebetteten Schwarzen Loch stammt, das einige Millionen Male massereicher ist als die Sonne. Viele Quasare, etwa 3C-273, erzeugen lange Jets, die aus der zentralen Region hinausführen.

Weiter gibt es die BL Lacertae-Objekte, die nach dem ersten entdeckten Mitglied dieser Klasse, ursprünglich als gewöhnlicher veränderlicher Stern eingestuft, benannt wurden. „BL Lacs" ähneln den Quasaren, obwohl sie weniger hell sind. Möglicherweise ist ein BL Lac ein Quasar, den wir aus einem flacheren Winkel betrachten, vielleicht weil wir direkt auf eine der Jets blicken.

Wegen ihrer großen Entfernungen können Quasare benutzt werden, um interstellare und intergalaktische Materie zu untersuchen. Das Licht eines Quasars muß durch diese Materien fließen, bevor es uns erreicht, und die Materie hinterläßt einen Abdruck auf dem Quasarspektrum. Wir können bestimmen, welche Linien zum Quasar gehören und welche nicht, da die nichtquasaren Linien der allgemeinen Rotverschiebung nicht unterworfen sind. Interessant ist der Effekt der Gravitationslinsen. Wenn das Licht eines weit entfernten Objekts an einem massereichen Objekt vorbeizieht, wird das Licht gebrochen, und im Hintergrund erscheinen mehrere Bilder des Objekts. Auch bei ungenauen Messungen entstehen nachweisbare Effekte. Ein Beispiel ist G2237+0305. Sie ist eine 400 Millionen Lichtjahre entfernt liegende Galaxis, hinter der 8000 Millionen Lichtjahre entfernt ein Quasar liegt. Das Licht des Quasars wird gebeugt und erzeugt vier Bilder, die das Bild der Linsengalaxis umgeben. Man nennt dies oft das Einstein-Kreuz, weil Albert Einstein als erster derartige Effekte vorhersagte.

Und doch herrscht Unsicherheit. Objekte, die gleich weit von uns entfernt sind, müssen die gleichen Rotverschiebungen aufweisen, vorausgesetzt, daß die Verschiebungen selbst reine Doppler-Effekte sind. Halton Arp, früher Forscher am Mount Wilson-Observatorium und jetzt in Deutschland, fand heraus, daß es Paare und Objektgruppen (Quasar/Quasar, Quasar/Galaxis, Galaxis/Galaxis) gibt, die durch sichtbare Brücken verbunden sind, aber völlig verschiedene Rotverschiebungen aufweisen. Die Rotverschiebungen können keine reinen Doppler-Effekte sein. Alle unsere Messungen der Entfernungen jenseits der unmittelbaren Nachbarschaft sind sehr ungewiß. Arp geht sogar so weit zu behaupten, die Quasare seien ganz und gar unbedeutende Phänomene, die aus relativ nahen Galaxien entlassen worden sind. Obwohl Arp zu einer Minderheit gehört, sollte man ihn ernst nehmen. Wenn er recht hätte, dann zerfielen viele unserer Erkenntnisse zu Staub. Die Zeit wird es zeigen.

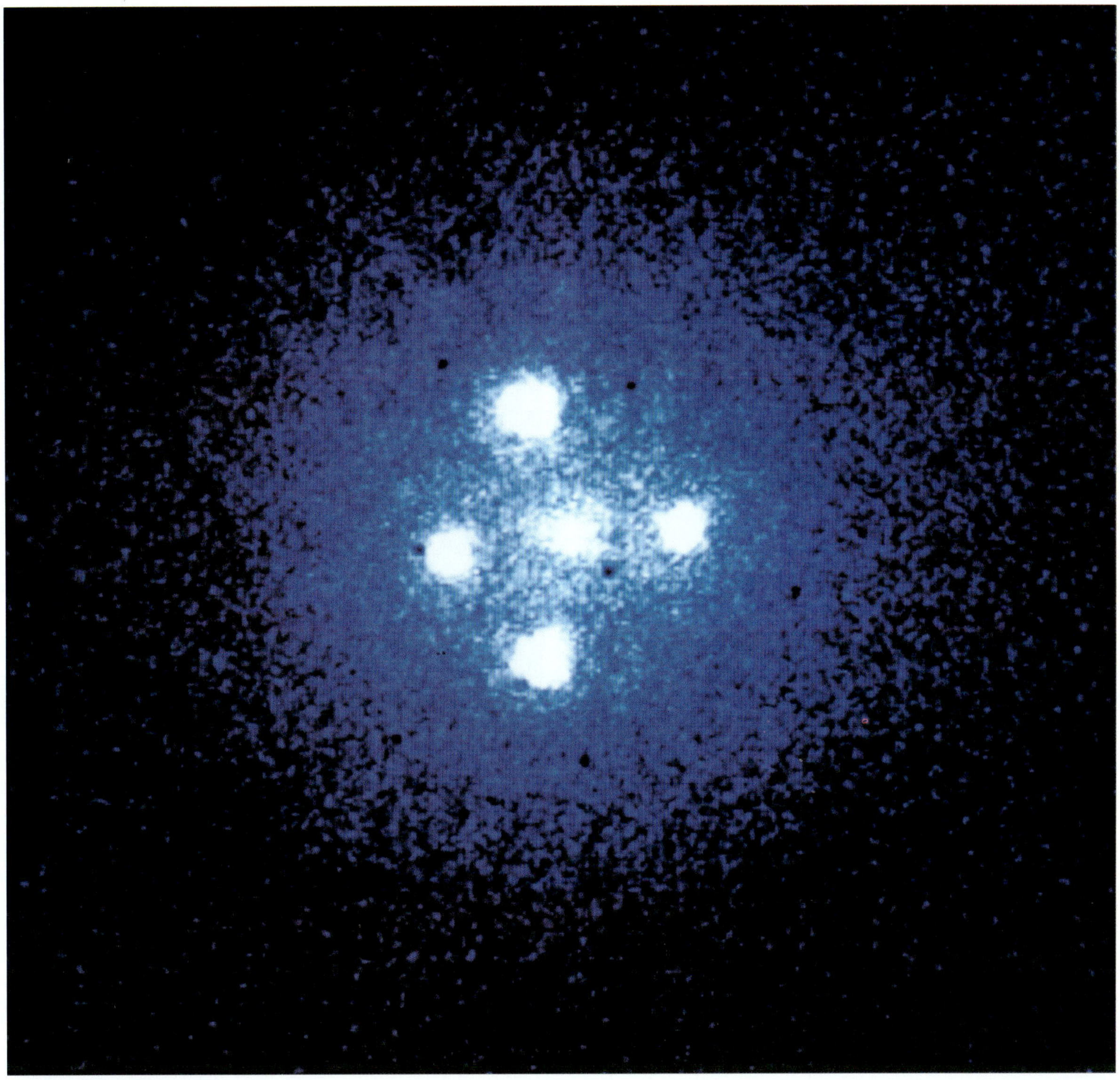

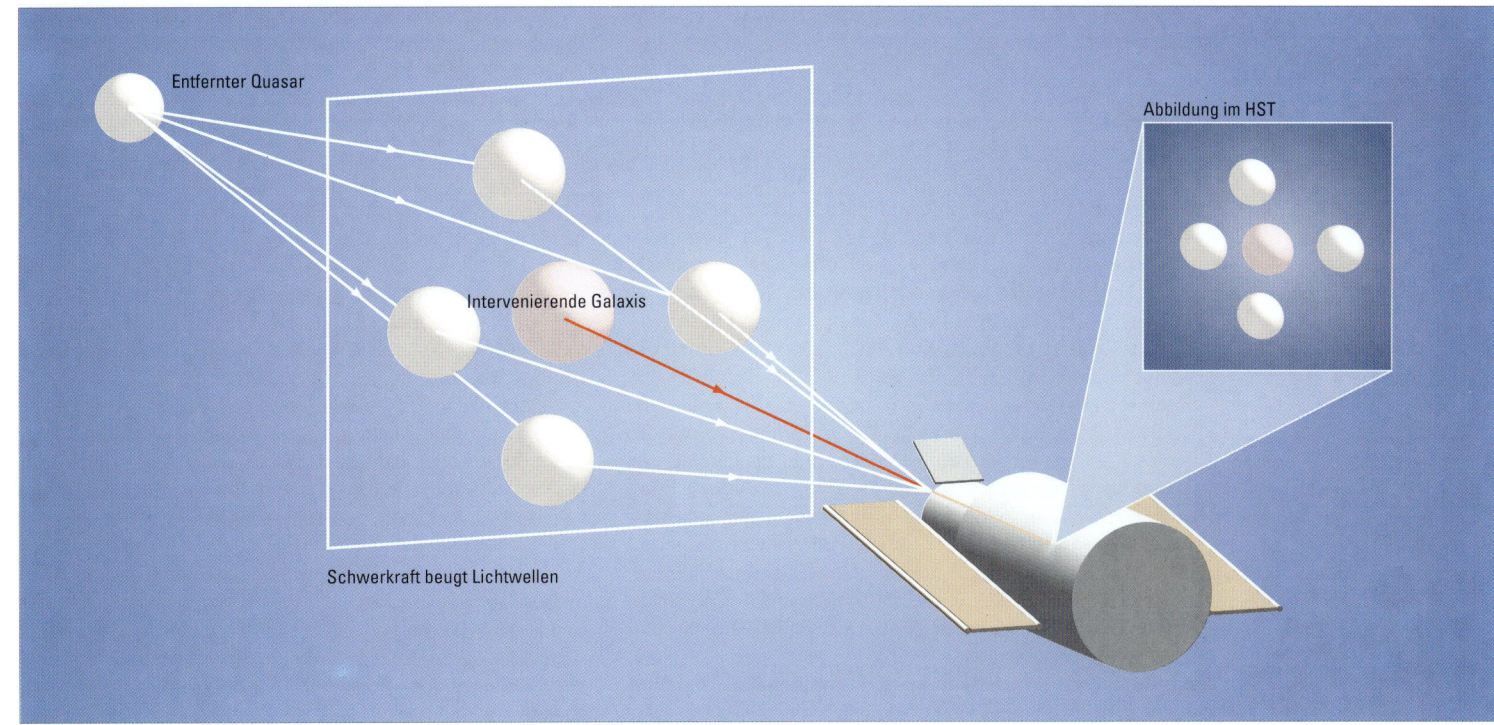

◀ ▼ Gravitationslinsen-Effekt. *Das Licht eines entfernten Quasars streift an einer intervenierenden massereichen Galaxis vorbei, die als „Linse" fungiert und multiple Bilder des Quasars erzeugt. Hier liegt der Quasar fast direkt hinter der Galaxis; der Effekt ist symmetrisch. Das Endbild, vom HST gemacht, ist als Einstein-Kreuz bekannt, da der Effekt von Albert Einstein in seiner Relativitätstheorie vorhergesagt wurde.*

Entfernter Quasar

Abbildung im HST

Intervenierende Galaxis

Schwerkraft beugt Lichtwellen

Das expandierende Universum

▲ *Messier 87. Das wichtigste Mitglied des Virgohau-
fens. Die Entfernung beträgt
mehr als 40 Millionen Lichtjahre. Es ist eine elliptische
Riesengalaxis, von der ein
Jet und eine starke Radioquelle (Virgo A) ausgehen.
1994 zeigte das HST Gasbe-
wegungen am Kern, die auf
ein massereiches und kom-
paktes Objekt hinweisen,
das nur ein Schwarzes Loch
sein kann und somit der beste Beweis dafür ist, daß
Schwarze Löcher existieren.
Auch Novae und Superno-
vae sind im M87 beobachtet
worden. Er ist leicht mit
dem Teleskop zu finden, die
Helligkeit liegt unter 9 mag.*

Bevor wir eine Geschichte des Universums erstellen können, müssen wir die gegenwärtige Situation genau
durchleuchten. Wie wir wissen, bewegen sich die Galaxien
voneinander weg, so daß sich das gesamte Universum ausdehnt. Wir befinden uns an keiner besonderen Position,
eine mögliche Analogie besteht darin, sich vorzustellen,
was passiert, wenn Farbkleckse auf einen Ballon getupft
werden und man den Ballon dann aufbläst. Die Farb-
punkte entfernen sich durch die Dehnung des Ballons voneinander weg. Genauso dehnt sich das Universum aus und
reißt die existierenden Objekte mit.

Beispielsweise können wir bestimmen, daß sich eine
bestimmte Galaxis 2000 km pro Sekunde zurückzieht.
Lebewesen auf Planeten in dieser Galaxis würden weiter
behaupten, daß es unsere Galaxis ist, die sich 2000 km
pro Sekunde entfernt. Es gibt keine absoluten Bezugsrah-
men.

Die Verteilung der Galaxien ist nicht wahllos. Sie tendieren dazu, sich in Gruppen oder Haufen zusammenzu-
schließen, und unsere eigene Lokale Gruppe ist keineswegs ein Ausnahmefall. Der Virgohaufen, ca. 50 Millionen
Lichtjahre entfernt, enthält Tausende von Mitgliedern, einige davon, wie M87, sind massereicher als unsere Galaxis.
Es gibt weite Gebiete von Galaxien, wie die Große Mauer,
die 300 Millionen Lichtjahre lang ist und zwei Haufen von
Galaxien verbindet, die in Coma und die in Herkules. Die
allgemeine Struktur der Verteilung der Galaxien scheint
zellulär zu sein, durchsetzt mit weiten leeren Räumen, die
nur wenige oder gar keine Systeme enthalten.

Wenn die Geschwindigkeit des Rückzuges mit der Entfernung steigt, muß eine Zeit folgen, in der sich eine Galaxis (oder ein Quasar) mit Lichtgeschwindigkeit zurückzieht. In diesem Fall wären wir nicht dazu in der Lage, sie
zu sehen, und wir würden die Grenze des sichtbaren Universums erreichen, aber nicht gleichzeitig die Grenze des
Universums selbst. Gemäß der Rotverschiebung in den
Spektren liegt diese Grenze zwischen 15 000 Millionen und
20 000 Millionen Lichtjahren, mit einer Tendenz zur niedrigeren Zahl. Wenn das stimmt, dann kann das Universum,
so wie wir es kennen, nicht älter als 15 000 Millionen Jahre
sein. Die Unsicherheit entsteht durch die Tatsache, daß wir
noch keinen genauen Wert für die Hubble-Konstante haben, die Einheit, die das Entfernen der Galaxien voneinander bezeichnet. Dieser Wert muß zwischen 40 und 100 km
pro Sekunde pro Megaparsec (ein Megaparsec entspricht
3,26 Lichtjahren) liegen.

Wenn wir erst die Hubble-Konstante genau bestimmt
haben, wäre vielleicht eine Lösung in Sicht.

An dieser Stelle sollte der Begriff des Olbers'schen
Paradoxon erwähnt werden, der nach dem deutschen
Astronomen Heinrich Olbers benannt ist (obwohl er nicht
der erste war, der es beschrieb). Olbers fragte sich, warum
es nachts dunkel ist. Wenn das Universum unendlich ist,
würden wir früher oder später in allen Richtungen Sterne
sehen und der ganze Himmel müßte hell sein. Dies trifft
nicht zu, teils, weil das Licht eines jeden weit entfernten
Objekts so rotverschoben ist, daß ein großer Teil davon
nicht sichtbar ist, und teils, weil wir nicht sicher wissen, ob
das Universum tatsächlich unendlich ist. Wenn unsere gän-
gigen Theorien nicht völlig falsch sind, kann die Grenze
nicht jenseits von 20 000 Millionen Lichtjahren, eher sogar
weniger liegen.

Doch wie groß ist das gesamte Universum im Vergleich
zu dem Teil, den wir beobachten können? Wenn das Universum unendlich ist, dann müssen wir uns die Frage stellen, was außerhalb davon liegt. Und einfach zu sagen
„Nichts", ist keine Antwort, denn „Nichts" ist schlicht der
Raum. Aber wenn das Universum unendlich ist, müssen
wir es uns als etwas ewig Fortlaufendes vorstellen, was uns
unmöglich ist. Alles, was uns daher bleibt, ist zu sagen, das
Universum könnte unendlich und unbegrenzt sein. Eine
Ameise kann unendlich lange auf einem Globus entlang-
krabbeln, und doch nur einen sehr begrenzten Bereich ab-
decken.

◀ ▼ **Galaxienhaufen.** Der
Virgohaufen (unten) enthält
viele hundert Galaxien. Die
durchschnittliche Entfernung
zu uns beträgt 50 Millionen
Lichtjahre. Es gibt viele verschiedene Systeme, von
Spiralen bis zu elliptischen
Riesen. Der Comahaufen
(links) ist weiter entfernt.
Auch hier sind alle Typen
von Galaxien vertreten.

Das frühe Universum

Jede Kultur besitzt ihre eigenen Entstehungsmythen, und einer davon ist die Genesis, die biblische Fundamentalisten noch immer wörtlich nehmen. Wenn wir aber aus naturwissenschaftlicher Sicht über die Entstehung des Universums nachdenken, stoßen wir auf immense Schwierigkeiten. Begann das Universum von einem bestimmten Zeitpunkt an zu existieren, etwa vor 15 000 Millionen Jahren, oder hat es schon immer bestanden? Keines der beiden Konzepte ist leicht nachvollziehbar.

Die Idee der Entstehung durch einen „Urknall" wurde 1947 von einer Gruppe von Astronomen in Cambridge zurückgewiesen, die die Theorie der kontinuierlichen Erschaffung (Steady-State-Theorie) aufstellten. Gemäß dieser Theorie gibt es keinen Anfang und kein Ende des Universums, lediglich eine unendliche Vergangenheit und eine unendliche Zukunft. Sterne und Galaxien haben eine begrenzte Lebensdauer, wenn aber alte Galaxien vergehen oder jenseits der sichtbaren Grenze ziehen, werden sie durch neue ersetzt, die aus Materie, die in Form von Wasserstoffatomen aus dem Nichts entstehen, geformt werden. Wenn wir also in die Zukunft schauen könnten, etwa zehn Millionen Jahre weiter, gäbe es ebensoviele Galaxien wie in der Gegenwart. Aber es wären natürlich nicht die gleichen Galaxien.

Die Rate, mit der neue Wasserstoffatome gebildet würden, wäre so niedrig, daß sie nicht entdeckt werden könnten. Wenn wir eine Zeitmaschine erfinden könnten, die uns zurück in die Vergangenheit versetzen könnte, sähen wir, ob das Universum damals anders ausgesehen hat als heute. Zeitmaschinen gehören in den Science-Fiction-Bereich, aber wenn wir weit entfernte Galaxien und Quasare beobachten, blicken wir eigentlich zeitlich zurück, denn wir sehen sie, wie sie vor Tausenden Millionen von Jahren aussahen. Studien zeigen, daß in den weit entfernten Regionen andere Bedingungen herrschen als in uns näher liegenden. Das Universum ist also nicht gleichförmig.

Genauere Beweise wurden 1965 erbracht. Wenn das Universum mit einem Urknall zu existieren begann, dann wäre es unglaublich heiß gewesen. Es wäre dann nach und nach abgekühlt, und Rechnungen zeigen, daß die allgemeine Temperatur mittlerweile bis 3° über dem absoluten Nullpunkt (ca. -273 °C) hätte sinken müssen. Wir müßten also in der Lage sein, schwache, die Überreste des Urknalls repräsentierende Hintergrundstrahlung zu entdecken. In den USA entdeckten Arno Penzias und Robert Wilson mit Hilfe eines speziellen Radioteleskops tatsächlich diese Hintergrundstrahlung. Theorie und Beobachtungen paßten genau zusammen, und mittlerweile weisen fast alle Astronomen das Konzept der Steady-State-Theorie zurück. Wir sind wieder beim Urknall angelangt.

Wir müssen einsehen, daß Raum, Zeit und Materie gleichzeitig entstanden sind. Das war der Beginn der Zeit, und wir können nicht darüber spekulieren, was davor geschehen ist, weil es kein „davor" gab. Wir können uns zurückversetzen bis zu 10^{-43} einer Sekunde nach dem Urknall, aber was davor war, können unsere physikalischen Gesetze nicht ergründen. (10^{-43} drückt eine äußerst kleine Menge aus; der Wert entspricht einem Dezimalpunkt gefolgt von 42 Nullen und einer 1).

Wir sprechen nicht wirklich über den Ursprung des Universums. Wir diskutieren seine Evolution, was keineswegs das gleiche bedeutet. Wir sind eher wie ein Betrachter aus dem Weltraum, der in Berlin ankommt, eine Stunde auf dem Ku'damm verbringt und die Passanten beobachtet. Er sieht Babys, Jugendliche und Erwachsene. Wenn er intelligent ist, wird er bemerken, daß ein Baby zu einem Jugendlichen, ein Jugendlicher zum Mann heranwächst, und er wird die Entwicklungsstufen eines Menschen erkennen.

Aber solange er nicht über die Bedingungen des Lebens Bescheid weiß, wird er nicht wissen, wie das Baby entstanden ist – und so ist es auch mit dem Beginn des Universums, unser „Baby" ist der Urknall.

Wenn wir uns in die frühesten denkbaren Augenblicke, also 10^{-43} Sekunden nach dem Urknall, versetzen könnten, fänden wir unglaublich hohe Temperaturen, von vielleicht 10^{32} °C vor. Das ist so heiß, daß kein Atom entstehen kann. Verschiedene Kräfte wirkten, und als diese sich trennten, entstand eine kurze Inflationsperiode, und das Universum dehnte sich sehr schnell aus. Dies dauerte zwischen 10^{-36} und 10^{-32} Sekunden nach dem Urknall und endete, nachdem sich die Kräfte vollständig getrennt hatten. Seitdem ist die Expansionsrate wesentlich geringer.

Am Ende der Inflationsperiode war das Universum von Strahlung erfüllt. Es existierten auch Partikel, die Quarks und Antiquarks genannt werden, Gegensätze darstellten und sich bei Kollisionen gegenseitig vernichteten. Wären sie zu gleichen Zahlen vertreten gewesen, wären alle von ihnen ausgelöscht worden, und es gäbe kein Universum, so wie wir es kennen. Aber es gab einen leichten Überhang an Quarks und die zusätzlichen Quarks bildeten die uns bekannte Materie.

10^{-5} Sekunden nach dem Urknall begannen sich Protonen und Neutronen zu bilden, und nach ca. 100 Sekunden, als die Temperatur auf 1 000 Millionen °C gefallen war, bildeten diese Protonen und Neutronen die Kerne der leichtesten Elemente, Wasserstoff und Helium. Führende Theoretiker behaupten, daß etwa zehn Wasserstoffkerne auf jeden Heliumkern gekommen sein müssen. Dieses Verhältnis besteht in der Tat noch heute, ein weiteres Argument für die Theorie des Urknalls.

In diesem Stadium war der Raum angefüllt mit Elektronen und atomaren Kernen und für Strahlung undurch-

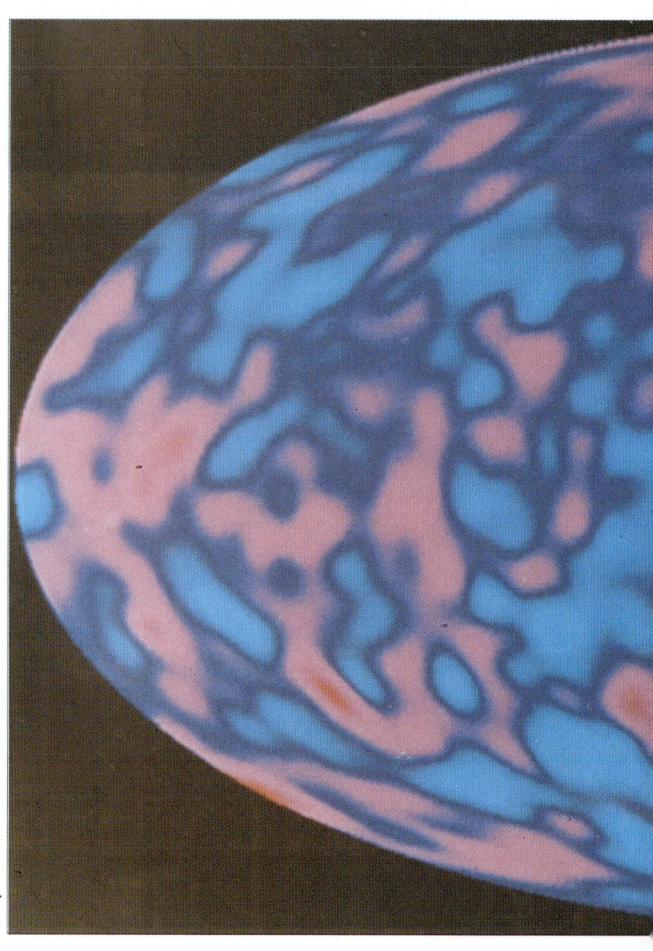

lässig. Ein Paket („Photon") kam nicht weit, ohne mit einem Elektron zu kollidieren und blockiert zu werden. Als die Temperatur noch weiter gesunken war, zwischen 4 000 und 3 000 °C, änderte sich die Situation.

Bis ca. 300 000 Jahre nach dem Urknall waren die meisten Elektronen von Protonen eingefangen worden, um ganze Atome zu bilden, so daß die Strahlung nicht weiter blockiert war und sie sich frei im expandierenden Universum bewegen konnte. Über tausend Millionen Jahre danach begannen die Galaxien zu entstehen. Es entstanden Sterne, und massereiche Sterne bauten im Innern schwere Elemente auf, explodierten als Supernovae und spieen die angereicherte Materie in den Raum, aus der dann schließlich neue Sterne gebildet wurden.

Ein Bedenken bezüglich dieses Bildes bestand stets darin, daß die Hintergrundstrahlung aus allen Richtungen gleich aussah. Die Ausdehnung des Universums, die der Inflationsperiode folgte, hätte demnach völlig gleichmäßig verlaufen müssen, aber wie konnten dann die Galaxien entstehen? In der Hintergrundstrahlung müßten Unregelmäßigkeiten auftauchen, doch sehr lange Zeit wurden keine festgestellt. 1993 entdeckte man schließlich kleine „Störungen".

Es ist wichtig zu wissen, ob die gegenwärtige Expansion unendlich lang fortdauern wird. Das hängt von der Durchschnittsdichte der im Universum verteilten Materie ab. Liegt die Dichte oberhalb eines bestimmten kritischen Wertes, grob etwa 1 Wasserstoffatom pro Kubikmeter, entfernen sich die Galaxien nicht ewig voneinander. Sie werden anhalten, umkehren und sich in Form des sogenannten „Big Crunch" wiedervereinigen. Liegt die Dichte unterhalb dieses Wertes, wird sich die Expansion fortsetzen, bis alle Galaxiengruppen den Kontakt zueinander verloren haben.

Wenn wir die Materie betrachten, sehen wir Galaxien, Planeten und vieles mehr. Es ist klar, daß nichts die Galaxien bremsen kann. Dennoch zeigt die Art und Weise, in der sich die Galaxien bewegen, daß große Mengen an Materie existieren, die wir nicht sehen können. Im Universum als Ganzes macht die „fehlende Masse" möglicherweise mehr als 90% aus. Sie könnte in Schwarzen Löchern eingeschlossen sein. Sie könnte sich auf leichte Sterne verteilen, die zu schwach sind, um wahrgenommen zu werden, oder Neutrinos, die im Universum so zahlreich vertreten sind, könnten doch über eine geringe Masse verfügen. Die unsichtbare Materie könnte von der gewöhnlichen Materie so abweichen, daß wir sie schlicht nicht entdecken können. Wir wissen es einfach nicht.

Angenommen, die Gesamtdichte ist hoch genug, um die Expansion des Universums zu stoppen. Vielleicht 40 000 Millionen Jahren nach dem Urknall wird aus der Rot- eine Blauverschiebung, da sich die Galaxien wieder mit zunehmender Geschwindigkeit zusammendrängen. Zwischen 10 und 100 Millionen Jahre vor dem „Big Crunch" werden sich die Sterne auflösen und der gesamte Raum wird hell. Zehn Minuten vor dem „Crunch" werden sich die Atomkerne in Protonen und Elektronen teilen. Innerhalb einer Zehntel Sekunde werden diese zu Quarks, und dann kommt es zur Krise. Möglicherweise folgt auf den „Crunch" ein neuer Urknall, und der Kreis beginnt von neuem, obwohl es ebenso wahrscheinlich ist, daß sich das Universum selbst zerstört. Wenn die Dichte unterhalb des kritischen Werts liegt, werden die Galaxiengruppen den Kontakt zueinander verlieren. Ihre Sterne vergehen, und wir werden in einem toten, strahlungsreichen Universum enden.

Ob eine dieser beiden Aussichten eintreten wird oder ob beide falsch sind, bleibt abzuwarten.

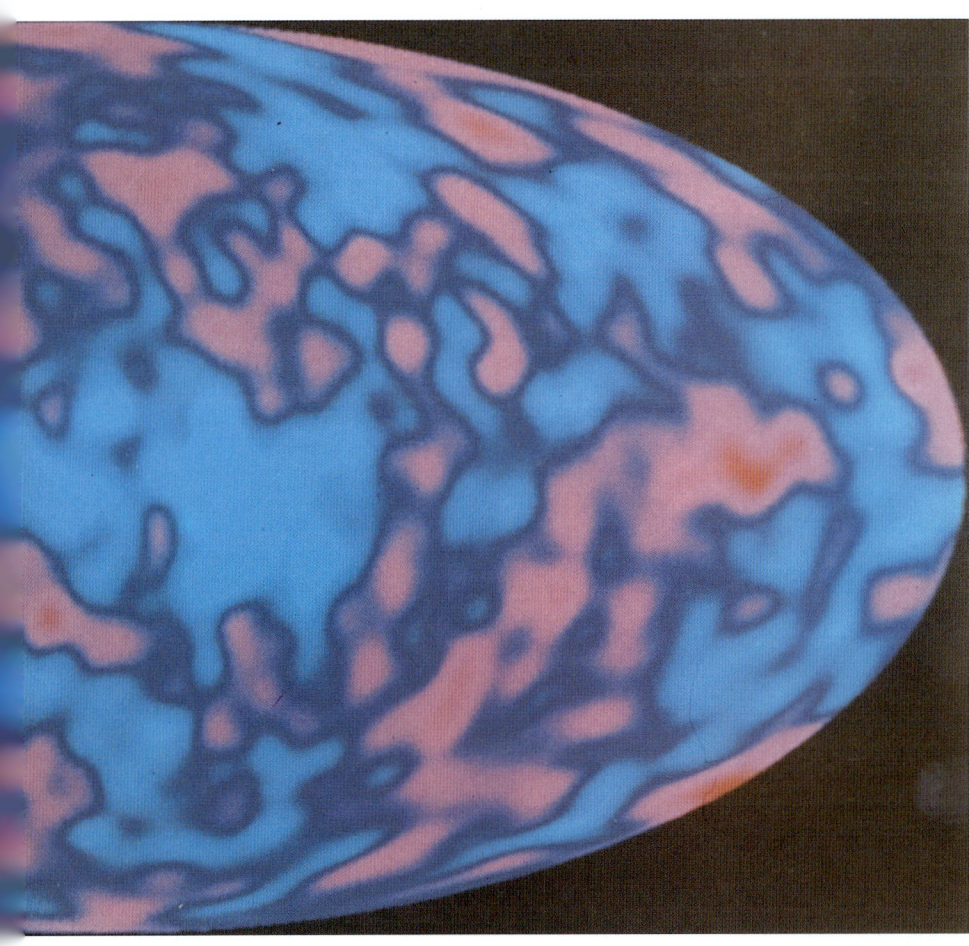

◄ **COBE**. Dieser spezielle Forschungssatellit zeigte 1993, wonach „Urknall"-Vertreter lange gesucht haben: Temperaturvariationen der Hintergrundstrahlung, die Störungen aufweisen. Die Temperaturvariationen sind hier farbig markiert. Diese Störungen zeigen, daß das frühe Universum nicht einheitlich war, so daß sich Materie konzentrieren und Sterne und Galaxien bilden konnten.

Leben im Universum

Von allen Fragen, die die Menschheit beschäftigen, ist vielleicht die fesselndste, ob es auf anderen Welten Lebewesen gibt, oder ob wir im Universum allein sind.

Wir müssen gestehen, daß es nicht das geringste Anzeichen dafür gibt, daß irgendwo außerhalb der Erde Lebewesen existieren. Die Wissenschaft lehrt uns, daß Leben auf Kohlenstoff basiert. Wenn das falsch ist, ist unsere gesamte Wissenschaft falsch, was eher unwahrscheinlich ist. Vielmehr sollten wir die wundersamen bei Science-Fiction-Schreibern so beliebten Wesen vergessen, die allgemein als „kleine grüne Männchen" bezeichnet werden. Lebensformen in anderen Welten müssen nicht aussehen wie wir, aber sie bestünden aus den gleichen „Zutaten" – wenngleich zugegebenermaßen keine große Ähnlichkeit zwischen einem Menschen, einer Katze und einem Ohrwurm besteht.

Es gibt drei wichtige, noch immer offene Fragen: (1) Haben andere Sterne eigene Planetenfamilien, und wie können wir sie entdecken? (2) Angenommen, daß andere Planeten existieren, kann es auf ihnen Lebewesen geben? (3) Welche Chancen haben wir, Kommunikation zu Zivilisationen in anderen Sonnensystemen aufzubauen?

Unsere Galaxis umfaßt 100 000 Millionen Sterne. Einige von ihnen ähneln sehr unserer Sonne. Wir können 1000 Millionen Galaxien sehen, und es ist unwahrscheinlich, daß allein unsere Sonne von einem Planetensystem begleitet wird. Trotz intensiver Forschung sind Beweise nur schwer zu erbringen. Benachbarte Sterne verfügen über individuelle Bewegungen, und die Unregelmäßigkeiten in diesen Bewegungen könnten ein Hinweis auf die Anwesenheit von Planeten sein. Einige unserer näheren stellaren Nachbarn scheinen dies zu belegen. Bemerkenswerter sind Sterne, z.B. Wega, Fomalhaut und Beta Pictoris, die mit kühler, vielleicht planetenbildender Materie verbunden sind, die über infrarote Wellenlängen gesehen werden. Von der Materie des Beta Pictoris existieren sogar Photos. 1994 entdeckte Hubble pfannkuchenförmige Scheiben um neuentstandene Sterne im Orionnebel. Das beweist nicht, daß in diesen Gegenden Planeten existieren, aber es ist gut möglich. Vielleicht werden wir eines Tages in der Lage sein, Teleskope herzustellen, die leistungsfähig genug sind, um extra-solare Planeten zu zeigen, obwohl sich eine direkte Sicht sicher auf große Planeten beschränken wird.

Die zweite Frage ist noch schwieriger zu beantworten, weil wir bezüglich des Ursprungs des Lebens, sogar auf der Erde, unsicher sind. (Überlegungen, das Leben sei nicht hier entstanden, sondern durch Meteoriten eines Kometen auf die Erde gelangt, werfen mehr Probleme auf, als sie lösen.) Wir können lediglich sagen, daß es möglich wäre, auf einem der Erde ähnlichen Planeten auf Lebewesen zu stoßen.

Was die Kommunikation betrifft, so sind zum gegenwärtigen Zeitpunkt interstellare Reisen nicht möglich. Selbst wenn wir mit Lichtgeschwindigkeit reisen könnten, bräuchte ein Raumfahrzeug Jahre, um den nächsten Stern zu erreichen. Wenn wir über „exotische" Reiseformen nachdenken – Teleportation, Gedankenreisen und ähnliches – gelangen wir erneut in den Bereich der Science-Fiction. Eines Tages könnte das durchaus geschehen, im Moment können wir aber nicht einmal darüber spekulieren.

Die einzige Hoffnung besteht in einer Telekommunikation. Die ersten Versuche datieren von 1960, als das leistungsfähige Teleskop in Green Bank (Virginia) Signale „hörte", die so rhythmisch waren, daß sie als künstlich interpretiert wurden. Die ausgewählte Wellenlänge betrug 21,1 cm, weil Strahlung dieser Wellenlänge von Wolken aus kaltem, in der Galaxis verbreitetem Wasserstoff durchgelassen werden. Radioastronomen allerorts wurden hellhörig. Zwei Sterne, denen besonderes Augenmerk geschenkt wurde, waren Tau Ceti und Epsilon Eridani, die die nächsten Sterne sind, die genau wie die Sonne als mögliche Zentren von planetarischen Systemen in Frage kommen. Das Experiment kam zu keinem positiven Ergebnis. Seitdem sind weitere Forschungen betrieben worden, und die Internationale Astronomische Union hat sogar eine spezielle Kommission einberufen, die sich auf SETI („Suche nach außerirdischer Intelligenz") konzentriert. 1991 gab sie auf der Hauptversammlung in Form einer veröffentlichten Erklärung Instruktionen, wie man sich im Falle eines Kontakts mit Außerirdischen zu verhalten habe.

Natürlich besteht der Faktor der Verzögerung. Wenn man 1995 eine Nachricht zum Tau Ceti sendet, kommt sie erst 2007 an. Wenn sie ein Operator auf einem Tau Cetischen Planeten hört und sofort antwortet, erreicht uns die Nachricht 2019. Die Verzögerung beträgt 22 Jahre, was einen zügigen Austausch erschwert. Dennoch könnte man mathematische Kodes heranziehen, da die Mathematik universell ist und wir sie nicht erfunden, sondern vielmehr entdeckt haben. Es müßte bewiesen werden, daß ETI existiert. Der Effekt auf unser gesamtes Denken, Wissenschaft, Religion und Politik, wäre tiefgreifend.

Es ist erörtert worden, daß wir allein sind, und daß nirgendwo sonst im Universum andere Lebewesen existieren. Andererseits ist auch deutlich geworden, daß es Zivilisationen aller Entwicklungsstufen geben könnte. Vielleicht gibt es Planeten, auf denen sich die Bewohner durch Kriege vernichtet haben, eine Gefahr, die in zunehmenden Maße auch uns droht. Wir sind in der Lage, die ganze Erde in eine öde radioaktive Wüste zu verwandeln, denn unsere Technologie reicht weit über unser gegenwärtiges Vorstellungsvermögen hinaus.

Die Suche geht somit weiter. Unsere Radioteleskope können Signale empfangen und sogar Nachrichten aussenden, in der Hoffnung, daß irgend jemand sie irgendwo hört. Die Erfolgsaussichten sind allerdings gering, und es wird bereits überlegt, ob Experimente wie SETI in Zukunft nicht ganz eingestellt werden sollen.

▼ **Künstlerimpression des Beta Pictoris.** Der IRAS-Satellit entdeckte eine Verbindung von Beta Pictoris mit einer Wolke aus kalter Materie, die Planeten bilden könnte. Ob Beta Pictoris ein Planetensystem besitzt, ist unbekannt, aber die Möglichkeit besteht. Der Stern ist 78 Lichtjahre entfernt und 78mal heller als die Sonne. Andere Sterne mit großem Infrarotüberschuß sind Wega und Fomalhaut.

AUSGEWÄHLTE ZIELSTERNE

Diese Sterne sind bis zu 30 Lichtjahre von der Sonne entfernt und könnten Ziele von SETI-Forschungen sein.

Stern	Spektrum	Scheinbare Helligkeit	Leuchtkraft Sonne =1	Entfernung Lj.
ε Eridani	K0	3.8	0.3	10.7
ε Indi	K5	4.7	0.1	11.2
τ Ceti	K0	3.5	0.35	11.9
ρ Ophiuchi	K0	4.0	0.35	17
δ Pavonis	G5	3.6	1.0	18
σ Draconis	K0	4.7	0.3	19 Alrakis
x Draconis	F7	3.6	2.0	19
β Hydri	G1	2.8	2.3	26
α Piscis Australis Fomalhaut	A3	1.2	13	22
ξ Bootis	G8	4.6	0.5	22
ζ Tucanae	G0	4.2	0.8	23
π³ Orionis	F6	3.2	2.3	25
α Lyrae	A0	0.0	52	26 Vega
61 Virginis	G8	4.7	0.6	27
μ Herculis	G5	3.4	2.2	26
γ Leporis	F8	3.8	2.0	26
β Comae	G0	4.3	1.2	27
β Canum Venaticorum	G0	4.3	1.3	30 Chara

ERKLÄRUNG DER PRINZIPIEN

Erklärung der Prinzipien bezüglich der Aktivitäten zur Entdeckung außerirdischer Intelligenz, auf der Hauptversammlung der Internationalen Astronomischen Union in Buenos Aires, Argentinien, im Juli 1991 verabschiedet.

1. Jedes Anzeichen der Entdeckung von ETI (von Einzelforschern oder Instituten beobachtet) muß vor weiteren Aktivitäten belegt werden.

2. Vor öffentlichen Verlautbarungen sollte der Entdecker umgehend alle anderen Beobachter oder Organisationen, die dieser Erklärung angehören, informieren sowie die Glaubwürdigkeit der Befunde gewährleisten. Anschließend sollte der Entdecker seine nationalen Behörden benachrichtigen.

3. Nachdem die Glaubwürdigkeit der Entdeckung gesichert ist, sollte der Entdecker das Zentralbüro für Astronomische Telegramme der Internationalen Astronomischen Union und den Geschäftsführer der Vereinten Nationen, das Institut für Raumrecht, die Internationale Kommunikationsunion und eine Kommission der Internationalen Astronomischen Union informieren.

4. Eine überprüfte Entdeckung von ETI sollte umgehend und offen durch die Massenmedien verbreitet werden.

5. Alle Daten, die zum Beleg der Entdeckung notwendig sind, sollten internationalen Forschern zugänglich sein.

6. Alle Daten, die mit der Entdeckung in Zusammenhang stehen, sollten aufgezeichnet werden und permanent in einer Form gehalten werden, die weitere Analysen ermöglicht.

7. Wenn der Nachweis der Entdeckung in Form von elektromagnetischen Signalen vorliegt, sollten die Mitglieder dieser Erklärung internationale Zustimmung einfordern, die geeigneten Frequenzen zu schützen. Umgehend sollte der Geschäftsführer der Internationalen Telekommunikationsunion in Genf benachrichtigt werden.

8. Bevor keine entsprechenden internationalen Beratungen erfolgt sind, sollten keine Signale oder anderen Belege der ETI beantwortet werden.

9. Das SETI („Search for Extra-Terrestrial Intelligence") – Komitee der Internationalen Akademie für Astronautik, die mit Kommission 51 der Internationalen Astronomischen Union zusammenarbeitet, wird einen kontinuierlichen Bericht der Entdeckung erstellen und künftig die Daten verwalten.

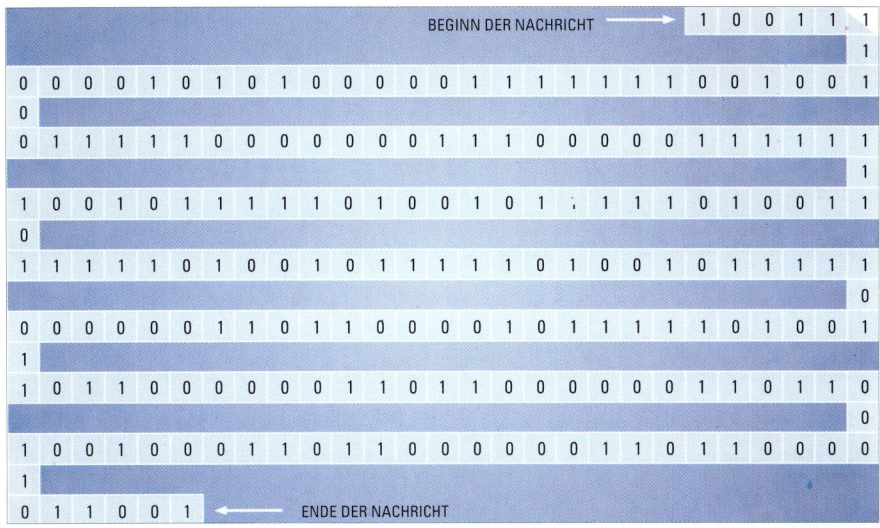

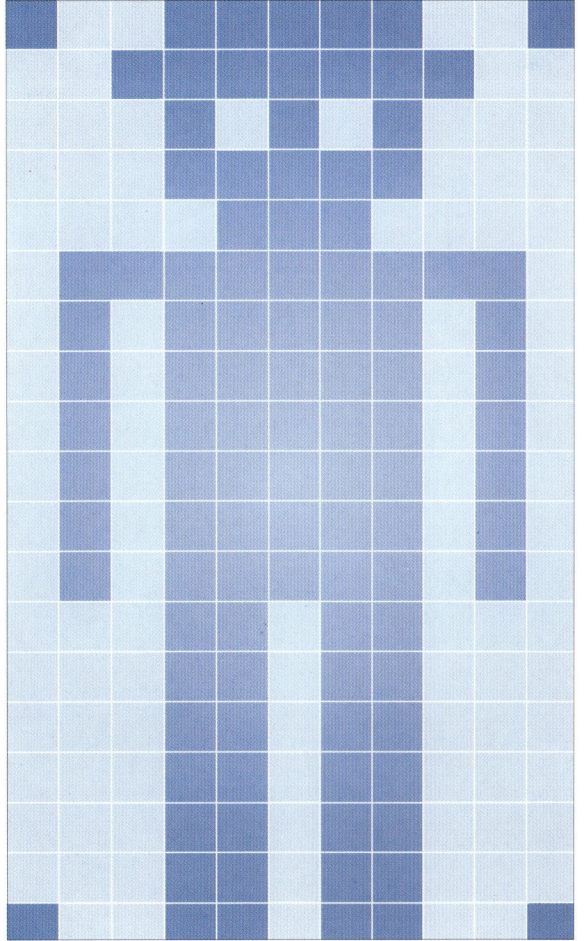

▲ ◄ **Interstellarer Kode.** *Zwei Signale (positiv/negativ) werden gesendet. Werden die positiven Signale schwarz und die negativen weiß markiert und in einem Gitter angeordnet, entsteht ein Muster. Hier werden 209 Signale gesendet (oben), die natürlichen Teiler von 209 sind 19 und 11 (19 x 11=209). Ist das Gitter 19 breit, ist das Muster bedeutungslos. Ist es 11 breit, entsteht eine Figur.*

STERN-KARTEN

◀ **Die Sternbilder,** dargestellt von de Vecchi und da Reggio an der Decke des Sala del Mappamondo im Palazzo Farnese.

Himmelskarten

▼ **Drehen Sie die Karte**

Ihrer Hemisphäre gemäß, so daß der aktuelle Monat unten liegt. Dann zeigt die Karte die Sternbilder, welche um 23.00 Uhr Greenwich-Zeit zu sehen sind. Drehen Sie die Karte im Uhrzeigersinn um 15° für jede Stunde vor 23.00 Uhr und gegen den Uhrzeigersinn für jede Stunde nach 23:00 Uhr.

Der Ursprung der Sternbildmuster läßt sich nicht mit Gewißheit bestimmen. Die alten Chinesen und Ägypter zeichneten phantasievolle Sternkarten (zwei der ägyptischen Sternbilder waren z. B. die Katze und das Flußpferd), ebenso wie die Kreter. Die heutigen Sternkarten basieren auf denen der alten Griechen. Ebenso sind die 48 Sternbilder, die in Ptolemäus' Buch Almagest (150 n. Chr.) beschrieben werden, noch in Gebrauch. Ptolemäus' Liste enthält die wichtigsten Sternbilder, die vom Breitenkreis Alexandrias aus zu sehen sind. Unter ihnen sind die zwei Bären, der Schwan, Herkules, Hydra und der Adler sowie die 12 Tierkreiszeichen. Es sind auch einige unbedeutendere Sternbilder vertreten, wie z.B. Equuleus (das Fohlen)

und Sagitta (der Pfeil), die so schwach und undeutlich sind, daß sie eigentlich keine Erwähnung als Sternbild verdienen.

Man sagt, der Himmel sei ein mythologisches Bilderbuch, und sicherlich sind die meisten der alten Geschichten dort würdig vertreten. Alle Figuren der Perseus-Geschichte finden sich wieder – einschließlich des Meerungeheuers, heute unter dem Namen Cetus bekannt, ein harmloser Wal. Orion, der Jäger, versinkt am Horizont, während der Skorpion aufgeht. Herkules liegt zusammen mit seinem Opfer, dem Löwen, im Norden. Das größte Sternbild, Argo Navis – Jasons Schiff auf der Suche nach dem Goldenen Vlies – wurde einfach auf Kiel (Carina), Heck (Puppis) und

Nördliche Hemisphäre

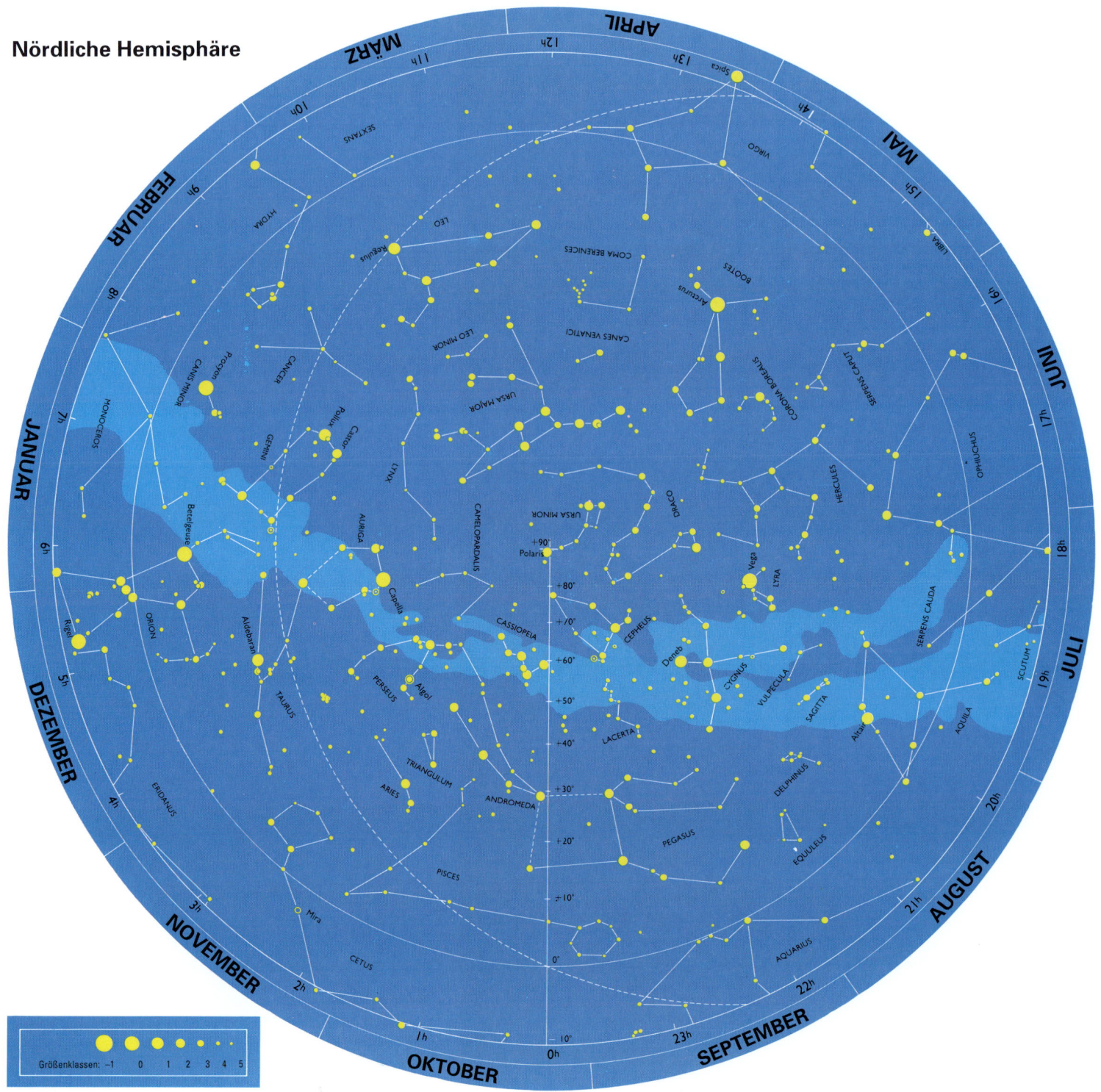

Größenklassen: -1 0 1 2 3 4 5

die Segel (Vela) beschränkt, da man das ursprüngliche Sternbild für zu umfangreich hielt.

Ptolemäus' Sternbilder deckten aber nicht den ganzen Himmel ab. Es gab noch Lücken, die man schließen mußte. Spätere Astronomen wie Bayer und Lacaille benannten neue Sternbilder, was die Anzahl der ursprünglichen Sternbilder erhöhte. Schließlich mußte man die Sterne des Südhimmels noch berücksichtigen, und einige der Namen klingen sehr modern: Teleskop, Mikroskop, Luftpumpe usw. Das Kreuz des Südens ist ein Sternbild aus dem 17. Jahrhundert und hat somit keinen Anspruch auf Altertumswert.

Viele weitere Sternbilder wurden von Zeit zu Zeit vorgeschlagen. Es wurde jedoch nicht eins davon akzeptiert, obwohl an eine der abgelehnten Gruppen – Quadrans, den Quadranten – der jährliche Quadrantidenmeteorschauer erinnert.

Der Astronom Sir John Herschel (1792 – 1871) vertrat die Auffassung, daß die Muster der Sternbilder höchst unförmig seien. Die 1933 erweiterte Anzahl der Sternbilder wurden von der Internationalen Astronomischen Vereinigung festgelegt. Es gab sogar vereinzelte Versuche, die gesamten Benennungen zu überdenken, was jedoch sehr schwierig ist, da die heute bekannten Sternbilder zu verbreitet sind, um sie einfach ändern zu können. Daher hat man sich darauf geeinigt, die traditionellen Benennungen beizubehalten.

Südliche Hemisphäre

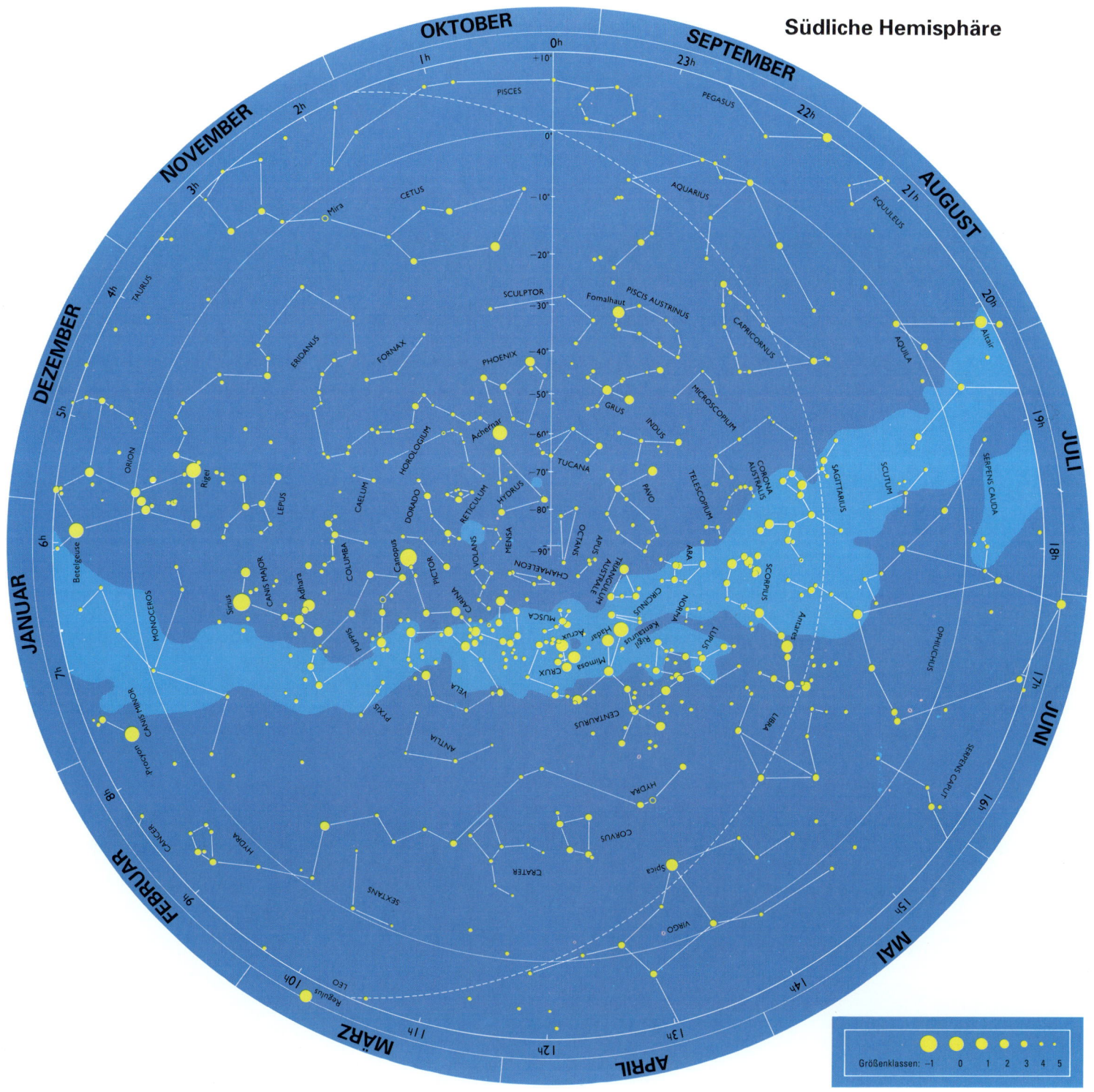

Jahreszeitliche Sternkarten: Nord

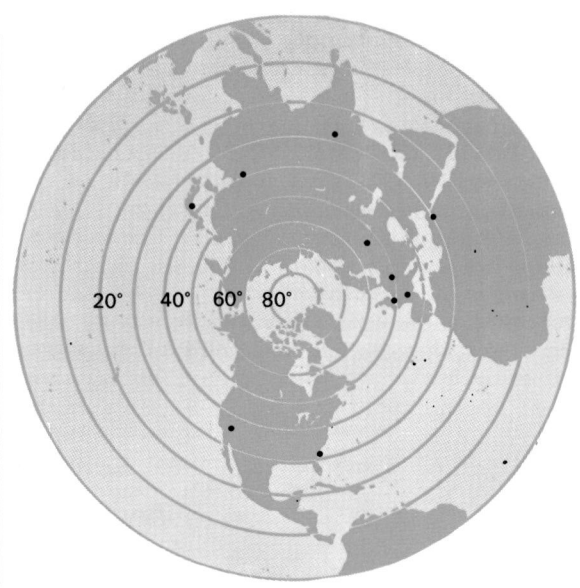

▶ **Breitenkreise** der größten Städte der nördl. Halbkugel. Ein Beobachter kann im Laufe des Jahres alle Sterne des Nordhimmels sehen; südlich des Äquators kann er jedoch nur einen begrenzten Teil überblicken. Wenn sein Breitenkreis x°N ist, dann ist der südlichste Punkt, den er am Himmel ausmachen kann 90 – x°S. Ein Beobachter auf 50° Nord kann den Himmel nur nördlich von 90 und 50 – d.h. 40° Süd – überschauen.

Die auf dieser Seite abgebildeten Karten eignen sich für Beobachter, die auf der nördlichen Halbkugel zwischen 50° und 30° nördlicher Breite leben. Der Horizont wird durch die Breitenangaben am jeweils unteren Kartenrand markiert. Für einen Beobachter, der 30° nördlicher Breite lebt, beginnt der Horizont der Karte 1 genau über dem Stern Deneb, der dann aber nicht zu sehen ist. Ein Stern geht jeden Monat im Durchschnitt um zwei Stunden früher auf; folglich gilt die Karte für 20.00 Uhr am 1. Januar auch für 18.00 Uhr am 1. Februar und 22.00 Uhr am 1. Dezember.

Für Beobachter jeden Breitenkreises können die Grenzen der Sichtbarkeit eines Sterns durch dessen Deklination bestimmt werden: Auf der nördl. Halbkugel ist ein Stern am tiefsten Punkt des Himmels, wenn er genau im Norden steht; ist er näher am Pol, wird er zirkumpolar. Ein Stern ist z.B. bei 51° nördlicher Breite zirkumpolar, wenn seine Deklination 90 – 51 oder 31 Grad Nord (oder größer) beträgt. Capella, Deklination + 45° 57', ist also zirkumpolar für einen Beobachter in London, Köln oder Calgary.

Karte 1

Abend	Morgen
01. 01. um 23:30 Uhr	01. 10. um 5:30 Uhr
15. 01. um 22:30 Uhr	15. 10. um 4:30 Uhr
30. 01. um 21:30 Uhr	30. 10. um 3:30 Uhr

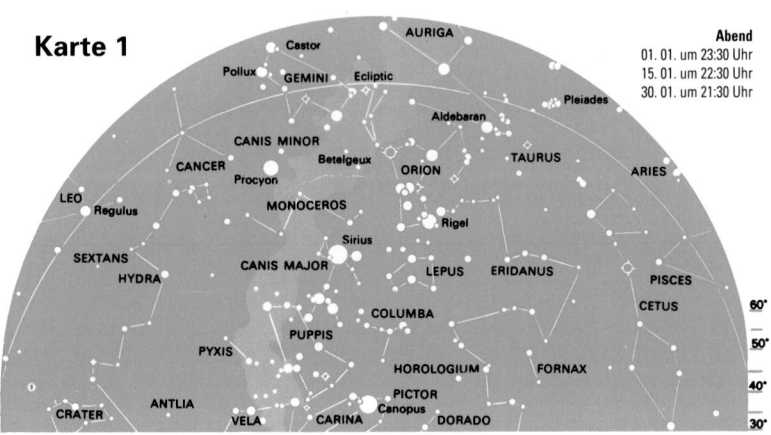
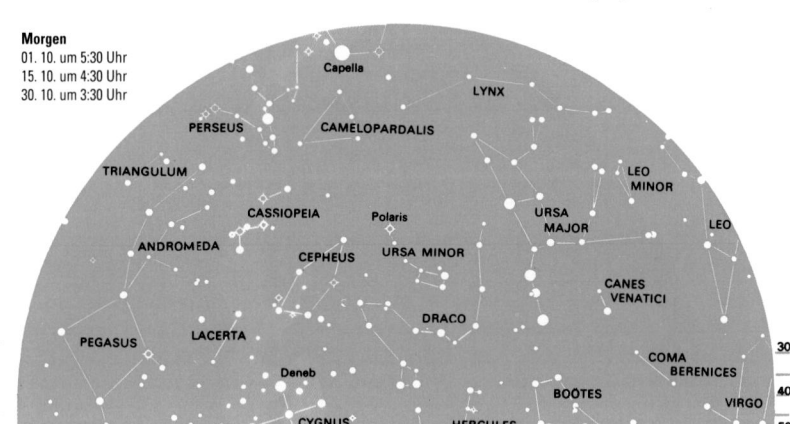

Karte 2

Abend	Morgen
01. 03. um 23:30 Uhr	15. 11. um 6:30 Uhr
15. 03. um 22:30 Uhr	01. 12. um 5:30 Uhr
30. 03. um 21:30 Uhr	15. 12. um 4:30 Uhr

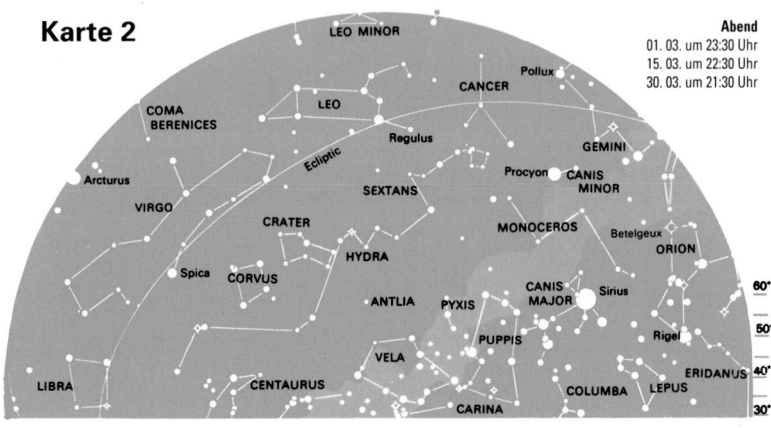
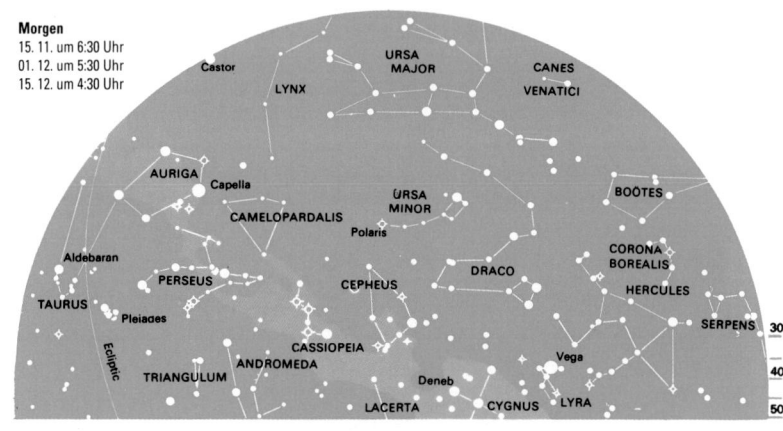

Karte 3

Abend	Morgen
01. 05. um 23:30 Uhr	15. 01. um 6:30 Uhr
15. 05. um 22:30 Uhr	01. 02. um 5:30 Uhr
30. 05. um 21:30 Uhr	14. 02. um 4:30 Uhr

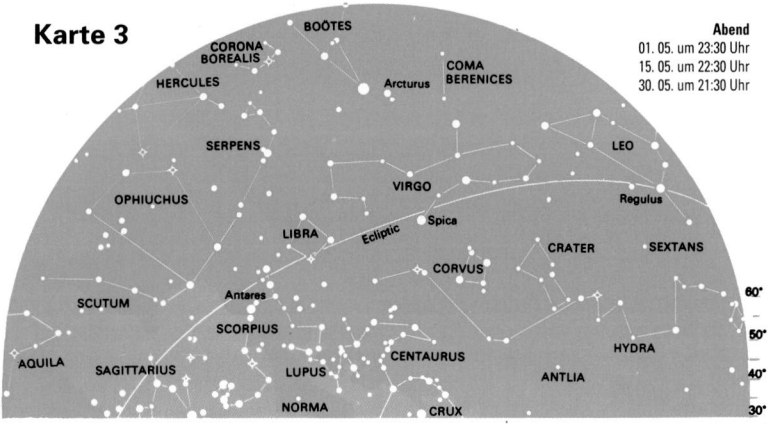
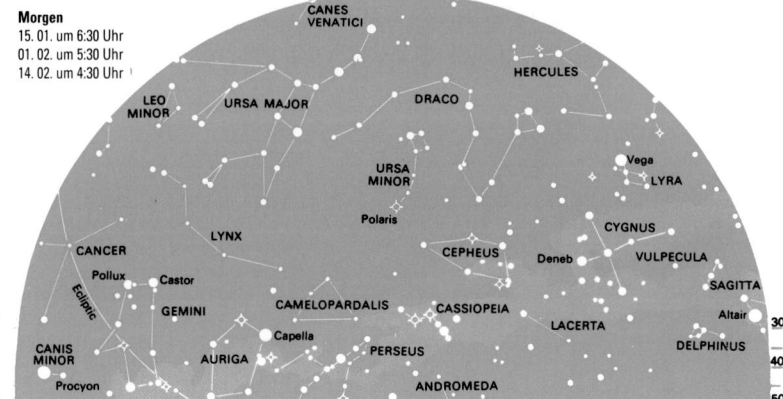

Eine kleine Einschränkung muß aufgrund der atmosphärischen Brechung gemacht werden.

Für einen Beobachter auf 51° nördlicher Breite bleibt ein Stern mit einer Deklination von mehr als 39° Süd verborgen. Canopus hat eine Deklination von – 52° 42', ist also von Köln aus nicht zu sehen. Er ist hingegen von jedem Breitenkreis südlich 37° 20' Nord gut sichtbar.

Die Karten auf dieser Seite zeigen die nördliche (rechts) und südliche (links) Ansicht des Himmels für Beobachter der nördlichen Breitengrade. Die Erklärungen sprechen für sich und betreffen den späten Abend. Es können jedoch genauere Berechnungen erstellt werden, indem die Hinweise an dem jeweiligen Kartenrand in Betracht gezogen werden.

Karte 1. Im Winter ist die südliche Himmelsansicht von Orion und dessen Gefolge beherrscht. Capella steht etwa im Zenit, Sirius im Süden. Von Norddeutschland aus kann man Puppis sehen, Canopus befindet sich zu weit südlich, um von Europa aus gesehen werden zu können. Die Sichel des Löwen ist im

Osten besonders markant; Ursa Maior liegt im Nordosten, während Wega an seinem tiefsten Punkt im Norden liegt. Von Köln aus gesehen ist sie zirkumpolar. (Nicht mehr auf Karte 1)

Karte 2. Im Frühling steht Orion immer noch bis nach Mitternacht am Horizont. Der Löwe liegt zusammen mit der Jungfrau hoch im Osten. Capella geht im Nordwesten unter, Wega steigt im Nordosten auf. Diese beiden Sterne sind sich in ihrer Größe so ähnlich (0.1 mag bzw. 0.0 mag), daß jeweils der, der höher am Himmel steht, auch heller erscheint. Im Westen kann man noch immer Aldebaran und die Plejaden sehen.

Karten 3–6. Orion ist im Frühsommer (Karte 3) untergegangen, und für Beobachter in Norddeutschland ist die südliche Himmelsansicht wenig ergiebig. Von südlicheren Breitenkreisen kann man jedoch Centaurus und dessen Nachbarn sehen. An Sommerabenden (Karte 4) steht Wega im Zenit, Capella tief im Norden und Antares am höchsten Punkt im Süden. Im frühen Herbst (Karte 5) tauchen Aldebaran und die Plejaden wieder auf. Schließlich ist bei Wintereinbruch (Karte 6) Orion, ebenso wie der Große Bär wieder gut sichtbar.

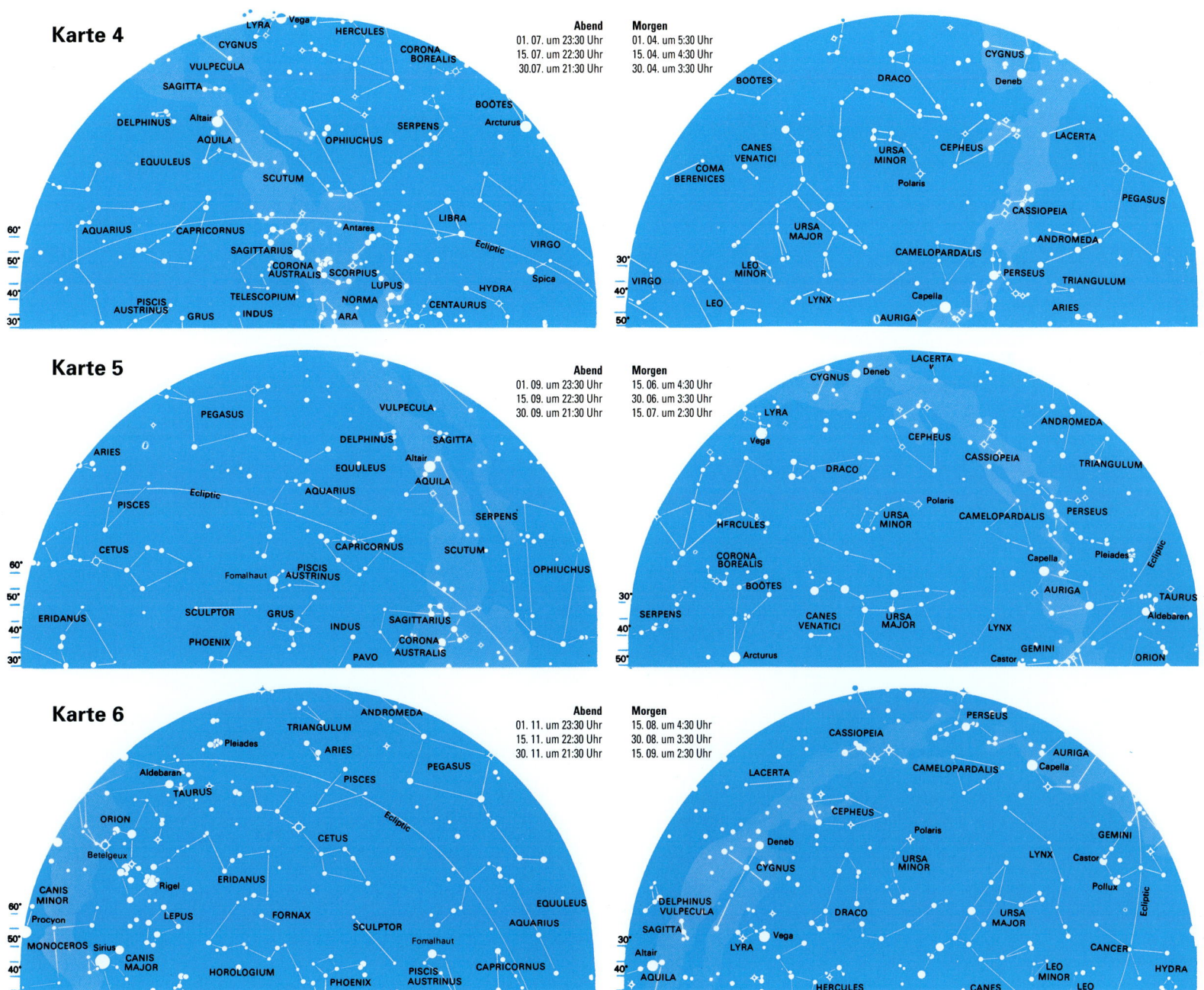

Jahreszeitliche Sternkarten: Süd

Im allgemeinen sind die Sterne der Südpolregion heller als die des fernen Nordens, obwohl direkt um den Südpol kaum Sterne zu sehen sind. Es gibt – mit Ausnahme des Kreuz des Südens, das aber eine viel kleinere Fläche einnimmt – dort kein so auffallendes Sternbild wie den Großen Bären.

Canopus, der neben Sirius der hellste Stern des Himmels ist, hat eine Deklination von –53° und ist von Europa aus nicht zu sehen. Er steigt über dem Horizont von Mexiko auf und ist von Australien und Neuseeland fast das ganze Jahr über sichtbar. Außerdem befinden sich in der Südpolregion die Magellanschen Wolken, die sich sogar bei Vollmond mit bloßem Auge ausmachen lassen.

Ein Beobachter, der sich an einem der Pole befände, würde lediglich eine Hemisphäre des Himmels sehen, und alle sichtbaren Sterne wären zirkumpolar. Strenggenommen ist es also nicht korrekt zu sagen, daß Orion von jedem Standpunkt der Erde aus zu sehen ist. Von Breitengraden südlicher als 83 ° S aus ist Beteigeuze (Deklination +7°) nie zu sehen.

Die folgenden Karten können für fast alle dichtbesiedelten Regionen der südlichen Hemisphäre (zwischen 15° und 35° Süd) benutzt werden. Die nördliche Ansicht ist links, die südliche rechts wiedergegeben.

Karte 1. Im Januar stehen die beiden hellsten Sterne, Sirius und Canopus, hoch am Himmel. Sirius scheint der hellere der beiden Sterne zu sein (–1.5 mag gegenüber –0,8 mag). Seine Helligkeit beruht aber mehr auf seiner Nähe als auf der Lichtstärke. Er ist ein Hauptreihenstern Typ A und 26mal heller als die Sonne. Canopus ist ein Überriese Typ F, dessen Lichtstärke etwa 80 000mal der der Sonne beträgt. Da aber weder seine Entfernung noch seine genaue Lichtstärke bekannt sind, variieren die Schätzungen stark. Weiter unten befinden sich das markante Kreuz des Südens sowie Alpha und Beta Centauri. Capella steht hoch im Norden, Orion bald im Zenit, und bei klarem Himmel können sogar einige Sterne des Ursa Maior erkannt werden.

Karte 2. Im März geht Canopus im Südwesten wieder unter, und das Kreuz steigt auf seinen höchsten Punkt. Der Süd-

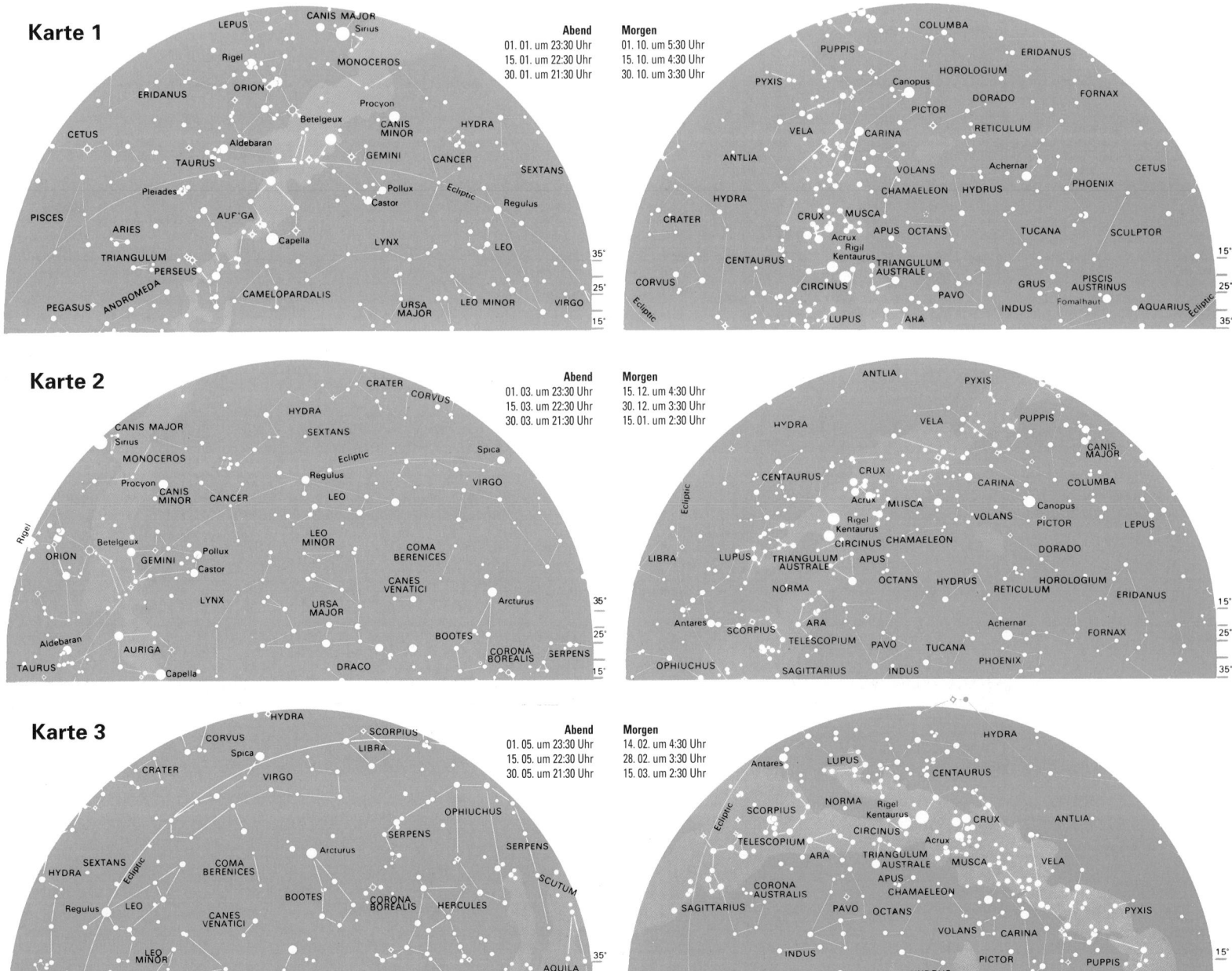

osten wird hingegen von der leuchtenden Gruppe des Skorpions und Centaurus beherrscht. (Skorpion ist ein herrliches Sternbild. Seinen Hauptstern, Antares, kann man von Europa aus gut sehen.) Im Norden kann man wiederum Ursa Maior ausmachen, während Orion im Westen untergeht.

Karten 3–4. Die Maiansicht (Karte 3) zeigt Alpha und Beta Centauri hoch oben am Himmel und Canopus im Südwesten. Sirius und Orion sind bereits untergegangen, der Skorpion aber leuchtet noch im Südosten. Im Norden strahlt Arcturus besonders stark hervor; Spika (aus dem Sternbild der Jungfrau) steht fast im Zenit. Im Juli (Karte 4) sind Wega, Altair und Deneb gut sichtbar. Arcturus steht hoch am Himmel, Antares fast im Zenit.

Karten 5–6. Im September (Karte 5) steht schließlich hoch im Norden Pegasus und das „W" der Cassiopeia über dem Horizont. Das Kreuz des Südens hat nun fast seinen tiefsten Punkt erreicht. Im November (Karte 6) sind dann schließlich Sirius und Canopus erneut zu sehen. Alpha und Beta Centauri wandern am Horizont entlang und im Zenit befinden sich nur noch karge Sternbilder wie etwa Cetus und Eridanus.

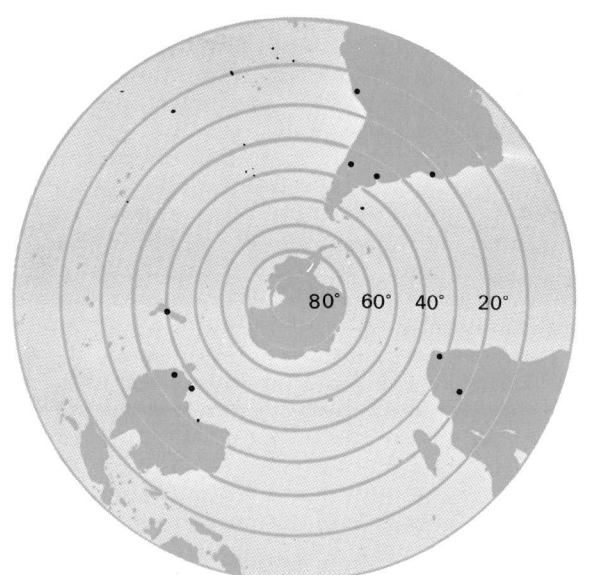

◄ **Im Laufe eines Jahres** sind für Beobachter der südlichen Hemisphäre alle Sterne des Südhimmels sichtbar. Aber man kann nur einen begrenzten Teil nördlich des Himmelsäquators überblicken. Vom Breitenkreis x°S ist der nördlichste Punkt, den man sehen kann 90 – x°N. Von 50°S kann man folglich nur bis 40°N weit sehen.

Karte 4

Abend
01. 07. um 23:30 Uhr
15. 07. um 22:30 Uhr
30. 07. um 21:30 Uhr

Morgen
01. 04. um 5:30 Uhr
15. 04. um 4:30 Uhr
30. 04. um 3:30 Uhr

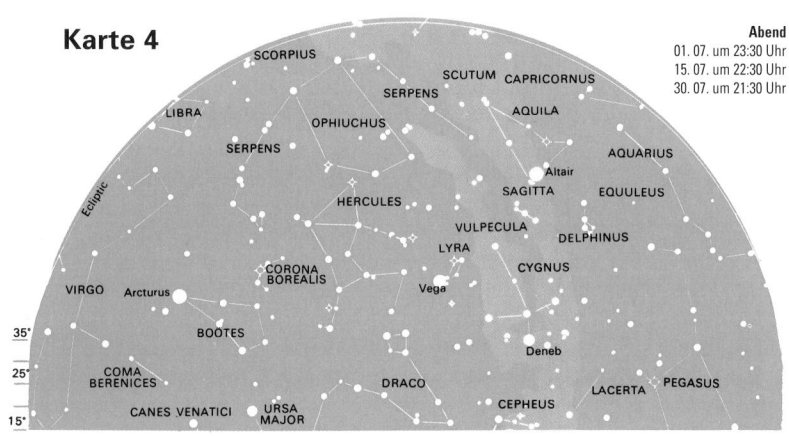

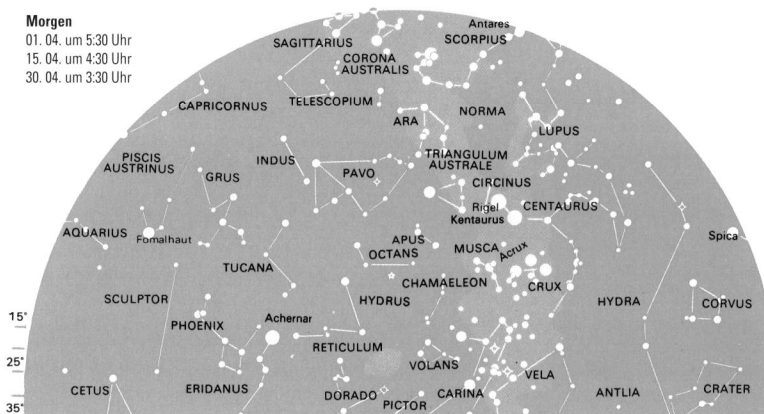

Karte 5

Abend
01. 09. um 23:30 Uhr
15. 09. um 22:30 Uhr
30. 09. um 21:30 Uhr

Morgen
15. 05. um 6:30 Uhr
01. 06. um 5:30 Uhr
15. 06. um 4:30 Uhr

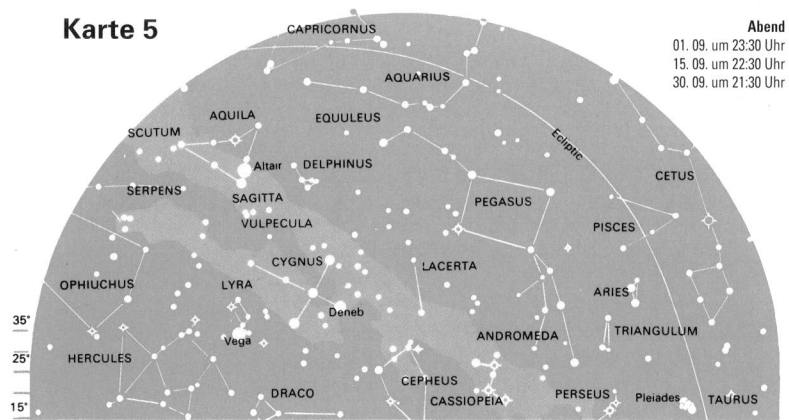

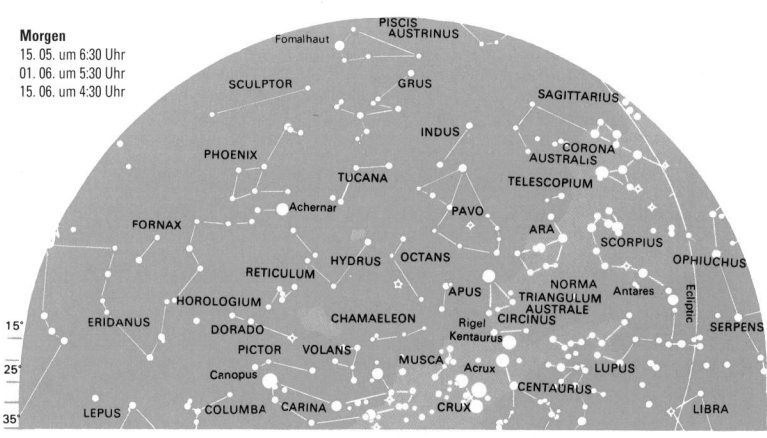

Karte 6

Abend
01. 11. um 23:30 Uhr
15. 11. um 22:30 Uhr
30. 11. um 21:30 Uhr

Morgen
15. 07. um 6:30 Uhr
01. 08. um 5:30 Uhr
15. 08. um 4:30 Uhr

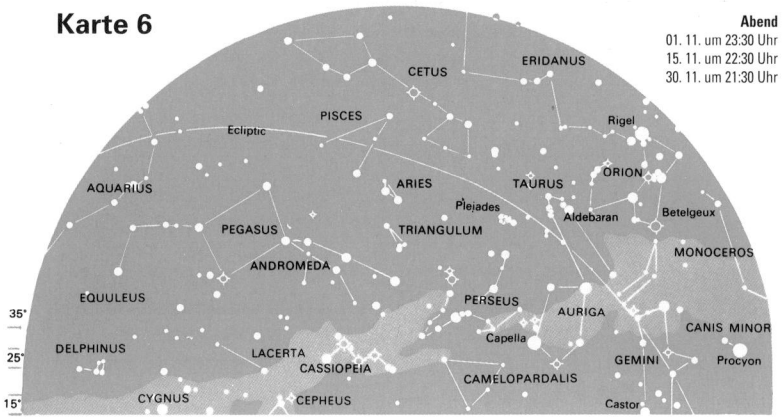

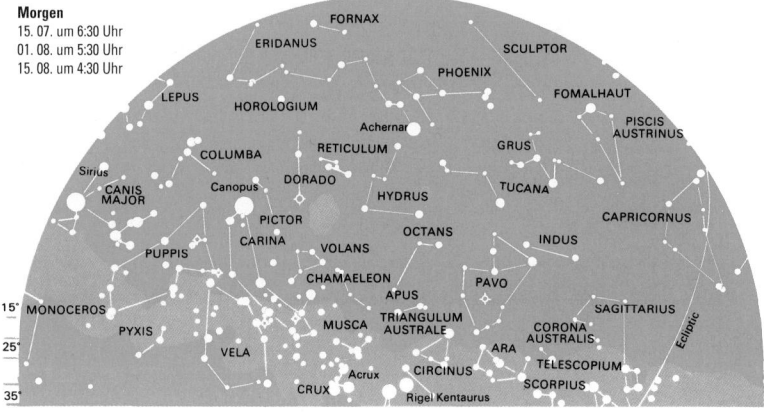

Ursa Maior, Canes Venatici, Leo Minor

Ursa Maior. Die sieben Hauptsterne des Großen Bären sind auch als Großer Wagen bekannt, und fast jeder Mensch hat sie schon einmal am Himmel betrachtet. Eigentlich bewegen sich nur fünf von ihnen gemeinsam durch den Weltraum, und wahrscheinlich haben diese auch den gleichen Ursprung; die anderen beiden – Dubhe und Alkaid – bewegen sich im All in die entgegengesetzte Richtung, so daß sich die Form des Wagens nach einer gewissen Zeit auflöst. Sechs der sieben sind heiß und weiß, wohingegen Dubhe deutlich orange ist. Ihre Farbe ist mit bloßem Auge gut erkennbar.

Interessant ist, daß Megrez (δ Ursae Maioris) um ca. eine Größenklasse blasser als die restlichen ist. 1603 gab Bayer, der einen berühmten Sternkatalog zusammenstellte und den Sternen ihre griechischen Buchstaben gab, seine Größenklasse mit 2 an, während früher herausgegebene Werke sie mit 3 einstuften. Vermutlich hat aber keine Änderung stattgefunden. Er ist 65 Lichtjahre entfernt und 17mal heller als die Sonne.

ζ (Mizar) mit seinem mit bloßem Auge erkennbaren Begleitstern Alcor. Sonderbarerweise testeten die Araber vor 1000 Jahren ihr Augenlicht am Alcor, allerdings kann ihn heutzutage jedermann mit durchschnittlicher Sehstärke bei klarem, dunklem Himmel sehen. Schaut man durch ein kleines Teleskop, so kann man sehen, daß Mizar ein Doppelstern ist. Allerdings ist die Entfernung (14 Bogensekunden) zu klein, um die Sterne mit bloßem Auge oder sogar mit Fernstecher auseinanderzuhalten.

Zwischen dem Alcor und den beiden Mizars liegt ein blasserer Stern, der 1723 von Höflingen Kaiser Ludwigs V. Sidus Ludovicianum genannt wurde. Ludwigs Stern kann man mit einem starken Feldstecher erkennen, so daß einiges darauf hindeutet, daß er der „Teststern" der Araber sein könnte, aber zweifellos wäre es ein sehr schwieriger Test gewesen, selbst wenn der Stern leicht variieren würde.

Außerhalb des Großen Wagens befindet sich ein Dreieck blasserer Sterne: φ, λ und μ. Die beiden letztgenannten

liegen im selben binokulären Feld und geben einen guten Farbkontrast ab: λ ist weiß, während μ mit seinem Spektrum vom M-Typ deutlich rot ist.

ξ Ursae Maioris, nahe dem τ, war einer der ersten Doppelsterne, deren Umlaufbahn berechnet wurde. Die Bestandteile haben dieselbe Größenklasse 4,8, und ihre Periode beträgt 59,8 Jahre; die Entfernung beträgt z. Z. aber nur eine Bogensekunde, so daß man sie mit einem kleinen Teleskop nicht voneinander trennen kann. (Im allgemeinen wird ein 7,6 cm-Refraktor in der Lage sein, die einzelnen Körper auf 1,8 Bogensekunden auseinanderzuziehen, angenommen, daß sie sich mehr oder weniger ähneln und nicht zu schwach sind.) Es gibt nicht viele bemerkenswerte Veränderliche im Großen Bären, aber das rote, halbregelmäßige Z, das wegen seiner Nähe zum Megrez relativ einfach zu finden ist, ist ein beliebtes Testobjekt für Neulinge auf dem Gebiet der Veränderlichen.

Es gibt vier Messier-Objekte in diesem Sternbild. Eines davon, M97, ist der berühmte planetarische Eulennebel. Die Eule wurde von Pierre Méchain entdeckt, der sie als „schwer erkennbar" bezeichnete. Die beiden eingebetteten Sterne, deren Helligkeit nicht größer als 14 beträgt, geben ihr ein eulenhaftes, blasses Erscheinungsbild. Sie liegt nicht weit von β oder Merak entfernt, und man kann sie, wenn der Himmel klar und dunkel ist, mit einem 7,6 cm-Teleskop erkennen. M81 und M82 liegen innerhalb eines binokulären Feldes. M81 ist eine Spiralgalaxie, während M82 ein sonderbares System mit einer beachtlichen Strahlungsleistung im Radiobereich ist. M81 und M82, die miteinander verbunden sind, liegen beide ca. 8,5 Millionen Lichtjahre entfernt. Das vierte Messier-Objekt, M101, wurde ebenfalls von Méchain entdeckt; es bildet mit ζ und η ein gleichseitiges Dreieck und ist eine Spiralgalaxie, die man gut sehen kann, obwohl ihr Helligkeitsgrad relativ gering ist.

Obwohl alle Hauptsterne des Großen Bären unter der ersten Größenklasse liegen, sind ihre Eigennamen doch

Legende

Größenklassen

-1
0
1
2
3
4
5

Veränderliche

Galaxien

Planetarische Nebel

Gasförmige Nebel

Kugelhaufen

Offene Sternhaufen

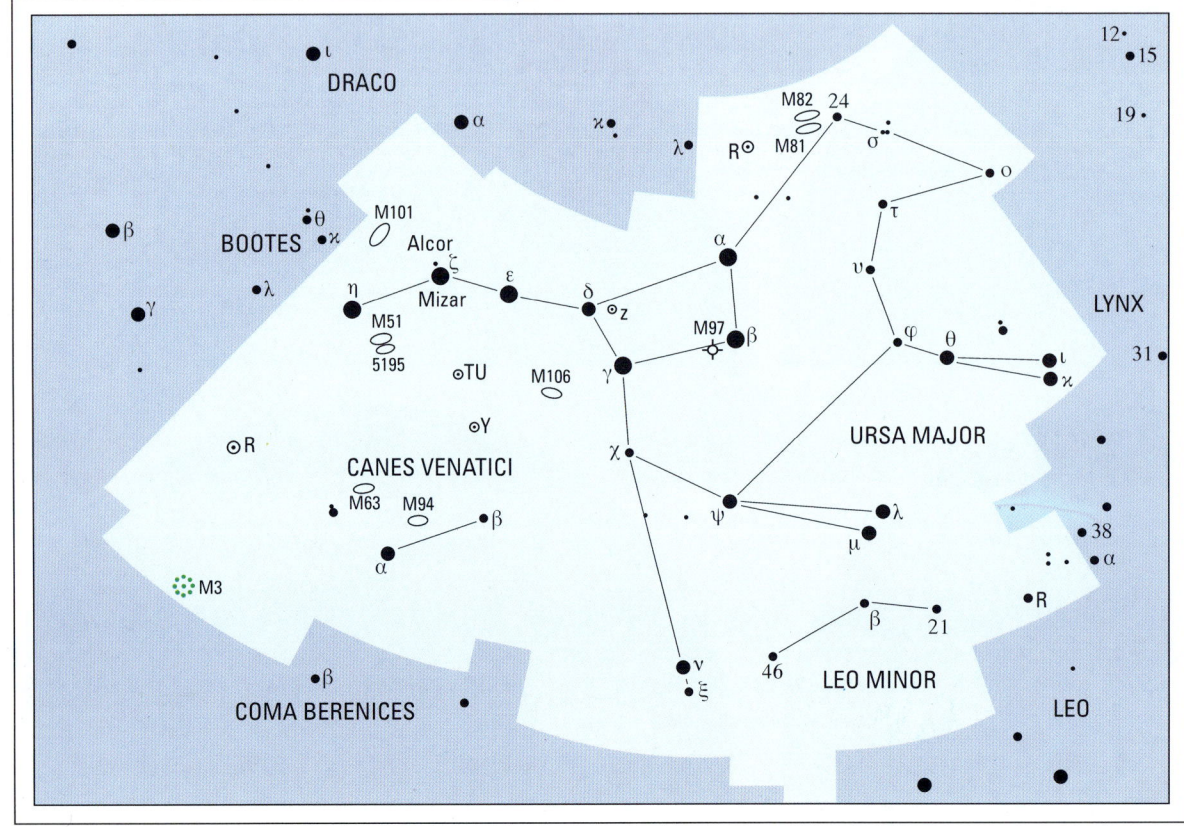

◄ **Ursa Maior** ist das bekannteste aller nördlichen Sternbilder und kann als Wegweiser zu den weniger bekannten Gruppen dienen. Der Große Wagen ist nur ein Teil des Gesamtbildes, aber seine sieben Hauptsterne sind unverwechselbar; sie sind über den britischen Inseln, Teilen Europas und Nordamerikas zirkumpolar. Über Südafrika und Australien stehen sie immer tief, über Teilen Neuseelands wird man den Großen Wagen nie erkennen. Canes Venatici und Leo Minor liegen sehr nahe beim Ursa Maior. Lynx wird auf dieser Karte ebenfalls gezeigt, wird aber in Zusammenhang mit Auriga beschrieben.

sehr gebräuchlich. Es gibt allerdings zwei Möglichkeiten: η kann Benetnasch sein oder auch Alkaid genannt werden, während man γ auch unter Phekda oder Phecda kennt.

Canes Venatici, die Jagdhunde – Asterion und Chara – wurden 1690 von Hevelius dem Himmelsbild hinzugefügt. Sie werden vom Bärenhüter Bootes bewacht – womöglich, um sie davon abzuhalten, dem Bären um den Himmelspol nachzujagen. Der einzige helle Stern α² wurde vom zweiten königlichen Astronomen Edmond Halley im Gedenken an König Charles I. von England Cor Caroli genannt. Der Stern weist interessante, periodisch auftretende Variationen in seinem Spektrum auf, die wahrscheinlich durch Veränderungen in seinem magnetischen Feld hervorgerufen werden. Er ist 65 Lichtjahre entfernt und 80mal leuchtender als die Sonne. Sein Begleitstern, dessen Größenklasse bei 5,5 liegt, ist etwa 19 Bogensekunden entfernt, so daß sie recht unabhängig voneinander sind.

Ein halbregelmäßiger Veränderlicher in den Jagdhunden liegt auf halbem Wege zwischen Mizar und β der Jagdhunde. Er ist einer der bekanntesten roten Sterne und wurde La Superba genannt. Man kann ihn mit dem bloßen Auge erkennen, aber um die intensiv leuchtend rote Farbe genießen zu können, sollte man doch einen Feldstecher zu Hilfe nehmen.

Die Spiralgalaxie M51 liegt nahe des Gebietes der Jagdhunde – weniger als vier Grad vom Alkaid im Großen Bären entfernt. Sie wurde 1773 von Messier selbst entdeckt und ist das perfekte Beispiel einer Spirale; ihre Entfernung beträgt ca. 37 Millionen Lichtjahre. Es war die erste Spiralgalaxie, die als solche von Lord Rosse 1845 erkannt wurde.

Obwohl es sich hier um ein schwer zu erkennendes Objekt handelt, ist ein entsprechendes Teleskop – etwa 30 cm – in der Lage, seine Form sichtbar zu machen; es ist mit seinem Begleitern NGC5195 verbunden. M94, die nicht weit vom Cor Caroli entfernt ist, ist ebenfalls eine Spiralgalaxie, und obwohl recht klein, ist sie aufgrund ihres hellen, unverkennbaren Kerns nicht schwer zu finden.

Die anderen Messier-Spiralgalaxien M63 und M106, die im Gebiet der Jagdhunde liegen, sind weniger auffallend. M63 ist ebenfalls eine Spiralgalaxie, doch sind ihre Arme wesentlich weniger augenfällig. M106, die erst später dem Messier-Katalog hinzugefügt wurde, hat einen Arm, der im Bereich eines 25 cm-Spiegelteleskops liegt.

M3 ist einer der leuchtendsten Kugelhaufen am Himmel. Er liegt fast auf halbem Wege zwischen Cor Caroli und Arkturus, nahe dem blasseren Stern Beta Comae (Größenklasse 4,6) und ist mit einem Fernglas leicht zu finden, während er mit einem Teleskop mit einer 8 cm-Blende sogar teilweise in einzelne Sterne aufgelöst werden kann. Wie alle Kugelhaufen ist er sehr weit entfernt – 48 000 Lichtjahre – und ist besonders reich an RR Lyrae-Veränderlichen. Die Gesamtmasse wird als ca. 245 000mal größer als die Sonne angegeben. Kein Wunder, daß er das Lieblingsmotiv aller Astro-Amateurphotographen ist. Die Gesamthelligkeit liegt bei ca. 6,4 mag, so daß man ihn schon mit bloßem Auge sehen könnte. Messier entdeckte ihn 1764.

Leo Minor, der Kleine Löwe ist ein kleines Sternbild, bei dem es recht zweifelhaft ist, ob er das Anrecht auf eine eigene Identität hat. Hevelius zeigte ihn 1690 als erster auf seiner Karte. Es war eine Angewohnheit von Hevelius, neue Sternbilder zu erschaffen. Einige von ihnen haben die Zeit überlebt (z. B. der Kleine Löwe, die Giraffe, die Jagdhunde, die Leier und der Sextant), während andere, wie das Kleine Dreieck, inzwischen verworfen worden sind. Das Sternbild des Kleinen Löwen war früher im Großen Wagen eingeschlossen und sollte der Logik halber vielleicht auch dort verbleiben.

URSA MAIOR

HELLSTE STERNE

Nr.	Stern	R.A. h	m	s	Dec. °	'	"	Größe (mag)	Spektrum	Name
77	ε	12	54	02	+55	57	35	1.77	A0	Alioth
50	α	11	03	44	+61	45	03	1.79	K0	Dubhe
85	η	13	47	32	+49	18	48	1.86	B3	Alkaid
79	ξ	13	23	56	+54	55	31	2.09	A0	Mizar
48	β	11	01	50	+56	22	56	2.37	A1	Merak
64	γ	11	53	50	+53	41	41	2.44	A0	Phekda
52	ψ	11	09	40	+44	29	54	3.01	K1	
34	μ	10	22	20	+41	29	58	3.05	M0	Tania Australis
9	ι	08	59	12	+48	02	29	3.14	A7	Talita
25	θ	09	32	51	+51	40	38	3.17	F6	
69	δ	12	15	25	+57	01	57	3.31	A3	Megrez
1	ο	08	30	16	+60	43	05	3.36	G4	Muscida
33	λ	10	17	06	+42	54	52	3.45	A2	Tania Borealis
54	ν	11	18	29	+33	05	39	3.48	K3	Alula Borealis

Ebenso über Größe 4,3 mag: ϰ A1 Kaprah) (3.60), h(3.67), χ (Alkafzah) (3.71), ζ(3.79), 10(4.01).

VERÄNDERLICHE

Stern	R.A. h	m	Dec. °	'	Amplitude (mag)	Typ	Periode (d)	Spektrum
R	10	44.6	+68	47	6.7-13.4	Mira	302	M
Z	11	56.5	+57	52	6.8-9.1	Halbreg.	196	M

DOPPELSTERNE

Stern	R.A. h	m	Dec. °	'	P.A. °	Abstand "	Größe (mag)	
γ	11	18.5	+33	06	147	7.2	3.5,9.9	
ξ	13	23.9	+54	56	AB 152	14.4	2.3,4.0	Mizar/Alcor
					AC 071	708.7	2.1,4.0	

STERNHAUFEN UND NEBEL

M	NGC	R.A. h	m	Dec. °	'	Größe (mag)	Ausdehnung '	Typ
81	3031	09	55.6	+69	04	6.9	25.7 x 14.1	Sb Galaxie
82	3034	09	55.8	+69	41	8.4	11.2 x 4.6	Galaxie
97	3587	11	14.8	+55	01	12	194"	planetarischer (Eulennebel)
101	5457	14	03.2	+54	21	7.7	26.9 x 26.3	Sc Galaxie

CANES VENATICI

HELLSTE STERNE

Nr.	Stern	R.A. h	m	s	Dec. °	'	"	Größe (mag)	Spektrum	Name
12	α²	12	56	02	+38	19	06	2.90	A0p	Cor Caroli

Ebenso über Größe: 4.3: β (Chara) (4.26).

VERÄNDERLICHE

Stern	R.A. h	m	Dec. °	'	Amplitude (mag)	Typ	Periode (d)	Spektrum
R	13	49.0	+39	33	6.5-12.9	Mira	329	M
TU	12	54.9	+47	12	5.6-6.6	Halbreg.	50	M
Y	12	45.1	+45	26	4.8-6.6	Halbreg.	157	N

DOPPELSTERNE

Stern	R.A. h	m	Dec. °	'	P.A. °	Abstand "	Größe (mag)
α²	12	56.0	+38	19	22.9	19.4	2.9,5.5

STERNENHAUFEN UND NEBEL

M	NGC	R.A. h	m	Dec. °	'	Größe (mag)	Ausdehnung '	Typ
3	5272	13	42.2	+28	23	6.4	16.2	Kugelhaufen
51	5195	13	29.9	+47	12	8.4	11.0 x 7.8	Sc Galaxie (Whirlpool)
63	5055	13	15.8	+42	02	8.6	12.3 x 7.6	Sb Galaxie
94	4736	12	50.9	+41	07	8.2	11.0 x 9.1	Sb Galaxie
106	4258	12	19.0	+47	18	8.3	18.2 x 7.9	Sb Galaxie
	5195	13	30.0	+47	16	9.6	5.4 x 4.3	Begleiter von M51

LEO MINOR

Der hellste Stern ist der 46er (Præcipua), R.A. 10h 53m, Dek. +34°13', Größe. 3.83 mag. Ebenso über Größe 4.3: β (4.21).

VERÄNDERLICHE

Stern	R.A. h	m	Dec. °	'	Amplitude (mag)	Typ	Periode (d)	Spektrum
R	09	45.6	+34	31	6.3-13.2	Mira	37.2	M

Ursa Minor, Draco

Ursa Minor, der Kleine Bär, ist vor allem deshalb bedeutend, weil der nördliche Himmelspol, der durch den Stern α (Polaris) mit der Größe 2 gekennzeichnet wird, ein Teil von ihm ist. Zur Zeit bewegt er sich in die Richtung des Pols und wird ihm im Jahr 2102 (innerhalb von 28' und 31") am nächsten sein. Navigatoren fanden dies ziemlich praktisch, denn alles, was getan werden mußte, um seine Breite auf der Erdoberfläche zu finden, war, die Höhe des Polarsterns über dem Horizont auszumessen und eine kleine Korrektur vorzunehmen. Interessant ist auch, daß der eigentliche Pol etwa auf einer Linie, die den Polarstern mit Alkaid im Schweif des Großen Bären verbindet, liegt.

Der Polarstern selbst war den alten Griechen als „Phoenice" bekannt. Er ist vom Spektraltyp F8, so daß er theoretisch leicht gelblich aussieht, von den meisten Beobachtern aber wahrscheinlich als weiß bezeichnet würde. Der Begleitstern der Größenklasse 9, der in einer Entfernung von über 18 Bogensekunden liegt, wurde 1780 von William Herschel entdeckt. Es ist wenigstens ein 7,6 cm-Gerät notwendig, um ihn klar sehen zu können.

Der Polarstern liegt in einer Entfernung von 680 Lichtjahren. Er ist 6000mal so leuchtend wie die Sonne und scheint ein veränderlicher Stern gewesen zu sein. Bis vor kurzem wurde er als ein Cepheid mit einer sehr geringen Amplitude, von 1,92 bis 2,07, und einer Periode von 3,9 Tagen klassifiziert. Doch 1987 fanden kanadische Astronomen heraus, daß der Spielraum abnahm, und nun scheint es, daß sich die Schwankungen vor dem Jahr 2000 ganz einstellen werden. In diesem Fall konnte man eine deutliche Veränderung im Entwicklungszyklus des Sterns beobachten.

Der einzige andere relativ helle Stern ist β (Kochab) im Kleinen Bären, der sich vom Polarstern deutlich unterscheidet. Er gehört zum Typ K, und seine orangefarbene Farbe ist sogar mit bloßem Auge sichtbar. Er ist 29 Lichtjahre von uns entfernt und entspricht 95 Sonnen. Kochab

und sein Nachbarstern γ (Pherkad) werden oft „die Hüter des Pols" genannt. Der Rest des Sternbildes Kleiner Bär ist sehr schwach. Andere Objekte von besonderem Interesse gibt es im Kleinen Bären nicht.

Draco, der Drache, ist ein großes Sternbild, das mehr als 1000 Quadratgrade des Himmels bedeckt, aber keine wirklich hellen Sterne enthält. Er beginnt etwa zwischen den Polaris und α Ursae Maioris, windet sich seinen Weg um den Kleinen Bären, erstreckt sich bis Cepheus und dann weiter in Richtung Leier. Sein „Kopf", nicht weit entfernt von der Wega, ist der bekannteste Teil des Sternbildes und setzt sich aus γ (Eltamin), β, ν und ξ zusammen. Bei ν handelt es sich um einen besonders weiten Doppelstern mit gleichen Komponenten. Menschen mit besonders guten Augen sagen, sie könnten sie mit bloßem Auge getrennt voneinander sehen, und mit einem Fernglas erkennt man es ganz deutlich. Die beiden bewegen sich gemeinsam durch den Weltraum, aber die tatsächliche Entfernung zwischen ihnen beträgt 350 000 Milliarden km. Jede Komponente ist ungefähr 11mal leuchtender als die Sonne.

Eltamin ist ein gewöhnlicher, orangefarbener Stern, 100 Lichtjahre entfernt und 107mal so leuchtend wie die Sonne. Eltamin war für Bradley ein geeignetes Ziel, um Sternparallaxen auszumessen. Er fand heraus, daß es eine Verschiebung gab, die aber zu groß war, um einer Parallaxe zugeschrieben werden zu können – dies führte zur Entdeckung der Aberration. Das ist eine scheinbare Verschiebung eines feststehenden Objekts, wenn es von einem sich bewegenden Objekt aus beobachtet wird.

Der Stern ε des Drachen in der Nähe des helleren δ ist ein Doppelstern. Früher wurde von dem Primärstern vermutet, er sei zwischen den Größen 3,75 und 4,75 mag veränderlich, was jedoch nicht bestätigt werden konnte. Er ist vom Spektraltyp G8. σ Draconis oder Alrakis mit der Größe 4,68 ist einer der uns am nächsten stehenden, mit bloßem Auge erkennbaren Sterne; seine Entfernung von der Erde beträgt weniger als 19 Lichtjahre. Er ist ein Zwerg

Größenklassen

- −1
- 0
- 1
- 2
- 3
- 4
- 5

Veränderliche

Galaxien

Planetarische Nebel

Gasförmige Nebel

Kugelhaufen

Offene Sternhaufen

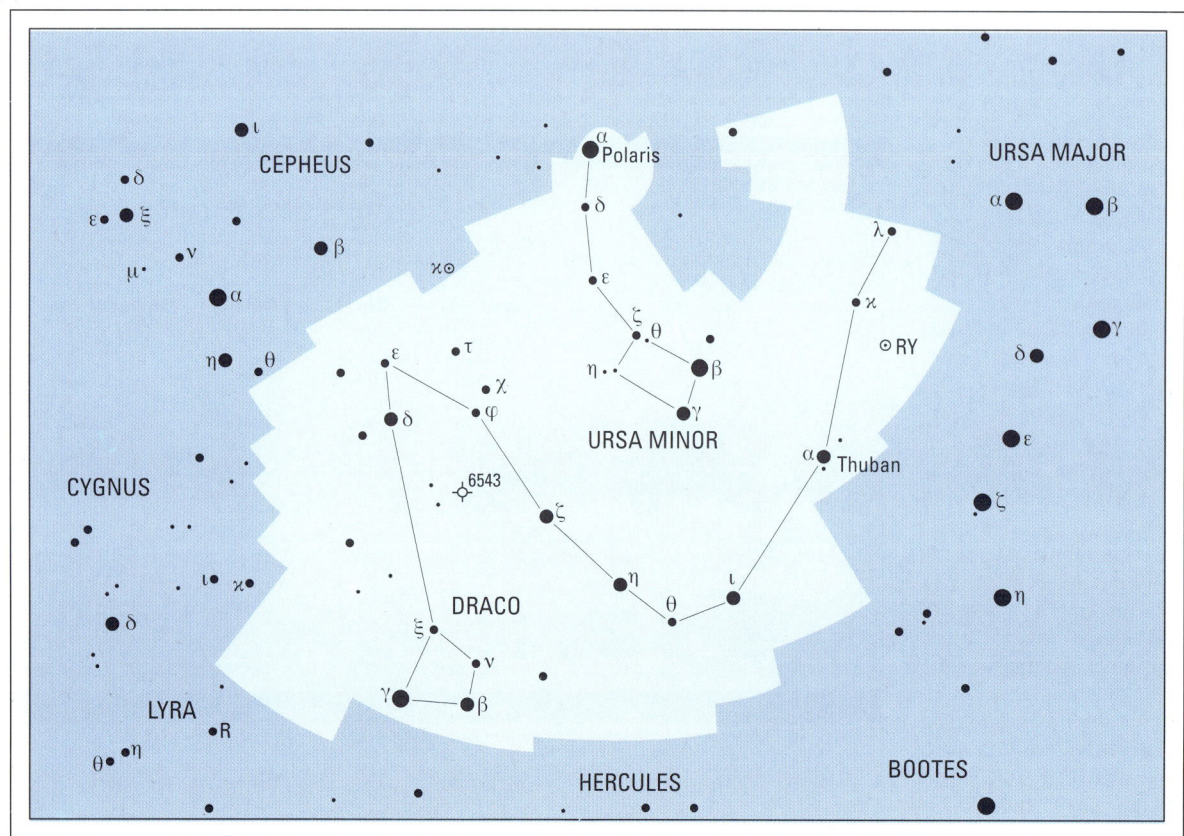

Der nördliche Himmelspol ist durch den Polarstern im Kleinen Bären gekennzeichnet. Alle hier dargestellten Sternbilder sind in Großbritannien, einem großen Teil Europas und in Nordamerika zirkumpolar. Der Polarstern kann, wenn man α und β Ursae Maioris als Wegweiser verwendet, leicht ausfindig gemacht werden. Der Drache breitet sich von der Gegend nahe der „Wegweiser" fast bis zur Wega aus.

vom K-Typ und bei weitem nicht so leuchtend wie die Sonne.

Der Stern α des Drachen (Thuban) war zur Zeit des Pyramidenbaus der Nordpolarstern. Seitdem ist der Pol aus dem Drachen in den Kleinen Bären gewandert, wird in Zukunft durch den Cepheus und den Cygnus ziehen und in 12 000 Jahren die Leier erreichen – doch die Wega wird dem Pol nie so nahe stehen wie gegenwärtig der Polarstern. Der Pol wird die Runde durch Herkules ziehen, zum Drachen zurückkehren und schließlich wieder nahe am Thuban vorbeiwandern.

Obwohl Thuban mit dem griechischen Buchstaben α bezeichnet wird, ist er nicht der hellste Stern im Sternbild; er ist gut eine Größe schwächer als γ. Seine Entfernung beträgt 230 Lichtjahre, und seine Lichtstärke ist 150mal so groß wie die der Sonne.

NGC6543, der etwa mitten zwischen δ und ζ liegt, ist der interessanteste Nebel im Drachen. Es handelt sich um einen kleinen, aber relativ hellen planetarischen Nebel mit einem zentralen Stern der Größe 9,6. Schaut man durch ein kleines Teleskop, sieht er aus wie „eine leuchtende Scheibe, die einem verschwommenen Stern" ähnelt. Viele Beobachter haben behauptet, er sei bläulich. Er war der erste Nebel, der spektroskopisch untersucht wurde und zwar 1864 von William Huggins. Huggins erkannte sofort, daß es sich bei dem Spektrum um einen Emissionsnebel handelte, der sich möglicherweise gar nicht aus Sternen zusammensetzte. Sein tatsächlicher Durchmesser beträgt ungefähr ein Drittel eines Lichtjahres. Sein zentraler Stern ist mit einer Oberflächentemperatur von ca. 35 000 °C besonders heiß. Seine Entfernung wird mit 3200 Lichtjahren angegeben.

Draco ist eines der Ursternbilder. Von ihm wird gesagt, daß er den Drachen, der die goldenen Äpfel im Garten der Hesperiden bewacht, ehrt. Er soll aber auch den Drachen, der vom Helden Cadmus vor der Gründung der Stadt Theben getötet worden ist, repräsentieren.

URSA MINOR

HELLSTE STERNE

Nr.	Stern	R.A. h	m	s	Dec. °	′	″	Größe (mag)	Spektrum	Name
1	α	02	31	50	+89	15	51	1.99	F8	Polaris
7	β	14	50	42	+74	09	19	2.08	K4	Kochab
13	γ	15	20	44	+71	50	02	3.05	A3	Pherkad Maior

Ebenso über Größe 4.3: ε (4.23), 5 (4.25). Die anderen Sterne des Kleinen Bären sind ζ (Alifa) (4.32), δ (Yildun) (4.36) und η (Alasco) (4.95).

DOPPELSTERNE

Stern	R.A. h	m	Dec. °	′	P.A. °	Abstand ″	Größe (mag)
α	02	31.8	+89	16	218	18.4	2.0,9.0

DRACO

HELLSTE STERNE

Nr.	Stern	R.A. h	m	s	Dec. °	′	″	Größe (mag)	Spektrum	Name
33	γ	17	56	36	+51	29	20	2.23	K5	Eltamin
14	η	16	23	59	+61	30	50	2.74	G8	Aldhibain
23	β	17	30	26	+52	18	05	2.79	G2	Alwaid
57	δ	19	12	33	+67	39	41	3.07	G9	Taïs
22	ζ	17	08	47	+65	42	53	3.17	B6	Aldhibah
12	ι	15	24	56	+58	57	58	3.29	K2	Edasich

Ebenso über Größe 4.3: χ (3.57), α (Thuban) (3.65), ξ (Tuza) (3.75), ε (Tyl) (3.83), λ (Giansar) (3.84), κ (3.87), θ (4.01) und φ (4.22)α β γ ν ε θ ζ ξ λ τ κ σ π χ ι η δ ψ φ ο μ ρ

VERÄNDERLICHE

Stern	R.A. h	m	Dec. °	′	Größe (mag)	Typ	Periode (d)	Spektrum
RY	12	56.4	+66	00	5.6-8.0	Halbreg.	173	N

DOPPELSTERNE

Stern	R.A. h	m	Dec. °	′	P.A. °	Abstand ″	Größe (mag)	
η	16	24.0	+61	31	142	5.2	2.7,8.7	
ν	17	32.2	+55	11	312	61.9	4.9,4.9	Binokuläres Paar
ψ	17	41.9	+72	09	015	30.3	4.9,6.1	
ε	19	48.2	+70	16	016	3.1	3.8,7.4	

STERNHAUFEN UND NEBEL

M	NGC	R.A. h	m	Dec. °	′	Größe (mag)	Ausdehnung ′	Typ
	6543	7	58.7	+66	38	8.8	18 x 350	Planetarischer Nebel

◄ *Die Sternbilder* Ursa Minor und Draco: Dieses Gebiet des Himmels, in dem der Polarstern eingeschlossen ist, ist von den Navigatoren durch die Jahrhunderte hindurch intensiv studiert worden.

Cassiopeia, Cepheus, Camelopardalis,

Cassiopeia. Das W-förmige Sternbild Cassiopeia ist nicht zu übersehen. Es ist besonders interessant, da mindestens ein Mitglied des Sternbilds, wahrscheinlich aber noch ein zweites Mitglied, veränderlich ist.

γ ist ein veränderlicher Stern mit einem sonderbaren Spektrum, das auffällige Veränderungen aufweist. Noch bis 1910 wurden keine Lichtveränderungen beobachtet, und die Größenklasse wurde auf 2,25 festgesetzt. Der Stern erhellte sich dann zunächst langsam, bis die Größenklasse 1936/1937 mit großem Zuwachs auf 1,6 anstieg. 1940 fiel die Größenklasse wieder auf unter 3, erhellte sich danach aber wieder langsam. Seit Mitte der 50er Jahre lag sie um 2,2 und damit etwas unter dem Polarstern und etwas über β Cassiopeia. Es gibt keine Periodizität. Offensichtlich stößt der Stern seine Hülle ab und erhellt sich während des Vorgangs. Einige andere Sterne des gleichen Typs sind bekannt (z.B. Plejone im Siebengestirn), aber die veränderlichen Gamma Cassiopeiae-Sterne sind selten. Alle scheinen sich schnell zu drehen. Ein Aufhellen scheint jederzeit möglich zu sein, und die Lichtstärke kann das 6000fache unserer Sonne erreichen.

α Cassiopeia ist orangefarben, mit einem Spektrum des Typs K. Der Stern ist 120 Lichtjahre entfernt und 190mal heller als die Sonne. Mit einem Bereich von 2,2 bis 2,8 mag wurde er bereits im vorigen Jahrhundert als Veränderlicher angesehen. Man vermutete sogar, daß er eine Periode von ungefähr 80 Tagen habe. Spätere Beobachter konnten die Veränderlichkeit nicht bestätigen, und neuerdings wird α oft als „Konstanter" beschrieben. Meine eigenen Beobachtungen zeigen, daß es leichte Schwankungen zwischen 2,1 und 2,4 mag, bei einem Mittelwert von 2,3, gibt. γ, α und β sind die drei Hauptmitglieder des W, nach der Helligkeit geordnet. Diese Reihenfolge stimmt aber nicht immer. Es ist übrigens eine gute Übung, die leichten bestehenden Veränderungen mit dem bloßen Auge zu beobachten. Die Schwankungen von β sind sehr gering. Die Amplitude beträgt weniger als 0,04 mag, so daß mit

Hilfe von γ und α die Größenklasse von β auf 2,27 festgelegt werden kann.

ρ, das nah bei β und auf halbem Weg zwischen σ (4,88 mag) und τ (4,87 mag) liegt, ist veränderlich, doch niemand kennt genau seinen Typ. ρ ist ein außergewöhnlich heller Überriese, mit mindestens 130 000facher Sonnenleuchtkraft, und 4800 Lichtjahre entfernt. Die meiste Zeit hat er um 4,8 mag, so daß sich der Vergleich mit σ aufdrängt (der Vergleich mit τ sollte vermieden werden, da τ vermutlich ein Veränderlicher ist). Manchmal fällt ρ unter 6 mag, doch dies ist nun schon seit 40 Jahren nicht mehr geschehen. Das Spektrum ist ebenfalls veränderlich. Es reicht vom F8- bis zum frühen M-Typ.

R Cassiopeia ist ein gewöhnlicher Mira-Stern und kann mit dem bloßen Auge beobachtet werden, wenn er seine maximale Helligkeit erreicht. Die Supernova des Jahres 1572 erschien in der Nähe von κ. Dies ist heute aufgrund seines Emissionsspektrums bekannt. η Cassiopeia und ι Cassiopeia sind einfache Doppelsterne. Ein weiterer Begleitstern der siebten Größenklasse ist nur 8 Bogensekunden entfernt.

Es gibt zwei offene Messier-Sternhaufen in Cassiopeia, doch keiner von beiden ist von besonderer Bedeutung. M103 ist weniger hell als sein Nachbar NGC663, und es ist nicht einfach nachzuvollziehen, warum Messier ihm den Vorzug gab. NGC457 enthält mehrere tausend Sterne. Cassiopeia liegt in seiner südöstlichen Ecke, und sofern er ein echtes Mitglied des Sternhaufens ist, was er wahrscheinlich ist, muß er eine Lichtstärke von gut über dem 200 000fachen der Sonne haben. Die Entfernung beträgt mindestens 9000 Lichtjahre.

Die Milchstraße kreuzt Cassiopeia, und das gesamte Sternbild ist sehr reich. Wir finden hier auch die Galaxien Maffei 1 und Maffei 2, die allerdings zu schwach sind, um gut gesehen werden zu können. Maffei 1 ist darüberhinaus mit ziemlicher Sicherheit ein Mitglied der Lokalen Gruppe.

Größenklässen

- −1
- 0
- 1
- 2
- 3
- 4
- 5

Veränderliche

Galaxien

Planetarische Nebel

Gasförmige Nebel

Kugelhaufen

Offene Sternhaufen

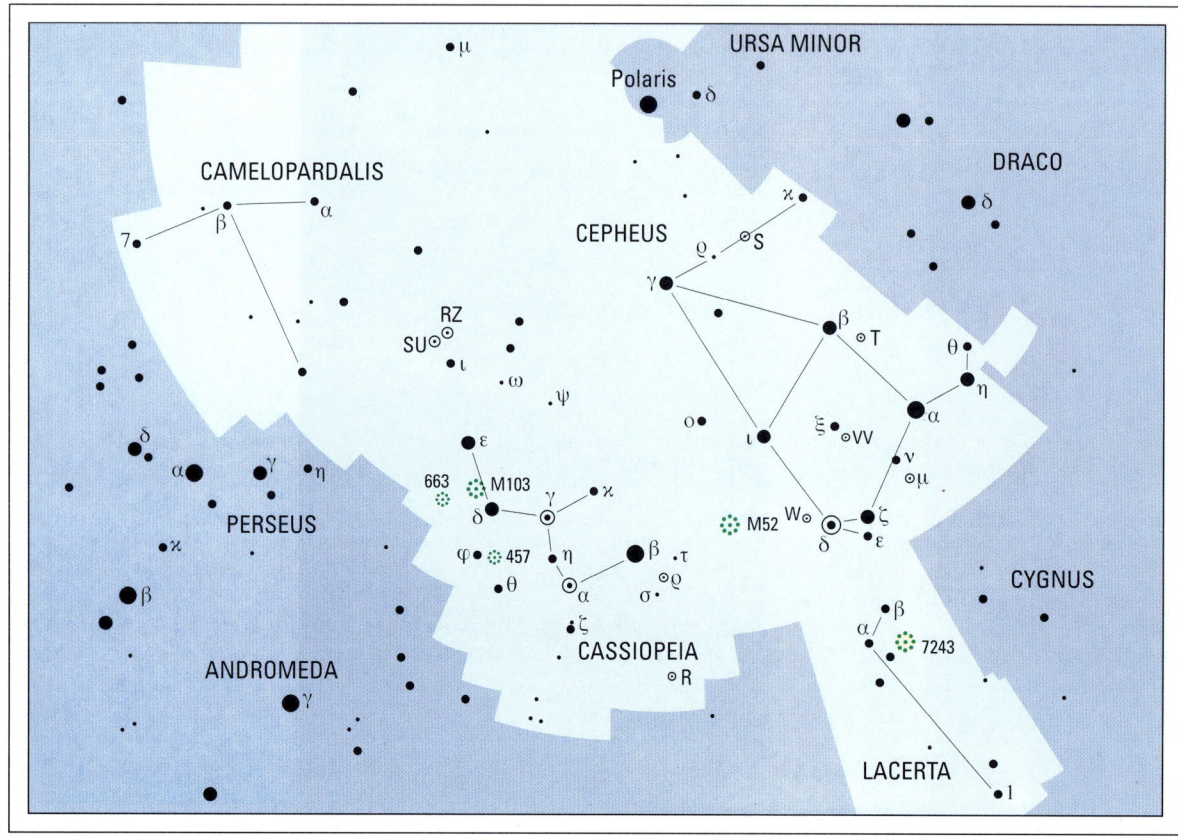

◄ **Mit Ausnahme des Großen Bären** ist Cassiopeia das am deutlichsten sichtbare Sternbild. So wie der Kleine Bär liegt es auf der anderen Seite des Himmelspols. Wenn also der Große Bär oben liegt, ist Cassiopeia unten und umgekehrt, doch keiner von beiden geht über den Britischen Inseln oder dem Norden der USA unter. Cepheus ist nicht so bekannt und von südlichen Ländern kaum zu erkennen. Lacerta und Camelopardalis sind sehr schwach.

Lacerta

Cepheus, der König, ist nicht so bekannt wie seine Königin. α (Alderamin) verfügt über die Größenklasse 2,4 und ist 45 Lichtjahre entfernt. Seine Leuchtkraft ist 14mal so stark wie die der Sonne. Das Viereck, bestehend aus α, β, ι und ξ ist einfach zu erkennen.

Das Hauptinteresse an Cepheus konzentriert sich auf die drei veränderlichen Sterne δ, μ und VV. δ hat als Prototyp der Cepheiden der ganzen Klasse seinen Namen gegeben. Sein Verhalten wurde bereits im 18. Jahrhundert von dem taubstummen Astronomen John Goodricke erläutert. δ bildet mit ζ (3,55) und ε (4,19) ein kleines Dreieck. Obwohl δ die Helligkeit von ζ nie erreicht, sind ζ und ε gute Vergleichsobjekte. Der Begleitstern mit der Größenklasse 7,5 scheint mit dem Veränderlichen natürlich verbunden zu sein, da sich beide auf gleiche Weise im Raum bewegen.

μ Cephei ist so rot, daß Herschel ihm den Spitznamen Granatstern gab. Das Licht des Sterns ist zwar zu schwach, als daß die Farbe mit bloßem Auge gesehen werden könnte, doch ist die Farbe mit dem Feldstecher gut erkennbar. Die Größenklasse reicht von 3,4 bis 5,1 mag, doch der Normalwert ist 4,3 mag, so daß der nahegelegene ν (4,29) ein guter Vergleichsstern ist. Es ist gesagt worden, daß μ ein Stern des halbregelmäßigen Typs sei, doch es fällt schwer, auch nur irgendeine Regelmäßigkeit festzustellen. Die Entfernung beträgt 1500 Lichtjahre. Dies bedeutet, daß die Leuchtkraft 50 000mal stärker als die der Sonne und sogar stärker als Beteigeuze im Orion ist. Der Granatstern ist so hell, daß er eine scheinbare Helligkeit von −7 hätte und selbst am Tag deutlich sichtbar wäre, wenn er so nahe läge wie Pollux im Zwilling.

Der nahe bei ζ (4,29) gelegene VV Cephei ist ein riesiger Bedeckungsveränderlicher des Zeta Aurigae-Typs. Das System besteht aus einem Roten Überriesen und einem kleineren, heißen, blauen Begleitstern. Die Helligkeit reicht nur von 4,7 bis 5,4 mag. Die Umlaufzeit beträgt 7430 Tage, also 20,3 Jahre. Es wird angenommen, daß der Überriese 1600mal größer als die Sonne und damit einer der größten bekannten Sterne überhaupt ist. Die letzte Bedeckung war 1996.

Auch die beiden veränderlichen Sterne des Sternbilds sind erwähnenswert. Der nahe bei δ gelegene W gehört zum roten, halbregelmäßigen Typ. Seine Periode ist unbekannt. Der Mira-Stern S ist einer der rotesten Sterne überhaupt. Cepheus hat keine Messier-Objekte.

Camelopardalis. Dieses weit im Norden gelegene, eher uninteressante Sternbild wurde im 17. Jahrhundert von Bartsch eingeführt. Die drei hellsten Sterne des Sternbilds, α, β und 7, sind trotz ihrer großen Entfernung sehr hell. 7 ist über 50 000mal heller als die Sonne.

Lacerta. Die Eidechse wurde 1690 von Hevelius eingeführt, ist aber sehr klein und schwach. Es gibt einen kleinen „Diamanten" von trüben Sternen, von denen α der hellste ist.

Orientiert man sich an ζ und ε Cephei, können sie leicht gefunden werden. ε Cephei und β Lacerta können gleichzeitig mit einem Fernglas erfaßt werden.

Das einzige interessante Objekt ist der offene Sternhaufen NGC7243, der mit α und β ein gleichseitiges Dreieck formt. 1936 loderte eine sehr helle Nova in Lacerta auf, die zwar 1,9 mag erreichte, doch bald wieder verschwand und nun unter der fünfzehnten Größenklasse liegt.

BL Lacertae wurde einst als gewöhnlicher veränderlicher Stern angesehen und dementsprechend behandelt; doch als sein Spektrum näher untersucht wurde, fand man größeres Interesse an ihm, da er einem Quasar glich. Er gab schließlich einer ganzen Objektklasse seinen Namen (siehe auch Seite 162), die in der Regel als „BL Lacs" bekannt geworden ist.

CASSIOPEIA

HELLSTE STERNE

Nr.	Stern	R.A.			Dec.			Größe (mag)	Spektrum	Name
		h	m	s	°	′	″			
27	γ	00	56	42	+60	43	00	2.2v	B0p	
18	α	00	40	30	+56	32	15	2.2v?	K0	Shedir
11	β	00	09	11	+59	08	59	2.27	F2	Chaph
37	δ	0	25	49	+60	14	07	2.68	A5	Ruchbah
45	ε	01	54	24	+63	40	13	3.38	B3	Segin
24	η	00	49	06	+57	48	58	3.44	G0	Achird

Ebenfalls größer als 4,3 mag: ζ (3.67), ι (3.98), κ (4.16); dann θ (Marfak) (4.33). ρ ist eine unregelmäßige Veränderliche, die zeitweilig 4,3 mag überschreiten kann, in der Regel aber näher bei 4,8 liegt.

VERÄNDERLICHE

Stern	R.A.		Dec.		Amplitude (mag)	Typ	Periode (d)	Spektrum
	h	m	°	′				
ρ	23	54.4	+58	30	4.1-6.2	?	–	F
γ	00	56.7	+60	43	1.6-3.3	unregelmäßig	–	Bp
α	00	40.5	+56	22	2.1-2.5?	verdächtig	–	K
R	23	58.4	+51	24	4.7-13.5	Mira	431	M
SU	02	52.0	+68	53	5.7-6.2	Cepheid	1.95	F
RZ	02	48.9	+69	38	6.2-7.7	Algol	1.19	A

DOPPELSTERNE

Stern	R.A.		Dec.		P.A. °	Abstand	Größe (mag)	
	h	m	°	′				
η	00	49.1	+57	49	315	12.6	3.4/7.5	Binär, 480J.
ι	02	29.1	+67	24	232	2.4	4.9/6.9	Binär, 840J.

STERNHAUFEN UND NEBEL

M	NGC	R.A.		Dec.		Größe (mag)	Ausdehnung	Typ
		h	m	°	′			
52	7654	23	24.2	+61	35	6.9	13	offener Sternhaufen
103	581	01	33.2	+60	42	7.4	6	offener Sternhaufen
	663	01	46.0	+61	15	7.1	116	offener Sternhaufen
	457	01	19.1	+58	20	6.4	13	offener Sternhaufen um φ Cas

CEPHEUS

HELLSTE STERNE

Nr.	Stern	R.A.			Dec.			Größe (mag)	Spektrum	Name
		h	m	s	°	′	″			
5	α	21	18	35	+62	35	08	2.44	A7	Alderamin
35	γ	23	39	21	+77	37	57	3.21	K1	Alrai
8	β	21	28	39	+70	33	39	3.23v	B2	Alphirk
21	ζ	22	10	51	+58	12	05	3.35	K1	
3	η	20	45	17	+61	50	20	3.43	K0	

Ebenfalls größer als 4,3 mag: ι (3.52), ε (4.19), θ (4.22), ν (4.29), ξ (4.29).
Die beiden bekannten veränderlichen Sterne δ und μ können 4. Größe im Maximum übersteigen.

VERÄNDERLICHE

Stern	R.A.		Dec.		Amplitude (mag)	Typ	Periode (d)	Spektrum
	h	m	°	′				
δ	22	29.2	+58	25	3.5-4.4	Cepheide	5.37	F-G
μ	21	43.5	+58	47	3.4-5.1	unregelmäßig	–	M
T	21	09.5	+68	29	5.2-11.3	Mira	388	M
VV	21	56.7	+63	38	4.8-5.4	ekliptisch	7430	M+B
W	22	36.5	+58	26	7.0-9.2	halbregelmäßig	lang	K-M
S	21	35.2	+78	37	7.4-12.9	Mira	487	N

DOPPELSTERNE

Stern	R.A.		Dec.		P.A. °	Abstand	Größe (mag)	
	h	m	°	′				
κ	20	08.9	+77	43	122	7.4	4.4,8.4	
β	21	28.7	+70	34	249	13.3	3.2,7.9	
δ	22	29.2	+58	25	191	41.0	var,7.5	
ο	23	18.6	+68	07	220	2.9	4.9,7.1	Binär, 796J.
ξ	22	03.8	+64	38	277	7.7	4.4,6.5	Binär, 3800J.

CAMELOPARDALIS

Der hellste Stern ist β, R.A. 05h 03m, 25s.1, Dec. +60°26′32″, mag 4.03. Nur 7 (4,21 mag) und α (4.29) liegen auch noch über 4,3 mag.

LACERTA

Ein kleines finsteres Sternbild. Der hellste Stern ist α; R.A. 22h 31m 17s.3, Dec. +50°16′17″, mag 3.77. Nur 2 (4,13 mag) liegt auch noch über 4,3 mag.

STERNHAUFEN UND NEBEL

M	NGC	R.A.		Dec.		Größe (mag)	Ausdehnung	Typ
		h	m	°	′			
	7243	22	15.3	+49	53	6.4	21	offener Sternhaufen ca. 40 Sterne

Bootes, Corona Borealis, Coma Berenices

Bootes, ein wichtiges nördliches Sternbild. Es wird behauptet, daß es den Hirten darstelle, der den von zwei Ochsen gezogenen Pflug erfunden habe, und für seinen Dienst an der Menschheit einen Platz am Himmel erhalten habe.

Der gesamte Bereich wird von Arcturus beherrscht. Er ist der hellste Stern der nördlichen Hemisphäre und hat neben Sirius, Canopus und α Centauri als einziger Stern eine negative Größenklasse. Arcturus ist ein hellorangefarbener Stern des Typs K, 36 Lichtjahre entfernt und 115 mal heller als die Sonne. Der Durchmesser beträgt 30 Millionen Kilometer. Man übersieht den Stern nur schwer, im Zweifelsfall kann man der Achse des Großen Wagens folgen.

Arcturus hat eine ungewöhnlich große Eigenbewegung von 2,3 Bogensekunden im Jahr. Edmond Halley fand schon 1718 heraus, daß sich seine Position im Vergleich zur Antike merklich verändert hatte. Heute bewegt er sich mit 5 Kilometern pro Sekunde auf uns zu, doch erst in mehreren tausend Jahren wird Arcturus an uns vorbeiziehen und sich dann wieder entfernen.

In einer halben Million Jahren wird man Arcturus nicht mehr mit dem bloßen Auge sehen können. Er ist ein Population-II-Stern, der zu dem galaktischen Halo gehört, so daß seine Umlaufbahn merklich geneigt ist und im Moment die Hauptebene der Galaxie schneidet.

Im Jahre 1860 entdeckte Joseph Baxendell einen Stern mit 9,7 mag im Feld des Arcturus, bei einem P.A. von 250 Grad und einem Abstand von 25 Bogenminuten. Binnen einer Woche verschwand der Stern und wurde seither nie wieder gesehen. In Listen wird er immer noch als T Bootis geführt. Vielleicht war es eine Nova oder eine periodische Nova, aber es besteht auch die Möglichkeit, daß der Stern eines Tages wieder auftauchen wird.

ε, der zweithellste Stern des Sternbilds, ist ein Doppelstern. Der Primärstern gehört zum orangefarbenen K Typ; sein Begleiter ist im Vergleich eher bläulich. Zweifellos haben beide Sterne den gleichen Ursprung, doch der muß lange zurückliegen. Der Hauptstern ist 200mal heller als die Sonne und damit auch stärker als Arcturus, aber mit 150 Lichtjahren ist er auch weiter entfernt.

Der halbregelmäßige Veränderliche W Bootis befindet sich im gleichen Gesichtsfeld wie ε und kann an seiner orangeroten Färbung leicht erkannt werden.

ζ ist ein Doppelstern mit fast identischen Komponenten (4,5 und 4,6 mag). Die Dauer seiner Umlaufbahn beträgt 123 Jahre, doch der Abstand liegt nie bei mehr als einer Bogensekunde, so daß ein Teleskop mit einer Blende von mindestens 13 Zentimetern nötig ist, um ihn zu trennen. Es gibt weder Messier-Objekte noch Nebel mit einer Gesamthelligkeit größer 10 in Bootes.

Ein Sternbild, an das man sich noch immer erinnert, obwohl man es schon lange nicht mehr auf unseren Karten findet, ist Quadrans Muralis, im Jahre 1775 von Johann Bode eingeführt. Der hierzu nächste, hellste Stern ist β Bootis (Nekkar) mit einer Größenklasse von 3,5. Wie alle von Bode eingeführten Sternbilder wurde auch Quadrans abgelehnt, aber da die Meteore der frühen Januarschauer von dort ausgehen, nennen wir sie deshalb Quadrantiden. Allein aus diesem Grund lohnt es sich, Quadrans im Gedächtnis zu behalten.

Corona Borealis ist ein ausgesprochen kleines Sternbild, das nur 180 Quadratgrade des Himmels einnimmt (Bootes nimmt dagegen 900 Quadratgrade ein). Der hellste Stern, α oder Alphekka (auch als Gemma bekannt), ist von zweiter Größe und ein Bedeckungsveränderlicher mit ungewöhnlich kleiner Amplitude. Die Hauptkomponente ist etwa 50mal heller als die Sonne, wohingegen das schwächere Mitglied lediglich die doppelte Leuchtkraft der Sonne besitzt. Der tatsächliche Abstand zwischen beiden Mitgliedern des binären Systems beträgt weniger als 30 Millionen Kilometer, so daß man sie nicht als voneinander getrennt beobachten kann. Die Entfernung zum Sonnensystem beträgt 78 Lichtjahre.

Größenklassen

⬤	−1
⬤	0
●	1
•	2
•	3
·	4
·	5

Veränderliche

Galaxien

Planetarische Nebel

Gasförmige Nebel

Kugelhaufen

Offene Sternhaufen

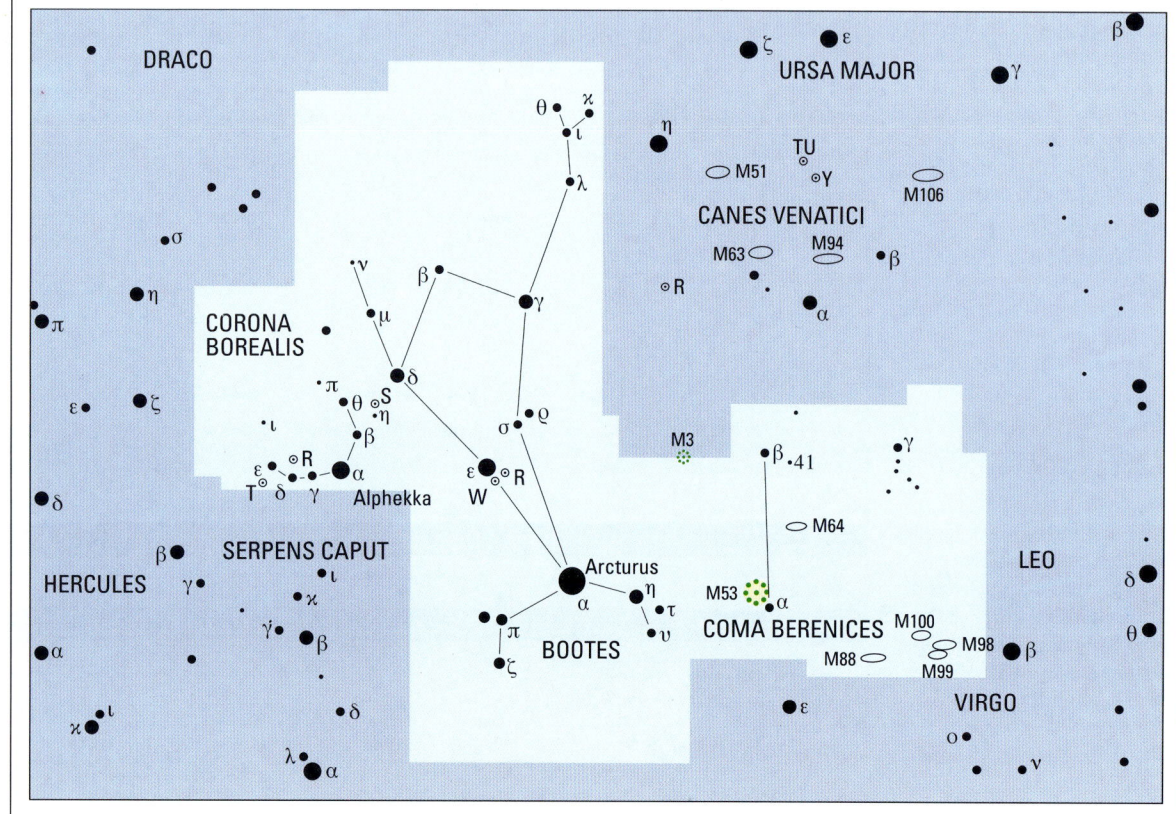

◄ **Die Karte** wird von Arcturus, dem hellsten Stern am nördlichen Himmel, beherrscht. Er liegt so nahe beim Himmelsäquator, daß er von jedem bewohnten Land der Erde aus gesehen werden kann. Auf der Nordhalbkugel ist er im Frühling am besten sichtbar. Die Y-Form, bestehend aus Arcturus, ε und γ Bootis und Alphekka, ist bezeichnend. Das Sternbild Quadrans ist heute ein Teil von Bootes. Da von dort aus die sogenannten Januarmeteorschauer ausgehen, nennt man die Meteore Quadrantiden.

η Coronae ist ein enger Doppelstern mit einem durchschnittlichen Abstand von einer Bogensekunde. Die Komponenten verfügen über 5,6 und 5,9 mag; die Umlaufzeit beträgt 41,6 Jahre. η ist ein nützliches Testobjekt für Teleskope mit einer Blende von 13 cm. Optische Begleiter treten bei 58 Bogensekunden (12,5 mag) und 215 Bogensekunden (10,0 mag) auf. ζ und σ sind einfache Doppelsterne. β ist ein spektroskopischer Doppelstern und vom gleichen Typ wie Cor Caroli.

In der Schüssel der Krone liegt der R Coronae, der sich regelmäßig durch Kohlenstoff in seiner Atmosphäre verhüllt. Meistens kann er mit dem bloßen Auge beobachtet werden, doch hin und wieder tritt der Stern plötzlich und unvorherbestimmbar an das Minimum der Sichtbarkeit heran. Zum Teil fällt die Helligkeit unter 15 mag. Es gibt aber auch Zeiten, während denen das Licht des Sterns lange unverändert bleibt, wie zum Beispiel zwischen 1924 und 1934. R Coronae ist das hellste Mitglied seiner Klasse; außer ihm sieht man nur RY Sagittarii mit dem bloßen Auge.

R Coronae kann vorzüglich mit dem Feldstecher beobachtet werden. In der Regel sieht man mit dem Feldstecher zwei Sterne in der Schüssel: R und einen weiteren Stern (M) mit 6,6 mag. Sieht man nur einen Stern, so kann man davon ausgehen, daß sich R gerade „versteckt".

Außerhalb der Schüssel, in der Nähe von ε, steht der Flare-Stern, T Coronae, der gewöhnlich um die zehnte Größenklasse liegt, der aber während der letzten eineinhalb Jahrhunderte zwei Ausbrüche erlebte. 1866 erreichte er 2,2 mag und 1946 3 mag. Weder 1866 noch 1946 konnte man ihn für länger als eine Woche mit dem bloßen Auge sehen. Es lohnt sich jedoch, den Stern weiter zu beobachten, denn wenn die Ausbrüche einigermaßen regelmäßig auftreten, ist im Jahre 2026 der nächste Ausbruch zu erwarten.

Spektroskopische Untersuchungen haben gezeigt, daß T Coronae ein Doppelstern ist, der aus einem heißen Stern des Typs B und einem kalten Roten Riesen besteht. Die Ausbrüche scheinen auf der Seite des B-Sterns zu liegen, wohingegen sich der Riese bei Schwankungen von einer Größenklasse unregelmäßig verändert. Es sind noch andere sich wiederholende Novae bekannt, doch nur der Flare-Stern hat Bedeutung errungen. In dem Sternbild befindet sich ferner S Coronae, ein veränderlicher Mira-Stern, der mit dem bloßen Auge gesehen werden kann, wenn er seine maximale Helligkeit erreicht.

In der Mythologie symbolisiert Corona die Krone, die Bacchus der Tochter des Königs Minos von Kreta, Ariadne, überreicht.

Coma Berenices wurde im Jahre 1690 hinzugefügt. Eine Legende ist mit diesem Sternbild verbunden. Als der König von Ägypten auf eine gefährliche Expedition ging, schwor seine Frau Berenice, daß sie ihr schönes Haar abschneiden wolle, um es im Tempel der Venus niederzulegen, falls ihr Mann sicher heimkehre. Der König kehrte heim, sie erfüllte ihr Versprechen, und Jupiter gab den glänzenden Locken einen Platz am Himmel.

Coma erscheint wie ein riesiger trüber Sternhaufen. Er ist reich an Galaxien, von denen fünf in Messiers Liste aufgeführt sind. Davon ist wiederum die Galaxie M64 die bemerkenswerteste, weil sich nördlich ihres Zentrums eine tiefdunkle Stelle befindet. Um diese dunkle Stelle sehen zu können, benötigt man ein Teleskop mit einer Blende von mindestens 25 cm.

In der Nähe von α Comae liegt der Kugelhaufen M53. Mit Hilfe von β Comae und seinem Nachbar 41 findet man schließlich den Kugelhaufen M3, der unmittelbar an der Grenze zu Canes Venatici liegt.

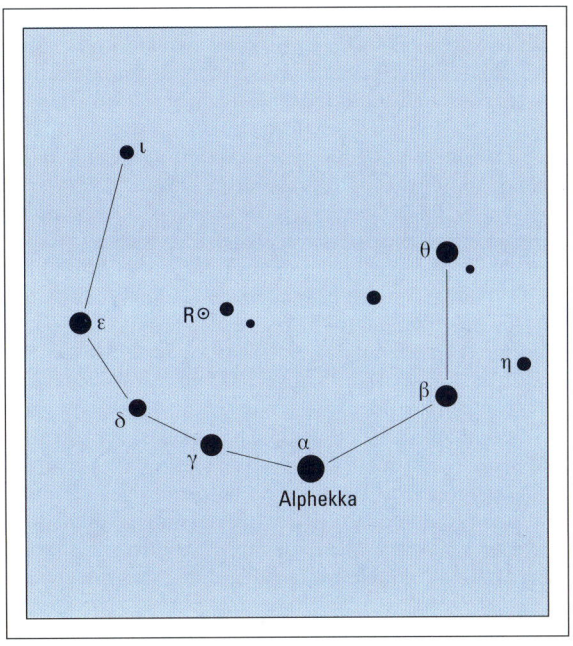

◄ **R Corona** läßt sich besonders gut mit dem Feldstecher beobachten. Er kann in der Schüssel von Corona Borealis gefunden werden. Sollte gerade nur ein Stern sichtbar sein, so ist es M, mit einer Helligkeit von 6,6 mag. R Coronae hat sich dann gerade „versteckt".

BOOTES

HELLSTE STERNE

Nr.	Stern	R.A.			Dec.			Größe	Spektrum	Name
		h	m	s	°	'	"	(mag)		
16	α	14	15	40	+19	10	57	-0.04	K2	Arcturus
36	ε	14	44	59	+27	04	27	2.37	K0	Zar
8	η	13	54	41	+18	23	51	2.68	G0	
27	γ	14	32	05	+38	13	30	3.03	A7	Seginus
49	δ	15	15	30	+33	18	53	3.47	G8	Alkalurops
42	β	15	01	57	+40	23	26	3.50	G8	Nekkar

Ebenfalls größer als 4,3 mag: ρ (3,58), ζ (3,78), θ (4,05), ν (4,06), λ (4,18)

VERÄNDERLICHE

Sterne	R.A.		Dec.		Amplitude	Typ	Periode	Spektrum
	h	m	°	'	(mag)		(d)	
R	14	37.2	+26	44	6.2-13.1	Mira	223	M
W	14	43.4	+26	32	4.7-5.4	halbregelmäßig	450	M

DOPPELSTERNE

Sern	R.A.		Dec.		P.A.	Abstand	Größe
	h	m	°	'	°	"	(mag)
κ	14	13.5	+51	47	236	13.4	4.6,6.6
ι	14	16.2	+51	22	033	38.5	4.9,7.5
π	14	40.7	+16	25	108	5.6	4.9,5.8
μ	15	24.5	+37	23	171	108.3	4.3,7.0
ε	14	45.0	+27	04	339	2.8	2.5,4.9

CORONA BOREALIS

HELLSTE STERNE

Nr.	Stern	R.A.			Dec.			Größe	Spektrum	Name
		h	m	s	°	'	"	(mag)		
5	.	15	34	41	+26	42	53	2.23	A0	Alphekka

Die Krone besteht aus α sowie ε (4.15), δ (4.63), γ (3.84), β (3.68) und θ (4.14).

VERÄNDERLICHE

Stern	R.A.		Dec.		Amplitude	Typ	Periode	Spektrum
	h	m	°	'	(mag)		(d)	
R	15	48.6	+28	09	5.7-15	R Coronae	–	F8p
S	15	21.4	+31	22	5.8-14.1	Mira	360	M
T	15	59.5	+25	55	2.0-10.8	per. Nova	–	M+Q

DOPPELSTERNE

Stern	R.A.		Dec.		P.A.	Abstand	Größe
	h	m	°	'	°	"	(mag)
η	15	23.2	+30	17	030	1.0	5.8,5.9
ζ	15	39.4	+36	38	305	6.3	5.1,6.0
σ	16	14.7	+33	52	234	7.0	5.6,6.6 Binär, 1000J.

COMA BERENICES

Der hellste Stern in diesem schwachen Sternhaufen ist β; R.A. 13h 11m 52 sec, Dec. +27°52'41", 4.26 mag. Danach kommt α (Diadem) (4.32) and γ (4.35).

STERNHAUFEN UND NEBEL

M	NGC	R.A.		Dec.		Größe	Ausdehnung	Typ
		h	m	°	'	(mag)	'	
53	5024	13	12.9	+18	10	7.7	12.6	kugelförmiger Sternhaufen
64	4826	12	56.7	+21	41	8.5	9.3 x 5.4	Sb (Schwarzes Auge) Galaxie
88	4501	12	32.0	+14	25	9.5	6.9 x 3.9	SBb Galaxie
98	4192	12	13.8	+14	54	10.1	9.5 x 3.2	Sb Galaxie
99	4254	12	18.8	+14	25	9.8	5.4 x 4.8	Sc Galaxie
100	4321	12	22.9	+15	49	9.4	6.9 x 6.2	Sc Galaxie

Leo, Cancer, Sextans

Leo war in der Mythologie zwar der Nemeische Löwe, der eines der zahlreichen Opfer des Herkules wurde, doch am Himmel ist er viel imposanter als sein Bezwinger. Es ist eines der hellsten Tierkreiszeichen. Der Himmelsäquator begrenzt seine südlichste Ausdehnung und Regulus, am Ende der Sichel, ist der Ekliptik so nahe, daß er Mond- und Planetenfinsternissen unterliegt.

Am 7. Juli 1959 schob sich Venus vor Regulus. Das langsame Verschwinden von Regulus vor der eigentlichen Finsternis, als sein Licht nur noch durch die Atmosphäre von Venus zu uns gelangte, brachte nützliche Informationen über die Atmosphäre selbst. (Natürlich geschah dies, bevor interplanetarische Raumsonden eingesetzt werden konnten, um die Atmosphäre von Venus genauer zu untersuchen.)

Regulus ist ein weißer Stern, 85 Lichtjahre entfernt und ungefähr 130mal heller als die Sonne. Er ist ein einfacher Doppelstern. Sein Begleitstern bewegt sich genau wie Regulus selbst im Raum; deshalb haben beide vermutlich den gleichen Ursprung. Der Begleiter ist selbst wiederum ein geschlossener Doppelstern, der sich teils wegen der Schwäche des dritten Sterns, teils wegen des Flackerns von Regulus nur schwer trennen läßt.

Ungefähr 20 Bogenminuten nördlich von Regulus befindet sich die Zwerggalaxie Leo I, ein Mitglied der Lokalen Gruppe. Sie ist ca. 750 000 Lichtjahre entfernt. Im Jahre 1950 wurde sie mit photographischen Mitteln entdeckt, doch sogar die stärksten Teleskope können sie nur schwer sichtbar machen, weil die Oberflächenhelligkeit so niedrig ist. Sie ist eine der schwächsten Galaxien überhaupt. Nur Leo II ist ein noch schwächeres Mitglied der Lokalen Gruppe. Sie liegt ca. zwei Grad nördlich von δ.

Etwas mystisch erscheint Denebola oder β Leonis. Bis zum Jahre 1603 haben alle Beobachter, einschließlich Bayer, angenommen, daß Denebola, so wie Regulus, die scheinbare Helligkeit eins besitzt; jetzt ist der Stern aber um fast eine Größenklasse dunkler, obwohl es ein ganz ge-

wöhnlicher Hauptreihenstern des Typs A ist. Denebola ist 39 Lichtjahre entfernt und 17mal heller als die Sonne. Man würde einen langsamen, beständigen Wandel also nicht erwarten. Möglicherweise gab es Fehler bei der Aufnahme oder Interpretation. Ein gewisser Zweifel bleibt jedenfalls bestehen. Der beste Vergleichsstern ist γ, der praktisch die gleiche Helligkeit besitzt und häufig auf der gleichen Höhe am Horizont gesehen werden kann.

γ ist ein prächtiger Doppelstern, der sich schon mit einem sehr kleinen Teleskop trennen läßt. Der Primärstern ist orange. Der Begleiter, ein Stern des Typs G, sieht leicht gelblich aus. Der Hauptstern ist 60mal heller als die Sonne, und der Begleiter kommt mindestens 20 Sonnen gleich. Die Entfernung zu uns beträgt 91 Lichtjahre. Zwei weitere Sterne liegen weiter weg und sind deshalb nicht wirklich mit dem hellen Paar verbunden.

Zwei schwächere Sterne (nicht auf der Karte), 18 Leonis (5,8 mag) und 19 Leonis (6,5 mag), liegen nahe bei Regulus. In der gleichen Gruppe ist der veränderliche Mira-Stern R Leonis, der bei maximaler Leuchtkraft mit bloßem Auge gesehen werden kann und nur selten unter die zehnte Größe fällt. Wie die meisten Sterne diesen Typs ist er sehr rot und ein geeignetes Ziel für Anfänger, da er so einfach zu finden ist.

Es gibt fünf Messier-Galaxien in Leo. M65 und M66 liegen zwischen θ und ι Leonis, und da sie nur 21 Bogenminuten auseinander sind, liegen sie auch im gleichen Blickfeld selbst eines schwachen Teleskops. Beide sind Spiralgalaxien. Obwohl M65 oft scheinbar leichter zu erkennen ist, ist in Wirklichkeit M66 die hellere der beiden. Leider können wir beide nur aus einem ungünstigen Winkel heraus beobachten, so daß die eigentliche Schönheit der Spiralform verlorengeht. Sie sind etwa 35 Millionen Lichtjahre entfernt. Ein anderes Spiralpaar, M95 und M96, liegt zwischen ρ und θ Leonis. In deren Nähe befindet sich auch die elliptische Galaxie M105. Viele weitere Galaxien machen Leo zusätzlich interessant.

Größenklassen

- ● −1
- ● 0
- ● 1
- ● 2
- ● 3
- • 4
- · 5

Veränderliche

Galaxien

Planetarische Nebel

Gasförmige Nebel

Kugelhaufen

Offene Sternhaufen

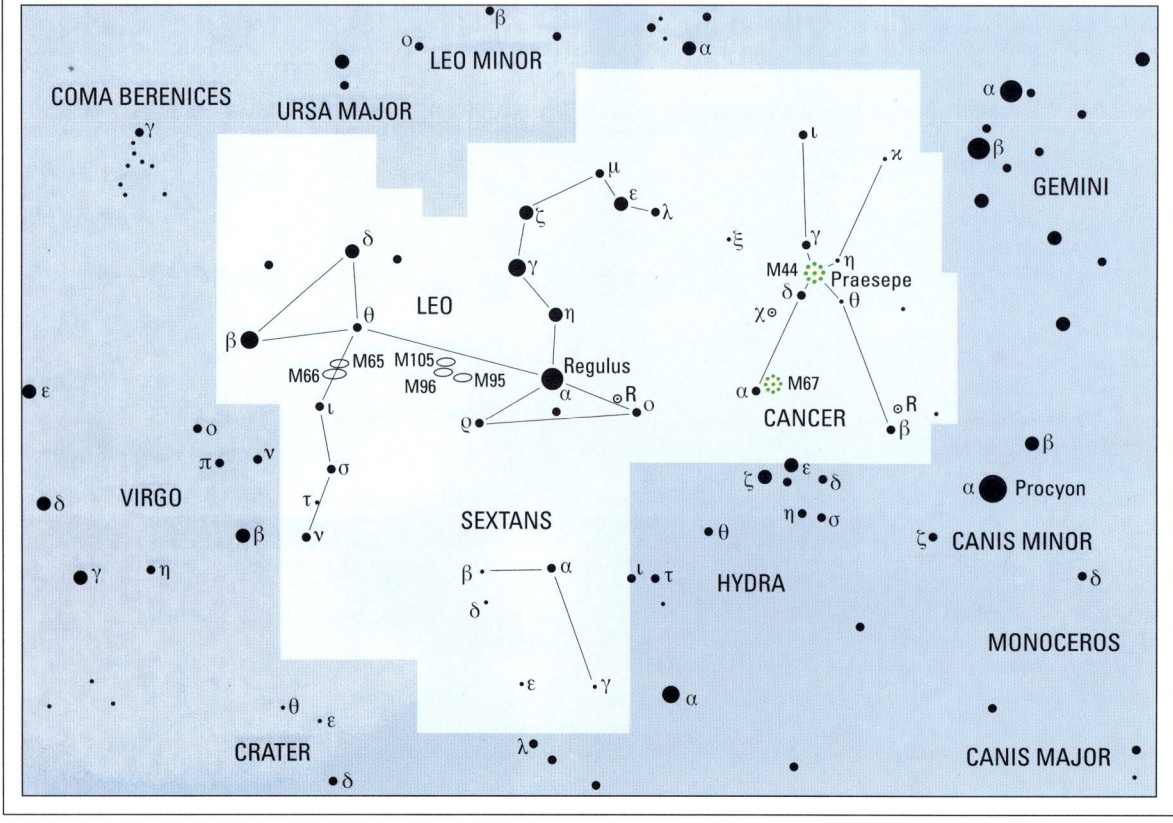

*Hier sind **zwei Tierkreiszeichen** dargestellt: der Löwe und der Krebs. Der Löwe ist groß und auffallend, wogegen der Krebs sehr finster erscheint. Beide sind von der Nordhalbkugel aus am besten im Frühjahr zu sehen. Der Löwe wird durch die „Sichel", mit Regulus als hellstem Stern, charakterisiert. Der Krebs enthält Praesepe, einer der prächtigsten offenen Sternhaufen des Himmels. Sextans ist sehr schwach. Der Himmelsäquator kreuzt diese Karte. Er läuft am südlichsten Ende des Löwen vorbei.*

Bevor wir den Löwen verlassen, muß Wolf 359 erwähnt werden, der bei R.A. 15h 54m.1, Dec. +07° 20′ liegt. Mit einer Entfernung von nur 7,6 Lichtjahren ist Wolf 359, abgesehen von Barnards Stern und den Mitgliedern der α Centauri-Gruppe, der uns nächste stellare Nachbar. Dennoch ist er schwer zu erkennen, da er eine Größe von nur 13,5 mag hat. Er ist einer der schwächsten Roten Zwerge. Seine Leuchtkraft beschränkt sich auf 1/60 000 unserer Sonne.

Cancer, der Himmelskrebs, der nach der Legende vorzeitig seinen Tod fand, als Herkules auf ihn trat, ähnelt Orion, ist aber schwächer und sieht verworrener aus. Es ist einfach, ihn zu finden, da er fast genau zwischen den Zwillingen und Regulus liegt. Natürlich ist der Krebs ein Tierkreiszeichen und liegt nördlich des Äquators. ζ ist ein dreifaches System. Das Hauptpaar läßt sich ohne weitere Probleme zerlegen, doch die hellere Komponente ist in sich wieder ein enger Doppelstern, dessen Abstand nie mehr als 1,2 Bogensekunden beträgt.

Aufgrund seiner auffällig roten Farbe lohnt es sich, den halbregelmäßig veränderlichen X Cancri in der Nähe von δ zu suchen. R Cancri, in der Nähe von β, ist ein gewöhnlicher veränderlicher Mira-Stern, der ein Maximum von 6 mag erreichen kann.

Die interessantesten Objekte im Krebs sind die offenen Sternhaufen M44 (Praesepe) und M67. Praesepe ist ohne optische Hilfe sichtbar und war schon in frühester Zeit bekannt: Im zweiten Jahrhundert v. Chr. wurde er von Hipparchus als „kleine Wolke" bezeichnet. Auch die Chinesen kannten ihn, doch es ist schwer nachzuvollziehen, warum sie ihm den Spitznamen „die Ausdünstung aufgestapelter Leichen" gaben. Er ist auch als „Krippe" bekannt, und die beiden nahegelegenen Sterne, δ und γ Cancri, sind die dazugehörenden Esel. Übrigens heißt Praesepe auch „der Bienenstock".

Praesepe ist ca. 525 Lichtjahre entfernt. Er besitzt keine sichtbaren Nebel, so daß die Neubildung von Sternen vermutlich aufgehört hat, und da viele der wichtigsten Sterne zu einem späten Spektraltyp gehören, kann man annehmen, daß der Haufen sehr alt ist. Da sich Praesepe über eine große Fläche erstreckt (der Durchmesser beträgt mehr als ein Grad), betrachtet man ihn am besten mit dem Feldstecher. Der tatsächliche Durchmesser beträgt 10 bis 15 Lichtjahre, doch, wie bei allen offenen Sternhaufen, gibt es keine klare Grenze.

M67 kann mit bloßem Auge beobachtet werden und ist leicht zu finden. Er liegt zwei Grad von α (Acubens) entfernt. Da er mindestens 200 Sterne enthält, verglich der französische Astronom Camille Flammarion M67 mit einer „Korngarbe". Das wichtigste Merkmal ist sein hohes Alter.

Die meisten offenen Sternhaufen verlieren ihre Identität schon nach kosmisch kurzer Zeit, weil sie von vorbeiziehenden Feldsternen gestört werden. M67 liegt dagegen ca. 1500 Lichtjahre von der Hauptebene der Galaxie entfernt, so daß er sich in einer recht ruhigen Gegend bewegen kann und dieser Gefahr nicht ausgesetzt ist. Folglich blieb die ursprüngliche Struktur von M67 fast unversehrt. Wahrscheinlich ist M67 sehr viel älter als die Sonne. Trotz der großen Entfernung kann man die Sterne gut erkennen – im Erscheinungsbild steht M67 Praesepe kaum nach. Die Entfernung zur Erde beträgt 2700 Lichtjahre. Der tatsächliche Durchmesser beträgt 11 Lichtjahre.

Sextans, (ursprünglich Sextans Uraniae, Uranias Sextant) ist eine der Gruppen, die von Hevelius zusammengefaßt wurden. Keiner der Sterne hat über 4,5 mag, und es gibt keine anderen interessanten Objekte. Einige der dort vorhandenen Galaxien verfügen über eine gesamte scheinbare Leuchtkraft zwischen 9 und 12 mag.

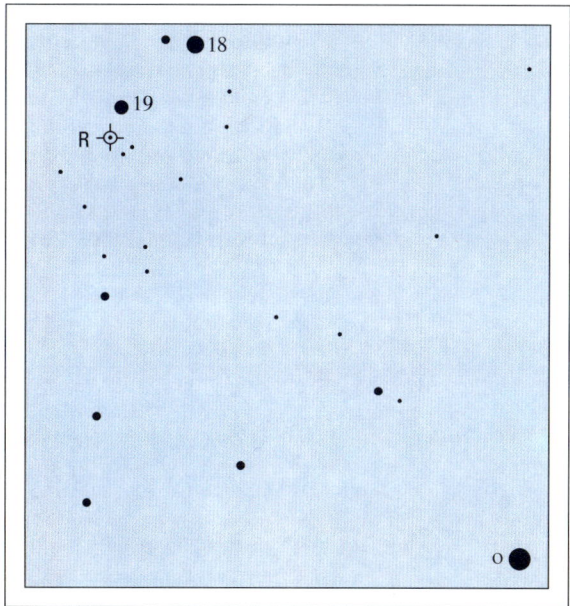

◀ *R Leonis.* Der hellste Stern ist ο Leonis mit einer Größenklasse von 3,8. Als Vergleichssterne für R Leonis dienen 18 Leonis, 5,8 mag, und 19 Leonis, 6,4 mag.

LEO

HELLSTE STERNE

Nr.	Stern	R.A.			Dec.			Größe	Spektrum	Name
		h	m	s	°	′	″	(mag)		
32	α	10	08	22	+11	58	02	1.35	B7	Regulus
41	γ	10	19	58	+19	50	30	1.99	K0+G7	Algieba
94	β	11	49	04	+14	34	19	2.14	A3	Denebola
68	δ	11	14	06	+20	31	26	2.56	A4	Zosma
17	ε	09	45	51	+23	46	27	2.98	G0	Asad Australis
70	θ	11	14	14	+15	25	46	3.34	A2	Chort
36	ζ	10	16	41	+23	25	02	3.44	F0	Adhafera

Ebenfalls größer als 4.3 mag: η (3.52), ο (Subra) (3.52), ρ (3.85), μ (3.88), ι (3.94), σ (4.05) and ν (4.30)

VERÄNDERLICHE

Stern	R.A.		Dec.		Amplitude	Typ	Periode	Spektrum
	h	m	°	′	(mag)		(d)	
R	09	47.6	+11	25	4.4-11.3	Mira	312	M

DOPPELSTERNE

Stern	R.A.		Dec.		P.A.	Abstand	Größe	
	h	m	°	′	°	″	(mag)	
α	10	08.4	+11	58	307	176.9	1.4,7.7	
τ	11	27.9	+02	51	176	91.1	4.9,8.0	
γ	10	20.0	+19	51	AB 124	4.3	2.2,3.5	Binär, 619J.
					AC 291	259.9	9.2	
					AD 302	333.0	9.6	

γ ist ein prächtiger Doppelstern mit einem orangefarbenen Primär. Er kann mit dem Fernglas nicht beobachtet werden, doch schon ein kleines Teleskop kann ihn trennen.

STERNHAUFEN UND NEBEL

M	NGC	R.A.		Dec.		Größe	Ausdehnung	Typ
		h	m	°	′	(mag)		
65	3623	11	18.9	+13	05	9.3	10.0 x 3.3	Sb Galaxie
66	3627	11	20.2	+12	59	9.0	8.7 x 4.4	Sb Galaxie
95	3351	10	44.0	+11	42	9.7	7.4 x 5.1	SBb Galaxie
96	3368	10	46.8	+11	49	9.2	7.1 x 5.1	Sb Galaxie
105	3379	10	47.8	+12	35	9.3	4.5 x 4.0	E1 Galaxie

CANCER

Ein schwaches Tierkreiszeichen, der hellste Stern ist β (Altarf); R.A. 08h 16m 30s.9, Dec. +09°11′08″, 3.52 mag. Die anderen Sterne bilden ein undeutliches „Orion-artiges" Muster δ (Asellus Australis) (3.84), γ (Asellus Borealis) (4.66), α (Acubens) (4.25), ι (4.02) and χ (5.14).

VERÄNDERLICHE

Stern	R.A.		Dec.		Amplitude	Typ	Periode	Spektrum
	h	m	°	′	(mag)		(d)	
R	08	16.6	+11	44	6.1-11.8	Mira	362	M
X	08	55.4	+17	14	5.6-7.5	Semi-reg.	195	N

DOPPELSTERNE

Stern	R.A.		Dec.		P.A.	Abstand	Größe	
	h	m	°	′	°	″	(mag)	
ζ (Tegmine)	08	12.2	+17	39	088	5.7	5.0,6.2	Doppelst.,1150 y. A ist ein enger D. Es gibt eine 3. Komponente mit 9.7 mag, PA 108°, Abstand 288″.

STERNHAUFEN

M	NGC	R.A.		Dec.		Größe	Ausdehnung	Typ
		h	m	°	′	(mag)		
44	2632	08	40.1	+19	59	3.1	95	offener Sternhaufen (Praesepe)
67	2682	08	50.4	+11	49	6.9	30	offener Sternhaufen

SEXTANS

Der hellste Stern ist α: R.A. 10h 07m 56s.2, Dec. -00°22′18″, mag.4.49. Mit kleinen Teleskopen läßt sich hier nichts Interessantes feststellen.

Virgo, Libra

Virgo ist eines der größten Sternbilder überhaupt. Es erstreckt sich über 1300 Quadratgrad des Himmels, doch nur ein Stern (Spica) hat 1 mag und nur zwei weitere liegen über der dritten Größenklasse. In der Mythologie ist Virgo die Göttin der Gerechtigkeit, Astraea, die Tochter von Jupiter und Themis. Virgo hält Spica, „die Weizenähre" in ihrer linken Hand. Die Hauptsterne der Waage bilden ein Y-artiges Muster, wobei Spica den Fuß und γ die Verbindung zwischen „Stamm" und „Schüssel" darstellt. Die „Schüssel" ist „angefüllt" mit Galaxien und wird durch β Leonis begrenzt.

Man findet Spica, indem man der Kurve von der Achse des Großen Wagens durch Arcturus hindurch folgt – Spica wird aufgrund seiner Leuchtkraft auffallen. Es ist ein Bedeckungsveränderlicher, mit einer Ausdehnung von 0,91 bis nur 1,01 mag. Die einzelnen Komponenten liegen lediglich um die 18 Millionen Kilometer auseinander, so daß man sie nicht getrennt betrachten kann, und wir uns auf spektroskopische Beobachtungen verlassen müssen. Ca. 80% des gesamten Lichts kommt vom Primärstern, der mehr als 10mal massereicher als die Sonne und eigentlich ein veränderlicher Stern ist, obwohl seine Schwankungen sehr gering sind. Die Entfernung beträgt 257 Lichtjahre und die Leuchtkraft des Doppelsterns ist gut über 2000mal stärker als die der Sonne. So wie Regulus ist auch Spica der Ekliptik so nahe, daß er Mond- und Planetenfinsternissen unterliegt. Die einzigen Sterne erster Größe, die ähnlich liegen, sind Aldebaran und Antares.

Die Schüssel Virgos wird von ε, δ, γ, η und β geformt. Die letzten beiden sind schwächer als der Rest. Früher wurde angenommen, daß alle Sterne die gleiche Leuchtkraft besäßen, doch diese Ansicht muß mit Vorsicht genossen werden, da keiner der Sterne zu dem Typ gehört, von dem man Langzeitveränderungen der Leuchtkraft erwarten würde. Unter den Sternen des Hauptmusters befindet sich δ (Minelauva), ein roter Stern des Typs M. Er ist 147 Lichtjahre entfernt und seine Leuchtkraft 130mal heller als

die der Sonne. ε, der auch Vindemiatrix oder der Weintraubensammler genannt wird, gehört zu Typ G. Seine Entfernung beträgt 104 Lichtjahre und seine Leuchtkraft ist 75mal stärker als die der Sonne.

γ hat drei Eigennamen: Arich, Porrima und Postvarta. Er ist ein bekannter Doppelstern, dessen Komponenten völlig identisch sind. Die Umlaufzeit beträgt 171,4 Jahre. Vor einigen Jahrzehnten war der innere Abstand so groß, daß Arich einer der spektakulärsten Doppelsterne des Himmels war. Jetzt sehen wir Arich aus einem ungünstigeren Winkel, und im Jahre 2007 werden wir Arich nur noch schwer von einem Einzelstern unterscheiden können. Der minimale Abstand wird nicht mehr als 0,3 Bogensekunden betragen. Die Umlaufbahn ist exzentrisch, denn der tatsächliche Abstand reicht von 10 500 Millionen Kilometer bis nur 450 Millionen Kilometer. Arich ist nur 36 Lichtjahre entfernt.

Es gibt keine hellen Veränderlichen in der Waage, aber ein besonders schwacher Stern, W Virginis, muß Erwähnung finden. Seine Position ist R.A. 13h 23m.5, Dec.. −03° 07′, also weniger als vier Grad von ζ entfernt. Er hat nie mehr als 9,5 mag und fällt nie unter 10,6. Ursprünglich wurde W Virginis als Cepheid eingestuft; tatsächlich gehört er aber zu den Population-II-Sternen. Sterne mit kurzer Periode von dieser Art sind wesentlich schwächer als die klassischen Cepheiden. Hier liegt auch der Grund dafür, warum Edwin Hubble die Entfernung zur Andromeda-Galaxie unterschätzte. Man konnte damals noch nicht wissen, daß es zwei Arten von Veränderlichen mit kurzer Umlaufzeit mit einem sehr unterschiedlichen Periode-Leuchtkraft-Beziehung gibt. Zeitweilig wurden die schwächeren Sterne als Typ-II-Cepheiden bezeichnet, jetzt heißen sie offiziell W Virginis-Sterne. Der hellste von ihnen, und das einzige Mitglied dieser Klasse, das mit dem bloßen Auge beobachtet werden kann, ist κ Pavonis (Karte 21). Leider liegt er zu südlich, um von Europa aus gesehen werden zu können.

Größenklassen

−1
0
1
2
3
4
5

Veränderliche

Galaxien

Planetarische Nebel

Gasförmige Nebel

Kugelhaufen

Offene Sternhaufen

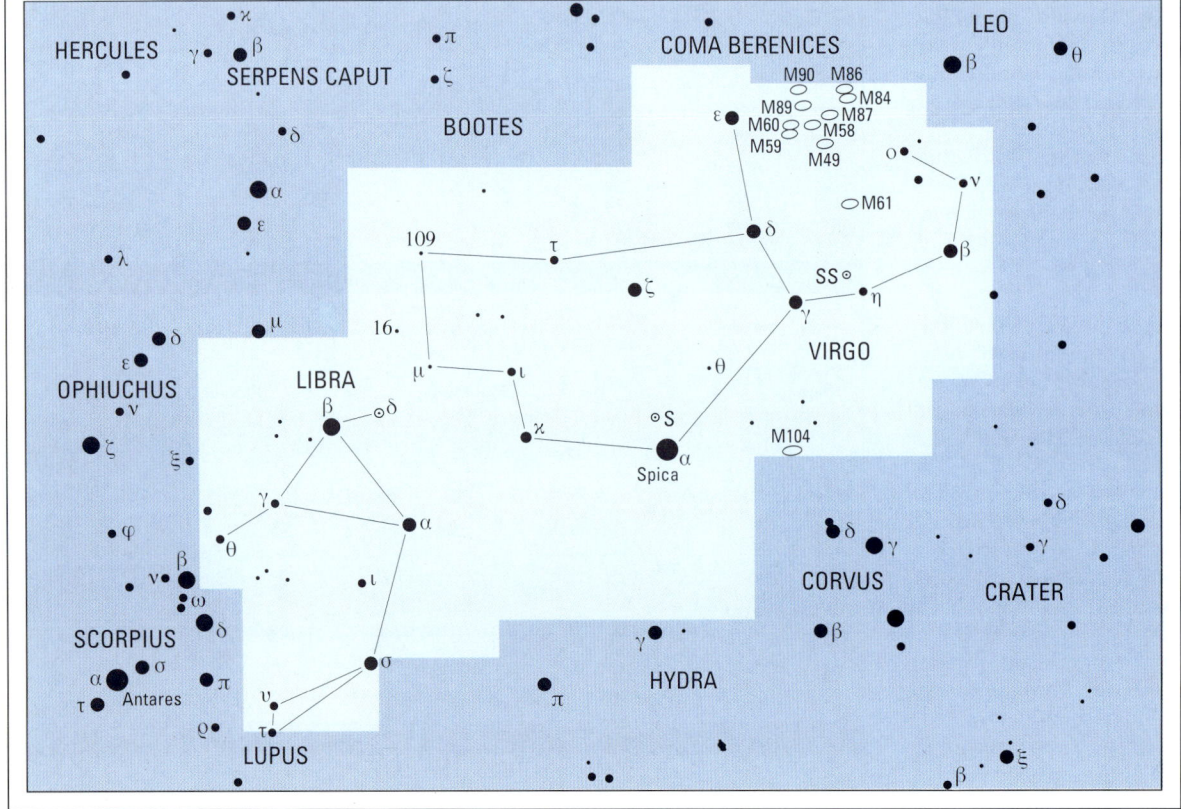

◄ Die Sternbilder auf dieser Karte können am besten von April bis Juni gesehen werden. Sowohl die Jungfrau als auch die Waage sind Tierkreiszeichen. Die Waage wird vom Himmelsäquator gekreuzt. Das „Y" im Sternbild der Jungfrau ist unverkennbar, und die Schüssel des Y ist reich an schwachen Galaxien. Die Jungfrau liegt zur einen Seite der Waage und der Skorpion liegt zur anderen. Man sieht hier auch das deutlich sichtbare Trapez von Corvus. Genauer wird dieses Sternbild auf Karte 7 beschrieben.

W Virginis ist bis zu 1500mal heller als die Sonne. Im Vergleich zu δ Cephei, dessen Leuchtkraft die Sonne um ein 6000faches übertrifft, ist das aber nicht viel.

Das wichtigste Merkmal Virgos ist der Galaxienhaufen, der bis in die Sternzeichen von Leo und Coma hineinreicht. Die durchschnittliche Entfernung der Mitglieder des Haufens beträgt zwischen 40 und 50 Mio. Lichtjahre, und da er mehrere tausend Systeme enthält, erscheint unsere Lokale Gruppe daneben sehr klein. In der Jungfrau befinden sich nicht weniger als elf Messier-Objekte, außerdem viele weitere Galaxien mit Größenklassen von 12 oder heller.

Die elliptische Riesengalaxie M87 wurde von Messier selbst im Jahre 1781 entdeckt. Ein eigenartiger Strahl, der mehrere tausend Lichtjahre lang ist und von vielen (um die tausend) kugelförmigen Haufen begleitet wird, fließt aus ihr heraus. Als starke Strahlungsquelle ist M87 auch unter dem Namen Virgo A oder 3C-274 bekannt. Sie ist ferner eine aktive Quelle von Röntgenstrahlung. Es gibt viele Hinweise für die Existenz eines extrem massiven Schwarzen Loches im Herzen der Galaxie.

M104 ist eine Sb-Spiralgalaxie. Sie hebt sich von der dunklen Staubbahn, die sie kreuzt, ab, verdankt ihr allerdings den Spitznamen „Sombrero". M104 ist auch reich an kugelförmigen Haufen. Ein Teleskop mit einer Blende von mehr als 30 cm läßt die Staubbahn deutlich erkennen. Die Einmaligkeit dieses Phänomens macht M104 auch für Astro-Photographen interessant.

M49, das mit δ und ε ein gleichseitiges Dreieck formt, ist eine weitere elliptische Riesengalaxie, vergleichbar mit M87, doch M49 ist keine so starke Strahlungsquelle. Alle anderen Galaxien lassen sich sehr leicht finden, selbst diejenigen, die nicht von Messier aufgeführt wurden. Hier befindet sich ein exzellentes Revier für alle, die nach Supernovae in fernen Galaxien suchen.

Libra, die Waage, liegt nahe bei Virgo, und ist eines der undeutlichsten Tierkreiszeichen. Die Waage ist das einzige Sternzeichen unter den Tierkreiszeichen, das nach einem nicht lebendigen Objekt benannt wurde. Ursprünglich waren es die Klauen des Skorpions. Frühe griechische Legenden verknüpfen die Waage mit Mochis, dem Erfinder von Gewichten und Maßen. Die Hauptsterne bilden ein verzerrtes Quadrat. σ wurde vom Skorpion übernommen. Früher war er als γ Scorpii bekannt.

α Librae – Zubenelgenubi, die südliche Klaue – bildet mit 8 Librae (5,2 mag) ein Paar. Der Abstand ist so groß, daß das Paar mit dem Feldstecher gesehen werden kann. Das hellere Mitglied des Paares ist ein spektroskopischer Doppelstern, 72 Lichtjahre entfernt und 31mal heller als die Sonne. β Librae oder Zubenelchemale, die nördliche Klaue, ist interessanter. Er ist 121 Lichtjahre entfernt und 100mal stärker als die Sonne. Der Spektraltyp ist B8, vom dem oft gesagt wurde, daß er der einzige Einzelstern mit deutlich grünlicher Färbung sei. Schon T.B. Webb bezog sich auf seine „schöne bleiche, grüne" Farbe. Dies ist sicherlich übertrieben, die meisten Menschen werden den Stern sogar als weiß bezeichnen, doch es lohnt sich, ihn zu untersuchen. Möglicherweise ist er mit der Zeit schwächer geworden, denn schon Ptolemäus hat ihn in die erste Größenklasse eingestuft. Wie so oft steht der Nachweis aber auf schwachen Füßen.

Sonst ist an Libra nichts besonders interessant. Sie hat keine Messier-Objekte. Es gibt allerdings einen Bedeckungsveränderlichen des Algol-Typs, nämlich δ Librae, der mit 16 Librae (4,5 mag) und β ein Dreieck formt. Die Amplitude reicht von 4,8 bis 6,1 mag, so daß er nie deutlich sichtbar ist, und auf seinem Minimum mit bloßem Auge kaum noch beobachtet werden kann. Fernstecher zeigen ihn im gleichen Sichtfeld wie β.

VIRGO

HELLSTE STERNE

Nr.	Stern	R.A.			Dec.			Größe	Spektrum	Name
		h	m	s	°	′	″	(mag)		
67	α	13	25	11.5	-11	09	41	0.98	B1	Spica
29	γ	12	41	39.5	-01	26	57	2.6	F0+F0	Arich
47	ε	13	02	10.5	+10	57	33	2.83	G9	Vindemiatrix
79	ζ	13	34	41.5	-00	35	46	3.37	A3	Heze
43	δ	12	55	36.1	+03	23	51	3.38	M3	Minelauva

Ebenfalls größer als 4.3 mag: β (Zavijava) (3.61), 109 (3.72), μ (Rijl al Awwa) (3.88), η (Zaniah) (3.89), ν (4.03), ο (Syrma) (4.08), κ (4.12), κ (4.19) und τ (4.26).

DOPPELSTERNE

Stern	R.A.		Dec.		P.A.	Abstand	Größe
	h	m	°	′	°	″	(mag)
γ	12	41.7	-01	27	287	3.0	3.5,3.5
θ	13	09.9	-05	32	343	7.1	4.4,9.4
(Apami-Atsa)							

STERNHAUFEN UND NEBEL

M	NGC	R.A.		Dec.		Größe	Ausdehnung	Typ
		h	m	°	′	(mag)	′	
49	4472	12	29.8	+08	00	8.4	8.9 x 7.4	E3 Galaxie
58	4579	12	37.7	+11	49	9.8	5.4 x 4.4	SB Galaxie
59	4621	12	42.0	+11	39	9.8	5.1 x 3.4	E3 Galaxie
60	4649	12	43.7	+11	33	8.8	7.2 x 6.2	E1 Galaxie
61	4303	12	21.9	+04	28	9.7	6.0 x 5.5	Sc Galaxie
84	4374	12	25.1	+12	53	9.3	5.0 x 4.4	E1 Galaxie
86	4406	12	26.2	+12	57	9.2	7.4 x 5.5	E3 Galaxie
87	4486	12	30.8	+12	24	8.6	7.2 x 6.8	E1 Galaxie (Virgo)
89	4552	12	35.7	+12	33	9.8	9.5 x 4.7	E0 Galaxie
90	4569	12	36.8	+13	10	9.5	9.5 x 4.7	Sb Galaxie
104	4594	12	40.0	-11	37	8.3	8.9 x 4.1	Sb Galaxie (Sombrero)

LIBRA

HELLSTE STERNE

Nr.	Stern	R.A.			Dec.			Größe	Spektrum	Name
		h	m	s	°	′	″	(mag)		
27	β	15	17	00.3	-09	22	58	2.61	B8	Zubenelchemale
9	α	14	50	52.6	-16	02	30	2.75	A3	Zubenelgenubi
20	σ	15	04	04.1	-25	16	55	3.29	M4	Zubenalgubi

Ebenfalls größer als 4.3 mag: ν (3.58), τ (3.66), γ (Zubenelhakrabi) (3.91), ι (4.15). σ Librae zählt als γ zum Scorpion, als γ Scorpii.

VERÄNDERLICHE

Stern	R.A.		Dec.		Amplitude	Typ	Periode	Spektrum
	h	m	°	′	(mag)		(d)	
δ	15	01.1	-08	31	4.9-5.9	Algol	2.33	B

DOPPELSTERNE

Stern	R.A.		Dec.		P.A.	Abstand	Größe
	h	m	°	′	°	″	(mag)
α	14	50.9	-16	02	314	231.0	2.8,5.2

▼ *Das Sternbild der Waage*
mit den Planeten Mars und
Saturn.

Hydra, Corvus, Crater

Hydra erstreckt sich über 1303 Quadratgrad und ist damit das größte Sternbild am Himmel. Sie konnte diesen Rang einnehmen, als das alte sperrige Argo Navis aufgeteilt wurde. Die einzigen Sternbilder, die sich außer Hydra über mehr als 1000 Quadratgrad erstrecken, sind Virgo (1294), Ursa Maior (1280), Cetus (1232), Eridanus (1138), Pegasus (1121), Draco (1083) und Centaurus (1060). Am Ende der Reihe steht das Kreuz des Südens mit nur 48 Quadratgrad.

Trotz ihrer Größe ist Hydra nicht deutlich sichtbar. Nur ein Stern liegt über der dritten Größenklasse und nur zehn weitere über der vierten. Das einzige Muster, das sich abhebt, ist der Kopf, bestehend aus ζ, ε, δ und η. Neben Procyon und Regulus ist der Kopf einfach zu finden, doch es gibt nichts weiter Auffälliges an ihm. In der Mythologie ist Hydra das vielköpfige Monster, das eines der vielen Opfer des Herkules wurde. Oft wird sie aber zu einer harmlosen Wasserschlange degradiert.

Der einzige helle Stern ist α (Alphard). Die Zwillinge (Castor und Pollux) weisen direkt auf ihn hin, doch da er in einer so dürren Gegend liegt, wäre er auch sonst einfach zu erkennen. Alphard wird deshalb auch der Einsame genannt. Er besitzt ein Spektrum des Typs K und hat eine auffallend rötliche Farbe. Er ist 85 Lichtjahre entfernt und 115mal heller als die Sonne.

Während der 1830er Jahre betrachtete John Herschel vom Kap der Guten Hoffnung aus die weit im Süden liegenden Sterne. Auf seiner Heimreise machte er einige Beobachtungen Alphard betreffend, und er erkannte, daß er ein veränderlicher Stern war. Dies ist nie bestätigt worden. Heute erscheint das Licht Alphards konstant zu sein. Es mag sich dennoch lohnen, den Stern weiter zu beobachten. Es gibt keine geeigneten Vergleichssterne. Sollte es irgendwelche Schwankungen geben, so beschränken sich diese auf ein Zehntel einer Größenklasse.

Es gibt einen interessanten Veränderlichen in dem Sternbild, nämlich R Hydrae in der Nähe von γ, der aber zu tief steht, um von Europa oder dem Norden der USA aus erfolgreich beobachtet zu werden. Als Maximum kann er vierte Größe erreichen, und er fällt nie unter 10 mag. Er ist aber kein typischer Mira-Stern, da sich seine Periode während der letzten Jahrhunderte zweifellos geändert hat. Zuerst betrug sie 500 Tage, während der 30er Jahre unseres Jahrhunderts fiel sie auf 425 Tage und der letzte offizielle Wert ist 390 Tage. Wir scheinen es also mit einem ständigem Wandel im Entwicklungszustand des Sterns zu tun zu haben. Jede Beobachtung ist wertvoll, da es keinen Grund zu der Annahme gibt, daß die Verkürzung der Periode abgeschlossen ist.

U Hydrae, der mit ν und μ ein Dreieck bildet, ist ein halbregelmäßiger veränderlicher Stern. Wie alle Spektralsterne des Typs N ist auch U Hydrae sehr rot.

ε Hydrae ist ein Mehrfachsystem. Die beiden Hauptkomponenten sind einfach zu trennen. Der Primärstern ist ein sehr enger Doppelstern mit einer Umlaufzeit von 15 Jahren. Ein dritter und möglicherweise ein vierter Stern teilen dessen Bewegung im Raum. β ist auch ein Doppelstern, kann aber nur schwer getrennt werden. β liegt unter der vierten Größe und ist damit um über eine Größenklasse schwächer als γ, ζ oder ν.

Es gibt drei Messier-Objekte in Hydra. M48 ist ein offener Sternhaufen am Rande des Sternbildes, nahe an der Grenze zu Monoceros gelegen. Mit dem bloßen Auge kann man ihn gerade noch sehen, aber er ist nicht leicht zu identifizieren. M68 ist ein kugelförmiger Haufen, der ca. 39 000 Lichtjahre entfernt ist und genau südlich von β Corvi und zwischen γ und β Hydrae liegt. M83, südlich von γ an der Grenze zwischen Hydra und Centaurus, ist eine Spiralgalaxie, ca. 8,5 Millionen Lichtjahre und damit nicht weit von der Lokalen Gruppe entfernt. Ein Teleskop mit einer mindestens 10 cm großen Blende bringt sie deutlich hervor, so daß sie auch ein beliebtes photographisches Motiv ist. Am besten ist diese Spiralgalaxie von der südlichen Hemisphäre aus zu sehen.

Größenklassen

- −1
- 0
- 1
- 2
- 3
- 4
- 5

Veränderliche

Galaxien

Planetarische Nebel

Gasförmige Nebel

Kugelhaufen

Offene Sternhaufen

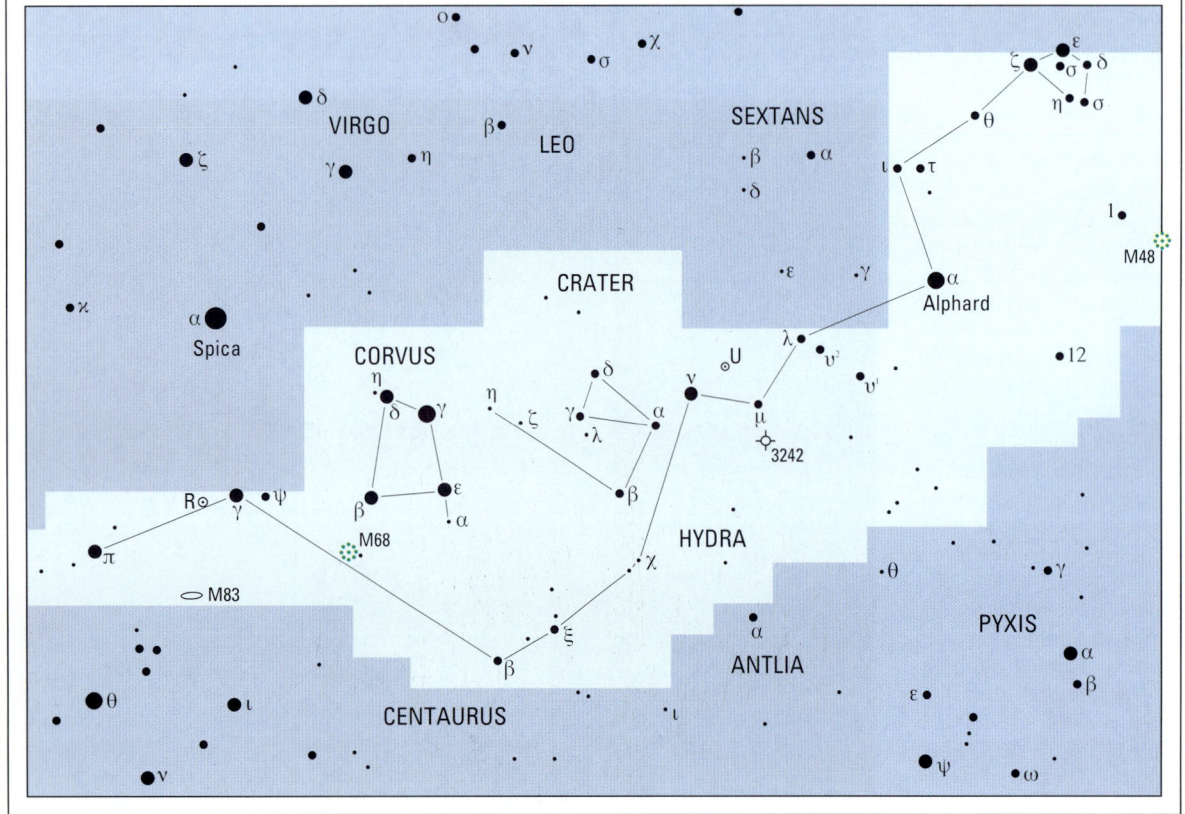

◄ *Diese Karte* zeigt eine sehr unfruchtbare Gegend. Hydra ist das größte Sternbild überhaupt, enthält aber nur einen sehr hellen Stern, nämlich a (Alphard). Der Kopf liegt beim Krebs, der Schwanz reicht bis in den Süden der Jungfrau. Corvus ist relativ bekannt, obwohl keiner seiner Sterne zweite Größe erreicht. Crater ist sehr schwach.

In den letzten Jahren sind mehrere Supernovae beobachtet worden.

Es gibt auch einen planetarischen Nebel, NGC3242, der mit dem Spitznamen „der Geist Jupiters" versehen wurde, weil er aus einem relativ hellen ovalen Ring und einem Zentralstern zwölfter Größe besteht. Der ganze Nebel erscheint in einer bläulich-grünen Farbe. Er bildet mit ν und μ ein Dreieck, so daß Beobachter der nördlichen Hemisphäre ihn gut sehen können.

Zwei Sternbilder, die heute abgeschafft sind, grenzen an Hydra. Noctua, die Nachteule, lag in der Nähe von γ. Felis, die Katze, schmiegte sich südlich von λ an den Körper der Wasserschlange. Im allgemeinen stiften diese kleinen und schwachen Sternbilder nur Verwirrung auf den Sternkarten; andererseits muß man mit Bedauern feststellen, daß wir von der Eule und dem Schmusekätzchen Abschied genommen haben!

Corvus ist eines der von Ptolemäus ursprünglich aufgeführten Sternbilder. In der Legende verliebt sich Apollo in Coronis, die Mutter des berühmten Arztes Aesculapius, und entsandte eine Krähe, um sie zu beobachten und ihm dann zu berichten. Obgleich der Vogel nur Nachteiliges zu berichten wußte, belohnte Apollo ihn mit einem Platz am Himmel.

Corvus ist leicht zu finden, weil seine vier Hauptsterne γ, β, δ und ε, alle zwischen den Größenklassen 2,5 und 3, ein auffälliges Rechteck bilden und keine hellen Sterne in der Nähe liegen. Corvus besitzt keine interessanten Objekte. Der Stern, der die Bezeichnung α (Alkhiba) trägt, ist um mehr als eine Größenklasse schwächer als die vier Sterne, die das Quadrat bilden.

Crater, der Kelch, von dem gesagt wird, daß er den Weinpokal des Bacchus darstellt, ist so schwach, daß es überrascht, ihn unter den 48 ursprünglichen Sternbildern des Ptolemäus zu finden. Es ist nicht schwer, ihn in der Nähe von ν Hydrae zu identifizieren, allerdings ist nichts Interessantes an ihm festzustellen.

HYDRA

HELLSTE STERNE

Nr.	Stern	R.A.			Dec.			Größe	Spektrum	Name
		h	m	s	°	′	″	(mag)		
30	α	09	27	35	-08	39	31	1.98	K3	Alphard
46	γ	13	18	55	-23	10	17	3.00	G5	
16	ζ	08	55	24	+05	56	44	3.11	K0	
	ν	10	49	37	-16	11	37	3.11	K2	
49	π	14	06	22	-26	40	56	3.27	K2	
11	ε	08	46	46	+06	25	07	3.38	G0	

Ebenfalls größer als 4.3 mag: ξ (3.54), λ (3.61), ν (4.12), δ (4.16), β (4.28), η (4.30).

VERÄNDERLICHE

Stern	R.A.		Dec.		Amplitude	Typ	Periode	Spektrum
	h	m	°	′	(mag)		(d)	
R	13	29.7	-23	17	4.0-10.0	Mira	390	M
U	10	37.6	-13	23	4.8-5.8	unregelmäßig	450	N

DOPPELSTERNE

Stern	R.A.		Dec.		P.A.	Abstand	Größe	
	h	m	°	′	°	″	(mag)	
ε	08	46.8	+06	25	281	2.8	3.8,6.8	A ist ein enger Doppelstern
β	11	52.9	-33	54	008	0.9	4.7,5.5	schwieriger Test

STERNHAUFEN UND NEBEL

M	NGC	R.A.		Dec.		Größe	Ausdehnung	Typ
		h	m	°	′	(mag)	′	
48	2548	08	13.8	-05	48	5.8	54	offener Sternhaufen
68	4590	12	39.5	-26	45	8.2	12	kugelförmiger Sternh.
83	5236	13	37.0	-29	52	8.2	11.3 x10.2	Sc Galaxie
	3242	10	24.8	-18	38	8.6	16″ x 26″	planetarischer Nebel (Geist Jupiters)

CORVUS

HELLSTE STERNE

Nr.	Stern	R.A.			Dec.			Größe	Spektrum	Name
		h	m	s	°	′	″	(mag)		
4	γ	12	15	48	-17	32	31	2.59	B8	Minkar
9	β	12	34	23	-23	23	48	2.65	G5	Kraz
7	δ	12	29	52	-16	30	55	2.95	B9	Algorel
2	ε	12	10	07	-22	37	11	3.00	K2	

Ebenfalls größer als 4.3 mag: α (Alkhiba) (4.02).

CRATER

Eine kleine schwache Gruppe. Die hellsten Sterne sind α (Alkes) und γ, beide zeigen 4.08 mag. Alkes liegt bei R.A. 10h 59m 46s, Dec.-18°17′56″.

◄ **Die Sternbilder** Hydra, Corvus und Crater. Das Bild zeigt auch die Jungfrau und Spica, allerdings ist Hydra selbst sehr schlecht zu sehen.

Lyra, Cygnus, Aquila, Scutum, Sagitta,

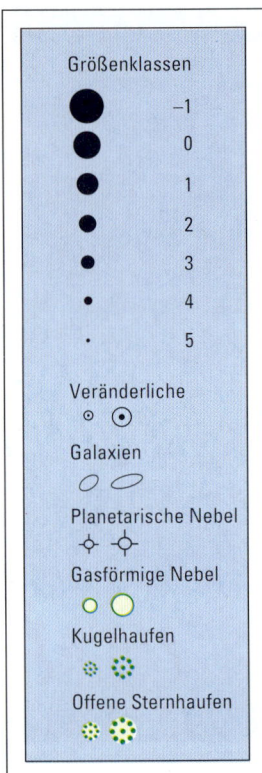

Größenklassen

- −1
- 0
- 1
- 2
- 3
- 4
- 5

Veränderliche

Galaxien

Planetarische Nebel

Gasförmige Nebel

Kugelhaufen

Offene Sternhaufen

Lyra ist eine kleine Konstellation, die aber reich an interessanten Objekten ist. α (Wega) ist außer Arcturus der hellste Stern am Himmel der nördlichen Hemisphäre. Er ist an der stahlblauen Farbe zu erkennen, ist 26 Lichtjahre entfernt und 52mal heller als die Sonne. 1983 zeigten Beobachtungen von IRAS, dem Infrarot-Astronomie-Satelliten, daß Wega von einer Wolke kalten Materials umgeben ist, das planetenbildend sein könnte. Dennoch wäre es sicherlich verfrüht zu behaupten, daß dort tatsächlich Planeten existieren. Der zehnmal kleinere Begleiter von Wega in 60 Bogensekunden Entfernung liegt nur zufällig in fast der gleichen Sichtlinie, es gibt keine echte Verbindung.

β Lyrae (Scheliak) ist ein Bedeckungsdoppelstern mit veränderlicher Intensität und flachem Minimum, er ist der Prototyp seiner Klasse. Seine Veränderungen sind gut zu verfolgen, da der benachbarte γ (3,24 mag) einen idealen Vergleichsstern darstellt. Wenn β schwach ist, sind in κ (4,3 mag), δ (auch 4,3 mag) und ζ (4,4 mag) weitere Vergleichssterne vorhanden. R Lyrae ist ein halbregelmäßiger veränderlicher Stern, sehr roter Farbe, mit einer ungefähren Periode von 46 Tagen. Nützliche Vergleichssterne sind η und θ, deren Größe jeweils mit 4,4 mag angegeben ist, obwohl θ merklich heller ist.

Nahe bei Wega liegt ε Lyrae, ein großartiges Beispiel für einen Vierfachstern. Scharfsichtige Menschen können die zwei Komponenten auseinanderhalten, während ein 7,6 cm-Teleskop kräftig genug ist, zu zeigen, daß jede Komponente wieder zweigeteilt ist. Es lohnt sich, ein Fernglas

zu benutzen, um das Paar, bestehend aus δ1 und δ2, anzusehen. Hier besteht ein guter Farbkontrast, denn der hellere Stern ist ein Roter Riese vom M-Typ, der schwächere ist weiß. ζ ist abermals ein weiter Doppelstern. M57, der Ringnebel, ist der berühmteste aller planetarischen Nebel, wenn auch nicht der hellste. Er ist sehr leicht zu finden, weil er zwischen β und γ liegt; schon ein kleines Teleskop zeigt ihn. Der Kugelhaufen M56 ist mit einem Fernglas zu erfassen, zwischen γ Lyrae und β Cygni, und sehr weit, über 45 000 Lichtjahre, entfernt. In der Mythologie ist Lyra die Leier, die Apollo dem großen Musiker Orpheus gab.

Cygnus, der Schwan, soll den Vogel darstellen, in den Jupiter sich einst bei einem Besuch bei der Königin von Sparta verwandelt haben soll. Er wird oft wegen seiner offensichtlichen X-Form das Kreuz des Nordens genannt. Der hellste Stern, Deneb, ist ein außerordentlich leuchtkräftiger Überriese, mindestens 70 000mal heller als die Sonne. Er ist 1800 Lichtjahre entfernt, so daß wir ihn heute sehen wie er war, als die Römer Britannien besetzten. γ Cygni oder Sadr, der mittlere Stern des X, ist ein F8-Typ und entspricht 6000 Sonnen. Ein Mitglied der Konstellation, β Cygni oder Albireo, ist blasser als der Rest und zerstört so die Symmetrie, was aber dadurch kompensiert wird, daß er der wohl am schönsten gefärbte Doppelstern am Himmel ist. Die Hauptkomponente ist goldgelb, sein Begleiter leuchtend blau. Der Abstand beträgt mehr als 34", so daß fast jedes kleine Teleskop die Teilung zeigt. Er ist ein einfacher Doppelstern, wie auch der verschwommene 61 Cygni, welcher der erste Stern war, dessen Distanz gemessen wurde.

Es gibt mehrere bemerkenswerte veränderliche Sterne. χ Cygni ist ein Mirastern mit einer Periode von 407 Tagen und einer außergewöhnlichen Amplitude. Im Maximum kann er 3,3 mag erreichen, heller als sein Nachbar η, aber im Minimum sinkt er unter 14 mag. Da er in einer sternreichen Region liegt, ist er dann nicht leicht zu finden. χ ist eine der stärksten Infrarotquellen am Himmel. U Cygni (nahe dem o1-o2-Paar) und R Cygni (im selben Blickfeld wie θ, Helligkeit 4,48 mag) sind ebenfalls sehr rote, veränderliche Mirasterne.

Die Milchstraße führt durch Cygnus und es gibt auffällige dunkle Gebiete, die für die Anwesenheit von absorbierendem Staub sprechen. Es gibt auch verschiedene Sternhaufen und Nebel. Der offene Sternhaufen M29 befindet sich im selben Blickfeld wie P und γ. Er ist nicht schwer zu erkennen. M39, nahe ρ, ist auch offen und besteht aus ungefähr 30 Sternen. NGC7000 ist bekannt als Nordamerikanebel. Er ist mit bloßem Auge in der Gestalt eines etwas helleren Teils der Milchstraße vage zu sehen. Ferngläser zeigen ihn gut als weite Region mit diffusen Nebeln. Photos zeigen, daß seine Form tatsächlich eine Ähnlichkeit mit dem nordamerikanischen Kontinent hat. Er hat einen Durchmesser von fast 500 Lichtjahren und verdankt wohl Deneb viel von seiner Leuchtkraft. Er liegt im selben Feld wie der rötliche ξ Cygni.

Aquila, der Adler, erinnert an den Vogel, den Jupiter sandte, um den Hirtenjungen Ganymed zu holen, der Mundschenk der Götter werden sollte. Altair ist 16,6 Licht-

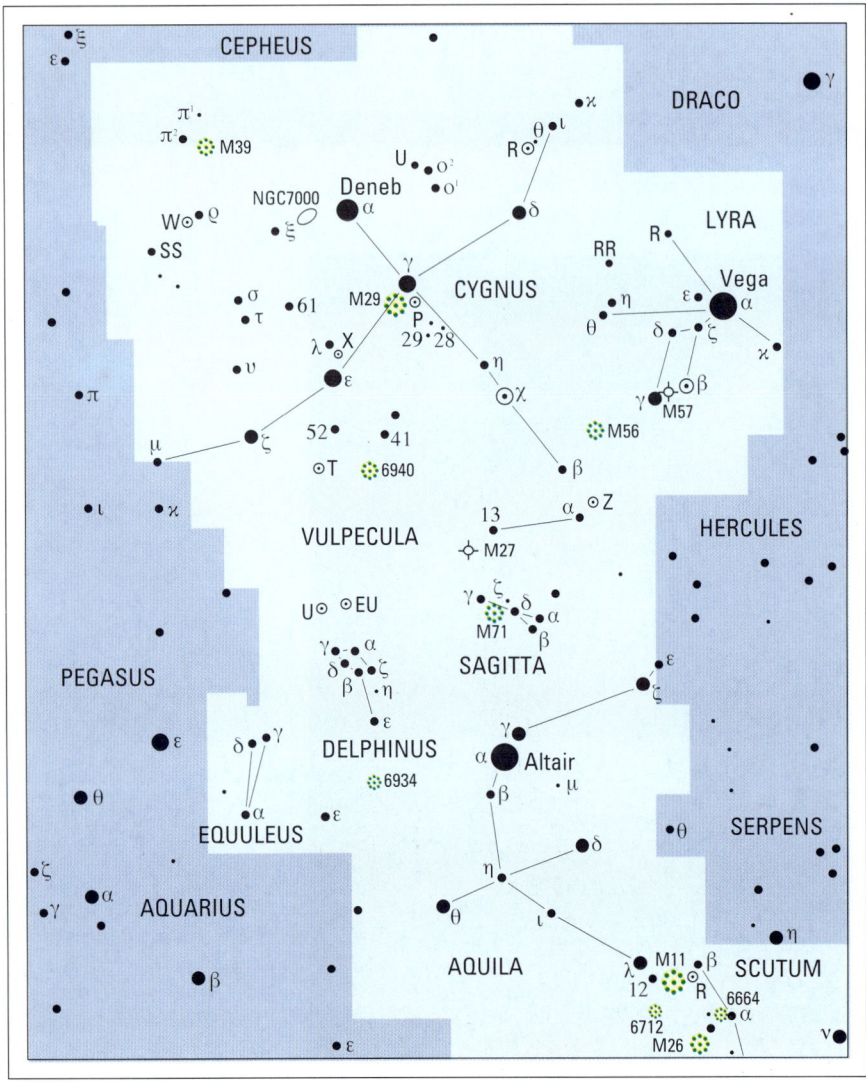

◄ **Diese Karte** wird von drei Sternen dominiert, Deneb, Wega und Altair. Weil sie im Sommer in der nördlichen Hemisphäre so herausragend sind, wurden sie „Das Sommerdreieck" genannt. Dieser Name wurde allgemein gebräuchlich, obwohl er inoffiziell und in der südlichen Hemisphäre unangemessen ist. Die Milchstraße führt durch diese sehr dichte Region. Alle drei Sterne des „Dreiecks" sind von den meisten bewohnten Gebieten aus sichtbar, obwohl von Neuseeland aus gesehen Deneb und Wega sehr tief stehen.

Vulpecula, Delphinus, Equuleus

LYRA

HELLSTE STERNE

Nr.	Stern	R.A.			Dec.			Größe (mag)	Spektrum	Name
		h	m	s	°	′	″			
3	α	18	36	56	+38	47	01	0.03	A0	Wega
14	γ	18	58	56	+32	41	22	3.24	B9	Sulaphat
10	β	18	50	05	+33	21	46	3.3 (max)	B7	Shelik

Ebenfalls größer als 4,3 mag: ε (3.9) (Gesamthelligkeit); R (3.9, max).

VERÄNDERLICHE

Stern	R.A.		Dec.		Amplitude (mag)	Typ	Periode (d)	Spektrum
	h	m	°	′				
β	18	50.1	+33	22	3.3-4.3	β Lyrae	12.94	B+A
R	18	55.3	+43	57	3.9-5.0	Halbreg.	46	M
RR	19	25.5	+42	47	7.1-8.1	RR Lyrae	0.57	A-F

DOPPELSTERNE

Stern	R.A.		Dec.		Pos. W.	Abstand	Größe (mag)	
	h	m	°	′				
ε	18	44	+39	40	AB+CD 173	207.7	4.7,5.1	
					ε'=AB 357	2.8	5.0,5.1	Vierfachstern
					ε'=CD 094	2.3	5.2,5.5	
ζ	18	44.8	+37	36	150	43.7	4.3,5.9	
β	18	50.1	+33	22	149	45.7	var. 8.6	

STERNHAUFEN UND NEBEL

M	NGC	R.A.		Dec.		Größe (mag)	Ausdehnung ″	Typ
		h	m	°	′			
56	6779	19	16.6	+30	11	8.2	7.1	Kugel-haufen
57	6720	18	53.6	+33	02	9.7	70″ x 150″	Planetar-Nebel (Ring-nebel)

CYGNUS

HELLSTE STERNE

Nr.	Stern	R.A.			Dec.			Größe (mag)	Spektrum	Name
		h	m	s	°	′	″			
50	α	20	41	26	+45	16	49	1.25	A2	Deneb
37	γ	20	22	13	+40	15	24	2.20	F8	Sadr
53	ε	20	46	12	+33	58	13	2.46	K0	Gienah
18	δ	19	44	58	+45	07	51	2.87	A0	
6	β	19	30	43	+27	57	35	3.08	K5	Albireo
64	ζ	21	12	56	+30	13	37	3.20	G8	

Ebenfalls größer als 4,3 mag: ξ (3.72), τ (3.72), κ (3.77), ι (3.79), ο (3.79), η (3.89), ν (3.94), ο (3.98), 41 (4.01), ρ (4.02), 52 (4.22), σ (4.23), π (4.23). Der ungewöhnliche Veränderliche P Cygni erreichte schon Größe 3, liegt normalerweise aber näher an 5. In einigen Maxima erreicht der rote Mira-Veränderliche χ Cygni die Größe 3.3, die meisten Maxima sind jedoch merklich blasser.

VERÄNDERLICHE

Stern	R.A.		Dec.		Amplitude (mag)	Typ	Periode (d)	Spektrum
	h	m	°	′				
–	19	50.6	+32	55	3.3-14.2	Mira	407	S
P	20	17.8	+38	02	3-6	Wiederkehrende Nova	–	Unbest.
R	19	36.8	+50	12	5.9-14.2	Mira	426	M
U	20	19.6	+47	54	5.9-12.1	Mira	462	N
X	20	43.4	+35	35	5.9-6.9	Cepheide	16.4	F-G
W	21	36.0	+45	22	5.0-7.6	Halbreg.	126	M
SS	21	42.7	+43	35	8.4-12.4	SS Cyg (U Gem)	±50	A-G

DOPPELSTERNE

Stern	R.A.		Dec.		P.A.	Abstand ″	Größe (mag)	
	h	m	°	′				
β	19	30.7	+27	58	054	34.4	3.1,5.1	Gelb, blau
δ	19	45.0	+45	07	225	2.4	2.9,6.3	Binär, 828 Jahre
61	21	06.9	+38	45	148	29.9	5.2,6.0	

STERNHAUFEN UND NEBEL

M	NGC	R.A.		Dec.		Größe (mag)	Ausdehnung ′	Typ
		h	m	°	′			
29	6913	20	23.9	+38	32	6.6	7	Of. Sternh.
39	7092	21	32.2	+48	26	4.6	32	Of. Sternh.
	7000	20	58.8	+44	20	6.0	120 x 100	Nebel (Nord-amerika-nebel)

AQUILA

HELLSTE STERNE

Nr.	Stern	R.A.			Dec.			Größe (mag)	Spektrum	Name
		h	m	s	°	′	″			
53	α	19	50	47	+08	52	06	0.77	A7	Altair
50	γ	19	46	15	+10	36	48	2.72	K3	Tarazed
17	ζ	19	05	24	+13	51	48	2.99	B9	Deneb el Okab

Nr.	Stern	R.A.			Dec.			Größe (mag)	Spektrum	Name
		h	m	s	°	′	″			
65	θ	20	11	18	-00	49	17	3.23	B9	
30	δ	19	25	30	+03	06	53	3.36	F0	
16	λ	19	06	15	-04	52	57	3.44	B9	Althalimain

Ebenfalls größer als 4,3 mag: β (Alshain) (3.71), ε (4.02), 12 (4.02). Der Veränderliche Cepheide η erreicht maximal 3.5.

VERÄNDERLICHE

Stern	R.A.		Dec.		Amplitude (mag)	Typ	Periode (d)	Spektrum
	h	m	°	′				
η	19	52.5	+01	00	3.5 - 4.4	Cepheide	7.2	F - G
R	19	06.4	+08	14	5.5 - 12.0	Mira	284	M

SCUTUM

Der hellste Stern ist α; R.A. 18h 35m 12s.1, Dec. -08°14′39″, 3.85 mag. Ebenfalls über 4.3 mag: β (4.22).

VERÄNDERLICHE

Stern	R.A.		Dec.		Amplitude (M)	Typ	Periode (d)	Spektrum
	h	m	°	′				
R	18	47.5	-05	42	4.4-8.2	RV Tauri	140	G-K

STERNE UND NEBEL

M	NGC	R.A.		Dec.		Größe (mag)	Ausdehnung ′	Typ
		h	m	°	′			
11	6705	18	51.1	-06	16	5.8	14	Of. Sternh. (Wildente)
26	6694	18	45.2	-09	24	8.0	15	Of. Sternh.
	6664	18	36.7	-08	13	7.8	16	Of. Sternh. (EV Scuti)
	6712	18	53.1	-08	42	8.2	7	Kugel-haufen

SAGITTA

Die einzigen beiden Sterne über Größenklasse 4,3 mag sind γ und δ. Der hellste, γ, liegt bei R.A. 19h 58m 45s.3, Dec. + 19°29′32″; Größe 3.47. Die Größe von δ ist 3.82.

STERNHAUFEN UND NEBEL

M	NGC	R.A.		Dec.		Größe (mag)	Ausdehnung ′	Typ
		h	m	°	′			
71	6838	19	53.8	+18	47	8.3	7.2	Kugel-haufen

VULPECULA

Der hellste Stern ist α; R.A. 19h 28m 42s.2, Dec. +24°39′24″, Größe 4.44.

VERÄNDERLICHE

Stern	R.A.		Dec.		Amplitude (mag)	Typ	Periode (d)	Spektrum
	h	m	°	′				
T	20	51.5	+28	15	5.4-6.1	Cepheide	4.4	F-G
Z	19	21.7	+25	34	7.4-9.2	Algol	2.45	B+A

DOPPELSTERNE

Stern	R.A.		Dec.		P.A.	Abstand ″	Größe (mag)
	h	m	°	′			
α - 8	19	28.7	+24	40	028	413.7	4.4,5.8

STERNHAUFEN UND NEBEL

M	NGC	R.A.		Dec.		Größe (mag)	Ausdehnung ′	Typ
		h	m	°	′			
27	6853	19	59.6	+22	43	7.6	350″ x 910″	Planetarisch (Hantel)
	6940	20	34.6	+28	18	6.3	31	Of. Sternh.

DELPHINUS

Der hellste Stern ist β; R.A. 20h 37m 322,8, Dec. 14°35′43″, Größe 3.54. Ebenfalls über Größe 4.3: α (3.77), γ (3.9 Gesamthelligkeit), ε (4.03).

VERÄNDERLICHE

Stern	R.A.		Dec.		Amplitude (mag)	Typ	Periode (d)	Spektrum
	h	m	°	′				
U	20	45.5	+18	05	5.6-8.9	Halbregelm.	110	M
EU	20	37.9	+18	16	5.8-6.9	Halbregelm.	59	M

DOPPELSTERNE

Stern	R.A.		Dec.		P.A.	Abstand ″	Größe (mag)
	h	m	°	′			
γ	20	46.7	+16	07	268	9.6	4.5,5.5

STERNHAUFEN UND NEBEL

M	NGC	R.A.		Dec.		Größe (mag)	Ausdehnung ′	Typ
		h	m	°	′			
	6934	20	34.2	+07	24	8.9	5.9	Kugel-haufen

EQUULEUS

Der einzige Stern über Größe 4.3 ist α (Kitalpha) R.A. 21h 15m 49s.3, Dec. 05°14′52″, Größe 3.92.

DOPPELSTERNE

Stern	R.A.		Dec.		P.A.	Abstand ″	Größe (mag)	
	h	m	°	′				
ε	20	59.1	+04	18	AB 285	1.0	6.0,6.3	Binär,101 Jahre
					AB+C 070	10.7	7.1	
					AD 280	74.8	12.4	

Hercules

jahre entfernt, er ist der nächste Stern erster Größe, abgesehen von α Centauri, Sirius und Procyon. Er ist zehnmal heller als die Sonne und bekannt dafür, daß er derart schnell rotiert, daß er eiförmig sein muß. Er ist an beiden Seiten von einem blasseren Stern, γ (Tarazed) und β (Alshain), umgeben. γ ist ein oranger Stern vom K-Typ, sehr viel kräftiger als Altair, aber auch viel weiter entfernt.

η Aquilae ist ein veränderlicher Cepheide. Seine Größe reicht von 3,4 bis 4,4 mag, so daß δ und θ ideale Vergleichssterne sind. Wenn η im Minimum ist, ist ι (4,0 mag) ein nützlicher Vergleichsstern.

Scutum ist eine von Hevelius' Erfindungen und hieß ursprünglich Scutum Sobieskii, der Schild des Sobieski, zur Erinnerung an den Befreier Wiens. Der veränderliche R Scuti ist das hellste Mitglied der RV Tauri-Klasse und ein bevorzugtes Objekt für Ferngläser. Es hat immer abwechselnd tiefe und flache Minima. allerdings mit gelegentlichen Unregelmäßigkeiten. Von den beiden offenen Messierhaufen ist der fächerförmige M11, der unter dem Spitznamen „Wildente" bekannt ist, der weit bemerkenswertere. Er ist durch jedes Teleskop ein prachtvoller Anblick, er besteht aus Hunderten von Sternen und läßt sich leicht erkennen, da er sich in der Nähe von λ und 12 Aquilae befindet.

Sagitta, der Pfeil – Cupidos Bogen – ist charakteristisch. Die Pfeilform wird hauptsächlich von den hellen Sternen δ und γ gebildet, zusammen mit α und β (jeder mit einer Größenklasse von 4,37 mag). Hier befindet sich auch ein Messierobjekt, M71, welches früher als offener Sternhaufen eingestuft wurde. Heute glaubt man, daß es kugelförmig ist, obwohl es sehr viel weniger dicht ist als andere Systeme dieser Art. Es liegt auf halbem Weg zwischen γ und δ.

Vulpecula war ursprünglich Vulpecela et Anser, der Fuchs und die Gans, aber die Gans ist schon seit langem von den Sternkarten verschwunden. Dieses Sternbild ist äußerst verschwommen, was aber durch die Anwesenheit von M27, der Hantel, wieder ausgeglichen wird. M27 ist wohl der feinste von allen Planetennebeln. Es bestehen keine Schwierigkeiten, ihn mit einem Fernglas zu finden, da er sich in der Nähe von γ Sagittae, dem besten Wegweiser dorthin, befindet. Eine mittlere Auflösung wird seine charakteristische Form offenbaren, denn wie alle planetarischen Nebel dehnt er sich noch aus. Derzeit bewegt sich sein Durchmesser um die zweieinhalb Lichtjahre.

Delphinus ist eines der ursprünglichen Sternbilder des Ptolemäus. Der Delphin ist eine kompakte kleine Gruppe – von unerfahrenen Beobachtern weiß man, daß sie ihn mit dem Siebengestirn verwechseln. Seine beiden Hauptsterne haben ungewöhnliche Namen; α nennt man Svalocin, β heißt Rotanev. Sie wurden einst von Nicolaus Venator so bezeichnet.

γ Delphini ist ein weiter Doppelstern und die beiden roten halbregelmäßigen Veränderlichen U und EU sind gute Objekte, die durch das Fernglas erkennbar sind. In ihrer Nähe flackerte 1967 eine interessante Nova, HR Delphini, auf, die von dem Astronomieamateur Alcock entdeckt wurde. Sie erreichte eine Größe von 3,7 mag und blieb als Objekt monatelang für das bloße Auge sichtbar. Derzeit liegt ihre Größe zwischen 12 und 13 mag. Sie lag schon vor dem Ausbruch in diesem Bereich, daher ist es unwahrscheinlich, daß das Objekt noch weiter verblaßt.

Equuleus stellt das Füllen dar, das Merkur dem Castor, einem der Himmlischen Zwillinge, gab. Es ist so klein und verschwommen, daß es überrascht, es auf der ursprünglichen Liste des Ptolemäus zu finden. Aber das kleine Dreieck aus α, δ (4,49 mag) und γ (4,69 mag) ist zwischen Delphin und β Aquarii nicht schwer auszumachen. ε ist ein Dreifachstern. Ansonsten beinhaltet Equuleus nichts, was unmittelbar von Interesse wäre.

Hercules ist ein sehr großes Sternbild. Es bedeckt eine Fläche von 1225 Quadratgraden, ist aber nicht besonders dicht. Der beste Wegweiser zu Hercules ist Rasalhague oder auch α Ophiuchi, der ein Stern zweiter Größenklasse ist, also hell genug, um herauszuragen, zumal er auch ziemlich isoliert steht. Nicht weit von ihm befindet sich Rasalgethi oder auch α Herculi, der einigen Abstand zu den anderen Sternen des Sterbildes hat.

Der Hauptteil von Hercules liegt innerhalb eines Dreiecks, das von Alphekka, in der Corona Borealis liegend, Rasalhague und Wega gebildet wird. Mit seiner hohen Deklination ist er teilweise zirkumpolar (von Großbritannien oder den nördlichen USA gesehen). Seine besonderen Merkmale sind der rote Überriese Rasalgethi, ein weiterer Doppelstern (ζ) und zwei spektakuläre Kugelhaufen (M13 und M92).

Im Jahr 1759 entdeckte William Herschel, daß Rasalgethi veränderlich ist. In der damaligen Zeit waren nur vier veränderliche Sterne bekannt – Mira Ceti, Algol im Perseus liegend, χ Cygni und R Hydrae – deshalb empfand man diese Entdeckung als sehr wichtig. Es heißt, daß die maximale Schwankung von 3,0 mag bis 4,0 mag reicht, doch bleibt er während der meisten Zeit innerhalb von 3,1 mag und 3,7 mag. Offiziell ist er als halbregelmäßig mit ungefährer Periode von 90 bis 100 Tagen klassifiziert, diese Periode ist aber keineswegs gesichert. Die Veränderungen sind langsam, können aber mit dem bloßen Auge verfolgt werden. Passende Vergleichssterne sind κ Ophiuchi (3,20 mag), δ Herculis (3,14 mag) und γ Herculis (3,75 mag). β Herculis (2,71 mag), der leuchtendste Stern des Sternbildes, übertrifft Rasalgethi stets merklich.

Die Entfernung Rasalgethis beträgt 218 Lichtjahre, sein Spektraltyp ist M. Was ihn so bemerkenswert macht, ist seine ungeheure Größe. Er könnte sogar größer sein als Beteigeuze, dann würde sein Durchmesser 400 Millionen Kilometer übersteigen. Er ist relativ kalt – seine Oberflächentemperatur liegt weit unter 3000 Grad Celsius. Er ist eine sehr starke Quelle für infrarote Strahlung.

Rasalgethi ist auch ein schöner Doppelstern. Sein Begleiter hat die Größe 5,3 und da die Distanz nicht viel weniger als 5" beträgt, zeigt schon ein kleines Teleskop das Sternpaar. Der Begleiter wird häufig als leuchtend grün beschrieben. Der Begleiter selber ist ein extrem enger Doppelstern mit einer Periode von 51,6 Tagen. Es bestehen berechtigte Gründe anzunehmen, daß beide Sterne von einer riesigen verdünnten Wolke umgeben sind. Rasalgethi ist in der Tat ein sehr bemerkenswertes System.

δ Herculis hat einen Begleiter der achten Größe in einer Entfernung von 9 Bogensekunden (Positionswinkel 236 Grad), aber es ist lediglich ein optisches Paar. Es besteht keine Verbindung zwischen den beiden Komponenten und die sekundäre liegt völlig im Hintergrund. δ selbst ist ein gewöhnlicher Stern des A-Typs, 35mal heller als die Sonne und 91 Lichtjahre entfernt.

Weit interessanter ist ζ Herculis, oder auch Rutilicus, ein schöner Doppelstern. Daß es sich um einen Doppelstern handelt, hat William Herschel im Jahr 1782 entdeckt. Die Größen sind 2,9 und 3,5. Die Periode beträgt nur 34,5 Jahre, so daß sich sowohl der Abstand als auch der Positionswinkel schnell ändern. 1994 betrug der Abstand 1,6 Bogensekunden, d.h. es ist ein sehr weites Paar. Die Hauptkomponente ist ein Unterriese vom G-Typ, 31 Lichtjahre entfernt und weit mehr als fünfmal so hell wie die Sonne.

68 (u) Herculis ist ein interessanter Veränderlicher vom β Lyrae-Typ. Das sekundäre Minimum setzt die Größe auf 5,0 herab, das tiefe Minimum auf nur 5,3, daß heißt der Stern ist immer im Bereich eines Fernglases oder sogar des bloßen Auges. Beide Komponenten sind Riesen

HERCULES

HELLSTE STERNE

Nr.	Stern	R.A.			Dec.			Größe	Spektrum	Name
		h	m	s	°	'	"	(mag)		
27	β	16	30	13	+21	29	22	2.77	G8	Kornephoros
40	ζ	16	41	17	+31	36	10	2.81	G0	Rutilicus
64	α	17	14	39	+14	23	25	3.0 (max)	M5	Rasalgethi
65	δ	17	15	02	+24	50	21	3.14	A3	Sarin
67	π	17	15	03	+36	48	33	3.16	K3	
86	μ	17	46	27	+27	43	15	3.42	G5	

Ebenfalls größer als 4,3 mag: η (3.53), ξ (3.70), γ (3.75), ι (3.80), ο (3.83), 109 (3.84), θ (3.86), τ (3.89), ε (3.92), 110 (4.19), σ (4.20), 95 (4.27).

VERÄNDERLICHE

Stern	R.A.		Dec.		Amplitude	Typ	Periode	Spektrum
	h	m	°	'	(M)		(d)	
α	17	14.6	+14	23	3-4	Halbreg.	±100?	M
30 (g)	16	28.6	+41	53	5.7-7.2	Halbreg.	70	M
68 (u)	17	17.3	+35	06	4.6-5.3	β Lyrae	2.05	B+B

DOPPELSTERNE

Stern	R.A.		Dec.		P.A.	Abstand	Größe	
	h	m	°	'	°	"	(mag)	
α	17	14.6	+14	23	107	4.7	var,5.4	Binär, 3600a Rot, grün
ζ	16	41.3	+31	36	089	1.6	2.9,3.5	Binär, 34.5a
ρ	17	23.7	+37	09	316	4.1	4.6,5.6	

STERNHAUFEN UND NEBEL

M	NGC	R.A.		Dec.		Größe	Ausdehnung	Typ
		h	m	°	'	(mag)	'	
13	6205	16	41.7	+36	28	5.9	16.6	Kugelhaufen
92	6341	17	17.1	+43	08	5.5	11.2	Kugelhaufen

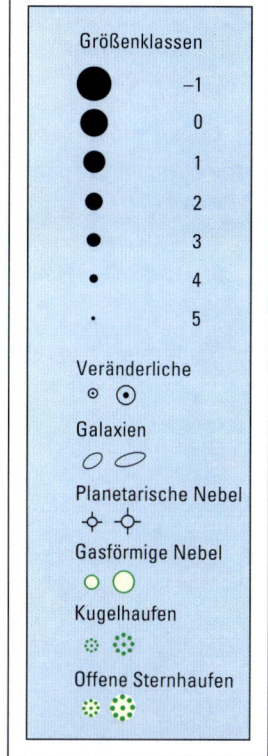

▼ *In dem Gebiet, das in dem imaginären Viereck von Arcturus, Wega, Altair und Antares liegt, befinden sich drei große blasse Sternbilder: Hercules, Ophiuchus und Serpens. Man sieht das Gebiet am besten abends im nördlichen Sommer, aber es gibt kein wirklich charakteristisches Merkmal. Denn obwohl Hercules so groß ist, ist dort kein Stern, der die dritte Größe übersteigt.*

des B-Typs. Sie sind so nah beisammen, daß sie sich fast berühren. Wie bei β Lyrae müssen beide in Eiform gezogen sein. Für den Fall, daß die Entfernung bei 600 Lichtjahren liegt, wie es gut möglich scheint, muß jeder Stern weit über hundertmal so leuchtend sein wie die Sonne.

Am 13. Dezember 1934 entdeckte der englische Amateurastronom J.P.M. Prentice nahe ι und nicht weit vom Kopf des Drachen eine helle Nova im Hercules. Sie nahm bis zur Größenordnung 1,2 zu, so daß sie die hellste Nova ist, die seit Nova Aquilae (1918) in der nördlichen Hemisphäre aufgetreten ist. Während ihres Abklingens leuchtete sie eine zeitlang kräftig grün und war insofern ungewöhnlich, als daß sie mehrere Monate lang für das bloße Auge sichtbar blieb. Sie ist jetzt wieder zu ihrer Größenklasse von 15, die sie auch vor dem Ausbruch hatte, verblaßt. Man hat festgestellt, daß sie ein bedeckungsveränderlicher Doppelstern mit einer sehr kurzen Periode von 4 Stunden 39 Minuten ist. Beide Komponenten sind Zwerge, der eine weiß, der andere rot.

M13 liegt zwischen ζ und η. Er ist der hellste Kugelhaufen nördlich des Himmelsäquators, nur ω Centauri und 47 Tucanae sind heller. M13 ist in klaren Nächten gerade noch mit dem bloßen Auge sichtbar, ist aber nicht sehr deutlich.

Wie alle Kugelhaufen ist M13 sehr weit von uns entfernt. Seine Entfernung wird mit 22 500 Lichtjahren angegeben und sein tatsächlicher Durchmesser mit wohl 160 Lichtjahren, bei einem dichten Zentrum von einhundert Lichtjahren Durchmesser. Er liegt ziemlich weit von der Hauptebene der Milchstraße entfernt, so daß er nicht sonderlich von der Massenkonzentration im Zentrum der Milchstraße beeinträchtigt wird. Mit Sicherheit ist er äußerst alt. Ferngläser zeigen ihn recht gut und schon ein kleines Teleskop gibt seine äußeren Teile als Sterne wieder.

Der zweite Kugelhaufen M92 liegt direkt zwischen η und ι. Er ist gerade noch mit bloßem Auge sichtbar, sehr scharfsichtige Beobachter behaupten, seinen Schimmer sehen zu können. Teleskopisch ist er ein wenig schwächer als M3. Er ist allerdings weiter entfernt – 37 000 Lichtjahre.

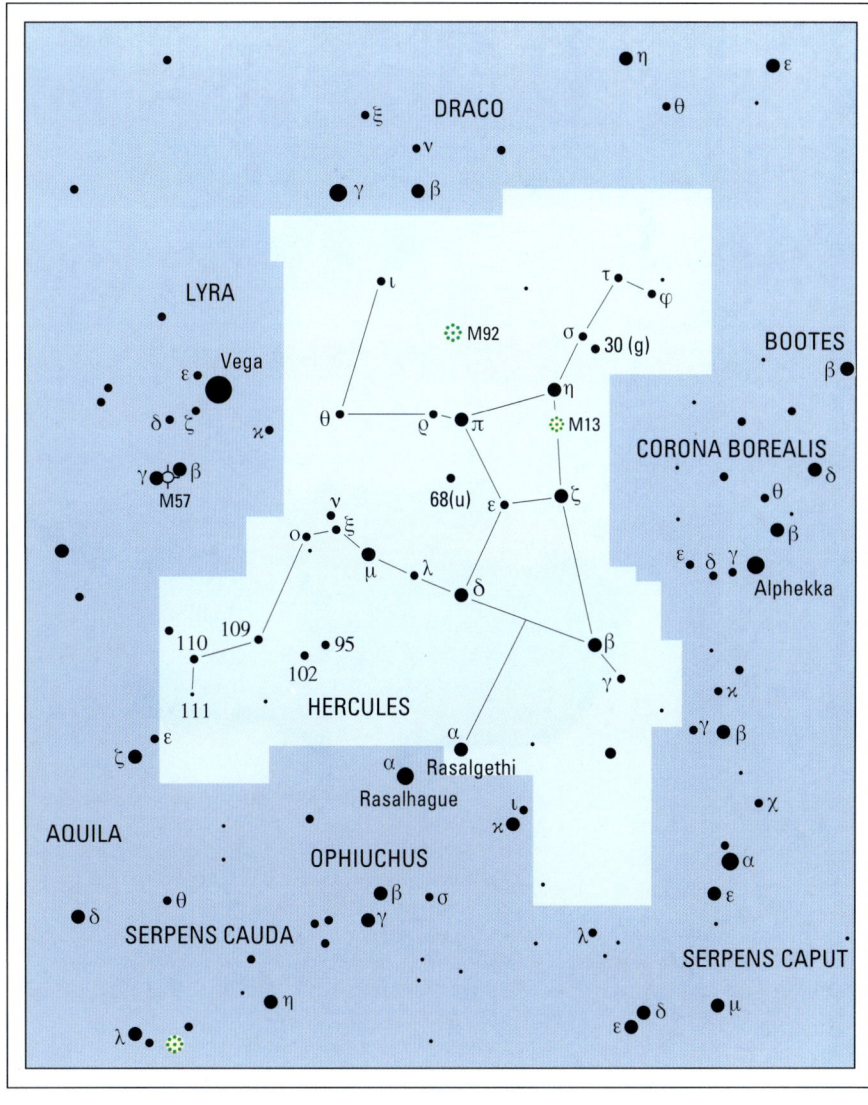

Ophiuchus, Serpens

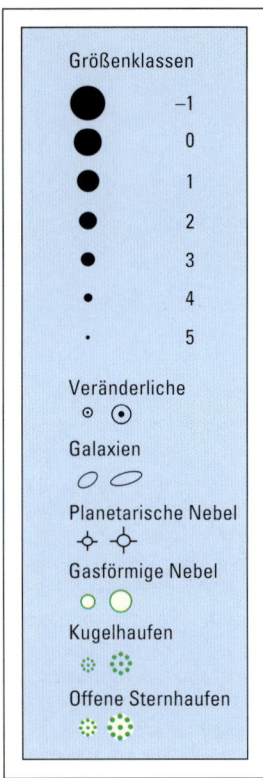

Größenklassen

●	−1
●	0
●	1
●	2
●	3
·	4
·	5

Veränderliche
⊙ ⊙

Galaxien
○ ⬭

Planetarische Nebel
✧ ◇

Gasförmige Nebel
○ ○

Kugelhaufen
✲ ✲

Offene Sternhaufen
✲ ✲

Ophiuchus ist ein weiteres großes Sternbild. Es bedeckt 948 Quadratgrade, ist aber in verwirrender Weise mit den beiden Teilen der Schlange verschlungen. Es spreizt sich über den Äquator. Von den hellen Sternen hat κ seine Deklination bei neun Grad Nord, θ bei fast 25 Grad Süd. Es hat keine charakteristischen Merkmale und α (Rasalhague) ist der einzige Stern, der hell genug ist, um herauszuragen. Rasalhague (62 Lichtjahre entfernt, 67mal heller als die Sonne) ist viel näher und schwächer als sein Nachbar Rasalgethi, obwohl er aussieht, als wäre er eine Größenklasse heller. Auch die Farbe ist anders: Rasalhague ist weiß, Rasalgethi (α Herculis) ist ein Roter Überriese.

Von den anderen Leitsternen des Ophiuchus ist δ vom M-Typ. Seine Röte hebt ihn vom nahen ε ab, dieser ist leicht gelblich. Die beiden sind keine echten Nachbarn, δ ist 140 Lichtjahre, ε nur wenig über 100 entfernt. Es lohnt sich, sie mit einem Fernglas zu betrachten, da sie im selben Blickfeld liegen.

Nahe bei σ Scorpii liegt ein weiter Doppelstern, ρ Ophiuchi (nicht auf der Karte), in der Nähe einer sehr dichten Region, die ein beliebtes photographisches Motiv ist. η ist ein Doppelstern mit Komponenten, die sich recht ähnlich sind (die Hauptkomponente ist nur eine halbe Größenklasse heller als der Begleiter). Da sein Abstand weniger als eine Bogensekunde beträgt, ist er ein gutes Testobjekt für 25 cm-Teleskope.

Der interessanteste Veränderliche in Ophiuchus ist die wiederkehrende Nova RS. Außer dem „Fackelstern",

T-Coronae ist er der einzige dieser Klasse. Er kann aufleuchten, bis er für das bloße Auge sichtbar wird, wie 1898, 1933, 1958, 1967 und 1987 geschehen, doch seine übliche Größe liegt bei 12 mag. Er ist mindestens 3000 Lichtjahre entfernt, und weil er jederzeit wieder aufleuchten kann, lohnt es sich, ihn zu beobachten. Die letzte galaktische Supernova fand in Ophiuchus statt, es war Keplers Stern, der 1604 Mars und Jupiter überstrahlte. Es ist schade, daß er erschien, bevor Teleskope gebräuchlich wurden.

Ein weiteres interessantes Objekt in diesem Sternbild ist München 15040, besser bekannt als Barnards Pfeilstern, weil er von dem Astronomen E.E. Barnard entdeckt wurde. Er läßt sich nicht leicht ausmachen, da seine Größe unter 9 mag liegt. Außer den Mitgliedern des α Centauri-Systems ist er der nächste Fixstern. Er besitzt die größte bekannte Eigenbewegung, so daß er sich in nur 190 Jahren um eine Distanz, die dem Durchmesser des sichtbaren Vollmonds entspricht, gegen seinen Hintergrund verschiebt. Er ist ein äußerst schwacher Roter Zwerg und Unregelmäßigkeiten in seiner Bewegung haben zu der Ansicht geführt, daß er mindestens einen, eher planetarischen als stellaren, Begleiter hat. Der Wegweiser zu ihm ist 66 Ophiuchi (Größe 4,6). Übrigens lag dort die Region, in der ein Astronom namens Poczobut 1777 ein neues Sternbild einführen wollte, Poniatowskis Stier. Er beinhaltete auch 70 Ophiuchi (einen wohlbekannten, aber ziemlich engen Doppelstern), zusammen mit 67 und 68. Es überrascht nicht, daß der kleine Stier von den aktuellen Sternkarten entfernt wurde.

Im Sternbild des Ophiuchus liegen nicht weniger als sieben Kugelhaufen aus Messiers Liste. Jeder von ihnen ist ziemlich hell, so daß sie bevorzugte Beobachtungsobjekte für Benutzer von Feldstechern oder Weitwinkelteleskopen sind. M2 ist interessant, weil er weniger verdichtet und deshalb leichter aufzulösen ist als die meisten anderen Kugelhaufen. Man kann ihn mit mit seinem Nachbarn M10 vergleichen, der sehr viel dichter ist.

Mythologisch ist Ophiuchus gleich Aeskulap, dessen medizinische Fähigkeiten legendär waren. Er war sogar fähig, Tote zum Leben zu erwecken, was den Gott der Unterwelt in Zorn versetzte, da sein Reich sich zu leeren be-

◀ Diese Sternbilder sind ziemlich schwer zu erkennen, da sie sehr verschlungen sind. In der Mythologie war Ophiuchus der Schlangenträger (ein früherer Name war Serpentarius) und Serpens war die Schlange, mit der er kämpfte und die er offensichtlich in der Mitte durchriß. Der einzige leuchtende Stern in der Region ist α Ophiuchi (Rasalhague). Ophiuchus breitet sich zwischen Skorpion und Schütze bis in den Tierkreis aus, so daß die großen Planeten durch ihn hindurch passieren können.

▶ Der Kugelhaufen M12 in Ophiuchus, von John Fletcher mit einem 25 cm-Reflektor aufgenommen. M12 läßt sich leicht in Einzelsterne auflösen.

gann. Jupiter beseitigte Äskulap zornig, indem er ihn mit einem Blitz erschlug, beruhigte sich aber wieder und erhob ihn in den Himmel.

Serpens. Von den beiden Hälften der Schlange ist der Kopf (Caput) der entschieden schwächere. Es gibt nur einen recht hellen Stern, den rötlichen α oder Unukalhai, Größenklasse 2,65, Entfernung 88 Lichtjahre, 90mal so hell wie die Sonne. Der eigentliche Kopf wird von einem kleinen Dreieck aus Sternen gebildet: Κ (4,09 mag), β (3,67 mag) und γ (3,85 mag). Genau zwischen β und γ liegt R Serpentis, ein Miravariabler, der in seinem Maximum bis zur Sichtbarkeit für das bloße Auge zunehmen kann, in seinem Minimum jedoch sehr schwach ist. Wie fast alle Mitglieder dieser Klasse ist er sehr rot. Seine Periode ist nur neun Tage kürzer als ein Jahr, d.h., wenn er seine Spitze zu einer Zeit erreicht, da er nur im Tageslicht über dem Horizont steht, sind seine Maxima über mehrere Jahre hinweg nicht zu beobachten. 1994 war sein Maximum am 25. März.

M5, der einiges weiter von Unukalhai weg liegt, ist einer der feinsten Kugelhaufen am gesamten Himmel; nur ω Centauri, 47 Tucanae, M13 im Hercules und M22 im Schützen sind heller. Er ist im Fernglas sehr deutlich zu sehen und seit 1702, als Gottfried Kirch ihn entdeckte, bekannt. M5 ist einfach aufzulösen, er ist 27 000 Lichtjahre entfernt; im Gegensatz zu M13 ist er außerordentlich reich an veränderlichen Sternen.

Der Körper der Schlange (Cauda) ist weniger herausragend. Der hellste Stern, η oder Alava, hat nur die Größenklasse 3,26 (seine Entfernung beträgt 52 Lichtjahre, er ist 17mal heller als die Sonne). Dennoch befinden sich im Schlangenkörper zwei Objekte von Interesse. Das eine ist M16, der Adlernebel, innerhalb dessen auch der Sternhaufen NGC6611 eingebettet ist. Dieser liegt außen am Rande der Konstellation, an Scutum angrenzend, und tatsächlich ist der Wegweiser dorthin γ Scuti (4,7 mag).

Es ist ein großes diffuses Gebiet aus Nebeln, während der Sternhaufen recht gut markiert ist. Die beiden sind nicht schwer zu lokalisieren, aber natürlich sind Photos nötig, um ihren vollen Glanz herauszustellen. Es gibt dort einen großen Detailreichtum und Regionen aus dunklen Wolken zusammen mit kleinen „Globulen", die sich schließlich zu Sternen verdichten werden.

Das andere Hauptmerkmal von Cauda ist θ (Alya), ein besonders weiter Doppelstern. Die Komponenten sind identische Zwillinge von der Größenklasse 4,5; Spektraltyp A5. Mit bloßem Auge sieht θ aus wie ein einzelner Stern der Klasse 3,8, aber ein gutes Fernglas zeigt beide Komponenten. Natürlich stellen sie ein regelmäßiges binäres System dar, aber sie sind so weit auseinander – ungefähr 900mal die Entfernung zwischen Erde und Sonne –, daß ihre gegenseitige Umlaufzeit immens lang ist. Ihre Entfernung von uns liegt bei knapp über 100 Lichtjahren. Man kann sagen, daß θ Serpentis eines der besten Beispiele für Doppelsterne am gesamten Himmel ist. Um ihn zu finden, folge man der Linie θ, η und δ Aquilae (Sternkarte 8) und verlängere sie um die gleiche Strecke.

OPHIUCHUS

HELLSTE STERNE

Nr.	Stern	R.A. h	m	s	Dec. °	′	″	Größe (mag)	Spektrum	Name
55	α	17	34	56	+12	33	36	2.08	A5	Rasalhague
35	η	17	10	22	-15	43	30	2.43	A2	Sabik
13	ζ	16	37	09	-10	34	02	2.56	O9.5	Han
1	δ	16	14	21	-03	41	39	2.74	M1	Yed Prior
60	β	17	43	28	+04	34	02	2.77	K2	Cheleb
27	κ	16	57	40	+09	22	30	3.20	K2	
2	ε	16	18	19	-04	41	33	3.24	G8	Yed Post
42	θ	17	22	00	-24	59	58	3.27	B2	
64	ν	17	59	01	-09	46	25	3.34	K0	

Ebenfalls größer als 4.3 mag: 72 (3.73), γ (3.75), λ (Marfik) (3.82), 67 (3.97), 70 (4.03), φ (4.28), 45 (4.29).

VERÄNDERLICHE

Stern	R.A. h	m	Dec. °	′	Amplitude (mag)	Typ	Periode (d)	Spektrum
χ	16	27.0	-18	27	4.2-5.0	unregelmäßig	–	B
U	17	16.5	+01	13	5.9-6.6	Algol	1.68	B + B
X	18	38.3	+08	50	5.9-9.2	Mira	334	M + K
RS	17	50.2	-06	43	5.3-12.3	Per. Nova	—	O + M

DOPPELSTERNE

Stern	R.A. h	m	Dec. °	′	P.A. °	Abstand ″	Größe (mag)	
ρ	16	25.6	-23	27	344	3.1	5.3,6.0	
η	17	10.4	-15	43	247	0.5	3.0,3.5	Binär, 64 Jahre Testobjekt

STERNHAUFEN UND NEBEL

M	NGC	R.A. h	m	Dec. °	′	Größe (mag)	Ausdehnung ′	Typ
9	6333	17	19.2	-18	31	7.9	9.3	Kugelhaufen
10	6254	16	57.1	-04	06	6.6	15.1	Kugelhaufen
12	6218	16	47.2	-01	57	6.6	14.5	Kugelhaufen
14	6402	17	37.6	-03	15	7.6	11.7	Kugelhaufen
19	6273	17	02.6	-26	16	7.1	13.5	Kugelhaufen
62	6266	17	01.2	-30	07	6.6	14.1	Kugelhaufen
107	6171	16	32.5	+03	13	8.1	10.0	Kugelhaufen
	6633	18	27.7	+06	34	4.6	27	Offener Sternhaufen
	IC4665	17	46.3	+05	43	4.2	41	Offener Sternhaufen

SERPENS

HELLSTE STERNE

Nr.	Stern	R.A. h	m	s	Dec. °	′	″	Größe (mag)	Spektrum	Name
(Caput)										
24	α	15	44	16	+06	25	32	2.65	K2	Unukalhai
(Cauda)										
58	η	18	21	18	-02	53	56	3.26	K0	Alava
63	θ	18	56	13	+04	12	13	3.4 (gesamt)	A5+A5	Alya

Ebenfalls größer als 4.3 mag: Caput: μ (3.54), β (3.67), ε (3.71), δ (3.80), γ (3.85), κ (4.09) Cauda: ξ (3.54), ο (4.26).

VERÄNDERLICHE (Caput)

Stern	R.A. h	m	Dec. °	′	Amplitude (M)	Typ	Periode (d)	Spektrum
R	15	50.7	+15	08	5.1-14.4	Mira	356	M

DOPPELSTERNE

Stern	R.A. h	m	Dec. °	′	P.A. °	Abstand ″	Größe
δ	16	34.8	+10	32	177	4.4	4.1,5.2	Binär, 3168 J. (Caput)
θ	18	56.2	+04	12	104	22.3	4.5,4.5	(Cauda)

STERNHAUFEN UND NEBEL

M	NGC	R.A. h	m	Dec. °	′	Größe (mag)	Ausdehnung ′	Typ
5	5904	15	18.6	+02	05	5.8	17.4	Kugelhaufen (Caput)
16	6611	18	18.8	-13	47		35 x 28	Nebel und Haufen (Cauda) Adlernebel und Haufen NGC 6611

Scorpius, Sagittarius, Corona Australis

Scorpius wird oft fälschlich als Scorpio bezeichnet. Sein Leitstern ist Antares, der dem Himmelsäquator nahe genug steht, um eine angemessene Höhe über Großbritannien und den nördlichen USA zu erreichen, obwohl der äußerste Süden des Skorpions in diesen Breiten nicht aufgeht. Der südlichste der hellen Sterne, θ oder Sargas, hat eine Deklination von fast –43 Grad. Antares wird allgemein als der röteste der Sterne erster Größenklasse angesehen, obwohl er Beteigeuze farblich sehr ähnelt. Ein Vergleich zwischen beiden Überriesen ist interessant: Antares ist 300 Lichtjahre entfernt und 7500mal heller als die Sonne, hat also ca. die Hälfte der Leuchtkraft von Beteigeuze. Er ist leicht veränderlich, aber die Veränderungen sind nicht mit bloßem Auge zu sehen.

Antares hat einen Begleiter, der im Vergleich leicht grünlich aussieht. Beide sind von einer großen Wolke aus sehr verdünntem Material umgeben. Der hellste Teil der Wolke liegt in Verbindung mit ρ Ophiuchi bei weniger als 4 Grad Nord-Nord-West.

Die Kette, die Scorpius bildet, ist lang. Sie endet im „Stachel", wo zwei helle Sterne, λ (Schaula) und υ (Lesath), nahe beieinander sind. Sie vermitteln den Eindruck, ein weiter Doppelstern zu sein, es gibt aber keine richtige Verbindung, da Lesath 1570 Lichtjahre entfernt ist, Schaula aber nur 275. Lesath ist extrem leuchtend, wie 15000 Sonnen, also weit heller als Antares. Schaula entspricht nur 1300 Sonnen. Schaula ist wie Lesath heiß und bläulich-weiß. Antares wird von τ und σ umgeben, beide liegen über der dritten Größenklasse. μ und ζ weiter südlich sehen aus wie Doppelsterne, die für das bloße Auge sichtbar sind, wieder eine optische Täuschung. Der Abstand zwischen den beiden Sternen von ζ beträgt fast 7 Bogenminuten. Der blassere der beiden ist 2500 Lichtjahre entfernt, weiter als sein hellerer, orangefarbener Nachbar.

Der Kopf des Skorpions wird von β, ν und ω gebildet. β ist ein feiner Doppelstern, so weit, daß fast jedes Teleskop die Trennung zeigt.

Scorpius wird von der Milchstraße durchkreuzt, und es gibt viele schöne Sternfelder. Es gibt auch vier Sternhaufen aus Messiers Liste. M6 und M7 gehören zu den spektakulärsten offenen Sternhaufen am Himmel. Beide sind mit bloßem Auge leicht zu erkennen und lassen sich mit einem Fernglas auflösen. M7, der hellere von beiden, wurde von Ptolemäus als „nebulöser Sternhaufen in der Verlängerung des Stachels des Skorpions" beschrieben. Man sieht ihn wegen seiner Größe am besten mit einer sehr kleinen Vergrößerung. M6, der Schmetterling, ist herausragend und weiter entfernt (1300 Lichtjahre statt 800 wie M7). Ein weiterer heller offener Haufen ist NGC6124, der mit dem ζ und μ Paar ein Dreieck bildet, man sieht ihn ohne Schwierigkeiten mit dem Fernglas.

Die anderen Messierobjekte sind kugelförmig. M4 ist leicht zu finden, da er im selben Blickfeld liegt wie Antares, weniger als zwei Grad westlich. Er ist gerade noch mit bloßem Auge sichtbar und ein Fernglas zeigt ihn gut. Er ist einer der dichtesten aller Kugelhaufen. Nicht weiter als 7500 Lichtjahre entfernt, ist er reich an Veränderlichen. M80 ist nicht so herausragend, aber leicht zwischen Antares und β zu finden. Er ist 36 000 Lichtjahre entfernt, sieht also kleiner als M4 aus. Er ist mit einem Durchmesser von ca. 50 Lichtjahren auch viel kompakter. Er hat kaum Veränderliche, aber 1860 wurde in ihm eine helle Nova, die bis zur siebenten Größe anstieg, beobachtet, sie erlosch schnell, aber falls sie wiederkehrt, lohnt es sich, M80 zu beobachten.

Sagittarius ist außerordentlich dicht, und die prächtigen Sternwolken versperren unsere Sicht auf diese geheimnisvolle Region der Galaxis. Weil der Schütze das südlichste der Tierkreiszeichen ist, wird er von den USA aus nicht gut gesehen, Teile von ihm gehen dort nie auf. Die hellsten Sterne sind ε, σ, ζ und δ. α und β liegen nur knapp über der vierten Größenklasse.

β oder Akrab ist ein einfacher Doppelstern und ist mit seinem Nachbarn mit bloßem Auge sichtbar. ζ oder As-

Größenklassen

●	–1
●	0
●	1
●	2
●	3
·	4
·	5

Veränderliche
⊙ ⊙

Galaxien
◠ ◠

Planetarische Nebel
◇ ✧

Gasförmige Nebel
◯ ◯

Kugelhaufen
⊛ ⊛

Offene Sternhaufen
⁘ ⁘

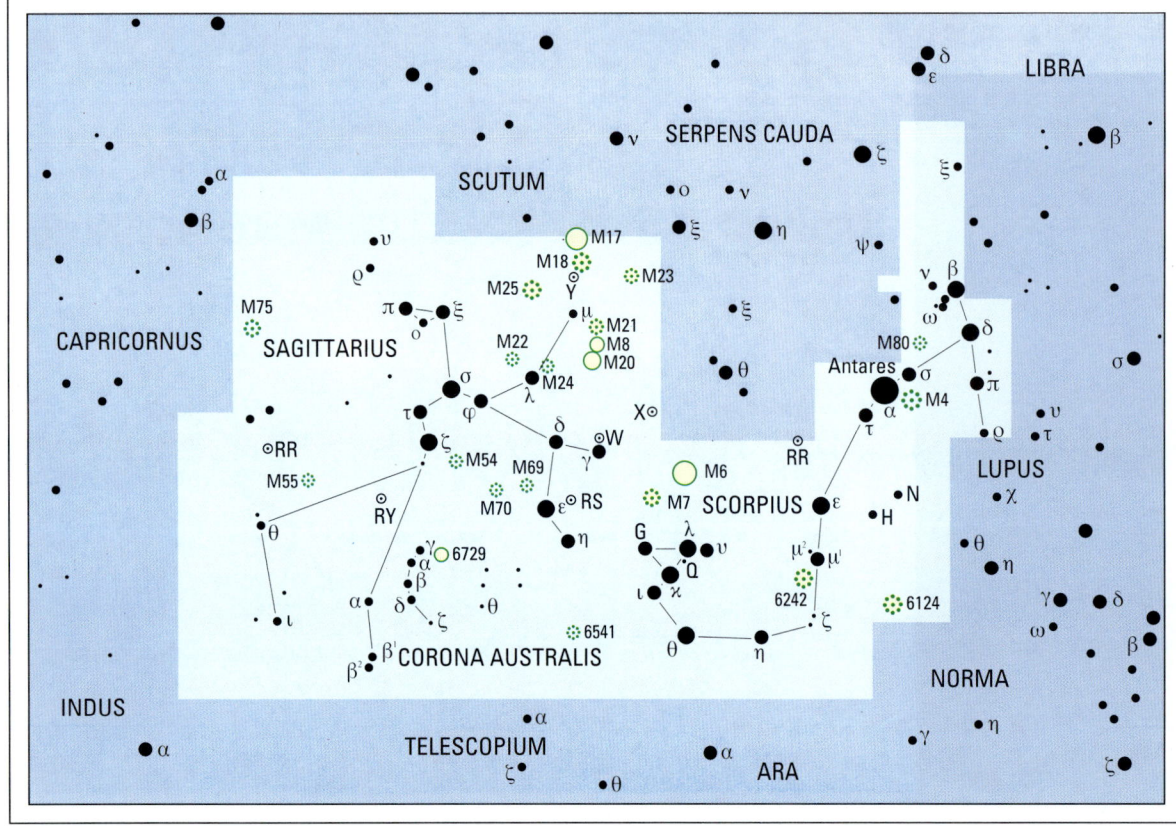

◀ *Die zwei südlichsten Sternbilder* des Tierkreises. Über den Britischen Inseln und den USA gehen Teile des Skorpions und des Schützen nie auf. Antares sieht man am besten an Sommerabenden. Über südlichen Ländern steht der Skorpion in Konkurrenz mit Orion als hellstem Sternbild am Himmel. Die Sternwolken im Schützen verdecken die Sicht auf das Zentrum der Galaxis. Der Skorpion grenzt an die Waage, die man früher die Klaue des Skorpions nannte. Der Stern γ Scorpii heißt nun σ Librae.

cella ist ein enger, kaum zu trennender Doppelstern. Die Komponenten sind nahezu identisch, und die Periode beträgt 21 Jahre. Der Abstand beträgt 0,3 Bogensekunden, daß heißt, ein Teleskop von mindestens 38 cm ist nötig, um das Paar aufzulösen. Benutzer von Teleskopen dieser Größe haben hierin ein nützliches Testobjekt.

Es gibt vergleichsweise wenig helle Veränderliche, aber RY Sagittarii, im südlichen Teil der Konstellation, ist ein R Coronae-Stern. Normalerweise hat er die Größe 6, fällt aber bis auf 15. Sagittarius hat immens viele Sternhaufen und Nebel. M20 und M8 sind nicht weit von λ und μ. Man sieht sie als weiße Flecken im Fernglas. Photographien bringen ihre lebhaften Wolken zum Vorschein. In der Nähe ist der leicht aufzulösende offene Sternhaufen M21. M17, in der nördlichen Sektion, bekannt als Omega-, Schwan- oder Hufeisennebel ist prächtig. Von den Kugelhaufen ist besonders M22 sehr schön. Er war das erste Mitglied seiner Klasse, das entdeckt wurde (schon im Jahr 1665 von Abraham Ihle).

In Sagittarius gibt es viel zu sehen, aber man muß systematisch vorgehen. Es ist z.B. nicht schwierig, M25, M17, M21, M20 und M18 zu finden, wenn man erst einmal μ gefunden hat. Man muß nur aufpassen, daß man sie nicht durcheinanderbringt. Nebenbei ist M24 kein Nebel, sondern nur eine Sternenwolke in der Milchstraße – obwohl er in seinem nördlichen Teil den offenen Haufen NGC6603 enthält. Wenn die Sternwolken über dem Horizont stehen, hat man mit dem Fernglas oder einem schwachen Teleskop eine atemberaubende Ansicht.

Corona Australis ist eine von Ptolemäus' ursprünglichen Konstellationen, aber es scheint keine passende Legende dazu zu geben. Sie ist klein, ohne Sterne über der vierten Größe, aber der kleine Halbkreis aus γ, α, β, δ und θ ist eindeutig genug, nahe dem dunklen α Sagittarii. γ ist ein enger Doppelstern, der ein nützliches Testobjekt abgibt. Der Kugelhaufen NGC6541 kann mit einem Fernglas gesehen werden. Er liegt fern vom Hauptschema zwischen θ Coronae und θ Sagittarii. Der veränderliche Nebel NGC6729 umgibt den unbeständigen Veränderlichen R Coronae Australis. Die Veränderungen des Nebels zeichnen die des Sternes nach, allerdings außerhalb der Möglichkeiten kleiner Teleskope.

SCORPIUS

HELLSTE STERNE

Nr.	Stern	R.A. h	m	s	Dec. °	'	"	Größe (mag)	Spektrum	Name
2	α	16	29	24	-26	25	55	0.96	M1	Antares
35	λ	17	33	36	-37	06	14	1.63	B2	Shaula
	θ	17	37	19	-42	59	52	1.87	F0	Sargas
26	ε	16	50	10	-34	17	36	2.29	K2	Wei
7	δ	16	00	20	-22	37	18	2.32	B0	Dschubba
	κ	17	42	29	-39	01	48	2.41	B2	Girtab
8	β	16	05	26	-19	48	19	2.64	B0+B2	Graffias
34	υ	17	30	46	-37	17	45	2.69	B3	Lesath
23	τ	16	35	53	-28	12	58	2.82	B0	
20	σ	16	21	11	-25	35	34	2.85	B1	Alniyat
6	π	15	58	51	-26	06	50	2.89	B1	
	ι¹	17	47	35	-40	07	37	3.03	F2	
	μ¹	16	51	52	-38	02	51	3.04	B1	
	G	17	49	51	-37	02	36	3.21	K2	
	η	17	12	09	-43	14	21	3.33	F2	

Ebenfalls größer als 4.3 mag: μ² (3.57), ζ² (3.62), ρ (3.88), ω¹ (3.96), ν (4.00), ξ (4.16), H (4.16), N (4.23), Q (4.29).

VERÄNDERLICHE

Stern	R.A. h	m	Dec. °	'	Amplitude (mag)	Typ	Periode (d)	Spektrum
RR	16	55.6	-30	35	5.0-12.4	Mira	279	M

DOPPELSTERNE

Stern	R.A. h	m	Dec. °	'	P.A. °	Abstand "	Größe (mag)	
ξ	16	04.4	-11	22	051	7.6	4.8,7.3	A ist doppelt
β	16	05.4	-19	48	021	13.6	2.6,4.9	A ist doppelt
σ	16	21.2	-25	36	273	20.0	2.9,8.5	
α	16	29.4	-26	26	273	2.7	1.2,5.4	Binär, 878 J. Rot, grün

STERNHAUFEN UND NEBEL

M	NGC	R.A. h	m	Dec. °	'	Größe (mag)	Ausdehnung '	Typ
4	6121	16	23.6	-26	32	5.9	26.3	Kugelhaufen
6	6405	17	40.1	-32	13	4.2	50	Of. Sternh. (Schmetterling)
7	6475	17	53.9	-34	49	3.3	80	Of. Sternh.
80	6093	16	17.0	-22	59	7.2	8.9	Kugelhaufen
	6124	16	25.6	-40	40	5.8	29	Of. Sternh.
	6242	16	55.6	-39	30	6.4	9	Of. Sternh.

SAGITTARIUS

HELLSTE STERNE

Nr.	Stern	R.A. h	m	s	Dec. °	'	"	Größe (mag)	Spektrum	Name
20	ε	18	24	10	-34	23	05	1.85	B9	Kaus Australis
34	σ	18	55	16	-26	17	48	2.02	B3	Nunki
38	ζ	19	02	37	-29	52	49	2.59	A2	Ascella
19	δ	18	20	59	-29	49	42	2.70	K2	Kaus Meridonalis
22	λ	18	27	58	-25	25	18	2.81	K2	Kaus Borealis
41	π	19	09	46	-21	01	25	2.89	F2	Albaldah
10	γ	18	05	48	-30	25	26	2.99	K0	Alnasr
	η	18	17	37	-36	45	42	3.11	M3	
27	φ	18	45	39	-26	59	27	3.17	B8	
40	τ	19	05	56	-27	40	13	3.32	K1	

Ebenfalls größer als 4.3 mag: ξ² (3.51), ο (3.77), μ (Polis) (3.86), ρ (3.93), β¹ (Arkab) (3.93), α (Rukbat) (3.97), ι (4.13), β² (4.29).

VERÄNDERLICHE

Stern	R.A. h	m	Dec. °	'	Amplitude (mag)	Typ	Periode (d)	Spektrum
X	17	47.6	-27	50	4.2-4.8	Cepheid	7.01	F
W	18	05.0	-29	35	4.3-5.1	Cepheid	7.59	F-G
RS	18	17.6	-34	06	6.0-6.9	Algol	2.41	B-A
Y	18	21.4	-18	52	5.4-6.1	Cepheid	5.77	F
RY	19	16.5	-33	31	6.0-15	R Coronæ	–	Gp
RR	19	55.9	-29	11	5.6-14.0	Mira	335	M

DOPPELSTERNE

Stern	R.A. h	m	Dec. °	'	P.A. °	Abstand "	Größe (mag)	
β¹	18	17.6	-36	46	105	3.6	3.2,7.8	
β²	19	22.6	-44	28	077	28.3	3.9,8.0	Weites Paar mit β¹ mit bl. Auge sichtbar

STERNHAUFEN UND NEBEL

M	NGC	R.A. h	m	Dec. °	'	Größe (mag)	Ausdehnung '	Typ
8	6523	18	03.8	-24	23	6.0	90 x 40	Nebel (Lagune)
17	6618	18	20.8	-16	11	7.0	46 x 37	Nebel (Omega)
18	6613	18	19.0	-17	08	6.9	9	Of. Sternh.
20	6514	18	02.6	-23	02	7.5	29 x 27	Nebel (Trifid)
21	6531	18	04.6	-22	30	5.9	13.0	Of. Sternh.
22	6656	18	36.4	-23	54	5.1	24.0	Kugelhaufen
23	6494	17	56.8	-19	01	5.5	27	Of. Sternh.
24	6603	18	16.9	-18	29	4.5	90	Sternwolke
25	IC4725	18	31.6	-19	15	4.6	31.0	Of. Sternh. rund
28	6626	18	24.5	-24	52	6.9	11.0	Kugelhaufen
54	6715	18	55.1	-30	29	7.7	9.1	Kugelhaufen
55	6809	19	40.0	-30	58	6.9	19.0	Kugelhaufen
69	6637	18	31.4	-32	21	7.7	7.1	Kugelhaufen
70	6681	18	43.2	-32	18	8.1	7.8	Kugelhaufen
75	6864	20	06.1	-21	55	8.6	6.0	Kugelhaufen

CORONA AUSTRALIS

Die hellsten Sterne sind α (Meridiana) und β, je 4.11; R.A. α von ist 19h 09m 28s.2, Dec. -37°54'16". Die anderen Sterne, die den Halbkreis bilden, sind γ (4.21), δ (4.59) und ζ (4.75).

DOPPELSTERNE

Stern	R.A. h	m	Dec. °	'	P.A. °	Abstand "	Größe (mag)	
κ	18	33.4	-38	44	359	21.6	5.9,5.9	
γ	19	06.4	-37	04	109	1.3	4.8,5.1	Binär, 12 J Testobjekt.

STERNHAUFEN UND NEBEL

M	NGC	R.A. h	m	Dec. °	'	Größe (mag)	Ausdehnung '	Typ
	6541	18	08.0	-43	42	6.6	13.1	Kugelhaufen
	6729	19	01.9	-36	57	var	1(var)	Veränderlicher Nebel um R Coronae Australis

Andromeda, Triangulum, Aries, Perseus

Andromeda ist eine große, herausragende nördliche Konstellation, die an die schöne Prinzessin erinnert, die als Opfer für ein Meeresungeheuer an einen Fels an der Küste gekettet war. Aber glücklicherweise kam diesem der kühne Held Perseus zuvor. Andromeda grenzt auf der einen Seite an Perseus, auf der anderen an Pegasus. Warum Alpheratz vom geflügelten Pferd zur Prinzessin verlegt wurde, bleibt ein Rätsel.

Die drei Führungssterne von Andromeda sind alle von der Größe 2,1. Ihre Namen werden häufig gebraucht, α ist Alpheratz, β ist Mirach und γ ist Almaak. Sie liegen 72, 88 und 121 Lichtjahre entfernt, sie sind 96, 115 und 95mal so hell wie die Sonne. Alpheratz ist ein spektroskopischer Doppelstern vom A-Typ. Mirach ist orange-rot, was mit einem Fernglas sehr gut zu sehen ist. Man nimmt an, daß er leicht veränderlich ist. Almaak ist ein außerordentlich feiner Doppelstern mit einer orangefarbenen Hauptkomponente vom K-Typ und einem heißen Begleiter, der im Vergleich leicht blau-grün aussehen soll. Das Paar kann mit fast jedem Teleskop aufgelöst werden. Der Begleiter ist ein enger Doppelstern, der ein gutes Testobjekt für 25 cm-Teleskope abgibt. δ ist ein weiterer oranger Stern vom K-Typ.

R Andromedae, nahe dem Dreieck θ, σ und ρ, ist ein Veränderlicher vom Mira-Typ. Er kann zeitweise über Größe 6 erreichen und ist wegen seiner außerordentlichen Röte leicht auszumachen. Der Trick ist, ihn im Maximum zu lokalisieren und sich das Sternfeld zu merken, dann kann man dem Veränderlichen bis zum Minimum folgen. Benutzer kleiner Teleskope werden ihn für einige Zeit verlieren, da er fast auf Größe 15 fällt.

Natürlich ist die Große Spiralgalaxie M31 das meist bewunderte Objekt in Andromeda. Wenn der Himmel klar und dunkel ist, kann man sie noch mit bloßem Auge sehen, der arabische Astronom Al-Sufi nannte sie „eine kleine Wolke". Sie liegt in einem engen Winkel zu uns, was schade ist, denn wäre uns die Stirnfläche zugekehrt, sähe das in der Tat großartig aus. Der moderne Wert für ihre

Entfernung ist 2,2 Millionen Lichtjahre, obwohl es möglich ist, daß dieser Wert leicht nach oben hin korrigiert werden muß. Sie ist ein größeres System als unseres und hat zwei Zwerggalaxien, M32 und NGC205, als elliptische Begleiter. Diese sind teleskopisch leicht zu erkennen.

Zugegebenerweise ist M31 durch ein Teleskop betrachtet nicht sehr eindrucksvoll, Photographie ist nötig, um ihre Details herauszubringen. Novae wurden in M31 entdeckt und 1885 die Supernova S Andromedae, welche die Größe 6 erreichte. Sie wurde nicht ausgiebig beobachtet, da ihre wahre Natur zu der Zeit niemandem bewußt war. Man hielt M31, wie andere Spiralgalaxien, für einen kleineren Teil unserer Galaxis.

Der offene Sternhaufen NGC752 zwischen γ Andromedae und β Trianguli ist mit dem Fernglas sichtbar, obwohl er diffus und relativ unauffällig ist. Es lohnt sich, den planetarischen Nebel NGC7662, nahe dem Dreieck λ, κ und τ, auszumachen. Ein 25 cm-Teleskop zeigt seine Form, obwohl der heiße Stern in seiner Mitte noch sehr lichtschwach ist.

Triangulum ist eine der wenigen Konstellationen, die ihren Namen verdienen. Bestehend aus α, β und γ ist es gut zu erkennen, obwohl nur β die dritte Größe erreicht. R Trianguli ist ein recht heller Stern vom Mira-Typ, etwas von γ entfernt, aber das Hauptinteresse gilt der Spiralgalaxie im Dreieck, M33, die etwas von α entfernt in Richtung Andromeda liegt – südlich der Linie, die α Trianguli mit β Andromedae verbindet. Sie ist schwächer als M31, steht aber besser zu uns. Einige Beobachter behaupten, sie mit bloßem Augen zu sehen, Ferngläser zeigen sie allerdings nur unzureichend, da die Oberflächenhelligkeit gering ist. Sie ist viel weniger massereich als unsere Galaxis.

Aries. Der Legende zufolge ehrt dieses Sternbild einen fliegenden Widder mit einem goldenem Fell. Er wurde von Merkur gesandt, um die zwei Töchter des Königs von Theben vor einem Anschlag ihrer bösen Stiefmutter zu retten. Der Widder ist mit seinem Trio von Sternen (α, β, γ) recht

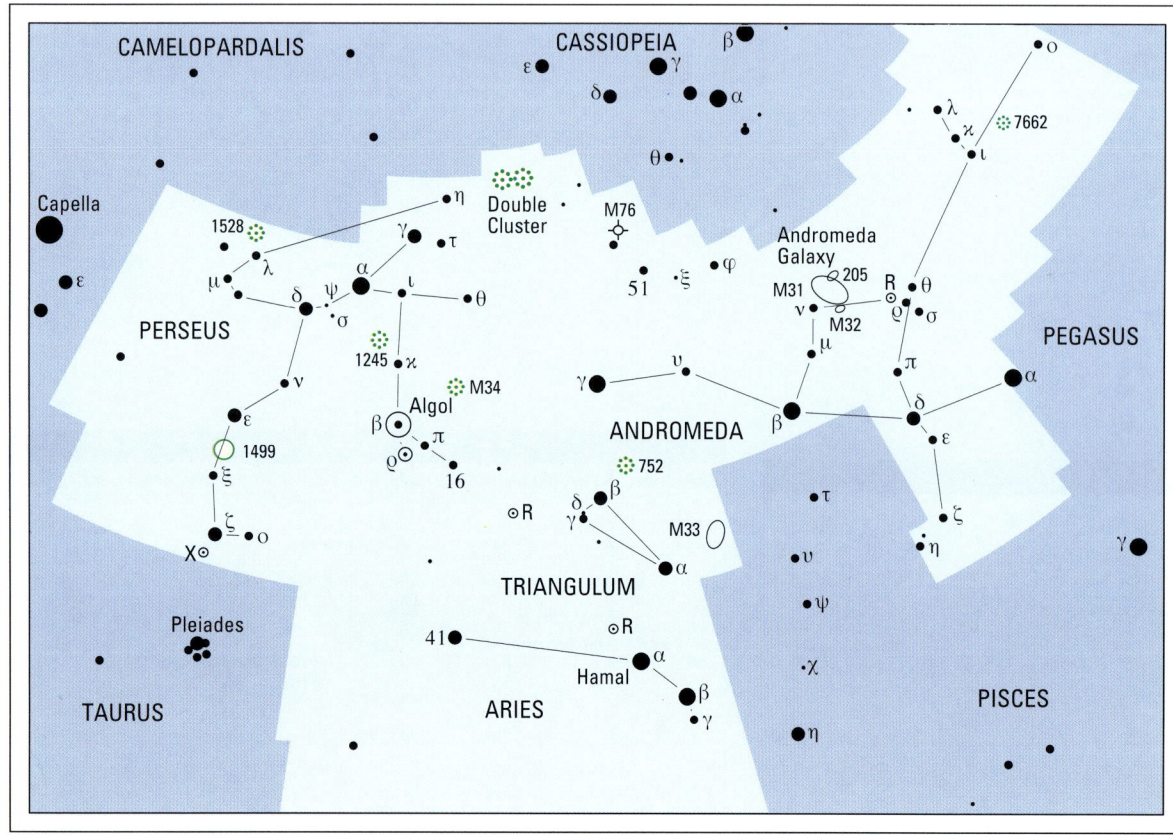

Größenklassen

●	−1
●	0
●	1
●	2
●	3
●	4
·	5

Veränderliche
⊙ ⊙

Galaxien
◯ ⬭

Planetarische Nebel
✧ ✦

Gasförmige Nebel
◌ ◯

Kugelhaufen
⊛ ⊛

Offene Sternhaufen
⊛ ⊛

Die Konstellationen auf dieser Karte sieht man am besten abends im nördlichen Herbst. Es trifft zu, daß die nördlichsten Teile von Perseus und Andromeda sowie Capella in Auriga von den Britischen Inseln und den nördl. USA gesehen den Pol umkreisen und von Australien und Neuseeland gesehen immer sehr tief stehen. Andromeda grenzt an das Quadrat von Pegasus, und tatsächlich ist Alpheratz einer der vier Sterne des Quadrats. Aries, der Widder, gehört zum Tierkreis, obwohl die Präzession das Frühlingsäquinoktium in die Fische verlagert hat.

gut erkennbar. α oder Hamal ist rötlich und von zweiter Größe, γ oder Mesartim ist ein weiter Doppelstern mit gleichen Komponenten. Ein Fernglas kann sie nicht auseinanderhalten, wohl aber jedes Teleskop.

Perseus. Der galante Held ist am Himmel gut repräsentiert und leicht zu identifizieren. Die Konstellation ist in die Milchstraße eingebunden und sehr reich an Objekten. Es gibt keine Sterne erster Größe, aber der Leitstern, α oder Mirphak, ist knapp darunter. Er ist vom F-Typ, 620 Lichtjahre entfernt und 6000mal heller als die Sonne.

β oder Algol ist der Prototyp des bedeckungsveränderlichen Sterns und einer der berühmtesten Sterne am Himmel. Er liegt im Kopf der Medusa, der Gorgone, die von Perseus enthauptet wurde, deren Blick aber alle Lebewesen versteinern konnte. Die Periode von Algol beträgt 2 Tage 20 Stunden 48 Minuten 56 Sekunden, die primäre Bedeckung beträgt nur 72% total, das genügt aber, um die erkennbare Größe von 2,1 auf 3,4 zu senken. Das Sekundärminimum, wenn die blassere Komponente verdeckt ist, beträgt weniger als eine Zehntel Größenklasse.

Die Hauptkomponente (A) ist ein weißer Stern vom Typ B. Er ist 100mal heller als die Sonne mit einem Durchmesser von 4 Millionen Kilometern. Der Begleiter (B) ist vom G-Typ, er ist ca. dreimal so hell wie die Sonne und hat einen Durchmesser von 5,5 Millionen Kilometern. Er ist somit größer, aber weniger massereich als die Hauptkomponente. Der wahre Abstand beträgt ca. 10,5 Millionen Kilometer, so daß die Komponenten zu dicht aneinander sind, um getrennt gesehen zu werden. Weit weg von dem Bedeckungsveränderlichen liegt noch ein dritter Stern in dem System.

Wir wissen viel von der Entstehung des Algolsystems. Ursprünglich war der Begleiter (B) schwerer als der Partner, so daß er sich ausdehnte und die Hauptreihe früher verließ. Als er größer wurde, ließ seine Gravitationskraft nach und Teile der äußeren Schichten wurden vom anderen Stern (A), der dadurch der schwerere von beiden wurde, übernommen. Dieser Prozeß ist noch nicht abgeschlossen. Das System ist eine Quelle von Radiowellen, aufgrund derer wir sagen können, daß Material von B nach A strömt. Dieses wird Massetransfer genannt und ist von größter Wichtigkeit bei der Beobachtung von binären Systemen.

Die Fluktuationen von Algol sieht man leicht mit bloßem Auge, die Zeiten seiner Minima stehen in astronomischen Periodika. Angemessene Vergleichssterne sind ζ (2,85), ε (2,89), κ (3,8) und γ Andromedae (2,14). Mirphak ist eher zu hell. Man sollte ρ Persei, einen roten halbregelmäßigen Veränderlichen mit einer Größe von 3 bis 4 und einer sehr ungenauen Periode, die zwischen zwischen 33 und 55 Tagen liegt, vermeiden.

ζ Persei ist extrem hell (15000mal so kräftig wie die Sonne) und das älteste Mitglied einer „Sternengemeinschaft" aus heißen hellen Sternen, die sich von einem gemeinsamen Zentrum aus wegbewegen und vermutlich wohl gleichen Ursprungs sind. Im selben Fernglasfeld mit ζ befinden sich o (3,83) und der unregelmäßig Veränderliche X Persei. Dieser schwankt zwischen Größe 6 und 7 und ist von besonderem Interesse, weil er Röntgenstrahlung aussendet.

M34, ein Sternhaufen bei Algol, kann mit einem Fernglas gesehen werden. Er verblaßt aber im Vergleich mit NGC 869 und 885, die den Schwertgriff bilden. Sie sind einfach zu finden, da γ und δ im W von Cassiopeia auf sie zeigen. Man kann sie mit dem bloßen Auge sehen. Teleskope zeigen ein wundervolles Sternhaufenpaar im selben Blickfeld. Sie gehören zu den herrlichsten Anblicken am gesamten Sternenhimmel.

ANDROMEDA

HELLSTE STERNE

Nr.	Stern	R.A.			Dec.			Größe	Spektrum	Name
		h	m	s	°	′	″	(mag)		
21	α	00	08	23	+29	05	26	2.06	A0p	Alpheratz
43	β	01	09	44	+35	37	14	2.06	M0	Mirach
57	γ	02	03	54	+42	19	47	2.14	K2+A0	Almaak
31	δ	00	39	20	+30	51	40	3.27		

Ebenfalls größer als 4.3 mag: 51 (3.57), σ (3.6v), λ (3.82), μ (3.87), ξ (4.06), υ (4.09) κ (4.14), φ (4.25), ι (4.29)

VERÄNDERLICHE

Stern	R.A.		Dec.		Amplitude	Typ	Periode	Spectrum
	h	m	°	′	(mag)		(d)	
R	00	24.0	+38	35	5.8-14.9		409	S

DOPPELSTERNE

Stern	R.A.		Dec.		Pos. W	Abstand	Größe	
	h	m	°	′	°	″	(mag)	
γ	02	03.9	+42	20	063	9.8	2.3,4.8	B ist binär, 61J; 5.5,6.3; Abst. 0″.5

STERNHAUFEN UND NEBEL

M	NGC	R.A.		Dec.		Größe	Ausdehnung	Typ
		h	m	°	′	(mag)	′	
31	224	00	42.7	+41	16	3.5	178 x 63	Sb Galaxie. Groß.
32	221	00	42.7	+40	52	8.2	7.6 x 5.8	E2 Galaxie. Begl. M31.
	205	00	40.4	+41	41	8.0	17.4 x 9.8	E6 Galaxie. Begl. M31.
	752	01	57.8	+37	41	5.7	50	Of. Sternhaufen
	7662	23	25.9	+42	33	9.2	20″ x 130″	Planetarischer Nebel

TRIANGULUM

HELLSTE STERNE

Nr.	Stern	R.A.			Dec.			Größe	Spektrum	Name
		h	m	s	°	′	″	(mag)		
4	β	02	09	32	+34	59	14	3.00	A5	

Ebenfalls größer als 4.3 mag: α (Rasalmothallah) (3.41), γ (4.01).

VERÄNDERLICHE

Stern	R.A.		Dec.		Größe	Typ	Periode	Spektrum
	h	m	°	′	(mag)		(d)	
R	02	37.0	+34	16	5.4-12.6	Mira	266.5	

GALAXIE

M	NGC	R.A.		Dec.		Größe	Ausdehnung	Typ
		h	m	°	′	(mag)		
33	598	01	33.9	+30	39	5.7	62 x 39	Sc Galaxie

ARIES

HELLSTE STERNE

Nr.	Stern	R.A.			Dec.			Größe	Spektrum	Name
		h	m	s	°	′	″	(mag)		
13	α	02	07	10	+23	27	45	2.00	K2	Hamal
6	β	01	54	38	+20	48	29	2.64	A5	Sheratan

Ebenfalls größer als 4.3 mag: 41 (c) (Nair al Butain) (3.63), γ (Mesartim) (3.9) (Gesamthelligkeit).

VERÄNDERLICHE

Stern	R.A.		Dec.		Größe	Typ	Periode	Spektrum
	h	m	°	′	(mag)		(d)	
R	00	24.0	+38	35	5.8-14.9		409	S

DOPPELSTERNE

Stern	R.A.		Dec.		P.A.	Abstand	Größe	
	h	m	°	′	°	″	(mag)	
γ	01	53.5	+19	18	000	7.8	4.8,4.8	

PERSEUS

HELLSTE STERNE

Nr.	Stern	R.A.			Dec.			Größe	Spektrum	Name
		h	m	s	°	′	″	(mag)		
33	α	03	24	19	+49	51	40	1.80	F5	Mirphak
26	β	03	08	10	+40	57	21	2.12 (max)	B8	Algol
44	ζ	03	54	08	+31	53	01	2.85	B1	Atik
45	ε	03	57	51	+40	00	37	2.89	B0.5	
23	γ	03	04	48	+53	30	23	2.93	G8	
39	δ	03	42	55	+47	47	15	3.01	B5	
25	ρ	03	05	10	+38	50	25	3.2 (max)	M4	Gorgonea Terti

Ebenfalls größer als 4.3 mag: η (Miram) (3.76), ν (3.77), χ (Misam) (3.80), ε (3.83), τ (Kerb) (3.85), υ (Nembus) (4.04), ξ (Menkib) (4.04), ι (4.05), φ (4.07), θ (4.12), μ (4.14), ψ (4.23), 16 (4.23), 16 (4.23), λ (4.29).

VERÄNDERLICHE

Stern	R.A.		Dec.		Amplitude	Typ	Periode	Spektrum
	h	m	°	′	(M)		(d)	
β	03	08.2	+40	57	2.1-3.4	Algol	2.87	B+G
ρ	03	05.2	+38	50	3.2-4.2	Halbregelm.	33/55	M
X	03	55.4	+31	03	6.0-7.0	Unregelm.		Röntgenstrahlungsquelle

DOPPELSTERNE

Stern	R.A.		Dec.		P.A.	Abstand	Größe	
	h	m	°	′	°	″	(mag)	
η	02	50.7	+55	54	300	28.3	3.3,8.5	

STERNHAUFEN UND NEBEL

M	NGC	R.A.		Dec.		Größe	Ausdehnung	Typ
		h	m	°	′	(mag)	′	
34	1039	02	42.0	+42	47	5.2	35	Of. Sternhaufen
76	650-1	01	42.4	+51	34	12.2	65″x290″	Planetar. Nebel

Pegasus, Pisces

Pegasus bildet ein Quadrat – obwohl einer seiner Hauptsterne aus Andromeda übernommen wurde. Die Sterne im Quadrat des Pegasus sind nicht besonders hell. Alpheratz ist von zweiter Helligkeit, die anderen haben zwischen 2,5 und 3. Die Figur ist jedoch leicht auszumachen, da sie eine ausgesprochen leere Himmelsregion besetzt.

Drei Sterne im Quadrat sind heiß und weiß. α Pegasi (Markab) ist vom Typ B 9, 100 Lichtjahre entfernt und 75mal so hell wie die Sonne. γ (Algenib), der am schwächsten von den vieren erscheint, ist aber am weitesten entfernt (520 Lichtjahre) und am stärksten (wie 1300 Sonnen). Sein Spektral-Typ ist B. Der dritte Stern, β (Scheat), ist vollkommen anders. Er ist ein orange-roter Riese vom Typ M. Seine Farbe ist mit dem bloßen Auge erkennbar, so daß der Kontrast zu den Nachbarsternen beeindruckend wirkt. Außerdem ist er variabel. Er hat eine ziemlich geringe Distanz, Helligkeit 2,3 bis 2,5, aber die Periode – ca. 38 Tage – ist ausgeprägter als bei anderen halbregelmäßigen Sternen. Die Veränderungen können mit dem bloßen Auge verfolgt werden, α und β können gut zum Vergleich herangezogen werden.

Wenn Beobachtungen dieser Art gemacht werden, muß die atmosphärische Extinktion des Sterns berücksichtigt werden, also die Abschwächung des Sternlichts aufgrund der Absorption in der Atmosphäre, die natürlich bei niedrigen Höhen über dem Horizont zunimmt (siehe Tabelle).

Die Rektaszensionen von β und α sind etwa gleich, der Unterschied in der Deklination beträgt ca. 13 Grad. Angenommen, β steht 32° über dem Horizont, dann wird sein Licht um 0,2 mag geschwächt. Wenn α direkt darunter ist (wie es Beobachtern der nördlichen Hemisphäre scheinen würde, in südlichen Breiten trifft das Umgekehrte zu), beträgt die Höhe 32 – 13 = 19 Grad, und die Abschwächung für α 0,5 mag. Auch wenn die beiden gleich hell erscheinen, ist in Wirklichkeit α um 0,3 mag heller, so daß β bei 2,7 mag liegt. Versuchen Sie, einen Vergleichsstern auf gleicher Höhe zu der Variablen zu finden. Bei teleskopischen Veränderlichen kann die Extinktion vernachlässigt werden.

Es ist auch interessant, die tatsächliche Leuchtkraft der Sterne im Quadrat zu vergleichen. Wie wir gesehen haben, ist die absolute Helligkeit die Helligkeit, die ein Stern haben würde, wenn man ihn aus einer Standardentfernung von 10 Parsec oder 32,6 Lichtjahren sehen könnte. Die Werte betragen für Alpheratz – 0,1 mag, α Pegasi + 0,2 mag, β Pegasi – 1,4 mag (ziemlich schwankend) und γ – 3,0 mag, so daß γ die Szene beherrscht.

Der andere dominierende Stern des Pegasus ist ε, der sich, weit entfernt vom Quadrat, an der Grenze zu Equuleus befindet. Es ist ein orangefarbener Stern vom Typ K, 520 Lichtjahre entfernt und 4500mal heller als die Sonne.

Der Kugelhaufen M 15, nahe an ε, wurde 1746 von dem italienischen Astronomen Maraldi entdeckt. Benutzen Sie θ und ε als Anhaltspunkte, um ihn zu finden. Er liegt gerade unterhalb der visuellen Sichtbarkeit, aber das Fernglas zeigt einen verschwommenen Flecken. Er hat ein außergewöhnlich dichtes Zentrum, das voller veränderlicher Sterne ist. Der Haufen ist sehr weit weg, über 49 000 Lichtjahre. Der tatsächliche Durchmesser kann nicht geringer als 100 Lichtjahre sein.

Pisces sind eine der undeutlicheren zodiakalen Konstellationen und bestehen hauptsächlich aus einer Reihe von schwachen Sternen, die entlang der Südseite des Pegasus-Vierecks verläuft. Ihre mythologische Assoziation ist ziemlich vage.

α, Helligkeit 3,79, hat drei Eigennamen: Al Rischa, Kaïtain oder Okda. Er ist binär, mit einem kleinen Teleskop einfach zu trennen. Man vermutet bei beiden Komponenten eine leichte Veränderlichkeit in Leuchtkraft und Farbe, aber der sichere Nachweis fehlt. Beide sind vom Typ A und 100 Lichtjahre von uns entfernt. ζ ist ein anderer einfacher Doppelstern, und hier wird ebenfalls eine schwache Veränderlichkeit vermutet.

Größenklassen

●	−1
●	0
●	1
●	2
●	3
•	4
·	5

Veränderliche ⊙ ⊙

Galaxien ◯ ◯

Planetarische Nebel ◇ ○

Gasnebel ◎ ◎

Kugelhaufen ⁂ ⁂

Offene Sternhaufen ⁂ ⁂

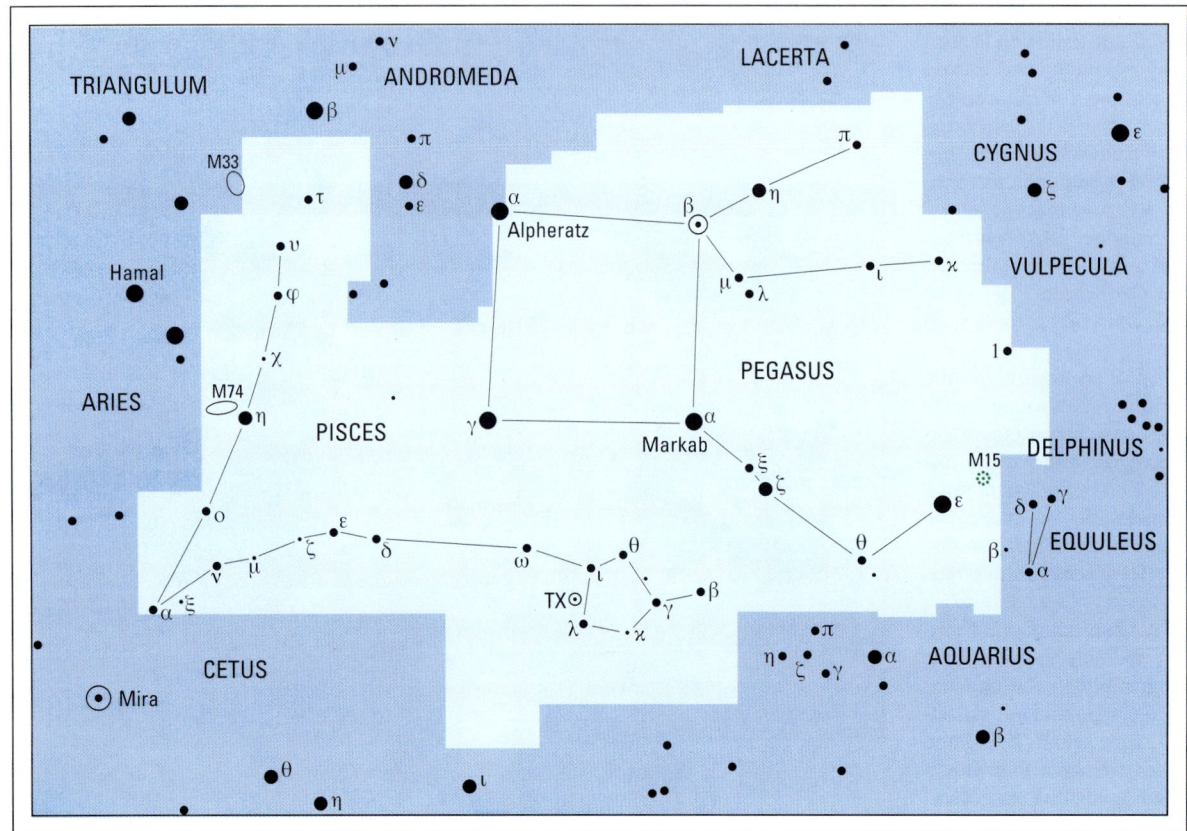

◀ **Pegasus** ist die bekannteste Konstellation des Abendhimmels während des nördlichen Herbstes (südlichen Frühlings). Die vier Hauptsterne – von denen einer unlogischerweise zu Andromeda übertragen wurde – bilden ein Quadrat, das leicht zu identifizieren ist, obwohl Karten dazu tendieren, es kleiner und heller zu machen, als es wirklich ist. Der hellste Stern, ε, ist etwas entfernt vom Quadrat. Pisces sind eine sehr verschwommene zodiakale Konstellation, die den Bereich zwischen Pegasus und Cetus besetzt.

EXTINKTIONS TABELLE	
Höhe über Horizont, °	Abschwächung in Größenklassen
1	3.0
2	2.5
4	2.0
10	1.0
13	0.8
15	0.7
17	0.6
21	0.4
26	0.3
32	0.2
43	0.1

Oberhalb dieser Höhe kann die Abschwächung vernachlässigt werden

◄ *Der Kugelhaufen M15* in Pegasus, von Bernard Abrams mit einem 25 cm-Reflektor photographiert. Er kann nahe bei ε gefunden werden.

Der außergewöhnlich rote, halbregelmäßige variable TX (19) Piscium des N-Typus ist es wert, aufgesucht zu werden. Er ist leicht zu finden, nahe dem „Ring", gebildet aus ι, θ, γ und λ. Da seine Helligkeit nie unter 7,7 liegt, ist er immer im Fernglas sichtbar und seine Farbe ist fast so intensiv wie die des berühmten Garnet-Sterns, μ Cephei.

Die Galaxie M74, 1780 von Méchain entdeckt, ist eine der weniger massereichen Spiralgalaxien in Messiers Katalog. Sie kann mit einem 7,6 cm-Teleskop gesehen werden, aber ziemlich schwer faßbar sein. Sie liegt einige Grad neben η Piscium. Der Kern ist verhältnismäßig gut definiert, aber die Spiralarme sind locker und schwach, so daß sogar Sir John Herschel ihn mit einem Kugelhaufen verwechselte. Die Entfernung beträgt etwa 26 Millionen Lichtjahre.

Ein Objekt in den Fischen, das gefunden werden sollte, obwohl mindestens ein 25 cm-Teleskop erforderlich ist, ist der Weiße Zwerg Wolf 28, besser bekannt als Van Maanens Stern. Er wurde 1917 von dem holländischen Astronomen Adriaan van Maanen entdeckt. Seine Position ist Rekt. 00h 46, 5m, Dekl. + 05° 09', etwa zwei Grad südlich von δ Piscium. Seine scheinbare Helligkeit ist 12,4, und er ist einer der dunkelsten bekannten Sterne, mit einer Leuchtkraft von nur $^1/_{6000}$ der Sonne. Der Durchmesser ist vergleichbar mit dem der Erde, aber die Masse entspricht derjenigen der Sonne, so daß die Dichte der millionenfachen von Wasser entspricht. Die Eigenbewegung beträgt fast 3 Bogensekunden pro Jahr und die Entfernung weniger als 14 Lichtjahre, so daß dies einer der nächsten bekannten Weißen Zwerge ist.

PEGASUS

DIE HELLSTEN STERNE

Nr.	Stern	R.A. h	m	s	Dec. °	'	"	Größe (mag)	Spektrum	Name
8	ε	21	44	11	+09	52	30	2.38	K2	Enif
53	β	23	03	46	+28	04	58	2.4 (max)	M2	Scheat
54	α	23	04	45	+15	12	19	2.49	B9	Markab
88	γ	00	13	14	+15	11	01	2.83	B2	Algenib
44	η	22	43	00	+30	13	17	2.94	G2	Matar
42	ζ	22	41	27	+10	49	53	3.40	B8	Homan
48	μ	22	50	00	+24	36	06	3.48	K0	Sadalbari

Ebenfalls über 4.3 mag: θ (Biham) (3.53), ι (3.76), λ (4.08), κ (4.13), ξ (Al Suud al Nujam) (4.19), π(4.29). Alpheratz (Andromedae) gehörte früher zu Pegasus als δ Pegasi.

VERÄNDERLICHE

Stern	R.A. h	m	Dec. °	'	Amplitude (mag)	Typ	Periode (d)	Spektrum
	23	03.8	+28	05	2.4-2.8	Halbregelm.	38	M

STERNHAUFEN

M	NGC	R.A. h	m	Dec. °	'	Größe (mag)	Ausdehnung '	Typ
15	7078	21	30.0	+12	10	6.3	12.3	Kugelhaufen

PISCES

Hellster Stern ist η (Alpherg), R.A. 01h 31m 29s, dec.+15°20'45" mag 3.62. Ebenfalls über 4.3 mag: γ (3.69), α (Al Rischa) (3.79), ω (4.01), ι (4.13), ο (Torcular) (4.26), θ (4.28), ε (4.28).

VERÄNDERLICHE

Stern	R.A. h	m	Dec. °	'	Amplitude (mag)	Typ	Periode (d)	Spektrum
TX	23	46.4	+03	29	6.9-7.7	unregelmäßig	-	N

DOPPELSTERNE

Stern	R.A. h	m	Dec. °	'	P.A. °	Abstand "	Größe (mag)	
α	02	02.0	+02	46	279	1.9	4.2,5.1	933 Jahre
ζ	01	13.7	+07	35	063	23.0	5.6,6.5	

GALAXIEN

M	NGC	R.A. h	m	Dec. °	'	Größe (mag)	Ausdehnung '	Typ
74	628	01	36.7	+15	47	9.2	10.2 x 9.5	Sc Galaxie

Capricornus, Aquarius, Piscis Australis

Capricornus wurde mit dem Halbgott Pan identifiziert, aber die mythologische Assoziation ist entschieden nebulös, und die Formation der Sterne erinnert nicht an die Gestalt eines Steinbocks. Auch kann nicht gesagt werden, daß es hier etwas Interessantes gibt, obwohl die Konstellation sogar über 400 Quadratgrad des Himmels bedeckt. δ ist der einzige Stern über 3 mag. Er ist etwa 49 Lichtjahre entfernt und etwa 13mal so hell wie unsere Sonne.

β Capricorni ist einer der weniger leuchtkräftigen Sterne, die mit bloßem Auge erkennbar sind. Er ist nicht viel mehr als doppelt so hell wie die Sonne, obwohl seine Entfernung nicht mit Sicherheit bekannt ist und geringer sein könnte als die im Cambridge Catalogue offiziell angegebene. Er hat einen Begleiter der Helligkeit 6, der im Feldstecher zu sehen und ein sehr enger Doppelstern ist. Der helle Stern scheint ein spektroskopischer Dreifachstern zu sein, so daß β Capricorni ein sehr komplexes System darstellt.

α¹ und α² bilden ein weites Paar, das mit dem bloßen Auge leicht zu trennen ist, aber es gibt keine echte Verbindung. Der hellere Stern, α², ist 117 Lichtjahre entfernt, wogegen der schwächere Teil, α¹, weit im Hintergrund in einer Distanz von 1600 Lichtjahren steht. Beide sind vom Typ G, aber während der entfernte Stern gut über 5000mal so leuchtkräftig wie die Sonne ist, ist der nähere vergleichbar mit nicht mehr als 75 Sonnen. Dies ist das klassische Beispiel eines optischen Paares.

Es gibt keine bemerkenswerten Veränderlichen in Capricornus, aber es gibt ein Messier-Objekt, den Kugelhaufen M30, der nahe bei ζ liegt (der zufälligerweise ein sehr heller Riese des G-Typus ist). M30 wurde von Messier selbst 1764 entdeckt und beschrieben als „rund, enthält keinen Stern". Es ist in der Tat eine kleine Kugel mit einem hellen Kern, 41000 Lichtjahre entfernt, und besitzt keine bemerkenswerten Charakteristika.

Aquarius, mit einer Fläche von fast 1000 Quadratgrad, ist größer als Capricornus, aber das Sternbild ist nicht wesentlich deutlicher sichtbar. Es ist bekannt als Wassermann.

Seine mythologische Assoziation ist vage, obwohl es manchmal mit Ganymed, dem Mundschenk der Götter des Olymp identifiziert wurde. Der Hauptgrund für die Berühmtheit von Aquarius ist, daß er zum Tierkreis gehört. Sein größter Teil liegt in der südlichen Hemisphäre des Himmels.

Sowohl α als auch β sind sehr helle und entfernte Riesen des G-Typus. Der interessanteste Stern ist ζ, ein feiner Doppelstern mit fast gleichen Komponenten. Beide sind vom kleineren F-Typ, etwa 100 Lichtjahre entfernt und ca. 15 Milliarden Kilometer auseinander. Diese beiden Sterne sind ein exzellentes Testobjekt für ein Teleskop mit etwa 7,6 cm-Öffnung.

Es gibt eine charakteristische Gruppe von Sternen zwischen Fomalhaut, in Piscis Australis, und α Pegasi. Die drei Sterne, genannt „ψ Aquarii", stehen eng zusammen in der Nähe von χ und φ. Einige von ihnen sind orange und wurden oft fälschlicherweise für einen offenen Haufen gehalten, obwohl sie nicht wirklich miteinander verbunden sind.

R Aquarii ist ein symbiotischer oder Z Andromedae Veränderlicher. Er besteht aus einem kühlen Roten Riesen und einem heißen Sub-Zwerg – beide scheinen tatsächlich variabel zu sein. Das ganze System ist in einem Nebel eingeschlossen, und der kleinere Stern scheint Material von seinem größeren, weniger dichten Partner wegzuziehen. R Aquarii ist nicht einfach zu lokalisieren, aber Benutzer eines größeren Teleskops werden merken, daß es sich lohnt.

M2 ist ein besonders feiner Kugelhaufen, der ein Dreieck mit α und β Aquarii bildet. Manche behaupten, ihn mit bloßem Auge sehen zu können. Mit dem Fernglas ist es einfach. Er wurde schon 1746 von Maraldi entdeckt und ist sehr weit weg, etwa 55 000 Lichtjahre. Sein Zentrum ist nicht so zusammengeballt wie das der meisten Kugelhaufen, die Ränder sind leicht aufzulösen.

M72 ist ein anderer Kugelhaufen, von Méchain 1780 entdeckt. Er ist 62 000 Lichtjahre entfernt und vergleichs-

Größenklassen

- −1
- 0
- 1
- 2
- 3
- 4
- 5

Veränderliche

Galaxien

Planetarische Nebel

Gasnebel

Kugelhaufen

Offene Sternhaufen

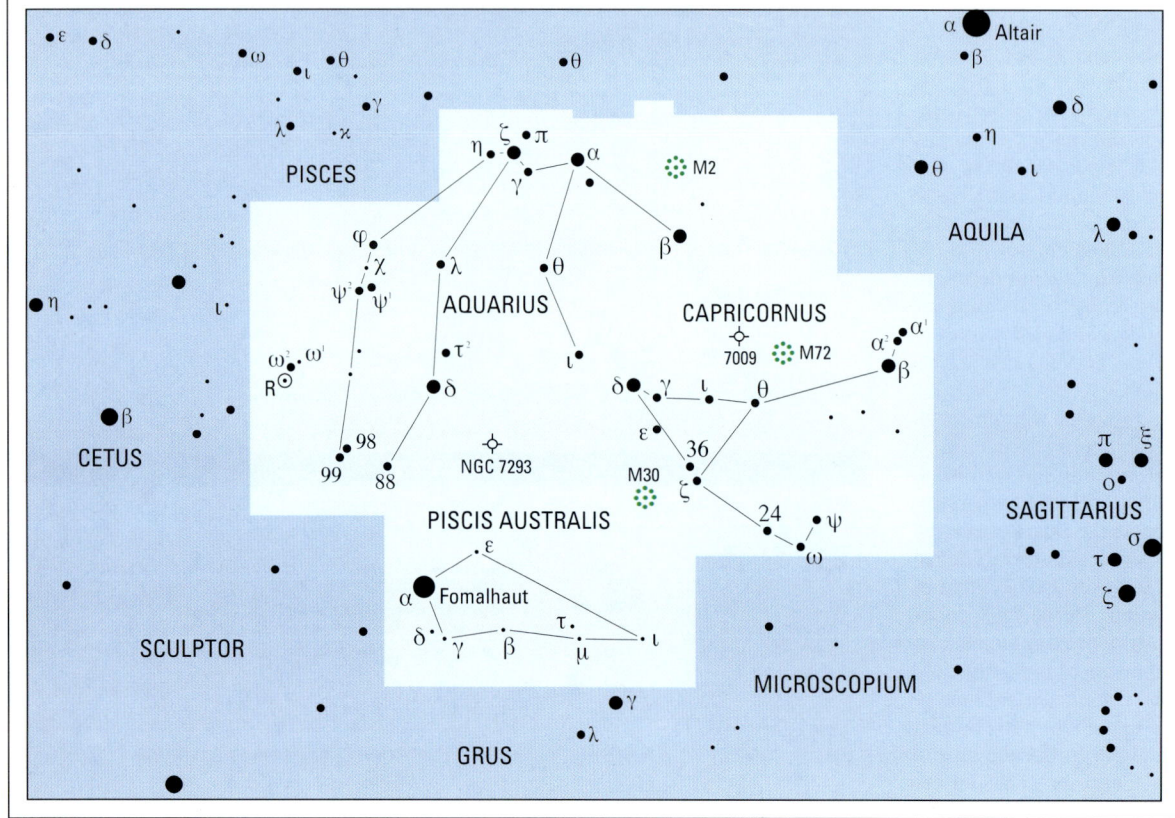

*◄ **Die zwei Tierkreiszeichen** Capricornus und Aquarius beanspruchen eine große Fläche, sind aber nicht von unmittelbarem Interesse. Zusammen mit den Fischen und Cetus verleihen sie der ganzen Region ein ausgesprochen dürftiges Aussehen. Fomalhaut in Piscis Australis ist der südlichste Stern erster Größe, der von den Britischen Inseln oder den nördlichen Vereinigten Staaten aus sichtbar ist. Beobachter im Norden, die ihn nie ganz hoch sehen, merken nicht immer, wie hell er wirklich ist. Der Himmelsäquator verläuft genau durch den nördlichsten Teil des Aquarius.*

◀ *Der Kugelhaufen M2* im *Sternbild Aquarius, photographiert von J.Fletcher durch einen 25 cm-Reflekor.*

weise unzusammenhängend. Es ist eines der schwächeren Objekte auf Messiers Liste und nicht leicht zu lokalisieren. Es liegt zwischen θ Capricornus und ε Aquarii (nicht gezeigt) und ist überraschend schwer in einzelne Sterne aufzulösen.

M73, weniger als 2 Grad von ν Aquarii (Helligkeit 4,51) entfernt, ist kein wirklicher Haufen, auch wenn er eine NGC-Nummer hat. Er besteht aus ein paar unverbundenen Sternen unterhalb der zehnten Größenklasse.

Es gibt zwei interessante planetarische Nebel im Aquarius. NGC7009, der Saturn-Nebel, liegt etwa ein Grad westlich von ν und ist ein schönes Objekt in großen Teleskopen mit einem auffälligen Gürtel aus dunklem Material. Er ist etwa 3900 Lichtjahre entfernt, sein Durchmesser beträgt ungefähr ein halbes Lichtjahr.

NGC7293, der Helix-Nebel, ist der größte und hellste aller planetarischen Nebel und angeblich im Fernglas als schwacher Fleck sichtbar. Allerdings braucht man ein Teleskop, um ihn deutlich zu sehen, denn er liegt zu nahe an ν. Auf dem Foto gleicht der Helix dem Ring-Nebel in Lyra (M57), aber der zentrale Stern hat nur die Helligkeit 13.

Piscis Australis ist eine kleine, aber alte Konstellation, offenbar nicht mit irgendeinem Mythos oder einer Legende in Zusammenhang zu bringen.

Der einzige Stern über 4 mag, den sie enthält, ist Fomalhaut, der südlichste Stern, der von Norddeutschland und den Britischen Inseln zu sehen ist. Er ist mit Hilfe von β und α Pegasi leicht zu finden. Aber Vorsicht vor Verwechslung mit Diphda oder β Ceti, die eng mit Alpheratz und γ Pegasi, den anderen zwei Sternen des Quadrats, zusammenhängen! Diphda ist allerdings eine Größenklasse schwächer als Fomalhaut.

Fomalhaut ist ein rein weißer Stern, 22 Lichtjahre entfernt und dreizehnmal heller als die Sonne. Deshalb ist er einer unserer nächsten stellaren Nachbarn. 1983 erkannte der astronomische Infrarot-Satellit, daß er mit einer Wolke aus kühlem Material zusammenhängt, das planetenbildend sein könnte. Wie bei Wega, β Pictoris und anderen ähnlichen Sternen kann man nicht mit Sicherheit behaupten, daß es dort ein Planetensystem gibt, aber man kann es auch nicht ausschließen. Der südliche Fisch hat nichts weiter Bemerkenswertes.

CAPRICORNUS

HELLSTE STERNE

Nr.	Stern	R.A.			Dec.			Größe (mag)	Spektrum	Name
		h	m	s	°	′	″			
49	δ	21	47	02	-16	07	38	2.87	A5	Deneb al Giedi
9	β	20	21	00	-14	46	53	3.08	F8	Dabih

Ebenfalls über 4.3 mag: α (Al Giedi) (3.57), γ (Nashira) (3.68), ζ (Yen) (3.74), θ (4.07), ω (4.11), φ (4.14), α (4.24), ι (4.28).

DOPPELSTERNE

Stern	R.A.		Dec.		P.A.	Abstand	Größe (mag)	
	h	m	°	′	°	″		
α	20	18.1	-12	33	291	377.7	3.6,4.2	Mit bloßem Auge zu trennen
β	20	21.0	-14	47	267	205.0	3.1,6.0	

STERNHAUFEN

M	NGC	R.A.		Dec.		Größe (mag)	Ausdehnung	Typ
		h	m	°	′			
30	7099	21	40.4	23	11	7.5	11.0	Kugelhaufen

AQUARIUS

HELLSTE STERNE

Nr.	Stern	R.A.			Dec.			Größe (mag)	Spektrum	Name
		h	m	s	°	′	″			
22	β	21	31	33	-05	34	16	2.91	G0	Sadalsuud
34	α	22	05	47	-00	19	11	2.96	G2	Sadalmelik
76	δ	22	54	39	-15	49	15	3.27	A2	Scheat

Ebenfalls über 4.3 mag: ζ (3.6, Gesamthelligkeit); 88 (c¹) (3.66), λ (3.74); ε (Albali), (3.77); γ (3.84); 98 (b¹) (3.97); τ (4.01), η (4.02); θ (Ancha)(4.16);φ¹(4.21); τ (4.22); ι (4.27).

VERÄNDERLICHE

Stern	R.A.		Dec.		Amplitude (mag)	Typ	Periode (d)	Spektrum
	h	m	°	′				
R	23	43.8	-15	17	5.8-12.4	symbiotisch	387	M+var

DOPPELSTERNE

Stern	R.A.		Dec.		P.A.	Abstand	Größe (mag)	
	h	m	°	′	°	″		
ζ	2	28.8	-00	01	200	2.0	4.3,4.5	856 Jahre

STERNHAUFEN UND NEBEL

M	NGC	R.A.		Dec.		Größe (mag)	Ausdehnung ′	Typ
		h	m	°	′			
2	7089	21	33.5	-00	49	6.5	12.9	Kugelhaufen
72	6981	20	53.5	-12	32	9.3	5.9	Kugelhaufen
	7293	22	29.6	-20	48	6.5	770″	Planet. Nebel (Helix Nebel)
	7009	21	04.2	-11	22	8.3	2″.5 x 100″	Planet. Nebel (Saturnnebel)

M73 (NGC 6994), RA 20h 58.9, dec, -12°38′, besteht aus nur 4 Sternen.

PISCIS AUSTRALIS

HELLSTER STERN

No.	Stern	R.A.			Dec.			Größe (mag)	Spektrum	Name
		h	m	s	°	′	″			
24	α	22	57	39	-29	37	20	1.16	A3	Fomalhaut

Ebenfalls über 4.3 mag: ε (4.17), δ (4.21), β (Fum el Samakah) (4.29).

DOPPELSTERNE

Stern	R.A.		Dec.		P.A.	Abstand	Größe (mag)	
	h	m	°	′	°	″		
β	22	51.5	-32	21	172	30.3	4.4,7.9.	(optisch)

Cetus, Eridanus (nördlich), Fornax

Cetus ist eine große Konstellation, die 1232 Quadratgrade bedeckt. In der Mythologie repräsentiert sie ein Seeungeheuer, das gesandt wurde, um die Prinzessin Andromeda zu verschlingen. Es wurde aber zu Stein, als Perseus ihm den Kopf der Gorgone zeigte.

Der hellste Stern, β (Diphda) kann mit Hilfe von Apheratz und γ Pegasi gefunden werden. Er ist ein orangefarbener Stern vom K-Typ, 68 Lichtjahre entfernt und 75mal so hell wie die Sonne. Er wird als veränderlich erachtet und kann mit dem bloßen Auge beobachtet werden, aber wegen des Mangels an geeigneten Vergleichssternen ist er schwer einzuschätzen. θ und η liegen eng zusammen, θ ist weiß und η, mit einem K-Typ Spektrum, ist eher orange. Im selben Fernglasbereich ist ein schwacher Doppelstern, 37 Ceti.

τ Ceti ist besonders interessant. Er ist nur 11,9 Lichtjahre entfernt und etwa ein Drittel so hell wie die Sonne, mit einem K-Typ Spektrum. Er ist einer der beiden Sterne, die mit der Sonne vergleichbar sind (ε Eridani ist der andere) und kann als vielversprechender Kandidat für das Zentrum eines Planetensystems erachtet werden, so daß Anstrengungen unternommen werden, Signale von ihm zu hören, die als künstlich interpretiert werden könnten – bis jetzt ohne Erfolg. Der flackernde Stern UV Ceti liegt weniger als drei Grad südwestlich von τ.

Der „Kopf" von Cetus besteht aus α, γ, μ, ξ und δ. α (Menkar) ist ein M-Typ-Riese, 130 Lichtjahre entfernt und 132mal so hell wie die Sonne. Auch er wird als leicht veränderlich erachtet. Er ist binär, mit einer sehr langen Umlaufzeit und ziemlich einfach mit einem kleinen Teleskop zu trennen.

Mira (o Ceti) ist der prototypische Langperioden-Variabler. Er ist bekannt dafür, daß er manchmal die zweite Größenklasse erreicht, zu anderen Zeiten jedoch steigt er kaum über die vierte. Er ist ein paar Wochen im Jahr mit dem bloßen Auge zu sehen, und dann verändert er die Ansicht der ganzen Region. Er war der erste identifizierte veränderliche Stern und ist der uns nächste M-Riese. Seine Entfernung beträgt 95 Lichtjahre, und er ist gut über 100mal stärker als die Sonne. Seine durchschnittliche Periode beträgt 331 Tage. Das ist nicht viel mehr als nur ein Monat kürzer als ein Jahr, und deshalb gibt es Zeiten, wo Mira zu nahe an der Sonne ist, um gesehen zu werden, trotz seines Maximums. Er hat einen schwachen Partner, der sich in gleicher Weise durch den Raum bewegt. Er wird als variabel erachtet und seine Nähe zum Hauptstern macht ihn zum schwierigen Testobjekt.

M77 ist eine massereiche Seyfert-Spiralgalaxie und ist ein starker Radiosender. Sie liegt nahe δ und ist nicht schwer auszumachen, aber ihr Kern ist, verglichen mit den Spiralarmen, so hell, daß er sogar bei leichter Vergrößerung die Gestalt eines eher verschwommenen Sterns annimmt. Die Entfernung beträgt etwa 52 Millionen Lichtjahre. NGC247, nahe bei β, ist ziemlich groß, hat aber eine niedrige Oberflächenhelligkeit und liegt auch in einem ungünstigen Winkel, so daß die Spiralform nicht gut herauskommt. Alle anderen Galaxien in Cetus sind erheblich schwächer.

Eridanus. Nur der nördliche Teil dieser immens langen Konstellation ist hier zu sehen. Der Rest erstreckt sich weit in den Süden des Himmels.

Im nördlichen Teil des Flusses sieht man nicht viel. Es gibt nur zwei Sterne über der dritten Helligkeit, β Kursa, nahe bei Rigel in Orion (Typ A, 96 Lichtjahre entfernt, 83mal so hell wie die Sonne), und γ oder Zaurak (Typ M, 114 Lichtjahre entfernt, 120mal Sonnenleuchtkraft). Es ist lohnenswert, das δ-ε Paar zu betrachten. δ (Rana) ist ziemlich nahe, 29 Lichtjahre entfernt, und als K-Typ rund 2,6mal so hell wie die Sonne. Daneben liegt ε, 10,7 Lichtjahre entfernt, der mit τ Ceti einer der zwei nächsten sonnenähnlichen Sterne ist. Der IRAS-Satellit erkannte, daß er mit kühlem Material verbunden ist und als mögliches Planeten-Zentrum ausgesprochen vielversprechend ist. Er ist kleiner und dunkler als τ Ceti und ist der schwächste

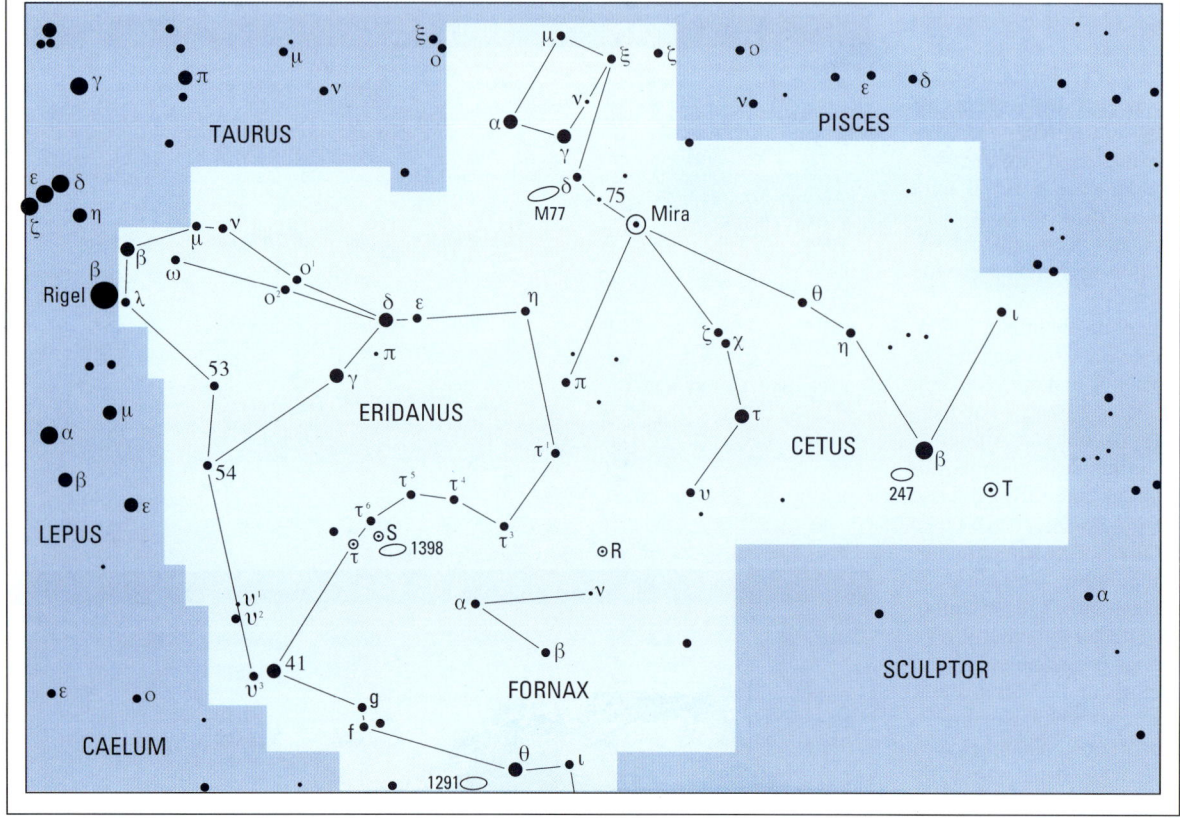

*▲ **Die Sternbilder** in dieser Karte sind am besten am Abend im späten Herbst (nördliche Hemisphäre) oder im späten Frühling (südliche) zu sehen. Cetus ist groß, aber ziemlich schwach, der „Kopf" mit α (Menkar) ist allerdings leicht zu identifizieren. Eridanus ist so immens ausgedehnt, daß nicht alles von ihm in einer Karte gezeigt werden kann. Der südliche Teil ist in der Sternkarte 22 enthalten, der südlichen Polarregion, – der „Fluß" endet mit dem glitzernden Achernar, der nirgendwo nördlich der Höhe von Kairo zu sehen ist.*

Stern, der mit dem bloßen Auge neben dem weit südlicheren ε Indi sichtbar ist. Seine absolute Helligkeit beträgt 6,1, so daß er von unserer Standardentfernung von 32,6 Lichtjahren nicht einfach ohne optische Hilfe gesehen werden kann.

Die zwei Omicrons ο¹ (Beid) und ο² (Keid) liegen nebeneinander, sind aber nicht verbunden. Beid ist 277 Lichtjahre entfernt und gut über 150mal so hell wie die Sonne, während Keid ein komplexes System in 16 Lichtjahren Entfernung ist. Er ist ein weiter, leichter Doppelstern. Der zweite Begleiter ist selbst binär und besteht aus einem schwachen Roten Zwerg mit ausgesprochen niedriger Masse (nicht mehr als 0,2 Sonnenmassen) und mit einem Weißen Zwerg, dessen Durchmesser etwa der doppelte der Erde ist und der mit einem dritten Körper aus substellarer Masse verbunden scheint.

Fornax ist eine „moderne" Gruppe, deren Name gekürzt wurde. (Es gibt andere solcher Fälle: z. B. Crux Australis, das Kreuz des Südens, ist offiziell katalogisiert als einfach „Crux"). Sie ist dem Himmel 1752 von Lacaille hinzugefügt worden. Sie war ursprünglich Fornax Chemica, der chemische Ofen.

Sie ist gekennzeichnet durch ein Dreieck von undeutlichen Sternen, α (Helligkeit 3,87) β (4,46) und ν (4,69). Sie ist voll von Galaxien, die aber alle sehr schwach für Benutzer von kleinen Teleskopen sind. α ist ein großer Doppelstern.

▼ **Dieses Photo** der Sterne in den Konstellationen Cetus und Pisces ist eine optische Aufnahme. Der helle rötliche Stern etwas oberhalb und rechts vom Zentrum ist Mira Ceti, ein variabler Roter Riese, der 95 Lichtjahre von der Erde entfernt ist. Er ist ein prototypischer Langzeit-Variabler, der der Klasse ihren Namen gibt. Im Durchschnitt ist Mira Ceti 120mal so hell wie unsere Sonne. Er variiert in seiner Leuchtkraft über eine Periode von 331 Tagen. Dieses Foto wurde am 22. Oktober 1979 aufgenommen, als er nahe seines Leuchtkraftmaximums war.

CETUS

HELLSTE STERNE

Nr.	Stern	R.A.			Dec.			Größe	Spektrum	Name
		h	m	s	°	′	″	(mag)		
16	β	00	43	35	-17	59	12	2.04	K0	Diphda
92	α	03	02	17	+04	05	23	2.54	M2	Menkar
31	η	01	08	35	-10	10	56	3.45	K2	
86	γ	02	43	18	+03	14	09	3.47	A2	Alkaffaljidhina
52	τ	01	44	04	-15	56	15	3.50	G8	

Ebenfalls über 4.3 mag: ι (3.56), θ (3.60), ζ (3.73), ν (4.00), δ (4.07), π (4.25), μ (4.27), ξ (4.28).Der Veränderliche Mira (ο Ceti) kann 1.6 mag erreichen, aber die meisten Maxima sind sehr viel schwächer.

VERÄNDERLICHE

Stern	R.A.		Dec.		Amplitude	Typ	Periode	Spektrum
	h	m	°	′	(mag)		(d)	
ο	02	19.3	-02	58	1.6-10.1	Mira	331	M
T	00	21.8	-20	03	5.0-6.9	Halbregelmäß.	159	M

DOPPELSTERNE

Stern	R.A.		Dec.		P.A.	Abstand	Größe
	h	m	°	′	°	″	(mag)
χ	01	49.6	-10	41	250	183.8	4.9,6.9
γ	02	43.3	+03	14	294	2.8	3.8,7.3
66	02	12.8	-02	24	234	16.5	5.7,7.5
ο	02	19.3	-02	58	085	0.3	var,9.5v

STERNHAUFEN UND NEBEL

M	NGC	R.A.		Dec.		Größe	Ausdehnung	Typ
		h	m	°	′	(mag)		
77	1068	02	42.7	-00	01	8.8	6.9 x 5.9	SBp Galaxie (Seyfert Galaxie)
	247	00	47.1	-20	46	8.9	20.0 x 7.4	Spiralgalaxie

ERIDANUS

HELLSTE STERNE

Nr.	Stern	R.A.			Dec.			Größe	Spektrum	Name
		h	m	s	°	′	″	(mag)		
67	β	05	07	51	-05	05	11	2.79	A3	Kursa
34	γ	03	58	02	-13	30	31	2.95	M0	Zaurak

Ebenfalls über 4.3 mag: δ (Rana) (3.54), τ⁴ (Angetenar) (3.69), ε (3.73), ν (Theemini) (3.82), 53 (Sceptrum) (3.87), η (Azha) (3.89), υ⁴ (3.93), μ (4.09), ο¹ (4.02), ο² (Beid) (4.04), λ (4.27), ο² (Keid), nahe bei ο¹, hat 4.43 mag. ζ (Zibal), heute 4.8 mag, ist einer der wenigen Sterne, von denen angenommen wird, daß sie in historischen Zeiten heller waren. Allerdings ist der Nachweis nicht schlüssig.

DOPPELSTERNE

Stern	R.A.		Dec.		P.A.	Abstand	Größe	
	h	m	°	′	°	″	(mag)	
ο²	04	15.2	-07	39	107	82.8	4.9,9.5	B ist binär.

FORNAX

Der hellste Stern in Fornax ist α ; R.A. 03h 12m 04s.2, dec. -28°59'13", 3.87 mag. Es gibt keine anderen Sterne größer als 4,3 mag.

DOPPELSTERNE

Stern	R.A.		Dec.		P.A.	Abstand	Größe	
	h	m	°	′	°	″	(mag)	
α	03	12.1	-28	59	298	4.0	4.0,7.0	314 Jahre.

Orion, Canis Maior, Canis Minor,

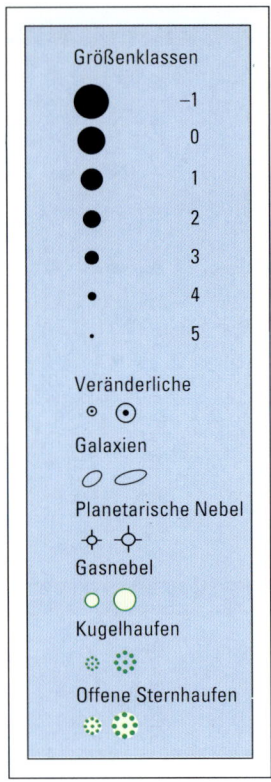

Größenklassen

- −1
- 0
- 1
- 2
- 3
- 4
- 5

Veränderliche

Galaxien

Planetarische Nebel

Gasnebel

Kugelhaufen

Offene Sternhaufen

Orion, der Jäger, wurde ursprünglich als die prächtigste aller Konstellationen betrachtet. Die beiden Hauptsterne sind sehr unterschiedlich. Obwohl er β heißt, ist Rigel der hellere und besonders hell, da er wie 60 000 Sonnen wirkt, etwa 900 Lichtjahre entfernt. Wenn er so nahe bei uns wäre wie Sirius, wäre seine Helligkeit −10, ein Fünftel von der des Vollmonds.

Er hat einen Partnerstern und wäre gut zu sehen, wenn er nicht von Rigel so überstrahlt würde. Dennoch wird er mit einem 7,6 Zentimeter-Teleskop bei guten Bedingungen gesehen. Sein Begleiter ist ein enger Doppelstern, 150mal so hell wie die Sonne. α (Beteigeuze) rangiert offiziell zwischen 0,4 und 0,9 Helligkeit, aber es scheint sicher, daß er manchmal bis zu 0,1, fast wie Rigel, erstrahlen kann.

Gute Vergleichssterne sind Procyon und Aldebaran, aber es muß die atmosphärische Extinktion berücksichtigt werden. Der offenbare Durchmesser von Beteigeuze ist größer als der irgendeines anderen Sterns jenseits der Sonne, und moderne Techniken ermöglichen es, Details auf seiner Oberfläche abzubilden.

Die anderen Sterne der Hauptformationen sind γ (Bellatrix), κ (Saiph) und die drei Sterne des Gürtels δ (Mintaka), ε (Alnilam) und ζ (Alnitak). Bellatrix ist 2200mal so hell wie die Sonne, alle anderen übertreffen die Sonne mehr als 20 000mal und sind 1000 Lichtjahre entfernt. Saiph ist nicht viel schwächer als Rigel, aber sogar weiter weg, 2200 Lichtjahre. Mintaka ist ein Bedeckungsveränderlicher mit einem sehr kleinen Bereich (Helligkeit 2,20

bis 2,35). Sowohl Mintaka als auch Alnitak haben Begleiter, die gute Teleskop-Objekte sind.

σ, im Schwert des Jägers, ist ein berühmter Mehrfachstern, und natürlich ist θ, das Trapez, für die Illumination des wundervollen Nebels M42 verantwortlich. M43 (eine Ausweitung von M42) und M78 (nördlich des Gürtels) sind in Wirklichkeit nur die hellsten Teile einer großen Nebelwolke, die sich fast über den ganzen Orion hinzieht. Andere einfache Doppelsterne sind ι und λ.

Der rote halbregelmäßige Variable W Orionis ist im selben Fernglasbereich wie π^6 (Helligkeit 4,5), dem südlichsten einer Reihe von Sternen, die aus irgendeinem Grund alle π heißen. Er hat ein N-Typ-Spektrum und ist immer im Fernglas sichtbar. Seine Farbe macht ihn gut identifizierbar, und er ist tatsächlich röter als Beteigeuze, allerdings ist die Farbe nicht beeindruckend, da der Stern viel schwächer ist. U Orionis, an der Grenze von Orion und Taurus, ist ein Mira-Stern, der auf seinem Höhepunkt visuell sichtbar ist. Er ist Teil einer deutlichen kleinen Gruppe, die zwischen τ Tauri und η Geminorum liegt.

Canis Maior, Orions großer Hund, wird hervorgehoben durch die Präsenz von Sirius, der am hellsten am Himmel leuchtet, obwohl er nur 26mal so hell wie die Sonne ist. Er ist kaum 8,6 Lichtjahre entfernt und der nächste aller strahlenden Sterne neben α Centauri. Obwohl er rein weiß ist, mit einem A-Typ-Spektrum, schimmert er durch die Effekte der Erdatmosphäre in verschiedenen Farben. Alle Sterne blinken daher zu einem gewissen Grad, aber Sirius zeigt diesen Effekt mehr als andere, weil er so hell ist. Der weiße Zwergenbegleiter wäre gut zu sehen, wenn er nicht so überstrahlt würde. Seine Umlaufperiode beträgt 50 Jahre. Er ist kleiner als der Planet Neptun, aber so massereich wie die Sonne.

ε (Adhara), δ (Wezea), η (Aludra) und o^2 sind sehr heiß und leuchtstark. Wezea entspricht etwa 130 000 Sonnen und ist über 3000 Lichtjahre entfernt. Von allen heißen Sternen in Canis Maior ist Sirius der schwächste. Adhara, gerade unterhalb der „ersten Helligkeit", hat einen Partner, der mit einem kleinen Teleskop gut zu sehen ist.

Es gibt zwei feine offene Haufen in Canis Maior. M41 liegt im selben großen Feld mit dem rötlichen ν^2. Er bildet ein Dreieck mit ν^2 und Sirius, ist visuell sichtbar und kann mit dem Fernglas aufgelöst werden. NGC2362 umgibt den heißen, leuchtstarken τ (Helligkeit 4,39), ist 3500 Lichtjahre entfernt und scheint ein sehr junger Haufen zu sein. Mit einer geringen Vergrößerung sieht er fast sternförmig aus, aber eine höhere Vergrößerung löst ihn schnell auf. Im selben gering aufgelösten Blickfeld ist der β Lyrae-Bedeckungsveränderliche UW Canis Maioris, ein ausgesprochen massereiches System. Nach Schätzungen entsprechen die Massen der beiden Komponenten 23mal und 19mal derjenigen der Sonne, so daß sie als kosmische Schwergewichte rangieren. Die totale Leuchtkraft des Systems entspricht mindestens 16 000mal derjenigen der Sonne.

Canis Minor, der Kleine Hund, beinhaltet Procyon, 11,4 Lichtjahre entfernt und 10mal so hell wie die Sonne.

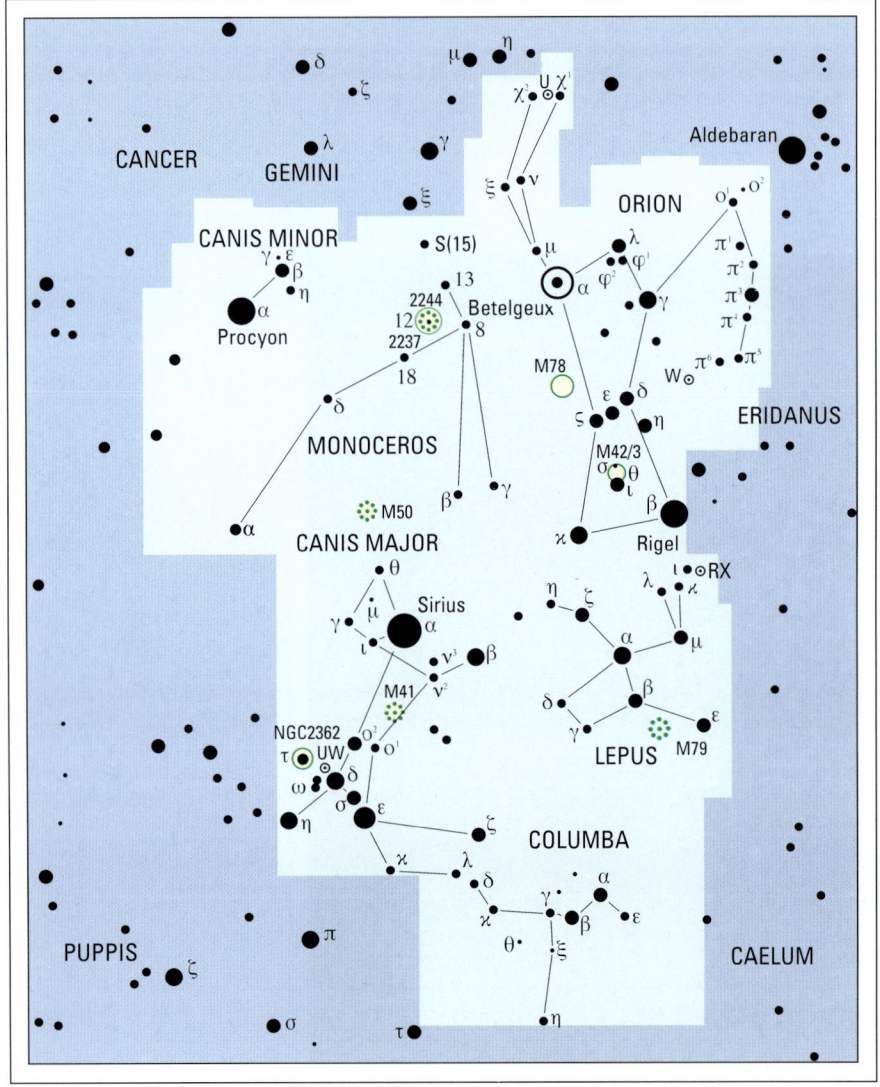

◄ *Orion ist wahrscheinlich die großartigste aller Konstellationen, und da er vom Himmelsäquator gekreuzt wird, ist er von jedem bewohnten Land sichtbar (obwohl vom geplanten Observatorium am Südpol aus Rigel immer über dem Horizont sein wird und Beteigeuze nie!). Orion ist ein hervorragender Führer zu anderen Gruppen. Die Gürtelsterne zeigen südlich zu Sirius und nördlich zu Aldebaran. Orion und sein Gefolge dominieren den Abendhimmel während des ganzen nördlichen Winters hindurch. Die Sterne im südlichsten Teil dieser Karte sind über dem Norden Deutschlands nicht zu sehen.*

Monoceros, Lepus, Columba

ORION

HELLSTE STERNE

Stern		R.A.			Dec.			Größe	Spektrum	Name
		h	m	s	°	′	″	(mag)		
19	β	05	14	32	-08	12	06	0.12	B8	Rigel
58	α	05	55	10	+07	24	26	0.1-0.9	M2	Beteigeuze
24	γ	05	25	08	+06	20	59	1.64	B2	Bellatrix
46	ε	05	36	13	-01	12	07	1.70	B0	Alnilam
50	ζ	05	50	45	-01	56	34	1.77	O9.5	Alnitak
53	κ	05	47	45	09	40	11	2.06	B0	Saiph

VERÄNDERLICHE

Stern	R.A.		Dec.		Amplitude	Typ	Periode	Spektrum
	h	m	°	′	(mag)		(d)	
U	05	55.8	+20	10	4.8-12.6	Mira	372	M
W	05	05.4	+01	11	5.9-7.7	Halbregelm.	12	N

DOPPELSTERNE

Stern	R.A.		Dec.		P.A.	Abstand	Größe
	h	m	°	′	°	″	(mag)
λ	05	36.1	+09	56	043	4.4	3.6,5.5
ι	05	35.4	-05	55	141	11.3	2.8,6.9
β	05	14.5	-08	12	202	9.5	0.1,6.8

M	NGC	R.A.		Dec.		Größe	Ausdehnung	Typ
		h	m	°	′	(mag)	′	
42	1976	05	35.4	-05	27	5	66 × 60	Großer Nebel
43	1982	05	35.6	-05	16	7	20 × 15	Verlängerung von M42
78	2068	05	46.7	+00	03	8	8 × 8	Gasnebel

CANIS MAIOR

HELLSTE STERNE

Stern		R.A.			Dec.			Größe	Spektrum	Name
		h	m	s	°	′	″	(mag)		
9	α	06	45	09	-16	42	58	-1.46	A1	Sirius
21	ε	06	58	38	-28	58	20	1.50	B2	Adhara
25	δ	07	08	23	-26	23	36	1.86	F8	Wezea
2	η	07	24	06	-29	18	11	2.44	B5	Aludra

VERÄNDERLICHE

Stern	R.A.		Dec.		Amplitude	Typ	Periode	Spektrum
	h	m	°	′	(mag)		(d)	
UW	07	18.4	-24	34	4.0-5.3	β Lyrae	4.39	O7

DOPPELSTERNE

Stern	R.A.		Dec.		P.A.	Abstand	Größe
	h	m	°	′	°	″	(mag)
α	06	45.1	-16	43	005	4.5	-1.5, 8.5

STERNHAUFEN UND NEBEL

M	NGC	R.A.		Dec.		Größe	Ausdehnung	Typ
		h	m	°	′	(mag)	′	
41	2287	06	47.0	-20	44	4.5	38	offen
	2362	07	17.8	-24	57	4	8	offen

CANIS MINOR

HELLSTE STERNE

Stern		R.A.			Dec.			Größe	Spektrum	Name
		h	m	s	°	′	″	(mag)		
10	α	07	39	18	+05	13	30	0.38	F5	Procyon
3	β	07	27	09	+08	17	21	2.90	B8	Gomeisa

MONOCEROS

Der hellste Stern ist β; R.A. 06h 28m 49s, dec. -07° 01′ 58″, 3.7 mag.

DOPPELSTERNE

Stern	R.A.		Dec.		P.A.	Abstand	Größe
	h	m	°	′	°	″	(mag)
ε	06	23.8	+04	36	027	13.4	4.5,6.5
S (15)	06	41.0	+09	54	AB 213	2.8	4.7v, 7.5

STERNHAUFEN UND NEBEL

M	NGC	R.A.		Dec.		Größe	Ausdehnung	Typ
		h	m	°	′	(mag)	′	
50	2323	07	03.2	-08	20	5.9	16	offen
	2237	06	32.3	+05	03	~6	80 × 60	Gasnebel
	2244	06	32.4	+04	52	5	24	offen

LEPUS

HELLSTE STERNE

Stern		R.A.			Dec.			Größe	Spektrum	Name
		h	m	s	°	′	″	(mag)		
11	α	05	32	44	17	49	20	2.58	F0	Arneb
9	β	05	28	15-	20	45	35	2.84	G2	Nihal
2	μ	05	12	56	-16	12	20	3.31	B9	

VERÄNDERLICHE

Stern	R.A.		Dec.		Amplitude	Typ	Periode	Spektrum
	h	m	°	′	(mag)		(d)	
RX	05	11.4	-11	51	5.0-7.0	unregelmäßig	-	M

DOPPELSTERNE

Star	R.A.		Dec.		P.A.	Abstand	Größe
	h	m	°	′	°	″	(mag)
κ	05	13.2	-12	56	358	2.6	4.5,7.4
β	05	28.2	-20	46	330	2.5	2.8,7.3
γ	05	44.5	-22	27	350	96.3	3.7,6.3

STERNHAUFEN UND NEBEL

M	NGC	R.A.			Dec.			Größe	Ausdehnung	Typ
		h	m	s	°	′	″	(mag)	′	
79	1904	05	24	30	-24	33	9.9	8.7		Kugelhaufen

COLUMBA

HELLSTE STERNE

Sterne		R.A.			Dec.			Größe	Spektrum	Name
		h	m	s	°	′	″	(mag)		
	α	05	39	39	-34	04	27	2.64	B8	Phakt
	β	05	50	57	-35	46	06	3.12	K2	Wazn

Ebenfalls über 4.3 mag: δ (3.85), ε (3.87), η (3.96).

Wie Sirius hat er einen weißen Zwergbegleiter, aber der Zwerg ist so schwach und so nah, daß er ein sehr ungewöhnliches Objekt ist. Die Umlaufperiode beträgt 40 Jahre. Der einzige andere leuchtende Stern in Canis Minor ist β, der eine schöne kleine Gruppe mit den viel schwächeren ε, η und γ bildet.

Monoceros ist eine Heveliussche Konstellation. Viel von ihr ist in dem großen Dreieck aus Procyon, Beteigeuze und Saiph enthalten. Es gibt keine hellen Sterne, aber ein paar interessante Doppelsterne und neblige Objekte. Außerdem wird die Konstellation von der Milchstraße gekreuzt. β ist ein feines Dreifachsystem. William Herschel, der es 1781 entdeckte, nannte es „eine der schönsten Sehenswürdigkeiten in den Himmeln". S Monocerotis besteht aus einer ganzen Gruppe von Sternen, zusammen mit dem Konus-Nebel, der zwar schwer zu erfassen, aber doch photographierbar ist. Der offene Haufen NGC2244 um den Stern 12 Monocerotis (Helligkeit 5,8) ist mit dem Fernglas leicht zu finden. Er ist umgeben von dem Rosetten-Nebel NGC2237, der 2600 Lichtjahre entfernt ist und 50 Lichtjahre durchmißt. Photos zeigen die dunklen Staubspuren und Globulen, die ihm ein so bemerkenswertes Aussehen verleihen. M50 ist ein wenig interessanter offener Haufen an der Grenze zwischen Monoceros und Canis Maior.

Lepus. Von den zwei Hauptsternen ist α (Arneb) ein Überriese des F-Typus, 950 Lichtjahre entfernt und 6800mal so hell wie die Sonne. β (Nihal) ist ein G-Typ, 316 Lichtjahre entfernt mit 600facher Sonnenleuchtkraft. β ist ein weiter Doppelstern. R Leporis, genannt Crimson Stern, ist ein Mira-Variabler, der ein Dreieck mit κ (4,36) und μ bildet. Er kann visuelle Größe erreichen, und Phasen seines Zyklus können mit dem Fernglas verfolgt werden. Nach stellarem Standard ist er kühl, daher seine kräftige rote Farbe, ist aber 1000 Lichtjahre entfernt und mindestens 500mal leuchtstärker als die Sonne.

M79, 1780 von Méchain entdeckt, ist ein Kugelhaufen in einer Entfernung von 43 000 Lichtjahren. Er liegt auf einer Linie mit α und β und ist nicht zu schwer mit dem Fernglas zu finden. Ein kleines Teleskop zeigt ihn deutlich.

Columba (ursprünglich Columba Noae, Noahs Taube) ist nicht von unmittelbarem Interesse, aber die Linie von Sternen südlich des Orion, von der α und β die hellsten sind, macht es einfach, sie zu identifizieren. μ, Helligkeit 5,16, ist einer der drei Sterne, die aus dem Orion-Nebel zu stammen scheinen und jetzt in verschiedene Richtungen von ihm wegrasen. Die anderen zwei sind 53 Arietis und AE Aurigae. μ Columbae ist vom Spektraltyp O 9,5, so daß er mit Sicherheit sehr jung ist.

Taurus, Gemini

Taurus ist ein großes und markantes Tierkreiszeichen, das den Stier repräsentiert, in den sich Jupiter einst aus sehr verwerflichen Gründen verwandelte. Es besitzt kein genau definiertes Muster, beinhaltet aber einige besonders interessante Objekte.

α (Aldebaran), in einer Linie mit dem Gürtel des Orion, ist ein orange-roter Stern vom Typ K/O, 68 Lichtjahre entfernt und 100mal so hell wie die Sonne. Er gleicht Beteigeuze, ist aber bei weitem nicht so weit weg und leuchtstark. Die Sterne der Hyaden gehen von ihm in einer V-Formation aus, es gibt aber keine wirkliche Verbindung. Aldebaran ist kein Teil des Haufens und liegt nur zufällig auf halbem Weg zwischen Hyaden und uns – schade, denn sein glitzerndes orangefarbenes Licht überstrahlt die schwächeren Sterne völlig. Führend in den Hyaden sind γ (3,63), ε (3,54), δ (3,76) und θ (3,42). Der Haufen wurde von Messier nicht aufgelistet, da vermutlich nicht die geringste Möglichkeit besteht, sie mit einem Kometen zu verwechseln.

Weil die Hyaden so verstreut sind, kann man sie am besten im Fernglas sehen. σ besteht aus zwei dunklen Sternen nahe Aldebaran. δ bildet ein weites Paar mit dem schwächeren Stern 64 Tauri, Helligkeit 4,8. θ ist ein visueller Doppelstern, bestehend aus einem weißen Stern der Helligkeit 3,4 und einem orangefarbenen Begleiter des K-Typus, Helligkeit 3,8. Der Farbkontrast ist im Fernglas sehr stark. Auch hier haben wir es mit einem optischen Effekt zu tun. Der weiße Stern steht 15 Lichtjahre näher zu uns, obwohl die beiden zweifellos aus demselben Nebel entstanden sind, der auch den Rest der Hyaden bildete.

Messier schloß die Plejaden in seinen Katalog ein und gab ihnen die Nummer 45. Natürlich sind sie schon seit der Frühzeit bekannt, bei Homer, Hesiod und dreimal in der Bibel erwähnt. Der Hellste, η Tauri oder Alcyone, ist von dritter Größe, dann folgen Electra, Atlas, Merope, Maia, Taygete, Celaeno, Peione und Asterope. Das macht neun, obwohl die Gruppe immer „Die Sieben Schwestern" oder „Das Siebengestirn" genannt wird. Wie auch immer,

Pleione ist nahe bei Atlas und ein Stern mit instabiler Hülle, dessen Licht variiert, während Celano (Helligkeit 4,5) und Asterope (5,6) leicht zu übersehen sind. Schauen Sie in der nächsten klaren Nacht einmal, wie viele separate Sterne Sie ohne optische Hilfe in der Gruppe sehen können. Wenn es ein Dutzend ist, sind Sie sehr gut. Im Fernglas sieht man viel mehr, und die Gesamtzahl der Mitglieder erreicht mehrere hundert. Die durchschnittliche Entfernung der Sterne beträgt etwas über 400 Lichtjahre.

Die Plejaden sind am schönsten, wenn sie mit einer sehr geringen Auflösung betrachtet werden. Die hellsten Sterne sind bläulich-weiß, und die Gruppe ist – im Unterschied zu den Hyaden – sehr jung. Sie ist ausgesprochen nebelig, so daß die Sternentstehung vermutlich noch andauert. Der Nebel ist schlecht durch das Teleskop zu sehen, aber überraschenderweise einfach zu photographieren.

Das andere nebelige Objekt ist M1, der Krabbennebel, ein Überbleibsel der Supernova von 1054. Er kann mit starken Ferngläsern gesehen werden, nahe von ζ (3 mag). Das Teleskop zeigt seine Form, aber um seine komplizierte Struktur herauszubringen, muß man ihn photographieren. Der Nebel dehnt sich aus, und im Zentrum steht ein Pulsar, den eine gute Ausrüstung als schwaches, flackerndes Objekt ausmachen kann – einer der wenigen Pulsare, die optisch identifiziert werden können.

λ Tauri ist ein Algol-Veränderlicher, leicht mit dem bloßen Auge zu verfolgen. Gute Vergleichssterne sind γ, o, ξ und μ. Die Komponenten liegen 14 Millionen Kilometer auseinander, so daß sie nicht separat gesehen werden können. Die Bedeckungen des Hauptsterns sind 40 Prozent total. Die Entfernung beträgt 326 Lichtjahre. λ ist viel heller als Algol, aber auch viel weiter weg. Die einzigen anderen Algol-Sterne, die eine maximale Helligkeit von 5 erreichen, sind Algol selbst, δ Librae und der weit südliche ζ Phoenicis.

Von den anderen hellen Sternen in Taurus ist ζ (Alheka) ein sehr leuchtkräftiger Riese vom B-Typ, 490 Licht-

Größenklassen

- −1
- 0
- 1
- 2
- 3
- 4
- 5

Veränderliche

Galaxien

Planetarische Nebel

Gasnebel

Kugelhaufen

Offene Sternhaufen

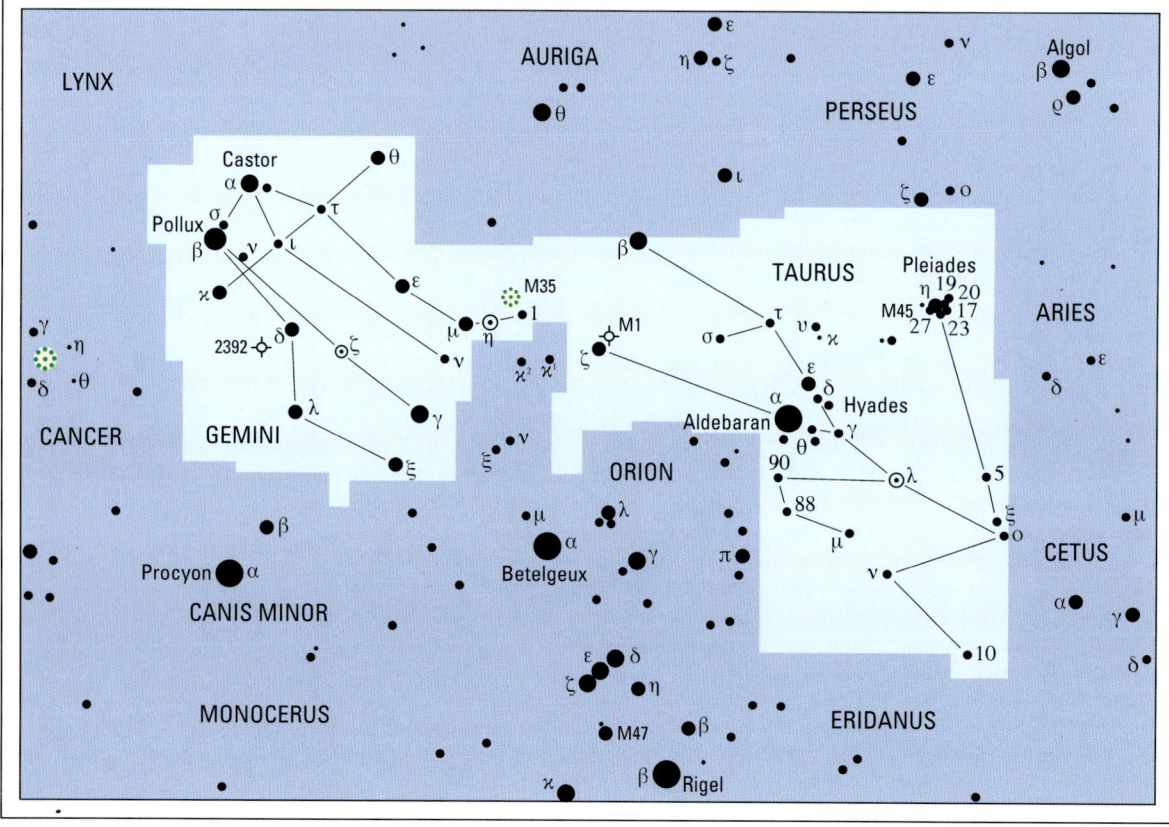

◄ *Diese zwei großen,* wichtigen Tierkreiszeichen bilden einen Teil von Orions Gefolge und sind deshalb am besten im nördlichen Winter (südlichen Sommer) zu sehen. Taurus enthält die beiden berühmtesten offenen Haufen am Himmel, die Plejaden und die Hyaden, während die „Zwillinge" Castor und Pollux ein unverwechselbares Paar bilden. Die Milchstraße erstreckt sich durch Gemini, mit vielen reichen Sternfeldern. Canis Minor wird hier gezeigt, aber in Karte 16 beschrieben.

jahre entfernt und 1300mal so stark wie die Sonne. β (Al-nath) ist sehr auffallend und gehört natürlicherweise mehr zum Auriga-Bild. Er ist 130 Lichtjahre von uns entfernt und entspricht der Leuchtkraft von 470 Sonnen.

Gemini. Die himmlischen Zwillinge, Castor und Pollux, bilden ein beeindruckendes Paar. Pollux ist der hellere. Er ist 36 Lichtjahre entfernt, Castor dagegen 46 Lichtjahre, und ist ein orangefarbener K-Typ-Stern, der die Sonne 60mal übertrifft. Castor ist ein feiner Doppelstern mit einer Umlaufzeit von 420 Jahren. Obwohl der Abstand geringer ist als im vorigen Jahrhundert, ist er immer noch ein geeignetes Objekt für kleine Teleskope. Jede Komponente ist ein spektroskopischer Doppelstern, und es gibt eine dritte Komponente des Systems, YY Geminorum, einen Bedeckungsveränderlichen.

Es gibt zwei bemerkenswerte Veränderliche in Gemini. ζ ist ein typischer Cepheide mit einer Periode von 10,15 Tagen. Das ist fast zweimal die Periode von δ Cephei selbst, und ζ Geminorum ist entsprechend der hellere, bei seinem Maximum ist er 5000mal so leuchtkräftig wie die Sonne. η, oder Propus, ist rot und halbregelmäßig mit einem extremen Helligkeitsbereich von 3,1 zu 3,9 und einer groben Periode von etwa 233 Tagen. Ein guter Vergleichsstern ist μ, vom selben Spektral-Typ (M3) und derselben Farbe. Ebenfalls in den Zwillingen: U Geminorum, der prototypische Nova-Zwerg. Sterne dieses Typs sind als U Geminorum oder als SS Cygni-Sterne bekannt. U Geminorum ist allerdings bei weitem der schwächere von beiden, da seine „Ruhe"-Helligkeit nur 14,9 beträgt und er nie die Größe 8 erreicht. Das durchschnittliche Intervall zwischen seinen Ausbrüchen liegt etwas über 100 Tage.

M35 ist ein sehr deutlicher Haufen nahe bei η und μ. Er ist 2850 Lichtjahre entfernt und wurde 1746 von Chéseaux entdeckt. Messier nannte sie „eine Gruppe von sehr kleinen Sternen". Es lohnt sich, NGC2392, den Eskimo-Nebel, zu suchen, ein planetarischer Nebel zwischen κ und λ. Der zentrale Stern ist von 10. Größe. Wie alle planetarischen

Nebel dehnt er sich aus und hat nun einen Durchmesser von einem halben Lichtjahr erreicht. Es war William Herschel, der diese Objekte zuerst „planetarische Nebel" nannte, weil er dachte, daß sie durch ihre Scheiben aussehen wie Planeten – aber der Name könnte kaum weniger angemessen sein.

▼ *Die Plejaden-Gruppe* in *Taurus, von Bernard Abrams mit einem 25 cm-Reflektor photographiert. Messier nahm sie als M45 in seinen Katalog auf.*

TAURUS

HELLSTE STERNE

Nr.	Stern	R.A. h	m	s	Dec. °	'	"	Größe (mag)	Spektrum	Name
87	α	04	35	55	+16	30	33	0.85	K5	Aldebaran
112	β	05	26	17	+28	36	27	1.65	B7	Al Nath
25	η	03	47	29	+24	06	18	2.87	B7	Alcyone
123	ζ	05	37	39	+21	08	33	3.00	B2	Alheka
35	λ	04	00	41	+12	29	15	3.4 (max)	B3	
78	θ	04	28	40	+15	52	15	3.42	A7	

Ebenfalls über 4.3 mag: ε (Ain) (3.54), o (3.60), 27 (Atlas) (3.63), γ (Hyadum Primus) (3.63), 17 (Electra) (3.70), ξ (3.74), δ (3.76), θ (3.85), 20 (Maia) (3.88), ν (3.91), 5 (4.11), 23 (Merope) (4.18), κ (4.22), 88 (4.25), 90 (4.27), 10 (4.28), μ (4.29), 19 (Taygete) (4.30), τ (4.28), δ (4.30). β (Al Nath) gehörte früher zu Auriga (als γ Aurigæ).

VERÄNDERLICHE

Stern	R.A. h	m	Dec. °	'	Amplitude (mag)	Typ	Periode (d)	Spektrum
λ	04	00.7	+12	29	3.3-3.8	Algol	3.95	B+A
BU (Pleione)	03	49.2	+24	08	4.8-5.5	Unregelm.	–	Bp
T	04	22.0	+19	32	8.4-13.5	T Tauri	–	G-K
SU	05	49.1	+19	04	9.0-16.0	R Coronæ	–	G0p

DOPPELSTERNE

Stern	R.A. h	m	Dec. °	'	P.A. °	Abstand "	Größe (mag)	
θ	04	28.7	+15	32	346	337.4	3.4,3.8	visuell
σ	04	39.3	+15	55	193	431.2	4.7,5.1	visuell
K+67	04	25.4	+22	18	173	339	4.2,5.3	visuell

STERNHAUFEN UND NEBEL

M	NGC	R.A. h	m	Dec. °	'	Größe (mag)	Ausdehnung '	Typ
1	1952	05	34.5	+22	01	10	6.4	SN, Überrest (Krabbe)
45	1432/5	03	47.0	+24	07	3	110	offen (Plejaden) (Plejaden)
		04	27	+16	00	1	330	offen (Hyaden)

GEMINI

HELLSTE STERNE

Nr.	Stern	R.A. h	m	s	Dec. °	'	"	Größe (mag)	Spektrum	Name
78	β	07	45	19	+28	01	34	1.14	K0	Pollux
66	α	07	34	36	+31	53	18	1.58	A0	Castor
24	γ	06	37	43	+16	23	57	1.93	A0	Alhena
13	μ	06	22	58	+22	30	49	2.88	M3	Tejat
27	ε	06	43	56	+25	07	52	2.98	G8	Mebsuta
7	η	06	14	53	+22	30	24	3.1(max)	M3	Propus
31	ξ	06	45	17	+12	53	44	3.36	F5	Alzirr

Ebenfalls über 4.3 mag: δ (Wasat) (3.53), κ (3.57), λ (3.58), θ (3.60), ζ (Mekbuda) (3.7 max), ι (3.79), υ (4.06), ν (4.15), 1 (4.16), ς (4.18), σ (4.28).

VERÄNDERLICHE

Stern	R.A. h	m	Dec. °	'	Amplitude (mag)	Typ	Periode (d)	Spektrum
η	06	14.9	+22	30	3.1-3.9	Halbregelm.	+233	M
ζ	07	04.1	+20	34	3.7-4.1	Cepheide	10.15	F-G

DOPPELSTERNE

Stern	R.A. h	m	Dec. °	'	P.A. °	Abstand "	Größe (mag)	
η	06	14.9	+22	30	266	1.4	3v,8.8.	470 Jahre
α	07	34.6	+31	53	AB 088	2.5	1.9,2.9	420 Jahre
					AC 164	72.5	8.8	

STERNHAUFEN UND NEBEL

M	NGC	R.A. h	m	Dec. °	'	Größe (mag)	Ausdehnung '	Typ
35	2168	06	08.9	+24	20	5	28	offen
	2392	07	29.2	+20	55	10	13"x44"	Planetarischer Nebel (Eskimonebel)

Auriga, Lynx

Auriga, der Wagenlenker, ist eine glänzende nördliche Konstellation, dominiert von Capella. In der Mythologie ehrt sie Erechtonius, den Sohn des Vulkan. Er war König von Athen und erfand den Vierspänner.

Capella ist der sechsthellste Stern des gesamten Himmels und nur 0,05 mag schwächer als Wega. Er und Wega stehen auf entgegengesetzten Seiten des nördlichen Himmelspols. Von Großbritannien aus geht keiner wirklich unter, und Capella ist während der Winterabende am Zenit. Er kann von fast allen bewohnten Ländern gesehen werden, allerdings nicht von der extrem südlichen Spitze Neuseelands.

Capella ist gelb wie die Sonne, aber er ist eher ein gelber Riese als ein Zwerg – bzw. zwei Riesen, da er ein sehr enger Doppelstern ist. Eine Komponente ist 90mal so hell wie die Sonne, die andere 70mal. Die Distanz zwischen ihnen beträgt nicht mehr als 100 Millionen Kilometer.

Die Entfernung zu uns beträgt 42 Lichtjahre. Der zweite Stern von Auriga, β (Menkarlina), ist auch ein spektroskopischer Doppelstern, aber ein Bedeckungsveränderlicher mit einem sehr kleinen Helligkeitsbereich. Die Komponenten sind mehr oder weniger gleich und kaum 12 Millionen Kilometer auseinander. Beide sind vom Typ A.

Natürlich sind die beeindruckendsten Objekte in Auriga die Bedeckungsveränderlichen ε und ζ, die oben beschrieben wurden. Es ist purer Zufall, daß sie Seite an Seite stehen, da sie sehr unterschiedliche Entfernungen haben – 520 Lichtjahre und 4600 Lichtjahre. Das dritte Glied des Trios Haedi oder Kids, ζ Aurigae, ist ein guter Vergleich. Die Helligkeit beträgt 3,17.

Es lohnt sich, ε genau zu beobachten, denn sogar während des langen Intervalls zwischen den Bedeckungen scheint er sich zu verändern. In den Katalogen wird seine normale Helligkeit mit 2,99 angegeben, wobei er als wenig, aber wahrnehmbar, heller als η erscheint. Alle drei Kinder sind im selben Bereich eines schwach-vergrößernden Feldstechers, und das ist wahrscheinlich die beste Möglichkeit, Schätzungen von ε zu machen. ζ ist viel schwächer und der einzig wirklich geeignete Vergleichsstern ist ν, Helligkeit 3,97.

Von den anderen Hauptsternen des Wagenlenkers sind ι und der ziemlich isolierte δ rötlich mit einem K-Typ-Spektrum. θ ist weiß und hat zwei Begleiter. Das engere Paar bildet ein langsames Zweiersystem, während das weiter entfernte Mitglied, Helligkeit 10,6, lediglich in fast derselben Sichtlinie liegt.

Auriga wird von der Milchstraße gekreuzt, und es gibt mehrere feine offene Haufen, von denen drei auf Messiers Liste sind. M36 und M38 wurden von Guillaume Legentil 1749 entdeckt, M37 von Messier selbst 1764, aber zweifellos sind alle schon vorher erfaßt worden, denn sie sind alle hell.

M36 ist leicht aufzulösen und 3700 Lichtjahre entfernt. M37, etwa in derselben Entfernung, ist im selben Blickfeld eines schwach-vergrößernden Teleskops wie θ, was gut ist, um sie zu identifizieren. Die hellsten Sterne in dem Haufen formen ein großes Trapez. M38 ist größer, zerstreuter und eher weniger hell. Er liegt etwas weg vom Mittelpunkt einer Linie von θ zu ι, und ein halber Grad von ihm liegt ein viel kleinerer und dunkler Haufen, NGC1907.

Man bemerke auch den Flammenstern-Nebel um den unregelmäßig Veränderlichen AE Aurigae. AE Aurigae erhellt den diffusen Nebel, der teleskopisch schwer faßbar ist, obwohl Photos seine komplizierte Struktur zeigen. Die Entfernung beträgt 1600 Lichtjahre.

Lynx ist eine undeutliche nördliche Konstellation, von Hevelius 1690 kreiert. Sie hat keine mythologische Assoziation. In der Tat ist dort lediglich ein heller Stern, α (Helligkeit 3,13), der ausgesprochen isoliert ist und ein gleichseitiges Dreieck mit Regulus und Pollux bildet. Er ist vom Typ M und offenbar rot. Seine Entfernung beträgt 166 Lichtjahre und er ist 120mal so hell wie die Sonne. Keinem der anderen Sterne im Lynx wurden griechische Buchsta-

Größenklassen

●	−1
●	0
●	1
●	2
●	3
•	4
·	5

Veränderliche
⊙ ⊙

Galaxien
◯ ◯

Planetarische Nebel
◇ ◇

Gasnebel
◯ ◯

Kugelhaufen
✷ ✷

Offene Sternhaufen
✷ ✷

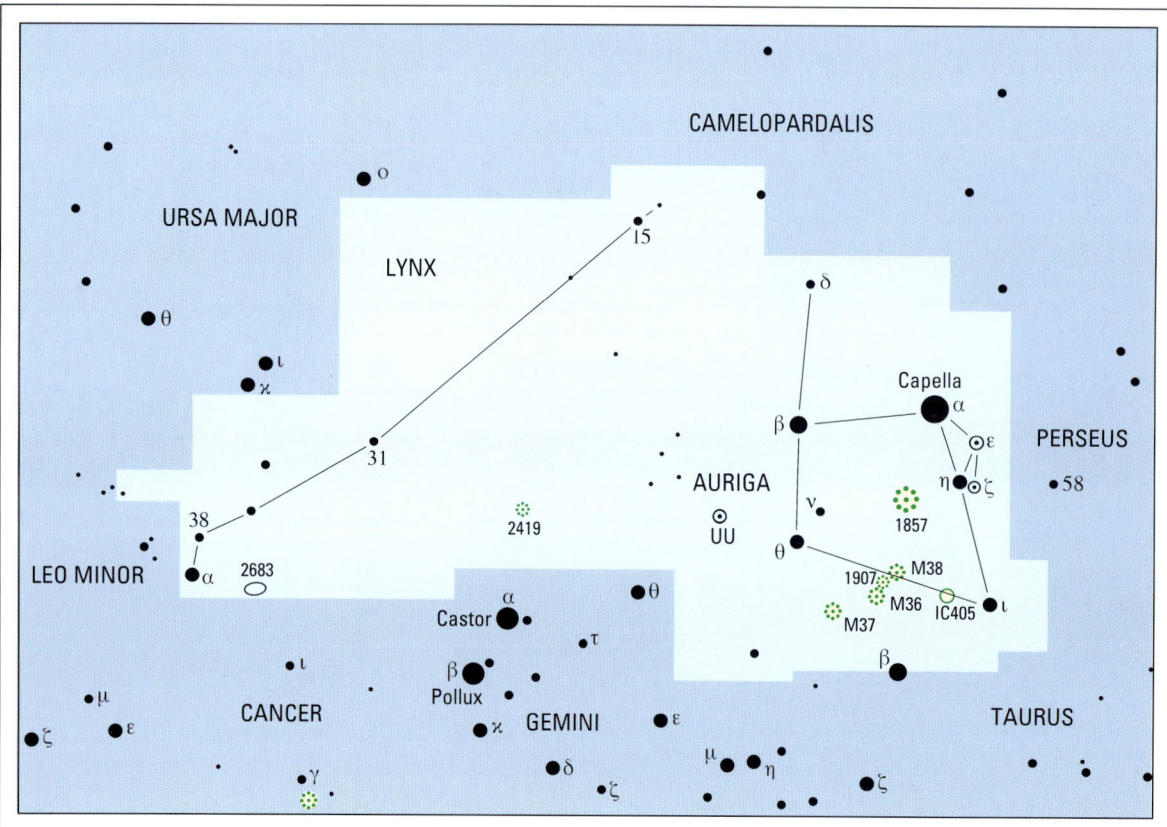

Capella, der hellste Stern in Auriga – und der sechsthellste Stern des ganzen Himmels – steht nahe dem Zenit oder senkrecht während der Winterabende, von der nördlichen Hemisphäre aus gesehen. Diese Position wird an Sommerabenden von Wega besetzt. Von Großbritannien oder den nördlichen Vereinigten Staaten aus ist Capella zirkumpolar, obwohl er bei Tiefstand den Horizont streift. Das Auriga-Viereck ist leicht zu identifizieren. Ein fünfter Stern, Alnath, der eigentlich zum Auriga-Komplex gehört, wurde zu Taurus übertragen und ist jetzt β Tauri anstatt γ Aurigae.

ben gegeben, allerdings wurde einer von ihnen, 31 Lyncis, mit einem Eigennamen geehrt: Alsciaukat.

Der Kugelhaufen NGC2419, etwa 7 Grad nördlich von Castor, ist schwach und nicht leicht zu identifizieren. Dem ist nicht so, weil er klein ist – er ist im Gegenteil ausgesprochen groß und muß 400 Lichtjahre durchmessen –, sondern weil er so weit weg ist.

Die Entfernung wird auf etwa 300 000 Lichtjahre geschätzt, und obwohl das eher zu hoch sein könnte, ist klar, daß der Haufen am äußersten Ende des Milchstraßensystems liegt. Er könnte sogar noch vollkommen entweichen, in welchem Fall er dann zu dem würde, was man einen intergalaktischen Wanderer nennt. Er ist sehr reichhaltig, und voraussichtlich sind seine hellsten Sterne Rote und Gelbe Riesen.

Wir wissen wenig über die isolierten Sternensysteme, die zwischen den Galaxien liegen. Es gibt Grund genug anzunehmen, daß sie existieren, aber da sie so viel dunkler als vollständige Galaxien sind, werden sie viel weniger leicht zu entdecken sein.

In der Tat könnten Galaxien von sehr schwacher Oberflächen-Helligkeit auch sehr schwer faßbar sein. Moderne elektronische Techniken, zusammen mit großen Teleskopen, könnten genutzt werden, um diesen isolierten Objekten auf die Spur zu kommen, aber momentan wissen wir nicht, wieviele es gibt. Zumindest scheint es unwahrscheinlich, daß NGC2419 der einzige intergalaktische Wanderer wird.

▼ *Die offenen Haufen* M38 *und NGC1907 im Sternbild Auriga, von Bernard Abrams mit einem 25 cm-Reflektor aufgenommen. Sie liegen einen halben Grad auseinander. NGC1907 ist der kleinere und dunklere.*

AURIGA

HELLSTE STERNE

Nr.	Stern	R.A.			Dec.			Größe	Spektrum	Name
		h	m	s	°	'	"	(mag)		
13	α	05	16	41	+45	59	53	0.08	G8	Capella
34	β	05	59	32	+44	56	51	1.90	A2	Menkarlina
37	θ	05	59	43	+37	12	45	2.62	A0p	
3	ι	04	56	59	+33	09	58	2.69	K3	Hassaleh
7	ε	05	01	58	+43	49	24	2.99v	F0	Almaaz
10	η	05	06	31	+41	14	04	3.17	B3	

Ebenfalls über 4,3 mag: δ (3.72), ζ (Sadatoni) (max. 3.75).

VERÄNDERLICHE

Stern	R.A.		Dec.		Amplitude	Typ	Periode	Spektrum
	h	m	°	'	(mag)		(d)	
ε	05	02.0	+43	49	3.0-3.8	Bed. veränderl.	9892	F
ε	05	02.5	+41	05	3.7-4.1	Bed. veränderl.	972	K+B
UU	06	36.5	+38	27	5.1-6.8	Halbregelm.	234	N

DOPPELSTERNE

Stern	R.A.		Dec.		P.A.	Abstand	Größe
	h	m	°	'		"	(mag)
θ	05	59.7	+37	13	AB 313	3.6	2.6,7.1
					AC 297	50.0	10.6

STERNHAUFEN UND NEBEL

M	NGC	R.A.		Dec.		Größe	Ausdehnung	Typ
		h	m	°	'	(mag)	'	
36	1960	05	36.1	+34	08	6.0	12	offen
37	2099	05	52.4	+32	33	5.6	24	offen
38	1912	05	28.7	+35	50	6.4	21	offen
	1857	05	20.2	+39	21	7.0	6	offen
	IC405	05	16.2	+34	16	var	30 x 19	Gasnebel: Flammensternnebel um AE Aurigæ

LYNX

HELLSTER STERN

Nr.	Stern	R.A.			Dec.			Größe	Spektrum	Name
		h	m	s	°	'	"	(mag)		
40	α	09	21	03	+34	23	33	3.13	M0	

Ebenfalls über 4.3 mag: 38 (3.92), 31 (Alsciaukat) (4.25).

STERNHAUFEN UND NEBEL

M	NGC	R.A.		Dec.		Größe	Ausdehnung	Typ
		h	m	°	'	(mag)	'	
	2419	07	38.2	+38	53	10.4	41	Kugelhaufen
	2683	08	52.7	+33	25	9.7	9.3 x 2.5	Sc Galaxie

Carina, Vela, Pyxis, Antlia, Pictor,

Größenklassen

- −1
- 0
- 1
- 2
- 3
- 4
- 5

Veränderliche

Galaxien

Planetarische Nebel

Gasnebel

Kugelhaufen

Offene Sternhaufen

Carina, der Schiffskiel. Wir kommen nun zu den Hauptkonstellationen des südlichen Himmels, von denen die meisten von den Breiten Europas und dem größten Teil des nordamerikanischen Festlandes unzugänglich sind. Der hellste Teil der alten Argo ist der Kiel, der Canopus, der den zweithellsten Stern des Himmels enthält. Er ist eine halbe Größenklasse schwächer als Sirius, aber nur, weil er so viel weiter weg ist. Nach dem Cambridge Catalogue ist er 200 000mal so hell wie die Sonne und damit mehr als 7500mal so hell wie Sirius. Der Spektral-Typ ist F, und das bedeutet, daß er theoretisch leicht gelblich aussehen müßte, aber den meisten Beobachtern erscheint er rein weiß. Die Deklination beträgt −53 Grad. Über Teilen von Australien und Südafrika geht er kurz unter, ist aber zirkumpolar von Sidney, Kapstadt und ganz Neuseeland.

Der zweithellste Stern im Kiel ist β oder Miaplacidus, ein A-Typ und 85mal so hell wie die Sonne. ε und ι Carinae bilden zusammen mit κ und δ Velorum das Falsche Kreuz, das mehr oder weniger dieselbe Form hat wie das Kreuz des Südens und oft mit ihm verwechselt wird, auch wenn es größer ist und nicht so strahlend. Wie im Kreuz des Südens sind drei seiner Sterne heiß und bläulich-weiß, während der vierte – in diesem Fall ε Carinae – rot ist. ε ist vom Typ K, 202 Lichtjahre von uns weg und hat 600fache Sonnenleuchtkraft. ι Carinae ist vom Typ F, sehr hell (6800mal mehr als die Sonne) und über 800 Lichtjahre entfernt. Sein Eigenname ist Tureis, aber er wird auch Aspidske genannt.

ZZ Carinae ist ein heller Cepheide, und R Carinae ist einer der hellsten aller Mira-Sterne, der bis zu maximal 3,9 mag erreichen kann. Der interessanteste Veränderliche ist allerdings η, der oben beschrieben wurde. Eine Zeitlang, während des 19. Jahrhunderts, überstrahlte er sogar Canopus. Heute ist er gerade unter visueller Sichtbarkeit, kann aber jederzeit wieder aufhellen. Der zugehörige Nebel kann mit bloßem Auge gesehen werden. Er enthält eine berühmte Dunkelwolke, die „das Schlüsselloch" genannt wird. Im Teleskop sieht η einem normalen Stern sehr

unähnlich, und seine orange Farbe ist sehr betont. In der Zukunft – vielleicht morgen, vielleicht in einer Million Jahre – wird er als Supernova explodieren und uns ein wirklich faszinierendes Schauspiel bieten.

Der Haufen IC2602 um θ Carinae ist sehr fein. Sie bildet ein Dreieck mit β und ι. Auch imposant ist NGC2516, der in einer Linie mit δ Velorum und ε Carinae im Falschen Kreuz liegt. NGC2867, zwischen ι Carinae und κ Velorum, ist ein planetarischer Nebel, der gerade im Fernglas sichtbar ist. Ganz Carina ist sehr reichhaltig, es gibt große spektakuläre Sternenfelder.

Vela, das Segel der Argo, ist auch interessant, aber nicht so beeindruckend wie der Kiel. Der hellste Stern ist γ (Regor), ein Wolf-Rayet-Stern vom Spektraltyp W und sehr heiß und instabil. Er ist ein feiner Doppelstern mit drei schwächeren Begleitern nahebei. δ Velorum, im Falschen Kreuz, hat einen Begleiter von fünfter Größe, der in jedem kleinen Teleskop sichtbar ist. Im selben Blickfeld liegt der offene Haufen NGC2391, um den Stern o Velorum, 3,6 mag. In einem schwachen Teleskop oder sogar im Fernglas hat der Haufen eine leichte kreuzförmige Erscheinung. Ein anderer, visuell sichtbarer Haufen ist NGC2547, nahe Regor.

Pyxis (ursprünglich Pyxis Nautica, der Kompaß des Seefahrers). Eine kleine Konstellation nördlich von Vela. Das einzige Objekt von unmittelbarem Interesse ist die wiederkehrende Nova T Pyxidis, die normalerweise von 14ter Größe ist, aber unter Umständen bis zur visuellen Sichtbarkeit aufflackert. Sie bildet ein Dreieck mit α und γ, aber in ihrem normalen Zustand ist sie ganz und gar nicht leicht zu identifizieren.

Antlia, ursprünglich Antlia Pneumatica, wurde dem Himmel 1752 von Lacaille hinzugefügt und scheint eine der vollkommen unnötigen Konstellationen zu sein. Sie grenzt an Vela und Pyxis und ist gänzlich uninteressant.

Pictor (ursprünglich Equuleus Pictoris, der Esel des Malers) ist eine andere von Lacailles Konstellationen. Sie liegt

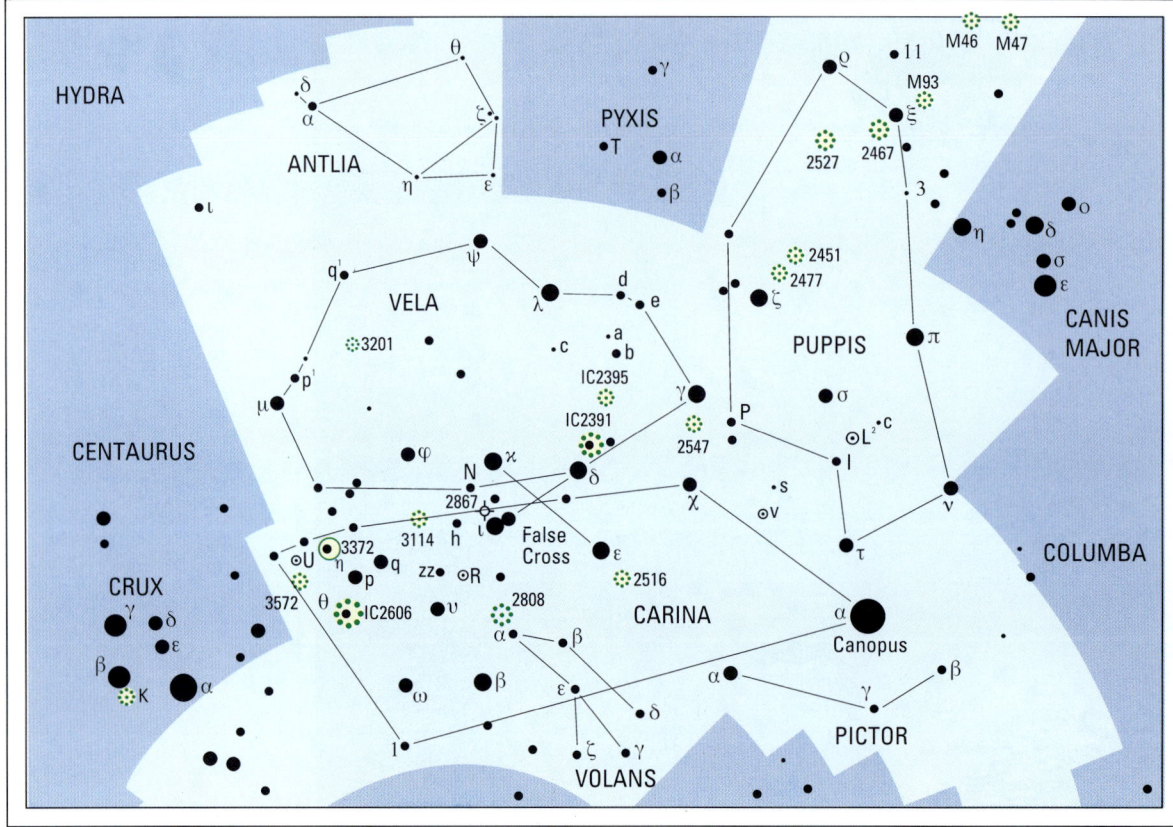

◀ **Diese Region** liegt weit südlich des Äquators und ist meist von Britannien oder den nördlichen Vereinigten Staaten bis auf Teile von Puppis nicht zu sehen. Von südlichen Ländern wie Australien ist Canopus – der zweithellste Stern am Himmel – nahe dem Zenit an Februarabenden. Er geht auf in Alexandria, aber nicht in Athen, ein früher Beweis, daß die Erde nicht flach ist. Carina, Vela und Puppis waren einst als Argo Navis zusammengefaßt, das Schiff Argo. Ein weiteres Teil, gebildet bei der Zerteilung der Argo, war Malus (der Mast), von dem ein Teil als Pyxis weiterlebt. Die ganze Region, besonders Carina, ist sehr reich an Objekten.

Volans, Puppis

nahe Canopus. Sie hat keine hellen Sterne, aber β – der keinen individuellen Namen hat – ist aufgrund der mit ihm verbundenen Wolke berühmt geworden, die planetenbildend sein könnte. Er ist 78 Lichtjahre entfernt und 78mal so strahlend wie die Sonne. 1925 flackerte eine helle Nova, RR Pictoris, auf und blieb für einige Zeit einigermaßen auffallend, bevor sie wieder undeutlich wurde.

Volans (ursprünglich Piscis Volans, der Fliegende Fisch). Eine kleine Konstellation, die ziemlich konfus in Carina, zwischen Canopus und Miaplacidus, eindringt. Sie ist wenig interessant, obwohl γ ein weiter Doppelstern ist.

Puppis. Argos Heck, von dem ein Teil nördlich genug ist, um in britischen Breiten sichtbar zu sein, obwohl der hell-ste Stern, ζ, nicht über den Horizont steigt. ζ ist ein sehr heißer Stern vom O-Typ, 63 000mal so hell wie die Sonne und deshalb vergleichbar mit Rigel im Orion. Er ist 2400 Lichtjahre entfernt. L^2 ist ein halbregelmäßig Veränderlicher im Helligkeitsbereich 3,4 bis gerade unter 6. V Puppis ist vom Typ β Lyrae.

Es gibt nur drei Messier-Objekte in Puppis, da der Rest der Konstellation nie über Frankreich sichtbar ist, wo Messier sein ganzes Leben verbrachte. Alle drei sind offene Haufen. M46 und M47 sind Nachbarn, mehr oder weniger auf einer Linie mit β Canis Maioris und Sirius. M93, in einem Sichtfeld mit ξ Puppis, ist ziemlich hell und dicht. Die Entfernung beträgt 3600 Lichtjahre.

CARINA

HELLSTE STERNE

Stern	R.A.			Dec.			Größe	Spektrum	Name
	h	m	s	°	'	"	(mag)		
α	06	23	57	-52	41	44	-0.72	F0	Canopus
β	09	13	12	-69	43	02	1.68	A0	Miaplacidus
ε	08	22	31	-59	30	34	1.86	K0	Avior
ι	09	17	05	-59	16	31	2.25	F0	Tureis
θ	10	42	57	-64	23	39	2.76	B0	
υ	09	47	06	-65	04	18	2.97	A0	
1(ZZ)	09	45	15	-62	30	28	3.3(max)	G0	
ς	10	32	01	-61	41	07	3.32	B3	
ω	10	13	44	-70	02	16	3.32	B7	
w	10	17	05	-61	19	56	3.40	K5	
q	09	10	58	-58	58	01	3.44	B0	
x	07	56	47	-52	58	56	3.47	B2	

Ebenfalls über 4.3 mag: u (3.78), c (3.84), R (3.9 max), x (3.91), 1 (4.00), h (4.08).

VERÄNDERLICHE

Stern	R.A.		Dec.		Amplitude	Typ	Periode	Spektrum
	h	m	°	'	(mag)		(d)	
η	10	45.1	-59	41	-0.8-7.9	unregelm.	-	unbestimmt
ZZ	09	45.2	-62	30	3.3-4.2	Cepheide	35.5	F-K
R	09	32.2	-62	47	3.9-10.5	Mira	309	M
U	10	57.8	-59	44	5.7-7.0	Cepheide	38.8	F-G

DOPPELSTERNE

Stern	R.A.		Dec.		P.A.	Abstand	Größe
	h	m	°	'	°	"	(mag)
υ	09	47.1	-65	04	127	5.0	3.1,6.1

STERNHAUFEN UND NEBEL

M	NGC	R.A.		Dec.		Größe	Ausdehnung	Typ
		h	m	°	'	(mag)	'	
	IC2602	10	43.2	-64	24	2	50	offen um θ
	2516	07	58.3	-60	52	3.8	30	offen
	3114	10	02.7	-60	07	4.2	35	offen
	3572	11	10.4	-60	14	6.6	7	offen
	2808	09	12.0	-64	52	6.3	14	Kugelhaufen
	3372	10	43.8	-59	52	6		Nebel, um η
	2867	09	21.4	58	19	9.7	11"	Planet. Nebel

VELA

HELLSTE STERNE

Stern	R.A.			Dec.			Größe	Spektrum	Name
	h	m	s	°	'	"	(mag)		
γ	08	09	32	-47	20	12	1.78	WC7	Regor
δ	08	44	42	-54	42	30	1.96	AO	Koo She
λ	09	08	00	-43	25	57	2.21	K5	Al Suhail al Wazn
κ	09	22	07	-55	00	38	2.50	B2	Markeb
μ	10	46	46	-49	25	12	2.69	G5	
N	09	31	13	-57	02	04	3.13	K5	

Ebenfalls über 4.3 mag: φ (3.54), ψ (3.60), o (3.62), c (3.75), p (3.84), b (3.84), q (3.85), a (3.91), 4 (4.14), x (4.28).

DOPPELSTERNE

Stern	R.A.		Dec.		P.A.	Abstand	Größe	
	h	m	°	'	°	"	(mag)	
δ	08	44.7	-54	43	153	2.6	2.1,5.1	
μ	10	46.8	-49	25	055	2.3	2.7,6.4.	116 Jahre
γ	08	09.5	-47	20	AB 220	41.2	1.9,4.2	
					AC 151	62.3	8.2	
					AD 141	93.5	9.1	
					DE 146	1.8	12.5	

STERNHAUFEN UND NEBEL

M	NGC	R.A.		Dec.		Größe	Ausdehnung	Typ
		h	m	°	'	(mag)	'	
	IC2391	08	40.2	-53	04	2.5	50	Kugelhaufen (o Velorum)

STERNHAUFEN UND NEBEL

M	NGC	R.A.		Dec.		Größe	Ausdehnung	Typ
		h	m	°	'	(mag)	'	
	IC2395	08	41.1	-48	12	4.6	8	offen
	2547	08	10.7	-49	16	4.7	20	offen
	3201	10	17.6	-46	25	6.7	18	Kugelhaufen

PYXIS

Hellster Stern ist α, R.A. 08h 43m 35s.5, dec. -33°11'11", 3.68 mag. Ebenfalls über 4.3: β (3.97), γ (4.01).

VERÄNDERLICHE

Stern	R.A.		Dec.		Amplitude	Typ	Periode	Spektrum
	h	m	°	'	(mag)		(d)	
T	09	04.7	-32	23	6.3-14.0	wiederk. Nova	-	

ANTLIA

Der einzige Stern über 4.3 mag ist α, R.A. 10h 27m 09s, dec. -31°04'14", 4.25 mag.

PICTOR

HELLSTE STERNE

Stern	R.A.			Dec.			Größe	Spektrum	Name
	h	m	s	°	'	"	(mag)		
α	06	48	11	-61	56	29	3.27	A5	–

Der einzige andere Stern über 4.3 mag ist β (3.85). von diesem weiß man heute, daß er mit einer Materiescheibe verbunden ist, in der sich vielleicht Planeten bilden.

VOLANS

Der hellste Stern ist γ: R.A. 07h 08m 42s.3, dec. -70°29'50", Gesamthelligkeit 3.6 mag. Ebenfalls über 4.3 mag: β (3.77), ζ (3.95), δ (3.98), α (4.00).

DOPPELSTERNE

Stern	R.A.		Dec.		P.A.	Abstand	Größe
	h	m	°	'	°	"	(mag)
γ	07	08.8	-70	30	300	13.6	4.0,5.9

PUPPIS

HELLSTE STERNE

Stern	R.A.			Dec.			Größe	Spektrum	Name
	h	m	s	°	'	"	(mag)		
ζ	08	03	35	-40	00	12	2.25	O5.8	Suhail Hadar
π	07	17	09	-37	05	51	2.70	K5	
ς	08	07	33	-24	18	15	2.81	F6	Turais
τ	06	49	56	-50	36	53	2.93	K0	
υ	06	37	45	-43	11	45	3.17	B8	
σ	07	29	14	-43	18	05	3.25	K5	
ε	07	49	18	-24	51	35	3.34	G3	Asmidiske
ξ	07	13	13	-45	10	59	3.4 (max)	M5	

Ebenfalls über 4.3 mag: c (3.59), s (3.73), α (3.82), 3 (3.96), P (4.11), 11 (4.20).

VERÄNDERLICHE

Stern	R.A.		Dec.		Amplitude	Typ	Period	Spektrum
	h	m	°	'	(mag)		(d)	
L^2	07	13.5	-44	39	3.4-6.2	Halbregelm.	140	M
V	07	58.2	-49	15	4.7-5,2	β Lyræ	1.45	B+B

STERNHAUFEN UND NEBEL

M	NGC	R.A.		Dec.		Größe	Ausdehnung	Typ
		h	m	°	'	(mag)	'	
46	2437	07	41.8	-14	49	6.1	27	Offen
47	2422	07	36.6	-14	30	4.4	30	Offen
93	2447	07	44.6	-23	52	6.2	22	Offen
	2477	07	52.3	-38	33	5.8	27	Offen
	2451	07	45.4	-37	58	2.8	45	Offen
	2527	08	05.3	-28	10	6.5	22	Offen
	2467	07	52.5	-26	24		14 x 32	Offen

Centaurus, Crux Australis, Triangulum Australe, Circinus,

Centaurus war eine von Ptolemäus' originalen 48 Gruppen. α und β sind die Wegweiser zum Kreuz des Südens. α, der hellste Stern im Himmel außer Sirius und Canopus, ist bekannt als Toliman, Rigel Kentaurus oder Rigel Kent, aber Astronomen nennen ihn einfach α Centauri. Er ist der nächste aller hellen Sterne und nur etwas weiter weg als sein dunkler, roter Zwergpartner Proxima, der nur die Helligkeit 11 hat und schwer zu identifizieren ist. Er liegt zwei Grad von α und ist ein schwach flackernder Stern.

α selbst ist ein schöner Doppelstern mit Komponenten der Helligkeiten 0,0 und 1,2. Der erste ist ein gelber Stern vom G-Typ, aber heller als die Sonne. Der zweite, vom K-Typ, ist der größere der beiden, hat aber nur weniger als die halbe Leuchtkraft der Sonne. Die Umlaufperiode beträgt 80 Jahre. Der scheinbare Abstand reicht von 2 bis 22 Bogensekunden, so daß das Paar mit einem kleinen Teleskop leicht aufzulösen ist.

β, bekannt als Agena oder Hadar, ist ein Stern vom B-Typ, 460 Lichtjahre entfernt und 10 500mal so hell wie die Sonne. γ ist ein Doppelstern mit fast gleichen Komponenten, aber der Abstand beträgt weniger als 1,5 Bogensekunden, so daß man mindestens ein 10 cm-Teleskop braucht, um ihn aufzulösen. Der Mira-Stern R Centauri liegt zwischen α und β. Wenn er am hellsten ist, erreicht er visuelle Sichtbarkeit.

ω Centauri ist der feinste Kugelhaufen am Himmel. Für das bloße Auge ist er ein dunstiger Flecken, auf einer Linie mit Agena und ε Centauri, von zweiter Größe. Er ist einer der nächsten Kugelhaufen in etwa 17 000 Lichtjahren und enthält wahrscheinlich über eine Million Sterne, die innerhalb einer Raumkugel mit einem Durchmesser von nicht mehr als 1/10 Lichtjahr konzentriert sind.

Es gibt mehrere helle offene Haufen in Centaurus, beachtenswert die zwei neben γ. Ferner gibt es eine bemerkenswerte Galaxie, NGC5128, die von einer dunklen Staubspur durchkreuzt wird und ein ganz gutes Objekt für das Teleskop ist. 1986 wurde in ihr von Robert Evans, einem australischen Amateur-Astronomen, mit einem 32 cm-Reflektor eine helle Supernova entdeckt.

Crux Australis. Es kann nur wenige Menschen geben, die das Kreuz des Südens nicht identifizieren können, obwohl es bis 1679 nicht als separate Gruppe anerkannt wurde. Einer der vier Sterne, δ, ist mehr als eine Größenklasse schwächer als die anderen, was die Symmetrie ziemlich zerstört. Auch gibt es keinen zentralen Stern, um ein X zu bilden wie im Falle von Cygnis am Nordhimmel. α, β und δ sind heiß und bläulich-weiß, während γ ein Roter Riese vom Typ M ist. α (Acrux) ist eine weiter Doppelstern, und es gibt einen dritten Stern im selben Teleskopfeld. β, vom Typ B, ist leicht variabel.

Triangulum Australe. Die drei Leitsterne, α, β und γ, bilden ein Dreieck. α ist aufgrund seiner orange-roten Farbe identifizierbar. Er ist 55 Lichtjahre entfernt und 96mal so hell wie die Sonne. Die kugelförmige Gruppe NGC6025 liegt neben β und ist nur knapp unter der Sichtbarkeitsgrenze, im Fernglas aber gut zu sehen.

Circinus war eine von Lacailles Hinzufügungen und liegt zwischen α und β Centauri und Triangulum Australe. α ist ein weiter, γ ein enger Doppelstern.

Ara liegt zwischen θ Scorpii und α Trianguli Australis. Drei seiner führenden Sterne, β, ζ und η, sind orangefarbene K-Typ-Riesen. R Arae, im selben Fernglasfeld mit ζ und η, ist ein Bedeckungsveränderlicher vom Algol-Typ, der nie schwächer als 7,0 mag wird. Ara enthält mehrere hellere Haufen, von denen der Kugelhaufen NGC6397, nahe beim Paar β–γ, am bemerkenswertesten ist. Er scheint nicht mehr als 8200 Lichtjahre entfernt zu sein – wahrscheinlich der nächste Kugelhaufen. NGC6352 nahe α ist vermutlich heller, auch wenn er weiter weg ist.

Telescopium ist eine kleine, dunkle Konstellation nahe Ara. Das einzige Objekt von Interesse ist der Veränderliche RR Telescopii, weniger als vier Grad von α Pavonis entfernt. Er ist ungewöhnlich schwach, kann aber bis zu siebter Größe aufflackern.

Größenklassen

- −1
- 0
- 1
- 2
- 3
- 4
- 5

Veränderliche

Galaxien

Planetarische Nebel

Gasnebel

Kugelhaufen

Offene Sternhaufen

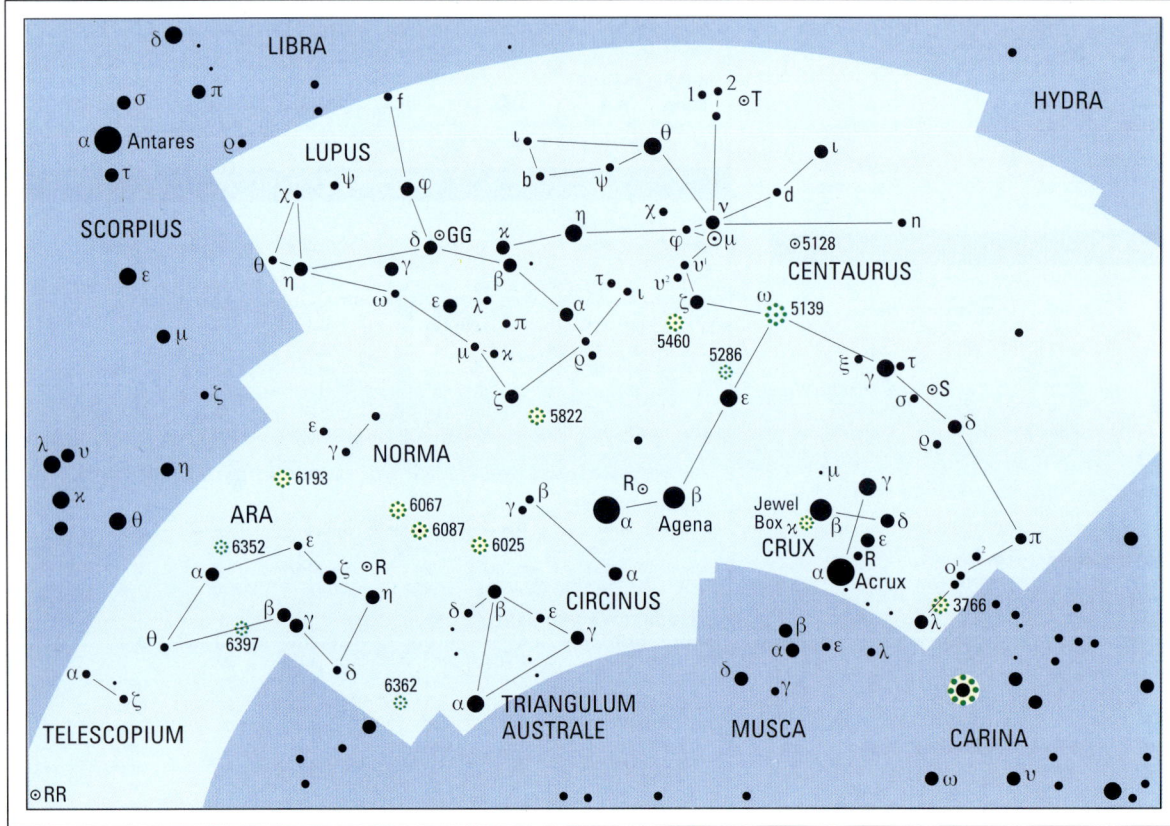

KREUZ DES SÜDENS

Entfernungen und Leuchtkraft der 4 Hauptsterne im Kreuz des Südens

	Entfernungen, Lichtjahre	Leuchtkraft, Sonne = 1
α	360	3200–2000
β	460	8200
γ	88	160
δ	260	1300

◄ *Das Kreuz des Südens,* Crux Australis, ist das kleinste Sternbild, aber eines der deutlichsten, auch wenn es nicht ganz wie ein Kreuz geformt ist. Umgeben von Centaurus, weisen α und β Centauri den Weg zum Kreuz. Centaurus ist zu weit südlich, um von Europa aus vollständig gesehen zu werden. Über Neuseeland ist Crux zirkumpolar. Es steht während der Abende im südlichen Herbst am höchsten. Centaurus enthält den feinsten aller Kugelhaufen, ω Centauri.

Ara, Telescopium, Norma, Lupus

Norma, das Winkelmaß, ist eine andere undeutliche Konstellation. Sie grenzt an Ara und Lupus und enthält zwei ziemlich helle offene Haufen: NGC6067, nicht weit von γ, und die benachbarte NGC6087, rund um den Cepheiden S Normae.

Lupus, der Wolf, ist eine Original-Konstellation. Sie enthält eine Reihe von helleren Sternen, zeigt allerdings kein deutliches Muster. NGC5722, nahe bei ζ, ist ein offener Haufen in Reichweite von Ferngläsern. Er ist ein einfacher Doppelstern.

CENTAURUS

HELLSTE STERNE

Stern	R.A. h m s	Dec. ° ′ ″	Größe (mag)	Spektrum	Name
α	14 39 37	-60 50 02	-0.27	G2+K1	Toliman
β	14 03 49	-60 22 22	0.61	B1	Agena
5	14 06 41	-38 22 12	2.06	K0	Haratan
γ	12 21 31	-48 57 34	2.17	A0	Menkent
ε	13 39 53	-53 27 58	2.30	B1	
η	14 35 30	-42 09 28	2.31	B3	
ζ	13 55 32	-47 17 17	2.55	B2	Al Nair al Kentaurus
δ	12 08 21	-50 43 20	2.60	B2	
ι	13 20 36	-36 42 44	2.75	A2	
μ	13 49 37	-42 28 25	3.04 max	B3	
κ	14 59 10	-42 06 15	3.13	B2	Ke Kwan
λ	11 35 47	-63 01 11	3.13	B9	
ν	13 49 30	-41 41 16	3.41	B2	

Ebenfalls über 4.3 mag: φ (3.83), τ (3.86), υ (3.87), d (3.88), π (3.89), σ (3.91), 65G (4.11), 1 (4.23), n (4.27), 2 (4.19), ξ² (4.27).

VERÄNDERLICHE

Stern	R.A. h m	Dec. ° ′	Amplitude (mag)	Typ	Periode (d)	Spektrum
R	14 16.6	-59 55	5.3-11.8	Mira	546	M
μ	13 49.6	-42 28	3.0-3.5	Unregelm.	-	B
T	13 41.8	-33 36	5.5-9.0	Halbregelm.	60	K-M
S	12 24.6	-49 26	6.0-7.0	Halbregelm.	65	N

DOPPELSTERNE

Stern	R.A. h m	Dec. ° ′	P.A. °	Abstand ″	Größe (mag)	
α	14 39.6	-60 50	215	19.7	0.0,1.2	80 Jahre
γ	12 41.5	-48 58	353	1.4	2.9,2.9	84 Jahre

STERNHAUFEN UND NEBEL

M	NGC	R.A. h m	Dec. ° ′	Größe (mag)	Ausdehnung ′	Typ
	IC2944	11 36.6	-63 02	4.5	15	Offen (λ Centauri)
	3766	11 36.1	-61 37	5.3	12	Offen
	5460	14 07.6	-48 19	5.6	25	Offen
	5139	13 25.8	-47 29	3.6	36	Kugelhaufen (ω Centuri)
	5286	13 46.4	-51 22	7.6	9	Kugelhaufen
	5128	13 25.5	-43 01	7.0	18.2x14.3	SOp galaxie (Centaurus A)

CRUX AUSTRALIS

HELLSTE STERNE

Stern	R.A. h m s	Dec. ° ′ ″	Größe (mag)	Spektrum	Name
α	12 26 26	-63 05 56	0.83	B1+B3	Acrux
β	12 47 43	-59 41 19	1.25	B0	
γ	12 31 10	-57 06 47	1.63	M3	
δ	12 15 09	-58 44 55	2.80	B2	

Ebenfalls über 4.3 mag: ε (3.59), μ¹ (4.03), ξ (4.04), η (4.15).

DOPPELSTERNE

Star	R.A. h m	Dec. ° ′	P.A. °	Abstand ″	Größe (mag)
α	12 26.6	-63 06	115	4.4	1.4,1.9
			202	90.1	1.0,4.9
γ	12 31.2	-57 07	031	110.6	1.6,6.7
			082	155.2	9.5
μ¹	12 54.6	-57 11	017	34.5	4.0,5.2

STERNHAUFEN UND NEBEL

M	NGC	R.A. h m	Dec. ° ′	Größe (mag)	Dimension ′	Typ
	4755	12 53.6	-60 20	4	10	Offen κ Crucis (Schatzkästlein)
		12 53	-63	–	400 x 300	Dunkelwolke (Kohlensack)

TRIANGULUM AUSTRALE

HELLSTE STERNE

Stern	R.A. h m s	Dec. ° ′ ″	Größe (mag)	Spektrum	Name
α	16 48 40	-69 01 39	1.92	K2	Atria
β	16 55 08	-63 25 50	2.85	F5	
γ	15 18 54	-68 40 46	2.89	A0	

Ebenfalls über 4.3 mag: δ (3.85), ε (4.03).

STERNHAUFEN UND NEBEL

M	NGC	R.A. h m	Dec. ° ′	Größe (mag)	Ausdehnung ′	Typ
	6025	16 03.7	-60 30	5.1	12	Kugelhaufen

CIRCINUS

HELLSTE STERNE

Stern	R.A. h m s	Dec. ° ′ ″	Größe (mag)	Spektrum	Name
α	14 42 28	-64 58 43	3.19	F0	

Ebenfalls über 4.3 mag: β (4.07).

DOPPELSTERNE

Stern	R.A. h m	Dec. ° ′	P.A. °	Abstand ″	Größe (mag)
α	14 42.5	-64 59	232	15.7	3.2,8.6

ARA

HELLSTE STERNE

Stern	R.A. h m s	Dec. ° ′ ″	Größe (mag)	Spektrum	Name
β	17 25 18	-55 31 47	2.85	K3	
α	17 31 50	-49 52 34	2.95	B3	Choo
ζ	16 58 37	-55 59 24	3.13	K5	
γ	17 25 23	-56 22 39	3.34	B1	

Ebenfalls über 4.3 mag: δ (3.62), θ (3.66), η (3.76), ε¹ (4.06).

VERÄNDERLICHE

Stern	R.A. h m	Dec. ° ′	Amplitude (mag)	Typ	Periode (d)	Spektrum
R	16 39.7	-57 00	6.0-6.9	Algol	4.42	B

STERNHAUFEN UND NEBEL

M	NGC	R.A. h m	Dec. ° ′	Größe (mag)	Ausdehnung ′	Typ
	6193	16 41.3	-48 46	5.2	15	Offen
	6352	17 25.5	-48 25	8.1	7.1	Kugelhaufen
	6362	17 31.9	-67 03	8.3	10.7	Kugelhaufen
	6397	17 40.7	-53 40	5.6	25.7	Kugelhaufen

TELESCOPIUM

Der hellste Stern ist α; R.A. 18h 26m 58s.2, dec. -45°58′06″, mag. 3.51. Ebenfalls über 4.3 mag: ζ (4.13).

VERÄNDERLICHE

Stern	R.A. h m	Dec. ° ′	Amplitude (mag)	Typ	Periode (d)	Spektrum
RR	20 04.2	-55 43	6.5-16.5	Z Andromedae	-	F5p

NORMA

Einziger Stern in Norma über 4.3 mag ist γ²; R.A. 16h 19m 50s, dec. -50°09′20″, 4.02 (mag).

VERÄNDERLICHE

Stern	R.A. h m	Dec. ° ′	Amplitude (mag)	Typ	Periode (d)	Spektrum
S	16 18.9	-57 54	6.1-6.8	Cepheide	9.75	F-G

STERNHAUFEN UND NEBEL

M	NGC	R.A. h m	Dec. ° ′	Größe (mag)	Ausdehnung ′	Typ
	6067	16 18.9	-54 13	5.6	13	Offen
	6087	16 18.9	-57 54	5.4	12	Offen (S Normae)

LUPUS

HELLSTE STERNE

Stern	R.A. h m s	Dec. ° ′ ″	Größe (mag)	Spektrum	Name
α	14 41 56	-47 23 17	2.30	B1	Men
β	14 58 32	-43 08 02	2.68	B2	Ke Kouan
γ	15 35 08	-41 10 00	2.78	B3	
δ	15 21 22	-40 38 51	3.22	B2	
ε	15 22 41	-44 41 21	3.37	B3	
ζ	15 12 17	-52 05 57	3.41	G8	
η	16 00 07	-38 23 48	3.41	B2	

Ebenfalls über 4.3 mag: φ (3.56), κ (3.72), π (3.89), x (3.95), ς (4.05), λ (4.05), θ (4.23), μ (4.27).

VERÄNDERLICHE

Star	R.A. h m	Dec. ° ′	Amplitude (mag)	Typ	Periode (d)	Spektrum
GG	15 18.9	-40 47	5.4-6.0	β Lyrae	2.16	B+A

DOPPELSTERNE

Star	R.A. h m	Dec. ° ′	P.A. °	Abstand ″	Größe (mag)
K	15 11.9	-48 44	144	26.8	3.9,5.8

STERNHAUFEN UND NEBEL

M	NGC	R.A. h m	Dec. ° ′	Größe (mag)	Ausdehnung ′	Typ
	5822	15 16.8	-45 39	7	40	Offen

Grus, Phoenix, Tucana, Pavo, Indus,

Grus, der Kranich, ist der auffälligste aller südlichen Vögel. Einen Weg, um ihn zu finden, ist der, eine Linie von α und β Pegasi durch Fomalhaut zu ziehen. Das Paar δ und μ erweckt den Eindruck eines weiten Doppelsterns, obwohl es nur ein Sichtlinieneffekt ist.

Von den zwei Leitsternen des Kranichs ist α (Alnair) ein bläulich-weißer B-Stern, 68 Lichtjahre entfernt und 230mal so hell wie die Sonne. β (Al Dhanab) ist ein Riese vom M-Typ, 228 Lichtjahre entfernt und 750mal so hell wie die Sonne. Die beiden sind fast gleich hell, und der Kontrast zwischen der stählernen Farbe von Alnair und dem warmen Orange des Al Dhanab fällt im Fernglas besonders auf – oder sogar mit dem bloßen Auge. Grus enthält eine Zahl von schwachen Galaxien, ist aber nicht von großem Interesse für den Benutzer eines kleinen Teleskops.

Phoenix war der mythologische Vogel, der sich periodisch zu Asche verbrannte, was ihn aber nicht im mindesten störte, da er sich bald wieder herstellte. α (Ankaa) ist der einzige helle Stern. Er ist vom Typ K, entschieden orange und steht in einer Entfernung von 78 Lichtjahren. Er ist 75mal so hell wie die Sonne. Er bildet ein Dreieck mit Achernar in Eridanus und Al Dhanab in Grus, was wohl am besten hilft, um ihn zu identifizieren.

Das interessanteste Objekt ist ζ Phoenicis, der ein typischer Algol-Stern ist mit einem Helligkeitsbereich von 3,6 bis 4,4. Die Veränderungen sind mit bloßem Auge gut zu verfolgen und β (3,31), δ (3,95) und η (4,36) sind gute Vergleichssterne. Beide Komponenten sind vom Typ B. Dies ist wirklich der hellste Stern seiner Art neben Algol selbst und λ Tauri.

Der interessanteste Veränderliche SX Phoenicis liegt weniger als sieben Grad westlich von Ankaa. Er ist ein pulsierender Stern vom Typ δ Scuti mit der bemerkenswert kurzen Periode von nur 79 Minuten, währenddessen die Helligkeit zwischen 7,1 und 7,5 schwankt – obwohl die Amplitude nicht konstant von einem Zyklus zum nächsten ist. Das Spektrum ist zu variabel, manchmal vom Typ A und manchmal mehr vom Typ F. Die Entfernung beträgt nicht mehr als 150 Lichtjahre, und seine Leuchtkraft beträgt kaum das Doppelte der Sonne. Sterne dieses Typs werden manchmal als Cepheiden-Zwerge benannt. SX selbst bildet ein Dreieck mit Ankaa und ι (4,71), aber das Feld ist ohne ein Teleskop mit guter Nachführung nicht leicht zu identifizieren.

Tucana, der Tukan. Obwohl er der Dunkelste aller Vögel des Südens ist, wird Tucana bereichert durch die Präsenz der Kleinen Magellanschen Wolke und zwei schönen Kugelhaufen. Der hellste Stern ist α, vom Typ K und ausgesprochen orange. β ist ein weiter Doppelstern in einem feinen Fernglasfeld. Die schwächere Komponente ist ein enger Doppelstern.

Die KMW (SMC) ist mit dem bloßen Auge sehr auffallend. Sie ist weiter weg als die GMW, aber die zwei sind durch eine „Brücke" von Material verbunden und liegen nicht mehr als 80 000 Lichtjahre auseinander. Die KMW enthält Objekte aller Art einschließlich vieler Kurzperioden-Variablen. Es war 1912, als Henrietta Leavitt die Perioden-Leuchtkraft-Beziehung festsetzen konnte, die so wertvoll für Astronomen ist. Es gibt eine These, daß die KMW eine komplexe Form ist und daß wir sie fast nur von einem Ende sehen.

Fast wie eine Silhouette vor der Wolke steht NGC104 (47 Tucanae), der hellste aller Kugelhaufen außer ω Centauri. Es wird sogar behauptet, daß 47 Tucanae der spektakulärere der beiden ist, da er klein genug ist, um in ein Teleskopblickfeld zu passen. Er ist überraschend arm an variablen Sternen. Mit dem Hubble-Weltraum-Teleskop aufgenommene Photos lösen den Haufen genau in seinem Zentrum auf. Er ist etwa 15 000 Lichtjahre entfernt. Im Teleskop oder auch im Fernglas wird deutlich, daß die Oberflächenhelligkeit viel größer als die der KMW ist.

NGC362 ist ein anderer Kugelhaufen in der selben Region. Er ist fast visuell sichtbar, und teleskopisch ist er nicht viel geringer als 47 Tucanae, obwohl er nur halb so groß ist.

Größenklassen

●	−11
●	00
●	11
●	22
●	33
•	44
·	55

Veränderliche
⊙ ⊙

Galaxien
◯ ◯

Planetarische Nebel
◇ ◇

Gasnebel
◇ ◇

Kugelhaufen
⊛ ⊛

Magellansche Wolke
◯ ◯

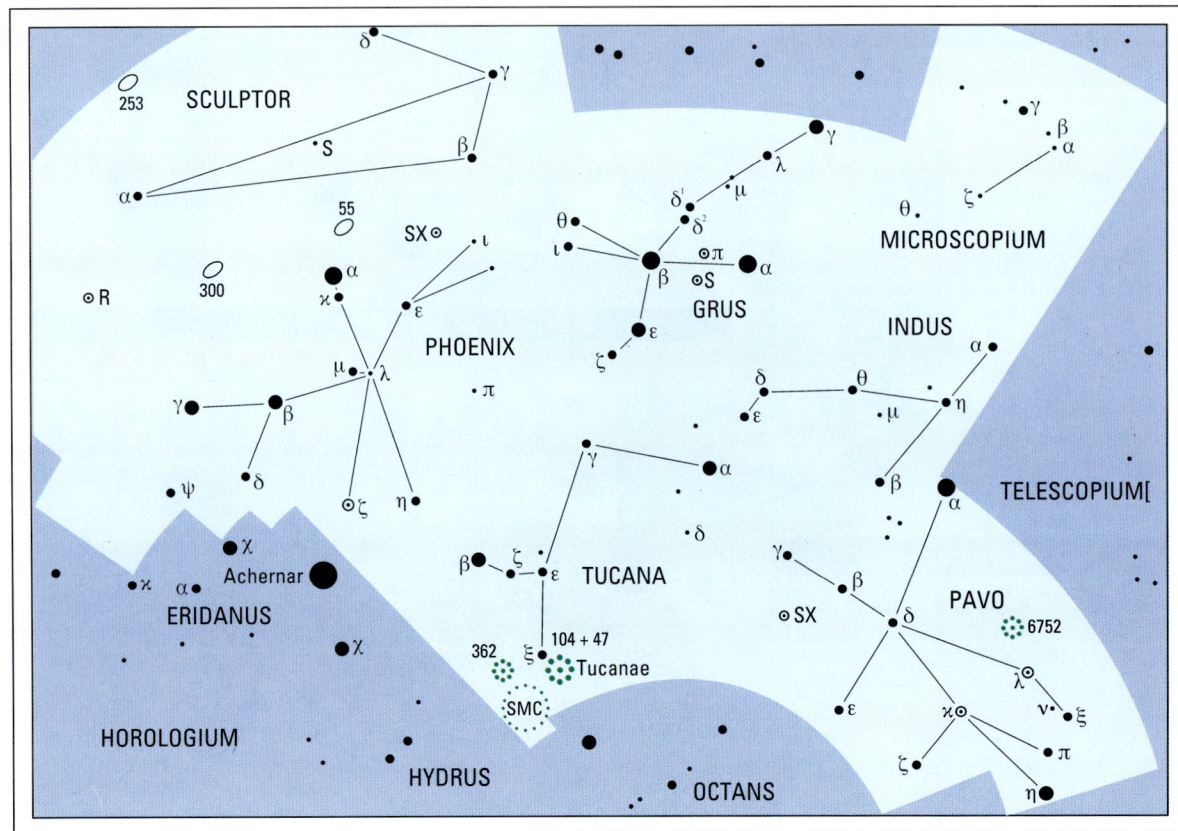

◀ *Die Region der „Vögel des Südens"* ist etwas verwirrend, da nur der Kranich klar ist und alle anderen Vögel vergleichsweise ungeformt sind – allerdings findet man in Tucana die Kleine Magellansche Wolke (SMC) zusammen mit dem herrlichen Kugelhaufen 47 Tucanae. Die Tatsache, daß Achernar in der Nähe liegt, hilft jedoch bei der Identifikation. Die anderen Konstellationen auf dieser Karte – Microscopium und Sculptor – sind sehr undeutlich.

Microscopium, Sculptor

Pavo, der Pfau, hat einen hellen Stern, α, der mit Hilfe von α Centauri und α Trianguli Australe gefunden werden kann. α hat keinen Eigennamen und ist ziemlich isoliert vom Rest der Konstellation. Er ist vom Typ B, 230 Lichtjahre entfernt und 700mal so hell wie die Sonne.

κ Pavonis ist ein Kurzperioden-Variabler mit einem Helligkeitsbereich von 3,9 bis 4,7 und einer Periode von gerade über 9 Tagen. Geeignete Vergleichssterne sind ε (3,96), γ (4,22), ζ (4,01), ξ (4,36) und ν (4,64). (Vermeiden Sie λ, der selbst ein Variabler von unklarem Typ ist. Es können dieselben Vergleichssterne benutzt werden.) κ Pavonis ist vom Typ W Virginis und bei weitem das hellste Mitglied der Klasse. Er war einst als Typ II-Cepheide bekannt, aber ein W Virginis Stern ist viel weniger leuchtend als ein klassischer Cepheide mit derselben Periode, und κ ist nicht mehr als viermal so hell wie die Sonne. Seine Entfernung beträgt 75 Lichtjahre.

Der feine Kugelhaufen NGC6752 liegt nicht weit von λ. Er ist leicht mit dem Fernglas zu sehen und mäßig verdichtet. Die Entfernung beträgt etwa 20 000 Lichtjahre. Sie scheint 1828 von J. Dunlop entdeckt worden zu sein.

Indus ist eine kleine von Bayer 1603 kreierte Konstellation. Ihr hellster Stern, α, bildet ein Dreieck mit α Pavonis und Alnair in Grus. Es gibt hier nichts von direktem Interesse für Teleskop-Beobachter, aber man sollte erwähnen, daß ε Indi, Helligkeit 5,69, einer der nächsten Sterne ist, der mit dem bloßem Auge gesehen werden kann.

Wenn er aus einer Standardentfernung von 10 Parsec (32,6 Lichtjahre) beobachtet werden könnte, wäre seine scheinbare Helligkeit 7 mag, und er wäre ohne optische Hilfe unsichtbar. Er ist vom Typ K und orange in der Farbe. Trotz seiner geringen Leuchtkraft könnte er als ziemlich vielversprechender Kandidat für das Zentrum eines Planetensystems gelten.

Microscopium ist eine sehr dunkle, an Grus und Piscis Australis grenzende Konstellation. Sie war früher in den südlichen Fisch mit einbezogen, so daß γ als 1 Piscis Australis und ε als 4 Piscis Australis bekannt war. Sie enthält nichts Bemerkenswertes. α ist ein Doppelstern (Helligkeiten 5,0 und 10,0, Abstand 20,5", Positionswinkel 166 Grad). Es gibt auch zwei Mira-Variable, die bei Maximum mit einem Fernglas sichtbar sind. U rangiert von Helligkeit 7 bis 14,4 mit einer Periode von 334 Tagen, während S zwischen 7,8 und 14,3 in 209 Tagen wechselt. Wie die meisten Mira-Sterne sind sie vom Spektraltyp M und offenbar orangerot.

Microscopium war eine der zahlreichen Konstellationen, die von Nicolas-Louis de Lacaille in seinen berühmten Karten des südlichen Himmels 1752 eingeführt wurden, aber ehrlich gesagt scheint sie keine separate Identifikation wert zu sein.

Sculptor ist eine andere von Lacailles Gruppen, ursprünglich Apparatus Sculpturis, der Apparat des Bildhauers. Sie besetzt ein großes Dreieck, verbunden durch Fomalhaut, Ankaa in Phoenix und Diphda in Cetus. Aber die einzigen Objekte von Interesse sind die verschiedenen Galaxien.

NGC253 liegt fast seitlich zu uns und nicht weit von α, nahe an der Grenze zwischen Sculptor und Cetus. Sie ist ein beliebtes Motiv zum Photographieren. NGC55 liegt nahe Ankaa an der Grenze zwischen Sculptor und Phoenix und scheint eine der nächsten Galaxien jenseits der Lokalen Gruppe zu sein, nicht mehr als 8 Millionen Lichtjahre von uns entfernt. Wie NGC253 ist sie eine Spirale, fast vom Rund gesehen. Sie ist leicht zu identifizieren und deshalb attraktiv für Photographen. Der südliche galaktische Pol liegt in Sculptor, und die ganze Region ist merklich arm an hellen Sternen.

GRUS

HELLSTE STERNE

Stern	R.A. h	m	s	Dec. °	′	″	Größe (mag)	Spektrum	Name
α	22	08	14	-46	57	40	1.74	B5	Alnair
β	22	42	40	-46	53	05	2.11	M3	Al Dhanab
γ	21	53	56	-37	21	54	3.01	B8	
ε	22	48	33	-51	19	01	3.49	A2	

Ebenfalls über 4.3 mag: ι (3.90), δ (3.97), δ (4.11), ζ (4.12), θ (4.28)

VERÄNDERLICHE

Stern	R.A. h	m	Dec. °	′	Amplitude (mag)	Typ	Periode (d)	Spektrum
π	22	22.7	-45	57	5.4-6.7	Halbregelm.	150	S
S	22	26.1	-48	26	6.0-15.0	Mira	401	M

PHOENIX

HELLSTE STERNE

Stern	R.A. h	m	s	Dec. °	′	″	Größe (mag)	Spektrum	Name
α	00	26	17	-42	18	22	2.39	K0	Ankaa
β	01	06	05	-46	43	07	3.31	G8	
γ	01	28	22	-43	19	06	3.41	K5	

Ebenfalls über 4.3 mag: ζ (3.6, max), ε (3.88), κ (3.94), δ (3.95).

VERÄNDERLICHE

Stern	R.A. h	m	Dec. °	′	Amplitude (mag)	Typ	Periode (d)	Spektrum
ζ	01	08.4	-55	15	3.6-4.4	Algol	1.67	B+B
SX	23	46.5	-41	35	6.8-7.5	δ Scuti	0.055	A-F

TUCANA

HELLSTE STERNE

Stern	R.A. h	m	s	Dec. °	′	″	Größe (mag)	Spektrum	Name
.	22	18	30	-60	15	35	2.86	K3	-

Ebenfalls über 4.3 mag: β (Gesamthelligkeit 3.7), γ (3.99), ξ (4.23).

DOPPELSTERNE

Stern	R.A. h	m	Dec. °	′	P.A.	Abstand	Größe (mag)	
β	00	31.5	-62	58	169	27.1	4.4,4.8	B ist eng 444 Jahre
χ	01	15.8	-68	53	336	5.4	5.1,7.3	

STERNHAUFEN UND NEBEL

M	NGC	R.A. h	m	Dec. °	′	Größe (mag)	Ausdehnung	Typ
		00	53	-72	50	2.3	280 x 160	Galaxie; Kleine Magellansche Wolke
	104	00	24.1	-72	05	4.0	30.9	Kugelhaufen: 47 Tucanæ
	362	01	03.2	-70	51	6.6	12.9	Kugelhaufen

PAVO

HELLSTE STERNE

Stern	R.A. h	m	s	Dec. °	′	″	Größe (mag)	Spektrum	Name
α	20	25	39	-56	44	06	1.94	B3	
β	20	44	57	-66	12	12	3.42	A5	
λ	18	52	13	-62	11	16	3.4 (max)	B1	

Ebenfalls über 4.3 mag: δ (3.56), η (3.62), κ (3.9 max), ε (3.96), ζ (4.01), γ (4.22).

VERÄNDERLICHE

Stern	R.A. h	m	Dec. °	′	Amplitude (mag)	Typ	Periode (d)	Spektrum
κ	18	56.9	-67	14	3.9-4.7	W Virginis	9.09	F
λ	18	52.2	-62	11	3.4-4.3	Unregelm.		B
SX	21	28.7	-69	30	5.4-6.0	Halbregelm.	50	M

STERNHAUFEN UND NEBEL

M	NGC	R.A. h	m	Dec. °	′	Größe (mag)	Ausdehnung ′	Typ
	6752	19	10.9	-59	59	5.4	20.4	Kugelhaufen

INDUS

HELLSTE STERNE

Stern	R.A. h	m	s	Dec. °	′	″	Größe (mag)	Spektrum	Name
α	20	37	34	-47	17	29	3.11	K0	Persian

Ebenfalls über 4.3 mag: β (3.65).

MICROSCOPIUM

Hellster Stern ist γ: R.A. 21h 01m 17s.3, dec. -32°5′28″, 4.67mag. Früher bekannt unter 1 Piscis Australis.

SCULPTOR

Hellster Stern ist α: RA 00h 58m 36s.3, dec. -29°21′27″, 4.31 mag.

VERÄNDERLICHE

Stern	R.A. h	m	Dec. °	′	Amplitude (mag)	Type	Periode (d)	Spektrum
S	00	15.4	-32	03	5.5-13.6	Mira	365.3	M
R	01	27.0	-32	33	5.8-7.7	Halbregelm.	370	N

STERNHAUFEN UND NEBEL

M	NGC	R.A. h	m	Dec. °	′	Größe (mag)	Ausdehnung	Typ
	55	00	14.9	-39	11	8.2	32.4 x 6.5	Sb Galaxie
	253	00	47.6	-25	17	7.1	25.1 x 7.4	Sc Galaxie
	300	00	54.9	-37	41	8.7	20.0 x 14.8	Sd Galaxie

Eridanus (südlich), Horologium, Caelum, Dorado, Reticulum,

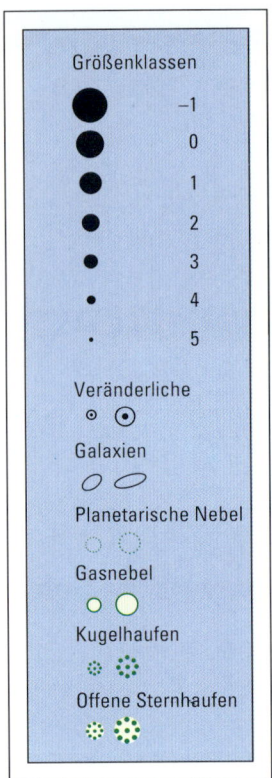

Größenklassen

−1
0
1
2
3
4
5

Veränderliche

Galaxien

Planetarische Nebel

Gasnebel

Kugelhaufen

Offene Sternhaufen

Eridanus, der Fluß, erstreckt sich weit in den Süden und endet bei Achernar, dem neunthellsten Stern des Himmels. Er ist 85 Lichtjahre entfernt und 750mal so hell wie die Sonne. Er kann von überall südlich von Kairo gesehen werden. Von Neuseeland aus ist er zirkumpolar.

Es gibt ein an Acamar oder θ Eridani hängendes, kleines Geheimnis. Ptolemäus stufte ihn in der ersten Größenklasse ein und scheint ihn „den Letzten im Fluß" genannt zu haben, aber er ist nur ein wenig heller als 3 mag. Er ist wohl kaum schwächer geworden, und es ist möglich, daß Ptolemäus nur Berichte von Achernar gehört hat, der von Alexandria aus nicht zu sehen ist – obwohl Acamar tief über dem Horizont sichtbar ist. Acamar, 55 Lichtjahre entfernt, ist ein schöner Doppelstern mit einer wesentlich helleren Komponente. Beide sind weiß, vom Typ A und gut 50 bzw. 17mal heller als die Sonne.

Horologium ist eine von Lacailles undeutlichen Konstellationen, an Eridanus grenzend. Das einzige bemerkenswerte Objekt ist der rote Mira-Veränderliche R Horologii, der maximal bis 4,7 mag erreichen kann. Er ist ziemlich isoliert, aber χ und φ Eridani nahe Achernar weisen mehr oder weniger zu ihm hin.

Caelum ist eine andere von den Hinzufügungen, die Lacaille vornahm. Er scheint eine Vorliebe für Skulpturen gehabt zu haben, denn Caelum war ursprünglich einmal Caela Sculptoris, das Werkzeug des Bildhauers. Es gibt hier nichts Interessantes, die Konstellation grenzt an Columba und Dorado.

Dorado, der Schwertfisch, einst gemeinhin bekannt als Xiphias. Er liegt zwischen Achernar und Canopus. Der bemerkenswerteste Stern ist β, ein heller Cepheide. Er hat eine Periode von über 9 Tagen und ist deshalb wohl heller als δ Cephei selbst. Wenn seine Entfernung im Cambridge Catalogue korrekt angegeben ist, ist er 7500 Lichtjahre weit weg, mit einer Spitzenleuchtkraft 200 000mal so hell wie die Sonne.

Das meiste der Großen Magellanschen Wolke liegt in Dorado, und wir haben hier den herrlichen Nebel 30 Doradus, wahrscheinlich der schönste des Himmels. Die GMW (LMC), 169 000 Lichtjahre entfernt, wurde einst als irreguläre Galaxie klassifiziert, zeigt aber klare Merkmale einer Balkenspirale. Sie bleibt sogar im Mondlicht mit dem bloßen Auge sichtbar und ist von großer Wichtigkeit für Astronomen – weswegen so viele der neuesten großen Teleskope in Breiten angebracht wurden, von denen aus die Wolke zugänglich ist. Es hat verschiedene Novae in ihr gegeben und die spektakuläre Supernova von 1987.

Reticulum war ursprünglich Reticulum Rhomboidalis, das Rhomboidale Netz. Es ist eine kleine, aber kompakte Gruppe an der Grenze zu Eridanus und Hydrus, nicht weit von Achernar und der GMW. Von ihren führenden Sternen sind β (3,85), γ (4,51), δ (4,56) und ε (4,44) alle orange mit einem K oder M-Typ-Spektrum, so daß sie sehr auffällig sind. Der Mira-Veränderliche R Reticuli, mit einem Helligkeitsbereich von 6,5 bis 14, liegt im gleichen Blickfeld mit α und ist bei seinem Maximum ein Fernglasobjekt.

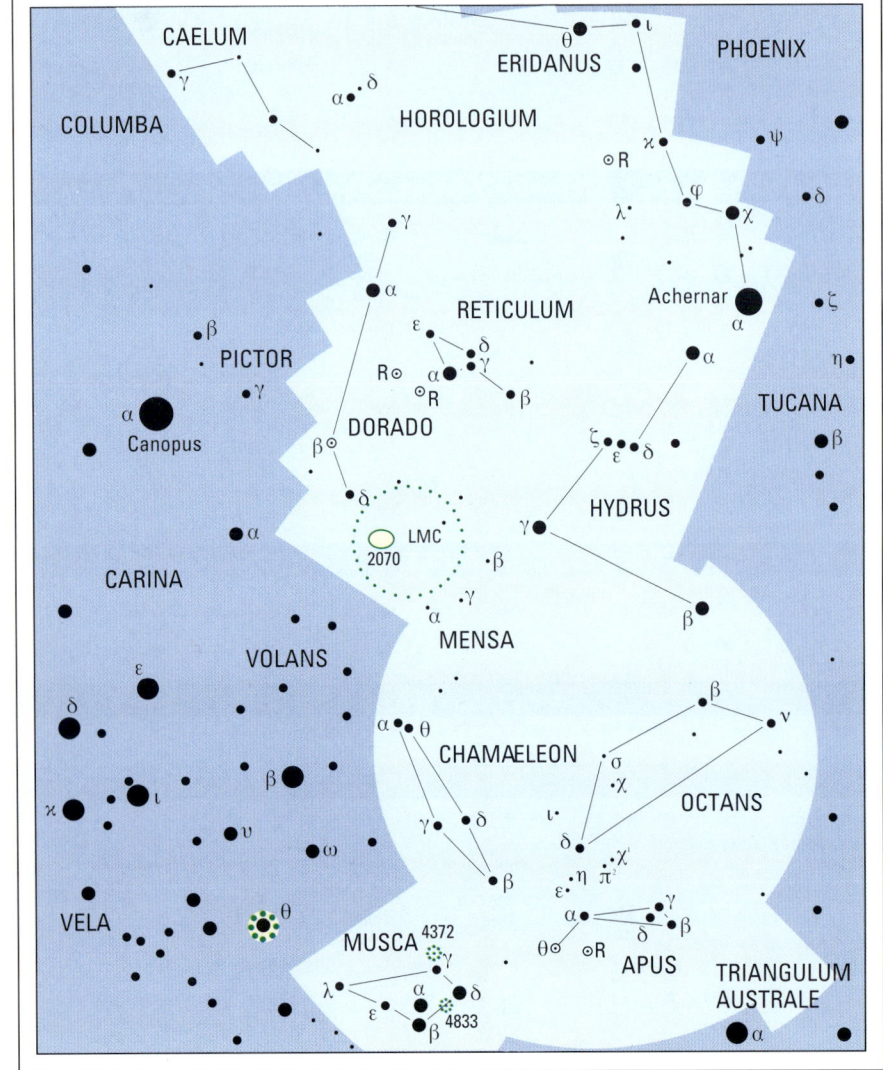

◄ *Die Region des südlichen Himmelspols* ist ausgesprochen leer. Wenn der Himmel leicht bedeckt ist, erscheint der ganze Bereich leer, und selbst gegen den dunklen Himmel ist der südliche Polarstern, σ Octantis, schwer zu identifizieren. Der nächste, einigermaßen helle Stern zum Pol ist β Hydri, aber der Abstand beträgt fast 13 Grad. Die Polarregion ist in kleine Konstellationen aufgeteilt, von denen einige leicht zu lokalisieren sind. Die Große Magellansche Wolke (LMC) ist hauptsächlich in Dorado präsent, reicht aber bis Mensa. Achernar liegt ziemlich nah bei β Hydri.

▲ *Große Magellansche Wolke (oben links) und KMW (rechts)* sind die nächsten Galaxien. Die GMW ist 169 000 Lj. entfernt, die KMW etwas weiter.

Hydrus, Mensa, Chamaeleon, Musca, Apus, Octans

Nahe neben ihm steht R Doradus, genau gegenüber der Grenze zum Schwertfisch, der ein roter halbregulärer Stern, immer im Fernglasbereich, ist.

Hydrus, die Kleine Schlange, ist leicht zu finden, aber nicht sehr beeindruckend. α und β sind relativ nahe Sterne. α befindet sich in einer Entfernung von 36 Lichtjahren und β in weniger als 21 Lichtjahren. Da β ein G-Typ-Stern ist, nur 2,5mal so hell wie die Sonne, könnte er durchaus ein Planetensystem haben, allerdings gibt es keinen Beweis dafür. Er ist kaum 12 Grad vom südlichen Himmelspol entfernt.

Mensa ist noch eine andere Lacaille-Kreation, ursprünglich Mons Mensae, der Tafelberg. Sie hat das traurige Merkmal, die einzige Konstellation ohne einen Stern heller als fünfter Größe zu sein, aber zumindest reicht ein kleiner Teil der Großen Magellanschen Wolke in sie hinein.

Chamaeleon. Eine dunkle Gruppe. Der beste Weg, sie zu finden, ist, einer Linie von ι Carinae, im falschen Kreuz, durch Miaplacidus (β Carinae) zu folgen und sie etwas zu verlängern. Die vier hellsten Sterne in Chamaeleon, α (4,07), β (4,26), γ (4,11) und δ (4,45) sind in Diamantform angeordnet. β liegt grob zwischen Miaplacidus und α Trianguli Australe.

Musca Australis, die südliche Fliege, allgemein einfach als Musca bekannt. Es gibt zwei helle Kugelhaufen, NGC4833 nahe δ und NGC4372 nahe γ. Sie sind mit dem Fernglas nicht leicht zu lokalisieren, aber in einem kleinen Teleskop gut zu sehen.

Apus wurde dem Himmel 1603 von Bayer hinzugefügt, ursprünglich unter dem Namen Avis Indica, der Paradiesvogel. Ziehen Sie, um sie zu finden, eine Linie von α Centauri durch α Circini und verlängern Sie sie zu α Apodis. Die anderen Hauptsterne der Konstellation – γ, δ und ε – bilden ein kleines Dreieck. δ ist ein roter M-Typ-Stern und hat einen K-Typ-Begleiter in einem Abstand von 103 Bogensekunden. θ, im selben Gesichtsfeld mit α, ist ein halbregelmäßiger Veränderlicher, der generell im Fernglas sichtbar ist. Auch im Blickfeld steht R Apodis, unter 5 mag, mit vermuteter Veränderlichkeit.

Octans liegt am nächsten zum Pol. Der hellste Stern in der südlichsten Konstellation ist γ, ein orangefarbener Riese vom K-Typ, 75mal so hell wie die Sonne. Der südliche Polarstern σ Octanis hat nur die Helligkeit 5,5 und ist auf den ersten Blick nicht einfach zu lokalisieren.

Im selben Feld wie α Apodis stehen zwei schwache Sterne, ε Apodis (5,2) und η Apodis (5,0). Diese zeigen direkt zum orangefarbenen δ Octanis (4,3), der zwei helle Sterne π¹ und π² Octanis, nahe bei sich hat. χ Octanis (5,2) wird auf der anderen Seite des Blickfeldes sein. Wenn Sie ihn zentrieren, werden Sie zwei weitere Sterne etwa gleicher Helligkeit sehen, σ und ι.

σ Octanis ist vom Typ F und weniger als siebenmal so hell wie die Sonne, so daß er im Vergleich mit dem nördlichen Polaris blaß ist. Der Pol bewegt sich langsam von ihm weg und die Separation wird am Ende des Jahrhunderts 1 Grad betragen.

ERIDANUS

HELLSTE STERNE

Star	R.A.			Dec.			Größe	Spektrum	Name
	h	m	s	°	′	″	(mag)		
·	01	37	43	-57	14	12	0.46	B5	Achernar
ι	02	58	16	-40	18	17	2.92	A3+A2	Acamar

Ebenfalls über 4.3 mag: υ (3.56), φ (3.56), χ (3.70), υ (3.82),ν (3.96), κ (4.25), ι (4.11), e (4.27), g (4.27).

DOPPELSTERNE

Star	R.A.		Dec.		P.A.	Abstand	Größe
	h	m	°	′	°	″	(mag)
ι	02	58.3	-40	18	088	8.2	3.4,4.5

HOROLOGIUM

Hellster Stern ist α; R.A. 04h 14m 00.0s, dec. -42°17′40″, 3.186 mag.

VERÄNDERLICHE

Star	R.A.		Dec.		Amplitude	Typ	Periode	Spektrum
	h	m	°	′	(mags)		(d)	
R	02	53.9	-49	53	4.7-14.3	Mira	404	M

CAELUM

Hellster Stern ist α ; R.A.04h 40m 33s.6, dec. -41°51′50″, 4.45 mag.

DORADO

HELLSTE STERNE

Star	R.A.			Dec.			Größe	Spektrum	Name
	h	m	s	°	′	″	(mag)		
α	04	34	00	-55	02	42	3.27	A0	

Ebenfalls über 4.3 mag: β (3.7 max), γ (4.25).

VERÄNDERLICHE

Star	R.A.		Dec.		Amplitude	Typ	Periode	Spektrum
	h	m	°	′	(mag)		(d)	
β	05	33.6	-62	29	3.7-4.1	Cepheide	9.84	F-
R	04	36.8	-62	05	4.8-6.6	Halbregelm.	338	M

STERNHAUFEN UND NEBEL

M	NGC	R.A.		Dec.		Größe	Ausdehnung	Typ
		h	m	°	′	(mag)		
–		05	24	-69	45	0	650x550	Galaxie; Große Magellansche Wolke
	2070	05	38.7	-69	06	3	40 x 25	Gasnebel: 30 Doradus in GMW

RETICULUM

HELLSTE STERNE

Star	R.A.			Dec.			Größe	Spektrum	Name
	h	m	s	°	′	″	(mag)		
α	04	14	25	-62	28	26	3.35	G6	

Ebenfalls über 4.3 mag: β (3.85).

HYDRUS

HELLSTE STERNE

Stern	R.A.			Dec.			Größe	Spektrum	Name
	h	m	s	°	′	″	(mag)		
β	00	25	46	-77	15	15	2.80	G1	
α	01	58	46	-61	34	12	2.86	F0	
γ	03	47	14	-74	14	20	3.24	M0	

Ebenfalls über 4.3 mag: δ (4.09), ε (4.11).

MENSA

Hellster Stern is α : R.A. 6h 10m 14s.6, dec. -74°45′11″, 5.09 mag. Ein kleiner Teil der GMW erstreckt sich bis in Mensa.

CHAMAELEON

Hellster Stern is α : R.A. 08h 18m 31s.7, dec. -76°55′10″, 4.07 mag. Ebenfalls über 4.3 mag: γ (4.11).

MUSCA

HELLSTE STERNE

Stern	R.A.			Dec.			Größe	Spektrum	Name
	h	m	s	°	′	″	(mag)		
α	12	37	11	-69	08	07	2.69	B3	
β	12	46	17	-68	06	29	3.05	B3	

Ebenfalls über 4.3 mag: δ (3.62), λ(3.64), γ (3.87), ε (4.11).

DOPPELSTERNE

Stern	R.A.		Dec.		P.A.	Abstand	Größe	
	h	m	°	′	°	″	(mag)	
β	12	46.3	-68	06	014	1.4	4.7,5.1	Periode viele Jahrhunderte

STERNHAUFEN UND NEBEL

M	NGC	R.A.		Dec.		Größe	Ausdehnung	Type
		h	m	°	′	(mag)		
	4833	13	00	-70	53	7.3	13.5	Kugelhaufen
	4372	12	25.8	-72	40	7.8	18.6	Kugelhaufen

APUS

Hellster Stern is α ; R.A. 14h 47m 51s.6, dec. -79°02′41″, 3.83 mag. Ebenfalls über 4.3 mag: γ (3.89), β (4.24).

VERÄNDERLICHE

Stern	R.A.		Dec.		Amplitude	Typ	Periode	Spektrum
	h	m	°	′	(mag)		(d)	
θ	14	05.3	-76	48	6.4-8.6	Halbregelm.	119	M

DOPPELSTERNE

Stern	R.A.		Dec.		P.A.	Abstand	Größe
	h	m	°	′	°	″	(mag)
δ	16	20.3	-78	41	012	102.9	4.7,5.1

OCTANS

Hellster Stern ist γ; R.A. 21h 41m 29s dec. -77°23′24″, 3.76 mag. Der Südpolarstern ist σ: R.A. 20h 15m 1s dec. -89°08′, 5.46 mag.

VERÄNDERLICHE

Stern	R.A.		Dec.		Amplitude	Typ	Periode	Spektrum
	h	m	°	′	(mag)		(d)	
δ	22	20.0	-80	26	4.9-5.4	Halbregelm.	55	M

Glossar

A

Aberration von Sternlicht: Scheinbare Verschiebung eines Sterns von seiner tatsächlichen Position am Himmel, bedingt durch die endliche Geschwindigkeit des Lichts (299 792,5 km/s). Durch die Bahnbewegung der Erde um die Sonne scheint das Licht der Sterne unter „einem bestimmten Winkel" einzutreffen. Die scheinbare Position der Sterne kann bis zu 20",5 abweichen.

Absoluter Nullpunkt: Tiefste Temperaturgrenze: −273,16°C. Beginn der Kelvin-Temperaturskala, so daß der absolute Nullpunkt bei 0 Kelvin liegt.

Absorption von Licht im Weltraum: Der Raum ist nicht, wie früher vermutet, vollkommen leer. Zwischen **Planeten** und **Sternen** verstreut existiert Materie; dadurch wird Licht entfernter Objekte absorbiert und „gerötet". Dieser Effekt ist bei allen Untersuchungen an entfernten Objekten zu berücksichtigen.

Absorptionsspektrum: Ein Spektrum von dunklen Linien vor einem hellen kontinuierlichen Hintergrund. Die Sonne hat ein solches Absorptionsspektrum: Der helle Hintergrund (das kontinuierliche Spektrum) resultiert aus der hellen Sonnenoberfläche (**Photosphäre**), während die dunklen Absorptionslinien durch die Sonnenatmosphäre entstehen, wo Atome bestimmte charakteristische Wellenlängen aus dem kontinuierlichen Spektrum der Photosphäre absorbieren.

Aerolit: Ein **Meteorit,** der eine Zusammensetzung wie Stein hat.

Aeropause: Bereich in der Atmosphäre, in dem die Luftdichte so gering ist, daß eine praktische Nutzung vernachlässigt werden kann. Die Aeropause hat keine festen Grenzen und ist lediglich die Übergangszone zwischen Atmosphäre und Weltraum.

Albedo: Rückstrahlungsvermögen eines **Planeten** oder eines anderen, nicht selbstleuchtenden Körpers. Ein perfekter Reflektor würde eine Albedo von 100 % haben.

Ångström: Längeneinheit zur Messung der Wellenlänge des Lichts und anderer elektromagnetischer Schwingungen. Sie entspricht einem hundertmillionstel Zentimeter. Sichtbares Licht liegt zwischen 3900 Å (violett) und 7500 Å (rot).

Antenne: Ein elektrischer Leiter oder ein System von elektrischen Leitern zur Abstrahlung oder zum Empfang von Radiowellen. Zur Steigerung der Empfindlichkeit oder zum Erhalt von Richtungsinformationen gekoppelte Antennensysteme heißen Antennen-Arrays. Antennen werden in der **Radioastronomie** als Radioteleskope bezeichnet.

Apastron: Punkt in der Umlaufbahn eines **Doppelsterns,** an dem beide Sterne am weitesten voneinander entfernt sind. Der Punkt des geringsten Abstands wird als **Periastron** bezeichnet.

Apex der Sonne: Punkt der Himmelskugel, auf den die Sonne scheinbar hinsteuert. Der Apex befindet sich im **Sternbild** Herkules. Die Geschwindigkeit der Sonne, mit der sie sich diesem Punkt nähert, beträgt 19,7 km/s. Der dem Apex gegenüberliegende Punkt ist der *Antapex.* Diese Bewegung unterscheidet sich von der Rotation der Sonne um das Zentrum der Galaxis, die sich auf etwa 220 km/s beläuft.

Aphel: Fernster Punkt der Umlaufbahn eines **Planeten** oder anderen Körpers von der Sonne. Der Punkt des geringsten Abstands wird als **Perihel** bezeichnet.

Apogäum: Punkt in der Umlaufbahn des Mondes oder eines künstlichen Satelliten, an dem der Körper der Erde am entferntesten ist. Der Punkt des geringsten Abstands wird als **Perigäum** bezeichnet.

Äquatoriale (Parallaktische) Montierung: Eine Teleskopausrichtung, bei der das Instrument auf der Achse parallel zur Erdachse angesetzt wird. Die Achsenneigung muß gleich der geographischen Breite des Beobachters sein. Mit Hilfe moderner Computer ist es möglich geworden, eine effektivere **azimutale Montierung** für Teleskope zu erreichen; diese wird heutzutage der äquatorialen Montierung vorgezogen.

Äquinoktium (Tagundnachtgleiche): Zweimal im Jahr überquert die Sonne den **Himmelsäquator**, einmal in nordwärtiger Bewegungsrichtung (um den 21.03.) und einmal in südwärtiger (um den 22.09.). Zu diesen Zeitpunkten sind überall auf der Erde Tag und Nacht gleich lang. Die Schnittpunkte sind jeweils als **Frühlingspunkt** und als **Herbstpunkt** bekannt.

Aschfarbenes Licht: Schwaches Leuchten der Nachtseite des Planeten Venus; nur bei zunehmender Venus sichtbar. Die Ursache ist nicht genau bekannt.

Asteroiden: Kleinplaneten, von denen die meisten die Sonne zwischen den Umlaufbahnen von Mars und Jupiter umkreisen. Einige tausend Asteroiden sind bekannt. Der größte ist Ceres mit einem Durchmesser von 1003 km. Mit bloßem Auge ist nur ein Asteroid (Vesta) zeitweise zu erkennen.

Astrologie: Pseudowissenschaft, die die Positionen der Planeten mit menschlichen Schicksalen verbindet. Keine wissenschaftliche Grundlage vorhanden.

Astronomische Einheit: Mittlere Entfernung zwischen Erde und Sonne. Diese beträgt 149 597 900 km; üblich ist die Aufrundung auf 150 Mio. km.

Astrophysik: Die Anwendung der physikalischen Gesetze auf alle Zweige der Astronomie. Früher oft auch definiert als „Physik und Chemie der Sterne".

Atmosphäre: Gashülle von **Planeten** oder anderen Körpern. Ohne definierte Grenze; Ausdünnung nach außen, bis ihre Dichte der des umgebenden Weltraums entspricht.

Atom: Kleinste Einheit eines chemischen Elements mit Eigencharakter. (Von den 92 natürlichen Elementen ist Wasserstoff das leichteste, Uran das schwerste.)

Auflösungsvermögen: Fähigkeit eines **Teleskops**, nah beieinanderstehende Objekte voneinander zu trennen; je größer das Teleskop, desto höher ist das Auflösungsvermögen. Radioteleskope (siehe **Radioastronomie**) haben im Vergleich zu optischen Teleskopen eine sehr schlechte Auflösung.

Äußere Planeten: Die **Planeten** jenseits der Erdbahn im **Sonnensystem**, somit alle Planeten außer Merkur und Venus.

Azimut: Horizontale Richtung oder Lage eines Himmelsobjektes, errechnet vom nördlichen Punkt des Beobachtungshorizontes. Durch die Erdrotation verändert sich das Azimut eines Objekts ständig.

Azimutale Montierung: Art und Weise, ein **Teleskop** so zu montieren, daß das Instrument frei in **Höhe** und **Azimut** (um die senkrechte Achse) zu bewegen ist. Mit Hilfe von modernen Computern ist eine exakte Steuerung dieser Teleskope möglich. Die Mehrzahl der neuen großen Teleskope verwendet die azimutale Montierung.

B

Bahngeschwindigkeit: Geschwindigkeit, mit der sich ein Objekt in einem Raum ohne Luftwiderstand bewegen muß, um auf einer Kreisbahn um den Hauptkörper zu bleiben.

Bahnstörung: Störung eines Himmelskörpers in seiner Umlaufbahn durch die Anziehungskraft anderer Körper.

Baryzentrum: Schwerpunkt des Erde-Mond-Systems. Da die Erde die 81fache Mondmasse besitzt, befindet sich das Baryzentrum innerhalb der Erdkugel.

Bedeckung: Bedeckung eines Himmelskörpers durch einen anderen. Der Mond kann vor einem **Stern** oder gelegentlich auch vor einem Planeten vorbeiziehen; ein **Planet** kann einen Stern bedecken. Es ist ebenfalls möglich, daß ein Planet einen anderen Planeten bedeckt: 1590 bedeckte z.B. die Venus den Mars. Genaugenommen sind **Sonnenfinsternisse** Bedeckungen der Sonne durch den Mond.

Bedeckungsveränderlicher: Ein **Doppelstern**, dessen zwei Komponenten sich in solch einem Winkel um ihr gemeinsames Schwerkraftzentrum bewegen, daß sie sich – von der Erde aus beobachtet – gegenseitig verdecken. Im Falle des Bedeckungsveränderlichen Algol ist eine Komponente viel heller als die andere. Alle 2 Tage bedeckt der schwächere Stern den leuchtenderen, der in seiner Helligkeit dann um mehr als eine *Größenklasse* schwächer zu werden scheint.

Beschleunigung: Maß der Veränderung von Geschwindigkeit. Anstieg von Geschwindigkeit wird als Beschleunigung, Abnahme als negative Beschleunigung bezeichnet.

Beugungsbild: Das Bild eines **Sterns**, wie es ein perfektes optisches System produziert. 84 % des Lichtes werden in einer kleinen Scheibe konzentriert, 16 % in einem das Beugungsscheibchen umgebenden System von Ringen.

Bodesche Reihe: Eine empirische Beziehung zwischen den Abständen der Planeten von der Sonne. Entdeckt von J.D. Titius 1772 und publiziert von J.E. Bode. Allerdings gibt es für dieses empirische Gesetz zur Zeit keine theoretische Erklärung.

Bogengrad: 360.Teil eines vollen Kreises (siehe **Bogenminute, Bogensekunde**).

Bogenminute, Bogensekunde: 60.Teil eines Bogengrades. Eine Bogenminute (1') ist in 60 Bogensekunden (60") unterteilt.

Bolide (Feuerkugel): Sehr heller **Meteor**, der während seines Absturzes durch die Erdatmosphäre explodieren kann.

Bolometer: Sehr empfindliches Strahlungsmeßgerät zur Erfassung selbst geringster Strahlung über einen sehr weiten Wellenlängenbereich.

Brennweite: Abstand zwischen einer Linse (oder Spiegel) und dem Bild, das von der Linse entworfen wird. Das Verhältnis von Objektivbrennweite relativ zum Objektivdurchmesser (oder Spiegeldurchmesser) wird *Öffnungsverhältnis* genannt.

C

Cassegrain-Reflektor: Typ eines Spiegelteleskops (siehe **Reflektor**), bei dem das Licht des beobachteten Objekts vom Hauptspiegel auf einen konvexen Sekundärspiegel und dann durch ein Loch im Hauptspiegel nach hinten, zurück zum Okular, reflektiert wird.

CCD-Kamera: Elektronisches Gerät zur Bildaufzeichnung (engl. *charge coupled devices* = ladungsgekoppelte Bauelemente), das mit Halbleitertechnik arbeitet. Es besitzt weit höhere Empfindlichkeit als eine herkömmliche photographische Platte. Ersetzt heute in den meisten Zweigen der astronomischen Forschung die Photographie.

Cepheid: Wichtiger Typ eines **Veränderlichen Sterns**. Cepheiden haben kurze Perioden von einigen Tagen bis zu einigen Wochen und verhalten sich regelmäßig. Inzwischen ist bekannt, daß die Periode eines Cepheiden mit seiner Leuchtkraft zusammenhängt: je länger die Periode, desto leuchtkräftiger ist der Stern. Daraus folgt, daß sich durch Messung der Periode eines Cepheiden seine Entfernung bestimmen läßt. Cepheiden sind leuchtkräftige Sterne und über große Distanzen zu sehen; sie sind nicht nur in unserer **Galaxis** (**Milchstraße**), sondern auch in fernen **Galaxien** zu finden. Der Name stammt von Delta Cephei, dem hellsten und berühmtesten Vertreter seiner Klasse.

Chromatische Aberration: Optischer Fehler in allen Glaslinsen, der Farbfehler in der Abbildung hervorruft. Entsteht dadurch, daß Licht der unterschiedlichen Wellenlängenbereiche ungleicher Brechung unterliegt: Blaues Licht z.B. wird stärker als rotes Licht gebrochen und hat seinen Brennpunkt somit näher an der Linse als das rote Licht. Bei astronomischen **Teleskopen** ist das Objektiv aus Glaslinsen verschiedener Art (*achromatische Linsen*) zusammengesetzt. Dadurch können chromatische Aberrationen zwar reduziert, jedoch nicht völlig beseitigt werden.

Chromosphäre: Bereich der Sonnenatmosphäre über der hellen Oberfläche bzw. **Photosphäre**, jedoch unterhalb der äußeren **Korona**. Mit bloßem Auge nur während totaler **Sonnenfinsternisse** sichtbar, wenn der Mond die Photosphäre bedeckt; mit speziellen Instrumenten ist eine Beobachtung jedoch zu jeder Zeit möglich.

Colure: Großkreise an der **Himmelskugel**. Der äquinoktische Colur ist z.B. der durch beide Himmelspole und den **Frühlingspunkt**, d. i. der Punkt, an dem die **Ekliptik** den **Himmelsäquator** kreuzt, laufende Großkreis.

D

Dämmerung, astronomische: Zeitraum der Himmelsaufhellung, wenn die Sonne zwischen 0° und 18° unterhalb des Horizonts steht.

Deklination (Dec.): Winkelabstand eines Himmelsobjektes nördlich oder südlich vom **Himmelsäquator**. Sie entspricht der geographischen Breite auf der Erdoberfläche

Diamantring-Phänomen: Hell leuchtende Reihe von Punkten entlang des Mondrandes bei einer totalen **Sonnenfinsternis**. Sie ist unmittelbar vor Beginn und unmittelbar nach Ende der Totalität zu sehen und entsteht, wenn das Sonnenlicht durch Täler der Gebirgsregionen des Mondrandes scheint.

Dichotomie: Die exakte Halbphase von Merkur, Venus oder dem Mond.

Dichte: Quotient aus **Masse** und Volumen eines Körpers. Setzt man für Wasser die Dichte 1 an, ist die mittlere Dichte der Erde 5,5.

Diffraktionsringe: Konzentrische Ringe um das Bild eines Sterns im **Teleskop**. Können nicht eliminiert werden, da sie durch die Wellenbewegung des Lichtes entstehen. Am stärksten in kleinen Instrumenten sichtbar.

Doppelstern: Ein Sternpaar aus zwei *Komponenten*, die miteinander verbunden sind und sich um einen gemeinsamen Schwerpunkt bewegen. Sie sind weit verbreitet. Bei einigen Doppelsternen stehen die Komponenten so dicht zusammen, daß sie sich fast berühren und optisch nicht getrennt voneinander wahrgenommen werden können. Sie können nur mit Hilfe spektroskopischer Methoden erkannt werden (siehe **Spektroskop**). Siehe auch **Bedeckungsveränderlicher; Spektroskopischer Doppelstern.**

Doppler-Effekt: Scheinbare Wellenlängenänderung des Lichtes aufgrund der relativen Bewegung des Beobachters. Nähert sich ein Licht aussendendes Objekt der Erde, treffen mehr Lichtwellen pro Sekunde das Auge des Beobachters als im Falle eines ruhenden Objektes. Die scheinbare Wellenlänge ist verkürzt und das Licht wirkt „zu blau" (*Blauverschiebung*). Im umgekehrten Fall – der Wellenerreger entfernt sich – ist die Wellenlänge scheinbar verlängert und das Licht „zu rot" (*Rotverschiebung*). Bei normalen Geschwindigkeiten sind die Farbverschiebungen sehr gering. Dennoch ist der Effekt im Spektrum des Objektes leicht nachweisbar. Sind die Spektrallinien zum langwelligen roten Ende des Spektrums hin verschoben, entfernt sich das Objekt von uns, wobei der Betrag der Verschiebung ein Maß für die Geschwindigkeit des Zurückweichens ist. Alle Galaxien, abgesehen von denen unserer **Lokalen Gruppe,** weisen eine Rotverschiebung auf. Dies ist ein empirischer Beweis für die Expansion des Universums. Das Doppler-Prinzip ist auch auf Radiowellen anwendbar.

Durchgang: Ein Ereignis, bei dem Merkur oder Venus während ihrer unteren **Kulmination** vor der Sonnenscheibe vorüberziehen. Merkurdurchgänge sind recht häufig zu beobachten (z.B. 1993, der nächste am 15.11.1999), Venusdurchgänge seltener: der nächste wird erst 2004 stattfinden, der letzte war 1882. In ähnlicher Weise geht ein Mond oder **Satellit** vor der Scheibe eines **Planeten** am Himmel vorbei. Durchgänge der vier großen Jupitermonde können auch mit einem kleinen **Teleskop** beobachtet werden ebenso wie Passagen der Mondschatten als kleine schwarze Flecken vor dem Jupiter.

E

Eigenbewegung: Die individuelle Bewegung eines Sterns an der Himmelssphäre. Aufgrund der großen Entfernung der **Sterne** fällt die Bewegung sehr gering aus. Die größte bekannte Eigenbewegung hat Barnards Pfeilstern, ein 6 **Lichtjahre** entfernter roter Zwerg, der sich alle 6 Jahre um eine Bogenminute bewegt. Innerhalb von 180 Jahren überwindet er eine Strecke, die der des Vollmonddurchmessers gleichkommt. Die Eigenbewegung entfernter Sterne ist zu gering, um überhaupt noch meßbar zu sein.

Ekliptik: Die Projektion der Erdumlaufbahn auf die **Himmelskugel**. Kann auch definiert werden als „scheinbarer jährlicher Weg der Sonne relativ zu den Sternen", der an den Sternbildern des **Tierkreises** vorbeigeht. Da die Ebene der Erdumlaufbahn um 23,5° zum Äquator geneigt ist, muß der Winkel zwischen **Ekliptik** und dem **Himmelsäquator** ebenfalls 23,5° betragen.

Elektromagnetisches Spektrum: Der vollständige Bereich der elektromagnetischen Strahlung besteht aus: **Infrarotstrahlung**, **Gamma-** und **Röntgenstrahlung**, **ultravioletter Strahlung** sowie Radiowellen und sichtbarem Licht (welches nur einen Bruchteil des gesamten Spektrums ausmacht). Nur das sichtbare Licht und die Radiowellen können die Erdatmosphäre durchdringen und die Erdoberfläche erreichen.

Elektron: Elementarteilchen mit negativer elektrischer Ladung. Elektronen sind neben **Neutronen** und **Protonen** die Bausteine des **Atoms** und befinden sich in den *Atomorbitalen*.

Elektronendichte: Zahl der freien **Elektronen** im Einheitsvolumen. Ein freies **Elektron** ist nicht mit einem **Atom** verbunden, sondern bewegt sich davon unabhängig.

Element: Substanz, die chemisch nicht weiter zerlegbar ist. Auf der Erde existieren 92 natürliche Elemente; alle Substanzen werden aus diesen 92 fundamentalen Elementen aufgebaut. Andere Elemente wurden künstlich erzeugt, wobei diese immer schwerer als Uran (*Ordnungszahl* 92) und meistens sehr instabil sind.

Elongation: Scheinbarer Winkelabstand eines **Planeten** von der Sonne oder eines **Satelliten** von seinem Mutterplaneten.

Emissionsspektrum: Spektrum aus hellen Linien oder Banden (zahlreiche eng benachbarte Linien). Sehr heiße Gase erzeugen bei geringem Druck ein Emissionsspektrum.

Ephemeriden: Astronomische Tabellen, die vorherberechnete Positionen eines bewegten Himmelskörpers, z.B. eines **Planeten** oder **Kometen**, zusammenstellen.

Epoche: Datum, das als Bezug für astronomische Daten benutzt wird, z.B. gibt es einige Sternkataloge für die „Epoche 1950". Bis zum Jahr 2000 werden sich die darin gegebenen Koordinaten durch die **Präzession** etwas verschoben haben.

Erdschein: Mattes Leuchten der Nachthälfte des Mondes, verursacht durch reflektiertes Licht von der Erde.

Exosphäre: Äußerster Teil der Erdatmosphäre mit sehr geringer **Dichte** und ohne feste obere Grenze, da die Exosphäre einfach ins All hin „ausdünnt".

F

Fackeln: Helle, vorübergehende Erscheinungen auf der Sonnenoberfläche, die normalerweise mit **Sonnenflecken** in Verbindung stehen. Erscheinen häufig dort, wo Gruppen von Sonnenflecken gerade im Begriff sind zu entstehen. Sie verschwinden oft erst einige Zeit später als diese Gruppen.

Farbindex: Maß für die Farbe eines Sterns und damit für seine Oberflächentemperatur. Die visuelle **Magnitudo** eines Sterns ist ein Maß für seine scheinbare Helligkeit, wie sie mit bloßem Auge wahrgenommen wird. Die photographische Magnitudo erhält man aus der scheinbaren Größe des auf einer Photoplatte abgebildeten Bildes eines **Sterns**. Beide Helligkeiten sind in der Regel nicht gleich groß, da auf den alten Standardplatten rote Sterne schwächer erscheinen als mit bloßem Auge betrachtet. Die Differenz zwischen visueller und photographischer Magnitudo ist der Farbindex. Dessen Skala ist so aufgebaut, daß für einen weißen Stern, wie z.B. Sirius, der Farbindex = 0 ist. Ein blauer Stern hat negativen, ein gelber oder roter Stern positiven Farbindex.

Finsternisse: Siehe **Sonnenfinsternis** und **Mondfinsternis.**

Flares, solare (Sonnenflackern): Helle Ausbrüche in den oberen Schichten der Sonnenatmosphäre, meist in Verbindung mit aktiven Sonnenfleckengruppen stehend. Die Flares senden elektrisch geladene Teilchen aus, die später die Erde erreichen können und hier magnetische Stürme und **Polarlichter** auslösen. Sie sind auch mit starken Eruptionen *solarer Radiostrahlung* (*Radioausbrüche*) verknüpft. Möglicherweise stellen die bei Ausbrüchen herausgeschleuderten Partikel eine Gefahr für Astronauten im Weltraum oder auf der ungeschützten Oberfläche des Mondes dar.

Flare-Sterne (Flackersterne): Lichtschwache rote Zwergsterne, die über eine kurze Zeit (einige Minuten) einen Helligkeitsanstieg bis zu mehreren *Größenklassen* erfahren und innerhalb ca. einer Stunde wieder zu ihrer alte Helligkeit zurückfallen. Dieses Verhalten scheint auf sehr intensive Flare-Tätigkeit in der stellaren **Atmosphäre** zurückzuführen zu sein. Obwohl die betreffenden Energiemengen viel größer als bei **solaren Flares** sind, ist bisher noch nicht bekannt, ob die gesamte Sternenatmosphäre betroffen ist oder nur eine begrenzte Fläche wie bei der Sonne. Typische Flare-Sterne sind UV Ceti und AD Leonis.

Flash-Spektrum: Kurz bevor der Mond bei einer totalen **Sonnenfinsternis** die Sonne vollständig bedeckt, sieht man das Leuchten der oberen Sonnenatmosphäre selbst ohne den hellen Hintergrund der **Photosphäre**. Die sonst dunklen Linien im Spektrum werden dann hell und erzeugen nur ganz kurzzeitig das sogenannte Flash-Spektrum. Derselbe Effekt ist kurz nach Ende der Totalität zu beobachten.

Flocculi: Flockige Struktur auf der Sonnenoberfläche, wie sie von Instrumenten, die auf der Grundlage des **Spektroskops** beruhen, beobachtet werden. Helle Flocculi bestehen aus Kalzium, dunkle aus Wasserstoff.

Fluchtgeschwindigkeit (Entweichgeschwindigkeit): Anfängliche Mindestgeschwindigkeit, die ein Objekt erreichen muß, um der Anziehungskraft eines **Planeten** oder anderen Körpers entweichen zu können. Die Fluchtgeschwindigkeit an der Oberfläche beträgt für die Erde 11,2 km/s oder ca. 40 200 km/h, für den Mond 2,4 km/s und für Jupiter 60 km/s.

Fraunhofer-Linien: Die dunklen Absorptionslinien im Sonnenspektrum, benannt nach dem deutschen Optiker Joseph von Fraunhofer, der sie 1814 entdeckte und untersuchte (siehe **Absorptionsspektrum**).

Freier Fall: Normale Bewegung eines Objektes im Raum unter Einfluß der Gravitationsanziehung eines zentralen Körpers. So befindet sich die Erde im Zustand des freien Falls um die Sonne, während ein künstlicher Satellit außerhalb der Erdatmosphäre sich im freien Fall um die Erde herum befindet. Ohne Schubbetrieb ist eine Mondsonde zwischen Erde und Mond im freien Fall, genauso wie eine Sonde auf einer **Übergangsbahn** von Erde zu Mars. Ein Astronaut hat scheinbar kein Gewicht, wenn sich sein Raumschiff im freien Fall befindet; er befindet sich im Zustand der Schwerelosigkeit.

Frühlingspunkt: Siehe **Äquinoktium.**

Funkeln: Umgangssprachlicher Begriff für **Szintillation.**

G

g: Symbol für die Schwerkraft an der Erdoberfläche; auf Meereshöhe beträgt die Fall- oder Schwerebeschleunigung $9,81 \text{m/s}^2$.

Galaxien: Sternsysteme, d.h. Ansammlungen von **Sternen** und interstellarer Materie. Unsere **Galaxis** umfaßt etwa 100 Milliarden Sterne, ist aber nicht außergewöhnlich groß. Galaxien haben unterschiedliche Formen: manche sind spiralförmig, andere elliptisch oder unregelmäßig. Die entferntesten uns bekannten Galaxien sind etwa 18 Milliarden **Lichtjahre** entfernt. Abgesehen von denen unserer **Lokalen Gruppe**, scheinen sich alle Galaxien von uns weg zu bewegen, so daß sich das ganze Universum ausdehnt.

Galaxis (Milchstraßensystem): Das Sternsystem, zu dem unsere Sonne gehört.

Gammastrahlen: Extrem kurzwellige elektromagnetische Strahlung. Kosmische Quellen der Gammastrahlen müssen mit Hilfe von Methoden der Weltraumforschung untersucht werden.

Gegenschein: Sehr schwaches Leuchten am Himmel, genau entgegengesetzt zur Sonne. Er ist sehr schwierig zu beobachten und bis heute nicht zufriedenstellend photographiert worden. Der Gegenschein ist auf *interstellaren Staub* zurückzuführen, der sich in der Hauptebene des Sonnensystems befindet (vgl. **Zodiakallicht**).

Geodäsie: Wissenschaft, die sich mit Gestalt, Dimensionen, Elastizität, **Masse** und **Gravitation** der Erde sowie mit verwandten Gebieten beschäftigt.

Geokorona: Hülle fein verteilten Wasserstoffs um die Erde, die sich an der äußersten Grenze der Atmosphäre befindet.

Geophysik: Die Wissenschaft, die sich mit der Physik der Erde und ihrer Umgebung beschäftigt. Ihr Gebiet reicht vom Erdinnern bis zur äußeren Grenze der Magnetosphäre. 1957-58 wurde ein ambitioniertes Programm, das *Internationale Geophysikalische Jahr*, zu Studien geophysikalischer Phänomene zur Zeit eines Sonnenfleckenmaximums ins Leben gerufen. Es wurde auf 18 Monate erweitert und war so erfolgreich, daß während des nächsten Fleckenminimums ein begrenzteres, aber immer noch sehr umfangreiches Programm entstand: Das *Internationale Jahr der Ruhigen Sonne* (IYQS).

Geozentrisch: Mit der Erde als Bezugspunkt oder gemessen bezüglich des Zentrums der Erde.

Gezeiten: Der periodische Anstieg und Fall des Meeresspiegels, hervorgerufen durch die Anziehungskraft des Mondes und (in geringerem Umfang) der Sonne.

Gravitation (Schwerkraft): Anziehungskraft zwischen allen Materieteilchen im Universum. Die Teilchen ziehen einander mit einer Kraft an, die proportional zum Produkt ihrer Massen und umgekehrt proportional zum Quadrat ihres Abstandes voneinander ist.

Greenwich-Meridian: Längenkreis, der durch das Passageinstrument der Sternwarte Greenwich verläuft. Er ist als Nullmeridian der Erde definiert (geographische Länge = 0°).

Gregory-Spiegel: Typ eines reflektierenden **Teleskops** (siehe **Reflektor**), in welchem das eintretende Licht vom Hauptspiegel zu einem kleinen, konkaven Spiegel reflektiert wird, welcher außerhalb des Brennpunktes des Hauptspiegels liegt. Das Licht wird dann durch eine Öffnung im Hauptspiegel weitergeleitet und gelangt so zum Brennpunkt. Gregory-Spiegel werden nicht mehr häufig benutzt.

Großkreis: Kreis auf der Schnittlinie einer Ebene mit einer Kugel (z.B. Erde oder **Himmelskugel**), dessen Mittelpunkt im Zentrum der Kugel liegt. Ein Großkreis teilt somit die Kugel in zwei gleichgroße Hälften.

Grüner Strahl (Grüner Blitz): Bei Sonnenuntergang kann der letzte sichtbare Teil der Scheibe kurzzeitig grün aufblitzen. Dieses Phänomen wird durch Lichtbrechung in der Erdatmosphäre verursacht und kann am besten am Meereshorizont beobachtet werden. Auch Venus weist solch ein Phänomen auf.

H

H I- und H II-Regionen: Wasserstoffwolken in der **Galaxis**. H I-Regionen sind Wolken aus neutralem Wasserstoff. Sie sind nicht sichtbar, können jedoch wegen ihrer charakteristischen Abstrahlung von Radiowellen mit 21cm Länge mittels eines Radioteleskops untersucht werden. In H II-Regionen ist der Wasserstoff ionisiert (siehe **Ion**), im allgemeinen in der Umgebung heißer Sterne. Bei der Wiederzusammenfügung von **Ionen** und freien **Elektronen** zu neutralen **Atomen** wird Licht abgestrahlt, wodurch die H II-Regionen sichtbar werden.

Halo: 1) Heller Kreis oder Bogen um Sonne und Mond, verursacht durch Eiskristalle in der oberen Erdatmosphäre. 2) Halo der Galaxis: Kugelförmige Sternwolke um den Hauptteil der **Galaxis**.

Hauptreihe: Gutdefiniertes Band im **Hertzsprung-Russell-Diagramm** von oben links nach unten rechts verlaufend. Die Sonne ist ein typischer Hauptreihenstern.

Helligkeit, absolute: Scheinbare Helligkeit, die ein Stern in einer Entfernung von 10 **Parsec** oder 32,6 Lichtjahren haben würde. Die absolute Helligkeit der Sonne ist: mag (**Magnitudo**) = +4,8.

Helligkeit, scheinbare: Die scheinbare oder visuelle Helligkeit ist die Helligkeit eines Himmelskörpers wie mit dem bloßem Auge gesehen. Je heller das Objekt, desto kleiner die **Magnitudo** (Einheit zur Angabe der Helligkeit). Die Sonne hat -26,8 mag, Sirius als hellster Stern –1,4, der Polarstern +2; die schwächsten, mit den größten **Teleskopen** beobachtbaren **Sterne** sind schwächer als +20. Die scheinbare Helligkeit eines Sterns läßt keinen Schluß auf seine wirkliche Leuchtkraft zu.

Herbstpunkt: Siehe **Äquinoktium**.

Hertzsprung-Russell-Diagramm (HRD): Graphische Darstellung, in der Sterne entsprechend ihrem Spektraltyp und ihrer Leuchtkraft eingetragen sind. Man findet ein gut definiertes Band, bekannt als **Hauptreihe,** das im Diagramm von oben links (sehr leuchtkräftige blaue Sterne) nach unten rechts (schwache rote Sterne) verläuft. Darüberhinaus gibt es den *Riesenast*, der nach oben rechts reicht, während die schwachen, heißen „Weißen Zwerge" unten links liegen. Das HRD ist bei der Untersuchung der Sternentwicklung von höchster Bedeutung. Wird statt des Spektrums der **Farbindex** benutzt, wird das Diagramm als *Farben-Helligkeits-Diagramm* bezeichnet.

Himmelsäquator: Projektion des Erdäquators auf die **Himmelskugel**. Sie teilt den Himmel in zwei Hemisphären (Nord- und Südhalbkugel).

Himmelsglühen: Schwaches, natürliches Leuchten des Nachthimmels durch Reaktionen in der oberen **Erdatmosphäre**.

Himmelskugel, scheinbare: Imaginäre Kugel um die Erde mit dem Erdmittelpunkt als Zentrum. An ihrer Innenfläche werden alle astronomischen Objekte beobachtet.

Himmelspole: Der nördliche und der südliche Punkt, den die in Gedanken verlängerte Erdachse an der scheinbaren **Himmelskugel** markiert.

Hintergrundstrahlung: Sehr schwache Strahlung im Mikrowellenbereich aus allen Richtungen des Universums, die eine generelle Temperatur von 3°C über dem **absoluten Nullpunkt** anzeigt. Es wird vermutet, daß die Hintergrundstrahlung ein Überrest des Urknalls ist, bei dem das Universum vor ca. 15 Milliarden Jahren entstand. Der *Cosmic Background Explorer Satellite* (COBE) entdeckte leichte Schwankungen der Strahlung.

Höhe: Winkel eines Himmelskörpers über dem Horizont; reicht von 0 Grad (Horizont) bis 90 Grad (**Zenit**).

Hohmann-Bahn: siehe **Übergangsbahn**.

Hubble-Konstante: Verhältnis zwischen Entfernung einer **Galaxis** und ihrer *Radialgeschwindigkeit*. Der exakte Wert ist noch nicht ermittelt, liegt aber wahrscheinlich in der Größenordnung von 60 km/s pro Megaparsec.

I

Infrarotstrahlung: Strahlung mit Wellenlängen größer als die des roten Lichtes, jedoch kleiner als Mikrowellen. Infrarotstrahlung aussendende Quellen im Weltraum werden entweder von hochgelegenen Observatorien (z.B. auf dem Mauna Kea, Hawaii) oder mit Hilfe der Luft- und Raumfahrt untersucht. 1983 führte der *Infra-Red Astronomical Satellite* (IRAS) eine umfassende Untersuchung des Himmels in Infrarot durch.

Innere Planeten: Merkur und Venus, deren Bahnen näher an der Sonne liegen als die der Erde. Ist ihre **Rektaszension** dieselbe wie die der Sonne, so daß sie ungefähr zwischen Sonne und Erde stehen, befinden sie sich in der unteren **Konjunktion**. Wenn ihre **Deklination** dann ebenfalls dieselbe wie die der Sonne ist, zieht der Planet vor der Sonne vorbei.

Ion: Atom, das ein oder mehrere **Elektronen** verloren oder hinzugewonnen hat. Es ist nun entsprechend positiv oder negativ geladen. In einem kompletten **Atom** wird die positive Ladung des Kerns durch die vereinigte negative Ladung der Elektronen kompensiert. Der Prozeß der Erzeugung eines Ions wird *Ionisation* genannt.

Ionosphäre: Bereich oberhalb der **Stratosphäre**, zwischen 65 und 800 km Höhe. Durch *Ionisation* der **Atome** in dieser Zone (siehe **Ion**) entstehen verschiedene Schichten, die Radiowellen reflektieren und dadurch Kommunikation über große Distanzen ermöglichen. Aktivitäten der Sonne beeinflussen die Ionosphäre und verursachen Ionosphärenstürme, die die Radiokommunikation beeinträchtigen.

Irradiation (Überstrahlung): Optischer Effekt, der beleuchtete oder selbstleuchtende Körper größer erscheinen läßt, als sie tatsächlich sind. So scheint z.B. die helle Mondsichel größer zu sein als der von der Erde erhellte Teil der Mondscheibe.

J

Jahr: Zeitspanne, die die Erde für einen Umlauf um die Sonne braucht. Im Alltag gleichbedeutend mit 365 Tagen, im Schaltjahr 366 Tagen. Man unterscheidet: 1) *Siderisches Jahr:* Tatsächliche Umlaufperiode der Erde, 365,26 Tage oder 365d 6h 9min 10s. 2) *Tropisches Jahr:* Zeitraum zwischen zwei aufeinanderfolgenden Durchgängen der Sonne durch den **Frühlingspunkt**, 365,24 Tage oder 365d 5h 48min 45s. Das tropische Jahr ist durch die **Präzession**, die eine Verschiebung des Frühlingspunktes bewirkt, etwa 20 Minuten kürzer als das siderische Jahr. 3) *Anomalistisches Jahr:* Zeitraum zwischen zwei aufeinanderfolgenden Periheldurchgängen der Erde. Es entspricht 365,26 Tagen oder 365d 6h 13min 53s und ist somit etwas länger als das siderische Jahr, weil die Position des Perihels sich jährlich um 11 **Bogensekunden** verschiebt. 4) *Kalenderjahr:* dem *Gregorianischen Kalender* entsprechend, mit einer mittleren Jahreslänge von 365,24 Tagen oder 365d 5h 49min 12s.

Jahreszeiten: Klimatische Effekte in Abhängigkeit von der Neigung der Erdachse. Die veränderliche Entfernung der Erde zur Sonne hat nur einen untergeordneten Einfluß auf unsere Jahreszeiten.

Julianisches Datum: Fortlaufende Zählung der Tage beginnend mit dem 1. Januar 4713 v.Chr., 12 Uhr mittags. Dieses System wurde 1582 von Scaliger eingeführt und ist nach seinem Vater Julius Scaliger benannt und hat nichts mit Julius Caesar oder dem *Julianischen Kalender* zu tun. Das Julianische Datum wird heute noch von Beobachtern **Veränderlicher** Sterne sowie bei der Berechnung von sehr langandauernden Phänomenen verwendet.

K

Keplersche Gesetze der Planetenbewegung: Die drei wichtigen, 1609-1618 von J. Kepler formulierten Gesetze lauten: (1) Die Planeten bewegen sich in elliptischen Umlaufbahnen, in deren einem Brennpunkt die Sonne steht, während der andere Brennpunkt leer ist. (2) Der Radiusvektor, d.h. die imaginäre Linie zwischen Zentrum des Planeten und Zentrum der Sonne, überstreicht in gleichen Zeiten gleiche Flächen. (3) Die Quadrate der siderischen Umlaufzeiten der Planeten verhalten sich wie die dritten Potenzen ihrer mittleren Entfernungen von der Sonne.

Kiloparsec: 1000 **Parsec** oder 3260 **Lichtjahre**.

Kirkwood-Lücken: Bereiche im Asteroidengürtel zwischen Mars und Jupiter, in denen sich fast keine **Asteroiden** bewegen. Durch den Schwerkrafteinfluß des Jupiters sind diese Zonen „leergefegt"; gelangt ein Asteroid in eine Kirkwood-Lücke, wird er so lange von Jupiter gestört, bis er seine Bahn ändert. Sie wurden vom amerikanischen Mathematiker Daniel Kirkwood entdeckt.

Kleinplaneten: Siehe **Asteroiden**.

Knoten: Punkte, an denen die Bahn eines **Planeten**, eines **Kometen** oder des Mondes die Ebene der **Ekliptik** schneidet, entweder wenn sich der Körper von Süd nach Nord (*aufsteigender Knoten*) oder von Nord nach Süd (*absteigender Knoten*) bewegt. Die Verbindungslinie zwischen den beiden Punkten wird als *Knotenlinie* bezeichnet.

Kohlenstoff-Stickstoff-Zyklus: Sterne „brennen" nicht im üblichen Sinn des Wortes, sondern produzieren Energie durch die Umwandlung von Wasserstoff zu Helium unter Abgabe von Strahlung und Verlust an **Masse**. Eine Form der Umwandlung geschieht über eine ganze Serie von Reaktionen unter Einbeziehung von Kohlenstoff und Stickstoff als Katalysatoren. Früher wurde angenommen, daß die Sonne aufgrund dieses Prozesses scheinen würde. Die jüngere Forschung zeigte jedoch, daß ein anderer Zyklus, die sogenannte *Proton-Proton-Reaktion*, bei Sternen wie bei der Sonne bedeutsamer ist. Die einzigen Sterne, die keinen Kohlenstoff-Stickstoff-Zyklus durchlaufen, sind solche, die sich noch in einem sehr frühen oder schon in einem sehr fortgeschrittenen Entwicklungsstadium befinden.

Kollimator: Optische Vorrichtung zur Sammlung von Licht aus einer Lichtquelle in einen parallelen Strahl.

Koma: (1) Diffuse Hülle aus Gas und Staub um den Kern eines Kometen. (2) Unscharfer Dunst um Sternabbildungen auf einer Photoplatte, verursacht durch Fehler im optischen System.

Komet: Kleiner Himmelskörper im Sonnensystem, umläuft die Sonne meist in stark exzentrischer Bahn. Er besteht aus relativ kleinen Teilchen (hauptsächlich Eis) und dünnen Gasen. Der Kern hat als fester Bestandteil des Kometen einen Durchmesser von bis zu mehreren Kilometern. Der *Kometenschweif* zeigt aufgrund des Einflusses des **Sonnenwindes** immer mehr oder weniger von der Sonne weg. Es gibt viele *kurzperiodische Kometen*, die alle relativ lichtschwach sind; der einzige helle Komet mit einer Periode von unter 100 Jahren ist der Halleysche Komet. Die hellsten Kometen haben so lange Perioden, daß ihre Rückkehr nicht vorhersagbar ist. Siehe auch **Sun-Grazer**.

Konjunktion: Scheinbar größte Annäherung eines **Planeten** an einen **Stern** oder anderen Planeten; reiner Sichtlinieneffekt, da der Planet wesentlich näher am Betrachter liegt als der Stern. Eine untere **Konjunktion** bei Merkur und Venus ist die Position, wenn der Planet dieselbe **Rektaszension** wie die Sonne hat (siehe **Innere Planeten**). Eine *obere Konjunktion* ist die Position eines Planeten, wenn er von der Erde aus gesehen hinter der Sonne steht.

Konstellation: siehe **Sternbild**.

Korona: Äußerster Teil der Sonnenatmosphäre; besteht aus sehr dünn verteiltem Gas hoher Temperatur und ist sehr weit ausgedehnt. Mit bloßem Auge ist sie nur während totaler **Sonnenfinsternisse** sichtbar.

Koronograph: Bestimmter Typ eines **Teleskops** zur Beobachtung der Sonnenkorona bei normalem Tageslicht. Diese Beobachtung ist für normale Teleskope unmöglich, da zum einen durch die Erdatmosphäre das Sonnenlicht stark gestreut wird, zum anderen eine Streuung im Teleskop selbst auftritt – hauptsächlich verursacht durch Staubpartikel. Der Koronograph wurde vom französischen Astronomen B. Lyot erfunden.

Kosmische Strahlung: Sehr schnelle Teilchen, die von außerhalb des **Sonnensystems** kommen und auf die Erde treffen. Die schwereren kosmischen Primärteilchen werden beim Eintritt in die obere Erdatmosphäre aufgebrochen; nur die Sekundärteilchen erreichen die Erdoberfläche. Es ist bislang noch nicht sicher, ob kosmische Strahlung ein ernsthaftes Problem für langandauernde Raumflüge darstellt.

Kosmologie: Studium des Universums als Ganzheit; Erforschung seiner Natur, seines Ursprungs und seiner Entwicklung sowie der Beziehungen zwischen seinen verschiedenen Teilen.

Krebsnebel: Überrest der im Jahr 1054 beobachteten **Supernova**, einer nach jüngsten Messungen etwa 6000 **Lichtjahre** entfernten expandierenden Gaswolke. Der Nebel ist sehr bedeutsam, da er neben sichtbarem Licht auch Radio- und **Röntgenstrahlen** aussendet. Ein großer Teil der Radiostrahlung ist **Synchrotronstrahlung** (geladene Teilchen werden in einem starken Magnetfeld beschleunigt). Der Nebel enthält im Zentrum den ersten optisch identifizierten **Pulsar**.

Kulmination: Zeitpunkt, an dem ein **Stern** oder anderer Himmelskörper den **Meridian** des Beobachters erreicht, so daß er am höchsten steht (*obere Kulmination*). Handelt es sich um einen zirkumpolaren Körper, steht er 12 Stunden später am tiefsten Punkt (*untere Kulmination*). Bei einem nichtzirkumpolaren Objekt kann die untere Kulmination nicht beobachtet werden, da sich das Objekt dann unter dem Horizont befindet.

Kybernetik: Wissenschaft von *dynamischen Systemen*; untersucht Kommunikations- und Kontrollmechanismen, die Maschinen und lebende Organismen gemeinsam haben.

L
Laser (Light Amplification by the Stimulated Emission of Radiation): Gerät, das einen scharf gebündelten Strahl aus Licht mit gleicher Wellenlänge (kohärentes Licht) erzeugt. Das Licht kann extrem intensiv sein: Laserstrahlen wurden zum Mond geschickt und von dort reflektiert.

Libration des Mondes: Obwohl die Rotation des Mondes an den Umlauf um die Erde gebunden ist – der Mond wendet uns daher immer dieselbe Seite zu –, gibt es Schwankungseffekte, sog. Librationen, die eine Beobachtung von insgesamt 59% der Mondoberfläche statt der auf einmal sichtbaren 50% ermöglichen. Durch die Librationen können wir sozusagen etwas „hinter" die uns zugewandte Mondscheibe blicken. Es gibt drei Formen von Librationen: *Libration in Länge* (die Bahngeschwindigkeit des

Mondes ist nicht konstant), *Libration in Breite* (der Mondäquator ist um 6° gegen seine Bahnebene geneigt) und die *Tageslibration* (durch die Rotation der Erde selbst).

Lichthof: Ring, der manchmal auf Photographien um Sterne herum zu sehen ist. Es handelt sich um einen rein phototechnischen Effekt durch *Überstrahlung* heller Bildpunkte.

Lichtjahr: Entfernung, die das Licht in einem Jahr zurücklegt; entspricht 9460 Billionen Kilometern.

Lokale Gruppe: Galaxiengruppe, zu der unsere **Galaxis** gehört. Sie umfaßt mehr als zwei Dutzend Sternsysteme, von denen die wichtigsten der Andromedaspiralnebel (oder Andromeda-Galaxis), unsere Galaxis, der Dreiecksnebel und die beiden Magellanschen Wolken sind.

Luftwiderstand: Widerstand, der auf einen Körper in Bewegung durch die **Atmosphäre** ausgeübt wird. Ein künstlicher Satellit bleibt nur dann unendliche Zeit in seiner Umlaufbahn, wenn diese niemals durch Zonen verläuft, in denen nennenswerter Luftwiderstand vorhanden ist.

Lunation (Synodischer Monat): Zeitintervall zwischen zwei Neumonden: 29d 12h 44min. Siehe auch **Synodische Periode**.

Lyot-Filter (monochromatischer Filter): Gerät, das eine Beobachtung der **Sonnenprotuberanzen** und anderer Merkmale der Sonnenatmosphäre unabhängig von **Sonnenfinsternissen** ermöglicht. Der Filter wurde vom französischen Astronomen B. Lyot entwickelt.

M
Mach-Zahl: Geschwindigkeit eines sich in einer Atmosphäre bewegenden Fahrzeugs bezogen auf die Schallgeschwindigkeit in diesem Bereich. Nahe der Erdoberfläche beträgt die Schallgeschwindigkeit ca. 1200 km/h; Mach 2 bedeutet demnach 2 x 1200 = 2400 km/h.

Magnetischer Sturm: Plötzlich auftretende Störung des Erdmagnetfeldes mit Auswirkungen auf Funkverbindungen und Kompaßnadel. Ursache sind die von der Sonne ausgesandten geladenen Teilchen, oftmals verbunden mit **Flares**. Ein *magnetischer Einfall* ist eine plötzliche Änderung im Erdmagnetfeld durch veränderte Bedingungen in der unteren **Ionosphäre**. Der Einfall steht im unmittelbaren Zusammenhang mit der Aufblitzphase des Flares und beginnt mit dieser. Der Sturm erfolgt erst nach dem Eintreffen der Teilchen auf der Erde ca. 24 Stunden später.

Magnetohydrodynamik: Untersuchung der Wechselwirkungen zwischen Magnetfeldern und elektrisch leitfähigen Flüssigkeiten. Der schwedische Wissenschaftler H. Alfven wird als Begründer der Magnetohydrodynamik angesehen.

Magnetosphäre: Bereich um einen Körper, in dem das Magnetfeld dieses Körpers vorherrscht. Im **Sonnensystem** besitzt Jupiter die größte Magnetosphäre, die anderen Giganten, wie auch Erde und Merkur, haben ebenfalls ausgeprägte Magnetfelder. Bei Mond, Venus und Mars ist jedoch kein Magnetfeld nachgewiesen worden.

Magnitudo: Einheit zur Bezeichnung von **Helligkeit**. Sie wird in *Größenklassen* angegeben; Abkürzung: M, mag oder ^{m}.

Maser (Microwave Amplification by Stimulated Emission of Radiation): Gleiches Grundprinzip wie beim Laser, jedoch angewendet auf Radiowellen anstatt auf sichtbares Licht.

Masse: Menge der in einem Körper vereinigten Materie. Sie entspricht nicht dem *Gewicht*, das von der örtlichen Schwerkraft abhängig ist; so beträgt z.B. das Gewicht eines Menschen auf dem Mond nur 1/6 seines normalen Gewichts, seine Masse bleibt jedoch unverändert.

Mehrfachstern: Stern, der aus mehr als zwei physisch zusammengehörigen Komponenten besteht, die sich um den gemeinsamen Schwerpunkt bewegen.

Meridian: Großkreis an der Himmelskugel, der durch den **Zenit** und beide **Himmelspole** geht. Der Meridian durchschneidet den Beobachterhorizont exakt am Nord- und Südpunkt und teilt die **scheinbare Himmelskugel** so in eine westliche und eine östliche Hälfte.

Meridiandurchgang: Durchgang eines Himmelskörpers oder eines Punktes an der **Himmelskugel** durch den Meridian des Beobachters; z.B. geht der **Frühlingspunkt** um 0 Uhr Sternzeit durch den Meridian.

Messier-Katalog: Von dem französischen Astronomen Charles Messier im 18. Jahrhundert aufgestellter Katalog verschiedener nebelartiger Objekte, inbegriffen offene **Sternhaufen** und Kugelhaufen, Gasnebel und **Galaxien**. Messiers Katalog umfaßt 109 Objekte. Seine Nummern werden weiterhin benutzt, so trägt die Andromeda-Galaxis die Nummer M31, der Orionnebel M42, der Krebsnebel M1, usw.

Meteor: Lichterscheinung am Himmel; ein kleines Staubkörnchen tritt in die obere Erdatmosphäre ein und verglüht dort. Dieser Effekt wird allgemein **Sternschnuppe** genannt.

Meteorit: Größerer Körper, der den Erdboden erreichen kann, ohne zerstört zu werden. Es besteht ein entscheidender Unterschied zwischen Meteoriten und **Meteoren**; Meteorite scheinen eher mit **Asteroiden** oder **Kleinplaneten** verwandt zu sein. Meteorite kommen als *Steinmeteorite* oder *Eisenmeteorite* (*Siderite*) bzw. als Zwischentyp (*Stein-Eisenmeteorite*) vor. In einigen Fällen haben Meteorite Krater verursacht; das bekannteste Beispiel ist der Arizona-Krater, der einen Durchmesser von fast 1,5 Kilometern hat und in prähistorischer Zeit entstand.

Meteoroiden: Sammelbegriff für meteoritische Körper. Früher wurde angenommen, daß diese eine ernsthafte Gefahr für die Raumfahrt darstellen würden, jedoch scheint das Risiko wesentlich geringer zu sein als befürchtet, obwohl es nicht vollkommen vernachlässigt werden kann.

Mikrometeorit: Extrem kleines Teilchen, kleiner als 0,01016 cm im Durchmesser, das sich um die Sonne bewegt. Trifft ein Mikrometeorit auf die Erdatmosphäre, kann dieser aufgrund seiner geringen Masse keine Leuchterscheinung (**Sternschnuppe**) hervorrufen. Seit 1957 werden Mikrometeorite von Raumsonden und Satelliten genau untersucht.

Mikrometer (Mikron): Längeneinheit, die 1/1000 Millimeter entspricht. Ein Mikrometer entspricht 10 000 **Ångström**. Gebräuchliches Symbol: μm.

Milchstraße: Leuchtendes Band, das sich über den Nachthimmel erstreckt. Zugrunde liegt ein perspektivischer Effekt: wenn man entlang der Hauptebene des Milchstraßensystems in den Weltraum sieht, d.h. entweder direkt auf das Zentrum der **Galaxis** oder vom Zentrum weg, so sieht man viele Sterne in etwa der gleichen Himmelsrichtung. Entgegen dem Anschein liegen die Sterne der Milchstraße nicht eng zusammengepackt. Früher wurde der Begriff Milchstraße auf die Galaxis selbst angewandt, heute steht die Bezeichnung nur für die Erscheinung am Nachthimmel.

Millibar: Einheit zur Messung des Luftdrucks. Entspricht einem Hektopascal (hPa). Der Standardluftdruck beträgt 1013,24 Millibar (mbar) = 75,97 cm Quecksilbersäule.

Mitternachtssonne: Die über dem Horizont stehende Sonne um Mitternacht. Im Sommer zwischen den Polarkreisen und den Erdpolen sichtbar.

Mittlere Greenwich-Zeit: siehe **Weltzeit**.

Molekül: Ansammlung von **Atomen**, die durch Bindungen zusammengehalten werden. So besteht z.B. ein Wassermolekül (H_2O) aus zwei Wasserstoffatomen und einem Sauerstoffatom.

Monat: Die Zeit, die der Mond für einen Umlauf um die Erde benötigt. (1) *Kalendarischer Monat.* Der Monat im alltäglichen Gebrauch. (2) *Anomalistischer Monat:* Zeit, die der Mond von einem **Perigäum** zum nächsten benötigt. (3) *Siderischer Monat:* Zeit, die der Mond – gemessen an den Sternen – für einen Umlauf um das **Baryzentrum** benötigt.

Mondfinsternis: Eine Mondfinsternis ist zu beobachten, wenn der Mond in den Schatten der Erde eintritt; dies kann partiell oder total geschehen. Im allgemeinen wird der Mond dabei nicht völlig unsichtbar, da ein Teil des Sonnenlichtes durch die Erdatmosphäre auf den Mond zurückgeworfen wird.

N

Nachtwolken, leuchtende: Seltene, eigenartige Wolken in der **Ionosphäre**, die am besten in der Nacht zu sehen sind, wenn sie noch von Lichtstrahlen der bereits untergegangenen Sonne erreicht werden. Sie liegen in Höhen oberhalb 80 Kilometern und unterscheiden sich deutlich von normalen Wolken. Möglicherweise werden Nachtwolken durch Meteoritenstaub in der oberen Atmosphäre hervorgerufen.

Nadir: Punkt an der Himmelskugel, senkrecht unter dem Beobachter. Liegt exakt gegenüber dem Scheitelpunkt oder **Zenit**.

Nebel: Masse aus dünnem Gas im All, durchmischt mit Staubpartikeln. Befinden sich **Sterne** innerhalb oder in großer Nähe des Nebels, werden Gas und Staub sichtbar, entweder aufgrund einfacher Reflexion des Lichts oder weil die Strahlung der Sterne den Nebel zum Selbstleuchten anregt. Sind keine Sterne vorhanden, bleibt der Nebel dunkel und zeigt seine Existenz nur dadurch an, daß er das Licht dahinterstehender Sterne abschattet. Nebel werden als Regionen angesehen, in denen sich neue Sterne aus interstellarer Materie entwickeln.

Neutrino: Elementarteilchen ohne **Masse** und ohne elektrische Ladung. Sie sind deshalb extrem schwer aufzufinden.

Neutron: Elementarteilchen mit der gleichen **Masse** wie ein **Proton**, jedoch ohne elektrische Ladung. Neutronen existieren in allen Atomkernen, außer im Kern von Wasserstoff.

Neutronenstern: Stern, der vornehmlich oder vollständig aus **Neutronen** besteht, so daß seine Leuchtkraft gering ist, seine Dichte aber unglaublich hoch. Theoretisch sollte ein Neutronenstern das Endstadium in der Entwicklung eines Sterns darstellen. Es wird heute davon ausgegangen, daß die außergewöhnlichen, als **Pulsare** bekannten Radioquellen tatsächlich Neutronensterne sind.

Newton-Reflektor: Verbreitete Form eines astronomischen **Reflektors**. Einfallendes Licht wird von einem Spiegel (Hauptspiegel) gesammelt und auf einen kleineren, in einem Winkel von 45° plazierten Planspiegel gerichtet. Das Licht wird dann seitlich aus dem Teleskoptubus gelenkt, wo sich der Brennpunkt und das Okular befinden. Die meisten kleinen und viele große Teleskope sind Newton-Reflektoren.

Nova: Stern, der einen plötzlichen Ausbruch erfährt und für eine bestimmte Zeit zu einem Mehrfachen seiner normalen Leuchtkraft aufflammt, bevor er sich wieder bis zu weitgehender Dunkelheit abschwächt. Novae sind **Doppelsterne**, in denen eine Komponente ein *Weißer Zwerg* ist; dieser ist für die Ausbrüche verantwortlich.

Nutation: Leichtes, langsames „Nicken" der Erdachse, verursacht durch die Tatsache, daß sich der Mond zeitweise oberhalb und zeitweise unterhalb der **Ekliptik** befindet und dadurch seine Anziehungskraft auf die Erde nicht immer in der gleichen Richtung wie die Sonne ausübt. Als Ergebnis „nickt" die Position der Himmelspole um etwa 9 **Bogensekunden** zu beiden Seiten ihrer mittleren Position hin und her. Dies geschieht in einem Zeitintervall von 18 Jahren und 220 Tagen. Die Nutation ist der regelmäßigeren, durch **Präzession** verursachten Verschiebung der Erdachse überlagert.

O

Obere Konjunktion: Position eines **Planeten**, wenn dieser sich auf der von der Erde nicht sichtbaren Seite der Sonne befindet.

Objektiv: Hauptoptik eines Linsenteleskops (siehe **Refraktor**).

Ökosphäre: Die Zone um die Sonne, in der die Temperaturen weder zu heiß noch zu kalt sind, um passende Bedingungen für die Existenz von Leben zu gewährleisten. Venus befindet sich am inneren und Mars am äußeren Rand dieser Ökosphäre. Die Ökosphären anderer **Sterne** hängen von der jeweiligen Leuchtkraft dieser Sterne ab.

Opposition: Position eines **Planeten**, wenn er der Sonne am Himmel genau gegenübersteht. Während der Opposition befinden sich Sonne, Erde und der Planet ungefähr in einer Linie, mit der Erde in der Mitte. **Innere Planeten** (Merkur und Venus) können somit niemals in Opposition stehen.

Orbit: Umlaufbahn eines künstlichen oder natürlichen Himmelskörpers. Siehe auch **Übergangsbahn**.

Ozon: Dreiatomiges Sauerstoffmolekül (O_3). Die Ozonschicht in den höheren Schichten der Erdatmosphäre absorbiert den Großteil der tödlichen, kurzwelligen Strahlung aus dem Weltraum. Ohne die Ozonschicht hätte sich wahrscheinlich auf der Erde niemals Leben entwickeln können.

P

Parallaxe, trigonometrische: Scheinbare Verschiebung eines Körpers bei Betrachtung aus zwei unterschiedlichen Richtungen. Die Trennungslinie zwischen den beiden Beobachtungspunkten wird als **Basislinie** bezeichnet. Die Erdumlaufbahn bildet eine Basislinie von 300 Millionen Kilometern Länge (der Radius der Erdbahn ist 150 Millionen Kilometer). Ein über einen Zeitraum von sechs Monaten beobachteter, nahegelegener Stern zeigt eine deutliche Parallaxe gegen den Hintergrund entfernter **Sterne**. Auf diese Weise berechnete F.W. Bessel 1838 zum ersten Mal die Entfernung eines Sternes (61 Cygni). Diese Methode kann nur bis in Entfernungen von 300 **Lichtjahren** angewendet werden; darüber hinaus wird die Parallaxe zu klein, um meßbar zu sein.

Parsec: Entfernung, in der ein **Stern** eine **trigonometrische Parallaxe** von einer Bogensekunde aufweisen würde. Entspricht 3,26 **Lichtjahren**, 206 265 **Astronomischen Einheiten** oder 30,8 Billionen Kilometern. Außer der Sonne befindet sich innerhalb eines Parsec kein Stern in unserer Umgebung.

Penumbra: Vergleichsweise helle Zone (Hof) um einen Sonnenfleck.

Periastron: Punkt in der Umlaufbahn eines **Doppelsterns**, an dem die Sterne in geringstem Abstand zueinander stehen. Der entfernteste Punkt ist das **Apastron**.

Perigäum: Punkt in der Umlaufbahn eines Mondes oder eines künstlichen Satelliten, an dem sich Körper und Erde am nächsten stehen. Der entfernteste Punkt ist das **Apogäum**.

Perihel: Sonnennächster Punkt in der Umlaufbahn eines dem **Sonnensystem** zugehörigen Körpers. Der sonnenentfernteste Punkt ist das **Aphel**. Anfang Januar erreicht die Erde ihr Perihel.

Phasen: Scheinbare Formveränderung des Mondes und einiger anderer **Planeten** in Abhängigkeit von der sonnenbeleuchteten Hemisphäre (Hälfte), die uns der Himmelskörper zuwendet. Mond, Merkur und Venus haben vollständige Phasen, von neu (unsichtbar) bis voll. Ebenso kann Mars merkliche Phasen zeigen, da er uns zeitweise weniger als 90% seiner sonnenbeschienenen Seite zuwendet. Die Phasen äußerer Planeten sind unbedeutend.

Photometrie: Messung der Lichtintensität. Heute werden photoelektrische Photometer zur genauen Bestimmung von Helligkeitsklassen von **Sternen** eingesetzt. Sie bestehen aus einer mit einem **Teleskop** kombinierten Photozelle. (Eine photoelektrische Zelle ist ein elektronisches Gerät; Licht fällt auf die Zelle und produziert elektrischen Strom, wobei die Stromstärke von der Lichtintensität abhängig ist.)

Photosphäre: Die unterste Schicht der Sonnenatmosphäre. Sie ist die sichtbare Oberfläche der Sonne.

Planet: Ein nicht selbstleuchtender, kugelähnlicher Himmelskörper, der sich um einen **Stern** bewegt. Wahrscheinlich verfügen andere Sterne über ähnliche Planetensysteme wie die Sonne, was bis heute aber nicht nachgewiesen werden konnte.

Planetarischer Nebel: Matt leuchtender **Stern**, der von einer gewaltigen „Schale" aus Gas und Staub umgeben ist. In unserer **Galaxis** sind über 300 dieser Nebel bekannt. Die Namensgebung ist historisch und erfolgte aufgrund der Ähnlichkeit der Nebel mit einem **Planeten** bei Betrachtung durch ein **Teleskop** mit geringer Vergrößerung.

Planetarium: Institution, in der ein künstlicher Sternenhimmel auf die Innenseite einer großen Kuppel projiziert wird und verschiedenste Himmelsphänomene simuliert werden können. Der Projektor eines Planetariums ist extrem kompliziert und sehr genau. Planetarien sind Lehreinrichtungen und in den letzten Jahren sehr beliebt geworden. Sie sind in vielen größeren Städten auf der ganzen Welt zu finden und werden auch von Schulen und Universitäten genutzt.

Planetoiden: Anderer Name für **Asteroiden**.

Plasma: Gas, bestehend aus ionisierten **Atomen** (siehe **Ion**) und freien **Elektronen** zusammen mit einigen neutralen Partikeln. Als Ganzes ist es neutral geladen und ein guter elektrischer Leiter.

Polarlichter: Nordlichter auf der Nordhalbkugel, Südlichter auf der Südhalbkugel. Glühen in der oberen Erdatmosphäre, verursacht durch von der Sonne ausgestoßene geladene Teilchen (siehe **solare Flares**). Durch ihre elektrische Ladung werden sie zu den magnetischen Polen hingezogen, so daß die Polarlichter am besten in hohen Breitengraden zu beobachten sind.

Positionswinkel (P.A.): Scheinbare Richtung eines Objektes verglichen mit einem anderen, gemessen von einem Punkt nördlich des Hauptobjektes über 90° Ost, 180° Süd und 270° West.

Präzession: Langsame Kreiselbewegung der **Himmelspole**, hervorgerufen durch die Anziehungskraft von Sonne und Mond auf den *Äquatorialwulst*. Zur Veranschaulichung kann man sich einen auf dem Kopf stehenden Kegel vorstellen. Wenn die Spitze des Kegels im Erdmittelpunkt liegt, so dreht sich die Erdachse um die kreisförmige Kegelfläche, d.h. sie umläuft den Kegelmantel. Die Kreisbahn, die ein Pol am Himmel beschreibt, hat einen Durchmesser von 47° und wird in einer Periode von etwa 25 800 Jahren durchlaufen. Aufgrund der Präzession bewegt sich auch der **Himmelsäquator**, genauso wie der **Frühlingspunkt** westwärts entlang der Ekliptik um 50 **Bogensekunden** pro Jahr verschoben wird. Seit der Antike hat er sich aus dem Sternbild Widder zum Sternbild Fische verschoben. Unser gegenwärtiger Polarstern wird seinen Namen nicht für immer tragen. Im Jahr 12 000 wird der Nordpolarstern die hell leuchtende Wega im Sternbild der Leier sein.

Prisma: Glaskörper mit mindestens zwei zueinander geneigten Flächen. Licht, das durch das Prisma (*Dispersionsprisma*) fällt, wird durch die unterschiedliche Brechung einzelner Farben in das *Farbspektrum* zerlegt.

Proton: Positiv geladenes Elementarteilchen. Der Nukleus eines Wasserstoffatoms (H) besteht aus nur einem Proton (siehe auch **Neutron**).

Protuberanzen: Leuchtende Gasmassen in der **Korona**, überwiegend aus Wasserstoff bestehend. Mit bloßem Auge ausschließlich bei totaler **Sonnenfinsternis** sichtbar. Moderne Instrumente (z.B. **Koro-**

nographen) lassen allerdings eine ständige Beobachtung zu. Man unterscheidet *ruhende Protuberanzen*, *Fleckenprotuberanzen* und die selteneren *eruptiven Protuberanzen*.

Pulsar: Neutronenstern, der in kurzen, sehr regelmäßigen Abständen Radioimpulse aussendet. Die *Pulsperioden* betragen oft viel weniger als eine Sekunde.

Purkinje-Phänomen: Physiologischer Effekt im menschlichen Auge, das es für längere Lichtwellenlängen unempfindlicher werden läßt, wenn die Lichtintensität geringer wird. Bei gleicher Verringerung der Intensität eines roten und eines blauen Lichtes erscheint dem Auge das blaue Licht heller.

Q

Quadratur: Position des Mondes oder eines anderen **Planeten**, wenn er von der Erde aus gesehen im rechten Winkel zur Sonne steht. Demnach ist der Mond in seiner Halbmondphase in sogenannter Quadratur.

Quant: Kleinstmögliche Lichtenergiemenge, die bei jeder Wellenlänge übertragen werden kann.

Quasar: Sehr weit entferntes, extrem stark leuchtendes Objekt, von dem man nun weiß, daß es der Kern einer sehr aktiven **Galaxis** ist und möglicherweise durch ein großes **Schwarzes Loch** im Inneren mit Energie versorgt wird. Quasare sind auch unter dem Namen *Quasi-Stellar-Objects* (QSO) bekannt.

R

Radarastronomie: Spezialgebiet der **Radioastronomie**, das mittels Radarimpulsen astronomische Körper untersucht. Die meisten **Planeten** und einige **Asteroiden** wurden durch Radarecho erforscht. Die Radarausrüstungen von Raumsonden, wie etwa der Magellan-Sonde, haben detaillierte Karten von der Oberfläche der Venus geliefert.

Radialgeschwindigkeit: Himmelskörperbewegung entlang der Sichtlinie (in Richtung Erde und von ihr weg), die über den **Doppler-Effekt** in seinem Spektrum gemessen wird. Sind die Spektrallinien nach rot hin verschoben, entfernt sich das Objekt, bei Verschiebung nach blau nähert es sich. Die Radialgeschwindigkeit ist bei einem sich entfernenden Objekt positiv und bei Annäherung negativ.

Radiant: Scheinbarer Fluchtpunkt am Himmel, von welchem die **Meteore** irgendeines Schauers herzukommen scheinen; so hat z.B. der Augustschauer seinen Radianten im **Sternbild** Perseus, so daß die von dort stammenden Meteore Perseiden heißen. Tatsächlich bewegen sich die Meteore eines Schauers auf parallelen Bahnen im Raum, so daß der Radiant-Effekt ein rein perspektivischer Effekt ist.

Radioastronomie: Astronomische Untersuchungen, die im langwelligen Bereich des **elektromagnetischen Spektrums** durchgeführt werden. Hauptinstrumente sind *Radioteleskope* sehr unterschiedlicher Art: von frei beweglichen „Schüsseln", wie etwa der größten voll schwenkbaren Reflektorantenne des Radioteleskops in Effelsberg bei Bonn mit einem Durchmesser von 100 m, bis hin zu großen Ketten von Teleskopen, die ein *Apertursyntheseteleskop* bilden können. Das bekannteste ist das VLA (Very Large Array) in New Mexico (USA), das 27 Einzelteleskope umfaßt.

Raumanzug: Ausrüstung, die entwickelt wurde, um einem Astronauten das Arbeiten außerhalb der Atmosphäre zu ermöglichen.

Radiogalaxien: Galaxien mit überdurchschnittlich starker (erhöhter) Radiostrahlung.

Reflektor: Teleskop, in dem das Licht mittels eines Spiegels im Brennpunkt gesammelt wird.

Refraktion: Richtungswechsel oder Krümmung (auch *Brechung* genannt) eines Lichtstrahls beim Übergang von einem transparenten Medium in ein anderes.

Refraktor: Teleskop, welches das Licht mit Objektivlinsen sammelt. Das einfallende Licht wird durch die Linse (Objektiv) gebrochen und im Brennpunkt gesammelt. Das entstehende Bild wird durch das Okular vergrößert.

Rektaszension (R.A.): Die Zeit, die zwischen der Kulmination des **Frühlingspunktes** und der **Kulmination** eines Himmelskörpers vergeht, bezeichnet seine Rektaszension: z.B. kulminiert der Stern Aldebaran im **Sternbild** des Stiers 4h 33min nach dem Frühlingspunkt, womit Aldebarans Rektaszension 4h 33min beträgt. Rektaszensionen von Körpern im Sonnensystem sind schnell veränderlich, während die der Sterne sich nicht ändern – wenn man einmal vom langsamen Präzessionseffekt absieht.

Retrograde Bewegung: Bewegung von Himmelskörpern des Sonnensystems gegensinnig zu derjenigen der Erde. Die Erde dreht sich in Richtung ihrer Bahnbewegung, d.h. gegen den Uhrzeigersinn. Retrograd rotierende Himmelskörper drehen sich mit dem Uhrzeigersinn. Einige **Kometen**, so etwa Halley, haben retrograde Rotation. Venus dreht sich ebenfalls retrograd um ihre eigene Achse.

Reversionsschicht: Gasschicht oberhalb der hellen Sonnenoberfläche, der **Photosphäre**. Isoliert betrachtet, würde das Gas helle Spektrallinien erzeugen, aber auf dem Hintergrund der Photosphäre kehren sich diese Linien um und erscheinen als dunkle Absorptionslinien, den sogenannten **Fraunhofer-Linien**. Im strengen Sinn ist die ganze Sonnenchromosphäre eine Reversionsschicht.

Roche-Grenze (Rochesche Grenze): Kritische Entfernung vom Zentrum eines **Planeten** oder anderen Himmelskörpers, unterhalb derer ein zweiter Körper durch *Gravitationsdeformation* zerstört würde. Dies gilt nur für umlaufende Körper, die keine merklich feste Struktur haben, so daß starke, feste Objekte, wie künstliche Satelliten, unterhalb des kritischen Abstandes der Roche-Grenze die Erde umlaufen können. Die Roche-Grenze der Erde liegt bei etwa 9170 km über dem Meeresspiegel. Das Ringsystem des Saturn liegt innerhalb der Roche-Grenze des Saturn.

Röntgenastronomie: Röntgenstrahlen sind sehr kurzwellige elektromagnetische Strahlen mit Wellenlängen zwischen 0,1 und 100 **Ångström**. Da die Röntgenstrahlen durch die Erdatmosphäre absorbiert werden, müssen astronomische Untersuchungen von Raketen aus durchgeführt werden. Die Sonne ist eine Röntgenquelle, die durch **solare Flares** wesentlich verstärkt wird. Röntgenquellen außerhalb des **Sonnensystems** wurden zuerst 1962 von amerikanischen Astronomen entdeckt, die zwei Quellen lokalisierten; eine davon ist heute als Krebsnebel identifiziert. Seitdem wurden zahlreiche weitere Röntgenquellen entdeckt.

Röntgenstrahlen: Sehr kurzwellige elektromagnetische Strahlung. Im Himmel existieren sehr viele verschiedene Arten von Röntgenstrahlen, die mittels Weltraumforschungsmethoden näher erforscht werden.

Rotverschiebung: Spektrallinienverschiebung nach dem **Doppler-Effekt** nach rot oder in Richtung des Langwellenendes des Spektrums, was auf eine positive **Radialgeschwindigkeit** (Entfernung des Objekts) hindeutet. Außer den Mitgliedern der **Lokalen Gruppe** weisen alle **Galaxien** eine Rotverschiebung in ihren Spektren auf.

RR Lyrae-Veränderliche: Regelmäßig veränderliche Sterne (*Pulsationsveränderliche*) mit sehr kurzen Perioden (zwischen 1 und 30 Std.). Sie scheinen eine ziemlich einheitliche Leuchtkraft zu besitzen – jeder ist etwa 100mal heller als die Sonne – und können daher gut für Entfernungsschätzungen genutzt werden (wie die **Cepheiden**). Viele tauchen in **Sternhaufen** auf, weshalb sie früher als Haufen-Cepheiden bekannt waren. Kein RR Lyrae-Veränderlicher scheint hell genug, um mit dem bloßen Auge sichtbar zu sein.

Rückläufigkeit (Retrograde Bewegung): Scheinbare Rückwärtsbewegung von **Planeten**, bedingt durch die unterschiedlichen Umlaufgeschwindigkeiten der Planeten um die Sonne. Die Erde überholt in gleichmäßigen Intervallen die **äußeren Planeten** und wird ihrerseits von den **inneren Planeten** überholt. Normalerweise bewegen sich die Planeten *rechtläufig*, d.h. in Bezug auf die **Sterne** in östlicher Richtung. Während der vorgenannten „Überholvorgänge" scheint sich die Bewegung der Planeten umzukehren, sie bewegen sich jetzt rückläufig oder retrograd. Die Planetenbahnen scheinen dabei schleifenförmig, bzw. z- oder s-förmig zu verlaufen.

S
Säkuläre Beschleunigung: Auf Grund der *Gezeitenreibung* findet eine langsame Reduktion der Erdrotationsgeschwindigkeit statt. Der Tag wird länger, wobei die durchschnittliche Verlängerung nur 0,000 000 02 s/Tag beträgt; über eine ausreichend lange Zeitspanne hinweg macht sich der Effekt allerdings bemerkbar. Die langsame Zunahme der Entfernung zwischen Erde und Mond ist ein weiteres Resultat der Gezeitenreibung.

Saros-Zyklus: Periode von 18 Jahren und 11,3 Tagen, nach der sich Erde, Mond und Sonne wieder in derselben Ausgangsposition zueinander befinden. Daher soll einer **Sonnen-** oder **Mondfinsternis** nach der Periode von 18 Jahren und 11,3 Tagen eine gleiche Finsternis folgen. Die Periode ist jedoch nicht ganz exakt, reicht aber für einfache Vorhersagen, wie sie schon in der Antike von griechischen Philosophen mit Hilfe des Saros-Zyklus gemacht wurden.

Satellit: Himmelskörper, der einen **Planeten** umläuft. Die Erde hat als einzigen natürlichen Satelliten den Mond, Jupiter hat 16 Satelliten, Saturn ebenfalls 16, Uranus 15, Neptun und Pluto jeweils einen, während Merkur und Venus unbegleitet sind.

Schiefe der Ekliptik: Winkel zwischen Himmelsäquator- und Ekliptikebene. Sein Wert beträgt 23°26´54´´. Sie bezeichnet auch den Winkel, um den die Erdachse von der Senkrechten auf die Erdbahnebene abweicht.

Schmidt-Teleskop (Schmidt-Kamera, Schmidt-Spiegel): Teleskoptyp mit sphärischem Spiegel und spezieller Korrektionsplatte aus Glas. Mit diesem Teleskop lassen sich mit einer einzigen Aufnahme relativ weite Himmelsfelder photographieren, wobei die Schärfe bis zum Rand sehr gut ist. In seiner ursprünglichen Form kann dieses Teleskop nur für Photographie benutzt werden. Das größte im Gebrauch befindliche Schmidt-Teleskop ist das „Big Schmidt" auf dem Mount Palomar, USA, mit einer Korrektionsplatte von 122 cm.

Schwarzes Loch: Weltraumzone um einen sehr massereichen kollabierten **Stern** oder „Kollapsar", aus dem keinerlei Strahlung oder Materie nach außen entweichen kann. Schwarze Löcher können daher nicht beobachtet werden und sind nur indirekt – wegen ihrer Gravitationswirkungen – nachweisbar.

Seeing (Sichtbarkeit): Qualität der Beständigkeit und Klarheit des Bildes eines **Sterns**, abhängig von Bedingungen der Erdatmosphäre. Die **Atmosphäre** „verschmiert" das Bild, d.h. kleine Punkte sind verwischt. Vom Mond (keine Atmosphäre) oder vom Weltraum aus ist das Seeing immer perfekt.

Seismograph (Seismometer): Gerät zur Messung und Aufzeichnung von Erdbeben. Apollo-Astronauten nahmen äußerst empfindliche Seismometer mit zum Mond, die interessante Informationen über die dortigen seismischen Bedingungen lieferten.

Selenographie: Untersuchung der Mondoberfläche.

Sextant: Instrument zur Messung der Höhe eines Himmelskörpers über dem Horizont.

Seyfert-Galaxien: Galaxien mit punktförmigen, hellen Kernen. Viele sind Radioquellen und weisen heftige Störungen im Kern auf.

Siderische Umlaufzeit: Zeitspanne, die ein Planet oder anderer Körper für einen Umlauf um die Sonne benötigt (Erde: 365,2 Tage). Begriff wird auch für einen **Satelliten** im Umlauf um einen **Planeten** benutzt.

Siderische Zeit: Ortszeit, die sich nach der Rotation der **Himmelskugel** richtet. Es ist 0 Uhr, wenn der **Frühlingspunkt** den **Meridian** des Beobachters kreuzt. Die siderische Zeit ist für jeden Beobachter gleich der **Rektaszension** eines Objektes, das zu dieser Zeit auf dem Meridian liegt. Die siderische Zeit von Greenwich wird als **Weltzeit** benutzt (genaugenommen handelt es sich um die Ortszeit an der Sternwarte von Greenwich).

Solarkonstante: Einheit zur Messung der Sonnenenergiemenge, welche durch die elektromagnetischen Wellen auf die Erdoberfläche gelangt. Sie beträgt 1,94 cal/min/cm² (oder 1,36 kW/m²). Eine Kalorie entspricht der Hitze, die notwendig ist, um 1g Wasser um 1°C zu erhitzen.

Solstitien (Sonnenwenden): Zeitpunkte, zu denen die Sonne den nördlichsten (ca. 21. Juni, Deklination 23°N) oder südlichsten (ca. 21. Dezember, 23°S) Punkt des Himmels erreicht. Das genaue Datum kann sich aufgrund der Kalenderunregelmäßigkeiten (Schaltjahr) verschieben.

Sonnenfinsternis: Eine Sonnenfinsternis ereignet sich, wenn der Mond vor die Sonne zieht. Zufällig erscheinen beide Körper fast gleich groß. Befinden sich Sonne, Mond und Erde praktisch in einer Geraden, verdeckt der Mond kurze Zeit die strahlende Sonnenscheibe, entweder partiell oder total (allerhöchstens jedoch 8 Minuten lang). Bei einer *totalen Sonnenfinsternis* wird die Umgebung der Sonne mit bloßem Auge (man darf niemals direkt in die Sonne schauen) sichtbar: die **Chromosphäre**, die **Korona** und **Protuberanzen**. Bei einer *partiellen Sonnenfinsternis* wird die Sonne nicht ganz verdeckt, und die spektakulären Phänomene der totalen Sonnenfinsternis können nicht beobachtet werden. Wenn sich der Mond nahe seines größtmöglichen Abstandes zur Erde befindet (vgl. **Apogäum**), wirkt er etwas kleiner als die Sonne und wird von einem Ring der Sonne umrahmt (*ringförmige Sonnenfinsternis*). Auch dabei kann man die Phänomene der totalen Finsternis nicht beobachten.

Sonnenflecken: Dunkle Flecken in der **Photosphäre** der Sonne. Ihre Temperatur liegt bei etwa 4000°C, während in der übrigen Photosphäre 6000°C herrschen, so daß sie nur durch den Kontrast dunkler erscheinen. Für sich allein sind sie noch immer extrem hell. Ein großer Sonnenfleck besteht aus einem dunkleren Kern (Umbra), umgeben von einem helleren Gebiet (**Penumbra**), das sehr ausgedehnt und unregelmäßig geformt sein kann. Sonnenflecken treten meist in Gruppen auf und sind mit starken Magnetfeldern, **Fackeln** und **solaren Flares** verbunden. Das Auftreten der Sonnenflecken ist einem 11jährigen Zyklus unterworfen. Der Zeitraum ihrer Existenz liegt bei maximal einigen Monaten.

Sonnenparallaxe: Trigonometrische Verschiebung der Sonne. Sie entspricht 8,79 **Bogensekunden**.

Sonnensystem: Das System, bestehend aus Sonne, **Planeten, Satelliten, Kometen, Asteroiden,** Meteoroiden sowie interplanetarem Staub und Gas.

Sonnenuhr: Zeitmesser mit einem geneigten Stab (Gnomon), dessen Schatten auf ein Zifferblatt fällt. Der Stab ist parallel zum **Himmelspol** ausgerichtet. Eine Sonnenuhr gibt die wahre Sonnenzeit an; um die mittlere Sonnenzeit zu ermitteln, muß der auf der Skala angegebene Wert unter Anwendung der **Zeitgleichung** korrigiert werden.

Sonnenwende: siehe **Solstitien**.

Sonnenwind: Stetiger Teilchenstrom (**Protonen, Elektronen** und wenige schwere Kerne), der von der Sonne in alle Richtungen ausgeht. Er wurde von Raumsonden entdeckt, von denen viele Instrumente zu seiner Erforschung mit sich tragen. In der Nähe der Erde übersteigt die mittlere Geschwindigkeit des Sonnenwindes 965 km/s. Zur Zeit von Sonnenstürmen ist seine Intensität noch verstärkt.

Sonnenzeit, mittlere: Ortszeit, die sich nach der Sonne richtet. Es ist Mittag, wenn die mittlere Sonne im **Meridian** des Beobachters steht, also ihren Höchststand erreicht hat.

Spektroskop: Instrument zur Analyse des Lichtes von einem **Stern** oder einem anderen leuchtenden Objekt. Astronomische Spektroskope werden in Verbindung mit Teleskopen verwendet. Ohne sie wäre unser Wissen über die Natur des Universums noch immer sehr rudimentär. Werden die Geräte zur Photographie von Spektren eingerichtet, heißen sie *Spektrographen*.

Spektroheliograph: Instrument zur Photographie der Sonne im Licht nur einer spezifischen Wellenlänge. Wenn das Gerät zur visuellen Betrachtung gebraucht wird, heißt es *Spektrohelioskop*.

Spektroskopischer Doppelstern: Doppelstern, dessen Komponenten so eng beieinanderliegen, daß sie optisch nicht mehr getrennt gesehen werden können. Seine **Radialgeschwindigkeit** verursacht jedoch Doppler-Effekte, die spektrographisch nachweisbar sind.

Spezifische Dichte: Dichte eines Körpers im Verhältnis zur Dichte des gleichen Volumens Wasser.

Sphärische Aberration: Verwischte Erscheinung eines Bildes in einem **Teleskop,** verursacht dadurch, daß Linse oder Spiegel die auf Rand und Zentrum einfallenden Lichtstrahlen nicht im gleichen Brennpunkt vereinigen. Macht sich die sphärische Aberration bemerkbar, sind Linse oder Spiegel von schlechter Qualität und sollten korrigiert werden.

Spiculen: Flammenartige Strukturen in der **Chromosphäre** der Sonne mit Durchmessern bis zu 16 000 km, die zwischen 4–5 Minuten lang auftauchen.

Spiralnebel: Veralteter Begriff für eine Spiralgalaxis.

Steady-State-Theorie: Theorie, nach der das Universum schon immer existiert hat und für immer existieren wird. Diese Theorie wird heute von fast allen Astronomen abgelehnt.

Stern: Selbstleuchtender gasförmiger Körper. Die Sonne ist ein typischer Stern.

Sternbild: Gruppe von **Sternen,** die nach einer historischen Person, einer mythologischen Figur, einem Tier oder einem unbelebten Gegenstand benannt worden ist. Die Namen sind sehr phantasiereich und haben keine wirkliche Bedeutung. Die Sterne eines Sternbildes sind nicht wirklich miteinander verbunden und sind willkürlich zusammengefaßt. Die einzelnen Sterne liegen in unterschiedlichen Entfernungen zur Erde und liegen nur zufällig in etwa der gleichen Richtung im Weltraum. Die Internationale Astronomische Union legt 88 Sternbilder fest.

Sternhaufen: Ansammlung von **Sternen,** die physikalisch zusammengehören. Ein *offener Haufen* kann mehrere hundert Sterne umfassen, normalerweise zusammen mit Gas und Staub; er besitzt keine bestimmte Form. *Kugelhaufen* enthalten Tausende Sterne und haben eine regelmäßige, kugelsymmetrische Gestalt. Kugelhaufen sind sehr weit entfernt und liegen meist am Rand der **Galaxis.** Offene Haufen und Kugelhaufen findet man auch in anderen **Galaxien.** *Bewegungssternhaufen* sind aus weit auseinanderstehenden Sternen aufgebaut, die sich im Weltraum mit gleicher Geschwindigkeit in die gleiche Richtung bewegen (z.B. sind fünf der sieben hellen Sterne des Großen Wagens Mitglieder des gleichen Bewegungssternhaufens).

Sternpopulationen: Zwei Hauptarten von Sternregionen werden unterschieden: die erste Region, *Population I,* enthält einen großen Anteil interstellarer Materie; die hellsten Sterne dieser Population sind sehr heiß und weiß. Man nimmt an, daß sich hier neue Sterne bilden. In *Population II* sind die hellsten Sterne, die in ihrer Entwicklung weit fortgeschrittenen Roten Riesen. Hier existieren fast keine heißen, Weißen Riesen, und auch interstellare Materie ist kaum vorhanden, so daß die Bildung von Sternen aufgehört zu haben scheint. Obwohl es schwierig ist, scharfe Grenzen zu ziehen, kann man doch davon ausgehen, daß die Spiralarme von Spiralgalaxien

hauptsächlich zur Population I gehören. Die Spiralzentren wie auch elliptische Galaxien und Kugelhaufen sind eher Population II zuzurechnen.

Sternschnuppe: siehe **Meteor.**

Stratosphäre: Schicht in der Erdatmosphäre oberhalb der **Troposphäre;** reicht von etwa 11 bis 64 Kilometer Höhe über dem Meeresspiegel.

Stundenkreis: Großkreis an der **Himmelskugel,** der durch beide **Himmelspole** verläuft. Der Null-Stundenkreis entspricht dem **Meridian** des Beobachters.

Stundenwinkel: Zeit, die seit dem **Meridiandurchgang** eines Himmelsobjekts vergangen ist.

Sublimation: Direkter Übergang eines festen Körpers in den gasförmigen Zustand unter Überspringung des flüssigen Zustandes. Dieser Vorgang könnte auf die Polkappen des Mars zutreffen.

Sun-Grazer: Kometen, die in ihrem **Perihel** (sonnennächster Punkt) der Sonne sehr nahe kommen. Alle Sun-Grazer sind sehr helle, langperiodische Kometen.

Supernova: Gigantischer Ausbruch eines **Sterns** nach einem Zusammenbruch (Kollaps) durch seine eigene Gravitationskraft. Es gibt zwei Typen Supernovae: eine Supernova vom Typ I zieht die vollkommene Zerstörung des Weißen Zwerges in einem **Doppelstern**-System nach sich. Typ II einer Supernova entsteht durch den *Gravitationskollaps* eines sehr massereichen Sterns. Während des Höhepunkts des Helligkeitsausbruchs kann eine Supernova die Leuchtkraft einer ganzen **Galaxis** übertreffen.

Synchrotronstrahlung: Strahlung, die von elektrisch geladenen Elementarteilchen abgestrahlt wird, die sich mit relativistischen Geschwindigkeiten in einem starken Magnetfeld bewegen. Der Großteil der Radiostrahlung des **Krebsnebels** ist Synchrotronstrahlung.

Synodische Periode: Zeitspanne zwischen zwei aufeinanderfolgenden **Oppositionen** eines **äußeren Planeten.** Bei einem **inneren Planeten** wird der Begriff für die Zeitspanne zwischen zwei aufeinanderfolgenden **Konjunktionen** mit der Sonne (innere Planeten können nie in Opposition stehen) verwendet.

Syzygie: Stellung des Mondes in seiner Umlaufbahn während Neu- oder Vollmond.

Szintillation: Sternfunkeln, verursacht durch *Konvektion* und Turbulenzen in der **Erdatmosphäre.** Die Szintillation eines Sternes ist um so höher, je näher dieser am Horizont steht, weil das Sternenlicht dort einen langen Weg durch die Erdatmosphäre zurücklegen muß. Ein **Planet,** der als kleine Scheibe und nicht als Punkt am Himmel erscheint, funkelt in der Regel wesentlich weniger als ein Stern.

T

Tag: Im alltäglichen Sprachgebrauch die Zeit, die die Erde für eine Umdrehung um ihre Achse braucht. Ein **Sterntag** ist die Rotationsperiode der Erde in bezug auf die Sterne (23h 56min 4,091s). Ein **Sonnentag** ist die Zeitspanne zwischen zwei aufeinanderfolgenden Mittagen (Sonnenhöchstständen). Der mittlere Sonnentag ist 24h 3min 56,555s, also etwas länger als der Sterntag, da sich die Sonne ostwärts auf der **Ekliptik** entlangbewegt. Der *bürgerliche Tag* ist auf 24 Stunden festgelegt.

Tagundnachtgleiche: Siehe **Äquinoktium.Tektite:** Kleine, glasartige Objekte, die aerodynamisch geformt und wahrscheinlich zweimal erhitzt worden sind. Es wurde angenommen, daß es sich um Glasmeteorite handeln würde; heute geht man jedoch davon aus, daß Tektite irdischen Ursprungs sind.

Telemetrie: Technik der Funkübertragung von Messungen und Beobachtungen, die von unerreichbaren Instrumenten aus gemacht worden sind (z.B. unbemannten Raumsonden), zu einem Ort, an dem Analysen und Auswertungen vorgenommen werden können.

Teleskop: Hauptinstrument zum Auffangen des Lichts von Himmelsobjekten. Das so entstandene Bild kann vergrößert werden. Man unterscheidet zwei Haupttypen: **Reflektoren** und **Refraktoren.** Die größten Teleskope der Welt sind ausnahmslos Reflektoren, da ein Spiegel von unten abgestützt, eine Linse jedoch nur am Rand gehalten werden kann. Wenn diese Linse extrem groß ist, kann sie sich wegen ihres hohen Eigengewichts durchbiegen und verformen und damit unbrauchbar werden. Die maximale Linsengröße liegt daher bei ca. 1 m Durchmesser.

Terminator: Schattengrenze zwischen Tages- und Nachthälfte des Mondes oder eines **Planeten.** Da die Mondoberfläche bergig ist, erscheint die Grenze rauh und gezackt, und einzelne Bergspitzen können sich auch noch auf der Nachtseite im Sonnenlicht vom dunklen Untergrund abheben. Merkur und Mars, die beide auch mondähnliche **Phasen** aufweisen, haben gleichmäßige Terminatoren, wahrscheinlich aber nur deshalb, weil wir sie nicht im Detail beobachten können. Dabei ist die Oberfläche des Merkur ähnlich gebirgig wie die des Mondes. Der Terminator auf dem Mars wirkt ebenfalls glatt, obwohl inzwischen bekannt ist, daß seine Oberfläche eine sehr zerklüftete Struktur aufweist. Photographien der Erde, aufgenommen vom Mond oder dem Weltraum aus, zeigen wegen der vorhandenen **Atmosphäre** eine im Vergleich zum Mond sehr „weiche" Schattengrenze.

Tierkreis: Ein Gürtel, der sich über die gesamte Himmelskugel erstreckt, jeweils 8° beiderseits der **Ekliptik,** in dem Sonne, Mond und helle **Planeten** ständig zu finden sind. Das Band zieht sich durch alle 12 Sternbilder des Tierkreises und einen kleinen Teil des Ophiuchus (Schlangenträger).

Tierkreissternbilder: Die 12 in der Astrologie benutzten *Tierkreiszeichen*: Aquarius (Wassermann), Aries (Widder), Cancer (Krebs), Capricornus (Steinbock), Gemini (Zwillinge), Leo (Löwe), Libra (Waage), Pisces (Fische), Sagittarius (Schütze), Scorpius (Skorpion), Taurus (Stier), Virgo (Jungfrau).

Trojaner: Asteroiden oder **Planetoiden,** die sich in der Jupiterbahn um die Sonne bewegen. Die Trojaner befinden sich in zwei Gruppen einmal 60° vor und einmal 60° hinter dem Jupiter, so daß es nicht zur Kollision kommen kann. Bisher sind mehr als ein Dutzend Trojaner bekannt.

Troposphäre: Unterste Schicht der Erdatmosphäre; sie reicht bis in etwa 11 km Höhe über dem Meeresspiegel. Sie beinhaltet den größten Massenanteil der Atmosphäre. In der Troposphäre spielt sich nahezu das gesamte Wettergeschehen ab. Über der Troposphäre liegt die **Stratosphäre,** dazwischen als Grenzschicht die *Tropopause.*

U

Übergangsbahn (Hohmann-Bahn): Ökonomischste Bahn für einen Flugkörper, um zu einem anderen **Planeten** zu gelangen. Die Bewältigung einer Strecke auf dem kürzesten Weg würde einen kontinuierlichen Treibstoffverbrauch zur Folge haben, was aus praktischen Gründen unmöglich ist. Der Flugkörper muß deshalb auf eine Umlaufbahn gebracht werden, von der er dann auf die Bahn des Zielplaneten überführt wird. Um den Mars zu erreichen, wird beispielsweise eine Sonde relativ zur Erde beschleunigt, so daß sie in einer elliptischen Bahn nach außen getragen wird. Durch vorherige Berechnung ist es möglich, daß die Sonde in die Marsumlaufbahn eindringt und dort den Planeten treffen kann. Um die Venus zu erreichen, muß die Sonde zu Beginn relativ zur Erde abgebremst werden, um in die Venusbahn einschwenken zu können. Eine Sonde innerhalb einer solchen Übergangsbahn befindet sich während der Reise fast ausschließlich im Zustand des **freien Falls**, so daß kein Antrieb benutzt werden muß. Andererseits wird die zurückzulegende Wegstrecke und dadurch auch die Reisedauer verlängert.

Überriesen: Sterne ausgesprochen geringer Dichte und gewaltiger Leuchtkraft. Beteigeuze im Orion ist ein typischer Vertreter eines Überriesen.

Ultraviolette Strahlung: Unsichtbare elektromagnetische Strahlung mit einer kürzeren Wellenlänge als der des violetten Lichts; für das bloße Auge nicht sichtbar. Der ultraviolette Bereich des **elektromagnetischen Spektrums** liegt zwischen dem sichtbaren Bereich und der Röntgenstrahlung. Die Sonne ist eine starke UV-Strahlungsquelle, aber der größte Teil wird von der oberen Erdatmosphäre abgeblockt, für uns Menschen ein glücklicher Umstand, da große Dosen UV-Strahlung tödlich sind. Untersuchungen von UV-Strahlung von **Sternen** werden deshalb von Geräten in Raketen oder künstlichen **Satelliten** aus untersucht.

Umbra: Dunkler, innerer Bereich eines **Sonnenflecks**.

Universal time (UT): siehe **Weltzeit**.

V

Van-Allen-Gürtel: Raumbereich um die Erde, in der elektrisch geladene Teilchen eingefangen und im Magnetfeld der Erde beschleunigt werden. Er wurde 1958 von James Van Allen und seinen Mitarbeitern bei der Auswertung der Ergebnisse des ersten erfolgreichen amerikanischen Erdsatelliten Explorer 1 entdeckt. Es gibt offensichtlich zwei Hauptbereiche. Der äußere besteht hauptsächlich aus **Elektronen** und ist sehr variabel, weil er empfindlich auf Ereignisse in der Sonnenatmosphäre reagiert. Der innere,

stabilere Bereich besteht hauptsächlich aus **Protonen**. Es ist allerdings auch irreführend, von zwei getrennten Bereichen zu sprechen. Es scheint eher einen allgemeinen Gürtel, dessen Eigenschaften sich mit wachsender Entfernung zur Erde ändern, zu geben. Die Van-Allen-Strahlung ist von großer Bedeutung für die Geophysik und stellt wohl die wichtigste Entdeckung der ersten Jahre praktischer Raumfahrt dar.

Veränderliche (Veränderliche Sterne): Sterne mit Helligkeitsveränderungen innerhalb relativ kurzer Zeitspannen (vgl. auch **Bedeckungsveränderlicher** und **RR Lyrae-Veränderliche**).

Vulkan: Name eines hypothetischen **Planeten**, von dem einmal angenommen wurde, daß er sich näher als Merkur um die Sonne herumbewegt. Es ist mittlerweile bewiesen, daß Vulkan nicht existiert.

W

Weißer Zwerg: Sehr kleiner, extrem dichter **Stern**. Die Atome darin sind aufgespalten und die einzelnen Bestandteile mit größtmöglicher **Dichte** gepackt, so daß die Dichte eines Weißen Zwerges das Millionenfache der Dichte von Wasser erreicht. Ein Löffel voll Materie des Weißen Zwerges würde viele Tonnen wiegen. Offensichtlich hat ein Weißer Zwerg seinen nuklearen „Treibstoff" verbraucht und befindet sich im letzten Stadium seiner Entwicklung. **Neutronensterne** sind noch kleiner und dichter.

Weltzeit: *Ortszeit* für Greenwich bei London (0° geographische Länge), als *mittlere Sonnenzeit* des Nullmeridians ist sie Bezugspunkt auch für astronomische Zeitsysteme. Wird als Standardzeit weltweit gebraucht, andere Bezeichnungen: Universal Time (UT), Greenwich Mean Time (GMT), Mittlere Greenwich-Zeit (MGZ) oder Westeuropäische Zeit (WEZ).

Widmannstätten-Figuren: Wenn man einen Eisenmeteoriten aufschneidet und die Schnittflächen poliert und dann mit Säure anätzt, erscheinen die charakteristischen Kristallstrukturen des Metalls, welche als Widmannstätten-Figuren bekannt sind. Sie sind ausschließlich in Meteoriten zu finden.

Wolf-Rayet-Sterne: Außergewöhnlich heiße, grünlich-weiße **Sterne** mit hellen Emissions- und den üblichen dunklen Absorptionslinien im Spektrum (siehe **Absorptionsspektrum**, **Emissionsspektrum**). Die Oberflächentemperatur erreicht bis zu 100 000°C. Die Wolf-Rayet-Sterne scheinen von schnell expandierenden Gashüllen umschlossen zu sein. 1867 wurden sie zum ersten Mal von den Astronomen Charles Wolf und Georges Rayet bemerkt, nach denen sie benannt wurden. Zahlreiche Wolf-Rayet-Sterne sind **spektroskopische Doppelsterne**.

Z

Zeitdilatation (Relativistische Zeitdehnung): Nach der Relativitätstheorie ist die „Zeit", die zwei Beobachter erfahren, die sich in unterschiedlichen *Initialsystemen* aufhalten, nicht gleich. Dieser Sachverhalt läßt sich anschaulich darstellen: Ein Raumfahrzeug oder Flugzeug startet von der Erde, an Bord befindet sich eine Uhr, die vollkommen synchron mit einer Uhr auf der Erde läuft. Kehrt der Flugkörper zur Erde zurück, und die Uhren werden miteinander verglichen, so stellt man eine Differenz fest. Die Uhr des Flugkörpers „geht nach", das heißt, an Bord des Flugkörpers hat eine Zeitdehnung stattgefunden, die Zeit ist langsamer vergangen. Hätte sich der Flugkörper mit Lichtgeschwindigkeit fortbewegt, wäre die Zeit stehengeblieben. Bei den relativ niedrigen Geschwindigkeiten, die moderne Flugzeuge oder Raketen erreichen, kann der Effekt der Zeitdehnung aber vollkommen vernachlässigt werden.

Zeitgleichung: Die Differenz zwischen mittlerer und wahrer Sonnenzeit. Die Zeit, welche die wahre Sonne der mittleren (fiktiven) Sonne vorausläuft oder nachgeht, wird Zeitgleichung genannt und beträgt maximal +16min oder −14min. Viermal im Jahr ist die Zeitgleichung = 0.

Zenit: Der senkrecht über dem Beobachter stehende Punkt der **Himmelskugel** (**Höhe** 90°).

Zenitdistanz: Winkelabstand eines Himmelsobjektes vom **Zenit** des Beobachters.

Zentrifuge: Motorgetriebene Apparatur mit einem Auslegerarm, an dessen Ende eine Art Käfig angebracht ist. Werden Menschen (oder Tiere) in den Käfig gesetzt und unter hoher Geschwindigkeit rotiert, können Auswirkungen der Beschleunigung, die in einem Raumfahrzeug auftreten, untersucht werden. Diesem Test müssen sich alle Astronauten während ihres Trainings unterziehen.

Zirkumpolarer Stern: Ein Stern, der nie untergeht, den Himmelspol umläuft und immer über dem Horizont bleibt.

Zodiakallicht: Vom Horizont aufsteigender und sich längs der **Ekliptik** entlangziehender Lichtkegel. Es ist nur sichtbar, wenn die Sonne etwas unter dem Horizont steht. An klaren, mondlosen Morgen oder Abenden ist es am besten zu sehen. Vermutlich wird es durch kleine Staubpartikel in der Ebene des **Sonnensystems**, die das Sonnenlicht streuen, hervorgerufen.

Zodiakus: siehe **Tierkreis**.

Register

LATEINISCH-DEUTSCHE STERNBILD-NAMEN

	Lateinisch	Deutsch	Abkürzung			Lateinisch	Deutsch	Abkürzung	
1	Andromeda	Andromeda	And		62	Pegasus	Pegasus	Peg	
2	Antlia	Luftpumpe	Ant		63	Perseus	Perseus	Per	
3	Apus	Paradiesvogel	Aps		64	Phoenix	Phönix	Phe	
4	Aquarius	Wassermann	Aqr	*	65	Pictor	Maler	Pic	
5	Aquila	Adler	Aql		66	Pisces	Fische	Psc	*
6	Ara	Altar	Ara		67	Piscis Australis	Südlicher Fisch	PsA	
7	Aries	Widder	Ari	*	68	Puppis	Hinter-, Achter-deck des Schiffes	Pup	
8	Auriga	Fuhrmann	Aur		69	Pyxis	Kompaß	Pyx	
9	Bootes	Bootes, Ochsentreiber, Bärenhüter	Boo		70	Reticulum	Netz	Ret	
10	Caelum	Grabstichel, -schaufel	Cae		71	Sagitta	Pfeil	Sge	
11	Camelopardalis	Giraffe	Cam		72	Sagittarius	Schütze	Sgr	*
12	Cancer	Krebs	Cnc	*	73	Scorpius	Skorpion	Sco	*
13	Canes Venatici	Jagdhunde	CVn		74	Sculptor	Bildhauer	Scl	
14	Canis Maior	Großer Hund	CMa		75	Scutum	Schild	Sct	
15	Canis Minor	Kleiner Hund	CMi		76	Serpens	Schlange	Ser	
16	Capricornus	Steinbock	Cap	*	77	Sextans	Sextant	Sex	
17	Carina	Schiffskiel	Car		78	Taurus	Stier	Tau	*
18	Cassiopeia	Kassiopeia	Cas		79	Telescopium	Teleskop	Tel	
19	Centaurus	Kentaur	Cen		80	Triangulum	Dreieck	Tri	
20	Cepheus	Kepheus	Cep		81	Triangulum Australe	Südliches Dreieck	TrA	
21	Cetus	Walfisch	Cet		82	Tucana	Tukan	Tuc	
22	Chamaeleon	Chamäleon	Cha		83	Ursa Maior	Großer Bär, „Großer Wagen"	UMa	
23	Circinus	Zirkel	Cir		84	Ursa Minor	Kleiner Bär, „Kleiner Wagen"	UMi	
24	Columba	Taube	Col		85	Vela	Segel	Vel	
25	Coma Berenices	Haar der Berenike	Com		86	Virgo	Jungfrau	Vir	*
26	Corona Australis	Südliche Krone	CrA		87	Volans	Fliegender Fisch	Vol	
27	Corona Borealis	Nördliche Krone	CrB		88	Vulpecula	Fuchs, Füchschen	Vul	
28	Corvus	Rabe	Crv						
29	Crater	Becher	Crt						
30	Crux Australis	Kreuz des Südens	Cru						
31	Cygnus	Schwan	Cyg						
32	Delphinus	Delphin	Del						
33	Dorado	Schwertfisch	Dor						
34	Draco	Drache	Dra						
35	Equuleus	Füllen	Equ						
36	Eridanus	Eridanus	Eri						
37	Fornax	Ofen	For						
38	Gemini	Zwillinge	Gem	*					
39	Grus	Kranich	Gru						
40	Hercules	Herkules	Her						
41	Horologium	Pendeluhr	Hor						
42	Hydra	Wasserschlange	Hya						
43	Hydrus	Kleine Wasser-schlange	Hyi						
44	Indus	Indianer	Ind						
45	Lacerta	Eidechse	Lac						
46	Leo	Löwe	Leo	*					
47	Leo Minor	Kleiner Löwe	LMi						
48	Lepus	Hase	Lep						
49	Libra	Waage	Lib	*					
50	Lupus	Wolf	Lup						
51	Lynx	Luchs	Lyn						
52	Lyra	Leier	Lyr						
53	Mensa	Tafelberg	Men						
54	Microscopium	Mikroskop	Mic						
55	Monoceros	Einhorn	Mon						
56	Musca	Fliege	Mus						
57	Norma	Winkelmaß	Nor						
58	Octans	Oktant	Oct						
59	Ophiuchus	Schlangenträger	Oph						
60	Orion	Orion	Ori						
61	Pavo	Pfau	Pav						

Die mit einem * bezeichneten Sternbilder gehören zu den 12 Tierkreiszeichen.